全国勘察设计注册公用设备工程师
给水排水专业执业资格考试教材（2023年版）

第1册 给 水 工 程

全国勘察设计注册工程师公用设备专业管理委员会秘书处　组织编写

于水利　主编
张晓健　主审

中国建筑工业出版社

图书在版编目（CIP）数据

全国勘察设计注册公用设备工程师给水排水专业执业
资格考试教材：2023年版.第1册，给水工程／全国勘
察设计注册工程师公用设备专业管理委员会秘书处组织编
写；于水利主编. — 北京：中国建筑工业出版社，
2023.2

ISBN 978-7-112-28362-0

Ⅰ．①全…　Ⅱ．①全…②于…　Ⅲ．①给水工程－资
格考试－教材　Ⅳ．①TU991

中国国家版本馆CIP数据核字（2023）第019621号

责任编辑：于　莉
责任校对：李美娜

全国勘察设计注册公用设备工程师
给水排水专业执业资格考试教材（2023年版）
第1册　给水工程
全国勘察设计注册工程师公用设备专业管理委员会秘书处　组织编写
于水利　主编
张晓健　主审

*

中国建筑工业出版社出版、发行（北京海淀三里河路9号）
各地新华书店、建筑书店经销
北京红光制版公司制版
北京圣夫亚美印刷有限公司印刷

*

开本：787毫米×1092毫米　1/16　印张：25　字数：607千字
2023年3月第一版　　2023年3月第一次印刷
定价：**103.00**元
ISBN 978-7-112-28362-0
（40797）

前　　言

《全国勘察设计注册公用设备工程师给水排水专业执业资格考试教材》自 2010 年出版以来，在给水排水专业执业资格考试中发挥了很好的作用，在此特向参加编写的全体专家表示衷心感谢。

为适应给水排水专业的技术发展和满足不同岗位的给水排水专业技术人员参加执业资格考试复习需要，全国勘察设计注册工程师公用设备专业管理委员会秘书处重新组织编写了《全国勘察设计注册公用设备工程师给水排水专业执业资格考试教材》（2023 年版）（简称《2023 考试教材》）。《2023 考试教材》仍为系列教材，共分四册：

第 1 册　给水工程

第 2 册　排水工程

第 3 册　建筑给水排水工程

第 4 册　常用资料

本次修编在 2022 年版基础上，以注册公用设备工程师（给水排水）执业资格考试专业大纲为依据，以给水排水注册工程师应掌握的专业基本知识点为重点，紧密联系工程实践，运用设计规范融合理论性、技术性、实用性为一体，力求体现考试大纲中"了解、熟悉、掌握"三个层次的要求。内容上，以工程应用为主；更新与现行规范（2022 年 10 月 1 日之前实施）不一致的内容，例如：《城市给水工程项目规范》GB 55026—2022、《城乡排水工程项目规范》GB 55027—2022、《建筑给水排水与节水通用规范》GB 55020—2021 等。

第 1 册由于水利主编，张晓健主审。参编人员及分工如下：第 1 章由吴一繁、黎雷编写；第 2 章由于水利、黎雷编写；第 3 章由于水利、李伟英、黎雷编写；第 4 章由李伟英编写；第 5 章~第 12 章由张玉先、范建伟、刘新超、邓慧萍、高乃云编写；第 13 章由董秉直、李伟英编写；第 14 章、第 15 章由董秉直编写。

第 2 册由何强主编，赫俊国主审。参编人员及分工如下：第 1 章、第 10 章~第 13 章、第 15 章、第 16 章、第 18 章、第 20 章由何强、许劲、翟俊、柴宏祥、艾海男编写；第 2 章~第 9 章由张智、阳春编写；第 14 章、第 17 章、第 19 章由周健编写。

第 3 册由岳秀萍主编，郭汝艳主审。参编人员及分工如下：第 1 章由吴俊奇编写；第 2 章由吴俊奇、朱锡林、岳秀萍编写；第 3 章~第 7 章由岳秀萍编写。

第 4 册由季民主编，周丹主审。参编人员如下：季民、周丹、赵迎新、邱潇洁、王兆才、王秀宏。

《2023 考试教材》是在前三版的基础上编写而成，前三版情况如下：

第一版为 2004 年出版的《全国勘察设计注册公用设备工程师给水排水专业考试复习

教材》，参与编写人员有：史九龄、武红兵、张晓健、王兆才、季民、张英才、王大中、刘巍荣、陈怀德、黄晓家、崇三性、高羽飞、华瑞龙。

第二版为 2007 年出版的《全国勘察设计注册公用设备工程师给水排水专业考试复习教材》，参与编写人员有：于水利、张晓健、史九龄、季民、龙腾锐、张智、周健、何强、陈怀德、黄晓家、岳秀萍、王增长、牛志卿、王兆才、王秀宏。

第三版为 2011 年出版的《全国勘察设计注册公用设备工程师给水排水专业执业资格考试教材》。自第三版起，本考试用书分为四分册。《第 1 册　给水工程》参与编写人员有：张玉先、张晓健、吴一蘩、于水利、李伟英、范建伟、刘新超、邓慧萍、高乃云、董秉直。《第 2 册　排水工程》参与编写人员有：龙腾锐、何强、吕炳南、柴宏祥、张智、周健、赫俊国、许劲、翟俊。《第 3 册　建筑给水排水工程》参与编写人员有：岳秀萍、曾雪华、吴俊奇、赵世明、郭汝艳、朱锡林。《第 4 册　常用资料》参与编写人员有：王兆才、王秀宏。

《2023 考试教材》根据原人事部、建设部 2001 年发布的《勘察设计注册工程师制度总体框架及实施规划》（人发【2001】5 号）、2003 年发布的《注册公用设备工程师执业资格制度暂行规定》（人发【2003】24 号）等文件的部署和安排，以 2022 年 10 月 1 日前实施的现行国家标准和《给水排水专业考试大纲》为依据；以《全国勘察设计注册公用设备工程师给水排水专业执业资格考试教材》（2022 年版）、高等学校推荐教材及有关设计手册和文献资料的内容为基础；以理论联系实际，正确运用规范、标准处理工程问题为重点进行编写。在编写过程中，注册公用设备工程师（给水排水）执业资格考试专家组原组长王兆才、赵世明，现组长郭汝艳教授级高级工程师多次组织有关专家、教授、秘书处孟详恩、毛文中等人对编写提纲和初稿进行了认真讨论与评审，力求能较系统、完整、准确地阐述专业知识，使其成为给水排水专业执业资格考试的适用教材，而且可以成为专业技术人员从事工程咨询设计、工程建设项目管理、专业技术管理的辅导读本和高等学校师生教学、学习参考用书。

希望《2023 考试教材》在使用过程中能得到给水排水专业技术人员的指导，使其不断改善和提高，对注册给水排水工程师执业资格考试有所帮助。

全国勘察设计注册工程师

公用设备专业管理委员会秘书处

2023 年 1 月

目　　录

1 给水系统总论

水在人类现代社会的生活和生产活动中占有十分重要的地位。用水的缺乏将直接影响人民的正常生活和经济发展。因此，给水系统是人类社会生活和生产环境中的一项重要的基础设施。

1.1 给水系统的组成和分类

1.1.1 给水系统分类

给水系统是由取水、输水、水质处理和配水等各关联设施所组成的总体，一般由原水取集、输送、处理、成品水输配和排泥水处理的给水工程中各个构筑物和输配水管渠系统组成。因此，大到跨区域的城市给水引水工程，小到居民楼房的给水设施，都可以纳入给水系统的范畴。

由于工作环境和使用要求的变化，给水系统往往存在着多种形式。根据不同的描述角度，可以将给水系统按照一定的方式进行分类如下：

（1）按照取水水源的种类进行分类

根据不同水源设计的给水系统分为地表水给水系统和地下水给水系统，见表 1-1。

按取水水源分类的给水系统 表 1-1

水源种类		给水系统	
地表水	江河 湖泊 水库 海洋	地表水源给水系统	江河水源给水系统 湖泊水源给水系统 水库水源给水系统 海洋水源给水系统
地下水	浅层地下水 深层地下水 泉水	地下水源给水系统	浅层地下水源给水系统 深层地下水源给水系统 泉水水源给水系统

（2）按照供水能量的提供方式进行分类

按照供水能量的来源，可以把给水系统分为：自流式给水系统（又称重力给水系统）、水泵给水系统（又称压力给水系统）和混合给水系统（重力—压力结合供水）。

（3）按照供水使用的目的进行分类

按照供水使用的目的，可以把给水系统分为：生活给水系统、生产给水系统和消防给水系统。也可以供给多种使用目的，如生活、生产给水系统。

（4）按照供水服务的对象进行分类

给水系统的服务对象相当广泛，例如城镇、工矿企业和居民小区等。可以按照供水服务的具体对象将给水系统区分为城市给水系统、工业给水系统等。

（5）按照水的使用方式进行分类

按照水的使用方式，可以把给水系统分为：

1）直流给水系统：供水使用以后废弃排放，或随产品带走或蒸发散失；

2）循环给水系统：供水使用以后经过简单处理，再度被原用水设备重复使用；

3）复用给水系统：供水使用以后经过简单处理，被另一种用途的用水设备再度使用，又称为循序供水系统。

这里还应注意，水体自然循环、社会循环是水系的大循环，不能简单认为是给水系统循环。在一个厂区旁有水塘、小河的工厂，上游车间洗涤水、冷却水排入水塘、河道稀释、冷却，下游车间取用，不认为是循环给水系统，属于间接再用。

（6）按照给水系统的供水方式进行分类

按照给水系统的供水方式，可以把给水系统分为：

1）统一给水系统：采用同一个供水系统、以相同的水质供给用水区域内所有用户的各种用水，包括生活用水、生产用水、消防用水等。

2）分质给水系统：按照供水区域内不同用户各自的水质要求或同一个用户有不同的用水水质要求，实行不同供水水质分别供水的系统。分质给水系统可以是采用同一水源，但水处理流程和输配水子系统独立的供水；也可以是用完全相互独立的各个给水系统分别供给不同的水质。

3）分压给水系统：根据地形高差或用户对管网水压要求不同，实行不同供水压力分系统供水的系统。供给用户不同的水压，可以是采用同一水源的给水系统，也可以是采用完全相互独立的各个给水系统分别供给不同的水压。

4）分区给水系统：对不同区域实行相对独立供水的系统。当在城市的供水范围内有显著的区域性地形高差时，可以采用特殊设计的输配水系统把水分别供给不同地形高程的用户。既有利于输配水管网的建设，又有节约能量作用。分区给水可以是采用同一水源的给水系统，也可以是采用完全相互独立供水的各个给水系统分别供给不同的区域。

5）区域给水系统：在一个较大的地域范围内统一取用水质较好、供水量较充沛的水源，组成一个跨越地域、向多个城镇和乡村统一供水的系统。区域供水系统具有保证水质水量和集中管理的优势，适用于经济建设比较发达、城镇分布比较集中、供水水源条件受到限制的地区。

按照以上给水系统分类的不同方式，可以从多个角度上描述某一具体的给水系统。例如，某个水泵供水的城镇供水系统取自地表水源，可以称之为"城镇地表水压力给水系统"等。必须指出，给水系统的分类体系不是很严格，很多类别之间的分界面并不清晰。给水系统的分类概念主要是为了描述上的方便，以便对系统的水源、工作方式和服务目标等作概略的说明。

1.1.2 给水系统的组成

按照供水任务和工作目标，给水系统必须能完成以下功能：从水源取得符合一定质量标准和数量要求的水；按照用户的用水要求进行必要的水处理；将水输送到用水区域，按照用户所需的流量和压力向用户供水。因此，给水系统的组成大致分为取水工程、水处理工程和输配水工程三个部分。所组成的单元通常由以下工程设施构成：

（1）取水构筑物

取水构筑物是从水源地取集原水而设置的构筑物总称，通常指取水泵房以前的构筑物，用于从选定的水源和取水地点取水。所取水的水质必须符合有关水源水质标准，取水水量必须能满足供水对象的需要量。水源的水文条件、地质条件、环境因素和施工条件等直接影响取水工程的投资。取水构筑物有可能邻近水厂，也有可能远离水厂，需要独立进行运行管理。

（2）水处理构筑物

水处理构筑物是将取得的原水采用物理、化学和生物等方法进行经济有效处理，改善水质，使之满足用户用水水质要求的构筑物。水处理构筑物是水厂的主体部分，是水厂保证供水水质的主要土建设施和相关设备。

（3）水泵站

水泵站是指安装水泵机组和附属设施用以提升水的建筑物以及配套设施的总称。其任务是将水提升到一定的压力或高度，使之能满足水处理构筑物运行和向用户供水的需要。按其功能划分，给水系统中使用的水泵站可以分为：

1）一级泵站：一级泵站又称取水泵站、水源泵站或浑水泵站等。其任务是将取水构筑物取到的原水输送给水厂中的水处理构筑物。一级泵站一般与取水构筑物建造在同一处，成为取水构筑物的一个组成部分，但也有不建在同一处的。

另有一些大型给水工程中设置了调蓄水库，通过水泵提升把江河水输入水库，再由水泵将水库水输送到水处理厂。通常称水库前的泵站为翻水泵站，水库后的泵站为输水泵站。

2）二级泵站：二级泵站又称送水泵站或清水泵站等。其任务是将水厂生产的清水提升到一定的压力或高度，通过管道系统输送给用户。二级泵站常设在水厂内，由水厂管理维护，二级泵站的供水量和供水压力按照管网调度中心的指令运行。小型水厂采用压力滤池时或建在山上的高地水厂可不设二级泵房。

3）增压泵站：增压泵站是接力提升输水压力的泵站。按照具体需要，增压泵站可以设在城市管网和各种长距离输水的管渠中间，输送的水可以是浑水，也可以是清水。设在城市管网中的增压泵站一般直接从城市管网中取水，按照管网调度中心的指令运行。

4）调蓄泵站：调蓄泵站又称水库泵站，是在配水系统中，设有调节水量的水池、提升水泵机组和附属设施的泵站。泵站的功能相当于一个水源供水。

（4）输水管渠

输水管渠是将大量的水从一处输送到另一处的通道。一般常指将原水从取水水源输送到水厂的（水源水）输水管渠。显然，无论取水构筑物距离水厂多远，原水输水管渠都是必需的。

当水厂距离供水区域有一段距离时，采用专用的输水管把水厂处理后的水输送到供水区域，一般称为清水输水管。有的城市水厂二级泵站与水厂分开建设，二级泵站和清水池建造在靠近城市一端，这种单独设置和运行管理的二级泵站和清水池接受管网调度中心的指挥运行，常称为"配水厂"。

（5）管网

管网是建造在城市供水区域内的向用户配水的管道系统。其任务是将清水输送和分配到供水区域内的各个用户。

（6）调节（调蓄）构筑物

调节构筑物一般设计成各种类型的容积式储水构筑物，通常包括：

1）清水池：在供水系统流程中设置在水厂处理构筑物与二级泵站之间，调节水厂制水量与供水量之间差额的水池。主要任务是调节水处理构筑物的出水流量和二级泵站供水流量之间的差额，储存供水区域的消防用水，有时还提供水处理工艺所需的一部分水厂自用水量。

2）水塔和高位水池：水塔是设置在城市供水管网之中，高出地面一定高度，有支撑设施的储水构筑物。主要任务是调节二级泵站供水流量和管网实际用水量之间的差异，并补充部分用户的消防用水。高位水池是利用供水区域的地形条件，建筑在高程较高地面上的储水构筑物。和水塔具有相同的功能作用。

根据供水区域的具体地形特点，水塔或高位水池的位置可以设在管网中间的位置（网中水塔），或设在二级泵站供水到管网的接入位置（网前水塔），或者设在供水区域边缘、远离二级泵站供水位置的管网末梢点（对置水塔，也称网后水塔），如图 1-1 所示。

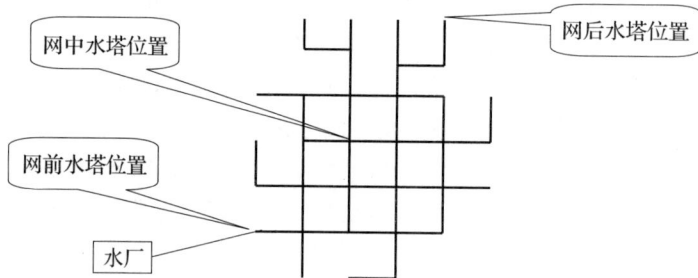

图 1-1 水塔在管网中的位置

设置水塔或高位水池以后，管网中用户的供水水压能保持相对稳定。当水塔或高位水池向管网供水时，其功能也相当于一个供水水源。

设置了水塔（高位水池）的管网扩建不便，因为管网扩建以后通常要提高水厂的供水压力，有可能造成管网中已建的水塔溢水。所以一般水塔或高位水池只用于发展有限的小型管网，例如小城镇和一些工矿企业的管网系统。

城市管网中设置的调蓄泵站可以看成是一座设在地面上的水塔。泵站调蓄水池相当于水塔的容积，泵站供水压力相当于水塔水位标高。

泵站、输水管渠、管网和调节构筑物总称为输配水系统。在给水系统中，输配水系统所占的投资比例和运行费用比例最大。

（7）排泥水处理构筑物

水厂絮凝池、沉淀池排泥水含泥量较高，一般设置排泥池接收后输入到污泥浓缩池。

而滤池冲洗水含泥量较低，通常设置排水池，上清液回用或排放，下部沉泥排入排泥池，一并输入污泥浓缩池。经浓缩池处理后，上清液回用或排放。浓缩污泥排入污泥平衡池，经调节流量再送入污泥脱水间，污泥脱水分离液可直接排放或回流到排泥池。经脱水后的泥饼外运或填埋或烧砖或做其他原料。

1.1.3 给水系统的选择及影响因素

（1）给水系统的布置

给水系统的选择在给水工程设计中具有重要意义。系统选择的合理与否将对整个工程的造价、运行费用、供水安全性、施工难易程度和管理工作量产生重大影响。给水系统的选择包括水源和取水方式的选择、水厂规模和建造位置、输水路线和增压泵站的位置、管网定线和调蓄构筑物的布置等。在给水系统的布置工作中要综合考虑城市总体规划、水源条件、地形地质条件、已有供水设施情况、用水需求、环境影响、施工技术、管理水平、工程数量、建设速度、资金筹措情况等多方面的因素，一般要求进行详细的技术经济比较以后才能确定适应近期、远期发展相对合理的给水系统选择方案。

图1-2为最常见的以地表水为水源的给水系统布置形式。该给水系统中的取水构筑物1从江河取水，经一级泵站2送往水处理构筑物3，处理后的清水贮存在清水池4中。二级泵站5从清水池取水，经管网6供应用户。有时，为了调节水量和保持管网的水压，可根据需要建造水库泵站、高位水池或水塔7。在图1-2中，如果取水构筑物和水处理构筑物靠在一起，从取水构筑物到二级泵站都属于水厂的范围。

给水系统的选择并不一定要包括其全部的7个主要组成部分，根据不同的状况可有不同的布置方式。例如以地下水为水源的给水系统中，由于水源水质良好，一般可以省去水处理构筑物而只需加消毒处理，给水系统大为简化，如图1-3所示。图中水塔4并非必需，视城市规模大小而定。

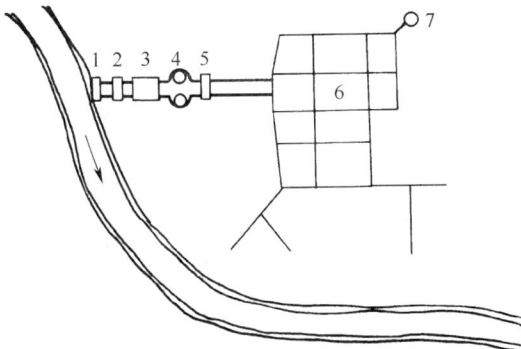

图1-2　地表水源给水系统
1—取水构筑物；2——级泵站；3—水处理构筑物；
4—清水池；5—二级泵站；6—管网；
7—调节构筑物

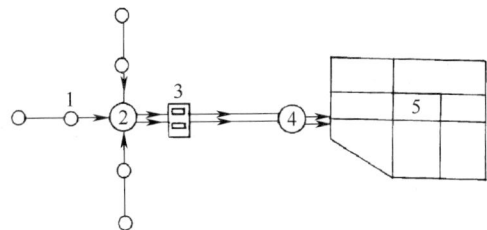

图1-3　地下水源给水系统
1—管井群；2—集水池；3—泵站；
4—水塔；5—管网

图1-2和图1-3所示的系统为统一给水系统，即用同一系统供应生活、生产和消防等各种用水，绝大多数城市采用这种系统。

在城市给水中，工业用水量往往占较大的比例。当用水量较大的工业企业相对集中，并且有合适水源可以利用时，经技术比较和经济分析后，可独立设置工业用水给水系统，即考虑按水质要求分系统（分质）给水。分系统给水，可以是同一水源，经过不同的水处理过程和管网，将不同水质的水供给各类用户；也可以是不同的水源，例如地表水经简单沉淀后，供工业生产用水，如图 1-4 中虚线所示；地下水经消毒后供生活用水，如图 1-4 中实线所示。

采用多水源供水的给水系统同时考虑在事故时有利于相互调度；也有因地形高差大或城市给水管网比较庞大，各区相隔较远，水压要求不同而分系统（分压）给水，如图 1-5 所示的管网。由同一泵站 3 内的不同水泵分别供水到水压要求高的高压管网 4 和水压要求低的低压管网 5，有利于减少能量消耗。

当水源地与供水区域有地形高差可以利用时，应对重力输配水和压力输配水系统进行技术经济比较，择优选用；当给水系统采用区域供水，向范围较广的多个城镇供水时，应对采用原水输送或清水输送管路的布置以及调节池、增压泵站等构（建）筑物的设置，作多方案的技术经济比较后确定。

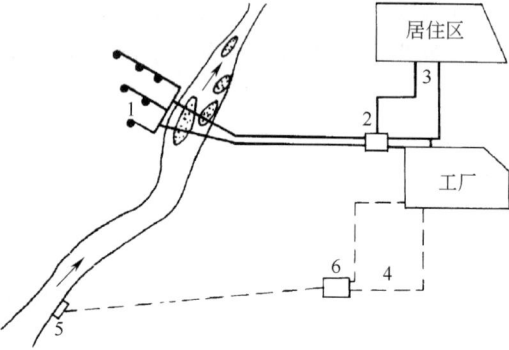

图 1-4　分质给水系统

1—管井；2—泵站；3—生活用水管网；

4—生产用水管网；5—取水构筑物；

6—工业用水处理构筑物

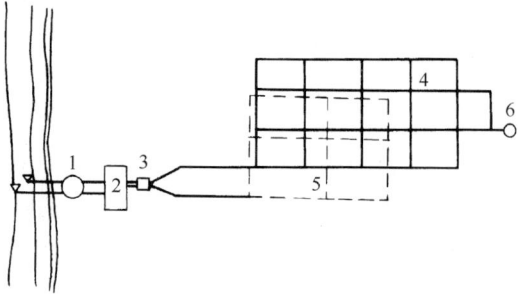

图 1-5　分压给水系统

1—取水构筑物；2—水处理构筑物；3—泵站；

4—高压管网；5—低压管网；6—水塔

采用统一给水系统或分系统给水，要根据地形条件，水源情况，城市和工业企业的规划，水量、水质和水压要求，并考虑原有给水工程设施条件，从全局出发，通过技术经济比较确定。

（2）影响给水系统选择的因素

影响给水系统选择的主要因素包括下列各方面：

1）城市规划

城市规划确定了城市的发展规模、城市功能分区和城市动态发展计划，同时又确定了某些与给水系统设计密切相关的数据和标准。如规划人口数、工业生产规模、建筑标准等。

城市建设规划在时间上的分期发展规划，是给水系统的选择和分期建设规划的依据。

总之，城市总体规划是给水工程规划的基础和技术比较、经济分析的依据。根据城市发展和水源水质变化制定的城市给水工程规划既要符合城市规划的基本要求，又对城市规划进行补充和完善。

2）水源

任何城市，都会因水源种类、水源分布位置，包括水源地的取水水位标高、水源水文及其变化情况、水质条件的不同，影响到取水构筑物的施工和给水系统选择。例如，取水口的地形地质不具备取水施工要求，需要另选取水位置时，将直接影响到给水系统的布置。

当地下水比较丰富时，则可在城市上游或在给水区内开凿管井或大口井，井水经消毒后，由泵站加压送入管网，供用户使用。

如果水源处于适当的高程，能借重力输水，则可省去一级泵站或二级泵站，或同时省去一、二级泵站。城市附近山上有泉水时，建造泉室供水的给水系统可能最为简单经济。取用蓄水库水源水时，也有可能利用高程以重力输水，输水能耗费用可以节约很多。

以地表水为水源时，一般从流经城市或工业区的河流上游取水。城市附近的水源丰富时，往往随着用水量的增长而逐步发展成为多水源给水系统，从不同位置向管网供水，见图1-6。它可以从几条河流取水，或从一条河流的不同部位取水，或同时取用地表水和地下水，或取不同地层的地下水等。这种系统的特点是便于分期发展，供水比较可靠，管网内水压比较均匀。虽然随着水源的增多，设备和管理工作相应增加，但与单一水源相比，通常是经济合理的，供水的安全性大大提高。

随着国民经济发展，用水量越来越大，水体污染日趋严重，很多城市或工矿企业因就近缺乏水质较好、水量充沛的水源，必须采用跨流域、远距离取水。这不仅增加了给水工程的投资，而且也增加了工程的难度。

3）地形地貌

主要指从水源到城市以及城市规划区域一带的地形、地貌和地物分布情况。结合城市规划，地形地貌主要影响输水管线路、水厂位置、调蓄构筑物和泵站的设置、配水管网的布局分区等。中小城市如地形比较平坦，而工业用水量小、对水压又无特殊要求时，可用同一给水系统；大中城市被河流分隔时，两岸工业和居民用水一般先分别供给，自成给水系统，随着城市的发展，再考虑将两岸管网相互沟通，成为多水源的给水系统；地形起伏较大或城市各区相隔较远时比较适合采用分区给水系统。当水源地与供水区域有地形高差可以利用时，应对重力输配水和加压输配水系统进行经济比较，择优选用。

取用地下水时，可能考虑到就近凿井取水的原则，而采用分地区供水的系统。这种系统投资省，便于分期建设；地形地貌还影响工程施工的难易，从而影响到系统的选择。

4）其他因素

影响给水系统布置的其他因素还包括：供电条件、占用土地和拆迁情况、水厂排水条件以及建设投资等。其中，不间断供水的泵房应设两个外部独立电源。同时充分考虑原有

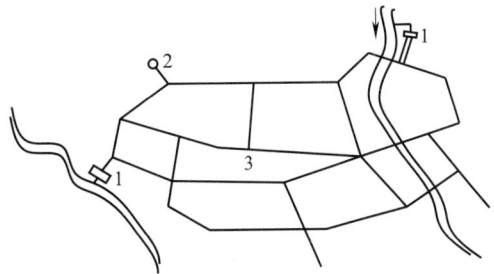

图1-6 多水源给水系统
1—水厂；2—水塔；3—管网

7

设施和构筑物的利用。

1.1.4 工业用水给水系统

工业用水给水系统是指供给工业企业生产用水的给水系统。工业用水给水系统的构成和布置原则与城市给水系统基本相同。当生产用水量不大的时候，常由城市管网直接供给。生产用水量较大的大型工业企业常专门设置自用的工业用水给水系统；工业企业集中的区域，如工业园区，有合适水源时，可设置工业用水给水系统。

生产用水要求与工业生产的工艺和产品有关，用水的水压、水质和水温往往与生活用水不同。在一个大型工业企业中常常设有众多的用水要求不同的车间和部门，还包括一部分职工生活用水。因此在工业企业的供水系统中一般都包含着许多水压、水质和水温不同的子系统。这些子系统在企业厂区的地域上虽然有的可能分开，但一般总是交织在一起，使得整个供水系统的构造相当复杂。

从有效利用水资源和节省动力费用考虑，生产用水应尽量重复利用。按照水的重复利用方式，可将生产用水重复利用的给水系统分成循环给水系统和复用给水系统两种。采用这类系统是城市节水的主要内容之一。

在工业用水给水系统中，生产用水重复利用、不仅可以缓解城市水资源缺乏问题，还可以减少污染水源的废水排放量。因此认为，生产用水重复利用率是节约用水的重要指标。生产用水重复利用率的定义是工业企业生产中直接重复利用的水量在该企业的生产总用水量中所占的百分数。

循环给水系统是使用过的水经适当处理后再进行回用的给水系统，最适合于冷却水的供给。在冷却水的循环使用过程中会有蒸发、风吹、排污等水量损失，需从水源取水加以补充。图1-7所示为循环给水系统。

按照各用水点对水质的要求不同，将水顺序重复使用的供水系统，通常称为复用给水系统。例如，先将水源水送到某些车间，使用后或直接送到其他车间，或经冷却、沉淀等适当处理后，再到其他车间使用，然后排放。图1-8所示是水经冷却后重复使用的复用给水系统。

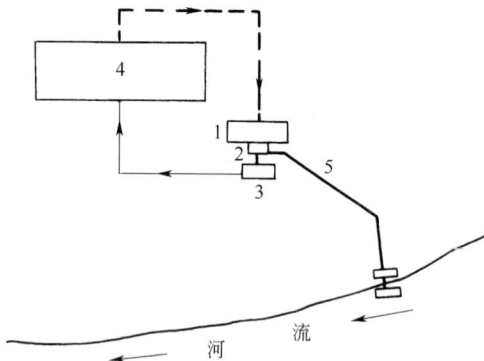

图1-7 循环给水系统
1—冷却塔；2—吸水井；3—泵站；
4—车间；5—新鲜补充水

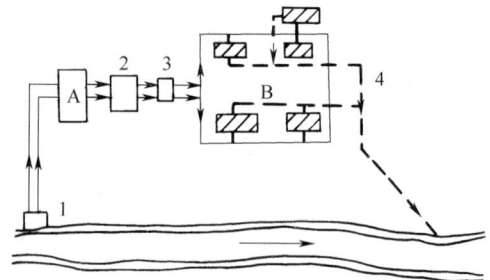

图1-8 复用给水系统
1—取水构筑物；2—冷却塔；3—泵站；
4—排水系统；A、B—车间

为了节约生产用水，在工厂车间与车间之间或工厂与工厂之间，都可考虑采用复用给水系统。

工业生产用水水质的标准并不一定总是比生活用水水质低。某些工业生产如电子工业、食品酿造业、药品制造业和电力工业等，在许多水质指标的要求上要比生活用水的相应标准高得多。这些工业企业内常常建造专门的水处理装置，独立设置专用的供水系统。

工业企业内部一般场地有限，空间比较狭窄，各种管系交错布置，往往会给供水系统的布置和管道的施工维修带来一定的困难。

此外，许多工业生产设备对用水的可靠性要求很高，因此在设计供水系统时必须充分考虑相应的事故备用设备和应急措施。

综上所述，大型工业企业供水系统的设计往往是相当复杂的。需要对企业各部门的生产工艺、用水量和排水量及其变化规律、对水质、水温和水压的要求、排水水质等进行详细的调查研究之后，再根据厂区的布置和规划作出供水系统方案。方案中要考虑到各个用水部门的水量平衡；满足各部门的水质、水温和水压要求；尽量提高用水重复利用率；并考虑方案实施后的施工和管理要求。一般情况下，可能要对多个供排水设计方案作技术、经济比较。

1.1.5 给水系统工程规划

（1）给水系统工程规划原则

水资源是一种特殊的自然资源，是城市发展的制约因素之一。在水的自然循环和社会循环中，可利用的水量、水质因受多种因素影响常常发生变化。为了促进城市发展，如何经济地开发、利用、保护水资源，如何选择一种最低的基建投资和最少的经营管理费用，满足城市用水要求，避免重复建设，是城市给水系统工程规划的主要任务。

根据城市总体规划，考虑到城市的发展、人口变化、工业布局、交通运输、电力供应等因素，城市给水系统的工程规划应遵循以下原则：

1）城市给水系统工程规划应根据国家法规文件编制。

2）城市给水系统工程规划应保证社会效益、经济效益、环境效益的统一。

① 优先保证城市生活用水，统筹兼顾，综合利用，讲究实效，发挥水资源的多种功能。

② 在缺水地区应限制城市规模和耗水量大的工业、农业的发展，确保水资源的可持续性。

③ 城市供水水源开发利用规划应与水资源规划协调一致。跨流域引水工程必须进行全面规划和科学论证，充分考虑到各流域的用水需求和生态环境影响。当城市采用外域水源或几个城市共用一个水源的时候，应进行区域或流域范围的水资源综合规划和专项规划，并与国土规划相协调。

④ 饮用水水源保护区的设置和污染防治应纳入当地的社会经济发展规划和水污染防治规划。对水源的卫生保护必须在给水工程规划中予以体现。同时还应处理好水资源在具有综合用途时的各方面的相互关系（例如正确处理城镇用水和农业灌溉用水的关系等）。

⑤ 在规划水源地、地表水水厂或地下水水厂、加压泵站等工程设施用地时，应节约用地，保护耕地。

3）城市给水工程规划应和城市总体规划相一致。

① 城市给水工程规划根据城市总体规划所确定的城市性质、人口规模、经济发展目标、工业布局等来确定城市供水规模。

② 水源选择、净水厂位置和输配水管线路的布置与城镇规划的要求密切相关，因此在设计时应根据规划的要求，结合城市现状加以确定。

③ 根据土地使用总体规划、水资源开发利用规划，合理选择水源地，并确定取水规模，净水厂厂址。

④ 根据城市道路规划，确定给水管道走向。同时协调其与供电、通信和排水管道之间的关系。

⑤ 城市给水系统应满足城市的水量、水质、水压及城市消防、安全给水的要求。对于给水系统供水方式的选择，应根据自然条件、水源情况、用户要求和原有给水工程设施的条件，全面考虑城市地形、规划布局、环境影响等因素，通过技术、经济比较综合考虑确定。

4）城镇给水系统应按远期规划、近远期结合、以近期为主的原则进行设计。

① 近期建设规划应具有可操作性，把近期供水需求作为重点。还应充分考虑远期规划发展，避免重复建设。处理好近期建设规划和远期规划两者之间的关系和衔接，确保给水工程系统的优化建设。在满足城市供水需求的前提下，近期设计年限宜采用 5～10 年，远期的规划设计年限宜采用 10～20 年。设计年限的确定可以根据建设资金投入的可能性作适当的调整。城市给水工程规划期限应与城市总体规划期限相一致。

当一年中 25% 的天数日供水量达到建设规模的 95% 以上时，应进行给水工程新建或扩建的必要性论证。

② 在城市给水工程规划中，宜对城市远期的供水规模以及将来准备采用的水源进行分析研究。以便对城市远期供水水源尽早进行控制保护，并对城市的产业结构予以一定的导向。

③ 城市给水工程中主要构筑物的主体结构和输水管道，其结构设计年限不应小于 50 年，安全等级不低于二级。其他专用设备的合理设计使用年限按照材质和设备产品的更新周期，经技术经济比较后确定。

④ 给水工程设计应在不断总结生产实践经验和科学试验的基础上，积极采用行之有效的新技术、新工艺、新材料和新设备，提高供水水质，保证供水安全，降低工程造价，优化运行成本。而不希望提高用水定额和工业用水量。

5）生活用水的给水系统供水水质必须符合现行国家标准《生活饮用水卫生标准》GB 5749。

① 供应生活用水的给水系统供水水质必须符合现行国家标准《生活饮用水卫生标准》GB 5749。

② 城镇生活饮用水管网，严禁与非生活饮用水管网连通；严禁擅自与自建供水设施连接。

③ 生活饮用水调节构筑物的选址和设计应当防止饮用水的二次污染。因此在生活饮用水清水池和调节水池周边的 10m 以内不得有化粪池、污水处理构筑物、渗水井、垃圾堆放场等污染源；周围 2m 以内不得有污水管道和污染物。当达不到上述要求时，应采取防污染措施。在设计清水池和水塔时，应当避免水的流动死角，防止污染，采取便于清洗和通气的措施。

（2）给水系统工程规划内容和程序

1）给水系统工程规划基本内容

给水系统工程规划包括取水、水处理和输水系统等内容，通常进行如下方面的规划：

① 城市给水水源工程规划；

② 城市取水工程规划；

③ 城市给水处理工程规划；

④ 城市给水管网规划；

⑤ 城市再生水工程与节约用水规划等。

城市给水系统工程规划一般分为给水工程总体规划、分区规划（或专业规划），同时编制详细规划。不同层次规划的主要内容大致相同，仅在深度上有一定差别。在总体规划基础上结合实际编制的给水工程详细规划通常包括以下内容：

① 确定用水量标准，预测城市用水量，对水资源与城市用水量供需平衡进行分析；

② 选定城市给水水源和取水位置；

③ 确定供水水质目标，选定水厂位置和水处理基本工艺流程；

④ 确定集中供水、分区供水方式，确定加压泵站、高位水池（水塔）位置、标高、容量；

⑤ 确定输配水管道走向、管径，按照最高流量、事故流量等进行计算校核；

⑥ 确定输配水管道管材、提出跨越河道和障碍物方法；

⑦ 对规划涉及内容进行工程投资匡算，预测工程效益；

⑧ 提出水资源保护以及开源节流的要求和措施；

⑨ 对总体规划或专业规划作出评价，提出详细规划修改理由。

2）给水系统工程规划工作程序

给水系统工程规划工作基本程序是：

① 确定规划编制依据文件与规划项目有关的方针政策文件；城市总体规划文件；规划项目主管部门的委托文件、规划任务的合同（协议）等。根据城市规划，合同（协议）明确给水系统工程规划的工作范围。

② 调查收集基础资料，包括：水资源综合利用规划；土地利用规划；水源水质调查报告；水源水文地质勘查文件；给水排水工程设施现状调查报告，城市排水系统工程规划设想等。

③ 城市用水量预测，通过城市用水现状和水资源研究，结合城市发展总体目标，确定城市用水标准。根据城市发展规划，采用多种方法和数学模式计算、预测城市规划用水量和统一供水规模，并对近期规模、远期规模作出预测、校核，力求科学、合理。根据城市水资源现状和区域水资源调配规划，确定城市给水工程规划目标。

④ 城市给水水源工程规划，根据城市给水工程规划目标进行取水工程规划，确定取水（水源厂）位置、数量，取水规模、取水方式、泵站设置和输水路线选择方案。

⑤ 给水处理工程规划，根据水源水质和供水水质目标，确定给水处理基本工艺流程，全面分析各单元工艺对不同水源水质处理效果，选择水厂位置，提出确保供水安全措施。

⑥ 城市给水管网与输配水设施规划，根据集中供水、分区供水模式，确定给水管网布置和输配水管道走向布置，按照最高流量、事故流量等进行平差校核，选定经济管径。

选择加压泵站、高位水池（水塔）位置、标高容量。进行输配水管道管材比较，提出跨越河道和障碍物方法。

⑦ 提出水资源保护以及开源节流的要求和措施。

规划方案要与城市排水系统工程规划相协调。一般需要提出多个可能操作的方案进行技术经济比较，以确定可行的最佳规划方案。

按照城市总体规划的实施计划和规划期限，提出相应的给水系统工程规划的分期实施计划，以及实现该分期计划所需的外部条件和具体步骤措施。给水系统工程规划的分期实施，有利于控制和引导给水工程的有序建设和资金的合理使用，有利于城镇规划的发展建设，增强给水系统工程规划的可操作性，提高项目的效益。

编制给水工程规划文件包括规划成果文本，工程规划图纸，重要依据文件（附录）等。

1.2 设计供水量

1.2.1 供水量的组成

城市用水量由以下两部分组成：第一部分为城市规划期限内的城市给水系统供给的居民生活用水、工业企业用水、公共设施等用水量的总和。第二部分为城市给水系统供给居民生活用水、工业企业用水、公共设施等以外的所有用水量总和。其中包括：工业和公共设施自备水源供给的用水，城市环境用水和水上运动用水，农业灌溉和养殖及畜牧业用水，农村分散居民和乡镇企业自行取用水。在大多数情况下，城市给水系统只能供给部分用水量。

城市给水系统供水是给水工程设计的主要内容。需首先根据规划年限，以近期为主，合理确定供水量。

城市给水系统设计供水量应满足其服务对象的下列各项用水量：

（1）综合生活用水量（包括居民生活用水和公共建筑用水）；

（2）工业企业用水量；

（3）浇洒道路和绿地用水量；

（4）管网漏损水量；

（5）未预见用水量；

（6）消防用水量。

根据给水系统规模的大小和地区不同，上述各项水量计算有一定差别。一般城镇供水量远高于消防用水量，故，计算城市给水系统供水量时，可不计入消防用水量。而采用在系统设计年限之内的上述(1)～(5)项的最高日用水量之和进行计算。通常将这个数值称为城市给水系统的设计规模或水厂的设计规模。

1.2.2 用水量计算

为了具体计算上述各项用水量，必须确定用水量的单位指标的数值。这种用水量的单位指标称为用水量定额。用水量的一般计算方法为：

$$用水量 = 用水量定额 \times 实际用水的单位的数目$$

显然用水量定额指标是确定设计用水量的主要依据。应当结合当地现状条件、有关规范规定和规划资料，参照类似地区的用水情况，慎重考虑在设计年限内达到的用水水平，确定用水量定额的数值。

（1）居民生活用水和综合生活用水

在计算城市给水系统的居民生活用水量时，可采用下式计算：

居民生活用水量 = 居民生活用水量定额 × 供水系统服务的人口数

上式中"供水系统服务的人口数"并不一定等于该城市的居民总人口数。通常将供水系统服务的人数占城市居民总人数的百分数称为"用水普及率"。

居民生活用水定额指标分为以下两种：

1）居民生活用水定额

该定额包括了城市中居民的饮用、烹调、洗涤、冲厕、洗澡等日常生活用水，但是不包括居民在城市的公共建筑及公共设施中的用水。城市公共建筑和公共设施指各种娱乐场所、宾馆、浴室、商业建筑、学校和机关办公楼等。

2）综合生活用水定额

该定额包括了城市居民的日常生活用水和公共建筑及设施用水两部分的总水量，但是不包括城市浇洒道路、绿地和市政等方面的用水。

居民生活用水定额和综合生活用水定额应根据当地国民经济和社会发展、水资源充沛程度、用水习惯，在现有用水定额的基础上，结合城市总体规划和给水专业规划，本着节约用水的原则，综合分析确定其设计数值。

当缺乏实际用水资料的时候，可按表1-2选用居民生活用水定额数值，按照表1-3选用综合生活用水定额数值。

最高日居民生活用水定额[L/（人·d）]　　　　　　　表1-2

城市类型	超大城市	特大城市	Ⅰ型大城市	Ⅱ型大城市	中等城市	Ⅰ型小城市	Ⅱ型小城市
一区	180~320	160~300	140~280	130~260	120~240	110~220	100~200
二区	110~190	100~180	90~170	80~160	70~150	60~140	50~130
三区	—	—	—	80~150	70~140	60~130	50~120

平均日综合生活用水定额[L/（人·d）]　　　　　　　表1-3

城市类型	超大城市	特大城市	Ⅰ型大城市	Ⅱ型大城市	中等城市	Ⅰ型小城市	Ⅱ型小城市
一区	210~400	180~360	150~330	140~300	130~280	120~260	110~240
二区	150~230	130~210	110~190	90~170	80~160	70~150	60~140
三区	—	—	—	90~160	80~150	70~140	60~130

注：1. 超大城市指城区常住人口1000万人及以上的城市；特大城市指城区常住人口500万人以上1000万人以下的城市；Ⅰ型大城市指城区常住人口300万人以上500万人以下的城市；Ⅱ型大城市指城区常住人口100万人以上300万人以下的城市；中等城市指城区常住人口50万人以上100万人以下的城市；Ⅰ型小城市指城区常住人口20万人以上50万人以下的城市；Ⅱ型小城市指城区常住人口20万人以下的城市(以上包括本数，以下不包括本数，如特大城市：500万人≤城区常住人口＜1000万人)。

2. 一区包括：湖北、湖南、江西、浙江、福建、广东、广西、海南、上海、江苏、安徽；

二区包括：重庆、四川、贵州、云南、黑龙江、吉林、辽宁、北京、天津、河北、山西、河南、山东、宁夏、陕西、内蒙古河套以东和甘肃黄河以东的地区；

三区包括：新疆、青海、西藏、内蒙古河套以西和甘肃黄河以西的地区。

3. 经济开发区和特区城市，根据用水实际情况，用水定额可酌情增加。

4. 当采用海水或污水再生水等作为冲厕用水时，用水定额相应减少。

（2）工业企业用水量

工业企业的用水量包括企业内的生产用水量和工作人员的生活用水量。

生产用水量指的是工业企业在生产过程中设备和产品所需要的用水量。包括设备冷却、空气调节、物质溶解、物料输送、能量传递、洗涤净化、产品制造等方面的用水量，其具体数值和生产工艺密切相关。

在城市供水量计算时，工业企业的用水量所占的比例很大。但由于工业企业的门类繁多，生产工艺和设备种类千变万化，需要通过详尽的调查才能获得可靠的用水量数据。

估算工业企业的用水量常采用以下各种方法：

1）按照工业设备的用水量计算；

2）按照单位工业产品的用水量和企业产品产量计算；

3）按照单位工业产值（常用万元产值）的用水量和企业产值计算；

4）按照企业的用地面积，参照在相似条件下不同类型工业各自的用水定额估算。

设计年限内工业企业的用水量可根据国民经济发展规划，结合现有的工业企业用水资料进行分析预测。

大型企业的工业用水量或经济开发区用水量宜单独进行计算。

工作人员的生活用水指的是工作人员在工业企业内工作和生活时的用水量。其中包括集体宿舍和食堂的用水量，以及与劳动条件有关的洗浴用水量等。工业企业建筑与管理人员生活用水定额，一般可采用 30～50L/（人·班），用水时间为 8h，时变化系数为 1.5～2.5；工业企业内工作人员的淋浴用水量可按现行国家标准《工业企业设计卫生标准》GBZ 1 中的车间卫生特征分级确定，一般采用 40～60L/（人·班），延续供水时间为 1h。

食堂等其他用水，可按照现行国家标准《建筑给水排水设计标准》GB 50015 中的有关定额取用。

（3）浇洒道路和绿地用水量

这部分水量属于市政用水的一部分。其中，浇洒道路用水是指对城镇道路(包括市政立交桥、市政交通隧道，人行道、港湾式公交车站等)进行保养、清洗、降温和消尘等所需用的水。浇洒道路和绿地的用水量应根据路面、绿化、气候和土壤等条件确定。一般情况下浇洒道路用水可按浇洒面积以 2.0～3.0L/（m^2·d）计算；浇洒绿地用水可按浇洒面积以 1.0～3.0L/（m^2·d）计算，干旱地区酌情增加。

（4）管网漏损水量

城镇配水管网的基本漏损水量宜按综合生活用水、工业企业用水、浇洒市政道路、广场和绿地用水量之和的 10% 计算。10% 为管网漏损水量百分数，又称为漏损率，和供水规模无关，而与管材、管径、长度、压力和施工质量有关。当单位管道长度的供水量较小或供水压力较高的时候，或选用管材较差、接口容易松动的可适当增加漏损水量百分数。

（5）未预见用水量

未预见用水量指在给水设计中对难以预见的因素而保留的水量。其数量应根据预测考虑中难以预见的程度确定，作为近似，可将综合生活用水量、工业企业用水量、浇洒道路绿地用水量和管网漏损水量四项用水量之和的 8%～12% 作为未预见用水量。

（6）消防用水量

建筑的一次灭火用水量应为其室内、外消防用水量之和。消防用水量、水压及延续时间等参数应按照现行国家标准《建筑设计防火规范》GB 50016 等设计标准中规定的数值确定。详见本考试教材《第3册 建筑给水排水工程》。

上述各种用水量计算公式见表1-4。

给水系统各种用水量计算 表1-4

序号	计算公式	说　明
1	城镇或居住区最高日生活用水量 $Q_1 = \dfrac{1}{1000} \sum (q_i N_i)$ （m³/d）	q_i —不同卫生设备的居住区最高日生活用水定额，L/(d·人)； N_i —设计年限内计划用水人数，人
2	公共建筑用水量 $Q_2 = \sum (q_j N_j)$ （m³/d）	q_j —各公共建筑的最高日用水量定额，m³/d； N_j —各公共建筑的用水单位数，人、床位等
3	工业企业生产用水和工作人员 生活用水量 $Q_3 = \sum (Q_{\mathrm{I}} + Q_{\mathrm{II}} + Q_{\mathrm{III}})$ （m³/d）	Q_{I} —各工业企业的生产用水量，m³/d，由生产工艺要求确定； Q_{II} —各工业企业的职工生活用水量，m³/d，一般采用30~50L/(人·班)，小时变化系数为1.5~2.5计算； Q_{III} —各工业企业的职工淋浴用水量，m³/d，一般采用40~60L/(人·班)，淋浴延续时间为1h计算
4	浇洒道路和绿地用水量 $Q_4 = \dfrac{1}{1000} \sum (q_{\mathrm{L}} N_{\mathrm{L}})$ （m³/d）	q_{L} —用水量定额，浇洒道路和场地为2.0~3.0L/(m²·d)，浇洒绿地用水量1.0~3.0L/(m²·d)； N_{L} —每日浇洒道路和绿地的面积，m²
5	管网漏损水量 $Q_5 = (0.10 \sim 0.12)(Q_1 + Q_2 + Q_3 + Q_4)$ （m³/d）	管网的漏失水量可按综合生活用水、工业企业用水、浇洒道路和绿地用水三项用水量之和的10%~12%计算
6	未预见用水量 $Q_6 = (0.08 \sim 0.12)(Q_1 + Q_2 + Q_3 + Q_4 + Q_5)$ （m³/d）	未预见用水量一般采用综合生活用水、工业企业用水、浇洒道路绿地用水和管网漏损水量四项用水量之和的8%~12%计算
7	消防用水量 $Q_7 = \dfrac{1}{1000} \sum (q_s N_s)$ （m³/s）	q_s —一次灭火用水量，L/s； N_s —同一时间内灭火次数
8	最高日设计流量 $Q_d = Q_{ZH} + Q_3 + Q_4 + Q_5 + Q_6$ 或： $Q_d = Q_1 + Q_2 + Q_3 + Q_4 + Q_5 + Q_6$	Q_d —最高日设计供水流量，m³/d； Q_{ZH} —最高日综合用水量，m³/d； $Q_{ZH} = \dfrac{1}{1000} q_x N_x$ q_x —最高日综合用水定额，L/(人·d)； N_x —设计年限内规划用水人数
9	最高日最高时设计流量 $Q_h = K_h \dfrac{Q_d}{24}$ （m³/h）	Q_h —最高日最高时设计流量，m³/h； K_h —时变化系数
10	最高日平均时设计流量 $Q'_h = \dfrac{Q_d}{24}$ （m³/h）	Q_d —最高日设计流量，m³/d； Q'_h —最高日平均时设计流量，m³/h； 最高日平均时流量按一天运行24h计算

【例题 1-1】 某城市位于江苏北部，城市近期规划人口 20 万人，规划工业产值为 32 亿元/年。根据调查，该市的自来水用水普及率为 85%，工业万元产值用水量为 95m³（这里包括了企业内生活用水量），工业用水量的日变化系数为 1.15，城市道路面积为 185hm²，绿地面积 235hm²。试计算该城市的近期最高日供水量至少为多少。

【解】（1）综合生活用水量：该市属于一分区Ⅱ型小城市，根据附近相似区域的用水水平，取居民的综合生活用水定额（最高日）的低限为 110L/（人·d）。最高日综合生活用水量为：

$$200000 \text{ 人} \times 0.85 \times 110 \text{L/（人·d）}/1000 = 18700 \text{m}^3/\text{d}$$

（2）工业企业用水量：采用万元产值用水量估计。该市的年工业用水量为：

$$95 \text{m}^3/\text{万元} \times 320000 \text{ 万元/年} = 3.04 \times 10^7 \text{m}^3/\text{年}$$

最高日工业用水量为：$\dfrac{3.04 \times 10^7 \text{m}^3}{365} \times 1.15 = 95780 \text{m}^3/\text{d}$

（3）浇洒道路和绿地用水量：

浇洒道路用水按 2.0L/（m²·d）计算，浇洒道路用水量为：

$$2.0 \text{L/（m}^2\text{·d）} \times 1850000 \text{m}^2/1000 = 3700 \text{m}^3/\text{d}$$

浇洒绿地用水按 1.0L/（m²·d）计算，浇洒绿地用水量为：

$$1.0 \text{L/（m}^2\text{·d）} \times 2350000 \text{m}^2/1000 = 2350 \text{m}^3/\text{d}$$

浇洒道路和绿地用水量计为：$3700 + 2350 = 6050 \text{m}^3/\text{d}$

（4）管网漏损水量：取以上 1~3 项用水量之和的 10% 计算，即管网漏水量为：

$$(18700 + 95780 + 6050) \times 10\% = 12053 \text{m}^3/\text{d}$$

（5）未预见用水量：取以上 1~4 项用水量之和的 8% 计算，即未预见用水量为：

$$(18700 + 95780 + 6050 + 12053) \times 8\% = 10610 \text{m}^3/\text{d}$$

该城市近期最高日设计供水量为：

$$18700 + 95780 + 6050 + 12053 + 10610 \approx 143200 \text{m}^3/\text{d}$$

在城市给水工程规划给水系统供水量预测计算时，也可采用城市单位人口综合用水量指标。用供水系统的总供水量除以用水总人数的数值称为城市单位人口综合用水量指标。对于不同的城市、社区和企业，由于系统规模、用水量的构成和用水发展水平有很大差别，所以综合用水指标的数值相差很大。不同城市单位人口综合用水量指标见表 1-5。

城市单位人口综合用水量指标 [万 m³/（万人·d）]　　　　表 1-5

区域	城市规模						
	超大城市	特大城市	Ⅰ型大城市	Ⅱ型大城市	中等城市	Ⅰ型小城市	Ⅱ型小城市
一区	0.50~0.80	0.50~0.75	0.45~0.75	0.40~0.70	0.35~0.65	0.30~0.60	0.25~0.55
二区	0.40~0.60	0.40~0.60	0.35~0.55	0.30~0.55	0.25~0.50	0.20~0.45	60~140
三区	—	—	—	0.30~0.50	0.25~0.45	0.20~0.40	60~130

注：1. 城市规模和区域划分参见表 1-2、表 1-3 注释；

2. 本表引自《城市给水工程规划规范》GB 50282—2016。

1.2.3 供水量变化

用户的用水量不是稳定不变的。例如日常生活用水一般随着气候和生活习惯而变，所以居民的生活用水量在一天之间和在不同的季节中都有变化。某些工业用水的消耗量与设备运转规律有关，或者与气候变化有关，同样也会有一日之间的变化和季节性的变化。因此，一个城镇的用水量在一天24h之内，每小时的用水量不尽相同；在一年365d中，每天的总用水量也是不尽相同的。由此可知供水量也是经常变化的。

为了描述供水量变化的大小，定义为：

在一年之中的最高日供水量和平均日供水量的比值，称为日变化系数K_d。

在一年之中供水最高日那一天的最大一小时的供水量（最高日最高时供水量或用水量）和该日平均时供水量或用水量的比值，称为供水时变化系数K_h。

日变化系数K_d反映一年内用水量变化情况，是制水成本分析的主要参数。时变化系数K_h是确定供水泵站和配水管网设计流量的重要参数。城市供水的时变化系数和日变化系数应当根据城市性质、城市规模、国民经济、社会发展和供水系统布局，结合现状的供水变化和用水变化分析确定。根据我国部分城市实际供水资料的调查，最高日城市综合供水的时变化系数为1.2~1.6；日变化系数为1.1~1.5。

还可以将每小时的供水量数值随24h的变化用函数图像来表达。这是描述供水量在一天之内变化的比较完整的形式。这种函数图像称为供水量变化曲线。常用的供水量变化曲线的横坐标为时间，区间范围为0:00~24:00；纵坐标为每小时供水量或每小时供水量占一天总供水量的百分数，称为相对坐标。

显然，每一天都有一条供水量变化曲线。一般城镇供水常用的是供水最高日那一天的供水量变化曲线。应该通过有关实测数据的统计分析来确定这条曲线，使它具有代表性意义。

图1-9为某大城市的供水变化曲线，图中每小时供水量按最高日供水量的百分数计，则图形面积等于$\sum_{i=1}^{24} Q_d\% = 100\%$，$Q_d\%$是以最高日每小时供水量百分数计比例。图1-9中每小时的供水量也可以用实际供水量$\sum_{i=1}^{24} Q_i$表示，这时的图形面积等于$\sum_{i=1}^{24} Q_i =$最高日供水量Q_d。

供水量的24h变化情况天天不同，大城市用水量大，各种用户用水时间相互错开，使各小时供水量相差较小，比较均匀。中小城市的24h用水量变化较大，人口较少用水标准较低的小城市，24h供水量的变化幅度更大。

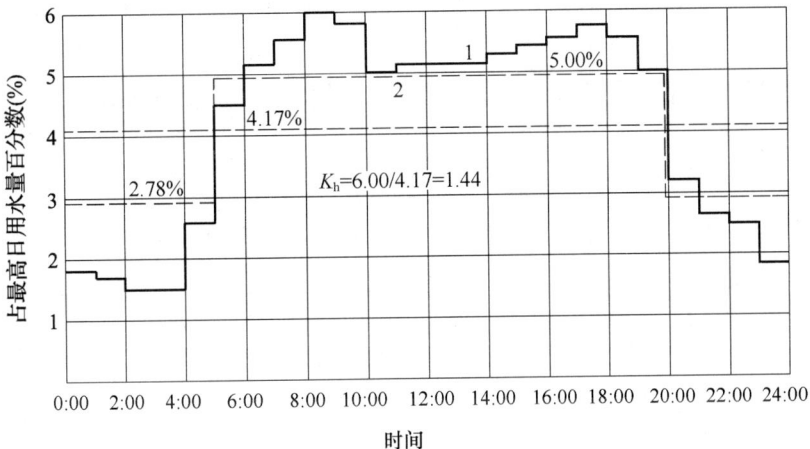

图1-9　城市用水量变化曲线

1—用水量变化曲线；2—二级泵站设计供水线

对于新设计的给水工程，供水量变化规律只能按该工程所在地区的气候、人口、居住条件、工业生产工艺、设备能力、产值等情况，参考附近城市的实际资料确定。对于扩建工程，可进行实地调查，获得供水量及其变化规律的资料。

【例题1-2】某城市最高日每小时供水流量的典型数据如表1-6所列。试绘出相对坐标方式表示的最高日供水量变化曲线，并求出时变化系数。

城市最高日小时供水流量　　　　　　　　　表1-6

时　段	0:00~1:00	1:00~2:00	2:00~3:00	3:00~4:00	4:00~5:00	5:00~6:00	6:00~7:00	7:00~8:00	8:00~9:00	9:00~10:00	10:00~11:00	11:00~12:00
流量（m³/h）	4097	3516	3396	3382	3309	3292	4379	5335	5847	5682	5496	5550
时　段	12:00~13:00	13:00~14:00	14:00~15:00	15:00~16:00	16:00~17:00	17:00~18:00	18:00~19:00	19:00~20:00	20:00~21:00	21:00~22:00	22:00~23:00	23:00~24:00
流量（m³/h）	5182	4549	4644	4731	5351	5761	5748	5791	5565	5139	4871	4142

【解】该城市24h的总供水量为

$$4097 + 3516 + 3396 + 3382 + 3309 + 3292 + 4379 + 5335 + 5847 + 5682 + 5496 + 5550 + 5182 + 4549 + 4644 + 4731 + 5351 + 5761 + 5748 + 5791 + 5565 + 5139 + 4871 + 4142 = 114755m^3$$

每小时供水量占一天总供水量的百分数，列于表1-7：

小时供水量占一天总供水量的比例　　　　　　　表1-7

时　段	0:00~1:00	1:00~2:00	2:00~3:00	3:00~4:00	4:00~5:00	5:00~6:00	6:00~7:00	7:00~8:00	8:00~9:00	9:00~10:00	10:00~11:00	11:00~12:00
时段流量占总供水量的百分数（%）	3.57	3.06	2.96	2.95	2.88	2.87	3.82	4.65	5.10	4.95	4.79	4.84
时　段	12:00~13:00	13:00~14:00	14:00~15:00	15:00~16:00	16:00~17:00	17:00~18:00	18:00~19:00	19:00~20:00	20:00~21:00	21:00~22:00	22:00~23:00	23:00~24:00
时段流量占总供水量的百分数（%）	4.52	3.96	4.05	4.12	4.66	5.02	5.01	5.05	4.85	4.48	4.24	3.61

各小时百分数的总和是100%。

平均时供水量按24h计算，则每小时的供水量占总水量的百分数应为：100%/24≈4.17%。

在表中，供水量最多的时候是8:00~9:00（5847m³，占一天总供水量的5.10%）。根据定义可求出时变化系数 $K_h = 5.10 / 4.17 = 1.22$。按照上表中的数据，以时间为横坐标绘出采用相对坐标方式表示的最高日供水量变化曲线，参见图1-10。

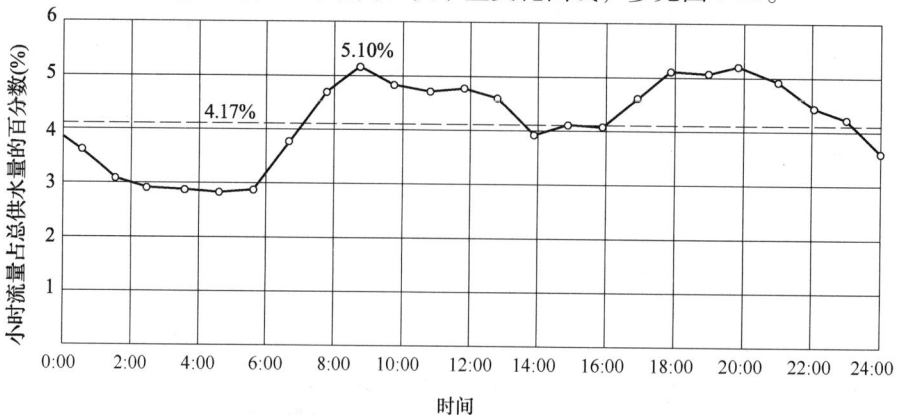

图1-10　采用相对坐标方式表示的最高日供水量变化曲线

1.3 给水系统流量、水压关系

1.3.1 给水系统各构筑物的流量关系

给水系统各构筑物的流量均以最高日供水量（设计规模）为基础进行设计计算。对于常见的给水系统内各环节的设计流量的确定原则如下：

（1）净水厂、取水构筑物、泵站、原水输水管（渠）

1）净水厂设计水量

净水厂水处理构筑物设计水量按照最高日供水量（设计规模）加水厂自用水量确定。

取用地表水源水时，水处理构筑物设计水量按照下式计算：

$$Q_1 = \frac{(1 + \alpha) Q_d}{T} \tag{1-1}$$

式中 Q_1——水处理构筑物设计水量，m^3/h；

　　　Q_d——给水系统的最高日供水量，即为设计规模，m^3/d；

　　　T——水处理构筑物在一天内的实际运行时间，h；

　　　α——净水厂自用水率，根据原水水质、所采用的处理工艺和构筑物类型等因素通过计算确定，一般采用 5% ~ 10%。当滤池反冲洗水采取回用时，自用水率适当减少。

2）取水构筑物、一级泵站、原水输水管（渠）设计流量

取用地表水源水时，取水构筑物、一级泵站、从水源至净水厂的原水输水管（渠）及增压泵站的设计流量应按照最高日平均时供水量确定，并计入输水管（渠）的漏损水量和净水厂自用水量。

$$Q'_1 = \frac{(1 + \beta + \alpha) Q_d}{T} \tag{1-2a}$$

式中 Q'_1——取水构筑物、一级泵站、原水输水管道设计流量，m^3/h；

　　　T——取水构筑物、一级泵站在一天内的实际运行时间，h；

　　　β——输水管（渠）漏损水量占设计规模的比例，和输水管（渠）单位管道长度的供水量、供水压力、管（渠）材质有关。

如果取原水输水管漏损水量占水厂设计流量的比例为 β'，则取水构筑物、一级泵站、原水输水管道的设计流量为

$$Q'_1 = \frac{(1 + \beta')(1 + \alpha) Q_d}{T} \tag{1-2b}$$

式中符号同式（1-2a）。

在长距离原水输水系统中，有的建造了原水事故调蓄水池，从调蓄水池取水到净水厂的原水输水管流量及取水泵房设计流量按式（1-2b）计算。从水源取水到调蓄水池的原水输水管及取水泵房设计流量根据水源变化情况和每天可取用时数计算。原水调蓄水池调蓄容积不大于7d的输水量，并采取防止富营养、软体动物、甲壳浮游动物滋生堵塞管道和减缓积泥的措施。用于水源地避咸、避沙、避凌的原水调蓄构筑物的设置容积，另行计算。

（2）二级泵站、二级泵站到管网的输水管（渠）以及管网

二级泵站及二级泵站到管网的输水管的设计流量，应根据管网内有无水塔（或高位水池）及设置的位置，用户用水量变化曲线及二级泵站工作曲线确定。

1）城市管网内没有水塔　当城市管网内没有水塔，且不考虑居住区屋顶水箱的作用时，二级泵站和从二级泵站到城市配水管网输水管的最大设计流量按照最高日最高时用水条件下由净水厂负担的供水量计算确定。在这种情况下，二级泵站任何小时的供水量都应等于用户的用水量，最高日最高时供水流量按下式计算：

$$Q_2 = K_h \frac{Q_d}{T} \tag{1-3}$$

式中　Q_2——二级泵站、二级泵站到管网的输水管以及管网最高日最高时供水量，m^3/h；

K_h——时变化系数，指最高日最高时供水量与该日平均时供水量的比值；

T——按一天运行24h计算，h；

其他符号同上。

2）城市管网内设有水塔　当城市管网内设有水塔（或高位水池）时，在最高日最高时用水的条件下，水塔作为一个独立的水源，和二级泵站一起共同向管网供水。由于水塔可以调节二级泵站供水和用户用水之间的流量差，因此二级泵站每小时的供水量可以不等于用户每小时的用水量。但是，设计的最高日泵站的总供水量应等于最高日用户总用水量。

管网起端（网前）、网中或网后设置水塔或高位水池时，多数情况下，二级泵站向水塔、高位水池不另设专用供水管道，而是利用管网转输供水。二级泵站的设计流量，按照二级泵站向水塔供水和最高日最高时供水中的最大供水流量确定。二级泵站到管网输水管的设计流量应按管网最高日最高时供水流量减去水塔（或高位水池）输入管网的流量计算。这是一种比较经济的运行方式。

对于水厂内设置水塔，二级泵站向水塔充满水后停止运行、平时由水塔向管网供水的小型水站，二级泵站的设计流量按照向水塔充水的时间确定。

城市配水管网的设计流量按照最高日最高时供水流量确定。

由于在水厂规模的计算中已经考虑了管网漏损水量，所以二级泵站和从二级泵站向管网输水的管道的设计流量中不再另外计算管道漏损水量。

1.3.2　清水池和水塔的容积

当城市管网的供水区域较大，配水距离较长，并且在供水区域内有合适的位置和地形时，可以通过技术经济比较，考虑在水厂外建造调节构筑物（如高位水池、水塔、调节水池泵站等）。厂外调节构筑物的容积应根据用水区域的供需情况和消防储备水量等确定。当缺乏资料时，亦可参照相似条件下的经验数据确定。高位水池、水塔、调节水池的容积和设置的位置直接影响到管网布置、二级泵站的设计流量大小。

（1）清水池

由于一级泵房和水厂内的净化构筑物通常按照最高日平均时流量设计，而向管网供水的二级泵房供水流量和一级泵房的每小时流量并不相等。为了调节一级泵房供水量（也

就是水厂净水构筑物的处理水量）和二级泵房送水量之间的差值，同时还储存水厂的生产用水（如滤池反冲洗用水等），并且备用一部分城市的消防水量，必须在一、二级泵房之间建造清水池。从水处理的角度上看，清水池的容积还应当满足消毒接触时间的要求。因此，清水池的有效容积应为：

$$W = W_1 + W_2 + W_3 + W_4 \qquad (1\text{-}4)$$

式中　W——清水池的有效容积，m^3；

$\quad W_1$——调节容积，m^3，用来调节一级泵站供水量和二级泵站送水量之间的差值。根据水厂净水构筑物的产水曲线和二级泵站的送水曲线计算；

$\quad W_2$——消防储备水量，m^3，按2h火灾延续时间计算；

$\quad W_3$——水厂冲洗滤池和沉淀池排泥等生产用水，m^3，可取最高日用水量的5%～10%；

$\quad W_4$——安全贮量，m^3。

在缺乏供水数据资料的情况下，当水厂外没有调节构筑物的时候，清水池的有效容积一般可按水厂最高日设计水量的10%～20%计算，小规模的水厂采用较大的数值。

清水输水系统中的增压泵站、调蓄泵站内调节水量的清水池调蓄容积不大于1d的输水量。

清水池的个数或分格数量不得少于两个，并能单独工作和分别泄空。设计时应考虑当某个清水池清洗或检修时还能保持水厂的正常生产。如有特殊措施能保证供水要求时，清水池也可以只修建1个。

清水池的排空、溢流等管道严禁直接与下水道连通。清水池四周应排水畅通，严禁污水倒灌和渗漏，其周围10m以内不得有化粪池、污水处理构筑物、渗水井、垃圾堆放场等污染源；周围2m以内不得有污水管道和污染物。当达不到上述要求时，应采取防止污染的措施。

（2）水塔（高位水池）

水塔（高位水池）的主要作用是调节二级泵站供水量和用户用水量之间的差值，同时备用一部分消防水量。故一般水塔的有效容积应为：

$$W = W_1 + W_2 \qquad (1\text{-}5)$$

式中　W——有效容积，m^3；

$\quad W_1$——调节容积，m^3，根据水厂二级泵站的送水曲线和用户的用水曲线计算；

$\quad W_2$——消防贮水量，m^3，按10min室内消防用水量计算。

在缺乏用户用水量变化规律资料的情况下，水塔的有效容积也可凭运转经验确定，当泵站分级工作时，可按最高日设计水量的2.5%～3%或5%～6%设计计算，城市用水量大时取低值。工业用水可按生产上的要求（调度、事故及消防等）确定水塔的调节容积。

【例题1-3】有一座小型城市，设计供水规模24000m^3/d，不同时段用水量、二级泵房供水量如表1-8，供水量与用水量差额由管网高位水池调节，则高位调节水池的调蓄水量为多少？

不同时段用水量、二级泵房供水量关系表　　　　　　　表1-8

时　段	0:00～5:00	5:00～10:00	10:00～12:00	12:00～16:00	16:00～19:00	19:00～21:00	21:00～24:00
二级泵房供水量（m^3/h）	600	1200	1200	1200	1200	1200	600
管网用水量（m^3/h）	500	1100	1700	1100	1500	1100	500

【解】 根据上表绘出用水变化曲线（实线）和水厂二级泵房供水曲线（虚线）如图1-11所示。

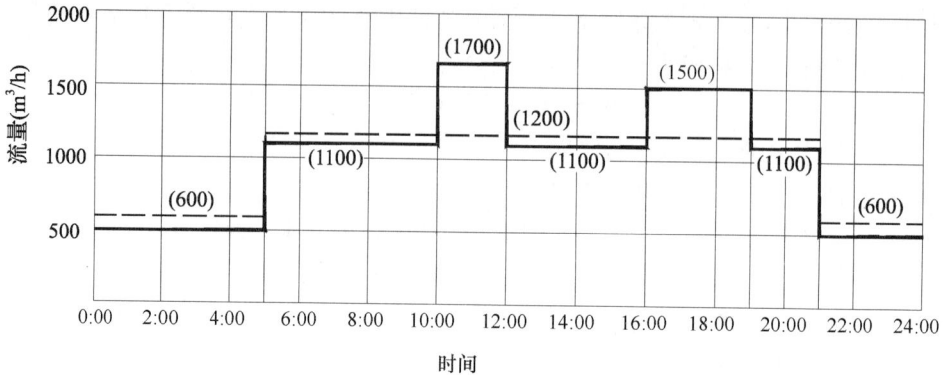

图1-11　城市用水量、供水量变化曲线

——用水量变化曲线；－－－－二级泵房供水曲线

从19:00到次日10:00二级泵房供水量连续大于用水量。连续进入、流出高位水池的水量差值为：$(1200-1100) \times 7 + (600-500) \times 8 = 1500\text{m}^3$，则高位调节水池的调蓄水量为1500m³。

（3）水塔（高位水池）和清水池关系

水塔（或高位水池）和清水池二者有着密切的联系，二级泵站供水曲线越接近用水曲线，则水塔容积越小，相应清水池容积就要适当放大。

当供水系统中不设水塔和调节构筑物时，可以认为二级泵站的送水量就等于用户的用水量。因此采用在一天内每小时时段内的用户用水累计量和水厂净水构筑物产水累计水量的差连续为正（或连续为负）的值乘以连续时间来计算清水池的调节容积。

与上相仿，可采用在一天内每小时时段内的用户用水累计量和二级泵站送水累计水量的差连续为正（或连续为负）的值乘以连续时间来计算水塔的调节容积。

1.3.3　给水系统的水压关系

给水系统中必须保证一定的水压以供用户使用。用户在用水接管地点的地面上测出的测压管水柱高度常称为该用水点的自由水压，也称为用水点的服务水头。

由于供水区域内各个用水点的地面标高和管道埋深不一定相同，因此在比较各个用水点的水压时，有必要采用一个统一的基准水平面。从该基准水平面算起，量测的测压管水柱所到达的高度称为该用水点的总水头。水总是从总水头较高的点流向总水头较低的点。

当建筑物由给水管网直接供水时，一般按照建筑物的层数确定给水管网的最小服务水头。对于一层的建筑，最小服务水头为10m，二层为12m，二层以上的建筑每增加一层服务水头增加4m。建筑层中不包括那些采用特殊装置供水（如水箱、变频水泵等）的层数。对于单独的高层建筑或在高地上的个别建筑，可设局部加压装置来解决供水压力问题，不宜按照这些建筑的水压需求来控制供水管网的服务压力。

如果采用统一供水系统的形式给地形高差较大的区域供水，则为了满足所有用户的用

22

水压力，必定会使相当一部分管网的供水压力过高，造成不必要的能量损失，并还会使管道承受高压，给管网的安全运行带来威胁。因此，这种给水系统宜采用分压供水。在系统中设置加压泵站或不同压力的供水区域，有助于节约能耗，有利于供水安全。

（1）水泵扬程的确定

水泵（泵站）的扬程主要由以下几部分组成：

1）几何高差，又称净扬程，指从水泵的吸水池（井）最低水位到用水点处的高程差值；

2）水头损失，包括从水泵吸水管路、压水管路到用水点处所有管道和管件的水头损失之和；

3）用水点处的服务水头（自由水压）。

水厂一级泵站和二级泵站扬程的确定方法及水塔高度如表1-9中式（1-6）～式（1-12）及图1-12～图1-16所示。

水泵扬程和水塔高度计算   表1-9

计算公式	符号说明
一级泵站扬程： $$H_p = H_0 + h_s + h_d \quad (m) \qquad (1\text{-}6)$$ 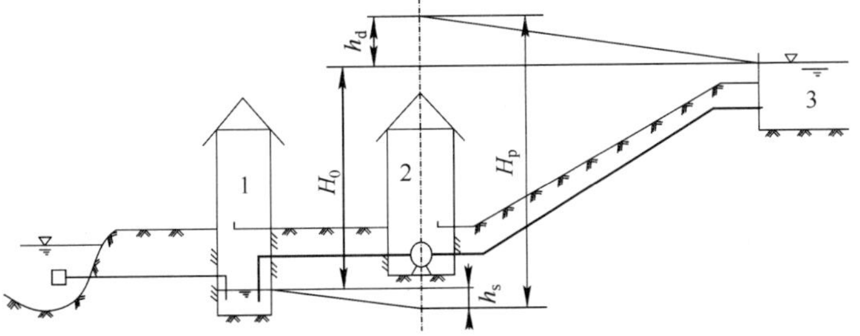 图1-12　一级泵房扬程计算 1—吸水井；2——级泵房；3—水处理构筑物	H_0—净扬程，指水泵吸水井最低水位与水厂前端处理构筑物最高水位的高程差，m； h_s—水泵吸水管、出水管和泵站内阀门、短管的水头损失，m； h_d—泵站到水厂输水管水头损失，m
无水塔管网二级泵站扬程： $$H_p = Z_c + H_c + h_s + h_c + h_n \quad (m) \qquad (1\text{-}7)$$ 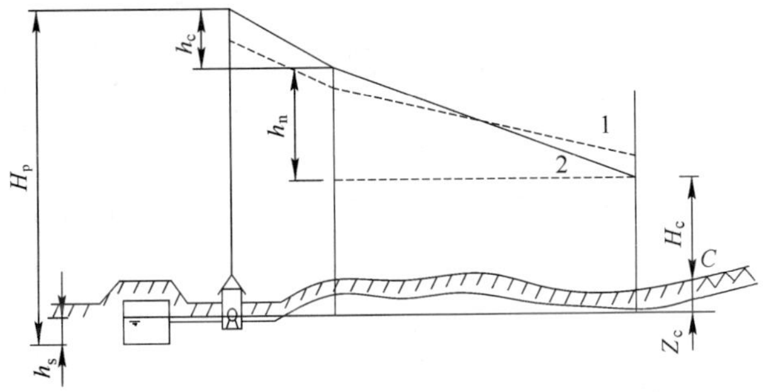 图1-13　无水塔管网的水压线 1—最小用水时；2—最高用水时	Z_c—管网控制点 C 地形标高与清水池最低水位的高差，m； H_c—控制点要求的最小服务水头，m； h_s—吸水管水头损失，m； h_c、h_n—输水干管和管网的水头损失，m，按水泵最高供水时供水量计算

计算公式	符号说明

网前水塔的水柜底高于地面的高度：

$$H_t = H_c + h_n - (Z_t - Z_c) \quad (m) \qquad (1\text{-}8)$$

二级泵站扬程：

$$H_p = Z_t + H_t + H_0 + h_c + h_s \quad (m) \qquad (1\text{-}9)$$

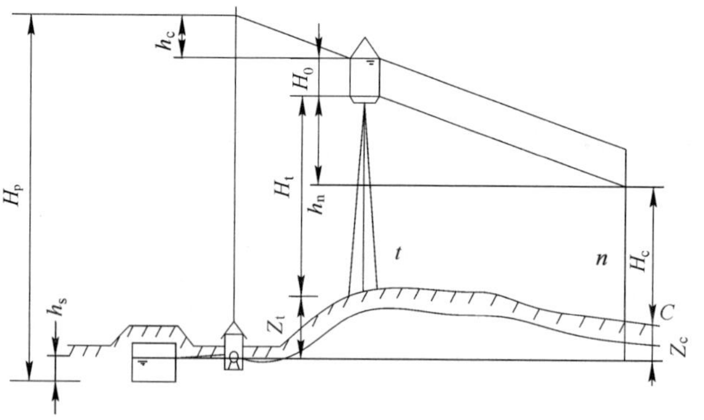

图 1-14　网前水塔管网的水压线

H_c—控制点 C 要求的最小服务水头，m；

h_n—按最高供水时供水量计算的从水塔到控制点的管网水头损失，m；

Z_t—设置水塔处地面标高与清水池最低水位的高差，m；

Z_c—控制点 C 处地面标高与清水池最低水位的高差，m；

H_0—水塔水柜的有效水深，m；

其余符号意义同上

网后水塔管网

① 控制点 C 在供水分界线上最大转输时二级泵站扬程：

$$H'_p = Z_t + H_t + H_0 + h'_s + h'_c + h'_n \quad (m) \qquad (1\text{-}10)$$

② 最高供水时二级泵站扬程：

$$H_p = Z_c + H_c + h_s + h_c + h_n \quad (m) \qquad (1\text{-}11)$$

③ 水塔高度视放置位置而定，网前网后水塔最大高度可能相同。

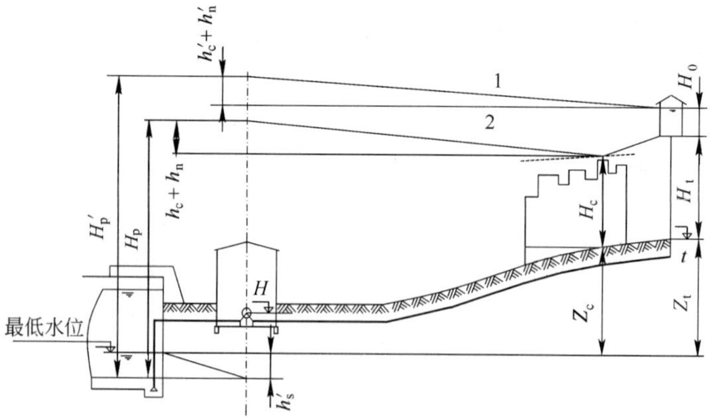

图 1-15　对置水塔的管网水压线
1—最大转输时；2—最高用水时

① h'_s、h'_c、h'_n 分别表示最大转输流量时，水泵吸水管、输水管和管网的水头损失，m；

② 这里的 h_s、h_c、h_n 分别表示最高供水时的流量扣除水塔供水流量后水泵吸水管、输水管和管网的水头损失，m；

③ 最大转输时，如果二级泵房向高位水池供水流量小于最高供水时的流量，则管网最大转输时二级泵房扬程 H'_p 小于最高供水时二级泵站扬程 H_p；

④ 符号如图 1-15 所示

计算公式	符号说明
无水塔管网消防时二级泵房水泵扬程： $$H_p' = Z_c + H_f + h_s' + h_c' + h_n' \quad (\text{m}) \qquad (1\text{-}12)$$ 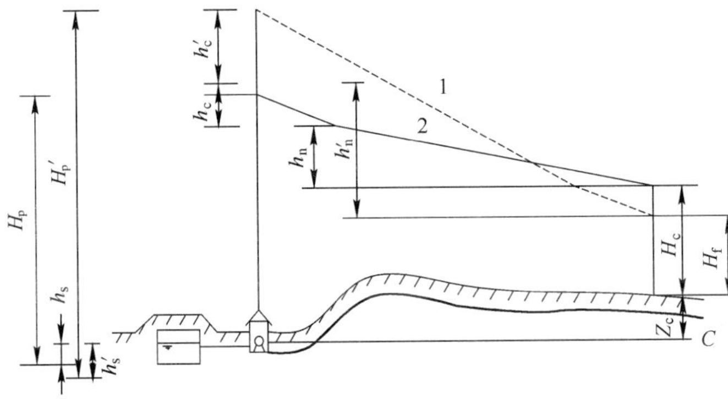 图 1-16　无水塔管网消防时管网的水压线 1—消防时；2—最高用水时	H_f—消防时管网着火点允许的水压（不低于 10m）（m）； h_s'、h_c'、h_n'—分别为管网通过消防流量时泵站管路、输水管及管网的水头损失，m； 控制点应设在设计时假设的着火点

注：1. 一级泵房水泵扬程按最高日平均时流量计算；

2. 二级泵房水泵扬程和水塔高度按最高日最高时流量计算，消防时按最高日最高时用水量再加上消防流量计算；

3. 按以上各式计算水泵扬程时，应考虑 1~2m 的富裕水头。

（2）水塔高度的确定

如上所述，水塔的主要作用是调节二级泵站供水和用户用水量之间的流量差值，并贮存 10min 的室内消防水量。大城市一般不设水塔，因为大城市用水量大，水塔容积小了不起作用，而如果容积太大造价又太高，况且水塔高度一旦确定，不利于给水管网今后的发展。中小城市和工业企业则可考虑设置水塔，因为这样既可以缩短水泵工作时间，又可以保证恒定的水压。水塔在管网中的位置可以靠近水厂（网前水塔）、位于管网中间（网中水塔）或靠近管网末端（网后水塔）等。不管水塔设在何处，它的水柜底高于地面的高度均可按式（1-8）计算（见图 1-14），即：

$$H_t = H_c + h_n - (Z_t - Z_c)(\text{m})$$

上式表明，建造水塔处的地面标高 Z_t 越高，则水塔高度 H_t 越小，这就是水塔建在高地的原因。

可以肯定，水塔设置位置不同，按最高供水时供水量计算的从水塔到控制点的管网水头损失不同，所需要的水塔高度不同。所以，水塔高度和设置位置有关。

2 输水和配水工程

2.1 管网和输水管渠的布置

输水和配水系统是保证输水到给水区内并且配水到所有用户的设施。对输水和配水系统的总体要求是:供给用户所需要的水量,保证配水管网有必要的水压,并保证不间断供水。

给水系统中,从水源输水到城市水厂的管、渠和从城市水厂输送到管网的管线,称之为输水管(渠)。从清水输水管输水分配到供水区域内各用户的管道为管网。

管网是给水系统的主要组成部分。它和输水管、二级泵站及调节构筑物(水池、水塔等)具有密切的联系。

2.1.1 管网

(1)布置形式

虽然给水管网有各种各样的布置形式,但其基本布置形式只有两种:即是枝状网(图2-1)和环状网(图2-2)。

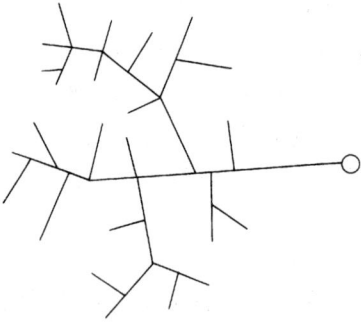

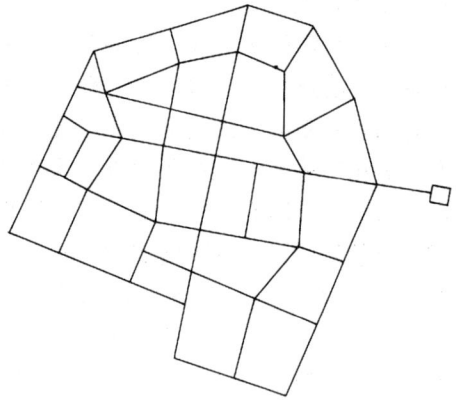

图2-1 枝状网　　　　　　　　　　　图2-2 环状网

枝状网是干管和支管分明的管网布置形式。枝状网一般适用于小城市和小型工矿企业。枝状网的供水可靠性较差,因为管网中任一管段损坏时,在该管段以后的所有管段就会断水。另外,在枝状网的末端,因用水量已经很小,管中的水流缓慢,甚至停滞不流动,因此水质容易变坏,有出现浑水和"红水"的可能。从经济上考虑,枝状网投资较省。

环状网是管道纵横相互接通的管网布置形式。这类管网当任一段管线损坏,可以关闭附近的阀门使其与其他管线隔断,进行检修。这时,仍可以从另外的管线供应给用户用水,断水的影响范围可以缩小,从而提高了供水可靠性。另外,环状网还可以减轻因水锤作用产生的危害,而在枝状网中,则往往因此而使管线损坏。从投资考虑,环状网明显高于枝状网。

城镇配水管网宜设计成环状，当允许间断供水时，可以设计成枝状，但应考虑将来连成环状管网的可能。一般在城市建设初期可采用枝状网，以后随着给水事业的发展逐步连成环状网。实际上，现有城市的给水管网，多数是将枝状网和环状网结合起来，在城市中心地区，布置成环状网，在郊区则以枝状网的形式向四周延伸。供水可靠性要求较高的工矿企业需采用环状网，并用枝状网或双管输水到个别较远的车间。

（2）布置要求

1）按照城市规划平面布置管网，充分考虑给水系统分期建设的可能，并留有发展余地；

2）管网布置必须保证供水安全可靠，当局部管网发生事故时，断水影响范围应减少到最小；

3）管线应遍布在整个给水区内，保证用户有足够的水量和水压；

4）力求以最短的距离敷设管线，以降低管网造价和供水运行费用。

（3）管网定线与布置

城市给水管网定线是指在地形平面图上确定管线的走向和位置。定线时一般只限于干管以及干管之间的连接管，不包括从干管到用户的分配管和接到用户的进水管。干管管径较大，用以输水到各地区。分配管是从干管取水供给用户和消火栓，管径较小，常由城市消防流量决定所需最小的管径。

城市给水管网布置取决于城市的平面布置，供水区的地形，水源和调节水池的位置，街区和用户（特别是大用户）的分布，河流、铁路、桥梁的位置等，着重考虑以下因素：

1）干管布置时其延伸方向应和二级泵站输水到水池、水塔、大用户的水流方向一致，沿水流方向，以最短的距离，在用水量较大的街区布置一条或数条干管。

2）从供水的可靠性考虑，城镇给水管网宜布置几条接近平行的干管并形成环状网。但从经济上考虑，当允许间断供水时，给水管网的布置可采用一条干管接出许多支管，形成枝状网，同时考虑将来连成环状网的可能。

3）给水管网布置成环状网时，干管间距可根据街区情况，采用500～800m，干管之间的连接管间距，根据街区情况考虑为800～1000m。

4）干管一般按城市规划道路布置，但尽量避免在高级路面和重要道路下通过，以减少今后维修开挖工程量。

5）城镇公共供水管网严禁与非生活饮用水管网连接，严禁擅自与自建供水设施连接。

6）生活饮用水管道严禁穿过毒物污染区；通过腐蚀地段的管段应采取安全保护措施。

7）城镇给水管道的平面布置和埋深，应符合城镇的管道综合设计要求；工业企业给水管道的平面布置和竖向标高设计，应符合厂区的管道综合设计要求。

工业企业内的管网布置有其具体特点。根据企业内的生产用水和生活用水对水质和水压的要求，两者可以合用一个管网，也可分建成两个管网。消防用水管网可根据消防水压和水量要求单独设立，也可由生活或生产给水管网供给消防用水。应根据工业企业的特点，确定管网布置形式。在正常条件下，生活用水和消防用水合并的管网，应布置成环状。工业生产用水则按照生产工艺对供水可靠性的要求，可以采用枝状管网、环状管网或两者相结合的管网。

2.1.2 输水管（渠）

根据给水系统各单元相对位置设置的输水管（渠）有长有短。长距离输水管（渠）常穿越河流、公路、铁路、高地等。因此，其定线就显得比较复杂。

输送浑水时，多采用压力输水管、重力输水管、重力输水渠。为便于施工管理，以压力输水管为多。输送清水时，多采用压力输水管、重力输水管，以压力输水管为多。远距离输水时，可按具体情况，采用不同的布置形式。

输水管（渠）定线时一般按照下列要求确定：

1）与城市建设规划相结合，尽量缩短线路长度，尽量避开不良的地质构造（地质断层、滑坡等）地段，尽量沿现有道路或规划道路敷设；减少拆迁，少占良田，少毁植被，保护环境；施工、维护方便，节省造价，运行安全可靠。

2）从水源地至净水厂的原水输水管（渠）的设计流量，应按最高日平均时供水量确定，并计入输水管（渠）的漏损水量和净水厂自用水量；从净水厂至管网或经增压泵站到管网的清水输水管道的设计流量，与管网中高位水池容量有关，按最高日供水条件下，由净水厂负担的最大供水流量计算确定。

从高位水池到管网的输水管道设计流量，按最高日最高时供水条件下高位水池向管网输水量和非高峰供水时二级泵站经管网转输向高位水池输水量中最大值计算。

3）输水干管不宜少于两条，并加设连通管，当有安全贮水池或其他安全供水措施时，也可修建一条输水干管。输水干管和连通管的管径及连通管根数，应按输水干管任何一段发生故障时仍能通过事故用水计算确定，城镇的事故水量为设计水量的70%。由于施工、设备维修等原因需要停止供水的，应经城市供水行政主管部门批准，并提前24h通知用水单位和个人；因发生灾害或者紧急事故不能提前通知的，应当在抢修的同时通知用水单位和个人，并报告城市供水行政主管部门。

4）输水管道系统运行中，应保证在各种设计工况下，管道不出现负压。

5）输水管（渠）道隆起点上应设通气设施，管线竖向布置平缓时，宜间隔1000m左右设一处通气设施。

6）原水输送宜选用管道或暗渠（隧洞）；当采用明渠输送时，必须有可靠的防止水质污染和水量流失的安全措施；清水输送应选用管道。

7）输水管道系统的输水方式可采用重力式、加压式或两种并用方式，应通过技术经济比较后选定。

8）管道穿越河道时，可采用管桥或河底穿越等方式。

9）距离超过10km的管渠输水方式可以认为是长距离输水工程，应遵守下列基本规定：

①应深入进行管线实地勘察和线路方案比选优化；对输水方式、管道根数按不同工况进行技术经济分析论证，选择安全可靠的运行系统；根据工程的具体情况，进行管材、设备的比选优化，通过计算经济流速确定经济管径。

②应进行必要的水锤分析计算，并对管路系统采取水锤综合防护设计，根据管道纵向布置、管径、设计水量、功能要求，确定水锤防护措施。

③ 应设测流、测压点，根据需要设置遥测、遥信、遥控系统。

2.2 管网水力计算基础

2.2.1 管网水力计算的目标和方法

城市给水管网按照最高日最高时供水量计算，据此求出所有管段的直径、水头损失、水泵扬程和水塔高度（当设置水塔或高位水池时），并分别按下列 3 种工况和要求进行校核：

（1）发生消防时的流量和消防水压的要求；

（2）最大转输时的流量和水压的要求；

（3）最不利管段发生故障时的事故用水量和设计水压要求。

旧管网扩建和改建的计算中，需对原有管网的水量水压情况等现状资料进行深入的调查和测定，例如现有节点流量、管道使用后的实际管径和管道阻力系数、因局部水压不足而需新铺水管或放大管径的管段位置等，力求计算结果接近于实际。

在进行城市管网的现状核算以及现有管网的扩建计算时，由于给水管线遍布在街道之下，不但管线很多，而且管径差别很大，如果将全部管线一律加以计算，实际上没有必要。因此，对新设计的管网，定线和计算只限于干管，而不是全部管线。对改建和扩建的管网往往将实际的管网适当加以简化，保留主要的干管，略去一些次要的、水力条件影响较小的管线。简化后的管网基本上应能够反映实际用水情况，使计算工作量可以减少，管网图形的简化必须在保证计算结果接近实际情况的前提下对管线进行的简化。

管网计算时，无论是新建管网，还是旧管网扩建或改建，管网的计算步骤都是相同的。即：① 求沿线流量和节点流量；② 求管段计算流量；③ 确定各管段的管径和水头损失；④ 进行管网水力计算或技术经济计算；⑤ 确定水塔高度和水泵扬程。本节对上述计算步骤分别进行阐述。

2.2.2 管段计算流量

如上所述，管网计算时并不包括全部管线，而是只计算经过简化后的干管。管网图形是由许多节点和管段组成的。节点包括如泵站、水塔或高位水池等水源节点；不同管径或不同材料的管线交接点；以及两管段交点或集中向大用户供水的点。两节点之间的管线称为管段，管段流量是计算管段水头损失的重要数据，也是选择管径的重要依据。计算管段流量需首先求出沿线流量和节点流量。

（1）沿线流量

城市给水管线，是在干管和分配管上接出许多用户，沿管线配水。管线沿途既有工厂、机关、旅馆等大量用水单位，也有数量很多但用水量较少的居民户，如图 2-3 所示。

如果按照实际用水情况来计算管网，势必根据不断变化的用水量计算出很多工况。因此，计算时往往加以简化，即假定用水量均匀分布在全部干管上，由此算出干管管线单位长度的流量，叫作比流量，按下式计算：

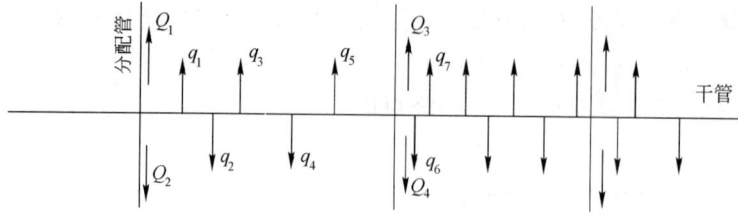

图 2-3 干管配水情况

$$q_s = \frac{Q - \sum q}{\sum l} \tag{2-1}$$

式中　q_s——比流量，L/(s·m)；

　　　Q——管网总供水量，L/s；

　$\sum q$——大用户集中供水量总和，L/s；

　$\sum l$——干管总长度，m，不包括穿越广场、公园等无建筑物地区的管线；只有一侧
　　　　　配水的管线，长度按一半计算。

　　式（2-1）表明，干管的总长度一定时，比流量随用水量增减而变化，最高供水时和
最大转输时的流量不同，所以在管网计算时必须分别计算。城市内人口密度或房屋卫生设
备条件不同的地区，也应该根据各地区的用水量和干管线长度，分别计算其比流量，以得
出比较接近实际用水的结果。

　　管网管段沿线流量是指供给该管段两侧用户所需流量。以比流量求出各管段沿线流量
的公式为：

$$q_1 = q_s l \tag{2-2}$$

式中　q_1——沿线流量，L/s；

　　　q_s——比流量，L/(s·m)；

　　　l——计算管段的长度，m。

　　整个管网的沿线流量总和 $\sum q_1$，等于 $q_s \sum l$。由式（2-1）可知，$q_s \sum l$ 值等于管网供
给的总用水量减去大用户集中用水总量，即等于 $Q - \sum q$。

　　但是，按照用水量全部均匀分布在干管上的假定，求出比流量的方法存在一定的缺
陷。因为它忽视了沿线供水人数和用水量的差别，所以与各管段的实际配水量并不一致。
为此提出另一种按该管段的供水面积决定比流量的计算方法，即将式（2-1）中的管段总
长度 $\sum l$ 用供水区总面积 $\sum A$ 代替，得出的是以单位面积计算的比流量 q_A。这样，任一
管段的沿线流量，等于其供水面积和比流量 q_A 的乘积。供水面积可用等分角线的方法来
划分街区。在街区长边上的管段，其两侧供水面积均为梯形。在街区短边上的管段，其两
侧供水面积均为三角形。这种方法虽然比较准确，但计算较为复杂，对于干管分布比较均
匀、干管间距大致相同的管网，并无必要按供水面积计算比流量。

　　（2）节点流量

　　管网中管段的流量，由两部分组成：一部分是沿该管段长度 l 配水的沿线流量 q_1，另
一部分是通过该管段输水到以后管段的转输流量 q_t。转输流量沿整个管段不变，而沿线

流量由于管段沿线配水，所以管段中的流量顺水流方向逐渐减少，到管段末端只剩下转输流量。如图 2-4 所示，管段 1-2 起端 1 的流量等于转输流量 q_t 加沿线流量 q_1，到末端 2 只有转输流量 q_t，因此每一管段从起点到终点的流量是变化的。对于流量变化的管段，难以确定管径和水头损失，所以有必要将沿线流量转化成从节点流出的节点流量。所谓节点流量是从沿线流量折算得出的并且假设是在节点集中流出的流量。转化成从节点流量后，沿管线不再有流量流出，即管段中的流量不再沿管线变化，就可根据该流量确定管径。

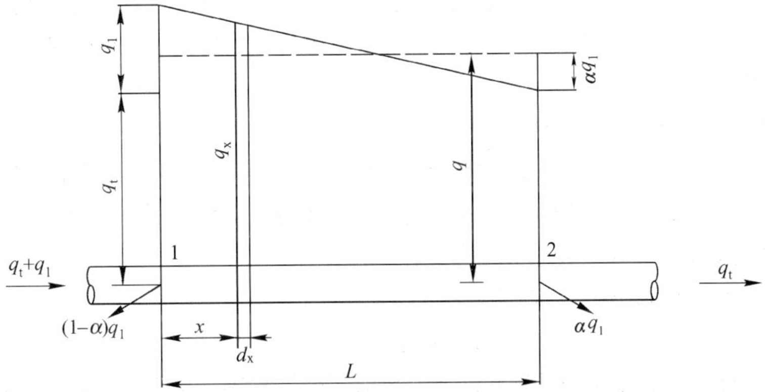

图 2-4　沿线流量折算成节点流量

沿线流量转化成节点流量的原理是求出一个沿线不变的折算流量 q，使它产生的水头损失等于实际上沿线变化的流量 q_x 产生的水头损失。

图 2-4 中的水平虚线表示沿线不变的折算流量 q：

$$q = q_t + \alpha q_1 \tag{2-3}$$

式中 α 称为折算系数，是把沿线变化的流量折算成在管段两端节点流出流量的系数，即节点流量系数。根据沿线流量转化成节点流量的原理，令 $\gamma = q_t/q_1$，经推导得：

$$\alpha = \sqrt[n]{\frac{(\gamma + 1)^{n+1} - \gamma^{n+1}}{n + 1}} - \gamma \tag{2-4}$$

上式表明，折算系数 α 只和 γ 值有关，取水头损失计算流量指数 $n = 2$，在管网末端的管段，因转输流量 q_t 为零，则 $\gamma = 0$，得：

$$\alpha = \sqrt{\frac{1}{3}} = 0.577$$

如取水头损失计算流量指数 $n = 1.852$，则 $\alpha \approx 0.5678$。

如果 $\gamma = 100$，即转输流量远大于沿线流量的管段（在管网的起端），折算系数为：

$$\alpha = 0.5$$

由此可见，因管段在管网中的位置不同，γ 值不同，折算系数 α 值也不等。一般而言，在靠近管网起端的管段，因转输流量比沿线流量大得多，α 值接近 0.5；相反，靠近管网末端的管段，α 值大于 0.5。为了便于管网计算，通常统一采用 $\alpha = 0.5$，即将沿线流量折半作为管段两端的节点流量，解决工程问题时，已足够精确。

因此，管网任一节点的节点流量为：

$$q_i = \alpha \sum q_1 = 0.5 \sum q_1 \tag{2-5}$$

即由沿线流量折算成节点流量时，任一节点的节点流量 q_i 等于与该节点相连接各管

段的沿线流量 q_1 总和的一半。

城市管网中，工业企业等大用户所需流量，可直接作为接入大用户的节点流量。工业企业内的生产用水管网，供水量大的车间，供水量也可以直接作为节点流量。

这样，管网图上只有集中在节点的流量，包括由沿线流量折算的节点流量和大用户的集中流量。管网计算中，节点流量一般在管网计算图的节点旁引出箭头注明，以便于进一步计算。

（3）管段计算流量

求出节点流量后，可以进行管网的流量分配，求出包括沿线流量和转输流量的管段的流量。根据管段流量确定管径并进行水力计算，所以流量分配在管网计算中是一个重要环节。

1）枝状网

单水源供水的枝状网流量分配如图 2-5 所示。

图中从水源（二级泵站或高位水池等）供水到枝状网各节点的水流方向只有一个，如果任一管段发生事故时，该管段以后的地区就会断水。因此，任一管段的流量等于该管段以后（顺水流方向）所有节点流量的总和。

例如：图 2-5 中管段 3-4 的流量为：

$$q_{3-4} = q_4 + q_5 + q_8 + q_9 + q_{10}$$

可以看出，枝状网的流量分配比较简单，各管段的流量容易确定，并且每一管段只有唯一的流量值。

2）环状网

环状网的流量分配比较复杂。因各管段的流量与以后各节点流量没有直接的联系，见图 2-6。

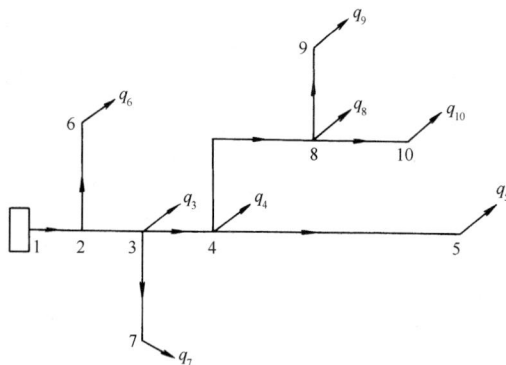

图 2-5　枝状网流量分配　　　　图 2-6　环状网流量分配

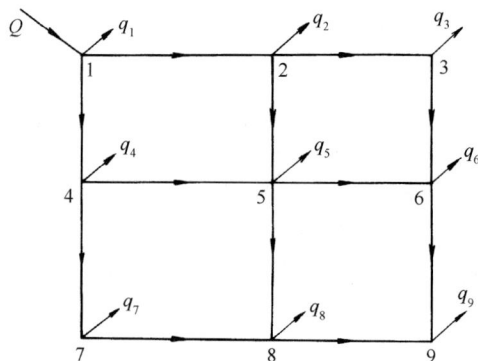

环状网流量分配时必须保持每一节点的水流连续性，也就是流向任一节点的流量必须等于流离该节点的流量，以满足节点流量平衡的条件，用公式表示为：

$$q_i + \sum q_{ij} = 0 \qquad (2-6)$$

式中　q_i——节点 i 的节点流量，L/s；

q_{ij}——从节点 i 到节点 j 的管段流量，L/s。

假定离开节点的管段流量为正，则流向节点的管段流量为负。

以图 2-6 的节点 1 为例：离开节点的流量为 q_1，q_{1-2}，q_{1-4}，流向节点的流量为 Q，因此根据式（2-6）得：

$$-Q + q_1 + q_{1-2} + q_{1-4} = 0$$

或 $$Q - q_1 = q_{1-2} + q_{1-4}$$

可以看出，对节点 1 来说，即使进入管网的总流量 Q 和节点流量 q_1 已知，各管段的流量，如 q_{1-2} 和 q_{1-4} 等值，还可以有不同的分配，即有不同的管段流量。假设在分配流量时，对其中的一条，例如管段 1-2 分配很大的流量 q_{1-2}，而另一管段 1-4 分配很小的流量 q_{1-4}，因 $q_{1-2} + q_{1-4}$ 仍等于 $Q - q_1$，即保持水流的连续性，这时敷管费用虽然比较经济，但和安全供水存在明显矛盾。因为当流量很大的管段 1-2 损坏需要检修时，全部流量必须经管段 1-4 通过，使该管段的水头损失过大。从而影响到整个管网的供水量或水压。

因此，环状网流量分配时，应同时考虑经济性和可靠性。经济性是指流量分配后确定的管径，应在一定年限内的管网建造费用和管理费用之和为最小。可靠性是指能向用户不间断地供水，并且保证应有的水量、水压和水质。显然，经济性和可靠性之间往往难以兼顾，一般只能在满足可靠性的条件下，力求管网最为经济。

环状网流量分配的步骤是：

① 按照管网的主要供水方向，先拟定各管段的水流方向，并选定整个管网的控制点。控制点是管网正常工作时和事故时必须保证所需水压的点。

② 为了可靠供水，从二级泵站到控制点之间选定几条主要的平行干管线，这些平行干管中尽量均匀分配流量，并且符合水流连续性即满足节点流量平衡的条件。如果一条干管损坏，流量由其他干管转输时，不会使这些干管中的流量增加过多。

③ 与干管垂直的连接管，其作用主要是平衡平行干管之间的流量，有时起到一定的输水作用，有时只是就近供水到用户。由于平时流量一般不大，只有在干管损坏时才转输较大的流量，因此连接管中可分配较少的流量。

多水源管网，应由每一水源的供水量定出其大致供水范围，初步确定各水源的供水分界线，然后从各水源开始，循供水主流方向按每一节点符合 $q_i + \sum q_{ij} = 0$ 的条件，以及经济和安全供水的考虑进行流量分配。位于分界线上各节点流量，往往由几个水源同时供给。每一水源供水范围内的全部节点流量加上分界线上由该水源供应的其他节点流量之和，应等于该水源的供水量。

环状网流量分配后即可得出各管段的计算流量，由此流量即可确定管径。

2.2.3 管径计算

根据管网流量分配后得到的各个管段的计算流量，按下式计算管段直径：

$$D = \sqrt{\frac{4q}{\pi v}} \qquad (2-7)$$

式中　D——管段直径，m；

　　　q——管段流量，m^3/s；

　　　v——流速，m/s。

由上式可知，管径不仅与管段流量有关，而且与管段内流速有关，如果管段的流量已知，但流速未定，管径还是无法确定，因此欲确定管径必须先选定流速。

为了防止管网因水锤现象出现事故，最大设计流速不应超过 2.5 ~ 3m/s；在输送浑浊的原水时，为了避免水中悬浮物质在水管内沉积，最低流速通常不宜小于 0.6m/s。可见技术上允许的流量幅度是较大的。因此，需在上述流速范围内，根据当地的经济条件，考虑管网的造价和经营管理费用，来选定合适的流速。

由式（2-7）可以看出，流量已定时，管径和流速的平方根成反比。流量相同时，如果流速取得小些，管径相应增大，此时管网造价增加，可使管段中的水头损失相应减少，因此水泵所需扬程可以降低，经常的输水电费可以节约。相反，如果流速选用得大些，管径虽然小，管网造价有所降低，但因水头损失增大，经常的电费势必增加。因此，一般在保证城市所需水量、水压和水质安全可靠的条件下，选用最经济的供水方案及最优的管径或水头损失。也就是采用优化方法求得流速或管径的最优解，在数学上表现为求一定年限 t（称为投资偿还期）内管网造价和管理费用（主要是电费）之和为最小的流速，称为经济流速，以此来确定管径。

设 C 为一次投资的管网造价，M 为每年管理费用，则在投资偿还期 t 年内的总费用 W_t 的计算式，见式（2-8）。管理费用中包括电费 M_1 和折旧费（包括大修费）M_2，因后者 M_2 和管网造价有关，按管网造价的百分数计，可表示为 $\dfrac{p}{100}C$，由此得出：

$$W_t = C + Mt \tag{2-8}$$

$$W_t = C + \left(M_1 + \frac{p}{100}C\right)t \tag{2-9}$$

式中　$\dfrac{p}{100}$——管网的折旧和大修率，以管网造价的百分比计。

如以一年为基础求出年折算费用，即有条件地将造价折算为一年的费用，则得年折算费用为：

$$W = \frac{C}{t} + M = \left(\frac{1}{t} + \frac{p}{100}\right)C + M_1 \tag{2-10}$$

式中　W——管网年折算费用。

管网造价和管理费用都和管径有关。当流量已知时，则造价和管理费用与流速 v 有关，因此年折算费用既可以用流速 v 的函数表示也可以用管径 D 的函数表示。流量一定时，如管径 D 增大，v 相应减少，则式（2-10）中右边第 1 项管网造价和折旧费 $\left(\dfrac{1}{t} + \dfrac{p}{100}\right)C$ 增大，而第 2 项电费 M_1 减少。这种年折算费用 W 和管径 D 的函数关系以及年折算费用 W 和流速 v 的函数关系可以图表示，如图 2-7 和图 2-8 所示。

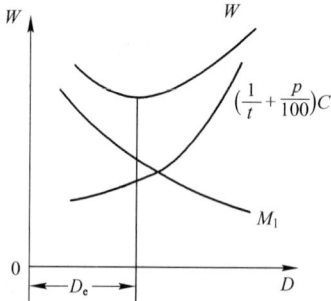

图 2-7　年折算费用与管径的关系　　　　图 2-8　年折算费用与流速的关系

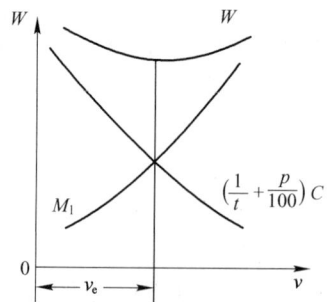

从图 2-7 和图 2-8 可以看出，年折算费用 W 存在最小值，其相应的管径和流速称为经济

管径 D_e 和经济流速 v_e。各城市的经济流速值应按当地条件，如水管材料和价格、施工费用、电费等来确定，不能直接套用其他城市的数据。另一方面，管网中各管段的经济流速也不一样，需根据管网图形、该管段在管网中的地位、该管段流量和管网总流量的比例等决定。

由于实际管网的复杂性，加之情况在不断变化，例如流量在不断增加，管网逐步扩展，许多经济指标如水管价格、电费等也随时变化，从理论上计算出准确的管网造价和年管理费用有一定的难度。在条件不具备时，设计中也可采用平均经济流速（表2-1）来确定管径，得出的是近似经济管径。一般大管径可取较大的平均经济流速，小管径可取较小的平均经济流速。

平均经济流速

表 2-1

管径（mm）	平均经济流速（m/s）
$D = 100 \sim 400$	$0.6 \sim 0.9$
$D \geqslant 400$	$0.9 \sim 1.4$

上文所说的经济流速是对压力流管网而言，对于重力流的管网来说，不存在耗用电费 M_1，只有大修理费 M_2，式（2-10）可以写为 $W = \left(\dfrac{1}{t} + \dfrac{p}{100} \right) C$。理论上分析，管网年折算费用 W 主要和一次性的管网投资造价 C 值有关。C 值越小，越为经济，则管网管径越小，流速越大。因此，可以认为，在重力流的输配水管网中，满足供水流量和压力要求、不发生水击和冲刷损坏管道的最大流速为经济流速（一般金属管道 $<10.0\mathrm{m/s}$，非金属管道 $<5.0\mathrm{m/s}$）。

2.2.4 水头损失计算

（1）管（渠）道总水头损失

管（渠）道总水头损失，按下式计算：

$$h_z = h_y + h_j \tag{2-11}$$

式中 h_z——管（渠）道总水头损失，m；

h_y——管（渠）道沿程水头损失，m；

h_j——管（渠）道局部水头损失，m，宜按下式计算：

$$h_j = \sum \xi \frac{v^2}{2g} \tag{2-12}$$

式中 ξ——管（渠）道局部水头损失系数。

管道局部水头损失与管线的水平及竖向平顺等情况有关。长距离输水管道局部水头损失一般占沿程水头损失的 5%～10%。根据管道敷设情况，在没有过多拐弯的顺直地段，管道局部水头损失可按沿程水头损失的 5%～10% 计算，在拐弯较多的弯曲地段，管道局部水头损失按照实际配件的局部水头损失之和计算。环状配水管网平差计算时不计局部水头损失。

（2）管（渠）道沿程水头损失

管（渠）道沿程水头损失或单位长度管（渠）的水头损失分别按下式计算：

1）塑料管及采用塑料内衬的管道

$$h_y = \lambda \cdot \frac{l}{d_j} \cdot \frac{v^2}{2g} \tag{2-13}$$

式中 λ——沿程阻力系数，$\dfrac{1}{\sqrt{\lambda}} = -21\mathrm{g}\left(\dfrac{\Delta}{3.7d_j} + \dfrac{2.51}{Re\sqrt{\lambda}} \right)$

Re ——水流雷诺数，$Re = \dfrac{\rho v d}{\mu}$；

Δ ——当量粗糙度，mm；

l ——管道长度，m；

d_j ——管道计算内径，m；

v ——管道断面水流平均流速，m/s；

g ——重力加速度，m/s^2。

该公式称为魏斯巴赫—达西公式，是一个半理论半经验的水力计算公式。

2）混凝土管（渠）及采用水泥砂浆内衬的金属管道

$$i = \frac{v^2}{C^2 R} = \frac{n^2 v^2}{R^{4/3}} \qquad (2\text{-}14)$$

式中 i ——管（渠）道单位长度的水头损失或水力坡降；

R ——水力半径，m；

C ——流速系数（谢才系数）；

v ——管（渠）道断面水流平均流速，m/s；

n ——管（渠）道的粗糙系数。

流速系数 $C = \dfrac{1}{n} R^y$，$y = 2.5\sqrt{n} - 0.13 - 0.75\sqrt{R}(\sqrt{n} - 0.1)$，称为巴甫洛夫斯基公式。

当 $0.01 \leqslant n \leqslant 0.040$ 时，取 $C = \dfrac{1}{n} R^{\frac{1}{6}}$，即曼宁公式。

管道沿程水头损失多采用 $C = \dfrac{1}{n} R^{\frac{1}{6}}$ 的曼宁公式计算，属于巴甫洛夫斯基公式简单计算方法，国内多用该公式计算输配水干管（渠）道。

对于输水管道，式（2-14）还可以写成：

$$i = \frac{v^2}{C^2 R} = \frac{1}{C^2 \left(\dfrac{d_j}{4}\right)} \cdot \frac{q^2}{\left(\dfrac{\pi d_j^2}{4}\right)^2} = \frac{64}{\pi^2 C^2 d_j^5} q^2 = \alpha q^2 \qquad (2\text{-}15)$$

式中 α ——比阻，$\alpha = \dfrac{64}{\pi^2 C^2 d_j^5}$；

q ——流量，m^3/s。

输水管道沿程水头损失公式一般表示为：

$$h = il = \alpha l q^2 = s q^2 \qquad (2\text{-}16)$$

式中 l ——管段长度，m；

$s = \alpha l$ ——水管摩阻，s^2/m^5。

对于混凝土管和钢筋混凝土管及采用水泥砂浆内衬的金属管道，其粗糙系数 n 多取 $0.013 \sim 0.014$，可以计算出不同的流速系数 C 值，代入式（2-15），得出下列比阻 α 计算式：

$$n = 0.013, \quad i = 0.001743 \frac{q^2}{d_j^{5.33}} \quad \alpha = \frac{0.001743}{d_j^{5.33}} \qquad (2\text{-}17)$$

$$n = 0.014, \quad i = 0.002021 \frac{q^2}{d_j^{5.33}} \quad \alpha = \frac{0.002021}{d_j^{5.33}} \qquad (2\text{-}18)$$

上式中的 α 值仅和管径及水管内壁粗糙系数有关，Re 很大，雷诺数变化影响很小，属于阻力平方区。巴甫洛夫斯基公式的比阻 α 值见表 2-2。

3）输配水管道、配水管网水力平差计算

用沿程阻力系统 $\lambda = \dfrac{13.16 g d^{0.13}}{C_h^{1.852} q^{0.148}}$ 代入式（2-13），得海曾-威廉公式：

$$h = \frac{10.67 q^{1.852} l}{C_h^{1.852} d_j^{4.87}} \qquad (2\text{-}19)$$

式中 q——设计流量，$\mathrm{m^3/s}$；

$\quad l$——管段长度，m；

$\quad d_j$——管道计算内径，m；

$\quad C_h$——海曾-威廉系数，见表 2-3。

巴甫洛夫斯基公式的比阻 α 值（q 以 $\mathrm{m^3/s}$ 计）　　表 2-2

管径 （mm）	$n = 0.013$ $\alpha = \dfrac{0.001743}{d_j^{5.33}}$	$n = 0.014$ $\alpha = \dfrac{0.002021}{d_j^{5.33}}$	管径 （mm）	$n = 0.013$ $\alpha = \dfrac{0.001743}{d_j^{5.33}}$	$n = 0.014$ $\alpha = \dfrac{0.002021}{d_j^{5.33}}$
100	373	432	500	0.0701	0.0813
150	42.9	49.8	600	0.02653	0.03076
200	9.26	10.7	700	0.01167	0.01353
250	2.82	3.27	800	0.00573	0.00664
300	1.07	1.24	900	0.00306	0.00354
400	0.23	0.267	1000	0.00174	0.00202

海曾-威廉系数 C_h 值　　表 2-3

管道种类		粗糙系数 n	海曾-威廉系数 C_h	当量粗糙度 Δ （mm）
钢管、铸铁管	水泥砂浆内衬	0.011 ~ 0.012	120 ~ 130	—
	涂料内衬	0.0105 ~ 0.0115	130 ~ 140	—
	旧钢管、旧铸铁管（未做内衬）	0.014 ~ 0.018	90 ~ 100	—
混凝土管	预应力混凝土管（PCP）	0.012 ~ 0.013	110 ~ 130	—
	预应力钢筒混凝土管（PCCP）	0.011 ~ 0.0125	120 ~ 140	—
矩形混凝土管道		—	0.012 ~ 0.014	
塑料管材（聚乙烯管、聚氯乙烯管、玻璃纤维增强树脂夹砂管等）、内衬塑料的管道		—	—	140 ~ 150	0.010 ~ 0.030

以涂料内衬的铸铁管、焊接钢管为例，取 $C_h = 120$。

以使用 5 年的铸铁管、焊接钢管为例，取 $C_h = 120$，沿程水头损失表达式（2-19）写成 $h = \alpha l q^{1.852}$ 的形式，α 为比阻，$\alpha = \dfrac{1.504945 \times 10^{-3}}{d_j^{4.87}}$，不同管径的比阻 α 见表 2-4。

海曾-威廉公式中的比阻 α 值（q 以 $\mathrm{m^3/s}$ 计）　　表 2-4

管径（mm）	比阻 α	管径（mm）	比阻 α
150	15.4866	500	0.0440
200	3.8151	600	0.0181
250	1.2869	700	0.00855
300	0.5296	800	0.00446
350	0.2500	900	0.0025
400	0.1305	1000	0.0015

目前，美国、英国、日本广泛应用海曾-威廉公式进行管网设计计算。我国的管网平差水力计算软件采用的也是海曾-威廉公式，所以配水管网的水力平差计算应采用海曾-威廉公式。同样，该公式也适用于流速小于 3.0m/s 的枝状管网水力计算以及粗糙度 e（或当量粗糙度 k）$\leqslant 0.25$mm、海曾-威廉系数 $C_h \geqslant 130$ 的金属管水力计算。在正常情况下，内涂防腐涂料或水泥衬里的金属管的粗糙度 $e = 0.05 \sim 0.60$mm。

2.3 管网水力计算

2.3.1 枝状网水力计算

枝状网的计算比较简单，主要原因是枝状网中每一管段的流量容易确定，只要在每一节点应用节点流量平衡条件 $q_i + \sum q_{ij} = 0$，无论从二级泵站起顺水流方向推算，还是从控制点起向二级泵站方向推算，只能得到唯一的管段流量，或者说枝状网只有唯一的流量分配。任一管段的流量确定后，即可按经济流速求出管径，并求得水头损失。此后，选定一条干线，例如从二级泵站到控制点的任一条干管线，将此干线上各管段的水头损失相加，求出干线的总水头损失。由该水头损失即可求出二级泵站的水泵扬程或水塔高度。这里，控制点的选择至关重要，在保证该点水压达到最小自由水头时，整个管网不会出现水压不足的地区。如果控制点选择不当而出现某些地区水压不足，应重新选定控制点进行计算。

干线计算完成以后，可得出干线上各节点包括接出支线处节点的水压标高（等于节点处地面标高加自由水头）。因此，在计算枝状网的支线时，起点的水压标高已知，而支线终点的水压标高等于终点地面标高与最小自由水头之和。支线起点和终点的水压标高之差除以支线长度，即得支线的水力坡度，再从支线每一管段的流量并参照此水力坡度选定相应的管径。

【例题 2-1】某城市供水区最高日最高时供水量为 0.09375m³/s，要求最小服务水头为157kPa（15.7m）。节点 4 接某工厂，工业用水量为 400m³/d，两班制，均匀使用。城市地形平坦，地面标高为 5.00m，管网布置见图 2-9，试求水塔高度和水泵扬程。

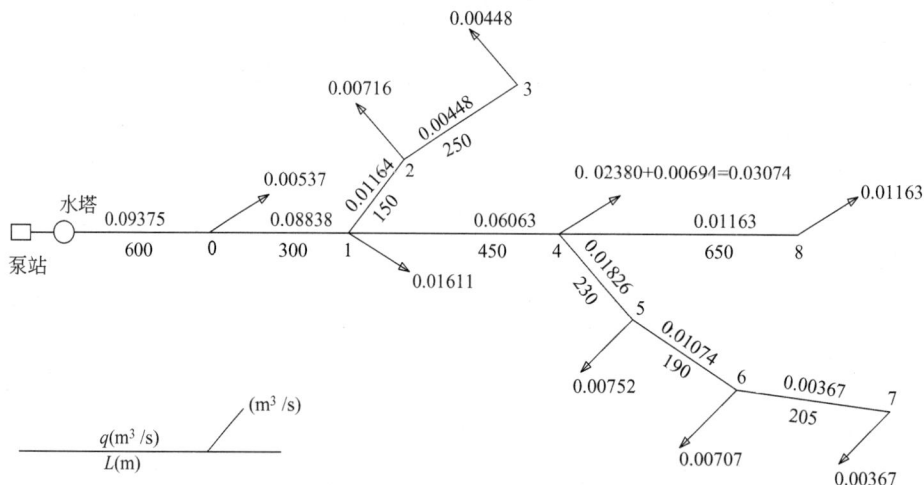

图 2-9 枝状网计算图

【解】（1）最高日最高时设计水量

$Q_1 = 0.09375 \ \mathrm{m^3/s}$

工业用水：$Q_2 = 400/\ (16 \times 3600)\ = 0.00694 \ \mathrm{m^3/s}$

（2）管线总长度：$\sum L = 3025\mathrm{m}$，其中水塔到节点 0 的管段长 600m 范围内两侧无用户。

（3）比流量

$$q_s = \frac{0.09375 - 0.00694}{3025 - 600} = \frac{0.08681}{2425} = 0.0000358 \mathrm{m^3/(m \cdot s)}$$

（4）沿线流量，见表2-5。

（5）节点流量，见表2-6。

（6）因城市用水区地形平坦，控制点选在离泵站最远的节点8。干管各管段的水力计算见表2-7。管径按平均经济流速（表2-1）确定。

沿线流量计算   表2-5

管段	管段长度（m）	沿线流量（m³/s）
0-1	300	管长×0.0000358 = 0.01074
1-2	150	0.00537
2-3	250	0.00895
1-4	450	0.01611
4-8	650	0.02327
4-5	230	0.00823
5-6	190	0.00680
6-7	205	0.00734
合计	2425	0.08681

节点流量计算   表2-6

节 点	节点流量（m³/s）
0	1/2×0.01074 = 0.00537
1	1/2（0.01074+0.00537+0.01611）= 0.01611
2	1/2（0.00537+0.00895）= 0.00716
3	1/2×0.00895 = 0.00448
4	1/2（0.01611+0.02327+0.00823）+0.00694 = 0.03074
5	1/2（0.00823+0.00680）= 0.00752
6	1/2（0.00680+0.00734）= 0.00707
7	1/2×0.00734 = 0.00367
8	1/2×0.02327 = 0.01163
合 计	0.09375

干管水力计算   表2-7

干管	流量（m³/s）	流速（m/s）	管径（mm）	管段长度（m）	水力坡度（m/m）	水头损失（m）
水塔-0	0.09375	0.75	400	600	0.00251	1.51
0-1	0.08838	0.70	400	300	0.00225	0.67
1-4	0.06063	0.86	300	450	0.00454	2.04
4-8	0.01163	0.66	150	650	0.00624	4.06
						$\sum h = 8.28$

上表中水头损失是按照式（2-19）计算得到水力坡度 i 后，乘以管段长度得出的。海曾-威廉系数 C_h 值由表2-3查得，取旧钢管 $C_h = 95$。

（7）干管上各支管接出处节点的水压标高为：

节点 4：15.70 + 5.00 + 4.06 = 24.76m

节点 1：24.76 + 2.04 = 26.80m

节点 0：26.80 + 0.67 = 27.47m

水塔：27.47 + 1.51 = 28.98m

各支线的允许水力坡度为：

$$i_{1-3} = \frac{26.80 - (15.7 + 5)}{150 + 250} = \frac{6.10}{400} = 0.01525$$

$$i_{4-7} = \frac{24.76 - (15.7 + 5)}{230 + 190 + 205} = \frac{4.06}{625} = 0.006496$$

参照水力坡度和流量选定支线各管段的管径和流速，并以此计算管段的水头损失，计算结果示于表 2-8。

支线水力计算 表 2-8

管 段	流量（m³/s）	管径（mm）	管段长度（m）	水力坡度（m/m）	水头损失（m）
1-2	0.01164	150	150	0.00625	0.94
2-3	0.00448	100	250	0.00768	1.92
4-5	0.01826	200	230	0.00355	0.82
5-6	0.01074	150	190	0.00539	1.02
6-7	0.00367	100	205	0.00531	1.09

表中管径是参照水力坡度和流量，按照海曾-威廉公式［式（2-19）］计算得出的。参照水力坡度和流量选定支线各管段的管径时，应注意市售标准管径的规格，还应注意支线各管段水头损失之和不得大于允许的水头，例如支线 4-5-6-7 的总水头损失为 0.82 + 1.02 + 1.09 = 2.93m，而允许的水头损失按支线起点和终点的水压标高差计算为 24.76 − 15.7 − 5 = 4.06m，符合要求，否则须调整管径重新计算，直到满足要求为止。由于标准管径的规格不多，可供选择的管径有限，所以调整的次数不多。

（8）求水塔高度和水泵扬程

按照节点 8 为控制点，把有关数据代入式（1-8）得到水塔水柜底高于地面的高度：

$$H_t = H_c + h_n - (Z_t - Z_c) = 15.70 + (4.06 + 2.04 + 0.67 + 1.51) - (5.0 - 5.0) = 23.98m$$

水塔建于水厂内，靠近泵站，取水塔的水深为 3.0m，泵站吸水井最低水位标高为 4.30m，泵站内管道以及到水塔的管线总水头损失为 2.5m，则水泵扬程为：

$$H_p = 5.0 + 23.98 + 3.0 - 4.30 + 2.50 = 30.18m$$

上述例题是按照正常的计算步骤，求出了水塔高度和水泵扬程。在实际工程中，还会遇到泵站、网后水塔（或高位水池）同时供水的情况，其设计计算方法基本相同。

【例题 2-2】城市给水系统输水干管布置简图如图 2-10 所示，其节点流量为最高日最高时供水流量。泵站在 10:00 ~ 18:00 时段供水 2400m³/h，其余时段供水 1800m³/h。给水管网最高日逐时供水量变化情况见表 2-9。输水干管局部水头损失按照沿程水头损失的 10% 计，各节点服务水头均为 25.0m，泵站吸水池最低水位标高 10.0m，高位水池到节点 5 管路水头损失取 1.0m。试求满足最高供水时水压水量要求的水泵扬程和高位水池最低

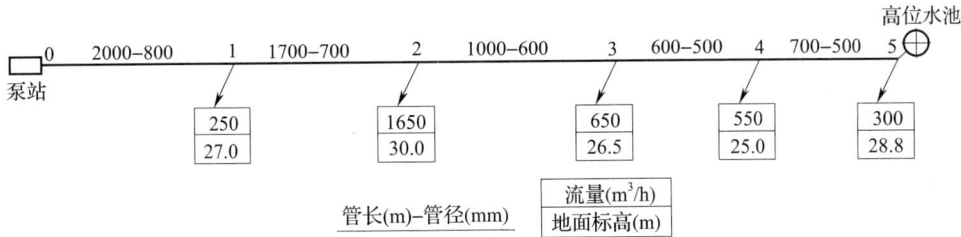

高位水池

0　2000-800　1　1700-700　2　1000-600　3　600-500　4　700-500　5 ⊕
泵站

| 250 | | 1650 | | 650 | | 550 | | 300 |
| 27.0 | | 30.0 | | 26.5 | | 25.0 | | 28.8 |

管长(m)-管径(mm)　流量(m³/h) / 地面标高(m)

图例

图 2-10　给水系统布置简图

水位标高。

给水管网最高日逐时供水量变化表　　　　表 2-9

时段	0:00~5:00	5:00~10:00	10:00~12:00	12:00~16:00	16:00~19:00	19:00~21:00	21:00~24:00
逐时供水量（m³/h）	1000	2200	3400	2200	3000	2200	1000

【解】（1）流量分配、管段水头损失计算

首先求出最高供水时供水分界点，确定管段流量，计算出管段水头损失，然后求出水泵扬程和高位水池最低水位标高。

根据表 2-9 知道，给水管网最高时供水时段是 10:00~12:00，供水流量为 3400m³/h。泵站供水流量为 2400m³/h，除供给节点 1、节点 2 所需的流量外，还可以供给节点 3 流量 2400−250−1650=500m³/h。高位水池向节点 3 供水 650−500=150m³/h。由此可以求出各管段流量，换算成 m³/s，查表 2-4，计算出海曾-威廉公式中的比阻 α 值，代入 $h=1.1\alpha lq^{1.852}$，可求出最高供水时各管段水头损失值，见表 2-10。

最高供水时各管段水头损失计算表　　　　表 2-10

管段	流量 q（m³/s）	流向	管长 l（m）	管径（mm）	比阻 α 值	水头损失 h（m）
0-1	2400/3600=0.6667	从 0 到 1	2000	800	0.0045	4.672
1-2	(2400−250)/3600=0.5972	从 1 到 2	1700	700	0.0085	6.119
2-3	(2400−250−1650)/3600=0.1389	从 2 到 3	1000	600	0.0181	0.514
3-4	(650)/3600−0.1389=0.0417	从 4 到 3	600	500	0.0440	0.081
4-5	550/3600+0.0417=0.1944	从 5 到 4	700	500	0.0440	1.632

（2）最高供水时泵站水泵扬程计算

以节点 3 为控制点：$H=25+26.5+0.514+6.119+4.672−10=52.805$m。

以节点 2 为控制点：$H=25+30+6.119+4.672−10=55.791$m。

应以节点 2 为控制点，取最高供水时泵站水泵扬程为 55.791m。

（3）高位水池最低水位标高计算

以水泵扬程 55.791m 条件下节点 3 为控制点：

节点 3 水压标高等于节点 2 水压标高 −0.514=30+25−0.514=54.486m

$$H=54.486+0.081+1.632+1.0=57.199\text{m}$$

取满足最高日供水时各节点水压、水量要求的高位水池最低水位标高为 57.199m。

高位水池充水发生在非高峰供水时段，该时段的泵站水泵扬程根据转输流量另行计算。

2.3.2 环状网水力计算

（1）环状网计算原理

管网计算目的在于求出各水源节点（如泵站、水塔等）的供水量、各管段中的流量和管径以及全部节点的水压。

对于任何环状网，管段数 P、节点 J（包括泵站、水塔等水源节点）和环数 L 之间存在下列关系：

$$P = J + L - 1 \tag{2-20}$$

管网计算时，节点流量、管段长度、管径和阻力系数等为已知数，需要求解的是管网各管段的流量或水压，所以 P 个管段就有 P 个未知数。由式（2-20）可知，环状网计算时必须列出 $J + L - 1$ 个方程，才能求出 P 个流量。

管网计算的原理是基于质量守恒和能量守恒，由此得出连续性方程和能量方程。

所谓连续性方程，就是对于任一节点来说，流向该节点的流量必须等于从该节点流出的流量。假定顺时针方向的水流水头损失为正，逆时针方向的水流水头损失为负，则能量方程表示管网每一环中各管段的水头损失总和等于零的关系。

（2）环状网计算方法

给水管网计算实质上是联立求解连续性方程、能量方程和管段压降方程。

在环状管网水力计算时，根据求解的未知数是管段流量还是节点水压，可以分为解环方程、解节点方程和解管段方程三类，在具体求解过程中可采用不同的算法。

1）解环方程

环状网在初步分配流量时，已经符合连续性方程 $q_i + \sum q_{ij} = 0$ 的要求。但在选定管径和求得各管段水头损失以后，每环往往不能满足 $\sum h_{ij} = 0$ 或 $\sum s_{ij} q_{ij}^n = 0$ 的要求。因此，解环方程的环状网计算过程，就是在按初步分配流量计算的管径基础上，重新分配各管段的流量，反复计算，直到同时满足连续性方程组和能量方程组时为止，这一计算过程称为管网平差。换言之，平差就是要求 $J-1$ 个线性连续性方程组，和 L 个非线性能量方程组，以得出 P 个管段的流量。一般情况下，不能用直接方法求解非线性能量方程组，而需用逐步近似法求解。

解环方程时，哈代-克罗斯（Hardy – Cross）法是其中常用的一种算法。由于环状网中的环数少于节点数和管段数，相应的环方程数为最少，因而成为手工计算时的主要方法。

2）解节点方程

解节点方程是在假定每一节点水压的条件下，应用连续性方程以及管段压降方程，通过计算调整，求出每一节点的水压。节点的水压已知后，即可以从任一管段两端节点的水压差得出该管段的水头损失，进一步从流量和水头损失之间的关系算出管段流量。工程上常用的算法有哈代 – 克罗斯法。

解节点方程是应用计算机求解管网计算问题时，应用最广的一种算法。

3）解管段方程

该法是应用连续性方程和能量方程，求得各管段流量和水头损失，再根据已知节点水压求出其余各节点水压。大中城市的给水管网，管段数多达数百条甚至数千条，需借助计算机才能快速求解。

（3）环状网计算

本教材中环状管网计算采用解环方程组的哈代-克罗斯法，即管网平差计算方法。其计算步骤如下：

1）根据城镇的供水情况，拟定环状网各管段的水流方向，按每一节点满足 $q_i + \sum q_{ij} = 0$ 的条件，并考虑供水可靠性要求进行流量分配，得到初步分配的管段流量 $q_{ij}^{(0)}$。这里的 i，j 表示管段两端的节点编号。

2）根据管段流量 $q_{ij}^{(0)}$，按经济流速选择管径。

3）求出各管段的摩阻系数 s_{ij}（$= \alpha_{ij} l_{ij}$），然后由 s_{ij} 和 $q_{ij}^{(0)}$ 求出水头损失：$h_{ij}^{(0)} = s_{ij} \cdot (q_{ij}^{(0)})^n$。

4）假定各环内水流顺时针方向管段的水头损失为正，逆时针方向管段的水头损失为负，计算该环内各管段的水头损失代数和 $\sum h_{ij}^{(0)}$，如 $\sum h_{ij}^{(0)} \neq 0$，其差值即为第一次闭合差 $\Delta h_i^{(0)}$。

如果 $\Delta h_i^{(0)} > 0$，说明顺时针方向各管段中初步分配的流量较多，逆时针方向各管段中分配的流量较少。反之，如 $\Delta h_i^{(0)} < 0$，则顺时针方向各管段中初步分配的流量较少了，而逆时针方向各管段中的流量较多。

5）计算每环内各管段的 $|s_{ij}q_{ij}^{n-1}|$ 及其总和 $\sum |s_{ij}q_{ij}^{n-1}|$，按下式计算求出校正流量：

$$\Delta q_i = -\frac{\Delta h_i}{n \sum |s_{ij}q_{ij}^{n-1}|} \tag{2-21}$$

如闭合差为正，校正流量即为负，反之则校正流量为正。

配水管网计算时，应用海曾—威廉公式，式（2-21）中的 $n = 1.852$。

6）校正流量 Δq_i 符号以顺时针方向为正，逆时针方向为负，凡是水流方向和校正流量 Δq_i 方向相同的管段，加上校正流量，否则减去校正流量，据此调整各管段的流量，得到第一次校正后的管段流量。其中两环的公共段第一次校正后的管段流量为：

$$q_{ij}^{(1)} = q_{ij}^{(0)} + \Delta q_s^{(0)} + \Delta q_n^{(0)} \tag{2-22}$$

式中　$q_{ij}^{(1)}$——两环公共段校正后的流量；

　　　$\Delta q_s^{(0)}$——本环的校正流量；

　　　$\Delta q_n^{(0)}$——邻环的校正流量。

按照校正后流量再进行计算各管段水头损失值，如果闭合差 $\Delta h_i^{(1)}$ 尚未达到允许的精度，再从第3步起按每次调整的流量反复计算，直到每环的闭合差满足要求为止。手工计算时，每环的闭合差要求小于 0.5m，大环闭合差小于 1.0m。计算机平差时，闭合差的大小可以达到任何要求的精度，一般取用 0.01~0.05m。

【例题 2-3】按照最高日最高时供水流量 0.2198m³/s，计算图 2-11 所示的环状管网。管材按旧钢管考虑。

【解】根据用水情况，拟定各管段的水流方向如图 2-11 所示。根据最短路线供水原则，并考虑可靠性的要求进行流量分配。分配时，每一节点应满足 $q_i + \sum q_{ij} = 0$ 的条件。

几条平行的干线，如3-2-1，6-5-4和9-8-7，分配近似相等的流量。与干线垂直的连接管，因平时流量较小，所以分配较少的流量，由此得出每一管段的计算流量。

管径按平均经济流速计算确定。取海曾-威廉系数 $C_h = 120$，管道比阻 α 值参见表2-4，即：

$$\alpha_{[150]} = 15.4866, \alpha_{[250]} = 1.2869, \alpha_{[300]} = 0.5296。$$

在选择连接管管径时，考虑到干管事故条件下连接管中可能通过较大的流量以及消防流量的需要，干管之间的连接管管径可适当放大。将连接管2-5，5-8，1-4，4-7的管径适当放大为 $DN150$。

每一管段的管径确定后，即可求出水力坡度 i，该值乘以管段长度即得水头损失 h 值。按照初步分配流量计算的每一管段水头损失和各环的水头损失闭合差标注在图2-11中。

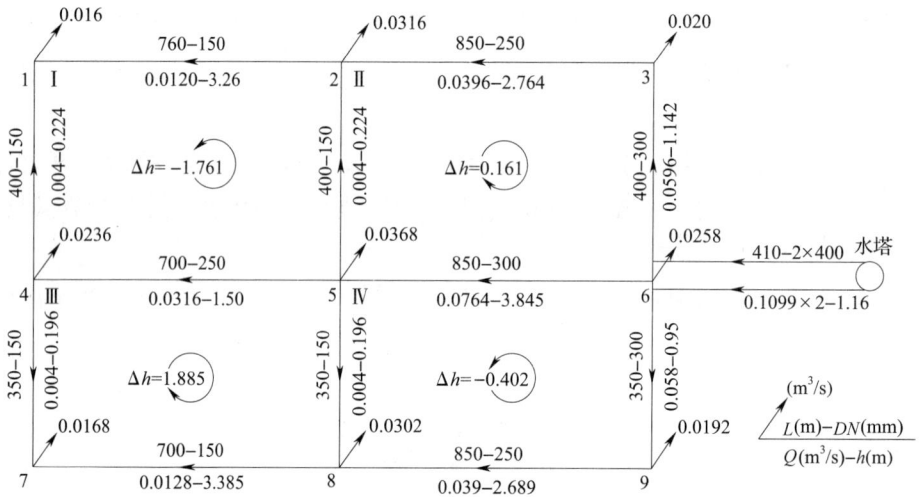

图2-11 环状网初步分配流量平差计算简图

上述管网初步分配流量计算结果显然不能满足各环闭合差小于0.5m的要求。

用各管段水头损失值除以流量求出 sq^{n-1} 值，用闭合差 Δh 和 $\sum |sq^{n-1}|$ 代入式(2-21)，求出校正流量 Δq。校正流量 Δq 的方向和闭合差 Δh 的方向相反。

计算时应注意两环之间的公共管段，如2-5，4-5，5-6和5-8的流量校正。以管段5-6为例，初步分配流量为 $0.0764\text{m}^3/\text{s}$，但同时受到环Ⅱ和环Ⅳ校正流量的影响，环Ⅱ的第一次校正流量为 $-0.00044\text{m}^3/\text{s}$，校正流量的方向与管段5-6的流向相反，环Ⅳ的校正流量为 $0.00117\text{ m}^3/\text{s}$，方向也和管段5-6的流向相反，因此，在环Ⅱ中经第一次调整后的5-6管段流量为：$0.0764 - 0.00044 - 0.00117 = 0.0748\text{ m}^3/\text{s}$，在环Ⅳ中经第一次调整后的5-6管段流量为：$-0.0764 + 0.00044 + 0.00117 = -0.0748\text{ m}^3/\text{s}$。

计算结果见表2-11和图2-12。

经过一次校正后，各环的闭合差均小于0.5m，大环6-3-2-1-4-7-8-9-6的闭合差为：

$$\sum h = -h_{6-3} - h_{3-2} - h_{2-1} + h_{1-4} - h_{4-7} + h_{7-8} + h_{8-9} + h_{6-9}$$

$= -1.158 - 2.823 - 2.241 + 0.505 - 0.48 + 2.272 + 2.84 + 0.986 = -0.099\text{m}$
小于允许值1.0m，满足要求。

2.3.3 多水源管网

前面讨论了单水源管网问题，有很多城市设计了两个以上的水源，也有一些城市管网

环状网计算（最高供水时）

表 2-11

环号	管段	管长 (m)	管径 (mm)	初步分配流量				第一次校正			
				q (m³/s)	1000i	h (m)	$|sq^{0.852}|$	q (m³/s)	1000i	h (m)	$|sq^{0.852}|$
I	1 – 2	760	150	−0.012	4.291	−3.261	271.789	−0.012 + 0.0022 = −0.0098	2.949	−2.241	228.715
	1 – 4	400	150	0.004	0.561	0.224	56.10	0.004 + 0.0022 = 0.0062	1.263	0.505	81.496
	2 – 5	400	150	−0.004	0.561	−0.224	56.10	−0.004 + 0.0022 + 0.00044 = −0.00136	0.076	−0.030	22.376
	4 – 5	700	250	0.0316	2.143	1.50	47.465	0.0316 + 0.0022 + 0.00248 = 0.0363	2.767	1.937	53.39
						−1.761	431.454			0.171	385.98

$$\Delta q_{\mathrm{I}} = -\frac{-1.761}{1.852 \times 431.454} = 0.0022$$

环号	管段	管长 (m)	管径 (mm)	q (m³/s)	1000i	h (m)	$|sq^{0.852}|$	q (m³/s)	1000i	h (m)	$|sq^{0.852}|$
II	2 – 3	850	250	−0.0396	3.254	−2.764	69.855	−0.0396 − 0.00045 = −0.04	3.322	−2.823	70.52
	2 – 5	400	150	0.004	0.561	0.224	56.10	0.004 − 0.00044 − 0.0022 = 0.00136	0.076	0.030	22.376
	3 – 6	400	300	−0.0596	2.856	−1.142	19.165	−0.0596 − 0.00044 = −0.06	2.895	−1.158	19.29
	5 – 6	850	300	0.0764	4.523	3.845	50.323	0.0764 − 0.00044 − 0.0117 = 0.0748	4.348	3.695	49.41
						0.163	195.443			−0.255	161.59

$$\Delta q_{\mathrm{II}} = -\frac{0.163}{1.852 \times 195.443} = -0.00045$$

环号	管段	管长 (m)	管径 (mm)	q (m³/s)	1000i	h (m)	$|sq^{0.852}|$	q (m³/s)	1000i	h (m)	$|sq^{0.852}|$
III	4 – 5	700	250	−0.032	2.193	−1.50	47.465	−0.0316 − 0.022 − 0.00248 = −0.0363	2.767	−1.937	53.39
	4 – 7	350	150	−0.004	0.561	−0.196	49.088	−0.004 − 0.00248 = −0.00648	1.371	−0.48	74.04
	5 – 8	350	150	0.004	0.561	0.196	49.088	0.004 − 0.00248 − 0.00117 = 0.00035	0.006	0.002	6.08
	7 – 8	700	150	0.0128	4.836	3.385	264.483	0.0128 − 0.00248 = 0.01032	3.246	2.272	220.15
						1.885	410.124			−0.143	353.67

$$\Delta q_{\mathrm{III}} = -\frac{1.885}{1.852 \times 410.124} = -0.00248$$

环号	管段	管长 (m)	管径 (mm)	q (m³/s)	1000i	h (m)	$|sq^{0.852}|$	q (m³/s)	1000i	h (m)	$|sq^{0.852}|$
IV	5 – 6	850	300	−0.0764	4.523	−3.845	50.323	−0.0764 + 0.00117 + 0.00044 = −0.0748	4.348	−3.695	49.41
	6 – 9	350	300	0.058	2.715	0.95	16.385	0.0582 + 0.00117 = 0.0592	2.818	0.986	16.67
	5 – 8	350	150	−0.004	0.561	−0.196	49.09	−0.004 + 0.00117 + 0.00249 = −0.00036	0.006	−0.002	6.08
	8 – 9	850	250	0.039	3.164	2.689	68.953	0.039 + 0.00117 = 0.0402	3.342	2.840	70.71
						−0.402	184.751			0.129	142.88

$$\Delta q_{\mathrm{IV}} = -\frac{-0.402}{1.852 \times 184.751} = 0.00117$$

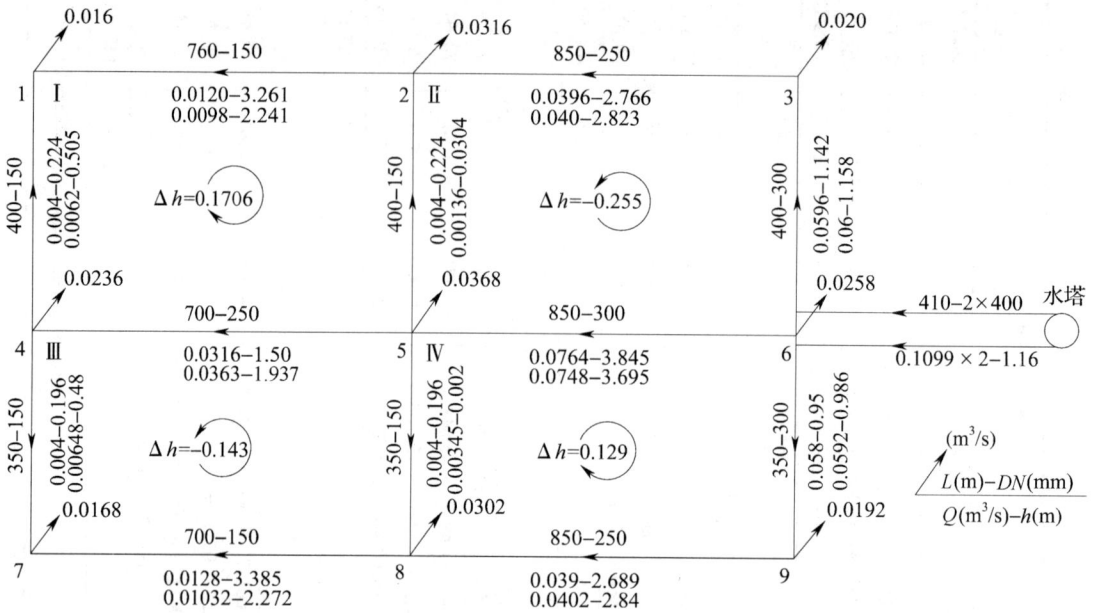

图 2-12　环状网平差计算简图

中设置了泵站、水塔、高位水池，构成了多水源的管网。

建有网后水塔的管网在高峰供水时，水厂泵房和水塔同时向管网供水属于多水源供水情况。在非高峰供水期间，水厂泵房主要向管网供水，如果泵房流量大于用水量，多余的流量经管网转输到水塔时，属于单水源供水。

多水源管网的计算可以采用联立方程求解，也可采用建立"虚环"按照环状网计算方法求解。所谓虚环即是在各水源间设一个虚节点 0，用虚线连接各水源形成虚环。两个水源形成一个虚环，三个水源形成两个虚环。虚环个数等于水源数减一。

虚节点 0 的位置可以任意选定，其水压设定为 0。从虚节点 0 流向泵站的流量 Q_P 就是泵站的供水量。从虚节点 0 流向水塔的流量 Q_t 就是水塔的供水量。

虚环中虚管段水压规定：流向虚节点的管段，水压为正，流离虚节点的管段，水压为负。平差计算时，如果以顺时针为正、逆时针为负，则上述虚管段水压值在已给定的符号基础上再分别加上"＋"或"－"。对置水塔构成的两水源供水情况如图 2-13 所示。

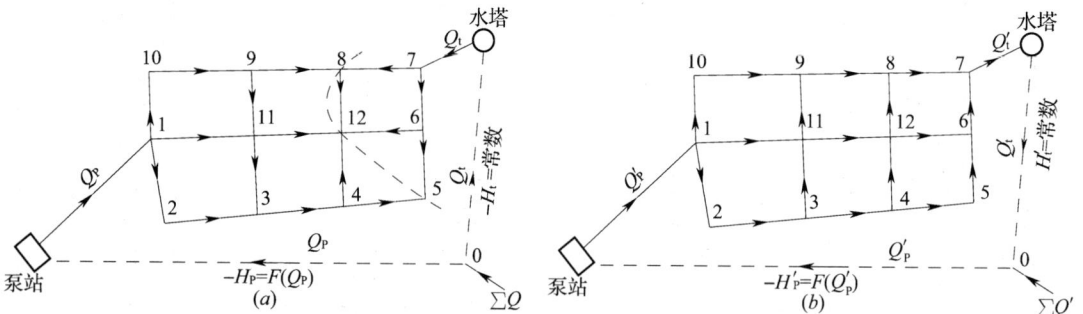

图 2-13　对置水塔工作情况

（a）最高供水时；（b）最大转输时

图 2-13 对置水塔最高供水时虚环水头损失平衡条件是:

$$- H_p + \sum h_p - \sum h_t - (- H_t) = 0$$
$$H_p - \sum h_p + \sum h_t - H_t = 0 \qquad (2\text{-}23)$$

式中　H_p——最高供水时的泵站水压,m;

　　$\sum h_p$——从泵站到分界线上控制点的任一条管线的水头损失,m;

　　$\sum h_t$——从水塔到分界线上控制点的任一条管线的水头损失,m;

　　H_t——水塔的水位标高,m。

图 2-13 对置水塔最大转输时虚环水头损失平衡条件是:

$$- H'_p + \sum h' + H'_t = 0 \qquad (2\text{-}24)$$

式中　H'_p——最大转输时的泵站水压,m;

　　$\sum h'$——最大转输时从泵站到水塔的水头损失,m;

　　H'_t——最大转输时水塔水位标高,m。

【例题2-4】一城镇供水管网简化为两座高位水池向城区供水的给水系统,如图2-14 所示。
A 水池水位标高50m,D 水池水位标高55m,B、C 点地面标高为0.00m,用水点服务水头为20.00m 计,B 点节点流量为1.0m³/s,C 点节点流量为0.5m³/s。管道摩阻:$s_{[1]} = 16$,$s_{[2]} = 32$,$s_{[3]} = 18$,(h 以 m 计,Q 以 m³/s 计),求管段[2]的流量是多少?

【解】(1) 解方程求解

假定 D 水池向 B 点供水时管段[2]的流量为 q_2,水压分界点在 B 点,则有如下方程式:

$$55 - 20 - s_{[3]} \left(0.5 + q_2 \right)^{1.852} - s_{[2]} q_2^{1.852} = 50 - 20 - s_{[1]} \left(1.0 - q_2 \right)^{1.852}$$

$$18 \times \left(0.5 + q_2 \right)^{1.852} + 32 q_2^{1.852} - 16 \times \left(1.0 - q_2 \right)^{1.852} - 5 = 0$$

因为 $\left(0.5 + q_2 \right)^{1.852}$ 和 $\left(1.0 - q_2 \right)^{1.852}$ 不便于应用牛顿公式展开,用试算方法求得管段[2]的流量 $q_2 = 0.27$m³/s。

(2) 按环状管网求解

按照(虚环)多水源管网平差计算,流量分配如图2-15 所示。

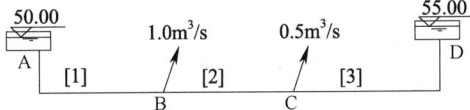

图 2-14　两水源供水管网简化图　　　图 2-15　多水源管网计算简图

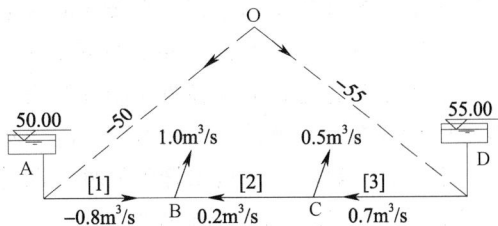

流离虚节点 O 点的水压,记作负值。计算时,根据假定的水流方向决定正负,即在顺时针方向的前面加" + ",逆时针方向的前面再加" - "。Δh 等于它们的代数和。假定顺时针为正,计算方法和结果见表2-12:

管段	摩阻 s	初步流量分配及计算			第1次平差后流量	平差后水头损失
		q （m³/s）	h （m）	$\lvert sq^{0.852} \rvert$	（m³/s）	h （m）
[1]	16	-0.8	$16 \times 0.8^{1.852} = -10.584$	13.23	$-0.8 + 0.073 = -0.727$	$16 \times 0.727^{1.852} = -8.865$
[2]	32	0.2	$32 \times 0.2^{1.852} = 1.624$	8.12	$0.2 + 0.073 = 0.273$	$32 \times 0.273^{1.852} = 2.89$
[3]	18	0.7	$18 \times 0.7^{1.852} = 9.30$	13.283	$0.7 + 0.073 = 0.773$	$18 \times 0.773^{1.852} = 11.173$
$O-A$		-0.8	$-(-50) = 50$		$-0.8 + 0.073 = -0.727$	
$O-D$		0.7	$-(55) = -55$		$0.7 + 0.073 = 0.773$	
	合计	$\Delta h = -55 + 9.30 + 1.624 - 10.584 + 50 = -4.66$		$\sum \lvert sq^{0.852} \rvert = 34.633$		闭合差 $\Delta h = -55 + 11.173 + 2.89 - 8.865 + 50 = 0.198$ m
	校正流量	$\Delta q = -\dfrac{\Delta h}{1.852 \sum \lvert sq^{0.852} \rvert} = -\dfrac{-4.66}{1.852 \times 34.633} = 0.073 \, \text{m}^3/\text{s}$				

管段 [2] 的流量等于 0.273 m³/s。

2.3.4 输水管渠计算

从水源至净水厂的原水输水管（渠）的设计流量，应按最高日平均时供水量确定，并计入输水管（渠）的漏损水量和净水厂自用水量；从净水厂至管网的清水输水管道的设计流量，当管网内有调节构筑物时，应按最高日用水条件下，由水厂二级泵房负担的最大供水量计算确定；当无调节构筑物时，应按最高日最高时供水量确定。

上述输水管（渠），当负有消防给水任务时，应分别包括消防补充流量或消防流量。

输水管（渠）计算的任务是确定管径和水头损失。确定大型输水管的尺寸时，应考虑到具体埋设条件、所用材料、附属构筑物数量和特点、输水管（渠）条数等，通过方案比较确定。

输水干管不宜少于两条，当有安全贮水池或其他安全供水措施时，也可修建一条输水干管。实际工程中，为了提高供水的可靠性，常在两条平行的输水管线之间用连通管相连接。输水干管和连通管的管径及连通管根数，应按输水干管任何一段发生故障时仍能通过事故水量计算确定，城镇的事故水量为设计水量的70%。

本节主要内容将讨论输水管事故时，保证必要的输水量条件下的水力计算问题。

（1）重力供水时的压力输水管

当水源位于高处，与水厂内处理构筑物水位的高差足够时，可利用水源水位向水厂重力输水。设水源水位标高为 Z，输水管输水到水处理构筑物，其水位标高为 Z_0，这时的水位差 $H = Z - Z_0$，称为位置水头，该水头主要用以克服输水管的水头损失。

如果采用不同管径的输水管串联，则两段输水管水头损失之和等于位置水头。

【例题2-5】有一水库最低水位标高132m，距水库14km处的自来水厂絮凝池水位标高 91m，自来水厂规模为 5 万 m^3/d，自用水占 8%。初步设计采用 $DN1000$ 和 $DN600$ 钢管串联重力流引水。当引水流量以 m^3/s 为单位计算时，$DN1000$ 钢管比阻 $\alpha_{[1]} = 0.001736$，$DN600$ 钢管比阻 $\alpha_{[2]} = 0.02384$，局部水头损失占沿程水头损失的 10% 计，则两种直径的钢管长度各为多少？（不计输水管漏损水量）

【解】输水流量 $q = \dfrac{1.08 \times 50000}{24 \times 3600} = 0.625 m^3/s$，假定 $DN1000$ 钢管长 L，则有，

$$\left[\alpha_{[1]} L (0.625)^{1.852} + \alpha_{[2]} (14000 - L)(0.625)^{1.852} \right] \times 1.10 = 132 - 91$$

$$0.001736 L (0.625)^{1.852} + 0.02384 \cdot (14000 - L)(0.625)^{1.852} = 37.27$$

解方程，求得 $DN1000$ 钢管长 $L = 11070m$，$DN600$ 钢管长 $14000 - 11070 = 2930m$。

1）相同管径的输水管并联

如果输水管输水量为 Q，平行的输水管线为 N 条，则每条管线的流量为 Q/N。假设平行管线的管材、直径和长度都相同，则该并联管路输水系统的水头损失为：

$$h = s \left(\frac{Q}{N} \right)^n = \frac{s}{N^n} Q^n \tag{2-25}$$

式中　　s——每条管线的摩阻；

n——管道水头损失计算流量指数，塑料管、混凝土管及采用水泥砂浆内衬的金属管道 $n = 2$，输配水管道配水管网，取 $n = 1.852$。

当一条管线损坏时，该系统使用其余 $N - 1$ 条管线的水头损失为：

$$h_a = s \left(\frac{Q_a}{N - 1} \right)^n = \frac{s}{(N - 1)^n} Q_a^{\ n} \tag{2-26}$$

式中　　Q_a——管线损坏时需保证的流量或允许的事故流量。

因为重力输水系统的位置水头一定，正常时和事故时的水头损失都应等于位置水头，即 $h = h_a = Z - Z_0$，由式（2-25）、式（2-26）得事故时流量为：

$$Q_a = \left(\frac{N - 1}{N} \right) Q = \alpha Q \tag{2-27}$$

式中　　α——流量比例系数。

当平行管线数 $N = 2$ 时，则 $\alpha = (2 - 1)/2 = 0.5$，这样事故流量只有正常供水量的一半。如果只有一条输水管，则 $Q_a = 0$，即事故时流量为零，不能保证不间断供水。

为了提高供水可靠性，常采用在平行管线之间增设连接管的方式。当管线某段损坏时，无需整条管线全部停止运行，而只需用阀门关闭损坏的一段进行检修，以此措施来提高事故时的流量。

【例题 2-6】设两条平行敷设的重力流输水管线，其管材、直径和长度相等，用 2 根连通管将输水管线等分成三段，每一段单根管线的摩阻均为 s，重力输水管位置水头为定值。图 2-16（a）表示设

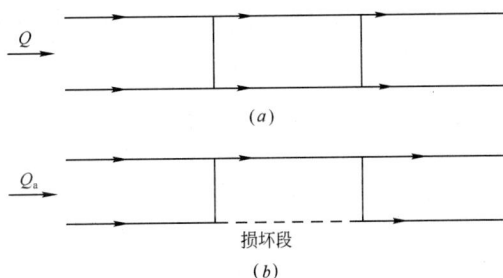

图 2-16　重力输水系统

（a）正常工作状态；（b）其中一段发生事故状态

有连通管的两条平行管线正常工作时的情况，图 2-16（b）表示一段损坏时的水流情况，求输水管事故时的流量与正常工作时的流量比例。

【解】每根输水管等分成三段，正常工作时的水头损失为：

$$h = 3s\left(\frac{Q}{2}\right)^n = 3\left(\frac{1}{2}\right)^n sQ^n$$

其中一根水管的一段损坏时，另一根水管在该段输水流量 Q_a，其余两段每一根水管输水 $Q_a/2$，则水头损失为：

$$h_a = 2s\left(\frac{Q_a}{2}\right)^n + s(Q_a)^n = \left[2 \times \left(\frac{1}{2}\right)^n + 1\right]sQ_a^n$$

连通管长度忽略不计，重力流供水时，正常供水和事故时供水的水头损失都应等于位置水头，则由上式得到事故时与正常工作时的流量比例为：

$$\alpha = \frac{Q_a}{Q} = \left[\frac{3\left(\frac{1}{2}\right)^n}{2 \times \left(\frac{1}{2}\right)^n + 1}\right]^{\frac{1}{n}}$$

对于输配水金属管道，按海曾-威廉公式计算，取流量指数 $n = 1.852$，则事故时与正常工作时的流量比例为：

$$\alpha = \frac{Q_a}{Q} = \left[\frac{3\left(\frac{1}{2}\right)^{1.852}}{2 \times \left(\frac{1}{2}\right)^{1.852} + 1}\right]^{\frac{1}{1.852}} = 0.713$$

对于混凝土管或采用水泥砂浆内衬的金属管道，流速系数 C 按照巴甫洛夫斯基公式计算，取流量指数 $n = 2$，则事故时与正常工作时的流量比例为：

$$\alpha = \frac{Q_a}{Q} = \left[\frac{3 \times \left(\frac{1}{2}\right)^2}{2 \times \left(\frac{1}{2}\right)^2 + 1}\right]^{\frac{1}{2}} = \left(\frac{1}{2}\right)^{\frac{1}{2}} = 0.707$$

城市的事故用水量规定为设计水量的 70%，即 $\alpha = 0.70$。所以，为保证输水管损坏时的事故流量，应敷设两条平行管线，并用两条连通管将平行管线至少等分成 3 段。

2）不同管径的输水管并联

如果两条长度相同直径分别为 d_1、d_2 平行布置的钢筋混凝土输水管，摩阻分别为 s_1、s_2，流量为 q_1、q_2。改为一根直径为 D 的钢筋混凝土输水管时，流量为 $Q = q_1 + q_2$，摩阻为 s_d，则有：

$s_1 q_1^2 = s_2 (Q - q_1)^2$，两边同时开方，得 $(\sqrt{s_1} + \sqrt{s_2})q_1 = \sqrt{s_2}Q$，$q_1 = \dfrac{\sqrt{s_2}Q}{\sqrt{s_1} + \sqrt{s_2}}$。两边再同时平方后并同乘以 s_1，$s_1 q_1^2 = \dfrac{s_1 s_2 Q^2}{(\sqrt{s_1} + \sqrt{s_2})^2}$，因为 $s_1 q_1^2 = s_d Q^2$，则得直径为 D 的输水管摩阻为：

$$s_d = \frac{s_1 s_2}{(\sqrt{s_1} + \sqrt{s_2})^2} \tag{2-28a}$$

50

还可以写成 $\dfrac{1}{\sqrt{s_d}} = \dfrac{1}{\sqrt{s_1}} + \dfrac{1}{\sqrt{s_2}}$，$s_d$ 称为当量摩阻。

由此可以求出长度相同、直径相同、摩阻为 s 的两根钢筋混凝土输水管合为一根输水管的当量摩阻 $s_d = \dfrac{s}{4}$。

对于长度相同、直径分别为 d_1、d_2 平行布置的两根重力流满管流钢筋混凝土输水管，摩阻分别为 s_1、s_2，当量摩阻 S_d。两根重力流输水管平均分为 n 段，设置 $n-1$ 根连通管，每段摩阻均为 $\dfrac{1}{n} S_d$。

当管径为 d_1 的输水管中有一段损坏时，总输水流量变为 Q_a，管段损毁前总流量为 Q，引入当量摩阻 s_d 概念，下式成立：

$$\left(s_d - \frac{1}{n} s_d + \frac{1}{n} s_2\right) Q_a^2 = s_d Q^2$$

输水量 Q_a 和管段损毁前流量 Q 之比等于：

$$\alpha = \frac{Q_a}{Q} = \sqrt{\frac{ns_d}{(n-1)s_d + s_2}}, \qquad 分段数\ n = \frac{(s_2 - s_d)\,\alpha^2}{s_d(1 - \alpha^2)}。 \tag{2-28b}$$

按事故用水量为设计水量的 70%，即 $\alpha = 0.7$ 的要求，所需分段数 n 等于

$$n = \frac{0.96(s_2 - s_d)}{s_d} \tag{2-28c}$$

（2）水泵供水时的压力输水管

水泵供水时的实际流量，应由水泵特性曲线方程 $H_p = f(Q)$ 和输水管特性曲线方程 $H_0 + \sum(h) = f(Q)$ 求出。假定输水管特性曲线中的流量指数 $n=2$，则水泵特性曲线 $H_p = f(Q)$ 和输水管特性曲线的联合工作情况如图 2-17 所示。

I 为输水管正常工作时的 $Q-(H_0 + \sum h)$ 特性曲线；II 为出现事故，当输水管任一段损坏时，阻力增大，使曲线的交点从正常工作时的 b 点移到 a 点，与 a 点相对应的横坐标即表示事故时流量 Q_a。水泵供水时，为了保证管线损坏时的事故流量，输水管的分段数计算方法如下：

图 2-17　水泵和输水管特性曲线

设输水管接入水塔，这时，输水管损坏只影响进入水塔的水量，直到水塔放空无水时，才影响管网用水量。假定输水管 $Q-(H_0 + \sum h)$ 特性方程表示为：

$$H = H_0 + (s_p + s_d) Q^2 \tag{2-29}$$

设两条不同直径的输水管用连通管分成 N 段，则有任一段损坏时，$Q-(H_0 + \sum h)$ 特性方程为：

$$H_a = H_0 + \left(s_p + s_d - \frac{s_d}{N} + \frac{s_1}{N}\right) Q_a^2 \tag{2-30}$$

式中　H_0——水泵静扬程，等于水塔水面和泵站吸水井水面的高差，m；

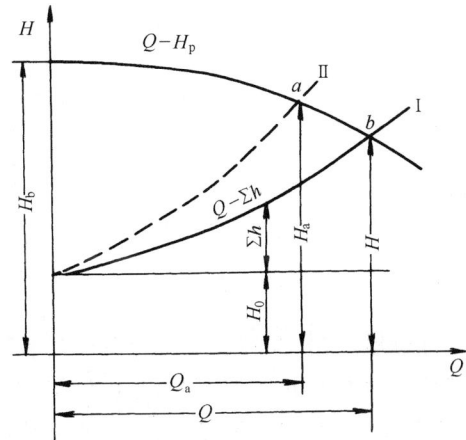

s_p——泵站内部管线的摩阻，s^2/m^5；

s_d——两条输水管的当量摩阻，s^2/m^5；

N——输水管分段数，输水管之间只有一条连通管时，分段数为2，余类推；

Q——正常时流量，m^3/s；

Q_a——事故时流量，m^3/s。

连通管的长度与输水管相比很短，其阻力忽略不计。

水泵 Q—H_p 特性方程为：

$$H_p = H_b - sQ^2 \tag{2-31}$$

输水管任一段损坏时的水泵特性方程为：

$$H_a = H_b - sQ_a^2 \tag{2-32}$$

式中 s——水泵的摩阻。

联立求解式（2-29）和式（2-31），即 $H = H_p$，得正常工作时水泵的输水流量表达式：

$$Q = \sqrt{\frac{H_b - H_0}{s + s_p + s_d}} \tag{2-33}$$

从式（2-33）看出，因 H_0、s、s_p 一定，故 H_b 减少或输水管当量摩阻 s_d 增大，均可使水泵流量减少。

联立求解式（2-30）和式（2-32）得事故时的水泵输水量表达式：

$$Q_a = \sqrt{\frac{H_b - H_0}{s + s_p + s_d + \frac{1}{N}(s_1 - s_d)}} \tag{2-34}$$

由式（2-33）和式（2-34）得事故时和正常时的流量比例为：

$$\frac{Q_a}{Q} = \alpha = \sqrt{\frac{s + s_p + s_d}{s + s_p + s_d + \frac{1}{N}(s_1 - s_d)}} \tag{2-35}$$

按事故用水量为设计水量的70%，即 $\alpha = 0.7$ 的要求，所需分段数等于：

$$N = \frac{(s_1 - s_d)\alpha^2}{(s + s_p + s_d)(1 - \alpha^2)} = \frac{0.96(s_1 - s_d)}{s + s_p + s_d} \tag{2-36}$$

【例题 2-7】某城市从水源泵站到水厂敷设两条内衬水泥砂浆的铸铁输水管，每条输水管长度为12400m，管径分别为 $d_1 = 250mm$，摩阻 $s_1 = 29884 \, s^2/m^5$，$d_2 = 300mm$，摩阻 $s_2 = 11284 \, s^2/m^5$，见图 2-18。水泵静扬程 40m，水泵特性曲线方程：$H_p = 141.3 - 2600Q^2$。泵站内管线的摩阻 $s_p = 210 \, s^2/m^5$。假定 $DN300$ 输水管线的一段损坏，试求事故流量为 70% 设计水量时的分段数。

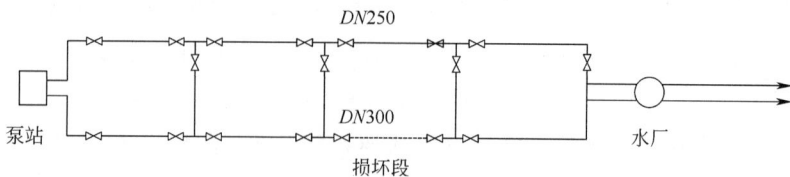

图 2-18 输水管分段数计算

【解】 两条输水管的当量摩阻为：

$$s_d = \frac{s_1 s_2}{(\sqrt{s_1} + \sqrt{s_2})^2} = \frac{29884 \times 11284}{(\sqrt{29884} + \sqrt{11284})^2} = 4329.06 s^2/m^5$$

所需要的分段数为：

$$N = \frac{(s_1 - s_d)\alpha^2}{(s + s_p + s_d)(1 - \alpha^2)} = \frac{0.96 \times (29884 - 4329.06)}{2600 + 210 + 4329.06} = 3.44$$

拟分成 4 段，即 $n = 4$，得一段损坏事故时流量等于：

$$Q_a = \sqrt{\frac{H_b - H_0}{s + s_p + s_d + \frac{1}{N}(s_1 - s_d)}} = \sqrt{\frac{141.3 - 40.0}{2600 + 210 + 4329.06 + \frac{1}{4} \times (29884 - 4329.06)}}$$

$$= \sqrt{\frac{101.3}{13527.8}} = 0.0865 m^3/s$$

正常工作时流量等于：

$$Q = \sqrt{\frac{H_b - H_0}{s + s_p + s_d}} = \sqrt{\frac{141.3 - 40}{2600 + 210 + 4329.06}} = 0.1191 m^3/s$$

输水管分成 4 段后一段损坏事故时流量和正常工作时的流量比为：$\alpha = \frac{0.0865}{0.1191} = 0.726$。

2.4 分区给水系统

在地形高差显著或给水区面积宽广的城市管网或远距离输水管，都有必要考虑分区给水。分区给水是将整个给水系统分成几区，每区有泵站、管网等。区与区之间可有适当的联系，以保证供水可靠和调度灵活。分区给水的技术依据是，使管网的水压不超过水管能承受的压力，以免损坏水管附件并减少漏水量，同时尽量减少供水多余能量的消耗。

图 2-19 表示给水区地形起伏、高差很大时采用的分区给水系统。其中图 2-19（a）是由同一泵站内的低压和高压水泵分别供给低区和高区用水称为并联分区。它的特点是各区用水分别供给，比较安全可靠；各区供水水泵集中在一个泵站内，管理方便；但增加了输水管长度和造价，又因到高区的水泵扬程高，需用耐高压的输水管等。

图 2-19（b）中，高、低两区用水均由低区泵站供给，高区用水再由高区泵站加压，称为串联分区。大中城市的管网，往往由于管线很长，水头损失过大，为了提高边缘地区的水压，而在管网中间设加压泵站或水库泵站加压，也是串联分区的一种形式。

图 2-20 表示远距离重力输水管。为防止管中压力过高所采取的分区方式：将输水管适当分段（即分区），在分段处建造水池，以降低输水管的水压，保证正常工作。

图 2-20 的输水管，如全线采用相同的管径，则水力坡线为 i，这时部分管线的水压很高，而在地形高于水力坡线之处，例如 D 点，会使管中出现负压。如果将输水管分成三段，并在 C 和 D 处建造水池，则 C 点的工作压力下降，D 点也不会出现负压，大部分

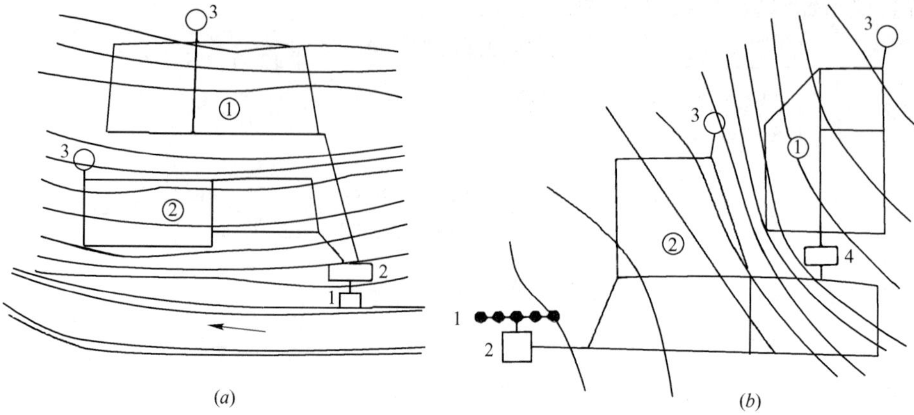

图 2-19 分区给水系统

(a) 并联分区；(b) 串联分区

①高区；②低区；1—取水构筑物；2—水处理构筑物和二级泵站；3—水塔或水池；4—高区泵站

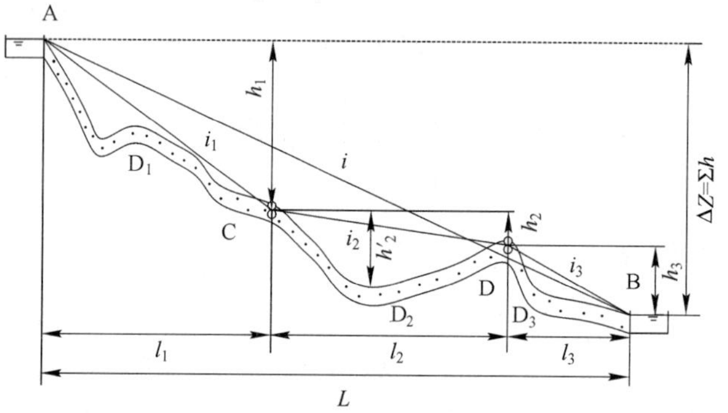

图 2-20 重力输水管分区

管线的静水压力将显著减小。

2.4.1 分区给水系统的能量分析

在大中城市或工业企业给水系统中，供水所需动力费用是很大的，它在给水成本中占有相当大的比重。设计给水系统时充分考虑供水能量利用具有实际意义。因为泵站扬程是根据控制点所需最小服务水头和管网中的水头损失确定的，所以除了控制点附近外，绝大部分的给水区中管网水压高于实际所需水压，出现了不可避免的能量浪费，多余的水压消耗在给水龙头的局部水头损失上。

在不少情况下，采用分区给水系统以降低供水的动力费用。为此，必须对管网进行能量分析，找出哪些是浪费的能量，如何减少这部分能量，以此作为分区给水的依据，并据以选择合适的分区给水系统。分区供水能量分析见图 2-21。

以图 2-21 为例，输水管各管段的流量 q_{ij} 和管径 D_{ij} 随着与泵站（设在节点 5 处）距离的增加而减少。未分区时泵站供水的能量等于：

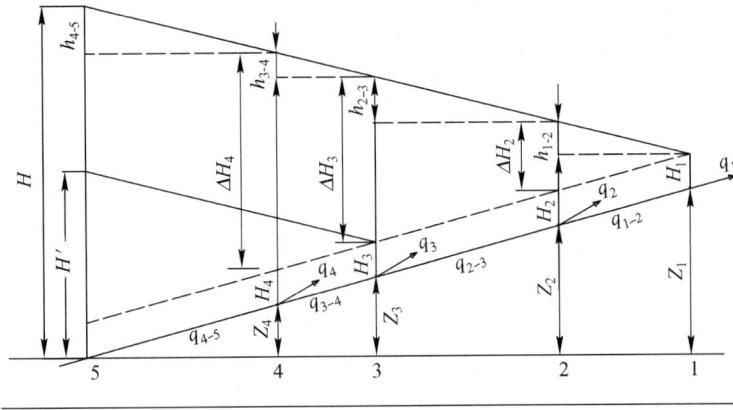

图 2-21　输水系统能量分析

$$E = \gamma q_{4-5} H \tag{2-37}$$

$$或\quad E = \rho g q_{4-5}(Z_1 + H_1 + \sum h_{ij}) \tag{2-38}$$

式中　　H——水泵扬程，m；

$\quad\quad q_{4-5}$——泵站总供水流量，m^3/s；

$\quad\quad Z_1$——控制点地面高出泵站吸水井水面的高度，m；

$\quad\quad H_1$——控制点所需最小服务水头，m；

$\quad\quad \sum h_{ij}$——从控制点到泵站的总水头损失，m；

$\quad\quad \rho$——水的密度，$1000 kg/m^3$；

$\quad\quad g$——重力加速度，$9.81 m/s^2$；

$\quad\quad \gamma$——水的重度，$9800 N/m^3$。

泵站供水能量 E 由三部分组成：

（1）保证最小服务水头所需要的能量：

$$E_1 = \sum_{i=1}^{4} \rho g(Z_i + H_i) q_i = \rho g(H_1 + Z_1) q_1 + \rho g(H_2 + Z_2) q_2 +$$
$$\rho g(H_3 + Z_3) q_3 + \rho g(H_4 + Z_4) q_4 \tag{2-39}$$

（2）克服水管摩阻所需的能量：

$$E_2 = \sum_{i=1}^{4} \rho g q_{ij} h_{ij} = \rho g q_{1-2} h_{1-2} + \rho g q_{2-3} h_{2-3} + \rho g q_{3-4} h_{3-4} + \rho g q_{4-5} h_{4-5} \tag{2-40}$$

（3）未利用的能量，它是因各用水点水压过剩而浪费的能量：

$$E_3 = \sum_{i=2}^{4} \rho g q_i \Delta H_i = \rho g(H_1 + Z_1 + h_{1-2} - H_2 - Z_2) q_2 +$$
$$\rho g(H_1 + Z_1 + h_{1-2} + h_{2-3} - H_3 - Z_3) q_3 +$$
$$\rho g(H_1 + Z_1 + h_{1-2} + h_{2-3} + h_{3-4} - H_4 - Z_4) q_4 \tag{2-41}$$

式中　　ΔH_i——过剩水压，m。

单位时间内水泵的总能量等于上述三部分能量之和：

$$E = E_1 + E_2 + E_3 \tag{2-42}$$

总能量中只有保证最小服务水头的能量 E_1 得到有效利用。由于给水系统设计时，泵站流量和控制点水压 $Z_i + H_i$ 已定，所以 E_1 不能减少。

第二部分能量 E_2 消耗于输水过程不可避免的水管摩阻。为了降低这部分能量消耗，必须减少 h_i，其措施是适当放大管径，所以并不是一种经济的解决办法。

第三部分能量 E_3 未能有效利用，属于浪费的能量，这是集中给水系统无法避免的缺点，因为泵站必须将全部流量按最远或位置最高处用户所需的水压输送。

集中（未分区）给水系统中供水能量利用的程度，可用必须消耗的能量占总能量的比例来表示，称为能量利用率：

$$\Phi = \frac{E_1 + E_2}{E} = 1 - \frac{E_3}{E} \tag{2-43}$$

从上式看出，为了提高输水能量利用率，只有设法降低 E_3 值，这就是从经济上考虑管网分区的原因。

假定在图2-21中节点3处设加压泵站，将输水管分成两区，分区后，泵站5的扬程只需满足节点3处的最小服务水头，因此可从未分区时的 H 降低到 H'。从图中看出，此时过剩水压 ΔH_3 消失，ΔH_4 减少，因而减少了一部分未利用的能量。减少值等于：

$$(Z_1 + H_1 + h_{1-2} + h_{2-3} - Z_3 - H_3)(q_3 + q_4) = \Delta H_3(q_3 + q_4) \tag{2-44}$$

需要注意的是：当一条输水管的管径不变、流量相同，即沿线无流量分出时，分区后非但不能降低能量费用，甚至基建和设备等项费用反而增加，管理也趋于复杂。这时，只有在输水距离远、管内的水压过高时，才考虑分区。

再来研究图2-22所示的城市给水管网。假定从泵站起地形均匀升高、全区用水均匀、要求的最小服务水头相同。设管网的总水头损失为 $\sum h$，泵站吸水井水面和控制点地面高差为 ΔZ。未分区时泵站的流量为 Q，扬程为：

$$H_p = \Delta Z + H + \sum h \tag{2-45}$$

如果等分成两区，则第 I 区管网的水泵扬程为：

$$H_I = \frac{\Delta Z}{2} + H + \frac{\sum h}{2} \tag{2-46}$$

如果第 I 区所需最小服务水头 H 与泵站总扬程 H_p 相比极小，则 H 可以略去，得：

$$H_I = \frac{\Delta Z}{2} + \frac{\sum h}{2} \tag{2-47}$$

第 II 区泵站能利用低区的水压 H 时，则该区的泵站扬程等于 $\frac{\Delta Z}{2} + \frac{\sum h}{2}$。

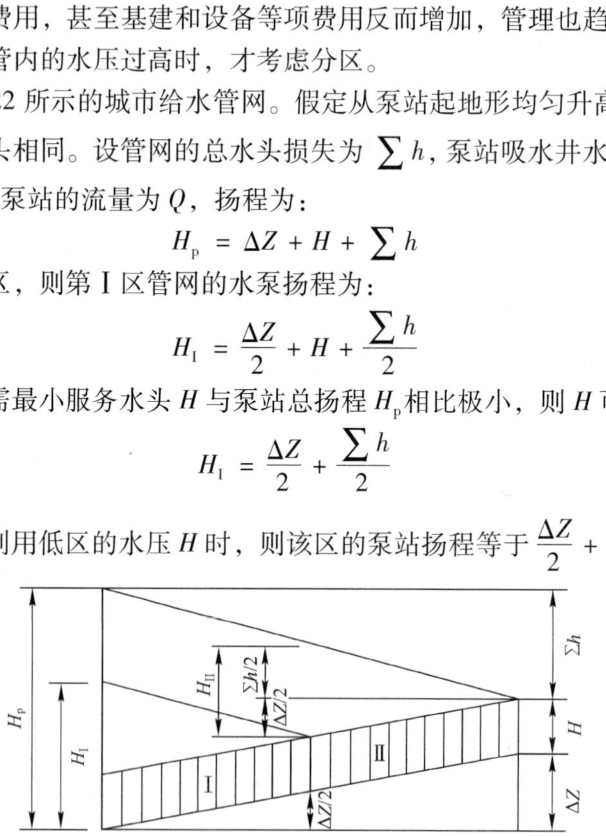

图2-22 管网分区图

分成 n 区时，供水能量计算如下：

（1）串联分区时，根据用水均匀的假定，各区输送的水量分别为 Q，$\dfrac{n-1}{n}Q$，$\dfrac{n-2}{n}Q$，…，$\dfrac{Q}{n}$，各区的水泵扬程为 $\dfrac{H_p}{n} = \dfrac{\Delta Z + \sum h}{n}$，分区后的供水能量为：

$$
\begin{aligned}
E_n &= Q\frac{H_p}{n} + \frac{n-1}{n}Q\frac{H_p}{n} + \frac{n-2}{n}Q\frac{H_p}{n} + \cdots + \frac{Q}{n}\frac{H_p}{n} \\
&= \frac{1}{n^2}\big[n + (n-1) + (n-2) + \cdots + 1\big]QH_p \\
&= \frac{1}{n^2}\frac{n(n+1)}{2}QH_p = \frac{(n+1)}{2n}QH_p \\
&= \frac{n+1}{2n}E
\end{aligned}
\tag{2-48}
$$

式中 $E = QH_p$ 为未分区时所需能量。

分成两区时，$n = 2$，代入式（2-48）得 $E_2 = \dfrac{3}{4}QH_p$，即较未分区时节省约 1/4 的能量。分区数量越多，能量节约越多，但最多只能节省二分之一的能量。

（2）并联分区时，各区的流量等于 $\dfrac{Q}{n}$，泵站扬程则从高区的 H_p，$\dfrac{n-1}{n}H_p$，$\dfrac{n-2}{n}H_p$……递减到低区的 $\dfrac{H_p}{n}$。分区时供水能量为：

$$
\begin{aligned}
E_n &= \frac{Q}{n}H_p + \frac{Q}{n}\frac{n-1}{n}H_p + \frac{Q}{n}\frac{n-2}{n}H_p + \cdots + \frac{Q}{n}\frac{H_p}{n} \\
&= \frac{1}{n^2}\big[n + (n-1) + (n-2) + \cdots + 1\big]QH_p \\
&= \frac{n+1}{2n}E
\end{aligned}
\tag{2-49}
$$

可见无论串联分区或并联分区，分区后可以节省的供水能量相同。

选择分区形式时，应根据地形、水源位置、用水量分布等具体条件，拟定若干方案进行比较。串联或并联分区所节约的能量相同，但并联分区增加了输水管长度，串联分区增加了泵站，因此两种布置方式的造价和管理费用不同。

2.4.2 分区给水形式的选择

采用分区给水是为了减少能量消耗及避免给水管网水压超出其所能承受的范围，但管网分区后，将增加管网系统的造价。因此给水系统是否分区，应进行技术上和经济上的比较后决定。当采用分区给水时，分区给水形式的选择是至关重要的。

并联分区的优点是各区用水由同一泵站供给，供水比较可靠，管理也比较方便，整个给水系统的工作情况较为简单，设计条件易与实际情况一致。串联分区的优点是输水管长度较短，可用扬程较低的水泵站和低压管。因此在选择分区形式时，应考虑并联分区会增加输水管造价，串联分区增加了泵站的造价和管理费用。

城市地形对分区形式的影响是，当市区沿河岸发展而宽度较小时，采用并联分区较宜，因增加的输水管长度不大，而高、低区的泵站可以集中，如图2-23（a）所示。

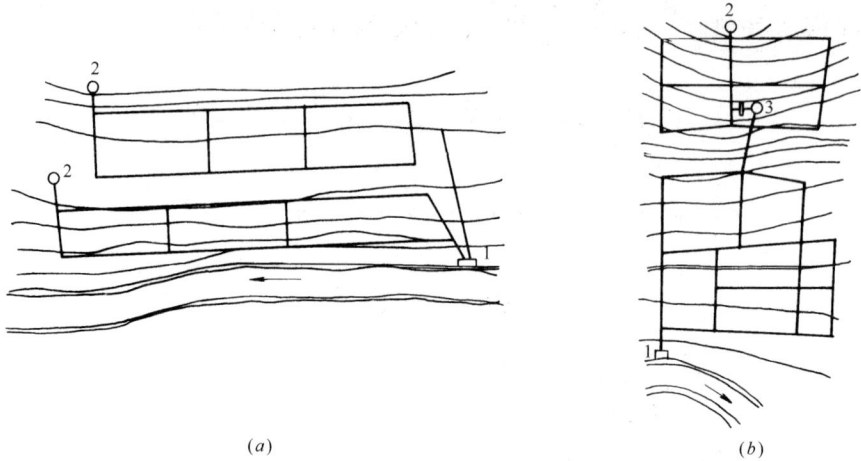

图2-23　城市延伸方向与分区形式的选择

（a）并联分区；（b）串联分区

1—取水构筑物和水处理构筑物；2—水塔或水池；3—高区泵站

与此相反，市区垂直于等高线方向延伸时，串联分区更为适宜，如图2-23（b）所示。

水源的位置往往影响到分区形式，如图2-24（a）中，水源靠近高区时，宜采用并联分区。水源远离高区时，以串联分区为好，以免接到高区的输水管造价过高，如图2-24（b）所示。

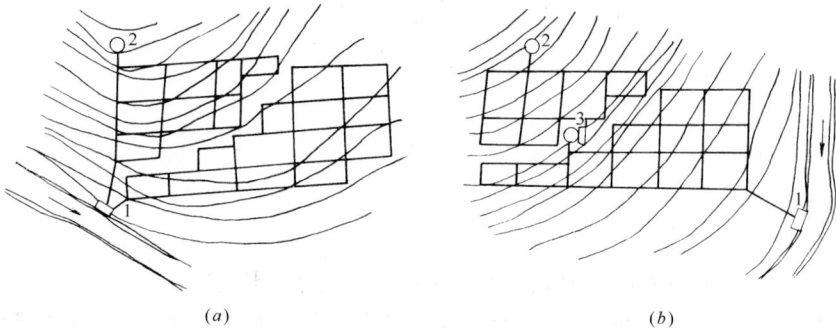

图2-24　水源位置与分区形式的选择

（a）并联分区；（b）串联分区

1—取水构筑物和水处理构筑物；2—水塔或水池；3—高区泵站

无论并联分区或串联分区，分区界线的划定主要从能量节约方面来考虑，因为泵站、管网和水池的造价很少受到分界线位置变动的影响。

2.5　水管、管网附件和附属构筑物

2.5.1　水管材料

水管可分金属管（铸铁管和钢管）和非金属管（预应力钢筋混凝土管、玻璃钢管、塑料管等）。不同材料的水管，性能各异，适用条件也不尽相同。

水管材料的选择应根据管径、内压、外部荷载和管道敷设区的地形、地质、管材的供应，按照运行安全、耐久、减少漏损、施工和维护方便、经济合理以及清水管道防止二次污染的原则，进行技术、经济、安全等综合分析确定。

（1）铸铁管

铸铁管按材质可分为灰铸铁管（也称连续铸铁管）和球墨铸铁管。

灰铸铁管虽有较强的耐腐蚀性，但由于连续铸管工艺的缺陷，质地较脆，抗冲击和抗震能力差，重量较大，并且经常发生接口漏水，水管断裂和爆管事故等。但是，其可以用在直径较小的管道上，同时采用柔性接口，必要时可选用较大一级的壁厚，以保证安全供水。

与灰铸铁管相比，球墨铸铁管不仅具有灰铸铁管的许多优点，而且机械性能有很大提高，其强度是灰铸铁管的多倍，抗腐蚀性能远高于钢管。除此之外，球墨铸铁管重量较轻，很少发生爆管、渗水和漏水现象。球墨铸铁管采用推入式楔形胶圈柔性接口，也可用法兰接口，施工安装方便，接口的水密性好，有适应地基变形的能力，抗震效果也好，因此是一种理想的管材。

（2）钢管

钢管有无缝钢管和焊接钢管两种。钢管的特点是能耐高压、耐振动、重量较轻、单管的长度大和接口方便，但耐腐蚀性差，管壁内外都需有防腐措施，并且造价较高。在给水管网中，通常只在大管径和水压高处，以及因地质、地形条件限制或穿越铁路、河谷和地震区使用。

（3）预应力和自应力钢筋混凝土管

预应力钢筋混凝土管分普通和加钢套筒两种。预应力钢套筒混凝土管是在预应力钢筋混凝土管内放入钢筒，其用钢材量比钢管省，价格比钢管便宜。其接口为承插式，承口环和插口环均用扁钢压制成型，与钢筒焊成一体。

预应力钢筋混凝土管的特点是造价低，管壁光滑，水力条件好，耐腐蚀，但重量大，不便于运输和安装。预应力钢筋混凝土管在设置阀门、弯管、排气、放水等装置处，须采用钢管配件。

自应力混凝土管采用离心工艺制造，利用混凝土在固化阶段产生的膨胀作用张拉环向和纵向钢丝，使管体混凝土在环向和纵向处于受压状态，称为自应力混凝土管。该管道仅适用于管径小于 $DN300$、管内压力小于 $0.8MPa$、覆土小于 $2.0m$ 的给水管道工程。

（4）玻璃钢管

玻璃钢管是一种新型管材，能长期保持较高的输水能力，还具有耐腐蚀、不结垢、强度高、粗糙系数小、重量轻，是钢管的 $1/4$ 左右，预应力钢筋混凝土管的 $1/10 \sim 1/5$，运输施工方便等特点。但其价格较高，几乎跟钢管接近，可在强腐蚀性土壤处采用。为降低价格，提高管道的刚度，国内一些厂家生产出一种夹砂玻璃钢管。

（5）塑料管

塑料管种类很多，近年来发展很快，目前生产中应用较多的有 PVC-U、ABS、PE、PP 管材等。尤其是 PVC-U（硬聚氯乙烯）管，以其优良的力学性能、阻燃性能、低廉的价格，受到欢迎，应用广泛。PVC-U 管工作压力宜低于 $2.0MPa$，用户进水管的常用管径 $DN25$ 和 $DN50$，小区内为 $DN100 \sim DN200$，管径一般不大于 $DN400$。

塑料管具有内壁光滑不结垢、水头损失小、耐腐蚀、重量轻、加工和接口方便等优点。但管材的强度较低，用于长距离管道时，需要考虑防止碰撞、暴晒老化等措施。

2.5.2 给水管道敷设、试压消毒与防腐

（1）管道敷设

上述各种材料的给水管多数埋在道路下。水管管顶以上的覆土深度，在不冰冻地区由外部荷载、水管强度以及与其他管线交叉情况等决定，金属管道的管顶覆土深度通常不小于0.7m。非金属管的管顶覆土深度应大于1～1.2m，覆土必须夯实，以免受到动荷载的作用而影响水管强度。冰冻地区的覆土深度应考虑土壤的冰冻线深度。

在土壤耐压力较高和地下水位较低处，水管可直接埋在管沟中未扰动的天然地基上。一般情况下，铸铁管、钢管、承插式钢筋混凝土管可以不设基础。在岩石或半岩石地基处，管底应垫砂铺平夯实，砂垫层厚度，金属管和塑料管至少为100mm，非金属管道不小于150～200mm。在土壤松软的地基处，管底应有一定强度的混凝土基础。如遇流砂或通过沼泽地带，承载能力达不到设计要求时，需进行基础处理，根据一些地区的施工经验，可采用各种桩基础。

露天管道应有调节管道伸缩设施，并设置管道整体稳定措施和防冻保温措施。

（2）管道试压和消毒

工作压力大于或等于0.1MPa的管道称为压力管道，工作压力小于0.1MPa的管道称为无压力管道。为保证安全运行，压力管道在竣工验收前应进行水压试验；无压管道应进行闭水试验或闭气试验，以检验管道系统的施工质量。

生活饮用水管道投入运行前应严格进行冲洗、消毒，经水质检测机构检测合格后方可投入运行。

（3）管道防腐

腐蚀是金属管道的变质现象，其表现方式有生锈、坑蚀、结瘤、开裂或脆化等。给水管道内壁的腐蚀、结垢使管道的输水能力下降，对饮用水系统来说还会出现水质下降的现象，对人的健康造成威胁。按照腐蚀分类，可分为没有电流产生的化学腐蚀，以及形成原电池而产生电流的电化学腐蚀（氧化还原反应）。给水管网在水中和土壤中的腐蚀，以及杂散电流引起的腐蚀，都是电化学腐蚀。

一般情况下，水中含氧量越高，腐蚀越严重，但对钢管来说，此时可能会在内壁产生氧化膜，从而减轻腐蚀。水的pH明显影响金属管道的腐蚀速度，pH越低腐蚀越快，中等pH时不影响腐蚀速度，高pH时因金属管道表面形成保护膜，腐蚀速度减慢。水的含盐量越高则腐蚀速度越快，海水对金属管道的腐蚀远大于淡水。水流速度越大，腐蚀越快。

防止给水管道腐蚀的方法有：

1）采用非金属管材，如预应力或自应力钢筋混凝土管、玻璃钢管、塑料管等。

2）金属管内外表面上涂油漆、沥青等，以防止金属和水接触而产生腐蚀。例如可将明设钢管表面打磨干净后，先刷1～2道红丹防锈漆，干后再刷两道热沥青或防锈漆；埋地钢管可根据周围土壤的腐蚀性，分别选用各种厚度的防腐层。

涂料需要满足以下要求：① 不溶解于水，不得使自来水产生嗅、味，并且无毒；② 涂料前，内外壁应清洁无锈；③ 管体预热后浸入涂液，涂层厚薄均匀，内外壁光滑，粘附牢固，并不因气温变化而发生异常。

3）小口径钢管可采用钢管内外热浸镀锌法进行防腐。

4）为了防止给水管道（铸铁管或钢管）内壁锈蚀与结垢，可在管内涂衬防腐涂料（又称内衬、搪管），内衬的材料一般为水泥砂浆，也有用聚合物水泥砂浆。

5）阴极保护。金属管道敷设在腐蚀性土中易发生电化学腐蚀。在电气化铁路附近或其他有杂散电流存在的地区时，常引起金属结构中的自由电子定向移动，使金属阳离子脱离金属体而发生杂散电流腐蚀（杂散电流干扰），均应采取阴极保护措施。阴极保护是保护水管的外壁免受土壤腐蚀和杂散电流腐蚀的方法。根据腐蚀电池的原理，两个电极中只有阳极金属发生腐蚀，所以阴极保护的原理就是使金属管成为阴极，以防止腐蚀。

阴极保护有两种方法。一种是使用消耗性的阳极材料，如铝、镁、锌等，隔一定距离用导线连接到管线（阴极）上，在土壤中形成电路，结果是阳极腐蚀，管线得到保护。这种方法常在缺少电源、土壤电阻率低和水管保护涂层良好的情况下使用。

另一种是通入直流电的阴极保护法，将废铁埋在管线附近，与直流电源的阳极连接，电源的阴极接到管线上，因此可防止腐蚀，在土壤电阻率高（约 $2500\Omega \cdot cm$）或金属管外露时使用较宜。

2.5.3 管网附件和附属构筑物

（1）管网附件

1）阀门

阀门在输水管道和给水管网中起分段和分区的隔离检修作用，并可用来调节管线中的流量或水压。

在给水系统中主要使用的阀门有三种：闸阀、蝶阀和球阀。

凡是阀门的闸板启闭方向和闸板的平面方向平行时，这种阀门称为闸阀（闸门）。它是管网中最广泛使用的一种阀门。闸阀门内的闸板有楔式和平行式两种，根据阀门使用时阀杆是否上下移动，可分为明杆和暗杆，一般选用法兰连接方式。

蝶阀是其阀瓣利用偏心或同心轴旋转的方式达到启闭的作用。蝶阀的外形尺寸小于闸阀，结构简单，开启方便，旋转 $90°$ 就可以完全开启或关闭。蝶阀可用在中、低压管线上，例如水处理构筑物和泵站内。

球阀是在球形阀体内，连在阀杆上的是一个开设孔道的球体芯，靠旋转球体芯达到开启或关闭阀门的目的。球阀优点是结构较闸阀简单、体积小、水阻力小、密封严密。缺点是受密封结构及材料的限制，制造及维修的难度大。在给水系统中，球阀适用于小口径的有毒有害液体、气体输送管道中。

输水管（渠）道的起点、终点、分叉处以及穿越河道、铁路、公路段，应根据工程具体情况和有关部门的规定设置阀（闸）门。同时按照事故检修需要设置阀门。

2）止回阀

又称逆止阀、单向阀。止回阀是限制压力管道中的水流只能朝一个方向流动的阀门。止回阀的类型除旋启式外，还有微阻缓闭止回阀和液压式缓冲止回阀，这两种止回阀还有防止水锤的作用。

止回阀一般安装在水压大于 196kPa 的水泵站出水管上，防止因突然断电或其他事故时水流倒流而损坏水泵设备等。

3）排气阀和泄水阀

排气阀安装在管线的隆起部位，为了排出管线投产时或检修后通水时管线内的空气。平时用以排除从水中释出的气体，以免空气积在管中，减小过水断面，增大水头损失。长距离输水管线，一般随地形起伏敷设，在高处隆起点设排气阀。管道平缓段，根据管道安全运行的要求，一般间隔1000m左右设一处通气措施。

排气阀还有在管路出现负压时向管中进气的功能，从而起到减轻水锤对管路危害的作用。

在管线的最低点须安装泄水阀，用以排除管中的沉淀物以及检修时放空水管内的存水。泄水阀与排水管连接，其管径由所需放空时间决定。放空时间可按一定工作水头下孔口出流公式计算。

4）市政消火栓

市政消火栓分地上式和地下式，地上式消火栓一般布置在交叉路口消防车可以驶近的地方。当市政道路宽度超过60m时，应在道路两侧交叉错落设置。地下式消火栓安装在直径不小于1.5m的消火栓井内。

市政消火栓连接环状管网时，接管直径不应小于150mm，连接枝状管网时，接管直径不宜小于200mm。当城镇人口小于2.5万人时，连接环状管网的接管直径不应小于100mm，连接枝状管网的接管直径不宜小于150mm。室外管网内的市政消火栓间距不应超过120m，配水管网上两个阀门之间的独立管段内消火栓的数量不宜超过5个。

市政消火栓平时运行工作压力不应小于0.14MPa，火灾时水力最不利市政消火栓的出水流量不应小于15L/s，供水压力从地面算起不应小于0.10MPa。

（2）管网附属构筑物

1）阀门井

管网中的附件（阀门、排气阀、地下式消火栓和设在地下管道上的流量计等）一般应安装在阀门井内。阀门井多用砖砌，也可用石砌或钢筋混凝土建造。阀门井的平面尺寸，取决于水管直径以及附件的种类和数量。但应满足阀门操作和安装拆卸各种附件所需要的最小尺寸。阀门井的深度由水管埋设深度确定。

2）支墩和基础

当管内水流通过承插式接口的弯管、三通、水管尽端的盖板上以及缩管处，都会产生拉力，接口可能因此松动脱节而使管道漏水，因此在这些部位需要设置支墩，以防止接口松动脱节等事故产生。当管径小于300mm或转弯角度小于10°，且水压不超过980kPa时，因接口本身足以承受拉力，可不设支墩。

管道支墩大小和管道截面计算外推力对支墩产生的压力大小有关。根据管道验收试验压力可以计算出截面外推力：

$$P = \frac{\pi D^2}{4}(P_0 - kP_s) \tag{2-50}$$

式中　P——管道接口允许承受内水压后的管道截面计算外推力，N；

　　　P_0——管道验收试验压力，Pa（N/m²）；

　　　P_s——管道接口允许承受内水压力，Pa（N/m²）；

　　　D——管道内径，m；

k——设计抗拉强度安全修正系数，$k < 1$。

管道安装形式有很多种，截面计算外推力对支墩的作用力 R 大小不完全相同，应按照平面汇交力系平衡原则分析求出。

【例题 2-8】有一输水管道试验压力为 1.0MPa，承插接口允许承受摩擦力为 100000N/m，设计抗拉强度安全修正系数 $k = 0.8$，则 $DN900 \times DN800$ 丁字管支墩承受的外推力是多少？（丁字管支墩简图见图 2-25）

【解】$DN800$ 管道接口允许承受的摩擦力：

$$P_s = 0.8 \times 100000\text{N/m} \times \pi D = 0.8 \times 100000 \times 3.14 \times 0.8 = 200960\text{N}$$

管道验收试验压力 $P_0 = \dfrac{\pi}{4} \times (0.8\text{m})^2 \times 1000000\dfrac{N}{\text{m}^2} = 502600\text{N}$

丁字管支墩承受的外推力 $R = P_0 - P_s = 502600 - 200960 = 301640\text{N}$

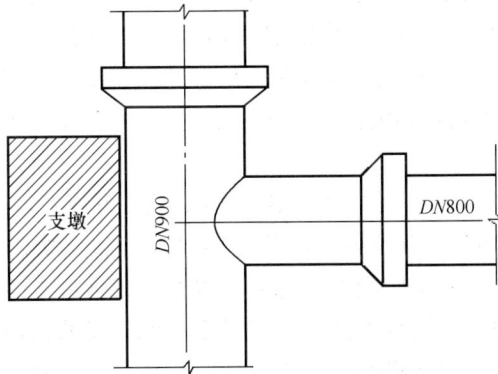

图 2-25　丁字管支墩简图

3）管线穿越障碍物

给水管线通过铁路、公路和河谷时，必须采取一定的措施。

① 管线穿越铁路时，其穿越地点、方式和施工方法，应遵循有关铁道部门穿越铁路的技术规范。根据铁路的重要性，采取如下措施：

当穿越车站咽喉区间、站场范围内的正线、发线时，应设套管；穿越其他股道可不设套管，防护套管管顶或输水管管顶至轨底的深度不得小于 1.0m，至路基面高度不应小于 0.70m。两端应设检查井，井内应设阀门或排水管等。

如果采用输水管架空穿越铁路管线，则管架底应高出路轨面 6.0m 以上。

② 管线穿越河川山谷时，可利用现有桥梁架设水管，或敷设倒虹管，或建造水管桥，应根据河道特性、通航情况、河岸地质地形条件、过河管材料和直径、施工条件选用。

③ 给水管架设在现有桥梁下穿越河流最为经济，施工和检修比较方便，通常水管架在桥梁的人行道下。穿越河底的输水管应避开锚地，管内流速应大于不淤流速。管道埋设深度应在其相应防洪标准的洪水冲刷深度以下，且至少应大于 1.0m。

管道埋设在通航河道时，应符合航运部门的技术规定，并在河岸设立标志，管道埋设深度应在航道底设计高程 2.0m 以下。

3 取 水 工 程

3.1 取水工程概论

3.1.1 水源分类

（1）水资源定义

水资源一词很久以前就已经出现，并随着时代前进不断丰富和发展。水资源可以理解为人类长期生存、生活和生产过程中所需要的各种水，既包括了数量和质量的概念，又包括它的实用价值和经济价值。水资源的概念通常有广义、狭义和工程上的概念之分。

1）广义概念：水资源指包括海洋、地下水、冰川、湖泊、土壤水、河川径流、大气水等在内的各种水体。

2）狭义概念：水资源指广义水资源范围内逐年可以得到恢复更新的那一部分淡水。

3）工程概念：水资源仅指狭义水资源范围内可以得到恢复更新的淡水量中，在一定技术经济条件下，可以为人们所用的那一部分水以及少量被用于冷却的海水。

由于研究的对象不同，或场合不同，人们对水资源含义的认识也有所不同。例如：当提到某区域水资源问题时，往往指的是狭义概念；当提到水资源数量不足时，往往指的是工程概念，即"可以被人们取用的那一部分"。

（2）中国水资源特点

淡水是一种有限资源，它不仅维持地球上一切生命的需要，而且对一切社会经济部门都具有重要意义。虽然地球上的大海看起来一望无际，深不可测，但供给人类生存所需的淡水量却是有限的。

在地球水圈中现有约 13.86 亿 km³ 水，它以液态、气态、固态形式分布于海洋、陆地、大气和生物机体中。其中海洋总储水量约为 13.38 亿 km³，占全球总水量的 96.54%。在地球水圈中，淡水仅占总水量的 2.53%，且主要分布在冰川与永久积雪的地下水中。如果考虑到现有的经济、技术能力、扣除目前无法取用的冰川积雪及深层地下水，理论上可以开发利用的淡水不足地球总水量的 1%。实际上人类可以利用的淡水量远低于此理论值，因为还有许多淡水，人们尚无法利用。

我国水资源总量约 2.81 万亿 m³，人均占有量很低，居世界第 108 位，是水资源十分紧缺的国家之一。中国水资源在时间和空间上的分布很不均匀，它与土地资源在地区组合上不相匹配，水的供需矛盾十分突出。从我国水资源地理分布和时空分布上考虑，具有以下特点：

1）水资源总量较丰富，人均水量较少

我国的国土面积约 960 万 km²，多年平均降水量为 648mm，降水总量为 61900 亿 m³，降水量中约有 56% 消耗于陆面蒸发，44% 转化为地表和地下水资源。

世界各国都将河川径流量作为动态水资源，近似的代表水资源。我国河川径流量

27115 亿 m^3，在世界主要国家中，仅次于巴西、俄罗斯、加拿大，居世界第四位，约占全球河川径流量的5.8%，平均径流深度为284mm，为世界平均值的90%。因此，从世界范围来看，我国河川径流总量还是比较丰富的。

但我国幅员辽阔、人口众多，以占世界陆地面积7%的土地养育着占世界22%的人口，因此人均和亩均占有的水量却大大低于世界平均水平。人均占有水量为2350m^3，仅为世界平均值的1/4。可耕地均占有水量27867m^3/100m^2，仅为世界平均值的79%，由此可见，我国按人口和耕地平均拥有的水资源是十分紧缺的，水资源是我国十分珍贵的自然资源。

2）水资源时空分布不均匀

我国的降水具有年内、年际变化大，区域分布不均匀的特点。水资源的地区分布很不均匀，北方水资源贫乏，南方水资源丰富，南北相差悬殊。长江及其以南诸河流的流域面积占全国总面积的36.5%，却拥有全国80.9%的水资源量；而长江以北的河流的流域面积占全国总面积的63.5%，却只占有19.1%的水资源量，远远低于全国平均水平。

水资源年际年内变化很大，最大与最小年径流的比值，长江以南的河流小于5，北方河流多在10以上。径流量的逐年变化存在明显的丰枯交替出现及连续数年为丰水段或枯水段的现象。径流量年际变化大与连续丰枯水段的出现，使我国经常发生旱、涝或连旱、连涝现象，加大了水资源开发利用的难度。

3）水源污染严重

水资源危机另一个重要表现是水污染，即污染型缺水。工业化和城市的迅速发展，使许多水域和河流受到污染。在污染物中，未处理的或部分处理的污水，农业和工业排放的污水占主要部分。这些污染物将严重影响水质，特别是生活用水的水质。

目前我国80%的水域、45%的地下水受到污染，主要湖泊的富营养化也日趋严重。

由此可见，我国的水资源危机，不仅表现在水资源量的日益短缺和匮乏，而且表现在污染型缺水、生态环境的恶化以及水资源开发费用日益昂贵。因此，保护水源，治理污染，合理开发利用水资源，节约用水等，是改变目前我国水资源危机的重要手段，也是发展循环经济，实现我国经济可持续发展的重要条件。

3.1.2 给水水源

（1）给水水源分类及其特点

1）给水水源分类

给水水源可分为两大类：地下水源和地表水源。

地下水包括潜水（无压地下水），自流水（承压地下水）和泉水。地表水包括江河、湖泊、水库、山区浅水河流和海水。

2）给水水源的特点

地下水和地表水由于其形成条件和存在的环境不同，而具有其各自的特点。

大部分地区的地下水受形成、埋藏和补给等条件的影响，具有水质清澈、水温稳定、分布面广等特点。尤其是承压地下水（层间地下水），其上覆盖不透水层，可防止来自地表污染物的渗透污染，具有较好的卫生条件。但地下水径流量较小，有的矿化度和硬度较高，部分地区可能出现矿化度很高或其他物质如铁、锰、氟、氯化物、硫酸盐、各种重金属或硫化氢的含量较高的情况。

采用地下水源具有下列优点：取水条件及取水构筑物构造简单，便于施工和运行管理；通常地下水无需澄清处理，即使水质不符合要求时，大多数情况下的处理工艺也比地表水简单，故处理构筑物投资和运行费用也较省；便于靠近用户建立水源，从而降低给水系统（特别是输水管和管网）的投资，节省了输水运行费用，同时也提高了给水系统的安全可靠性；便于分期修建；便于建立卫生防护区。但是，开发地下水源的勘察工作量较大，对于规模较大的地下水取水工程需要较长的时间水文地质勘察。还应注意的是过量开采地下水常常引起地面下沉，威胁地面建（构）筑物的安全。

大部分地区的地表水源流量较大，由于受地面各种因素的影响，通常表现出与地下水相反的特点。例如，河水混浊度较高（特别是汛期），水温变幅大，有机物和细菌含量高，易受到污染，有时还有较高的色度。但是地表水一般具有径流量大，矿化度低，硬度低，含铁、锰量等较低的优点。地表水的水质水量随季节性变化有明显的变化。此外，采用地表水源时，需要同时考虑地形、地质、水文、卫生防护等方面因素。

地表水源水量充沛，常能满足大量用水的需要。因此，城市、工业企业常利用地表水作为给水水源，尤其是我国南方地区，河网发达，湖泊、水库较多，以地表水作为给水水源的城市、村镇、工业企业更为普遍。

（2）给水水源选择及水源的合理利用

给水水源在选择前，必须进行水资源的勘察。根据供水对象对水质、水量的要求，对所在地区的水源状况进行认真的勘察、研究。同时密切结合城市远近期规划和工业总体布局要求，通过技术经济比较后综合考虑确定。给水水源选择的一般原则为：

1）应选择在水体功能区划所规定的取水地段取水

目前我国大部分地表水源和地下水源都已划定功能区域及水质目标。因此，水源的选择宜以此作为主要依据。同时遵循取水许可证制度和有偿使用制度。

2）水量充沛可靠

所选择的水源必须具有充足的可取用水量，除了保证当前生活、生产需水量外，还需要满足近期发展所必需的水量。当用地下水作为水源时，应有确切的水文地质资料，其取水量必须小于允许的开采量，严禁盲目开采。地下水开采后，不引起水位持续下降、水质恶化及地面沉降。当用地表水作为供水水源时，其设计枯水流量保证率和设计枯水位保证率不低于90%。

3）原水水质符合水源水质要求

水源水质也是水源选择的重要条件。水源水质应符合国家有关部门现行标准要求。采用地表水作为生活饮用水水源时，其水质应符合现行国家标准《地表水环境质量标准》GB 3838 中生活饮用水水源的水质要求；采用地下水作为生活饮用水水源时，其水质应符合现行国家标准《地下水质量标准》GB/T 14848 中的水质要求；工业企业生产用水的水源水质则根据各种生产工艺的要求确定。水源水质不仅要考虑现状，还要考虑远期变化趋势。由于地下水具有水质清澈，且不易被污染、水温稳定、取水及处理构造简单方便等特点，如果取用地下水，宜优先作为生活饮用水的水源。选择地下水源时，通常按泉水、承压水（或层间水）、潜水的顺序选用。对于工业、企业生产用水水源而言，如取水量不大或不影响当地饮用水需要，也可用地下水源，否则应用地表水。

4）与农业、水利综合利用

在选择水源时，应与水资源开发利用及规划相配合，正确处理给水工程与农业、水利、电力等方面的关系，结合当地的水资源特点综合考虑。

5）取水、输水、净水设施安全经济和维护方便

一般情况下，采用地下水源的取水构筑物构造简单，便于施工和运行管理；地表水的取水构筑物较之复杂。但是，开发地下水源的勘察工作量较大。

6）具有交通、运输和施工条件

在选择水源时，应考虑是否具备建设取水设施所必需的交通、运输和施工条件。

7）不易受污染，便于建立水源保护区

选择的水源，应远离易受污水、固体废弃物、烟尘污染的地区，且容易建立饮用水源保护区。

8）科学确定城市供水水源的开发次序

由于水资源的缺乏或污染，出现了不少跨区域跨流域的引水、供水工程。从水质和生态上考虑，和当地水源有所差别。因此，对水资源的选用要统一规划、合理分配、科学确定城市供水水源的开发次序，宜先当地水，后过境水或调水，先自然河道，后需调节径流的河道为宜。

合理开采和利用水源至关重要。它对于所在地区的全面发展具有决定性的意义，水源利用应与农业、水利相结合并进行综合利用，必须配合经济计划部门制定规划统筹安排，正确处理好与各个部门的关系。

综合开发利用水源采用的措施主要有以下几个方面：当同时具有地表水源、地下水源时，工业用水宜采用地表水源，饮用水宜采用地下水源；采用地下水源与地表水源相结合、集中与分散相结合的多水源供水以及分质供水，不仅能够发挥各类水源的优点，而且对于降低给水系统的投资，提高供水可靠性具有重要意义；利用经处理后的污水灌溉农田，以解决城市或工业大量用水与农业灌溉用水的矛盾；在工业给水系统中采用循环给水，提高水的重复利用率，减少水源取水量，以解决城市或工业大量用水的矛盾；人工回灌地下水是合理开采和利用地下水的措施之一。为了保持开采量与补给量平衡，可进行人工回灌，即用地表水补充地下水，以丰水年补充缺水年，以用水少的冬季补充水多的夏季；沿海地区利用海水作为某些工业的给水水源；在沿海城市的潮汐河流，采用"蓄淡避咸"的措施，建筑"蓄淡避咸"水库，充分利用潮汐河流淡水期间的水资源。

避咸蓄淡水库可根据历年咸潮入侵数据的统计分析所得出的原水氯化物平均浓度超过250mg/L时的连续不可取水天数，连续不可取水期间必须的原水供应量，计算出有效调节容积。避咸蓄淡水库可利用现有河道容积蓄淡，也可利用沿河滩地筑堤修库蓄淡，同时注意增加水库水流动性和控藻、除藻措施。

9）建立健全水资源战略储备体系

国家要求各地区应建立健全水资源战略储备体系，各大、中型城市要建立特枯年或连续干旱年的供水安全储备，规划建设城市备用水源，制定特殊情况下的区域水资源配置和供水联合调度方案。

（3）给水水源的保护

1）保护给水水源的一般措施

给水水源保护措施涉及的范围很广，它包括整个水源和流域范围，并涉及人类活动的

各个领域及各种自然因素的影响。广义上的水源保护涉及地表水和地下水水源水量与水质的保护两个方面。也就是通过行政的、法律的、经济的及技术的手段，合理开发、管理和利用水源，保护水源的质、量供应，防止水源污染与水源枯竭，以满足社会实现经济可持续发展对水源的要求。

给水水源保护措施包括法律法规措施、管理措施及技术措施，一般应有以下几方面的内容：

① 加强水源保护的立法工作，制定和完善水源保护法规，严格依法办事

国家颁布的《中华人民共和国水污染防治法》《中华人民共和国水法》《中华人民共和国环境保护法》及《饮用水水源保护区污染防治管理规定》等一系列涉及水源保护的法律文件是防止水源污染，做好水源保护工作的法律依据。同时，各级地方政府根据本地区的实际情况也制定了有关的水源保护条例或暂行规定。这些法律、法规的制定使水源保护与管理工作有法可依，达到用法律和经济手段防治水源污染的目的。

② 实行流域或区域内给水水源的统一管理

给水水源的统一管理与污染控制是一项庞大的系统工程，必须从流域、区域到局部的水质、水量进行综合控制、综合协调和整治才能取得实效。应建立属于流域性质的跨地区水资源管理机构，实行水资源保护的流域管理。在流域范围内实施供水、排水、污水处理的统一规划、统一管理，确定合理功能区和水质目标，实施污染物总量控制和颁发排污许可证，协调供水与排水、上游与下游间的矛盾和冲突。同时，通过现代化的通信系统进行水质变化过程的监测和预测，预防污染事故的发生。

③ 配合经济计划部门制定水资源开发利用和水源保护规划

水源开发利用规划应作为城市和地区经济发展规划的组成部分来考虑，应当在国民经济发展总方针的指导下，根据首先保证城市生活和工业用水、兼顾农业用水的原则，制定合理的水源开发利用规划，防止盲目开采及破坏水源。在制定规划时，应将以下问题统筹考虑：正确评价地表水源和地下水源；地表水和地下水综合利用；各种节水措施；各类可能的补充水源，如地下水人工补给等。同时，还需合理地进行城镇和工业区规划，对容易造成污染危害的工厂，如化工、石油、电镀等应尽量放在城镇及水源地下游，减轻对水源的污染。

水源保护是城市环境综合整治规划的首要目标和城市经济发展的制约条件，水源保护长远规划需地区、流域统筹兼顾，主要水系、跨省区及各省区的水源保护规划应分级审定，逐级把关，确保改善水源水质状况。

④ 加强对给水水源水量和水质的监测与管理工作

各级水源管理机构应制定和完善水源管理方法。对于地表水源要进行水文观测和预报；对地下水源则要进行区域地下水动态观测，尤其应注意开采漏斗区的观测，以便及时采取制止过量开采的措施。应进行水源污染调查研究与评价，建立水源污染监测网。水体污染调查评价要查明污染来源、途径、有害物质成分、污染范围、污染程度、危害情况与发展趋势。地下水源要结合地下水动态观测网点进行水质变化观测。对地表水源要在影响其水质的流域范围内建立一定数量的监测网点，及时掌握水体污染状况和各种污染物的动态，便于及时采取措施，防止对水源的污染。

⑤ 提高给水水源保护技术水平

在对水源污染进行调查分析的基础上，应针对污染物在不同类型水源中的迁移转化规

律及其污染范围、程度、发展趋势等进行研究，建立针对不同水源的水质模型，掌握水源水质的预测方法。应根据水源的特点，划分不同类型水域，对采样和监测方法作出科学规定。应建立城市水源保护区数据库，制定水源保护区划分技术方法，研究城市水源保护区污染防治规划程序和工程措施，使水源保护工作规范化、科学化。

2）给水水源卫生防护

给水水源防护和污染防治是水源保护的主要工作内容。水环境是一个大系统，因此给水水源防护和污染防治不是一个单纯的技术问题，必须着眼于大系统，必须有正确的原则及方针政策作指导，要一靠管理，二靠技术。进行给水水源防护和污染防治首先应遵循以下几点原则：

给水水源防护和污染防治应遵守国家颁布的有关法律、法规及标准；

给水水源防护和污染防治应放在水污染综合防治的首位；

给水水源防护和污染防治应按流域、地区、城市、乡镇进行统筹兼顾，全面规划；

给水水源防护和污染防治主要包括水源防护、水源水质监测与评价、水源污染防治。

设计和使用水源时，应首先遵照现行国家标准《生活饮用水卫生标准》GB 5749 的规定，进行水源的卫生防护。在此基础上，还需对水源保护区进行科学划分和防护。

① 地表水源卫生防护

《中华人民共和国水污染防治法实施细则》规定，跨省、自治区、直辖市的生活饮用水地表水水源保护区，由有关省市、自治区、直辖市协商划定，其他生活饮用水地表水源保护区的划定，由有关市、县人民政府提出划定方案，并报上级人民政府批准。

生活饮用水地表水源保护区分为一级保护区和二级保护区。生活饮用水地表水源一级保护区内的水质，适用《地表水环境质量标准》GB 3838—2002 Ⅱ类标准；二级保护区适用《地表水环境质量标准》GB 3838—2002 Ⅲ类标准。

按照《生活饮用水集中式供水单位卫生规范》第十条、第二十六条、第二十七条要求，地表水源卫生防护必须遵守下列规定：

a. 取水点周围半径 100m 的水域内，严禁捕捞、网箱养殖、停靠船只、游泳和从事其他可能污染水源的任何活动。

b. 取水点上游 1000m 至下游 100m 的水域必须进行巡视管理，并不得排入工业废水和生活污水；其沿岸防护范围内不得堆放废渣，不得设立有毒、有害化学物品仓库、堆栈，不得设立装卸垃圾、粪便和有毒有害化学物品的码头，不得使用工业废水或生活污水灌溉及施用难降解或剧毒的农药，不得排放有毒气体、放射性物质，不得从事放牧等有可能污染该段水域水质的活动。

c. 以河流为给水水源的集中式供水，由供水单位及其主管部门会同卫生、环保、水利等部门，根据实际需要，可把取水点上游 1000m 以外的一定范围河段划为水源保护区，严格控制上游污染物排放量。

d. 受潮汐影响的河流，其生活饮用水取水点上下游及其沿岸的水源保护区范围应相应扩大，其范围由供水单位及其主管部门会同卫生、环保、水利等部门研究确定。

e. 作为生活饮用水水源的水库和湖泊，应根据不同情况，将取水点周围部分水域或整个水域及其沿岸划为水源保护区，并按上述 a、b 项的规定执行。

f. 对生活饮用水水源的输水明渠、暗渠，应重点保护，严防污染和水量流失。

g. 集中式供水单位应划定生产区的范围并设立明显标志，生产区外围30m范围内以及单独设立的泵站、沉淀池和清水池外围30m范围内，不得设置生活居住区和禽畜饲养区；不得修建渗水厕所和渗水坑；不得堆放垃圾、粪便、废渣和铺设污水渠道；应保持良好的卫生状况。

② 地下水源的卫生防护

《中华人民共和国水污染防治法实施细则》规定，生活饮用水地下水水源保护区，由县级以上地方人民政府环境保护部门会同相关主管部门，根据饮用水水源地所在位置、水文地质条件、供水量、开采方式及污染源的分布提出划定方案，报本级人民政府批准。生活饮用水地下水水源保护区的水质，适用《地下水质量标准》GB 3838—2002 Ⅱ类标准。

按《生活饮用水集中式供水单位卫生规范》要求，地下水水源卫生防护必须遵守下列规定：

a. 生活饮用水地下水水源保护区、构筑物的防护范围及影响半径的范围，应根据生活饮用水水源地所处的地理位置、水文地质条件、供水的数量、开采方式和污染源的分布，由供水单位及其主管部门会同卫生、环保及规划设计、水文地质等部门研究确定。其防护措施应按地面水水厂生产区要求执行。

b. 在单井或井群的影响半径范围内，不得使用工业废水或生活污水灌溉和施用有持久性毒性或剧毒的农药，不得修建渗水厕所、渗水坑、堆放废渣或铺设污水渠道，并不得从事破坏深层土层的活动。

c. 在地下水水厂生产区范围内，应按地面水水厂生产区要求执行。

3.1.3 取水工程任务

取水是从水源地取集原水的过程，取水工程是给水工程的重要组成部分之一。它的任务是从水源取水，并送至水厂或用户。由于水源的种类和存在形式不同，其相应的取水工程设施对于整个给水系统的组成、布局、投资、工作的经济效益和安全可靠性具有重大影响。

取水工程通常涉及给水水源和取水构筑物两方面的内容。给水水源方面需要研究的是各种水体的形成、存在形式及运动规律，作为给水水源的可能性，以及为供水的目的而进行的水源勘察、规划、调节治理与卫生防护等问题。取水构筑物指的是取集原水而设置的构筑物总称。涉及包括各种水源的选择与利用，从各种水源取水的方法，各种取水构筑物的构造型式、设计计算、施工方法和运行管理等。

3.2 地下水取水构筑物

地下水是存在于地壳岩石裂缝或土壤空隙中的水。各种土层和岩层有不同的透水性。卵石层、砂层和石灰岩等，组织松散，具有众多的相互连通的孔隙，透水性较好，水在其中的流动属渗透过程，故这些岩层叫透水层。黏土和花岗岩等紧密岩层，透水性极差甚至不透水，叫不透水层。如果透水层下面有一层不透水层，则在这一透水层中就会积聚地下水，故透水层又叫含水层。不透水层则称隔水层。地层构造往往就是由透水层和不透水层彼此相间构成，它们的厚度和分布范围各地不同。

埋藏在地下第一个隔水层上的地下水叫潜水。潜水有一个自由水面。潜水主要靠雨水和河流等地表水渗透而补给。地表水位高于潜水面时，地表水补给地下潜水，相反则潜水补给地表水。

两个不透水层间的水叫层间水。如层间水存在自由水面，则称无压含水层；如层间水有压力，则称承压含水层。打井时，若承压含水层中的水喷出地面，叫自流水。

在适当地形下，在某一出口处涌出的地下水叫泉水。泉水分自流泉和潜水泉。自流泉由承压地下水补给，涌水量稳定，水质好。

地下水在松散岩层中流动称地下径流。地下水的补给范围叫补给区。抽取井水时，补给区的地下水都向水井方向流动。当地下水流向正在抽水的水井时，其流态可分为稳定流和非稳定流、平面流和空间流、层流与紊流或混合流等几种情况。

3.2.1 地下水取水构筑物的型式和适用条件

地下水取水构筑物的型式有管井、大口井、渗渠、辐射井及复合井等，其中以管井、大口井最为常见。

地下水取水构筑物型式与含水层的岩性构造、厚度、埋深及其变化幅度有关，同时还与设备材料供应情况、施工条件和工期等因素有关。其型式选择，首先考虑的是含水层厚度和埋藏条件，通过技术经济比较确定。地下水取水构筑物位置选择应根据水文地质条件选择，并符合下列要求：

1) 位于水质好、不易受污染且可设立水源保护区的富水地段；

2) 尽量靠近主要用水地区城市或居民区的上游地段；

3) 施工、运行和维护方便；

4) 尽量避开地震区、地质灾害区和矿产采空区及建筑物密集区。

地下水取水构筑物设计时还应注意，应有防止地面污水和非取水层水渗入措施；大口井、渗渠和泉室应有通风设施。

各种地下水取水构筑物型式一般适用下列地层条件：

（1）管井

1) 管井适用于含水层厚度大于4m，底板埋藏深度大于8m的地域；

2) 在深井泵性能允许的状况下，不受地下水埋深限制；

3) 适用于任何砂层、卵石层、砾石层、构造裂隙、溶岩裂隙等含水层，应用范围最为广泛；

4) 管井取水时应设备用井，备用井的数量一般可按10%～20%的设计水量所需井数确定，但不得少于一口井。

（2）大口井

1) 大口井适用于含水层厚度5m左右，底板埋藏深度小于15m的地域；

2) 适用于砂、卵石、砾石层，地下水补给丰富，含水层透水性良好的地段；

3) 井壁进水的大口井堵塞严重，而采用井底进水的，不易堵塞，应尽可能采用；

4) 在水量丰富、含水层较深时，宜增加穿孔辐射管建成辐射井；

5) 比较适合中小城镇、铁路及农村的地下水取水构筑物。

（3）渗渠

1) 渗渠适用于含水层厚度小于5m，渠底埋藏深度小于6m的地域；

2）适用于中砂、粗砂、砾石或卵石层；

3）最适宜于开采河床渗透水。

（4）泉室

泉室适用于有泉水露头、流量稳定，且覆盖层厚度小于5m的地域。

（5）复合井

复合井适用于地下水位较高、含水层厚度较大或含水层透水性较差的场合。

3.2.2 管井

（1）管井构造

管井是井管从地面深入到含水层抽取地下水的构筑物。管井由其井壁和含水层中进水部分均为管状结构而得名。通常用凿井机开凿。按其过滤器是否贯穿整个含水层、可分为完整井和非完整井，如图3-1所示。

管井直径大多为50～1000mm，井深可达1000m以上。常见的管井直径大多小于500mm，井深在200m以内。随着凿井技术的发展和浅层地下水的枯竭与污染，直径在1000mm以上、井深在1000m以上的管井已有使用。

管井构造一般由井室、井壁管、过滤器及沉淀管组成，如图3-2（a）所示。当有几个含水层且各层水头相差不大时，可用如图3-2（b）所示的多层过滤器管井。当抽取结构稳定的岩溶裂隙水时，管井也可不装井壁管和过滤器。

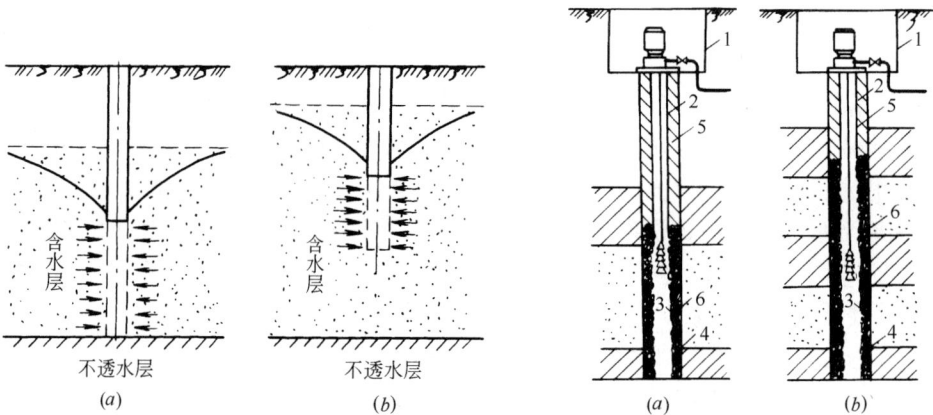

图3-1　管井形式
（a）完整井；（b）非完整井

图3-2　管井的一般构造
（a）单层过滤器管井；（b）双层过滤器管井
1—井室；2—井壁管；3—过滤器；4—沉淀管；
5—黏土封闭；6—规格填砾

1）井室

井室是用以安装各种设备（水泵、控制柜等）、保持井口免受污染和进行维护管理的场所。为保证井室内设备正常运行，井室应有一定的采光、供暖、通风、防水和防潮设施；为防止井室积水流入井内，井口应高出井室地面0.3～0.5m。

为了防止地层被污染，管井井口应加设套管，并填入优质黏土或水泥浆等不透水材料封闭，其封闭厚度应根据当地水文地质条件确定，一般应自地面算起向下不小于5m。当井上直接有建筑物时，应自基础底向下算起。

2）井壁管

设置井壁管的主要目的是加固井壁、隔离水质不良的或水头较低的含水层。井壁管应具有足够的强度，使其能够经受地层和人工填充物的侧压力，并且应尽可能不弯曲，内壁平滑、圆整以利于安装抽水设备和井的清洗、维修。井壁管可以是钢管、铸铁管、钢筋混凝土管、石棉水泥管、塑料管等。一般情况下，钢管适用的井深范围不受限制，但随着井深的增加应相应增大壁厚。铸铁管一般适用于井深小于250m范围，它们均可用管箍、丝扣或法兰连接。钢筋混凝土管适用井深不大于150m的范围，常用管顶预埋钢板圈焊接连接。井壁管直径按水泵类型、吸水管外形尺寸等确定。当采用深井泵或潜水泵时，井壁管内径应大于水泵井下部分最大外径100mm。

3）过滤器

过滤器安装于含水层中，用以集水和保持填砾与含水层的稳定。过滤器是管井最重要的组成部分。它的构造、材质、施工安装质量对管井的出水量、含砂量和工作年限有很大影响，所以过滤器构造形式和材质的选择非常重要。

对过滤器的基本要求是：应有足够的强度和抗腐蚀性能；具有良好的透水性能且能保持人工填砾和含水层的渗透稳定性。

常用的过滤器有钢筋骨架过滤器，管材加开圆孔、条孔过滤器、缠丝过滤器、包网过滤器，填砾过滤器等。过滤器长度和岩层结构成分有关，一般透水层设计长度为20～40m，较大出水量时，设计长度为40～50m。

① 钢筋骨架过滤器（图3-3）

钢筋骨架过滤器每节长4000～

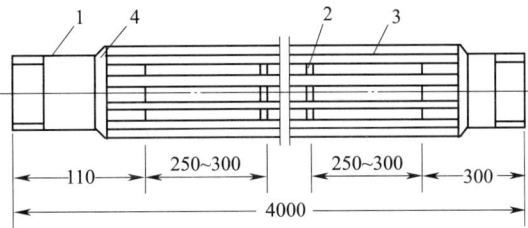

图3-3　钢筋骨架过滤器
1—短管；2—支承环；3—钢筋；4—加固环

5000mm，由位于两端的短管、竖向钢筋、支撑环焊接而成。竖向钢筋直径16mm、间距30～40mm，支撑环是开有孔、槽的金属环片，间距250～300mm。此种过滤器通常仅用于不稳定的裂隙岩、砂岩和砾岩含水层。主要作为其他过滤器（如缠丝过滤器、包网过滤器）的骨架。钢筋骨架过滤器加工简单、孔隙率大、机械强度低、抗腐蚀能力低，不宜用于深度大于200m的管井和侵蚀性较强的含水层。

② 圆孔、条孔过滤器

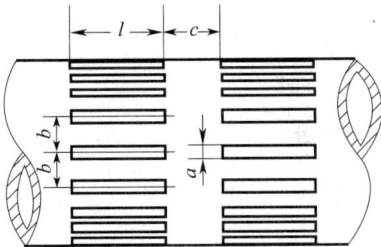

图3-4　条孔过滤器

类似钢筋骨架过滤器的还有钢管、铸铁管材上开圆孔或条形孔的骨架过滤器，见图3-4。圆孔直径不大于21mm，条形孔宽度 a 不大于10mm，条形孔轴线间距 b 取宽度的3～5倍。条形孔垂直距离 $c=10\sim20$mm，孔隙率为：钢管30%～35%、铸铁管18%～25%、钢筋混凝土管10%～15%、塑料管10%，依此确定条孔长度。

圆孔、条孔过滤器可用于其他过滤器（如缠丝过滤器、包网过滤器）的骨架以及砾石、卵石、砂岩、砾岩和裂隙含水层的过滤器。

③ 缠丝过滤器（图3-5），包网过滤器（图3-6）

缠丝过滤器、包网过滤器以圆孔、条孔过滤器或以钢筋骨架过滤器为支撑骨架，在外面缠绕镀锌钢丝，或者包缠滤网。镀锌钢丝直径 $2 \sim 3mm$，间距和接触含水层砂粒径 d 有关，一般取50%重量砂粒径的 $1.25 \sim 2.0$ 倍。包网过滤器的滤网由直径 $0.2 \sim 1.0mm$ 的铜丝编制而成。网眼大小等于接触含水层中50%重量砂粒径的 $1.5 \sim 2.5$ 倍。由于微小的铜丝滤网很容易为电化学腐蚀所堵塞，也有用不锈钢丝或尼龙网代替黄铜丝网。

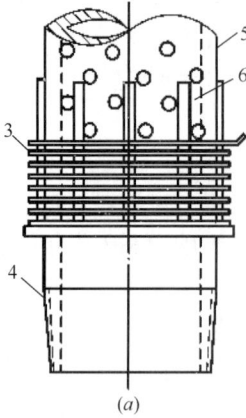

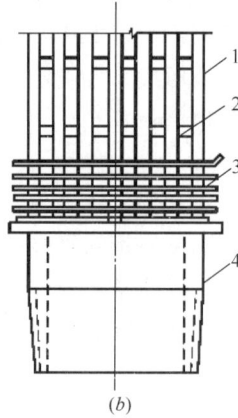

图 3-5　缠丝过滤器

（a）钢管骨架过滤器；（b）钢筋骨架过滤器

1—钢筋；2—支撑环；3—缠丝；4—连接管；

5—钢管；6—垫筋

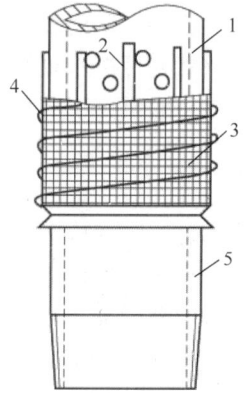

图 3-6　包网过滤器

1—钢管；2—垫筋；3—滤网；

4—缠丝；5—连接管

缠丝过滤器、包网过滤器适用于粗砂、砾石和卵石含水层。由于包网过滤器阻力大、易被细砂堵塞、易腐蚀，已逐渐为缠丝过滤器取代。

④ 填砾过滤器

当圆孔、条孔过滤器外侧为天然反滤层时，洗井冲走细砂后，形成天然粗砂反滤层过滤器（图3-7）。天然粗砂反滤层是含水层中的骨架颗粒迁移形成的，不能按照设计要求组成一定的粒度比例，不能发挥良好的过滤效果。因此，工程上常用人工填砾形成人工反滤层代替天然反滤层。以上述过滤器为骨架，围填与含水层颗粒组成有一定级配关系的砾石层，统称为填砾过滤器（图3-8）。

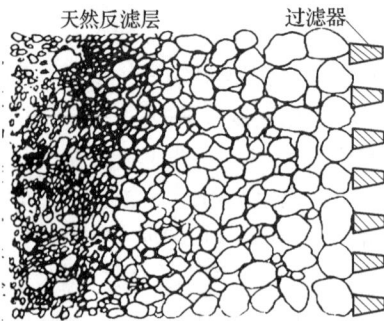

图 3-7　天然反滤层过滤器

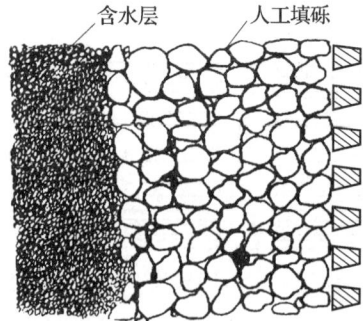

图 3-8　人工填砾反滤层过滤器

填砾过滤器适用于各类砂质含水层、砾石、卵石含水层。过滤器进水孔尺寸等于过滤器壁面所填砾石的平均粒径。通常设计占50%重量的填装砂、砾石粒径等于含水层中

74

50%重量砂粒径的6~8倍。过滤器缠丝间距小于砾石粒径。填砾层厚度应根据含水层特征、填砾层数和施工条件确定，一般采用75~150mm。考虑到管井运行后填砾层可能出现下沉现象，通常把填砾层高出过滤器顶8~10m，如图3-9所示。

4）沉淀管

沉淀管接在过滤器的下面，用以沉淀进入井内的细小砂粒和地下水中析出的沉淀物，其长度根据井深和含水层出砂可能性而定，一般为2~10m。井深小于20m，沉淀管长度取2m；井深大于90m，沉淀管长度取10m。如果采用空气扬水装置，当管井深度不够时，也常用加长沉淀管来提高空气扬水装置的效率。

管井施工方便，适应性强，能用于各种岩性、埋深、含水层厚度和多层次含水层的取水工程。因而，管井是地下水取水构筑物中应用最广泛的一种形式。

如果在稳定的裂隙和岩溶基岩地层中取水时，可以不设过滤器，仅在上部覆盖层和基岩风化带中护口井壁管即可，如图3-10（a）所示。此类管井水流阻力小、使用年限长、建造费用低。如果建造在地震多发地区，则应需要坚固的井壁管和过滤器。当建造在坚硬覆盖层的砂质承压含水层中，也可采用无过滤器管井，如图3-10（b）。为防止扩大降水漏斗以提高顶板稳定性，可在降水漏斗内回填砾石。

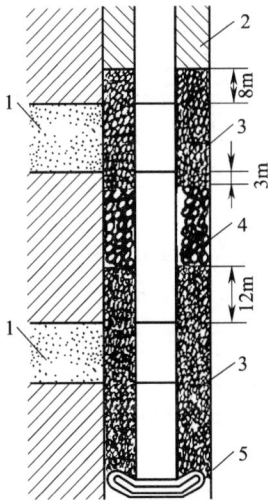

图3-9　填砾反滤层管井构造
1—含水层；2—黏土封闭；3—规格填砾；
4—非规格填砾；5—井管找中器

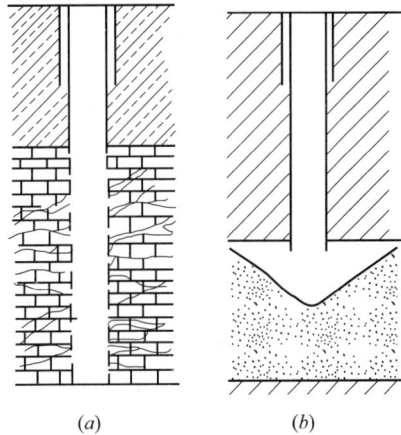

图3-10　无过滤器管井
（a）设于裂隙或岩溶地层中的管井；（b）设于砂质含水层中的管井

（2）管井出水量

地下水渗流情况十分复杂，地下水流流态多变，可以分为承压与无压、平面流与空间流、层流与紊流或混合流；根据水文地质条件，有承压与无压、有无表面下渗及相邻含水层渗透、均质与非均质之分；而管井的构造有完整井和非完整井。于是，便有很多管井出水量计算公式，这里仅介绍几个稳定流单井出水量最基本的计算公式：

1）承压含水层完整井（图3-11）出水量计算式：

$$Q = \frac{2\pi KmS_0}{\ln\frac{R}{r_0}} = \frac{2.73KmS_0}{\lg\frac{R}{r_0}} \tag{3-1}$$

2）无压含水层完整井（图 3-12）出水量计算式：

$$Q = \frac{\pi K(H^2 - h_0^2)}{\ln \frac{R}{r_0}} = \frac{1.37K(2HS_0 - S_0^2)}{\lg \frac{R}{r_0}} \qquad (3-2)$$

上述两式中的符号：

Q——单井出水量，m^3/d；

H、m——分别表示无压含水层和承压含水层厚度，m；

h_0、S_0——与 Q 相适应的井壁外的水位和水位降落值，m；

r_0——过滤器的半径，m；

K——渗透系数，m/d；

R——影响半径，m。

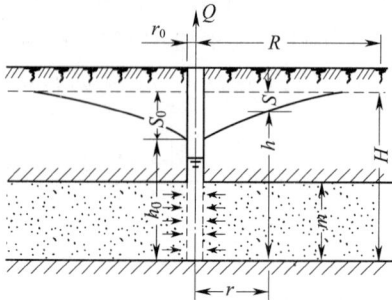

图 3-11　承压含水层完整井计算简图　　　　图 3-12　无压含水层完整井计算简图

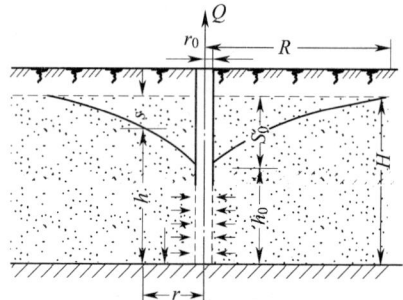

　　上述计算中的 K、R、H、m 等值，可根据水文地质勘察资料确定。渗透系数 K 值有很大实际意义，由现场抽水试验确定。无条件进行抽水试验时，可参照水文地质条件类似地区的平均值或经验值估算。渗透系数 K 的经验值见表 3-1。

　　抽水影响半径 R 值也是一个很复杂的参数，不仅取决于地层的透水性，而且决定于地层的补给条件。如果补给不足，R 随时间发生变化，地下水流向水井的运动不再是稳定流，而变为非稳定流。影响半径 R 的经验值见表 3-2。

地层渗透系数 K 值经验数据 表 3-1

地层	地层颗粒		渗透系数 K （m/d）
	粒径 （mm）	所占比例 （%）	
粉砂	0.05 ~ 0.1	70 以下	1 ~ 5
细砂	0.1 ~ 0.25	>70	5 ~ 10
中砂	0.25 ~ 0.5	>50	10 ~ 25
粗砂	0.5 ~ 1.0	>50	25 ~ 50
极粗的砂	1 ~ 2	>50	50 ~ 100
砾石夹砂			75 ~ 150
带粗砂的砾石			100 ~ 200
漂砾石			200 ~ 500

不同地层的抽水影响半径 **R** 值经验数据

表 3-2

地层	地层颗粒		影响半径
	粒径 （mm）	所占比例 （%）	R （m）
粉砂	0.05 ~ 0.1	70 以下	25 ~ 50
细砂	0.1 ~ 0.25	> 70	50 ~ 100
中砂	0.25 ~ 0.5	> 50	100 ~ 300
粗砂	0.5 ~ 1.0	> 50	300 ~ 400
极粗的砂	1 ~ 2	> 50	400 ~ 500
小砾石	2 ~ 3		500 ~ 600
中砾石	3 ~ 5		600 ~ 1500
粗砾石	5 ~ 10		1500 ~ 3000

3）有限厚承压含水层非完整井（图 3-13）
出水量计算式：

$$Q = \frac{2.73KmS_0}{\frac{1}{2\bar{h}}\left(2\lg\frac{4m}{r_0} - A\right) - \lg\frac{4m}{R}} \quad (3-3)$$

式中　$\bar{h} = \frac{l}{m}$——过滤器插入含水层的相对
深度；

l——过滤器长度，m；

A——与 $\bar{h}$ 有关的函数值，如
图 3-14 所示。

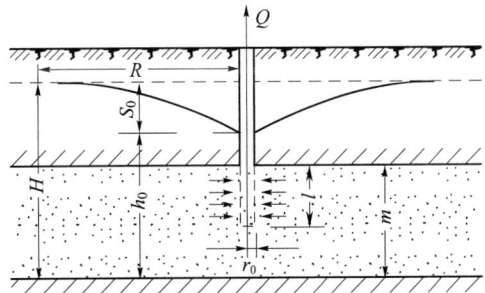

图 3-13　承压含水层非完整井计算简图

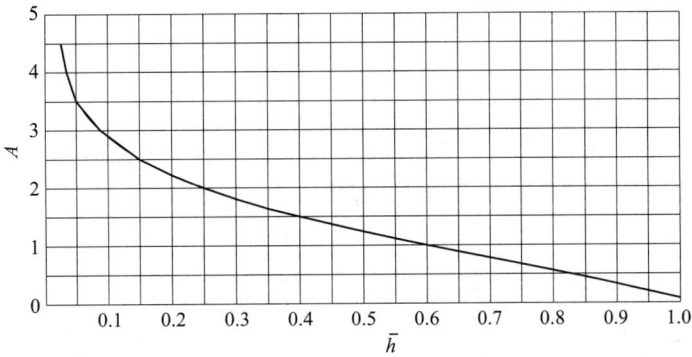

图 3-14　A—$\bar{h}$ 函数曲线

4）无压含水层非完整井（图 3-15）出水量计算式：

按照式（3-2）和式（3-3）叠加，即无压含水层完整出水量和有限厚承压含水层
非完整井出水量叠加计算：

$$Q = \pi KS_0\left[\frac{l + S_0}{\ln\frac{R}{r_0}} + \frac{2M}{\frac{1}{2h}\left(2\ln\frac{4M}{r_0} - 2.3A\right) - \ln\frac{4M}{R}}\right] \quad (3-4)$$

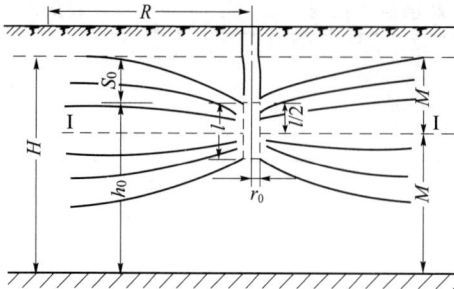

图 3-15　无压含水层非完整井计算简图

式中　$M = h_0 - 0.5l$

$A = f(\bar{h})$，由图 3-14 查出；

$\bar{h} = \dfrac{0.5l}{M}$；

其余符号同前。

（3）井群互阻影响

当多口管井距离较近同时工作抽取同一个含水层中水时，其降落漏斗必然相互干扰，即是发生井群互阻影响。井群互阻影响或井群干扰通常出现以下两种情况：

1）在水位降落值不变的条件下，共同工作的各井出水量小于各单井单独工作时的出水量。

2）在出水量不变的条件下，共同工作的各井的水位降落值大于各井单独工作时的水位降落值。

井群互阻影响程度和井距、布置方式、含水层岩性、厚度、储量、补给条件以及井的出水量有关。在设计时，如果傍河取水，则沿河布置单排或双排直线井群。远离河流地区，一般沿垂直地下水流方向布置单排或双排直线井群。地下水丰富地区的井群可布置成梅花形或扇形。井间距离可按影响半径的两倍计算，井间距离受限时，可按相互干扰时共同工作的各井出水量小于各单井单独工作时 25%～30% 的出水量计算。

3.2.3　大口井、辐射井和复合井

（1）大口井

大口井是设置井筒集取浅层地下水的构筑物。大口井与管井一样，也是一种垂直建造的取水井，由于井径较大，故名大口井。

1）大口井的构造

大口井是广泛用于开采浅层地下水的取水构筑物。大口井直径应根据设计水量、抽水设备布置和施工条件等因素确定，一般为 5～8m，最大不宜超过 10m。井深一般不大于 15m。大口井也有完整式和非完整式之分，见图 3-16。

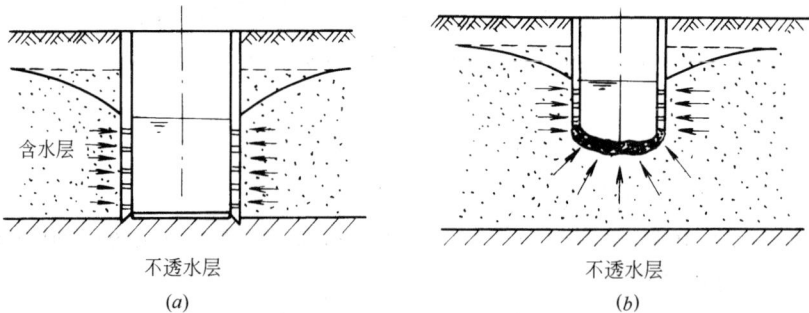

图 3-16　大口井
（a）完整式；（b）非完整式

完整式大口井的井筒贯穿整个含水层，仅以井壁进水，可用于颗粒粗、厚度薄（5～8m）、埋深浅的含水层；但由于井壁进水孔易于堵塞，影响进水效果，应用受到限制。非完整式大口井井筒未贯穿整个含水层，井壁、井底同时进水，进水范围大，集水效果好，应用较多。含水层厚度大于10m时，一般设计成非完整式大口井。

大口井主要由井筒、井口及进水部分组成，如图3-17所示。

① 井筒 井筒通常用钢筋混凝土浇筑、砖或块石等砌筑而成，用以加固井壁及隔离不良水质的含水层。

大口井外形通常为圆筒形，易于保证垂直下沉；受力条件好，节省材料；对周围地层扰动很小，利于进水。但圆筒形井筒紧贴土层，下沉摩擦力较大。深度较大的大口井常采用阶梯圆形井筒。此种井筒系变断面结构，结构合理，具有圆形井筒的优点，下沉时可减少摩擦力。

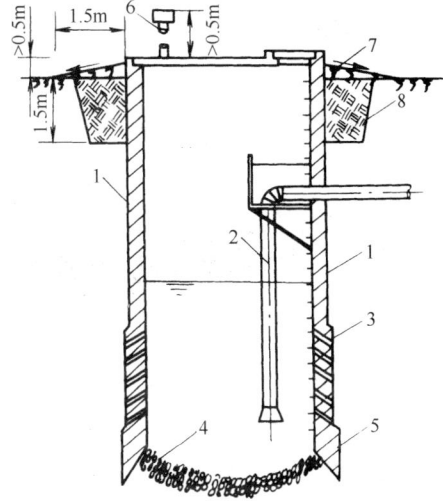

图 3-17 大口井的构造
1—井筒；2—吸水管；3—井壁透水孔；
4—井底反滤层；5—刃脚；6—通风管；
7—散水坡；8—黏土层

② 井口 井口为大口井露出地面的部分。为避免地表污水从井口或沿井壁侵入，污染地下水，井口应高出地面0.5m以上，并在井口周围修建宽度为1.5m的散水坡。如覆盖层系透水层，散水坡下面还应填以厚度不小于1.5m的夯实黏土层。

③ 进水部分 进水部分包括井壁进水孔（或透水井壁）和井底反渗层。

a. 井底反滤层 除大颗粒岩层及裂隙含水层外，在一般含水层中都应铺设反滤层。反滤层大多设计成凹弧形，滤料自下而上逐渐变粗，设3～4层，每层厚度为200～300mm，如图3-18所示。含水层为细、粉砂时，层数和厚度应相应增加。由于刃脚处渗透压力较大，易涌砂，靠刃脚处滤层厚度应加厚20%～30%。与含水层相邻一层反滤层滤料粒径 d 等于含水层中颗粒计算粒径 d_i 的6～8倍。含水层中的砂、砾颗粒粒径不同，其计算粒径 d_i 不同。相邻两层反滤层的滤料粒径之比取2～4为宜。

b. 井壁进水孔通常的进水孔有水平孔和斜形孔两种，如图3-19所示。

水平孔施工较容易，采用较多。井壁孔一般为100～200mm直径的圆孔或（100mm×150mm）～（200mm×250mm）矩形孔，在动水位以下交错排列于井壁，其孔隙率在15%～20%。为保持含水层的渗透性，孔内装填一定级配的滤料层，孔的两侧设置不锈钢丝网，以防止滤料漏失。

斜形孔多为圆形，孔倾斜度不超过45°，孔径100～200mm，孔外侧设有格网。斜形孔滤料稳定，易于装填、更换，是一种较好的进水孔形式。

井壁进水孔反滤层一般分为两层填充，与含水层相邻一层反滤层滤料粒径 d 等于含水层中颗粒计算粒径 d_i 的6～8倍，相邻两层反滤层的滤料粒径之比可取2～4。

c. 透水井壁 透水井壁由无砂混凝土预制而成，设置在动水位以下刃脚以上的井壁，孔隙率一般为15%～25%。其制作方便、结构简单，造价低，但在细粉砂含水层和含铁地下水中容易堵塞。

79

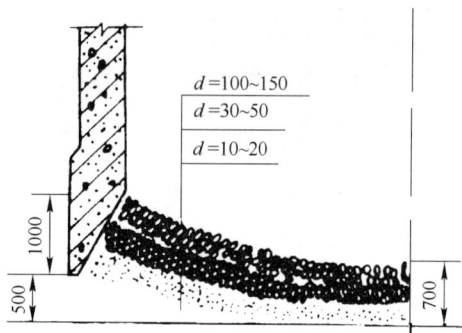

图 3-18　大口井井底反滤层

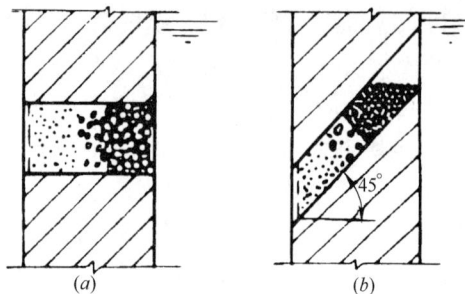

图 3-19　大口井井壁进水孔形式
（a）水平孔；（b）斜形孔

大口井具有构造简单，取材容易，使用年限长，取水量大，能兼起调节水量作用等优点，在中小城镇、铁路、农村供水采用较多。但大口井深度浅，对水位变化适应性差，采用时，必须注意地下水位变化的趋势。

2）大口井出水量

大口井出水量计算有理论公式和经验公式等方法。为了解出水量计算原理和有关影响因素，这里仅简单介绍出水量理论计算公式。

大口井有完整井和非完整井之分，便有井壁进水、井底进水、井壁井底同时进水方式。

① 井壁进水出水量计算

井壁进水的大口井即为完整式大口井，可按照完整式管井出水量计算式（3-1）、式（3-2）计算。

② 井底进水大口井出水量计算

a. 无压含水层井底进水大口井出水量

无压含水层中井底进水的大口井即为开采潜水的非完整式大口井，对于含水层较薄，井底至含水层底板距离 T 大于大口井半径 r 的 2 倍时（即 $T > 2r$），见图 3-20，无压含水层井底进水的大口井出水量按下式计算：

$$Q = \frac{2\pi K S_0 r}{\frac{\pi}{2} + \frac{r}{T}\left(1 + 1.185 \cdot \lg\frac{R}{4H}\right)} \tag{3-5}$$

式中　Q——单井出水量，m^3/d；

S_0——与 Q 相适应的井内水位降落值，m；

K——渗透系数，m/d；

R——影响半径，m；

H——含水层厚度，m；

T——含水层底板到井底距离，m；

r——大口井半径，m。

对于承压含水层井底进水的大口井出水量也可按式（3-5）计算，式中的 T 为承压含水层厚度。

b. 当含水层很厚，井底至含水层底板距离 T 大于或等于大口井半径 r 的 8 倍以上（即 $T \geqslant 8r$）时，可用下式计算：

$$Q = AKS_0 r \qquad (3-6)$$

式中　Q——单井出水量，m^3/d；

　　　A——与井底形状有关的系数，井底为平底时，$A = 4$；井底为球形时，$A = 2\pi$；

其余符号同上式。

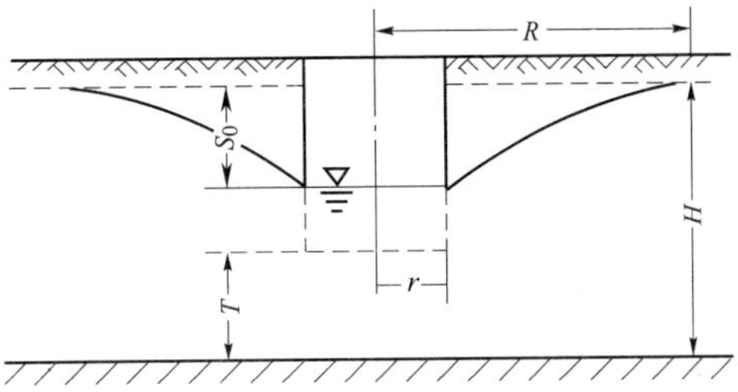

图 3-20　无压含水层井底进水大口井计算简图

③ 井壁井底同时进水大口井出水量计算

井壁井底同时进水的大口井出水量用叠加方法计算。对于无压含水层非完整大口井（图 3-21），出水量等于无压含水层井壁进水的大口井和承压含水层井底进水的大口井出水量之和。

$$Q = \pi K S_0 \left[\frac{(2h - S_0)}{2.3 \cdot \lg \dfrac{R}{r}} + \frac{2r}{\dfrac{\pi}{2} + \dfrac{r}{T}\left(1 + 1.185 \cdot \lg \dfrac{R}{4T} \right)} \right] \qquad (3-7)$$

式中符号如图 3-21 所示，其余符号同前。

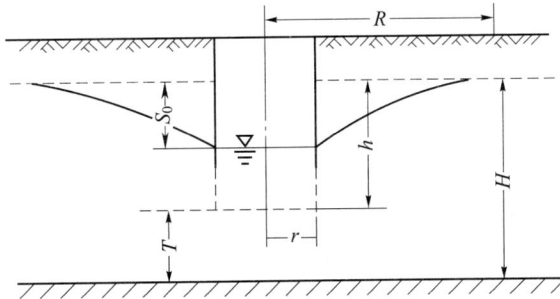

图 3-21　无压含水层井壁井底进水大口井计算简图

（2）辐射井

辐射井是由集水井与很多辐射状铺设的水平或倾斜的辐射（集水）管组合而成，见图 3-22。用以集取地下水、地表渗透水、河流渗透水以及岩溶裂隙发育的基岩裂隙水。

按照集水井是否取水，辐射井分为两种形式：一是集水井井底和辐射管同时进水，适用于含水层厚度 5~10m 的地段；二是集水井井底封闭，仅由辐射管集水，适用于含水层厚度 ≤5m 的地段。

辐射井的集水井直径一般不小于 3.0m。根据含水层厚度，辐射井内的辐射集水管可设置单层或多层，每层 3~6 根。辐射集水管管径根据施工方法确定，当用人工锤打施工时，集水管管径选用 50~70mm。当用机械施工时，集水管管径选用 100~250mm。

如果集取浅层的潜水含水层水时，宜采用短而多的集水管。当集取深层的承压含水层水时，宜采用长而少的集水管。辐射集水管管径选用 100~150mm 时，适宜的管长为 10~30m，对于细颗粒含水层，辐射集水管可以加长到 50~150m。辐射集水管管径选用 50~

70mm 时，管长不超过 10m 为宜。辐射集水管一般采用壁厚 6 ~ 9mm 的钢管，每节长 1.5 ~ 2.0m，丝扣连接或焊接。

辐射井适用于大口井不能开采的、厚度较薄的含水层以及不能用渗渠开采的厚度薄、埋深大的含水层。

辐射井是一种进水面积大、出水量高、适应性较强的取水构筑物。单井出水量可达 10 万 m^3/d 以上。且具有管理集中、占地面积小、便于卫生防护的优点，但辐射管施工难度较高。

（3）复合井

复合井构造如图 3-23 所示，是大口井和管井的组合，是大口井和管井上下重合分层或分段取水的构筑物。

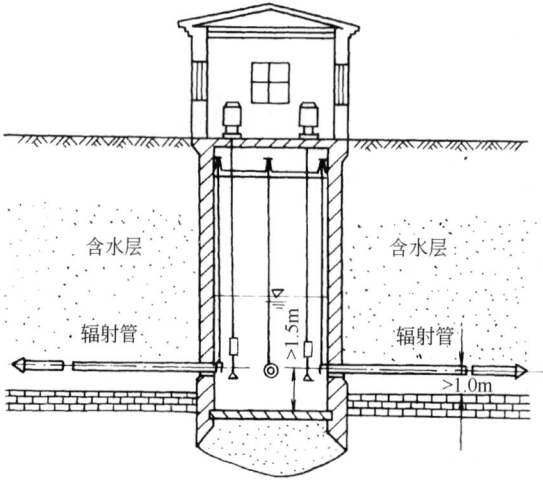

图 3-22 单层辐射管的辐射井

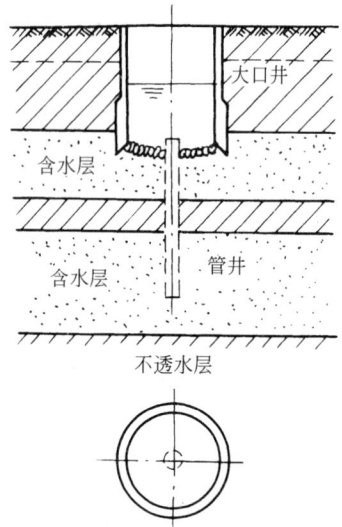

图 3-23 复合井

当含水层厚度 m 和大口井半径 r_0 之比等于 3 ~ 6 时或者含水层透水性能较差时，可采用复合井以提高出水量。复合井上部的大口井部分的构造同一般大口井构造。

由于复合井下部的管井进水和大口井井底进水相互干扰，故管井过滤器直径一般取 200 ~ 300mm，过滤器长度 l 不大于含水层厚度 m 的 75%，过滤器根数取 1 ~ 3 根为宜。

3.2.4 渗渠

（1）渗渠形式和构造

渗渠即水平铺设在含水层中、壁上开孔集取浅层地下水的管（渠）。渗渠可用于集取浅层地下水，如图 3-24 所示，也可铺设在河流、水库等地表水体之下或旁边，集取河床地下水或地表渗透水。由于集水管是水平铺设的，也称水平式地下水取水构筑物。

渗渠的埋深一般 4 ~ 7m，很少超过 10m。因此，渗渠通常适用含水层厚度小于 5m，渠底埋藏深度小于 6m 的地段。渗渠也有完整式和非完整式之分。

渗渠通常由水平集水管、集水井、检查井和泵站组成。

集水管一般为钢筋混凝土穿孔管；水量较小时，可用混凝土穿孔管、陶土管、铸铁管；也可以用带缝隙的干砌块石或装配式钢筋混凝土暗渠。圆孔进水孔孔径 $20 \sim 30mm$，间距为孔眼直径的 $2 \sim 2.5$ 倍。条孔进水孔宽 $20mm$，长 $60 \sim 100mm$，纵向间距 $50 \sim 100mm$，环向间距 $20 \sim 50mm$。孔眼内大外小，交错排列管渠上 $1/2 \sim 2/3$ 部分。水流通过渗渠孔眼的流速，一般不大于 $0.01m/s$。

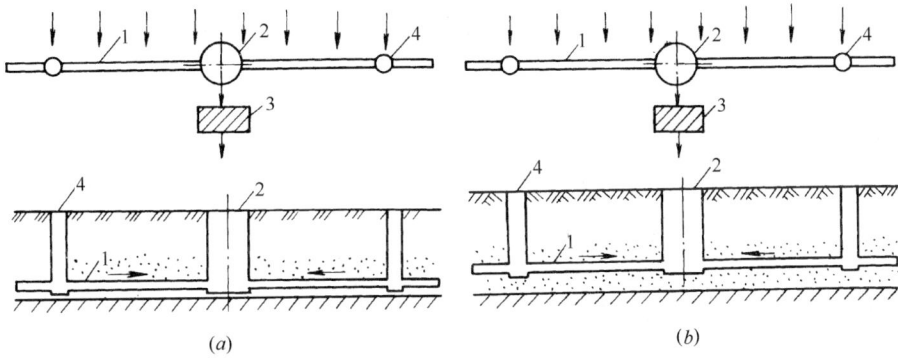

图 3-24　渗渠（集取地下水）
(a) 完整式；(b) 非完整式
1—集水管；2—集水井；3—泵站；4—检查井

钢筋混凝土集水管管径应根据水力计算确定，一般取 $600 \sim 1000mm$，最大长度控制在 $500 \sim 600m$ 为宜。

渗渠中管渠的断面尺寸，应按下列数据计算确定：水流速度为 $0.5 \sim 0.8m/s$；充满度为 $0.4 \sim 0.8$；内径或短边长度不小于 $600mm$；管底最小坡度不小于 0.2%。需要进人清理的管渠，其内径或短边不得小于 $1000mm$。

集水管外需铺设人工滤层。铺设在河滩下和河床下渗渠反滤层构造分别如图 3-25 (a)、(b) 所示。反滤层的层数、厚度和滤料粒径计算，和大口井井底反滤层相同。最内层填料粒径应比进水孔略大。各层厚度可取 $200 \sim 300mm$。

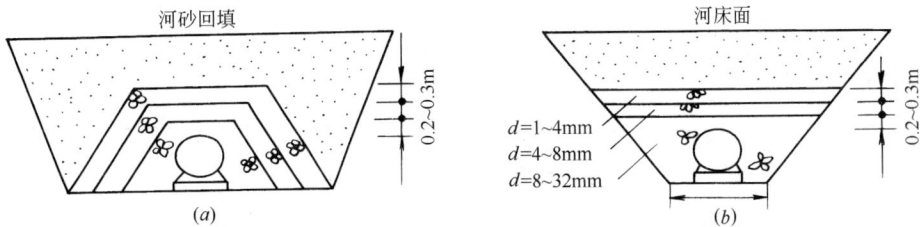

图 3-25　渗渠人工反滤层构造
(a) 铺设在河滩下的渠道；(b) 铺设在河床下的渠道

在渗渠端部、转角和断面变换处以及渗渠直线段每隔 $50m$ 左右距离处应设检查井。检查井宜用钢筋混凝土结构，宽度 $1.0 \sim 2.0m$，井底宜设 $0.5 \sim 1.0m$ 深的沉沙坑。地面式检查井应安装封闭式井盖，井顶高出地面 $0.5m$，并应有防冲设施。

渗渠集水井多为钢筋混凝土结构，分为 $1 \sim 2$ 格，并在吸水入口处安装阀门。渗渠集水井容积可按不小于渗渠 $30min$ 出水量计算，并按最大一台水泵 $5min$ 抽水量校核。

在集取河床潜流水时，渗渠位置的选择，不仅要考虑水文地质条件，还要考虑河流水文条件，其一般原则为：

1）渗渠应选择在河床冲积层较厚、颗粒较粗的河段，并应避开不透水的夹层（如淤泥夹层之类）；

2）渗渠应选择在河流水力条件良好的河段，避免设在有壅水的河段和弯曲河段的凸岸，以防泥砂沉积，影响河床的渗透能力，但也要避开冲刷强烈的河岸，否则可能增加护岸工程费用；

3）渗渠应设在河床稳定的河岸。河床变迁，主流摆动不定，都会影响渗渠补给，导致出水量波动过大。

（2）渗渠出水量

渗渠出水量不仅与水位地质条件、渗渠铺设方式有关，还与集取水源的水文条件、水质状况有关。根据渗渠铺设形式，渗渠出水量可按以下几种情况计算：

1）铺设在无压含水层中的渗渠

完整式渗渠（图 3-26）出水量计算公式：

$$Q = \frac{KL(H^2 - h_0^2)}{R} \tag{3-8}$$

式中　Q——渗渠出水量，$\mathrm{m^3/d}$；

　　　K——渗透系数，$\mathrm{m/d}$；

　　　R——影响半径（影响带宽），m；

　　　L——渗渠长度，m；

　　　H——含水层厚度，m；

　　　h_0——渗渠内水位距含水层底板高度，m。

非完整式渗渠（图 3-27）出水量计算公式：

$$Q = \frac{KL(H^2 - h_0^2)}{R} \cdot \sqrt{\frac{t + 0.5 r_0}{h_0}} \cdot \sqrt[4]{\frac{2h_0 - t}{h_0}} \tag{3-9}$$

式中　t——渗渠水深，m；

　　　r_0——渗渠半径，m。

其余符号同上。

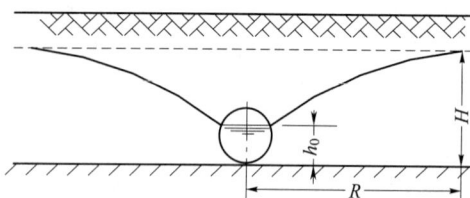

图 3-26　无压含水层完整式渗渠计算简图　　　图 3-27　无压含水层非完整式渗渠计算简图

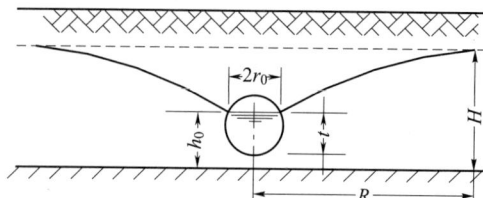

2）平行于河流铺设在河滩下的渗渠

平行于河流铺设在河滩下同时集取岸边地下水和河床潜流水的完整式渗渠（图 3-28）出水量等于集取河床潜流水、岸边地下水水量之和，计算公式为：

$$Q = \frac{KL}{2l}(H_1^2 - h_0^2) + \frac{KL}{2R}(H_2^2 - h_0^2) \qquad (3\text{-}10)$$

式中　H_1——河水位距含水层底板的高度，m；

　　　H_2——岸边地下水水位距含水层底板的高度，m；

　　　l——渗渠中心距河水边线的距离，m。

非完整式渗渠出水量按照相应的公式叠加计算。

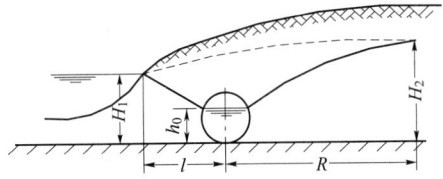

图 3-28　河滩下渗渠计算简图

3）铺设在河床下的渗渠

铺设在河床下集取河床潜流水的渗渠出水量按下式计算：

$$Q = \alpha \cdot L \cdot K \frac{H_y - H_0}{A} \qquad (3\text{-}11)$$

对于非完整式渗渠（图 3-29），流量影响系数 A 值由下式求得：

$$A = 0.37 \cdot \lg\left[\tan\left(\frac{\pi}{8} \cdot \frac{4h - d}{T}\right)\cot\left(\frac{\pi}{8} \cdot \frac{d}{T}\right)\right] \qquad (3\text{-}12)$$

对于完整式渗渠（图 3-30），A 值由下式求得：

$$A = 0.73 \cdot \lg\left[\cot\left(\frac{\pi}{8} \cdot \frac{d}{T}\right)\right] \qquad (3\text{-}13)$$

式（3-11）~式（3-13）中　α——淤塞系数，水浊度低时，取 $\alpha = 0.8$；浊度很高时，取 $\alpha = 0.3$；

　　　H_y——河水位至渗渠顶的距离，m；

　　　H_0——渗渠的剩余水头，m；当渗渠内水流为非满管流有自由水面时，$H_0 = 0$，一般采用 $H_0 = 0.5 \sim 1.0$m；

　　　T——含水层厚度，m；

　　　h——河床底至渗渠底的高度，m；

　　　d——渗渠直径，m。

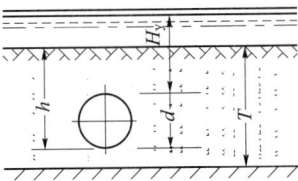

图 3-29　河床下非完整式渗渠计算简图　　　　图 3-30　河床下完整式渗渠计算简图

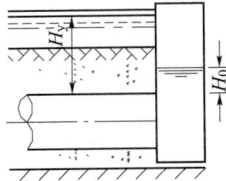

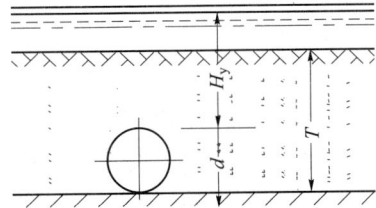

3.3　地表水取水构筑物

地表水是存在于地壳表面、暴露于大气的水。由于地表水水源的种类、性质和取水条件各不相同，因而地表水取水构筑物有多种形式。按水源划分，有河流、湖泊、水库、海水取水构筑物；按取水构筑物的构造形式划分，有固定式（岸边式、河床式、斗槽式）和活动式（浮船式、缆车式）两类。山区河流，则有带低坝的取水构筑物和低栏栅式取水构筑物。

城市给水大多取用江河、水库水源水，以江河水源水为多。本章主要阐述江河的特征与取水构筑物的关系、取水构筑物位置的选择、取水构筑物的型式和构造、设计和计算等方面的问题。

3.3.1 影响地表水取水构筑物设计的主要因素

地表水水源多数是江河，因此了解江河的特征，即江河的径流变化、泥沙运动、河床演变、漂浮物和冰冻等特征，以及这些特征与取水构筑物的关系，对取水构筑物的设计、施工和运行管理都是十分重要的。

（1）江河的径流特征与取水构筑物的关系

江河的水位、流量和流速等是江河径流的重要特征，亦是江河的水文重要特征。径流变化规律是取水构筑物设计的重要依据。

在设计地表水取水构筑物时，应注意收集以下有关河段的水位、流量和流速的资料：

1）河段历年的最高和最低水位、逐月平均水位和年常水位；

2）河段历年的最大流量和最小流量；

3）河段取水点历年的最大流速、最小流速和平均流速。

取水构筑物的设计最高水位应按不低于百年一遇频率确定，并不低于城市防洪标准。设计枯水位的保证率，应根据水源情况、供水重要性选定，一般采用 90% ~99%。用地表水作为城市供水水源时，设计枯水流量保证率应根据城市规模和工业大用户的重要性选定，一般采用 90% ~97%；用地表水作为工业企业供水水源时，设计枯水流量保证率应按各有关部门的规定执行。

（2）泥沙运动与河床演变及其对取水构筑物的影响

1）泥沙运动

江河中运动着的泥沙，主要来源于雨雪水对地表土壤的冲刷浸蚀，其次是水流对河床和河岸的冲刷。江河挟带泥沙的多少与流域特性、地面径流以及人类活动等因素有关。

江河中的泥沙，按其运动状态，可分为推移质和悬移质两大类。在水流的作用下，沿河底滚动、滑动或跳跃前进的泥沙，称为推移质（也称底沙）。这类泥沙一般粒径较粗，通常只占河流总挟沙量的 5% ~10%，但对河床演变却起着重要作用。另一类是悬浮于水中，随水流前进的泥沙，称为悬移质（也称悬沙）。这类泥沙一般粒径较细，在冲积平原江河中，占总挟沙量的 90% ~95%。

对于推移质运动，与取水最为密切的问题是泥沙的起动和沙波运动。

在一定的水流作用下，静止的泥沙，由静止状态转变为运动状态，叫作"起动"，这时的水流速度称为起动流速。

武汉水利电力学院根据床面泥沙受力分析，结合各种试验资料及长江实测记录，整理得出泥沙颗粒的起动流速公式如下：

$$u_0 = \left(\frac{h}{d}\right)^{0.14}\left(17.69\frac{\rho_s-\rho}{\rho}d + 0.000000605\frac{10+h}{d^{0.72}}\right)^{1/2} \tag{3-14}$$

式中　u_0——泥沙颗粒的起动流速，m/s；

h——水深，m；

d——河床面泥沙粒径，m；

ρ_s、ρ——沙粒和水的密度，kg/m³。

对于一般泥沙，可取 $\dfrac{\rho_s - \rho}{\rho} \approx 1.65$，则得：

$$u_0 = \left(\frac{h}{d}\right)^{0.14}\left(29d + 0.000000605\frac{10+h}{d^{0.72}}\right)^{1/2} \tag{3-15}$$

当计算取水构筑物周围河床的局部冲刷深度，需要知道泥沙的起动流速时，可根据河床泥沙平均粒径和水深，用式（3-15）进行计算。该公式的适用范围是：粒径为 0.1 ~ 100mm；水深为 0.2 ~ 17m；流速为 0.1 ~ 6m/s。

当河水流速逐渐减小到泥沙的起动流速时，河床上运动着泥沙并不静止下来。当流速继续减到某个数值时，泥沙才停止运动。这时的水流平均流速，称为泥沙的止动流速。根据实验结果，泥沙的止动流速 $u_H = 0.71u_0$。

在用自流管或虹吸管取水时，为避免水中的泥沙在管中沉积，设计流速应不低于不淤流速。不同颗粒的不淤流速可以参照其相应颗粒的止动流速。

对于悬移质运动，与取水最为密切的问题是含沙量沿水深的分布和水流的挟沙能力。

单位体积河水内挟带泥沙的重量，称为含沙量，其单位为 kg/m³。为了取得含沙量较少的水，需要了解河流中含沙量的分布情况。

由于河流中各处水流脉动强度不同，而使得河水含沙量的分布亦不均匀。一般说来，含沙量的分布是靠近河床底部大，越近水面越小。泥沙的粒径是靠河底较粗，越近水面越细。

泥沙在水流横断面上的分布是不均匀的，一般泥沙沿断面横向分布比沿水深的变化为小，在横向分布上，河心的含沙量略高于河流的两侧含沙量。

2）河床演变

任何一条江河，其河床形态都在不断地发生变化，只是有的河段变形显著，有的河段变形缓慢，或者暂时趋于相对稳定状态。这种河床形态的变化，称为河床演变。为了保证取水安全，应着重研究河段的稳定性，探讨由于河床演变导致取水构筑物偏离河流主流的可能性。为此，必须了解河床演变的原因及演变的规律。

河床演变是水流与河床相互作用的结果。河床影响水流状态，水流促使河床变化，两者相互依存，相互制约。

水流与河床的相互作用是通过泥沙运动来体现的。一定的水流条件具有一定的挟沙能力。挟沙能力是指水流能够挟带泥沙的饱和数量。水流状态改变时，挟沙能力也随着改变。如果上游来沙量与本段水流挟沙能力相适应，则水流处于输沙平衡状态，河床既不冲刷，也不淤积。相反，如果来沙量与水流挟沙能力不相适应，则水流处于输沙不平衡状态，河床将发生冲刷或淤积。因此，水流输沙的不平衡是河床演变的根本原因。

河床变形可分为单向变形和往复变形两种。单向变形是在长时间内，河床只是缓慢地受到冲刷或淤积，不出现冲、淤交错。往复变形是指河道周期性往复发展的演变现象。例如，洪水期产生河床冲刷，枯水期产生河床淤积，冲、淤交替进行。

河床变形亦分为纵向变形和横向变形两种。纵向变形是河床沿纵深方向的变化，表现为河床纵断面和横断面上的冲、淤变化。河床纵向变形是由于水流纵向输沙不平衡所引起。纵向输沙不平衡是由来沙量随时间变化和沿程变化、河流比降和河谷宽度的沿线变化及拦河坝等的兴建所造成。横向变形是河床在与流向垂直的两侧方向上的变化，表现为河岸的冲刷或淤积，使河床平面位置发生摆动。河流横向变化是由横向输沙不平衡引起的。造成横向输沙不平衡主要是由于环流，其中最常见的是弯曲河段的横向环流，使弯曲河段的凹岸冲刷，形成深槽；凸岸淤积，形成浅滩。一般而言，河床纵向变形和横向变形两种变化是交织在一起进行的。

（3）江河中泥沙、漂浮物及冰冻情况对取水构筑物的影响

江河中的泥沙和漂浮物对取水工程的安全和水质有很大影响。泥沙及水草较多的江河上，常常由于泥沙和水草堵塞取水头部，严重影响取水，甚至造成停水事故。因此，在设计取水构筑物时，必须了解江河的最高、最低和平均含沙量，泥沙颗粒的组成及分布规律、漂浮物的种类、数量和分布，以便采取有效的防沙防草措施。

我国北方大多数河流在冬季均有冰冻现象，特别是水内冰、流冰和冰坝等，对取水的安全有很大影响。

冬季当河水温度降至0℃时，河流开始结冰。若河水流速较大时，由于水流的紊动作用，使河水过度冷却，水中出现细小的冰晶。冰晶结成海绵状的冰屑、冰絮，称为水内冰。在河底聚结的冰屑、冰絮，称为底冰。悬浮在水中的冰屑、冰絮，称为浮冰。水内冰沿水深的分布与泥沙相反，越接近水面数量越多。水内冰极易粘附在进水口的格栅上，造成进水口堵塞，严重时甚至中断取水。

悬浮在水中的冰块顺流而下，形成流冰。流冰在河流急弯和浅滩处积聚起来，形成冰坝，使上游水位抬高。

河流封冻后，随着气温下降，冰盖逐渐变厚。气温越低，低温持续时间越长，则冰盖厚度越大。取水口需位于冰盖以下。

春季当气温上升到0℃以上时，冰盖融化、解体而成冰块，随水流漂动，称为春季流冰（或称春季淌凌）。春季流冰冰块较大，流速较快，具有很大的冲击力，对河床中取水构筑物的稳定性有较大影响。

3.3.2 江河取水构筑物位置的选择

正确选择取水构筑物位置是设计中一个十分重要的问题，应当深入现场，做好调查研究，全面掌握河流的特性，根据取水河段的水文、地形、地质、卫生等条件，全面分析，综合考虑，提出几个可能的取水位置方案，进行技术经济比较。在条件复杂时，尚需进行水工模型试验，从中选择最优的方案。

地表水取水构筑物位置的选择，应根据以下基本要求，通过技术经济比较确定。

（1）位于水质良好地带

为了避免污染，取得较好水质的水，取水构筑物的位置，宜位于城镇和工业企业上游的清洁河段。在污水排放口的上游100～150m以上。

另外，取水构筑物应避开河流中的回流区和死水区，以减少进水中的泥沙和漂浮物，减少冰凌、冰絮、水生物的阻塞和通航河道上水面浮油进入。

在沿海地区受潮汐影响的河流上设置取水构筑物时，应考虑到咸潮的影响，尽量避免

取入咸水。

农田污水灌溉，农作物及果园施加杀虫剂，有害废料场等都可能污染水源，在选择取水构筑物位置时应予以注意。

（2）靠近主流，有足够的水深，有稳定的河床及岸边，有良好的工程地质条件

在弯曲河段上，取水构筑物位置宜设在河流的凹岸。河岸凸岸，岸坡平缓，容易淤积，深槽主流离岸较远，一般不宜设置取水构筑物。但是，如果在凸岸的起点，主流尚未偏离时，或在凸岸的起点或终点，主流虽已偏离，但离岸不远有不淤积的深槽时，仍可设置取水构筑物。

在顺直河段上，取水构筑物位置宜设在河床稳定、深槽主流近岸处，通常也就是河流较窄、流速较大，水深较大的地点。在取水构筑物处的水深一般要求不小于2.5m。

在有边滩、沙洲的河段上取水时，应注意了解边滩、沙洲形成的原因，移动的趋势和速度，取水构筑物不宜设在可能移动的边滩、沙洲的下游附近，以免日后被泥沙堵塞。

在有支流入口的河段上，由于干流和支流涨水的幅度和先后各不相同，容易形成壅水，产生大量的泥沙沉积。因此，取水构筑物应离开支流出口处上下游有足够的距离（图3-31）。

取水构筑物应设在地质构造稳定、承载力高的地基上，不宜设在淤泥、流沙、滑坡、风化严重的和岩熔发育地段。避免洪水冲刷、淤积、冰盖层挤压和雷击破坏。在地震地区不宜将取水构筑物设在不稳定的陡坡或山脚下。取水构筑物也不宜设在有宽广河滩的地方，以免进水管过长。另外，选择取水构筑物时，要尽量考虑施工条件，除要求交通运输方便，有足够的施工场地外，还要尽量减少土石方量，以节省投资，缩短工期。

（3）尽量靠近主要用水地区

取水构筑物位置选择应与工业布局和城市规划相适应，全面考虑整个给水系统（输水管线、净水厂、二级泵房等）的合理布置。在保证取水安全的前提下，取水构筑物应尽可能靠近主要用水地区、以缩短输水管线的长度，减少输水管的投资和输水电费。此外，输水管的敷设应尽量减少穿过天然（河流、谷地等）或人工（铁路、公路等）障碍物。

（4）应注意避开河流上的人工构筑物或天然障碍物

河流上常见的人工构筑物（如桥梁、码头、丁坝、拦河坝等）和天然障碍物，往往引起河流水流条件的改变，从而使河床产生冲刷或淤积，故在选择取水构筑物位置时，必须加以注意。

桥梁通常设于河流最窄处和比较顺直的河段上。在桥梁上游河段，由于桥墩处缩小了水流过水断面使水位壅高，流速减慢，泥沙易于淤积。在桥梁下游河段，由于水流流过桥孔时流速增大，致使下游近桥段成为冲刷区。再往下，水流又恢复原来流速，冲积物在此落淤。因此，取水构筑物应避开桥前水流滞缓段和桥后冲刷、落淤段。取水构筑物一般设在桥前0.5~1.0km或桥后1.0km以外的地方。

丁坝是常见的河道整治构筑物。由于丁坝将主流挑离本岸，逼向对岸，在丁坝附近形成淤积区，如图3-32所示。因此，取水构筑物如与丁坝同岸时，则应设在丁坝上游，与坝前浅滩起点相距一定距离（岸边式取水构筑物不小于150m，河床式取水构筑物可以小些）。取水构筑物也可设在丁坝的对岸（必须要有护岸设施），但不宜设在丁坝同一岸侧的下游，因主流已经偏离，容易产生淤积。

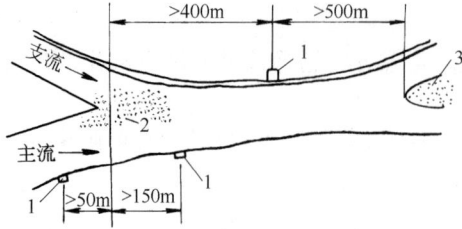

图 3-31　两江（河）汇合处取水构筑位置示意
1—取水构筑物；2—堆积锥；3—沙洲

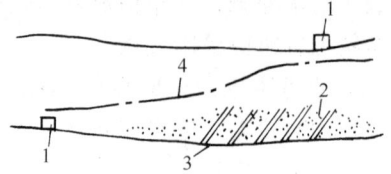

图 3-32　取水构筑与丁坝布置示意
1—取水构筑物；2—丁坝系统；
3—淤积区；4—主流区

突出河岸的码头也和丁坝一样，会阻滞水流，引起淤积，而且码头附近卫生条件较差。因此，取水构筑物应离开码头一定距离。如必须设在码头附近时，最好伸入江心取水。此外，还应考虑船舶进出码头的航行安全线，以免船只与取水构筑物相碰。取水构筑物距码头的距离应征求航运部门的意见。

拦河坝上游由于流速减缓，泥沙易于淤积，设置取水构筑物应注意河床淤高的影响。闸坝下游，水量、水位和水质均受闸坝调节的影响。闸坝泄洪或排沙时，下游可能产生冲刷和泥沙增多，故取水构筑物宜设在其影响范围以外的地段。

残留的施工围堰、突出河岸的施工弃土、陡崖、石嘴对河流的影响类似丁坝。在其上下游附近往往出现淤积区，在此区内不宜设置取水构筑物。

（5）尽可能不受冰凌、冰絮等影响

在北方地区的河流上设置取水构筑物时，应避免冰凌的影响。取水构筑物应设在水内冰较少和不受流冰冲击的地点，而不宜设在易于产生水内冰的急流、冰穴、冰洞及支流出口的下游，尽量避免将取水构筑物设在流冰易于堆积的浅滩、沙洲、回流区和桥孔的上游附近。严寒地区取水构筑物不宜设在冰水混杂、陡坡、水浅地段，而宜设在冰水分层地段，以便从冰层下取水。

（6）不妨碍航运和排洪，并符合河道、湖泊、水库整治规划的要求

在选择取水构筑物位置时，应结合河流的综合利用，如航运、灌溉、排洪、水力发电等，全面考虑，统筹安排。在通航的河流上设置取水构筑物时，应不影响航船的通行，必要时应按照航道部门的要求设置航标，防止木筏和船只撞击；应注意了解河流上下游近远期内拟建设的各种水工构筑物（水坝、水库、水电站、丁坝等）和整治规划对取水构筑物可能产生的影响。

（7）不影响河床稳定，不影响防洪

取水构筑物在河床上的布置及其形状选择，应考虑取水构筑物建成后不至于因水流情况的改变而影响河床的稳定性。

取水构筑物必须充分考虑城市防洪要求，江河取水构筑物的防洪标准不应低于城市防洪标准。水库取水构筑物的防洪标准应与水库大坝等主要建（构）筑物的防洪标准相同，并采用设计和校核两级标准。

3.3.3　江河固定式取水构筑物

由于地表水源的种类、性质和取水条件的差异，地表水取水构筑物有多种型式。

按地表水的种类划分，可分为：江河取水构筑物、湖泊取水构筑物、水库取水构筑物、山溪取水构筑物、海水取水构筑物。

按取水构筑物的构造划分，可分为固定式取水构筑物和移动式取水构筑物。固定式取水构筑物适用于各种取水量和各种地表水源。移动式取水构筑物适用于中小取水量，多用于江河、水库、湖泊取水。

固定式取水构筑物是使用最多，适用条件最广的一种类型。固定式取水构筑物主要分为岸边式和河床式以及斗槽式。

（1）岸边式取水构筑物

从江河、湖泊取水，原水直接流入进水间的取水构筑物称为岸边式取水构筑物。该种取水构筑物由进水间和泵房两部分组成。适用于江河岸边较陡，主流近岸，岸边有足够水深，水质和地质条件较好，水位变幅不大的情况。

1）岸边式取水构筑物基本形式

按照进水间与泵房的合建与分建，岸边式取水构筑物分为合建式和分建式两种基本形式。

① 合建式岸边取水构筑物

合建式岸边取水构筑物是进水间与泵房合建在一起，设在岸边，如图3-33所示。河水经进水孔进入进水间的进水室，再经过格网进入吸水室，然后由水泵抽送至水厂或用户。在进水孔上设有格栅，用以拦截水中粗大的漂浮物。设在进水间中的格网用以拦截水中细小的漂浮物。

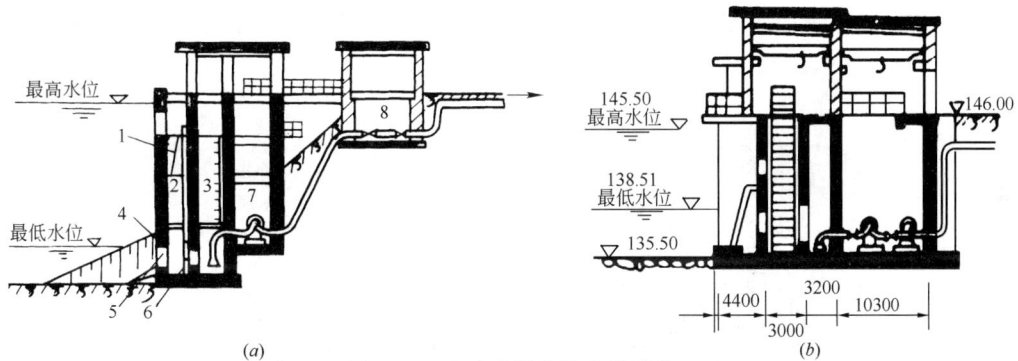

图 3-33 合建式岸边取水构筑物

（a）进水间与泵房基础呈阶梯式布置；（b）进水间与泵房基础呈水平式布置

1—进水间；2—进水室；3—吸水室；4—进水孔；

5—格栅；6—格网；7—泵房；8—阀门井

合建式岸边取水构筑物的优点是布置紧凑，占地面积小，水泵吸水管路短，运行管理方便，因而采用较广泛，适用在岸边地质条件较好时。但合建式土建结构复杂，施工较困难。

当地基条件较好时，进水间与泵房的基础可以建在不同的标高上，呈阶梯式布置 [图3-33（a）]。这种布置可以利用水泵吸水高度以减少泵房深度，有利于施工和降低造价，但水泵启动时需要真空引水。

如果地基条件较差，为了避免产生不均匀沉降，或者由于供水安全性要求高，水泵需要自灌启动时，则宜将进水间与泵房的基础建在相同标高上 [图3-33（b）]。但是泵房较

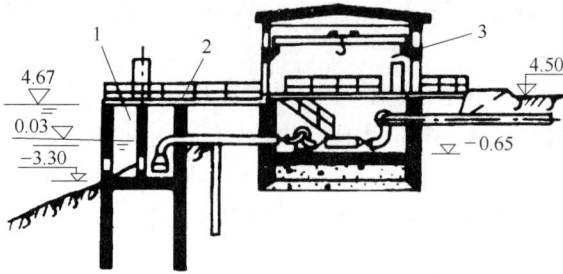

图 3-34　分建式岸边取水构筑物
1—进水间；2—引桥；3—泵房

深，土建费用增加，通风及防潮条件差，操作管理不甚方便。

② 分建式岸边取水构筑物

当岸边地质条件较差，进水间不宜与泵房合建时，或者分建对结构和施工有利时，则宜采用分建式，见图3-34。

分建式岸边取水构筑物的进水间设于岸边，泵房则建在岸内地质条件较好的地点，但不宜距进水间太远，以免吸水管过长。进水间与泵房之间的交通大多采用引桥，有时也采用堤坝连接。分建时土建结构简单，施工较容易，但操作管理不便，吸水管路较长，增加了水头损失，运行安全性不如合建式。

2）岸边式取水构筑物的构造与设计

① 进水间

进水间一般由进水室和吸水室两部分组成。进水间可与泵房分建或合建。分建时进水间的平面形状有圆形、矩形、椭圆形等。

图 3-35 为岸边分建式进水间的构造。进水间由纵向隔墙分为进水室和吸水室，两室之间设有平板格网或旋转格网。在进水室外壁上开有进水孔，孔侧设有格栅。进水孔一般为矩形。进水室的平面尺寸应根据进水孔、格网和闸板的尺寸、安装、检修和清洗等要求确定。吸水室用来安装水泵吸水管，其设计要求与泵房吸水井基本相同。吸水室的平面尺寸按水泵吸水管的直径、数目和布置要求确定。

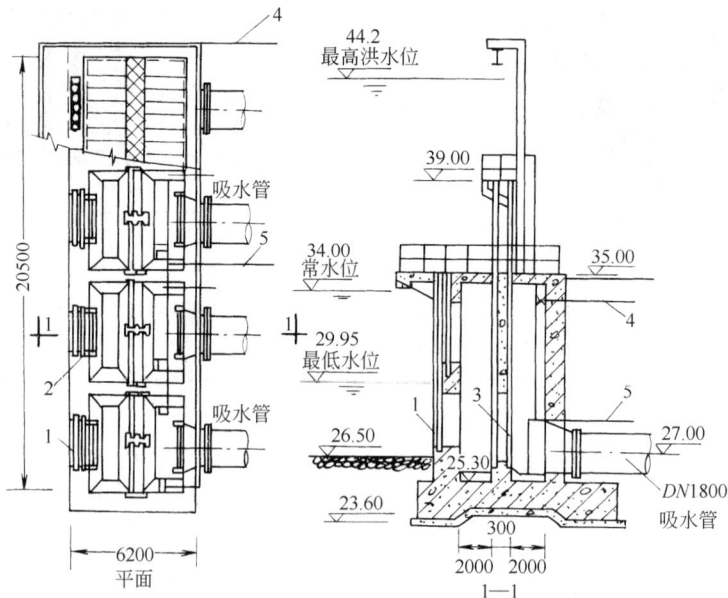

图 3-35　岸边分建式进水间
1—格栅；2—闸板；3—格网；4—冲洗管；5—排水管

为了工作可靠和便于清洗检修，进水间通常用横向隔墙分成几个能独立工作的分格。当分格数少时，设连通管互相连通。分格数应根据安全供水要求、水泵台数及容量、清洗排泥周期、运行检修时间、格栅类型等因素确定，一般不少于两格。大型取水工程最好一台泵设置一个分格，一个格网。当河中漂浮物少时，也可不设格网。

a. 进水孔设计

当河流水位变幅在 6m 以上时（湖泊或水库取水构筑物所处位置水深在 10m 以上时），一般设置两层以上进水孔，以便洪水期取表层含砂量少的水。上层进水孔的上缘应在洪水水位以下 1.0m；下层进水孔的下缘至少应高出河底 0.5m，当水深较浅、水质较清、河床稳定、取水量不大时，其高度可减至 0.3m。下层进水孔的上缘至少应在设计最低水位以下 0.3m（有冰盖时，从冰盖下缘算起，不小于 0.2m）。

进水孔的高宽比，宜尽量配合格栅和闸门的标准尺寸。进水间上部是操作平台，操作平台设有闸阀启闭设备和格网、格栅起吊设备，以及冲洗系统。

b. 格栅

格栅设在取水头部或进水间的进水孔上，用来拦截水中粗大的漂浮物及鱼类。格栅由金属框架和栅条组成（图 3-36）。

格栅框架外形与进水孔形状相同。栅条断面有矩形、圆形等，栅条厚度或直径一般采用 10mm，栅条净距视河中漂浮物情况而定，小型取水构筑物宜为 30～50mm，大、中型取水构筑物宜为 80～120mm。栅条可以直接固定在进水孔四周边框上，或者放在进水孔外侧的导槽中，以便清洗和检修。

格栅面积按下式计算：

$$F_0 = \frac{Q}{K_1 K_2 v_0} \qquad (3\text{-}16)$$

式中　F_0——进水孔或格栅的面积，m^2；

　　　Q——进水孔的设计流量，m^3/s；

　　　v_0——进水孔过栅流速，岸边式取水构筑物，有冰絮时，采用

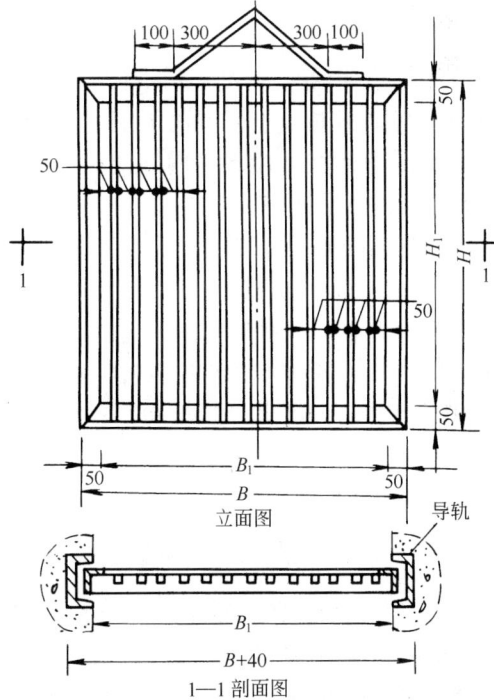

图 3-36　格栅

0.2～0.6m/s；无冰絮时采用 0.4～1.0m/s；河床式取水构筑物，有冰絮时，采用 0.1～0.3m/s；无冰絮时采用 0.2～0.6m/s。当取水量较小、江河水流速度较小、泥沙和漂浮物较多时，可取较小值，反之，可取较大值；当邻近鱼类产卵区域时，进水孔过栅流速不应大于 0.1m/s；

　　　K_1——栅条引起的面积减少系数，$K_1 = \dfrac{b}{b+s}$，b 为栅条净距，s 为栅条厚度（或直径）；

　　　K_2——格栅阻塞系数，采用 0.75。

水流通过格栅的水头损失一般采用0.05～0.1m。

c. 格网

格网设在进水间内，用以拦截水中细小的漂浮物，通常分为平板格网和旋转格网两种。

（a）平板格网

平板格网一般由槽钢或角钢框架及金属网构成（图3-37）。金属格网设一层；面积较大的格网设两层，一层是工作网，起拦截水中细小漂浮物的作用，另一层是支撑网，用以增加工作网的强度。工作网的孔眼尺寸根据水中漂浮物情况和水质要求确定。金属网宜用耐腐蚀材料，如铜丝、镀锌钢丝或不锈钢丝等制成。平板格网放置在槽钢或钢轨制成的导槽或导轨内。

平板格网的优点是结构简单，所占面积较小，可以缩小进水间尺寸。在中小水量、漂浮物不多时采用较广。其缺点是冲洗麻烦；网眼不能太小，因而不能拦截较细小的漂浮物；每当提起格网冲洗时，一部分杂质会进入吸入室。

平板格网的面积可按下式计算：

$$F_1 = \frac{Q}{v_1 \varepsilon K_1 K_2} \qquad (3-17)$$

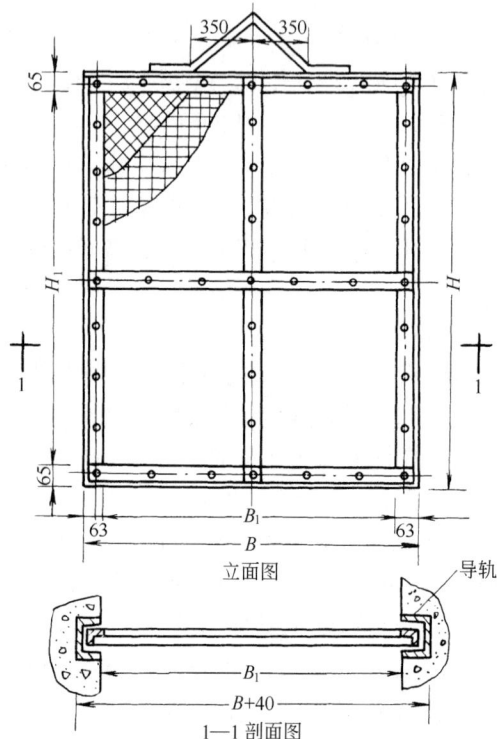

图3-37 平板格网

式中 F_1——平板格网的面积，m^2；

　　　Q——通过格网的流量，m^3/s；

　　　v_1——通过格网的流速，$\leqslant 0.5m/s$，一般采用0.2～0.4m/s；

　　　ε——水流收缩系数，一般采用0.64～0.80；

　　　K_1——网丝引起的面积减少系数，$K_1 = \dfrac{b^2}{(b+d)^2}$，$b$为网眼边长尺寸，mm；$d$为金属丝直径，mm；

　　　K_2——格网阻塞后面积减少系数，通常采用0.5。

通过平板格网的水头损失，一般采用0.1～0.2m。

（b）旋转格网

旋转格网是由绕在上下两个旋转轮上的连续网板组成，用电动机带动。网板中金属网固定在金属框架上。一般网眼尺寸为4mm×4mm～10mm×10mm，视水中漂浮物数量和大小而定，网丝直径0.8～1.0mm。

旋转格网的布置方式有直流进水、网外进水和网内进水三种(图3-38)，前两种采用较多。

旋转格网是定型产品，它是连续冲洗的，其转动速度视河中漂浮物的多少而定，一般为2.4～6.0m/min，可以是连续转动，也可以是间歇转动。旋转格网的冲洗，一般采用0.2～0.4MPa的压力水通过穿孔管或喷嘴来进行。冲洗后的污水沿排水槽排走。

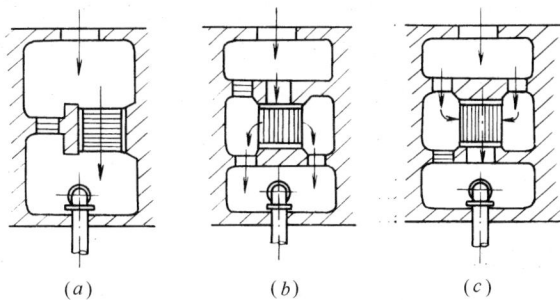

图 3-38　旋转格网布置方式

(*a*) 直流进水；(*b*) 网内进水；(*c*) 网外进水

旋转格网的有效过水面积（即水面以下的格网面积）可按下式计算：

$$F_2 = \frac{Q}{v_2 \varepsilon K_1 K_2 K_3} \tag{3-18}$$

式中　F_2——旋转格网有效过水面积，m^2；

　　　v_2——过网流速，$\leq 1.0 m/s$，一般采用 $0.7 \sim 1.0 m/s$；

　　　K_2——格网阻塞系数，采用 0.75；

　　　K_3——由于框架引起的面积减少系数，采用 0.75。

其余符号的意义同式（3-17）。

旋转格网在水下的深度（图 3-39），当为网外或网内双面进水时，可按下式计算：

$$H = \frac{F_2}{2B} - R \tag{3-19}$$

式中　H——格网在水下部分的深度，m；

　　　B——格网宽度，m；

　　　F_2——旋转格网有效过水面积，m^2；

　　　R——格网下部弯曲半径，目前使用的标准滤网的 R 值为 0.7m。

当为直流单面进水时，可用 B 代替式（3-19）中的 $2B$ 来计算 H。

水流通过旋转格网的水头损失一般采用 $0.15 \sim 0.30m$。

旋转格网结构复杂，所占面积较大，但冲洗较方便，拦污效果较好，可以拦截细小的杂质，故宜用在水中漂浮物较多，取水量较大的取水构筑物。

② 泵房的设计

岸边式取水构筑物的泵房进口地坪（又称泵房顶层进口平台）的设计标高，应分别按下列情况确定：当泵房在渠道边时，为设计最高水位加 0.5m；当泵房在江河边时，为设计最高水位加浪高再加 0.5m，必要时尚应增设防止浪爬高的措施；当泵房在湖泊、水库或海边时，为设计最高水位加浪高再加 0.5m，并应设防止浪爬高的措施。

有关水泵的选择、泵房的平面布置及附属设备设计见第 4 章。

（2）河床式取水构筑物

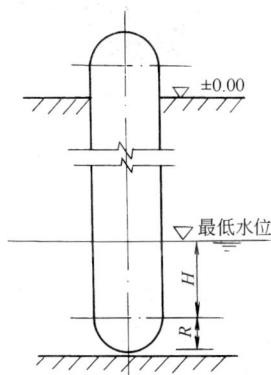

图 3-39　旋转格网的设置深度

取水头部深入江河、湖泊中，原水通过进水管流入进水间或水泵直接吸水的取水构筑物为河床式取水构筑物。因此，河床式取水构筑物是由取水头部、进水管（自流管或虹吸管）、进水间（河床式常将进水间称之为集水井或集水间）和泵房组成。河水经取水头部的进水孔流入，沿进水管至集水间，然后由泵抽走。适用于河床稳定、河岸平坦、枯水期主流离岸较远、岸边水深不够或水质不好、而河中又具有足够水深或较好水质的取水条件。

1）河床式取水构筑物的基本形式

按照进水管形式不同，河床式取水构筑物可分为自流管取水、虹吸管取水、水泵直接取水及桥墩式取水等取水方式。

河床式取水构筑物的集水间与泵房既可以合建，也可以分建。图 3-40 和图 3-41 分别为集水间与泵房合建和分建的自流管取水构筑物。

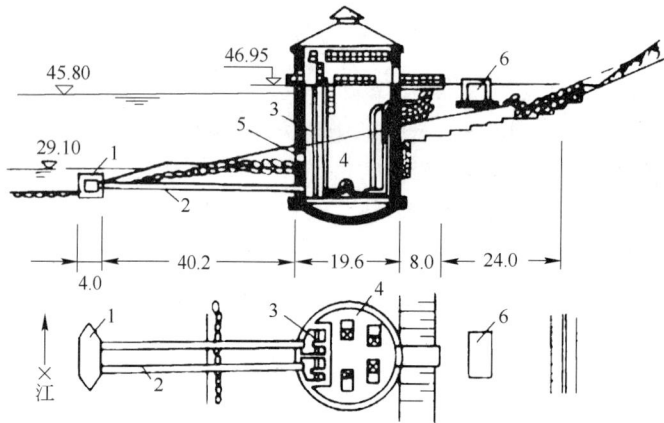

图 3-40　自流管取水构筑物（集水间与泵房合建）

1—取水头部；2—自流管；3—集水间；4—泵房；5—进水孔；6—阀门井

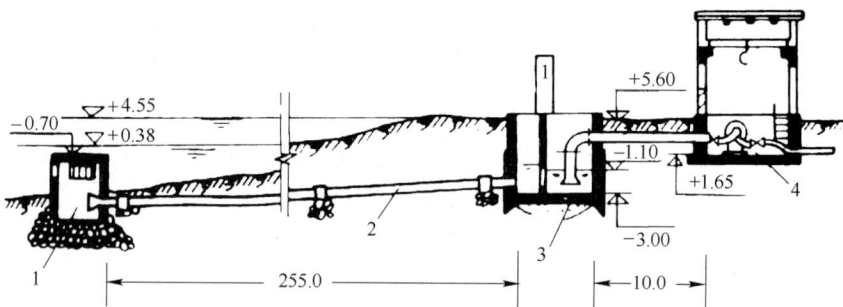

图 3-41　自流管取水构筑物（集水间与泵房分建）

1—取水头部；2—自流管；3—集水间；4—泵房

① 自流管取水

河水通过自流管进入集水井，由于自流管淹没在水中，河水靠重力自流，因此工作比较可靠，但敷设自流管时，开挖土石方量较大，适用于自流管埋深不大或者在河岸可以开挖隧道以敷设自流管时的场合。

当河流水位变幅较大，且洪水期历时较长，水中含沙量较高时，为了避免引入底层含沙量较多的水，可在集水间壁上开设进水孔（图 3-40），或设置高位自流管，以取得上层含沙量较少的水。

② 虹吸管取水

图 3-42 所示为虹吸管取水构筑物。河水通过虹吸管进入集水井中，然后由泵抽走。当河水水位高于虹吸管顶部时，无需抽真空即可自流进水；当河水水位低于虹吸管管顶时，需先将虹吸管抽真空方可进水。在河滩宽阔、河岸较高、河床地质坚硬或管道需穿越防洪堤时可采用虹吸管取水。由于虹吸高度可达 7m，与自流管相比提高了埋管的高程，所以可减少水下土石方量，缩短工期，节约投资。但虹吸管对管材及施工质量要求较高，运行管理要求严格，并需保证严密不漏气，需要真空设备，因此，可靠性低于自流管。

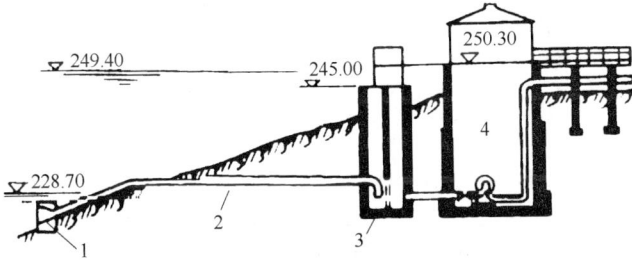

图 3-42　虹吸管取水构筑物
1—取水头部；2—虹吸管；3—集水间；4—泵房

③ 水泵直接取水

图 3-43 为水泵直接取水构筑物。图中的取水构筑物不设集水井，水泵吸水管直接伸入河水中取水。由于可以利用水泵吸水高度以减少泵房深度，又省去集水间，故结构简单，施工方便，造价较低。适用于取水量小、河水较清、含泥沙、漂浮物少的河段。

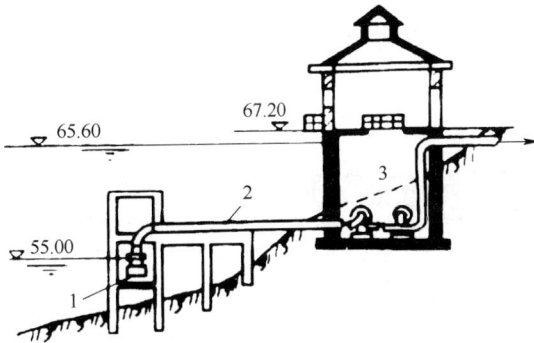

图 3-43　直接取水构筑物
1—取水头部；2—水泵吸水管；3—泵房

④ 桥墩式取水

桥墩式取水是把整个取水构筑物建造在江河之中，如图 3-44 所示。

这种形式的取水构筑物缩小了河道过水断面，容易造成附近河床冲刷。因此，基础埋深较大，且需要设置较长的引桥和岸边连接，施工复杂，造价较大，同时影响航运和水上交通。仅适用于河流宽度很大，取水量较大，岸坡平缓，岸边无建造泵房条件的地方。

97

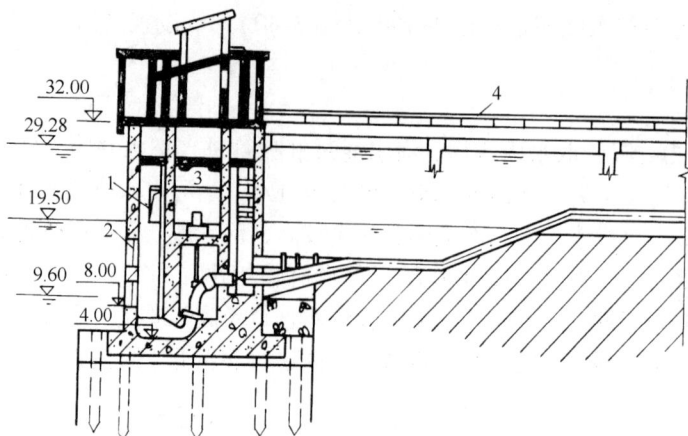

图 3-44　桥墩式取水构筑物

1—进水间；2—进水孔；3—泵房；4—引桥

2）河床式取水构筑物的构造与设计

河床式取水构筑物是由取水头部、进水管、集水井和泵房组成。其中集水井与泵房和岸边式基本相同，因此只重点介绍进水管和取水头部的设计。

① 取水头部

a. 取水头部的形式及适用条件

取水头部的形式主要有喇叭管、蘑菇形、鱼形罩、箱式、斜板式等。

喇叭管取水头部又称管式取水头部，如图 3-45 所示。喇叭管取水头部是设有格栅的金属喇叭管，用桩架或支墩固定在河床上。这种取水头部构造简单，造价低，施工方便，适用于不同的取水规模。喇叭管的布置可以朝向下游、水平式、垂直向下和垂直向上布置。

图 3-46 是蘑菇形取水头部，它是一个向上的喇叭管，其上再加一金属帽盖。河水由帽盖底部流入，带入的泥沙及漂浮物较少。头部分几节装配，便于吊装和检修，但头部高度较大，所以要求设置在枯水期时仍有一定水深，适用于中小型取水构筑物。

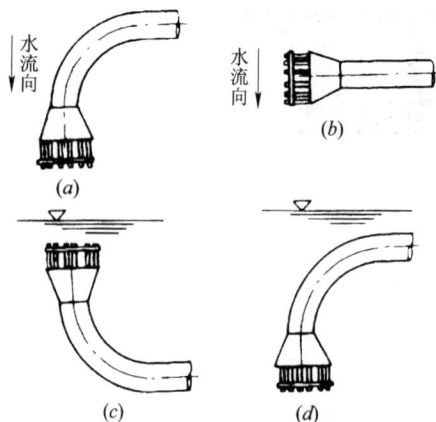

图 3-45　喇叭管取水头部

（a）顺水流式；（b）水平式；
（c）垂直向上式；（d）垂直向下式

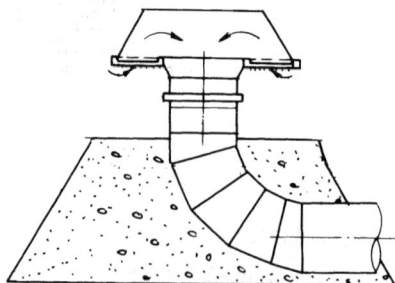

图 3-46　蘑菇形取水头部

鱼形罩取水头部，是一个两端带有圆锥头部的圆筒，在圆筒表面和背水圆锥面上开设圆形进水孔，如图 3-47 所示。

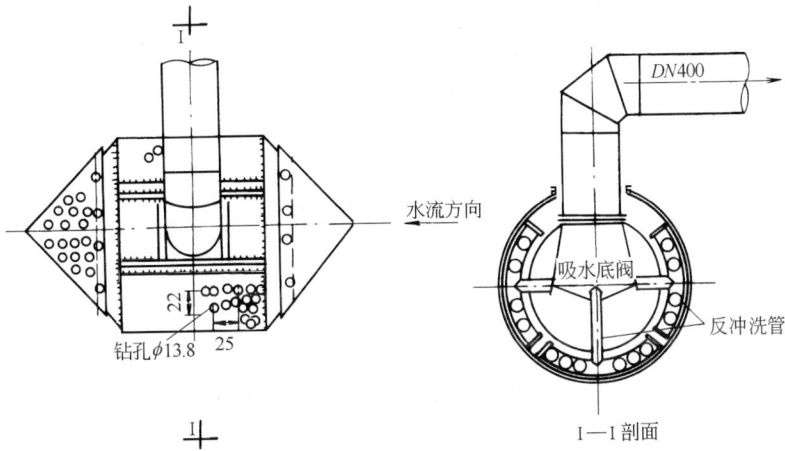

图 3-47　鱼形罩式取水头部

鱼形罩取水头部的外形趋于流线形，水流阻力小，而且进水面积大，进水孔流速小，漂浮物难以吸附在罩上，故能减轻水草堵塞，适宜于水泵直接从河水中取水的情况。

箱式取水头部如图 3-48 所示，主要由周边开设进水孔的钢筋混凝土箱组成。由于进水孔总面积较大，能减少冰凌和泥沙进入量。所以适用于在冬季冰凌较多或含沙量不大，水深较小的河流上采用。箱式取水头部一般适用于中小型取水构筑物，其平面形状有圆形、矩形、菱形等。

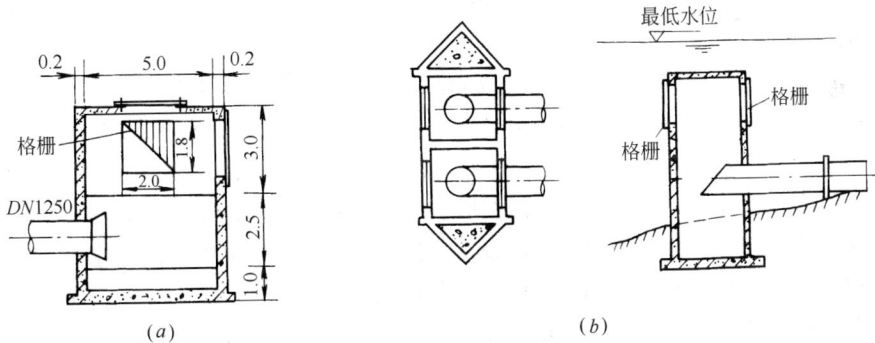

图 3-48　箱式取水头部
(a) 圆形；(b) 菱形

图 3-49 所示的斜板式取水头部，它是在取水头部设置斜板，河水经过斜板时，粗颗粒泥沙沉淀在斜板上，并滑落至河底，被河水冲走。这种新型取水头部除沙效果较好，适用于粗颗粒泥沙较多的河流。

b. 取水头部的设计

为了尽量减少取水头部吸入泥沙和漂浮物，防止取水头部周围河床冲刷，避免船只和木排与取水头部碰撞，防止冰凌堵塞和冲击，便于施工，便于清洗检修等，取水头部设计时应注意到以下要求：

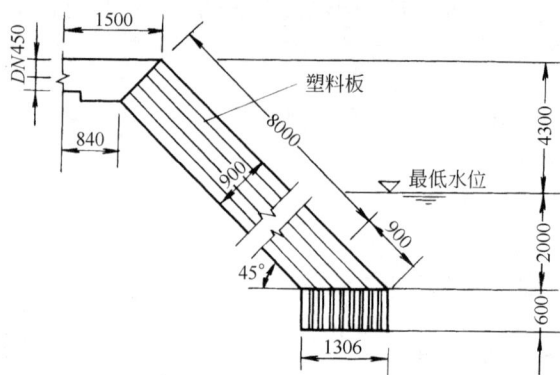

图 3-49　斜板取水头部

取水头部宜分设两个或分成两格,进水间应分成数格以利清洗。漂浮物多的河道,相邻头部在沿水流方向宜有较大间距。

取水头部应设在稳定河床的深槽主流,有足够的水深处。为避免推移质泥沙和浮冰、漂浮物进入取水头部,河床式取水头部侧面进水孔的下缘距河床高度不得小于0.50m,当水深较浅、水质较清、河床稳定、取水量不大时,其高度可减至0.30m;顶部进水孔高出河底的距离不得小于1.0m。

进水孔一般布置在取水头部的侧面和下游面。当漂浮物较少和无冰凌时,也可布置在顶面。

为了减少漂浮物、冰凌、水流取水头部的影响,取水头迎水面一端应设计成流线型,并使取水头部长轴与水流方向一致。通常菱形、长圆形的水流阻力较小,常用于箱式和墩式取水头部。

进水孔的流速要选择恰当。流速过大,易带入泥沙,杂草和冰凌;流速过小,又会增大进水孔和取水头部的尺寸,增加造价和水流阻力。河床式取水构筑物进水孔的过栅流速,应根据水中漂浮物的数量、有无冰絮、取水点的水流速度、取水量大小、检查和清理格栅的方便等因素确定,一般有冰絮时为$0.1 \sim 0.3 \mathrm{m/s}$,无冰絮时为$0.2 \sim 0.6 \mathrm{m/s}$。

在设计最低水位下,淹没取水构筑物进水孔上缘的深度,应根据河流水文、冰情和漂浮物等因素通过水力计算确定,同时遵守下列规定:

顶面进水时,不得小于0.5m;侧面进水时,不得小于0.3m;虹吸进水时,不得小于1.0m,当水体封冻时,可减至0.5m(上述数据在有冰盖时,应从冰盖下缘起算)。

江河取水构筑物侧面进水孔下缘应高出河底0.50m以上,顶部进水孔高出河底1.0m以上。

位于湖泊或水库的取水构筑物最底层进水孔的下缘距水体底部的高度应根据水体底部泥沙沉积和变迁情况等因素确定,不宜小于1.0m;当水深较浅、水质较清、取水量不大时,其高度可减至0.5m。

② 进水管

进水管有自流管、进水暗渠、虹吸管等。自流管一般采用钢管、铸铁管和钢筋混凝土管。虹吸管要求严密不漏气,应采用钢管,但埋在地下的也可采用铸铁管。进水暗渠一般用钢筋混凝土浇筑，也有利用岩石开凿衬砌而成。

进水管的管径应按正常供水时的设计流量和流速确定。管中流速不应低于泥沙颗粒的不淤流速，以免泥沙沉积；但也不宜过大，以免水头损失很大，增加集水间和泵房的深度。进水管的设计流速不小于 0.6m/s。水量较大、含沙量较大，进水管短时，流速可适当增大。

为了提高进水的安全可靠性和便于清洗检修，进水管数量不宜少于两条。当一条进水管停止工作时，其余进水管通过的流量应满足事故用水要求（一般为 70% ~ 75% 的最大设计流量）。

自流管敷设在不易冲刷的河床时，管顶埋设在河床下 0.50m 以下，当敷设在有冲刷可能的河床时，管顶最小埋深应设在冲刷深度以下 0.25 ~ 0.30m。

自流管如果敷设在河床上时，须用块石或支墩固定。自流管的坡度和坡向应视具体条件而定。可以坡向河心、坡向集水间或水平敷设。

虹吸管的虹吸高度指的是从最低抽吸水位算起，到虹吸管最高处的吸上高度，一般采用 4 ~ 6m，以不大于 7.0m 为宜。设计流速不小于 0.6m/s，可采用 1.0 ~ 1.5m/s。虹吸进水端在设计最低水位下的淹没深度不小于 1.0m，管末端应深入集水井最低动水位以下 1.0m，以免空气进入。虹吸管应朝集水间方向上升，其最小坡度为 0.003 ~ 0.005。每条虹吸管宜设置单独的真空管路，以免互相影响。

（3）斗槽式取水构筑物

在岸边式或河床式取水构筑物之前设置"斗槽"进水，称之为斗槽式取水构筑物，如图 3-50 所示。斗槽是在河流岸边用堤坝围成，或在岸上开挖进水槽。由于斗槽中水流流速缓慢，进入斗槽水中的泥沙就会沉淀，水中的冰絮就会上浮，因而减少了进入取水口的泥沙和冰絮。所以，斗槽式取水构筑物适宜在河流含沙量大、冰情严重、取水量较大的河流段取水。

按照斗槽内水流方向与河流流向的关系，可分为顺流式、逆流式和双流式。

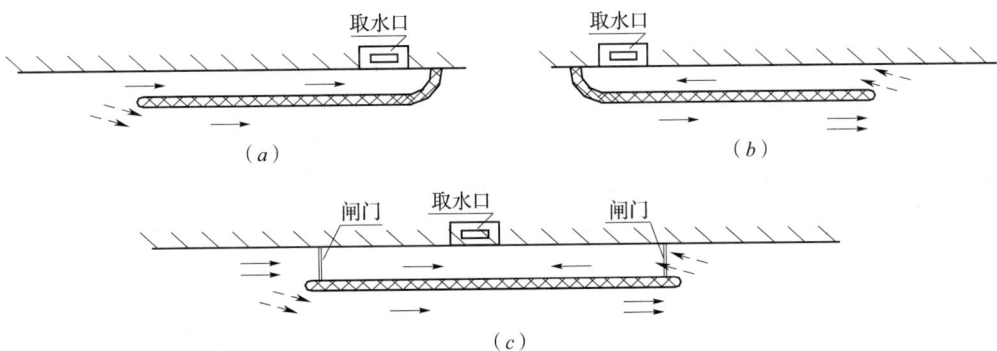

图 3-50　斗槽式取水构筑物
（a）顺流式斗槽；（b）逆流式斗槽；（c）双流式斗槽

图 3-50（a）表示斗槽内水流方向与河流水流方向一致，称为顺流式斗槽。由于斗槽中水流速度小于河水流速，河水正向流入斗槽时，一部分动能迅速转化为位能，在斗槽进口处形成壅水和横向环流，迫使含有浮冰絮的河流表层水进入斗槽。故顺流式斗槽适用于

含泥沙量较高、冰凌情况不严重的河流。

图 3-50（b）表示斗槽内水流方向与河流水流方向相反，称为逆流式斗槽。当水流顺着斗槽堤坝流过进口时，受到抽吸作用形成水位跌落，致使斗槽内水位低于河流水位而产生横向环流，含有泥沙较多的底流进入斗槽。故逆流式斗槽适用于冰凌情况严重、含泥沙量较少的河流。

图 3-50（c）所示斗槽具有顺流式、逆流式斗槽的特点，称为双流式斗槽。当夏秋洪水季节河水含泥沙量较高时，开上游端阀门，顺流进水。当冬季冰凌情况严重时，开下游端阀门，逆流进水。

斗槽式取水构筑物应建造在河流凹岸靠近主流的岸边处，以便利用河水水力冲洗斗槽内沉积泥沙。斗槽取水构筑物施工量大、造价高、排泥困难，近年来设计较少。

3.3.4　江河活动式取水构筑物

前面介绍了江河固定式取水构筑物，当水源水位变化幅度在 10m 以上，水流不急，水位涨落速度小于 2.0m/h，要求施工周期短和建造固定式取水构筑有困难时，可考虑采用缆车或浮船式等活动式取水构筑物。

（1）浮船式取水构筑物

浮船式取水构筑物是利用活动式联络管，将浮船上的水泵出水管与岸边输水管道连通的取水构筑物。浮船式取水构筑物具有投资少、建设快、易于施工（无复杂的水下工程），有较大的适应性和灵活性，能经常取得含沙量少的表层水等优点，因此在我国西南、中南等地区应用较广泛。但浮船式取水构筑物也存在河流水位涨落时，需要移动船位，阶梯式连接时尚需拆换接头以致短时停止供水，操作管理麻烦，易受水流、风浪、航运影响，供水的安全可靠性较差等缺点。

1）浮船取水位置选择

浮船式取水构筑物的位置，除了满足地表水取水构筑一般的选址要求以外，还应注意以下问题：

① 河岸有较陡的坡度，河床较为稳定，停泊条件良好。浮船应有可靠的锚固设施，浮船上的出水管与输水管间的连接管段，应根据具体情况，采用摇臂式或阶梯式等。

② 应设在水流平缓，风浪小，河道平直，水面开阔，漂浮物少，无冰凌的河段上，应避开大急流、顶冲和大风浪区，并与航道保持一定距离。

③ 尽量避开河漫滩和浅滩地段。取水点应有足够的水深。从凹岸取水时，凹岸不能太弯曲，以免流速大，冲刷严重。

2）浮船和水泵设置

浮船的个数应根据供水规模、供水安全程度等因素确定。当允许间断供水或有足够容量的调节水池时，或者采用摇臂式连接的，可设置一只浮船。取水量大且不宜断水时，至少有两条浮船，每船的供水能力，按一条船事故时，仍能满足事故水量设计，城镇的事故水量按设计水量的 70% 计算。

浮船一般设计成平底囤船形式，平面为矩形，断面为矩形或梯形。浮船尺寸应根据设备及管路布置，操作及检修要求，浮船的稳定性等因素决定。目前一般船宽多在 5 ~ 6m，船长与船宽之比为 2:1 ~ 3:1，吃水深 0.5 ~ 1.0m，船体深 1.2 ~ 1.5m，船首尾的甲板长度为 2 ~ 3m。

浮船上的水泵布置，除考虑布置紧凑、操作检修方便外，还应特别注意浮船的平衡与稳定性，当每条浮船上水泵台数不超过 3 台时，水泵机组在平面上常成纵向排列，也可成横向布置（图 3-51）。

水泵竖向布置一般有上承式和下承式两种，如图 3-52 所示。

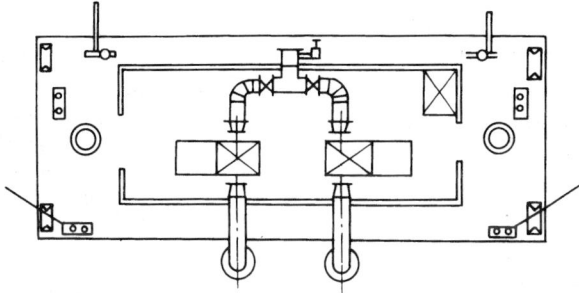

图 3-51　取水浮船平面布置

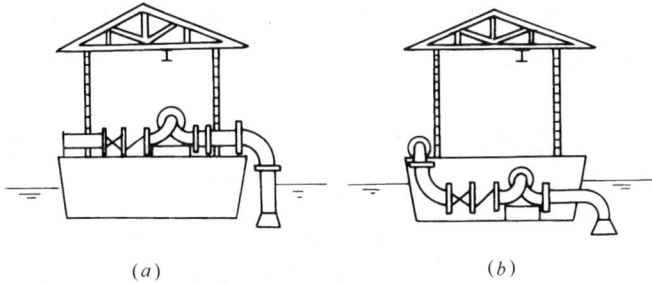

(a)　　　　　　　　　　　　　　(b)

图 3-52　取水浮船竖向布置

(a) 上承式；(b) 下承式

上承式的水泵机组安装在甲板上，设备安装和操作方便，船体结构简单，通风条件好，可适用于各种船体，故常采用。但船的重心较高，稳定性差，震动较大。下承式的水泵机组安装在船体骨架上，其优缺点与上承式相反，吸水管需穿过船舷，仅适用于钢板船。

水泵的选择，常选用特性曲线较陡的水泵，使之能在较长时间内都在高效区运行，或根据水位变化更换水泵叶轮。

3）联络管和输水管

① 联络管

联络管用以连接浮船和岸边输水管。联络管两端可采用胶管接头、球形接头和套筒接头等活动连接，以适应泵船的移位和摆动。早期因取水量小（$Q < 3000\mathrm{m}^3/\mathrm{h}$），供水要求较低，采用阶梯式活动连接，但洪水期移船频繁，操作麻烦，近年来普遍使用不需拆换接头的摇臂式活动连接。

a. 阶梯式连接

阶梯式连接有柔性联络管连接和刚性联络管连接。图 3-53 为柔性联络管连接，采用两端带有法兰接口的橡胶软管作联络管，管长一般 6 ~ 8m。橡胶软管使用灵活，接口方便，但承压一般不大于 0.5MPa，使用寿命短，管径较小（一般 350mm 以下），故适宜在水压水量不大时采用。

图 3-54 为刚性联络管连接。采用两端各有一个球形万向接头的焊接钢管作为联络管，管径一般在 350mm 以下，管长一般 8～12m。钢管承压高，使用年限长，故采用较多。

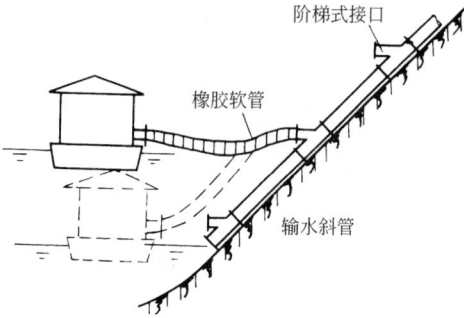

图 3-53 柔性联络管阶梯式连接

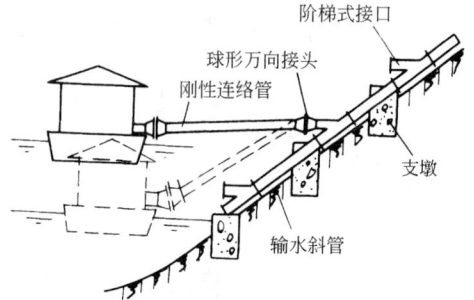

图 3-54 刚性联络管阶梯式连接

阶梯式连接由于受联络管长度和球形接头转角的限制，在水位涨落超过一定范围时，就需要移船和换接头，操作较麻烦，并须短时停止取水。但船靠岸较近，连接比较方便，可在水位变幅较大的河流上采用。

b. 摇臂式连接

套筒接头摇臂式连接的联络管由钢管和几个套筒旋转接头组成，如图 3-55 所示。由于一个套筒接头只能在一个平面上转动，因此一根联络管上需要设置五个或七个套筒接头，才能适应浮船上下左右摇摆运动。水位涨落时，联络管可以围绕岸边支墩上的固定接头转动。这种连接的优点是不需拆换接头，不用经常移船，能适应河流水位的猛涨猛落，操作管理方便，不中断供水，因此采用较广泛。目前套筒接头摇臂式联络管的直径已达 1200mm，最大水位差可达 27m。

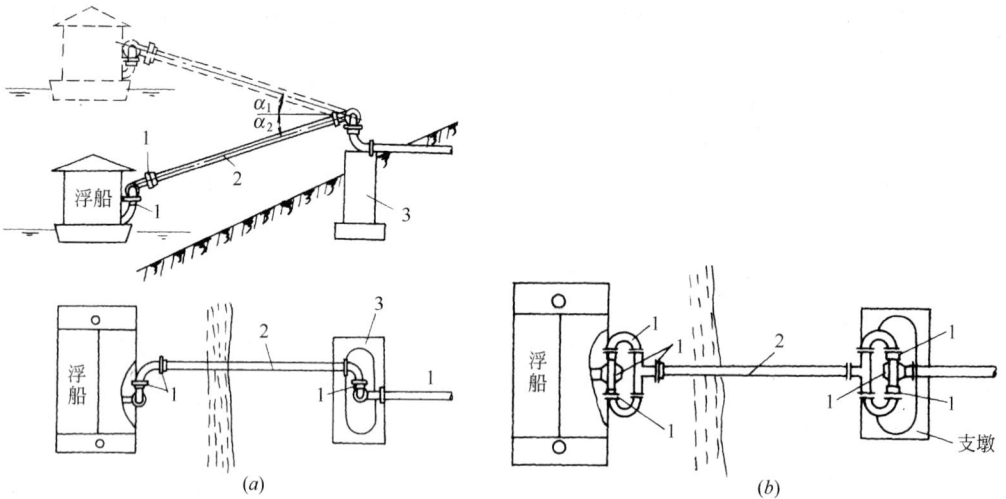

图 3-55 摇臂式套筒接头连接

(a) 五个套筒接头；(b) 七个套筒接头

1—套筒接头；2—摇臂联络管；3—岸边支墩

图 3-55（a）是由五个套筒接头组成的摇臂式联络管。由于联络管偏心，致使两端套筒接头受到较大扭力，接头填料易磨损漏水，从而降低了接头转动的灵活性与严密性。因此这种接头只适宜在水压较低，联络管重量不大时采用。图 3-55（b）是由七个套筒接头组成的摇臂式联络管。这种连接，套筒接头处受力较均匀，增加了接头转动的灵活性与严密性。因此，能适应较高水压和较大水量的要求，并能使船体在远离岸边时水平位移，以避免洪水主流及航运、漂木等的冲撞。

摇臂式联络管的岸边支墩接口应高出平均水位，使洪水期联络管的上仰角略小于枯水期的下俯角。联络管上下转动的最大夹角不宜超过 70°，联络管长度一般在 20~25m 以内。

② 输水管

输水管一般沿岸边敷设。当采用阶梯式连接岸坡陡时可与河岸等高线垂直，岸坡平缓时可与河岸等高线斜交布置，岸坡变化大且有淤积时，可隔一定距离设支墩，管道固定在支墩上。

另外，输水管上每隔一定距离设置叉管，叉管垂直高差取决于输水管的坡度、联络管的长度、活动接头的有效转角等因素，一般宜在 1.5~2.0m 之间。在常年低水位处布置第一个叉管，然后按高差布置其余的叉管。当有两条以上输水管时，各条输水管上的叉管在高程上应交错布置。以便浮船交错位移。

输水管的上端应设置排气阀，适当的部位设置止回阀，但采用摇臂式联络管在水泵扬程小于 25m 时，可不设止回阀。

输水管两侧应设人行阶梯踏步。

4）浮船的平衡稳定和锚固

为了保证安全，浮船在任何情况下，均应保持平衡与稳定。若需保持浮船的平衡，首先设备的布置应使浮船在正常运转时保持平衡。在其他情况下发生不平衡时，可用平衡水箱或压舱重物来调整平衡。当移船和风浪较大时，浮船的最大横角以不超过 7° 为宜，浮船的稳定与船宽关系密切，为了防止沉船事故，应在船中设置水密隔舱。

浮船应有可靠的锚固设施。锚固的方式有缆索、撑杆、锚链。采用何种锚固方式，应根据浮船停靠位置的具体条件决定。当岸坡较陡、江面较窄、航运频繁、浮船靠岸边时采用系缆索和撑杆将船固定在岸边。当岸坡较陡、河面较宽、航运较少时，采用在船首尾抛锚与岸边系留相结合的形式，锚固更可靠，同时还便于浮船移动。在水流湍急、风浪大、浮船离岸较近时，除首尾抛锚外，还应增设角锚。当河道流速较大时，浮船上游方向固定索不应少于 3 根。

5）浮船式取水构筑物适用条件

① 水位变化幅度在 10~35m，涨落速度小于 2m/h，枯水期水深大于 1.5m 或不小于两倍浮船深度，河道水流平稳，风浪较小，停泊条件较好的江河水取水；

② 临时供水的取水构筑物或允许断水的永久性取水构筑物；

③ 投资受到限制，难以修建固定式取水构筑物时。

（2）缆车式取水构筑物

缆车取水是利用安装有水泵机组的车辆，随着江河水位的涨落，通过牵引设备在岸坡轨道上移动的取水构筑物。它主要是由泵车、坡道或斜桥、输水管和牵引设备等组成，其布置如图 3-56 所示。

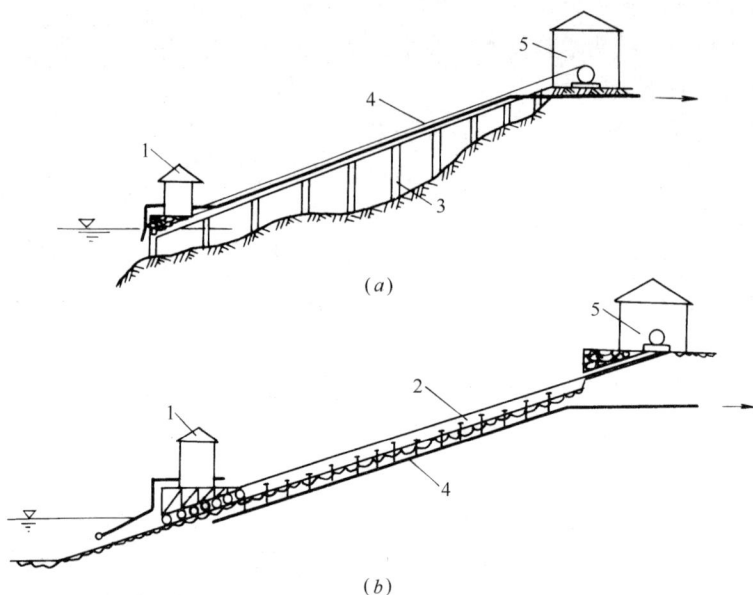

图 3-56　缆车式取水构筑物布置

(a) 斜桥式；(b) 斜坡式

1—泵车；2—坡道；3—斜桥；4—输水斜管；5—卷扬机房

　　缆车式取水构筑物的优点与浮船式基本相同，但缆车移动比浮船方便，缆车受风浪影响小，比浮船稳定。缆车取水的水下工程量和基建投资比浮船取水大，适用于水位变化较大、涨落速度不大（不超过 2m/h）、无冰凌和漂浮物较少的河流上采用。

　　1）缆车式取水构筑物位置的选择

　　应选择在河岸地质条件较好，岸坡稳定，并有 $10°\sim28°$ 的岸坡处为宜。河岸太陡，则所需的牵引设备过大，移车较困难；河岸平缓，则吸水管架太长，容易发生事故。

　　缆车式取水构筑物应设在河流顺直，主流近岸，岸边水深不小于 1.2m 的地方。

　　2）缆车式取水构筑物各部分构造与设计

　　① 泵车设置

　　取水量小时，一般设置一部泵车。取水量大供水安全性要求较高时，泵车不应少于两部，每部泵车上的水泵不应少于两台（一用一备或两用一备）。每台泵要有独立的吸水管，水泵吸水高度不少于 4m，并且宜选用 $Q\text{-}H$ 曲线较陡的水泵，以减少移车的次数，并使河流水位变化时，供水量变化不致太大。

　　泵车上水泵机组的布置，除满足布置紧凑，操作检修方便外，还应特别注意泵车的稳定和振动问题。小型水泵机组宜采用平行布置，如图 3-57（a）所示，将机组直接布置在泵车桁架上，使机组重心与泵车轴线重合，运转时震动小，稳定性好。大中型机组宜采用垂直布置，如图 3-57（b）所示，机组重心落在两榀桁架之间，机组放在短腹杆处，震动较小。

　　泵车的长宽比接近正方形，泵车在竖向可布置成阶梯形。泵车的车厢净高，无起吊设备时采用 2.5～3.0m；有起吊设备时采用 4.0～4.5m。泵车的下部车架为型钢组成的桁架结构，在主桁架的下节点处装有 2～6 对滚轮。

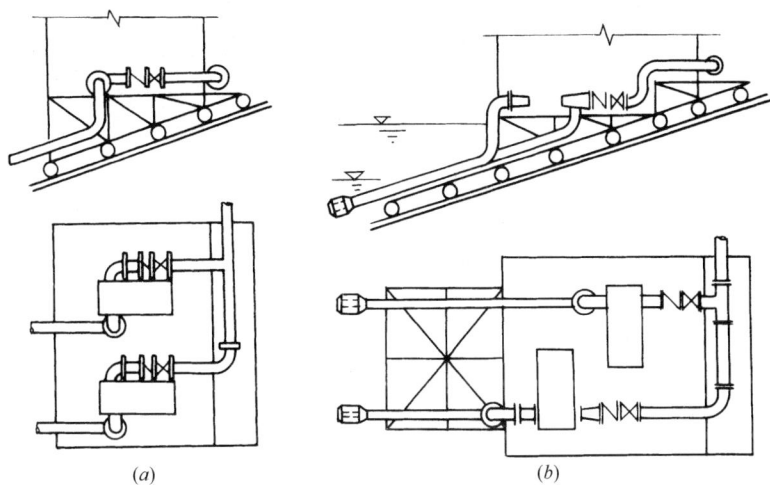

图 3-57　泵车水泵布置

(a) 平行布置的泵车；(b) 垂直布置的泵车

② 坡道设置

缆车轨道的坡面宜与原岸坡相接近。一般为 10°~28°，其形式有斜坡式和斜桥式。当岸边地质条件较好，坡度合适时，可采用斜坡式坡道。反之，可采用斜桥式坡道。

斜坡式坡道基础可作成整体式，框式挡土墙和钢筋混凝土框格式。一般整个坡道用一个坡度，坡道顶面应高出地面 0.5m 左右，以免积泥。

在坡道基础上敷设钢轨，当吸水管直径小于 300mm 时，轨距采用 1.5~2.5m。当吸水管直径为 300~500mm 时，轨距采用 2.8~4.0m。

坡道上除设置轨道外，还设有输水管、安全挂钩座、电缆沟、接管平台及人行道等。当坡道上有泥沙淤积时，应在尾车上设置冲沙管及喷嘴。

③ 输水斜管

一般一部泵车设置一条输水管。输水管沿斜坡或斜桥敷设。管上每隔一定距离设置三通叉管（正三通和斜三通），以便与联络管连接。叉管的高差主要取决于水泵吸水高度和水位涨落速度，一般采用 1~2m。当采用曲臂式联络管时，叉管高差可以在 2~4m。

在水泵出水管与叉管之间的联络管上需设置活动接头，以便移车时接口易于对准。活动接头有橡胶软管、球形万向接头、套筒旋转接头、曲臂式活动接头等。橡胶软管使用灵活，但寿命较短，一般用于管径小于 300mm 的管道。套筒接头由 1~3 个旋转套筒组成（图 3-58），装拆接口方便，使用寿命长，被广泛应用。

④ 牵引设备及安全装置

牵引设备由绞车（卷扬机）及连接泵车和绞车的钢绳组成。绞车一般设在洪水位以上岸边的

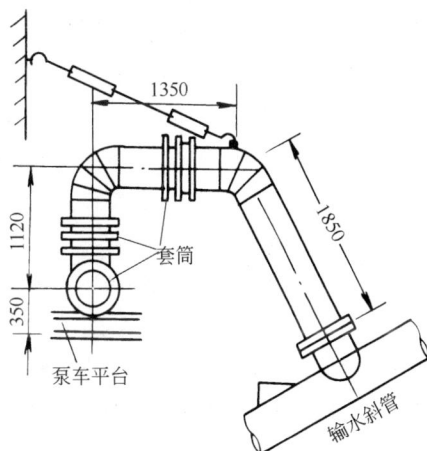

图 3-58　套筒接头连接

107

绞车房里，牵引力在 50kN 以上时宜用电动绞车，操作安全方便。

为了保证泵车运行安全，在绞车和泵车上都必须设置制动保险装置。绞车制动装置有电磁铁刹车和手刹车，而以两者并用较安全。泵车在固定时，一般采用螺栓夹板式保险卡或钢杆安全挂钩作为安全装置，前者多用于小型泵车，后者多用于大、中型泵车。泵车在移动时，一般采用钢丝绳挂钩作为安全装置，以免发生事故。

（3）缆车式取水构筑物适用条件

1）水位变化幅度在 10～35m，涨落速度小于 2m/h 的江河中取水；

2）作为永久性取水构筑物；

3）水位变化幅度大且水流急、风浪大，不宜用浮船取水时；

4）受牵引设备限制，每部泵车的取水流量小于 10 万 m^3/d；

5）取水河道漂浮物少、无冰凌、无船只碰撞可能。

3.3.5 湖泊与水库取水构筑物

（1）湖泊、水库的特征

湖泊的地貌形态是在不断变化的。造成其变化的主要原因有水流、风和冰川等外部因素以及风浪、湖流、水中微生物及动物活动等内部因素。在风浪的作用下，湖的凸岸被冲刷，凹岸（湖湾）产生淤积。而从河流、溪沟中水流带来的泥沙，风吹来的泥沙，湖岸破坏的土石以及水生动植物的残体等均沉积在湖底，颗粒粗的多沉积在湖的沿岸区，颗粒细的则沉积在湖的深水区。

水库实际上是人工湖泊。按其构造可分为湖泊式和河床式两种。湖泊式水库是指被淹没的河谷具有湖泊的形态特征，即面积较宽广，水深较深，库中水流和泥沙运动都接近于湖泊的状态，具有湖泊水文特征。河床式水库是指淹没的河谷较狭窄，库身狭长弯曲，水深较浅，水库内水流泥沙运动接近于天然河流状态，具有河流的水文特征。

湖泊、水库的储水量，是与湖面、库区的降水量，入湖（入库）的地面、地下径流量等有关；也与湖面、库区的蒸发量，出湖（出库）的地面和地下径流量等有关。

湖泊、水库水位变化，主要是由水量变化而引起的，其年变化规律基本上属于周期性变化。以雨水补给的湖泊，一般最高水位出现在夏秋季节，最低水位出现在冬末春初。干旱地区的湖泊、水库，在融雪及雨季期间，水位陡涨，然后由于蒸发损失引起水位下降，甚至使湖泊、水库蒸发到完全干涸为止。湖泊中的增减水现象，也是引起湖泊水位变化的一个因素。所谓增减水现象，是由于漂流将大量的水从湖的背风岸迁移到湖的向风岸，结果在湖的背风岸引起水位下降，向风岸引起水位上升。

湖泊、水库的补水主要来自于河水、地下水及降雨，因此其水质与补充水的水质有关。因而各个湖泊、水库的水质，其化学成分是不同的。即使是同一湖泊（或水库），不同的位置，其化学成分也不完全一样，含盐量也不同。同时各主要离子间不保持一定的比例关系，这一点是与海水水质的区别之处。湖水水质化学变化常常具有生物作用，又是与河水、地下水水质的不同之处。湖泊、水库中的浮游生物较多，多分布于水体上层 10m 深度以内的水域中，如蓝藻分布于水的最上层，硅藻多分布于较深处。浮游生物的种类和数量，近岸处比湖中心多，浅水处比深水处多，无水草处比有水草处多。

（2）湖泊与水库取水构筑物位置的选择

从湖泊、水库取水的构筑物与河流取水构筑物没有太大的区别。同样要求取水安全可靠，水质良好。水库取水构筑物防洪标准与水库大坝等主要构筑物防洪标准相同，并采用设计和校核两级标准。当在湖泊、水库中取水时，取水口位置选择上还应注意以下几点：

1）湖泊取水口的位置应设在湖泊水流出口附近，远离支流的汇入口处，并且不影响航运，尽量不设在渔业区附近。

2）湖泊的取水口应避免设在湖岸芦苇丛生附近，以免影响水质，或因水中动植物的吸入堵塞取水口，因此在湖泊中取水时，在吸水管中应定期加氯，以消除水中生物的危害。

3）湖泊取水口不要设在夏季主风向的向风面的凹岸处，因为较浅湖泊的这些位置有大量的浮游生物集聚并死亡，沉至湖底后腐烂，从而致使水质恶化，水的色度增加，且产生臭味。

4）为了防止泥沙淤积，取水口应靠近大坝。取水口处应有 2.5～3.0m 以上的水深，深度不足时，可采用人工开挖。当湖岸为浅滩且湖底平缓时，可将取水头部伸入到湖中远离岸边，以取得较好的水质。

5）取水构筑物应建在稳定的湖岸或库岸处，因在波浪冲击和水流冲刷下，湖岸、库岸会遭到破坏而变形，甚至发生崩塌和滑坡。一般在岸坡坡度较小、岸高不大的基岩或植被完整的湖岸和库岸是较稳定的地方。

6）北方寒冷地区，湖泊、水库在冬季结冰期和春季解冻期会产生冰凌，可以堵塞取水口，因此需采取防冻措施。

总之，湖泊、水库中的取水构筑物应设在基础稳定、水质良好的地方。

（3）湖泊和水库取水构筑物的类型

1）隧洞式取水和引水明渠取水

隧洞式取水构筑物是在选定的取水隧洞的下游一端，先行挖掘修建引水隧洞。在接近湖底或库底的地方预留一定厚度的岩石——即岩塞，最后采用水下爆破的办法，一次炸掉预留岩塞，从而形成取水口。图 3-59 是隧洞式取水岩塞爆破法示意。隧洞式取水一般适用于取水量大且水深 10m 以上的大型水库和湖泊取水。水深较浅时，常采用引水明渠取水。

2）分层取水的取水构筑物

当湖泊和水库水深较大时，应采取分层取水的取水构筑物。因暴雨过后大量泥沙进入湖泊和水库，越接近湖底泥沙含量越大。而到了夏季生长的藻类的数量近岸常比湖心多，浅水区比深水区多，因此需在取水深度范围内设置几层进水孔，这样可根据季节不同，水质不同，取得不同深度处较好水质的水。

3）自流管式取水构筑物

在浅水湖泊和水库取水，一般采用自流管或虹吸管把水引入岸边深挖的吸水井内，然后水泵的吸水管直接从吸水井内抽水，泵房与吸水井既可以合建，也可以分建。图 3-60 是自流管合建式取水构筑物。

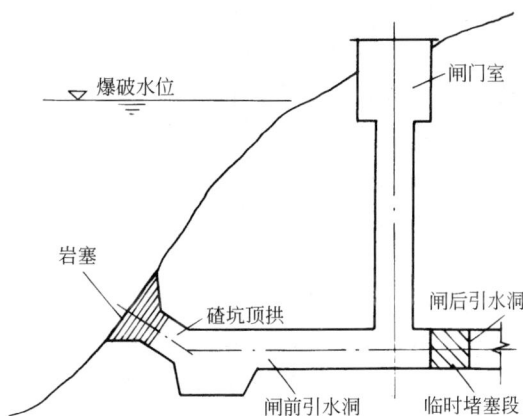

图 3-59 岩塞爆破法示意

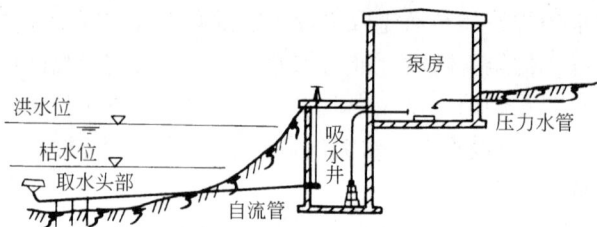

图 3-60　自流管合建式取水构筑物

以上为湖泊、水库常用的取水构筑物类型，具体选用何种类型，应根据不同的水文特征和地形、地貌、气象、地质、施工等条件进行技术经济比较后确定。

3.3.6　山区浅水河流取水构筑物

山区浅水河流具有与平原河流不同的特点，故其取水方式也有所不同。

（1）山区河流的特点

1）水量和水位变化幅度很大：在洪水期，水位猛涨猛落，水中存在大量的大颗粒推移质泥沙，但持续时间不长；在枯水期，水流量很小，水深很浅，有时甚至出现断流；暴雨之后，山洪暴发，洪水流量是枯水量的数十、数百倍或更大。

2）水质变化较大：枯水期水面清澈见底，暴雨后水流浑浊，含沙量很大，漂浮物较多，雨过天晴，水质恢复至清澈。

3）河床常为砂、卵石或岩石组成河床坡度大、比降大，洪水期流速大，推移质多，粒径大，有时甚至出现 1m 以上的大滚石。

4）北方某些山区河流潜冰期（水内冰）较长。

（2）山区浅水河流取水方式选择

1）由于山区河流枯水期流量很小，故取水量所占比例往往很大，有时可达 70% ～ 90% 以上。

2）由于山区河流平枯水期水深较小，因此取水深度往往不足，需要修筑低坝抬高水位或采用底部进水等方式解决。修筑低坝抬高水位取水时，应同时满足泄洪要求。因此，坝顶应有足够的溢流长度。如其长度受到限制或上游不允许壅水过高时，可采用带有闸门的溢流坝或拦河闸，以增大泄水能力，降低上游壅水位。

3）由于洪水期推移质多、粒径大，因此修建取水构筑物时，要考虑能将推移质顺利排除，不致造成淤塞和冲击。

（3）山区浅水河流取水构筑物的类型

山区浅水河流的取水构筑物可采用低坝式（活动坝或固定坝）或底栏栅式。当河床为透水性较好的砂砾层，含水层较厚、水量丰富时，亦可采用大口井或渗渠取用地下渗流水。

1）低坝式取水构筑物

低坝式取水构筑物一般适用于推移质不多的山区浅水河流，当山溪河流枯水期流量很小，水浅不通航，取水量占河流枯水量的百分比较大（30% ～50% 以上），且推移质泥沙不多时，可在河流上修筑低坝抬高水位和拦截足够的水量。

为了确保低坝基础安全稳定、低坝应建在河床稳定、地质较好的河段，建造水坝后不影响河床稳定。为能取用较好水质在有支流入口河段上，低坝应建在支流入口上游，取水口设在坝前凹岸处。低坝有固定式和活动式两种。固定式低坝取水，在坝前容易淤积泥沙，活动式无此问题，故经常被采用，但维护管理复杂。

① 固定式低坝取水

固定式低坝取水是由拦河低坝、冲砂闸、进水闸或取水泵站等部分组成，其布置如图 3-61 所示。

固定式挡河坝一般用混凝土或浆砌块石建造，一般坝高 1~2m，砌筑成溢流坝型式。为了防止溢流坝在溢流时河床遭受冲刷，在坝下游一定范围内需要用混凝土或浆砌块石铺筑护坦。

冲砂闸设在溢流坝的一侧，与进水闸或取水口邻接，其主要作用是依靠低坝上下游的水位差，将坝上游沉积的泥沙排至下游。进水闸的轴线与冲砂闸轴线的夹角为 30°~60°，以便在取水的同时进行排砂，使含沙较少的表层水从正面进入进水闸，而含沙较多的底层水则从侧面由冲砂闸泄至下游。同时设置了引水渠和岸边泵房，用来取水。

② 活动式低坝取水

活动式低坝在洪水期可以开启，故能减少上游淹没面积，并且便于冲走坝前沉积的泥沙，但其维护管理较固定坝复杂。

低水头活动坝种类较多，设有活动闸门（平板闸门或弧形闸门）的水闸是其中常用的一种，既能挡水，也能引水和泄水。近几年来逐渐采用橡胶坝、浮体闸、水力自动翻板闸等新型活动坝。

橡胶坝有袋形和片形。袋形橡胶坝（图 3-62）是用合成纤维织成的帆布，布面塑以橡胶，粘合成一个坝袋，锚固在坝基和边墙上，然后用水或空气充胀，形成坝体挡水。当水和空气排除后，坝袋塌落便能泄水，相当于一个活动闸门，其优点是施工安装方便，节约材料，操作灵活，坝高可以调节，但坝袋的使用寿命较短。

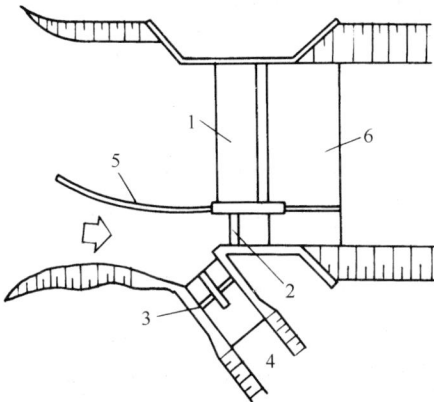

图 3-61　低坝取水装置

1—溢流坝（低坝）；2—冲砂闸；3—进水闸；
4—引水明渠；5—导流堤；6—护坦

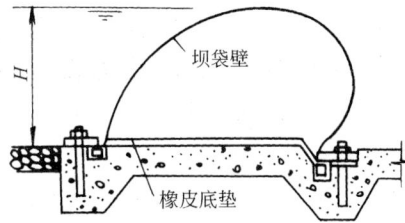

图 3-62　袋形橡胶坝断面

水力自动翻板闸是根据水压力对支承绞点的力矩与闸门自重对支承绞点力矩的大小差异而动作的，前者大时闸门自动开启，相反闸门则自动关闭，闸门面板上设置梳齿，或在闸坡上布置通气孔，这样可防止闸门启闭过于频繁。这种闸门既能挡水也可引水和泄水。

浮体闸和橡胶闸的作用相同，上升时可挡水，放落时可过水，它比橡胶坝的寿命长，适用于通航和放筏的枯水期水浅的山区河流取水。

低坝的坝高应满足取水深度的要求，坝的泄水宽度应根据河道比降、洪水流量、河床的地质以及河道平面形态等因素综合研究确定。

冲砂闸的位置及过水能力，应按主槽稳定在取水口前，并能冲走淤积泥沙的要求确定。

2）底栏栅取水构筑物

利用设在坝顶进水口栏栅减少砂石等杂物进入引水廊道的取水构筑物，称为底栏栅取水构筑物。它一般适用于大颗粒推移质较多的山区浅水河流，取水量较大时采用。

底栏栅取水构筑物由拦河低坝、底栏栅、引水廊道、沉砂池、取水泵房等组成。在拦河低坝上设有进水底栏栅及引水廊道。当河水经过坝顶时，一部分水通过栏栅流入引水廊道，经过沉砂池去除粗颗粒泥砂后，再由水泵抽走。其余河水经坝顶溢流，并将大颗粒推移质、漂浮物及冰凌带到下游。

当取水量大、推移质多时，可在底栏栅一侧设置冲砂室和进水闸（或岸边进水口）如图 3-63 所示。冲砂室用以排泄坝上游沉积的泥砂。进水闸用以在栏栅及引水廊道检修时，或冬季河水较清时进水。底栏栅式取水构筑物取水量可大可小，宜建在山溪河流出口处或出山口以上的峡谷河段。该处河床稳定，顺直、水流集中，纵坡较陡（1/50～1/20），流速大，推移

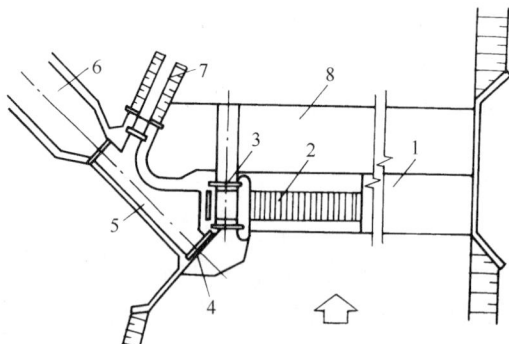

图 3-63 底栏栅式取水
1—溢流坝（低坝）；2—底栏栅；3—冲砂室；
4—进水闸；5—第二冲砂室；6—沉砂池；
7—排砂渠；8—防洪护坦

质颗粒大，含细颗粒较少，有利于引水排沙，并应避开受山洪影响较大的区域。为减少栅条卡塞及便于清除卡塞碎石，栅条一般做成钢制梯形断面，顺水流方向布置，栅面向下游倾斜，底坡为 0.1～0.2。栅条间隙根据河道沙砾组成确定，一般为 10～15mm。

3.3.7 海水取水构筑物

在缺乏淡水资源的沿海地区，随着工业的发展，用水量的日益增加，许多工厂广泛利用海水作为工业冷却用水。海水与江水、湖水不同，故海水取水构筑物也具有不同的特点。

（1）海水的特点与取水构筑物的设计要求

1）海水含盐量与腐蚀

海水含有较高的盐分，约为 3.5%，如果不经处理，一般只宜作为工业冷却用水。海水中的盐分主要是氯化钠，其次是氯化镁和少量的硫酸镁、硫酸钙等。因此，海水具有很强的腐蚀性，而且海水的硬度很高。

海水对碳钢的腐蚀率较高，对铸铁的腐蚀较小。所以，海水管道宜采用铸铁管和非金属管，并应采取以下措施：

① 水泵叶轮、阀门丝杆和密封圈等应采用耐腐蚀材料，如青铜、镍铜、钛合金钢等制作。

② 海水管道内外壁涂防腐涂料，如酚醛清漆、富锌漆、环氧沥青漆等，或采用阴极保护。

为了防止海水对混凝土的腐蚀，宜用强度等级较高的耐腐蚀水泥或在普通混凝土表面涂防腐涂料。

2）海洋生物的影响

海水中生物的大量繁殖，可造成取水头部、格网和管道堵塞，不易被清除，对取水安全有很大威胁。

防治和清除海洋生物的方法有加氯法、加碱法、加热法、机械刮除、密封窒息、含毒涂料、电极保护等。一般常采用加氯法，这种方法效果好，但加氯量不能太大，以免腐蚀设备及管道。当水中余氯量保持在 0.5mg/L 左右，即可抑制海洋生物的繁殖。

3）潮汐和波浪的袭击

在海岸边，平均每隔 12 小时 25 分钟出现一次潮汐高潮，在高潮之后 6 小时 12 分钟出现一次低潮。海水的波浪是由风力引起的，风力大，历时长，则会形成巨浪，产生很大的冲击力和破坏力。为了防止潮汐和波浪的袭击，取水口应该设在海湾内风浪较小的地段，取水构筑物建造在坚硬的原土层和基岩上，如采用明渠引水应在引水渠入口处建造防浪堤，以阻挡进渠风浪，使其对取水泵房不至于产生过大的波浪作用力。

4）泥砂淤积

海滨地区，尤其是淤泥质海滩，漂砂随潮汐运动而流动，可能造成取水口及引水管的严重淤积。因此，取水口应避开漂砂的地方，最好设在岩石海岸、海湾或防波堤内。取水明渠引水往往会在渠内淤积泥砂，应配置清泥设备。

（2）海水取水构筑物的主要形式

1）引水管渠或自流管取水

当海滩比较平缓，用自流管或引水管取水。图 3-64 为自流管式海水取水构筑物。

2）岸边式取水

在深水海岸，当岸边地质条件较好，风浪较小，泥砂较少时，可以建造岸边式取水构筑物，从海岸取水，或者采用水泵吸水管直接伸入海岸边取水。

3）潮汐式取水

在海边围堤修建蓄水池，在靠海岸的池壁上设置若干潮门。涨潮时，海水推开潮门，进入蓄水池；退潮时，潮门自动关闭，泵站自蓄水池取水，如图 3-65 所示。这种取水方式节约投资和电耗，但池中沉淀的泥砂清除较麻烦。有时蓄水池可兼作循环冷却水池，在退潮时引入冷却水，可减少蓄水池的容积。

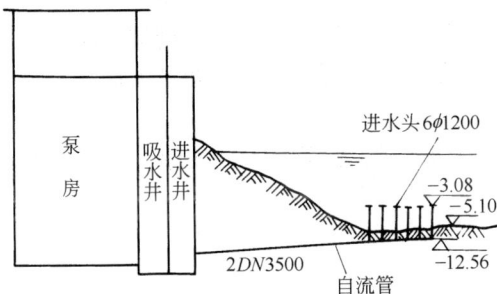

图 3-64　自流管式海水取水构筑物

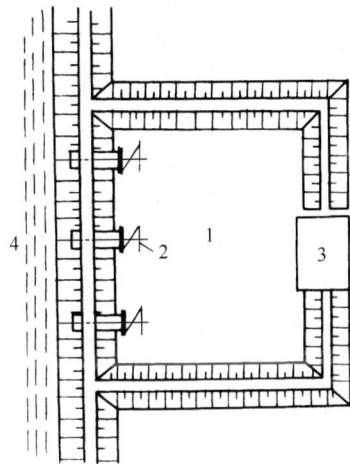

图 3-65　潮汐式取水构筑物
1—蓄水池；2—潮门；3—取水泵房；4—海湾

113

4 给水泵房

4.1 水泵选择

4.1.1 水泵分类

水泵是借动力装备和传动装置或应用自然能源将水由低处提升至高处或输送到远处的水力机械。其工作过程是：由电能转化为电动机高速旋转的机械能，再转化为被抽升液体的动能和势能进行能量传递和转化的过程。水泵在各行各业中使用非常广泛，品种很多，依据不同的工作原理可分为以下三类：

（1）叶片式水泵

叶片式水泵是利用回转叶片作用传递能量，对液体的输送是靠装有叶片的叶轮高速旋转而完成的。根据叶轮出水的水流方向可以将叶片式水泵分为径向流、轴向流和斜向流三种。安装径向流叶轮的水泵称为离心泵，液体质点在叶轮中流动时主要受到离心力的作用；安装轴向流叶轮的水泵称为轴流泵，液体质点在叶轮中流动时主要依靠轴向升力的作用；安装斜向流叶轮的水泵称为混流泵，它是上述两种叶轮的过渡形式，液体质点在叶轮中流动时，既受到离心力的作用，又受到轴向升力的作用。

（2）容积式水泵

容积式水泵对液体的输送是靠泵体工作室容积的改变传递能量来完成的。一般使工作室容积改变的方式有往复运动和旋转运动两种。属于往复运动这一类的如活塞式往复泵、柱塞式往复泵等。属于旋转运动这一类的如转子泵等。

（3）其他类型水泵

其他类型水泵是指除叶片式水泵和容积式水泵以外的特殊泵，主要有螺旋泵、射流泵（又称水射器）、水锤泵、水轮泵以及气升泵（又称空气扬水机）等。除螺旋泵是利用螺旋推进原理来提高液体的位能外，上述各种水泵的特点都是利用高速液流或气流的动能或动量来输送液体的。

螺旋泵、射流泵等水泵的应用虽然没有叶片式水泵广泛，但在给水排水工程中，结合具体条件，应用这些特殊的水泵来输送液体，常常会获得良好的效果。例如，在城市污水处理厂中，二沉池的沉淀污泥回流至曝气池时，常常采用螺旋泵或气升泵来提升，在给水厂投药时经常采用射流泵等。

在城镇及工业企业的给水排水工程中，大量使用的水泵是叶片式水泵。故本书主要讨论该种型式的水泵。

叶片式水泵分类如下：

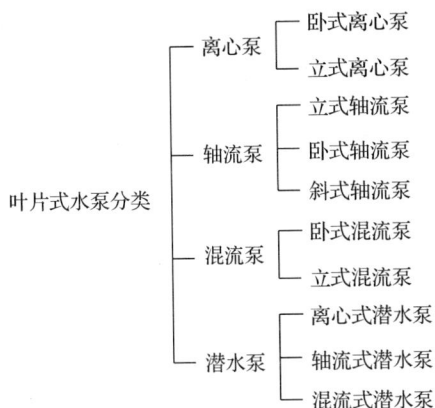

叶片式水泵分类
├─ 离心泵
│ ├─ 卧式离心泵
│ └─ 立式离心泵
├─ 轴流泵
│ ├─ 立式轴流泵
│ ├─ 卧式轴流泵
│ └─ 斜式轴流泵
├─ 混流泵
│ ├─ 卧式混流泵
│ └─ 立式混流泵
└─ 潜水泵
   ├─ 离心式潜水泵
   ├─ 轴流式潜水泵
   └─ 混流式潜水泵

4.1.2 水泵特性

（1）叶片式水泵工作原理及结构特点

1）离心泵工作原理及结构特点

图 4-1 所示系单级单吸离心泵基本构造图，由叶轮、泵轴、泵壳、减漏环、轴封、轴承和联轴器等主要部件构成。叶轮的中心对着进水口，进、出水管路分别与水泵进、出口连接，水泵启动前全部充满了水。当电动机通过泵轴带动叶轮高速旋转时，叶轮中的水在离心力的作用，由叶轮中心甩向叶轮外缘，并汇集到泵壳体内，获得势能和动能的水流便按导向出水，沿出水管向外输送。与此同时，叶轮进口处因水流运动产生真空，在作用于吸水池水面的大气压强作用下，水池中的水便通过进水管吸入叶轮。叶轮不停地旋转，水流就源源不断地被甩出和吸入，即为离心泵的工作原理。

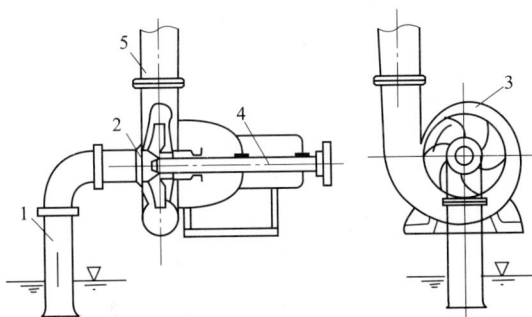

图 4-1　单级单吸离心泵基本构造图
1—进水管；2—叶轮；3—泵体；4—泵轴；5—出水管

离心泵的流量、扬程适用范围较大，规格很多，从而在给水工程使用广泛。离心泵有立式、卧式、单吸（单侧进水）、双吸（双侧进水）之分，一般适宜输送清水。启动前需预先将泵壳和吸水管充满水，方可保持抽水系统中水的连续流动。利用离心泵的允许吸上真空高度可以适当提高水泵的安装标高，有助于减少泵房埋深以节约土建造价。

2）轴流泵工作原理及结构特点

电动机驱动泵轴连同叶轮一起高速旋转，水流在叶轮的提升作用下，获得势能和动能并围绕泵轴螺旋上升，经导叶片作用，螺旋上升的水流变为轴向流动，沿出水管向外输送。叶轮不停地旋转，水流就源源不断地被提升输出，即为轴流泵的工作原理。

轴流泵外形如同一根水管，泵壳直径和吸水管直径相近似，可垂直安装（立式）、水平安装（卧式）或倾斜安装（斜式）。轴流泵基本部件由吸水管、叶轮、导叶、轴和轴承、密封装置组成。其中叶轮的安装角度直接影响轴流泵的流量和扬程。按照叶轮调节可能性分为固定式、半调式、全调式 3 种。图 4-2 为立式半调节式轴流泵外形图和结构图。

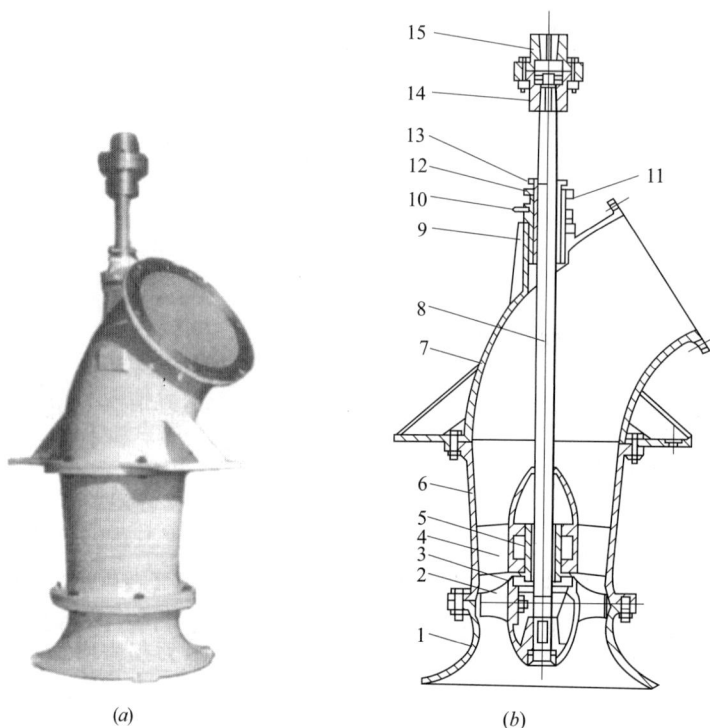

图 4-2　立式半调轴流泵外形图、结构图
（*a*）外形图；（*b*）结构图

1—吸入管；2—叶片；3—轮壳体；4—导叶；5—下导轴承；6—导叶管；7—出水弯管；8—泵轴；
9—上导轴承；10—引水管；11—填料；12—填料盒；13—压盖；14—泵联轴器；15—电动机联轴器

轴流泵适用于大流量、低扬程、输送清水的工况，在城市排水工程中和取水工程中应用较多。可供农业排灌、热电站循环水输送、船坞升降水位之用。

轴流泵必须在正水头下工作，其叶轮淹没在吸水室最低水位以下。电机、水泵常分为两层安装，电机层简单整齐。当控制出水流量减少时，叶轮叶片进口和出口水流产生回流，重复获得能量，扬程急速增加，功率增大。一般空转扬程是设计工况点扬程的 1.5~2 倍。因此，轴流泵不在出水管闸阀关闭时启动，而是在闸阀全开启情况下启动电机，称为"开阀启动"。

3）混流泵工作原理及结构特点

混流泵通常分为蜗壳式和导叶式两种。从外形上看，蜗壳式混流泵和单吸式离心泵相似，导叶式混流泵和立式轴流泵相似（图 4-3）。其工作原理是：当原动机带动叶轮旋转后，对液体的作用既有离心力又有轴向推力，是离心泵和轴流泵的综合。因此它是介于离心泵和轴流泵之间的一种泵。

混流泵适用于大流量、中低扬程的给水工程、城市排水、农业排灌工程。它的扬程高于同尺寸的轴流泵，低于同尺寸的离心泵。其流量大于同尺寸的离心泵，低于同尺寸的轴流泵。该泵效率较高且有很好的抗气蚀性能。

4）潜水泵工作原理及结构特点

潜水泵是水泵、电机一并潜入水中的扬水设备。由水泵、电机、电缆和出水管组成。工作原理同上述水泵。

潜水泵主要用于水源泵站取水、水厂内构筑物间提升、排水泵房排水。还可用于矿山抢险、工业冷却、农田灌溉、海水提升、轮船调载，喷泉景观供水。

就使用介质来说，潜水泵可以分为清水潜水泵，污水潜水泵，海水潜水泵三类。其安装方式很多，有立式、斜式、卧式等。在给水工程中常常采用立式安装在泵室（泵坑）中，如图4-4所示。

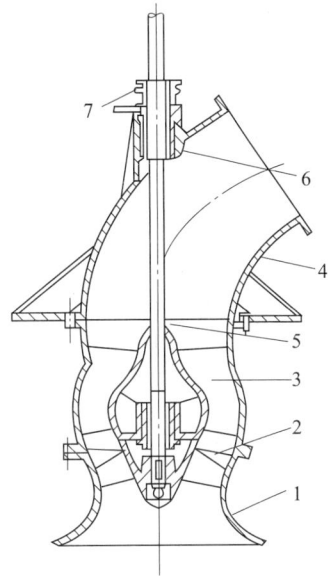

图4-3　导叶式混流泵结构
1—进水喇叭口；2—叶轮；3—导叶体；
4—出水弯管；5—泵轴；
6—橡胶轴承；7—填料函

其中，固定安装方式是出水连接座固定于泵室底部，潜水泵、电机沿导杆放入泵室后，自动与出水连接座接合；潜水泵、电机沿导杆提升时，自动与出水连接座松脱。

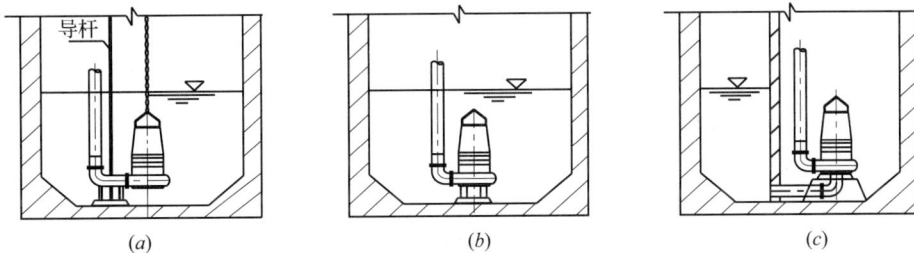

图4-4　潜水泵安装图
（a）固定式；（b）移动式；（c）（干式）固定式

移动安装方式的潜水泵下部设有底架支承，多以出水软管连接水泵出水口，潜水泵、电机可随时转移安装地点。

干式固定式安装的潜水泵是水泵、电机固定安装在支座上，便于检修维护，但失去了潜水泵的特点。

使用潜水泵时，应遵守以下规定：

① 水泵应常年运行在高效率区；

② 在最高与最低水位时，水泵仍能安全、稳定运行，并有较高效率，配套电机不超载；

③ 由于绝缘保护原因，所配用的电机电压等级宜为低压；

④ 应有防止电缆碰撞、摩擦的措施；

⑤ 为确保饮水安全，防止污染，潜水泵不宜直接设置于过滤后的清水中。

117

（2）水泵的基本性能参数

水泵的基本性能，通常由以下几个性能参数来表示：

1）流量（抽水量）

水泵在单位时间内所输送的液体数量称为流量，用字母 Q 表示，常用的体积流量单位是 m^3/h、m^3/s 或 L/s，常用的质量流量单位是 t/h。

2）扬程（总扬程）

扬程是水泵抽水向上扬起的高度，系指水泵对单位质量液体所做之功，也即为单位质量液体通过水泵后其能量的增值。在数值上等于水泵吸水池水面和出水池水面标高差及管路水头损失值之和。用字母 H 表示，其单位为 $kg \cdot m/kg$，通常折算成抽送液体的液柱高度（m）表示。

工程上用压力单位 Pa 表示，1 个工程大气压 $= 1kgf/cm^2 = 10m$ 水柱 $= 98.0665kPa \approx 0.1MPa$。

3）有效功率

在给水工程中，单位时间流过水泵的水流从水泵那里得到的能量称为有效功率，N_y 表示。水泵有效功率计算公式为：

$$N_y = \frac{\gamma QH}{102} \tag{4-1}$$

式中　N_y——水泵有效功率，kW；

　　　γ——水的表观密度，$1000kg/m^3$；

　　　Q——水泵的流量，m^3/s；

　　　H——水泵的扬程，m。

如果取水的重力密度 $\gamma' = 9800N/m^3$，其余符号不变，则水泵有效功率可写作 $N_y = \gamma'QH$。

4）轴功率和水泵效率

泵轴得自原动机所传递来的功率称为轴功率，以 N 表示。原动机为电力拖动时，轴功率单位以 kW 表示。

由于水泵不可能把原动机输入的功率全部转化为有效功率，必然有一定损失。表示水泵能量利用程度的参数是水泵效率 η_1，等于有效功率 N_y 与轴功率 N 的比值：

$$\eta_1 = \frac{N_y}{N} \tag{4-2}$$

水泵轴功率表示为：$N = \frac{N_y}{\eta_1} = \frac{\gamma QH}{102\eta_1} = \frac{\gamma'QH}{1000\eta_1}$ \qquad (4-3)

式中　N——水泵轴功率，kW；

　　　η_1——水泵效率，%；

　　　γ'——水的重力密度，$\gamma' = 9800N/m^3$。

其余符号同上。

根据轴功率 N、水泵效率 η_1 和电机效率 η_2 可以求出拖动水泵必需的电机功率：

$$N_j = \frac{N_y}{\eta_1\eta_2} = \frac{\gamma QH}{102\eta_1\eta_2} \tag{4-4}$$

式中　N_j——拖动水泵的电机功率，kW，水泵耗用电量依此功率计算；

　　　η_2——电机效率，% ；

其余符号同上。

水泵配套的动力机额定功率需要考虑水泵超负荷工作情况，所选电机功率应根据拖动水泵的电机功率 N_j 值再乘以一个大于 1 的动力机超负荷安全系数 K 值（见表4-1），即为电动机配套功率 N_p。

动力机超负荷安全系数 K 值　　　　　　　　　　表 4-1

水泵轴功率（kW）	<1	1～2	2～5	5～10	10～25	25～60	60～100	>100
超负荷安全系数 K	1.7	1.7～1.5	1.5～1.3	1.3～1.25	1.25～1.15	1.15～1.1	1.1～1.08	1.08～1.05

5）比转数

叶片式水泵的构造和水力性能多种多样，尺寸大小各不相同，为了分类、组成系列，特提出了反映叶片式水泵共性、作为水泵规格化的综合特征数，即为相似准数，又称为叶片式水泵的比转数 n_s（或比速）。

叶片式水泵的比转数相当于某一相似泵群中标准模型泵在有效功率（1 电工马力）0.746kW、扬程 1m、流量为 0.075m³/s 条件下的转数。

当已知水泵的流量 Q 和扬程 H 时，可按照下式求出该水泵的比转数 n_s：

$$n_s = \frac{3.65n\sqrt{Q}}{H^{3/4}} \tag{4-5}$$

式中　Q——水泵流量，m³/s，当水泵为双侧进水时，水泵流量以 $\frac{Q}{2}$ 计；

　　　H——水泵扬程，m，对于多级水泵，其扬程按照单级计算，以 $\frac{H}{级数}$ 代入；

　　　n——水泵转速，r/min。

由式（4-5）不难看出，当水泵的转速一定时，同样流量的水泵，n_s 越大，扬程越低；同样扬程的水泵，n_s 越大，流量越大。

6）水泵转速

水泵转速指的是水泵叶轮的转动速度，以每分钟转动的转数来表示（r/min）。往复泵转速通常以活塞往复的次数来表示（次/min）。

各种水泵都是按一定的转速 n 来进行设计的，当水泵的转速发生变化时，则水泵的其他性能参数（流量 Q、扬程 H、轴功率 N）也将按以下比例规律变化：

$$\frac{Q_1}{Q_2} = \frac{n_1}{n_2} \tag{4-6}$$

$$\frac{H_1}{H_2} = \left(\frac{n_1}{n_2}\right)^2 \tag{4-7}$$

$$\frac{N_1}{N_2} = \left(\frac{n_1}{n_2}\right)^3 \tag{4-8}$$

式中　Q_1、H_1、N_1——叶轮转速为 n_1 时水泵的流量、扬程和轴功率；

　　　Q_2、H_2、N_2——叶轮转速为 n_2 时水泵的流量、扬程和轴功率。

如果切削水泵叶轮，则水泵切削叶轮前后的流量、扬程、轴功率和叶轮切削前后的 D_1、D_2 值成比例变化，变化比例关系同流量 Q、扬程 H、轴功率 N 与转速的关系。即：

$$\frac{Q_1}{Q_2} = \frac{D_1}{D_2},\ \frac{H_1}{H_2} = \left(\frac{D_1}{D_2}\right)^2,\ \frac{N_1}{N_2} = \left(\frac{D_1}{D_2}\right)^3。$$

7）允许吸上真空高度 H_s 和气蚀余量 NPSH

① 允许吸上真空高度 H_s

水泵允许吸上真空高度 H_s 是指水泵在标准状况下（即水温为 20℃，水面压力为一个标准大气压）运转时，水泵所允许的最大的吸上真空高度，单位为 mH_2O。水泵厂一般常用 H_s 来反映离心泵的吸水性能。H_s 越大，说明水泵抗气蚀性能越好。实际装置所需要的真空吸上高度 $[H_s]$ 必须 $\leqslant$ 水泵允许吸上真空高度 H_s，否则，在实际运行中会发生气蚀。

所谓气蚀指的是水泵叶轮进口处因水流运动产生真空，汽化的水蒸气和溶解在水中的气体自动逸出，随水流带入叶轮中压力升高的区域时，气泡破裂，水流高速冲向气泡的中心，在气泡闭合区域产生强烈水锤的气穴并侵蚀泵体材料的现象，在许多书本中将气穴与气蚀统称为气蚀现象。

② 气蚀余量 NPSH

气蚀余量 NPSH 又称为需要的净正吸入水头，是指水泵进口处，单位重量液体所具有超过饱和蒸气压力的富裕能量，单位为 mH_2O。一般常用 NPSH 来反映轴流泵、锅炉给水泵等的吸水性能。原先水泵样本中气蚀余量以"Δh"表示，已不再使用。

H_s 和 NPSH 是从不同角度来反映水泵吸水性能好坏的参数。

③ 允许吸上真空高度 H_s 和气蚀余量 NPSH 的关系

水泵允许吸上真空高度 H_s 和气蚀余量 NPSH 有如下关系：

$$H_s = (H_g - H_z) + \frac{v_1^2}{2g} - NPSH \tag{4-9}$$

式中　H_g——水泵安装地点的大气压，mH_2O，其值和海拔高度有关，见表 4-2；

　　　H_z——水泵安装地点饱和蒸汽压力，mH_2O，其值和水温有关，见表 4-3；

　　　v_1——水泵吸入口流速，m/s。

不同海拔高程的大气压力　　　　　　　　　　　　　　　　表 4-2

海拔高度（m）	-600	0	100	200	300	400	500	600	700	800	900	1000	1500	2000	3000	4000	5000
大气压力 H_g（mH_2O）	11.3	10.33	10.2	10.1	10.0	9.8	9.7	9.6	9.5	9.4	9.3	9.2	8.6	8.4	7.3	6.3	5.5

不同水温时的饱和蒸汽压力　　　　　　　　　　　　　　　表 4-3

水温（℃）	0	5	10	15	20	30	40	50	60	70	80	90	100
饱和气压力 H_z（mH_2O）	0.06	0.09	0.12	0.17	0.24	0.43	0.75	1.25	2.02	3.17	4.82	7.14	10.33

8）水泵安装高度

① 离心泵安装高度计算

泵房内的地坪高度取决于水泵的安装高度，正确地计算水泵的最大允许安装高度，使水泵既能安全供水又能节省土建造价，具有很重要的意义。离心泵安装高度计算图如图4-5所示：

$$Z_s = [H_s] - \frac{v_1^2}{2g} - \sum h_s \qquad (4-10)$$

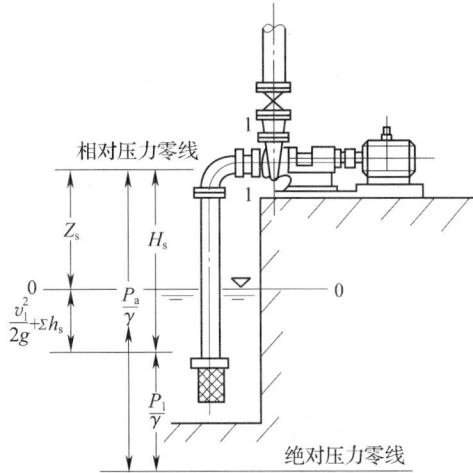

图4-5 离心泵安装高度计算图

式中 Z_s——水泵安装高度（又称吸水高度或淹没深度），表示泵轴中心（大型水泵叶轮入口处最高点）与吸水处水面高差，m；

$[H_s]$——按实际安装情况所需要的真空高度，m，一般取 $[H_s] \leqslant (0.9 \sim 0.95) H_s$；

H_s——在标准状况下，水泵允许的最大吸上真空高度，m；

v_1——水泵吸入口流速，m/s；

$\sum h_s$——水泵吸水管沿程水头损失和局部水头损失之和，m。

② 最大吸上真空高度 H_s 值的修正

如果水泵实际工作地方的水温、大气压力和标准状况不一致时，水泵允许的最大吸上真空高度 H_s 值应按下式修正：

$$H'_s = H_s - (10.33 - H_g) - (H_z - 0.24) \qquad (4-11)$$

式中 H'_s——修正后的水泵允许吸上真空高度，m；

H_g——水泵安装地点的大气压，mH_2O，其值和海拔高度有关，见表4-2；

H_z——水泵安装地点饱和蒸汽压力，mH_2O，其值和水温有关，见表4-3。

③ 水泵安装高度和气蚀余量 NPSH 的关系

取实际需要的真空高度 $[H_s] \leqslant$ 最大吸上真空高度 H_s，由式（4-10）得：

$$Z_s \leqslant H_s - \frac{v_1^2}{2g} - \sum h_s \qquad (4-12)$$

将式（4-9）代入式（4-12），得：

$$Z_s \leqslant (H_g - H_z) - \sum h_s - NPSH \qquad (4-13)$$

水泵厂在样本中，用 $Q - H_s$ 曲线来表示水泵的特性，是在大气压为 10.33 mH_2O 柱，水温为20℃时，由专门的气蚀试验求得的水泵吸水性能的一条限度曲线。在使用时，要特别注意 H_s 值适用的条件值，它与当地大气压和所抽送的液体温度有关，同时还和所抽送的液体中含有泥沙量多少有关。

【例题4-1】有一台离心泵，当流量为 0.22m^3/s 时，其允许吸上真空高度 H_s =4.5m，泵进水口直径为 300mm，吸水管从喇叭口到泵进口的水头损失为 1.0m，当地海拔为 1000m，水温为40℃，试计算其最大安装高度？

【解】根据已知条件有 $H_s = 4.5\text{m}$，水温为 40℃，查表 4-3 得饱和蒸汽压力 $H_z = 0.75\text{m}$，当地海拔 1000m，查表 4-2 得大气压力 $H_g = 9.2\text{m}$。由式（4-11），求出修正后的水泵允许吸上真空高度 $H'_s = 4.50 - (10.33 - 9.2) - (0.75 - 0.24) = 2.86\text{m}$。

水泵进口流速 $v_1 = \dfrac{Q}{A} = \dfrac{0.22}{\dfrac{\pi \times (0.3)^2}{4}} \approx 3.11\text{m/s}$，$\dfrac{v_1^2}{2g} = \dfrac{(3.11)^2}{2 \times 9.81} \approx 0.5\text{m}$。

代入式（4-10），得水泵的允许最大安装高度为：

$$Z_s = [H'_s] - \frac{v_1^2}{2g} - \sum h_s = 2.86 - 0.5 - 1.0 = 1.36\text{m}$$

④ 其他水泵安装高度

轴流泵需在正水头下工作，其叶轮淹没在吸水室最低水位以下一定高度，安装高度不进行计算，直接按照产品样本设计。

蜗壳式卧式混流泵类似离心泵，具有一定的允许吸上真空高度；带导叶的立式混流泵类似轴流泵，叶轮应淹没在吸水室最低水位以下。

长轴离心（JC、JC_k、RJC 型）深井泵应使 2~3 个叶轮浸入动水位以下。

潜水泵蜗壳顶部淹没在最低水位以下。

（3）离心泵并联、串联运行

1）离心泵特性曲线

在离心泵的基本性能参数中，通常选定转速（n）作为常量，然后列出扬程（H）、轴功率（N）、效率（η）以及允许吸上真空高度（H_s）等随流量（Q）而变化的函数关系式。把这些关系式用曲线的方式来表达，就称这些曲线为离心泵的特性曲线。

2）水泵并联工作

大中型水厂中，常常需要设置多台水泵联合工作。水泵并联工作的特点是：① 增加供水量，输水干管中的流量等于各台水泵供水量之和。② 通过开停水泵的台数来调节泵站的供水量和扬程，以达到节能和安全供水的目的。③ 当并联工作的水泵有一台损坏时，其他几台水泵仍能继续供水，因此，水泵并联输水提高了泵站运行调度的灵活性和供水的可靠性，是水泵泵站中最常采用的运行方式。

① 同型号的水泵并联工作

在绘制水泵并联性能曲线时，先把并联的各水泵的 Q-H 曲线绘在同一坐标图上，然后把对应于同一 H 值的各个流量加起来。同型号的两台（或多台）泵并联后的总和流量，将等于某扬程下各台泵流量之和，如图 4-6 所示。在实际工程中，还要考虑管道水头损失的变化影响。

绘制同型号的两台水泵在一个吸水井中抽水并联工作的并联曲线，是在同一扬程下流量相叠加，如图 4-7 所示。

② 多台同型号水泵并联工作

多台同型号水泵并联工作的特性曲线同样可以用横加法来求得，如图 4-8 所示为 5 台同型号水泵并联工作的情况。由图可知：当考虑到管道水头损失的影响时，1 台水泵工作

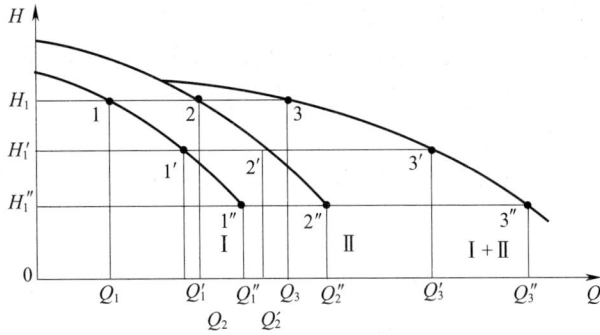

图 4-6　水泵并联工作图

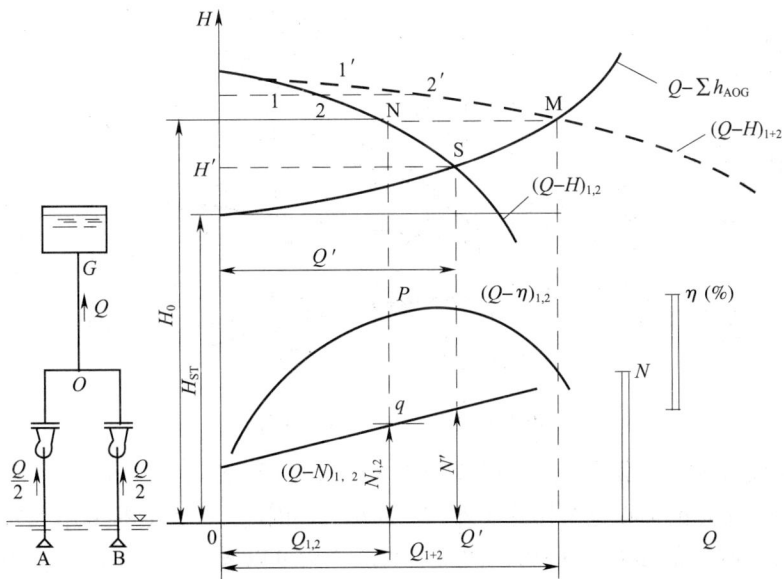

图 4-7　两台同型号水泵并联工作图

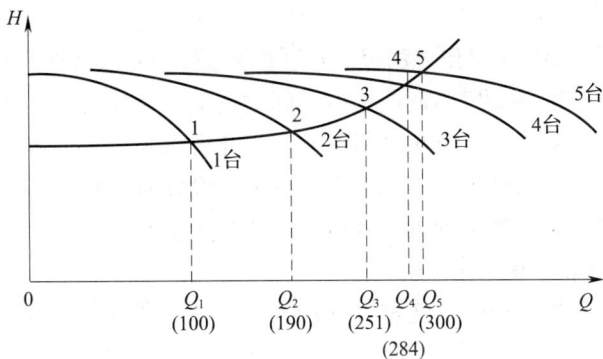

图 4-8　5 台同型号水泵并联工作图

时的流量为 100m³/h，2 台水泵并联的总流量为 190m³/h，3 台水泵并联时的总流量为251m³/h，4 台并联时总流量为 284m³/h，比 3 台水泵并联时增加了 33m³/h，5 台水泵并联时总流量为300m³/h，比4台水泵并联时增加了16m³/h。

由此可以看出：并联水泵台数增加，输水管水头损失增加，扬程提高，每台水泵的流量减少。所以，采用较多台数的水泵并联，其效果就不大了。

③ 不同型号水泵并联工作

和同型号水泵并联工作相比，主要差别是水泵的特性曲线不同。以两台水泵并联工作为例，见图4-9。

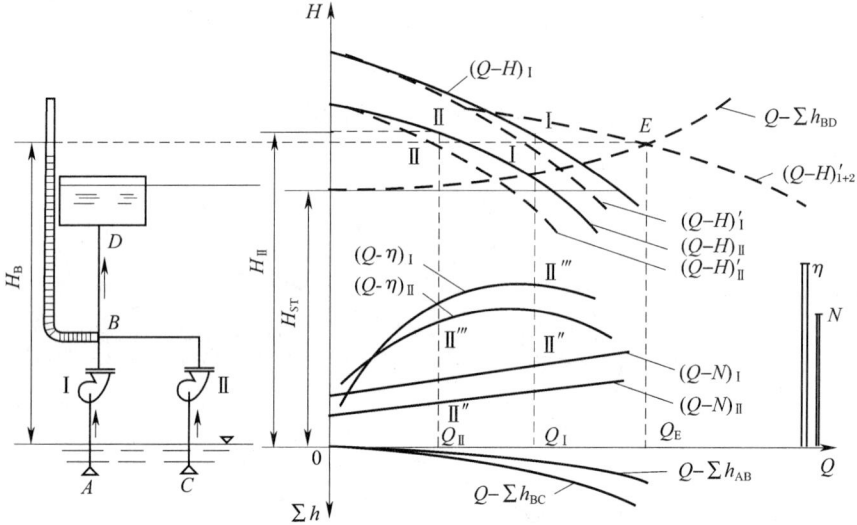

图4-9　不同型号水泵并联工作图

自吸水管端 A 和 C 至汇集点 B 的水头损失不相等（即：$\Sigma h_{AB} \neq \Sigma h_{CB}$），两台水泵并联后，每台泵的工况点的扬程也不相等（即：$H_1 \neq H_2$）。因此，不能直接采用等扬程下流量叠加的方法绘制并联后的总和（Q-H）曲线。从图4-9可以看出，泵1和泵2并联工作时，在管路汇集点 B 处的测压管水头是相等的，无论是水泵1，还是水泵2提升的水到达 B 点后，它所具有的比能一定相同。如果从水泵的总扬程中扣除吸水管段在相应流量 Q 下的水头损失 Σh_{ij}，就等于汇集点 B 处的测压管水面与吸水井水面高差 H_B，也就相当于将水泵折算到在 B 点工作时的扬程。此时，采用等扬程下流量叠加法绘制并联特性曲线就可以了。

上述方法也适用于管路布置不同或水位不同的情况。例如对于我国北方地区以井群采集地下水的供水系统，从水泵工况来分析，相当于几台水泵在管道布置不对称的情况下并联工作，而且各井间的吸水动水位不同。在进行工况设计时，只需在设计静扬程时以同一基准面算起，然后作相应的修正即可，其他算法都是相似的。

④ 调速泵和定速泵并联工作

调速泵和定速泵并联工作时，通常存在两种情况：一种情况是调速泵的转速 n_1 和定速泵的转速 n_2 均为已知，求并联工况点。若 $n_1 = n_2$，按同型号水泵并联工作求解；若 $n_1 \neq n_2$，按不同型号水泵并联工作求解。另一种情况是在总供水量一定的条件下，求解调速水泵的转速，求解过程较为复杂。

有关其他形式水泵并联，或向不同高处水塔（池）供水工况可采用计算机编程求解。

3）水泵串联工作

水泵的串联工作就是指将第一台泵的压水管，作为第二台泵的吸水管，输送的水流以同一流量，依次流过各台水泵，也就是说各水泵的流量相等，且等于系统的总流量。在串联工作中，水流获得的能量，为各台水泵所供应的能量总和。

水泵串联工作的图解法与水泵并联工况的图解法类似，只不过串联工作的总扬程等于 Q-H 曲线等流量下扬程的叠加，见图4-10。

串联工作的特性曲线 $(Q - H)_{1+2}$ 与管道系统特性曲线 $Q - \Sigma h$ 交于 A 点。此 A 点就是串联水泵的工况点（Q_A，H_A），自 A 点引竖线分别与各泵的 $(Q - H)$ 曲线交于 B 点和 C 点。则 B 点与 C 点分别为两台单泵在串联工作时的工况点。

由于目前生产的各种型号的水泵扬程一般都能够满足给排水工程的要求，因此，在实际工程中，同一泵站采用多台水泵串联的工作情况很少。当确实需要水泵串联以提高扬程时，一般采用多级水泵代替水泵串联。多级水泵的实质就是水泵的串联工作，只不过叶轮是在一个泵壳内。另外，对于长距离、高扬程输水工程，一般也不采用水泵串联工作，而是在一定距离设置中途加压泵站、采用泵站串联的方法。

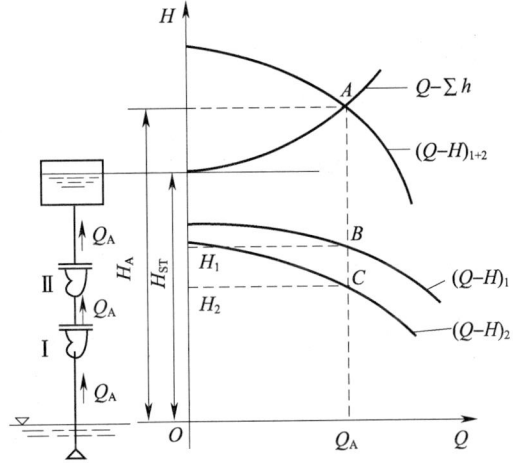

图 4-10　水泵串联工作图

4.1.3　管网计算时的水泵特性方程

在给水管网计算中一般用近似的抛物线方程表示水泵扬程和流量的关系，称为水泵特性方程。根据水泵样本查到的图形或有关数据，通过数学分析写成方程式，有利于在给水管网计算中应用。

（1）单台水泵工作特性方程

在给水排水管网中使用较多的是离心泵，在额定转速下运行时的流量和扬程关系曲线接近抛物线形。为便于和管网水头损失计算的指数公式的统一，一般写成如下形式：

$$H_p = H_b - s_1 q^n \qquad (4-14)$$

式中　H_p ——水泵扬程，m；

　　　H_b ——单台水泵流量为零时的扬程，m；

　　　s_1 ——水泵摩阻；

　　　q ——单台水泵流量，m^3/s；

　　　n ——和管道水头损失计算指数公式相同的指数，这里按输配水管网计算，取 $n = 1.852$。

为确定 H_b 和 s 值，可在离心泵特性曲线上的高效范围内任选两点，或者根据给定流量、扬程关系表中选取 q_1、q_2 和对应 H_1、H_2 两组数据代入式（4-14），求出 s_1 和 H_b 值：

$$s_1 = \frac{H_1 - H_2}{q_2^{1.852} - q_1^{1.852}} \tag{4-15}$$

$$H_b = H_1 + s_1 q_1^{1.852} = H_2 + s_1 q_2^{1.852} \tag{4-16}$$

【例题 4-2】已知 300S58 型离心水泵在高效率范围内的流量和扬程见表 4-4，确定该水泵的水力特性方程。

300S58 型离心泵流量和扬程   表 4-4

流量（m³/h）	576	792	972
扬程（m）	63.0	58.0	50.0

【解】取 $q_1 = 576\mathrm{m^3/h} = 0.16\mathrm{m^3/s}$、$H_1 = 63\mathrm{m}$，$q_2 = 972\mathrm{m^3/h} = 0.27\mathrm{m^3/s}$、$H_2 = 50\mathrm{m}$ 代入式（4-15），得：

$$s_1 = \frac{H_1 - H_2}{q_2^{1.852} - q_1^{1.852}} = \frac{63 - 50}{0.27^{1.852} - 0.16^{1.852}} = \frac{13}{0.0549} = 236.74 ,$$

用 s 代入式（4-16），得：

$$H_b = H_1 + s_1 q_1^{1.852} = 63 + 236.74 \times 0.16^{1.852} = 70.95$$

$$（或 H_b = H_2 + s_1 q_2^{1.852} = 50 + 236.74 \times 0.27^{1.852} = 70.95）$$

则单台 300S58 型离心泵特性方程为：$H_p = 70.95 - 236.74 q^{1.852}$（m）。

（2）并联水泵工作特性方程

1）相同型号水泵并联工作特性方程

N 台相同型号水泵并联工作时，每台水泵的工作流量相等，扬程相同，经推导，其水力特性方程为：

$$H_p = H_b - \frac{s_1}{N^n} Q^n \tag{4-17}$$

式中 H_p——水泵扬程，m；

       H_b——单台水泵流量为零时的扬程，m；

       s_1——水泵摩阻；

       N——水泵并联台数；

       Q——N 台水泵并联工作时泵站流量，m³/s；

       n——和管道水头损失计算指数公式相同的指数。

3 台 300S58 型离心泵并联工作时特性方程为：

$$H_p = 70.95 - \frac{236.74}{3^{1.852}} Q^{1.852} = 70.95 - 30.95 Q^{1.852}（m）$$

2）不同型号水泵并联工作特性方程

N 台不同型号水泵并联工作时，每台水泵的工作流量不等，应按照高效范围内同一扬程下的流量相加求出总流量 $\sum q$，其水力特性方程为：

$$H_p = H_b - s\left(\sum q\right)^n \tag{4-18}$$

按照单台水泵工作特性方程求解方法求出 H_b 和 s 值。

（3）调速水泵工作特性方程

水泵在变速情况下工作时，水泵特性方程可表示为：

$$H_p = \left(\frac{r}{r_0}\right)^2 H_b - sq^n \tag{4-19}$$

式中　r——水泵工作转速，r/min；

　　　　r_0——水泵额定转速，r/min。

【例题 4-3】一座城镇水厂，最高日最高时供水流量为 2160 m^3/h，冬季低峰供水流量为 $q' = 1765 m^3/h$，设计选用 1 台 KQ-390 水泵定速运行，其工作特性方程为：$H_{p1} = 61.98 - 150.61\, q^{1.852}$；同时选用 1 台 KQ-257 水泵变频调速并联运行，其额定转速 $r_0 = 1480 r/min$，工作特性方程为：$H_{p2} = 46.458 - 101.46\, q^{1.852}$。考虑到输水管局部水头损失的影响，从水厂到最不利供水点管网的当量摩阻系数取 $S_d = 50.80 s^2/m^5$，（q 以 m^3/s 计，L 以 m 计）。当最不利供水点的水压需要满足二、三层楼房供水要求时，变频调速水泵的转速为多少？

【解】这是两台不同型号水泵调速并联运行问题。由于低峰供水总流量减小，管网的水头损失减小，在两台水泵并联工作条件下，满足管网最不利点水三层楼房供水（压力在 16m 以上）时，定速运行水泵的流量必然增加。根据 KQ-390 水泵定速运行工作特性方程，按照 $q' = 1765\ m^3/s = 0.49\ m^3/s$、最不利供水点的水压按 16m 计算，得 KQ-390 水泵最小流量 q_1，根据计算式 $H_{p1} = 61.98 - 150.61 q_1^{1.852} - S_d\ (q')^{1.852} = 16$。

$150.61\ q_1^{1.852} = 61.98 - 50.80 \times 0.49^{1.852} - 16$，求出定速运行水泵的流量 q_1：

$$q_1 = \left(\frac{61.98 - 50.80 \times 0.49^{1.852} - 16}{150.61}\right)^{1/1.852} = \left(\frac{32.425}{150.61}\right)^{0.53996} = 0.436\ m^3/s$$

低峰供水流量为 0.49 m^3/s 时、则变频调速运行的水泵最小流量为：

$$q_2 = 0.49 - 0.436 = 0.054 m^3/s$$

把变频调速水泵的转速 r_0 一并代入调速水泵水压计算式，得：

$$H_{p2} = \left(\frac{r}{r_0}\right)^2 \times 46.458 - 101.46\ q_2^{1.852} - S_d\ (q')^{1.852} = 16；$$

$$\left(\frac{r}{r_0}\right)^2 \times 46.458 = 101.46 \times (0.054)^{1.852} + 50.80 \times (0.49)^{1.852} + 16；$$

$$\left(\frac{r}{r_0}\right)^2 = \frac{30.01}{46.458} = 0.646；\quad \frac{r}{r_0} = (0.646)^{1/2} = 0.803，\quad r = 1480 \times 0.803 \approx 1190 r/min。$$

4.1.4　水泵选择

（1）水泵选用原则

1）所选水泵要满足最高时供水的流量和扬程要求，在正常设计流量时处在高效区范围内运行。尽量选用特性曲线高效区范围平缓的水泵，以适应变化流量时水泵扬程不会骤然升高或降低。

2）在满足流量和扬程的条件下，优先选用允许吸上真空高度大或气蚀余量小的水泵。

3）根据远、近期相结合原则，可采用远期增加水泵台数或小泵更换大泵的设计方法。

4）优先选用国家推荐的系列产品和经过鉴定的产品。如果现有产品不能满足设计要求，自行委托水泵生产厂家制造新的水泵时，必须进行模型试验，经鉴定合格后方可使用。

5）取水泵房最好选用同型号水泵，或扬程相近流量稍有差别的水泵。

6）当供水量变化大且水泵台数较少时，应考虑大小规格搭配，型号不宜太多，尽量调度水泵在高效区范围内工作。

（2）水泵选用台数

1）所选水泵的台数及流量配比一般根据供水系统运行调度要求、泵房性质、近远期供水规模并结合调速装置的应用情况确定。

2）流量变化幅度大的泵房，选用水泵台数适当增加，流量变化幅度小的泵房，选用水泵台数适当减少。

3）取水泵房一般应选用2台以上工作水泵，送水泵房可选用2～3台以上工作水泵。

4）同时工作并联运行水泵扬程接近，并联台数不宜超过4台，串联运行水泵设计流量应接近，串联台数不宜超过2台。

5）备用水泵应根据供水重要性及年利用时数考虑，并应满足机组正常检修要求。

工作机组3台以下时，应增加1台备用机组。多于4台时，宜增加2台备用机组。设有1台备用机组时，备用泵型号和泵房内最大一台水泵相同。

6）取用含沙量较高的水源的取水泵，由于水泵叶轮磨损严重，维修频繁，泵组备用率应达到50%～100%，水泵扬程和流量应留有适当的余量。

4.2 给水泵房设计

4.2.1 泵房分类

泵房即为设置水泵机组和附属设施用以提升液体而建造的建筑物，泵房及其配套设施又称为泵站，有时把泵房、泵站视为同一概念。

按照不同的分类方式，泵房分为不同的类型。例如，按泵房在给水系统中的作用可分为水源井泵房、取水泵房、供水泵房、加压泵房、调节泵房和循环泵房等。按水泵的类型又可分为卧式泵泵房、立式泵泵房和深井泵房。按水泵层与地面的相对位置可分为地上式泵房、半地下式泵房和地下式泵房。

（1）取水泵房

取水泵房也称为一级泵房，通常设置吸水井、泵房（设备间）、闸阀切换井。

对于地表水水源取水泵房的型式要充分考虑水源水位的变化。当水源水位变化幅度在10m以上，水位涨落速度大于2m/h，水流速度较大时，宜采用竖井式泵房。

当水源水位变化幅度在10m以上，且水位涨落速度≤2m/h，每台泵车取水量不超过

6万 m^3/d 时，可采用缆车式泵房。

当水源水位变化幅度在 $10 \sim 35m$，水位涨落速度 $\leq 2m/h$，枯水期水深大于 $1.5m$，风浪、水流速度较小时，可采用浮船式泵房。

当水源水位变化幅度在 $15m$ 以上，洪水期较短，含沙量不大时，可采用潜没式泵房。

对于采用地下水作为生活饮用水水源而水质符合现行国家标准《生活饮用水卫生标准》GB 5749 时，取用井水的泵房可在输水管上投加消毒剂后送水到用户。

（2）送水泵房

送水泵房又称为二级泵房。通常抽送清水送入到配水管网，建造在净水厂内。

送水泵房按照最高日最高时供水量和相应的管网水头损失计算出水泵扬程外，同时考虑流量变化时的水泵效率，以便经济运行。送水泵房中水泵应选择 $Q\text{-}H$ 曲线比较平缓的水泵，以适应流量变化后的扬程要求，通常选用单吸或双吸式离心泵较多。

送水泵房应进行消防校核，不设专用消防管道的高压消防系统，为满足消防时的压力，一般另设消防专用泵。

（3）加压泵房

当城市供水管网面积较大、输配水管网很长或城市内地形起伏较大时，可以在管网中增设加压泵房（站）。这种高峰供水时分区加压供水的方法，尽可能地降低了出厂水压力，不仅节约输水能量，而且减少了管网漏损水量。

管网加压泵房的设置方法一般采用管道直接串联增压和水库泵房加压供水两种方式，见图 4-11。输水管直接串联增压方式适用于长距离输水中间增压或管网较长分区增压供水的情况，送水泵房和串联加压泵房同步运行。加压泵房吸水室可设计成压力式，泵房设计成地面式，以充分利用吸水井进水管中的压力（能量）。

（管网）水库泵站加压供水方式是水厂内送水泵房直接输水到水库、泵房，或者输送到管网中的水库、泵房，经加压泵房提升输送到配水管网。该加压泵房起到了城市供水调节作用，也可称为调节泵房。输水到管网加压泵站、水库的干管根据流量变化可按最高日平均时流量设计，有助于减小水厂内清水池容积和输水干管管径，节约投资。

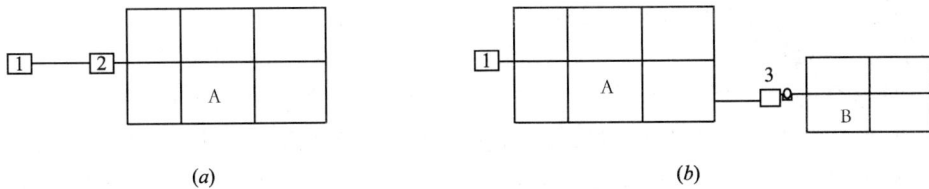

图 4-11　加压泵房供水方式

（a）直接串联增压供水；（b）水库泵房加压供水

1—送水泵房；2—直接串联加压泵房；3—调节水库、加压泵房

【例题 4-4】有一座地形平坦的城市，分为 A、B 两个主要供水区，A 区供水量占总供水量的 3/5，B 区供水量占总供水量的 2/5。初步提出 A、B 用水区间输水管上加设直接串联加压泵房分区供水方案，见图 4-12。当送

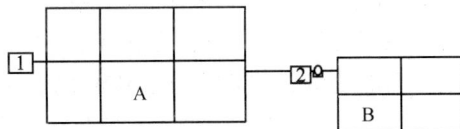

图 4-12　水库泵房加压供水方式

1—送水泵房；2—串联加压泵房

水泵房扬程为34m时，串联加压泵房扬程为25m。根据理论计算，直接串联加压分区供水与不分区供水相比，节约能量的比例大约是多少?

【解】设总供水量为Q，不分区供水时的总能量为$(34\text{m}+25\text{m})\rho gQ=59\text{m}\cdot\rho gQ$。

直接串联加压分区供水时的总能量为$34\text{m}\cdot\rho gQ+25\text{m}\times\dfrac{2}{5}\rho gQ=44\text{m}\cdot\rho gQ$，和不分区供水相比，节约能量：$\dfrac{(59-44)\text{m}\cdot\rho gQ}{59\text{m}\cdot\rho gQ}=25.42\%$。

（4）循环水泵房

循环水泵房一般设置冷、热水两组水泵机组，分别输水到用水车间和冷却设备。当冷却构筑物位置较高时，热水冷却后自流进入用水车间时，则可不设输送冷水机组。该种泵房供水稳定，供水安全性要求高。通常选用多台同型号的水泵并配有较多的备用机组。

4.2.2 泵房设计

（1）泵房设计基本要求

水泵房一般由水泵间、配电间、操作控制室和辅助间等组成，有些泵房将这些构筑物合建在一起。泵房布置包括泵房的机组布置、吸水管和输水管的布置、电器设备和控制设备的布置、辅助设备的布置等。地下水水源取水泵房、中途增压、调节泵房有时附设消毒间。

泵房设计的主要内容是选择水泵、调速装置、起重装置、电器操作装置和确定安装方法。同时，计算进出水管道、排水管道、排风抽真空管道管径和阻力大小，选择阀门配件、电缆电线和确定相对位置。同时符合以下基本要求：

1）满足机电设备的布置、安装、运行和检修、维护的要求；

2）满足泵房结构布置要求；

3）满足泵房内通风、供暖和采光的要求，并符合防潮、防火和防噪声等规定；

4）满足泵房内外交通运输的要求；

5）满足以后扩建增加水泵机组或小泵更换大泵的要求。

（2）主泵房设计

1）取水泵房

①取水泵房的平面形状有圆形、矩形和椭圆形、半圆形等。其中，矩形便于布置水泵、管路和起吊设备，水泵台数多时更为合适。圆形泵房适用于深度大于10m的泵房，其水力条件和受力条件较好，土建造价低于矩形泵房。椭圆形泵房适用于流速较大的河心泵房。

②当卧式水泵机组采用正转或倒转双行排列、进出水管直进直出布置时，与相邻机组的净距宜为0.6~1.2m。单排布置时，相邻两机组及机组至墙壁的距离根据电动机容量决定，当电动机容量不大于55kW时，取1.0m以上；当电动机容量大于55kW时，取1.2m以上；当机组进出水管道不在同一平面轴线上时，相邻进出水管道间距在0.6m以上。泵房卧式水泵的主要通道宽度不小于1.2m，当一侧布置有操作柜时，其净宽不宜小于2.0m。

③ 混流泵、轴流泵及大型立式离心泵机组的水平净距不应小于1.5m，当水泵电机采用风道抽风降温时，相邻两台电动机风道盖板间的水平净距不应小于1.5m。

④ 岸边式取水泵房进口地坪（又称泵房顶层进口平台）的设计标高，应分别按照位于江河旁、渠道旁、和建在湖泊、水库或海边时防洪要求确定。

⑤ 深度较大的（一般大于25m）的大型泵房，上下交通除设置楼梯外，还应设置电梯。

⑥ 因取水泵房要受到河水的浮力作用，因此在设计时必须考虑抗浮措施。

⑦ 取水泵房的井壁在水压力作用下不产生渗漏。

⑧ 取水泵房一般以24h均匀工作，根据最高日的用水量来选择水泵机组。同时，了解水源的水文状况，考虑高低水位的变化，对于水源水位变化幅度大的河流，水泵的高效点应选择在水位出现频率最高的位置。通常取水泵房的出水量随季节、年份变化，选泵时宜尽量考虑选择大泵，可以减少工作水泵的台数和减小占地面积，也可减少水泵的并联台数，避免水泵在较低的效率下工作。

⑨ 取水泵房的水泵由于接触的水多为浑浊水，叶轮和泵壳均易被腐蚀，管道阻力增加。所以在设计时要特别注意吸水高度的问题。

⑩ 缆车式取水泵房和浮船式取水泵房见3.3.4节。

2）送水泵房

① 送水泵房的平面大多采用矩形布置，可使水泵进出水管顺直，水流顺畅，便于维修。中小型的供水泵房，通常采用较大允许吸上真空高度的水泵。半地下式泵房布置见图4-13。

② 泵房的长度　根据主机的台数、布置形式、机组间距，墙边与机组的距离和安装检修所需间距等因素确定，并满足机组吊运和泵房内部交通的要求。

③ 主泵房宽度　根据主机组与辅助设备、电气设备布置要求，进出水管道的尺寸，工作通道的宽度，进、出水侧必需的设备吊运要求等因素，结合起吊设备的标准跨度确定。

④ 主泵房各层高度　根据主机组与辅助设备、电气设备的布置，机组的安装、运行、维修，设备吊运以及泵房内的通风、采暖和采光要求等因素确定。

⑤ 送水泵房水泵机组的布置可分为平行单排、直线单排和交错双排三种形式。其中：

a. 水泵平行单排布置形式见图4-14。

b. 水泵直线单排布置形式见图4-15。

c. 水泵交错双排布置形式见图4-16，其中部分电机需要倒转。

送水泵房水泵机组的间距同取水泵房机组间距，主通道宽度不小于1.2m。

（3）泵房防洪标准

1）位于江河、湖泊、水库的江心式或岸边式取水泵房以及岸上取水泵房的开放式前池和吸水池（井）及其他建筑的防洪标准不低于城市防洪标准。

2）水厂和输配管道系统中的泵房防洪标准不低于所处区域的城市防洪标准。

（4）泵房附属设备

1）起重设备

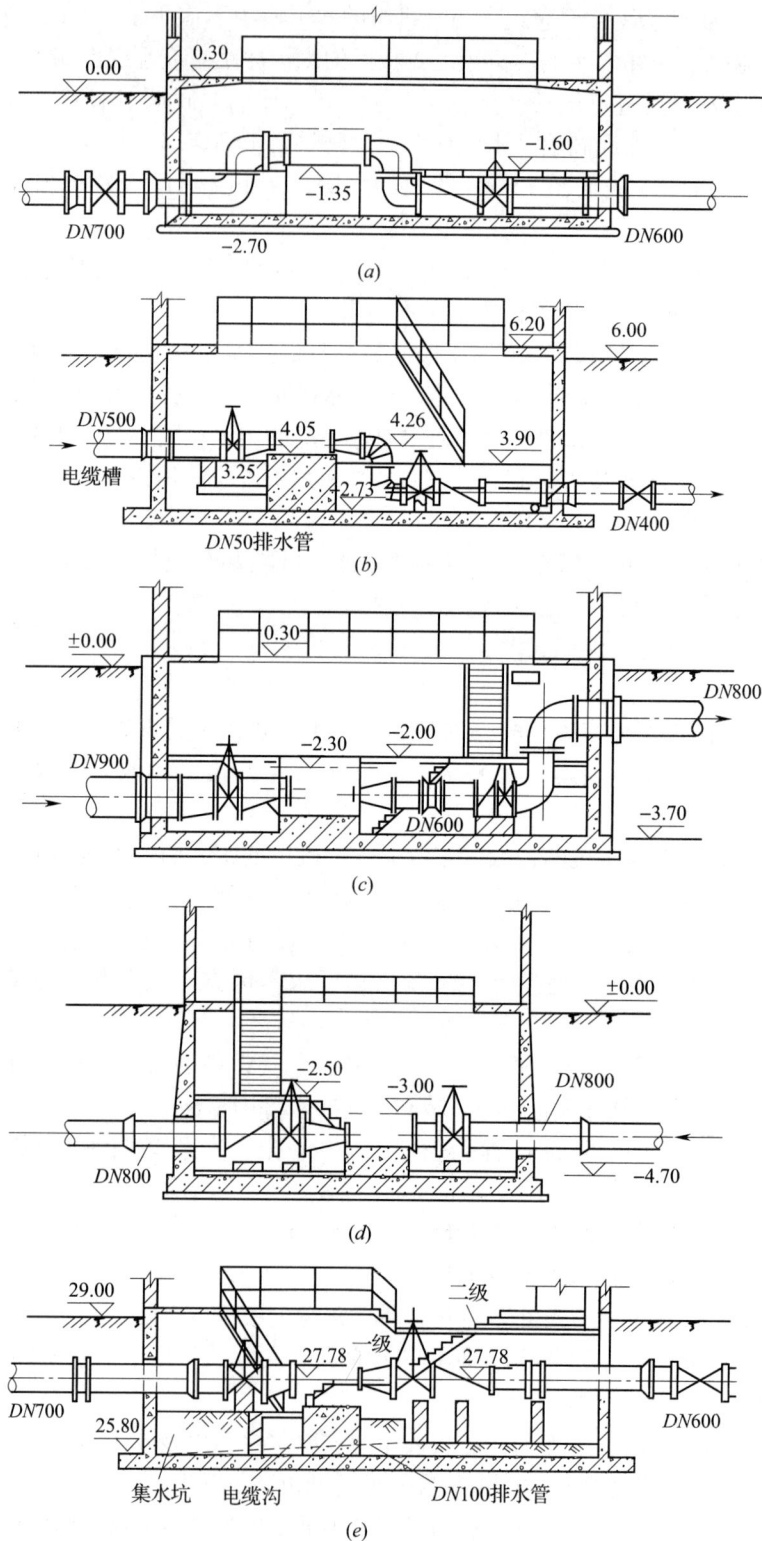

图 4-13　半地下式泵房

（a）全管沟；（b）出水管管沟；（c）全平台；（d）出水管一级平台；（e）出水管二级平台

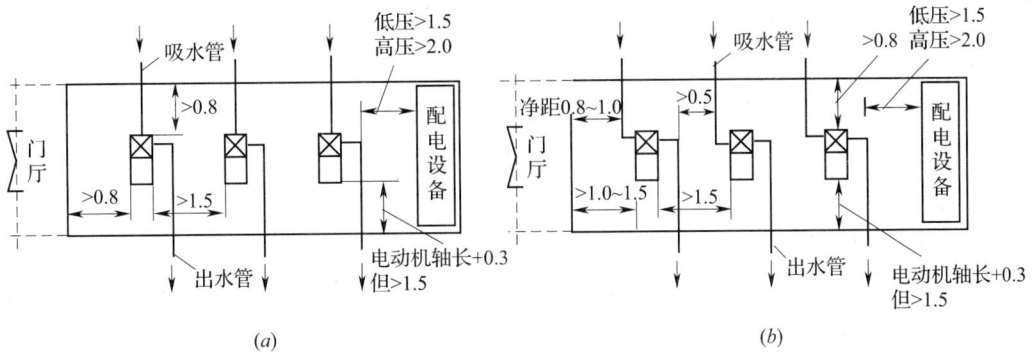

图 4-14　水泵平行单排布置形式（图中单位以 m 计）

（a）IS 系列单吸离心泵；（b）S 型双吸离心泵

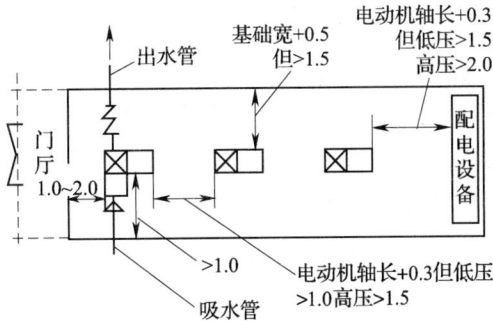

图 4-15　水泵直线单排布置形式（图中单位以 m 计）

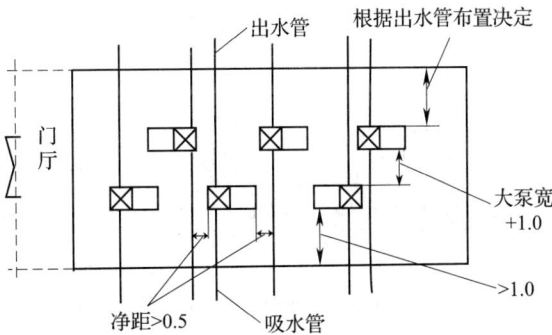

图 4-16　水泵交错双排布置形式（图中单位以 m 计）

　　中小型泵房和深度不大的大型泵房，一般用单轨吊车、桥式吊车、卷扬机等一级起吊。深度大于 20m 以上的大、中型泵房，因起吊高度大，宜在泵房顶层设捯链或电动卷扬机作为一级起吊，再在泵房底层设桥式起重机，作为二级起吊，同时应注意两者位置的衔接，以免偏吊。

　　泵房内的起重设备根据最大一台水泵或电机的重量来选择。起重量小于 0.5t 时，采用固定吊钩或移动吊架；起重量为 0.5 ~ 3t 时，采用手动或电动起重设备；起重量大于 3t

时，采用电动起重设备。

当采用固定吊钩或移动吊架时，泵房净高不小于3m；当采用单轨起重机时，吊起设备底部与吊运所越过的设备、物体顶部之间应保持0.5m以上的净距，吊运部件在吊运过程中与周边相邻固定物的水平方向净距不小于0.4m。对于地下式泵房，需要满足吊起设备底部与地面层地坪之间应保持0.3m以上的净距。

2）引水设备

水泵引水有自灌式和非自灌式两种。真空吸水高度较低的大型水泵和自动化程度高以及安全性要求高的泵房，宜采用自灌式工作。自灌式工作泵外壳顶部标高应在吸水井最低水位以下，以便自动灌水，随时启动水泵。如果水泵非自灌式引水，需要有抽出泵壳内空气的引水设备。一般要求：离心泵单泵进水管抽气充水时间不宜大于5min；轴流泵和混流泵抽出进水流道或虹吸出水管道内空气的时间宜为10~20min；水泵启闭频繁的泵房，离心泵抽气充水的真空泵引水装置宜采用常吊真空形式。水泵的引水设备包括底阀、真空引水筒、水射器和真空泵。

① 底阀

如图4-17所示，底阀分为水上式和水下式两种。适用于小型水泵（吸水管管径小于300mm），由压水管的水或者高位水箱的水灌满吸水管和泵体。底阀的特点是第一次启动水泵后吸水管和泵体已充水，再启动水泵不需再向泵内灌水，水下式底阀的水头损失较大，且底阀易被杂草等堵塞而漏水，清洗检修麻烦。

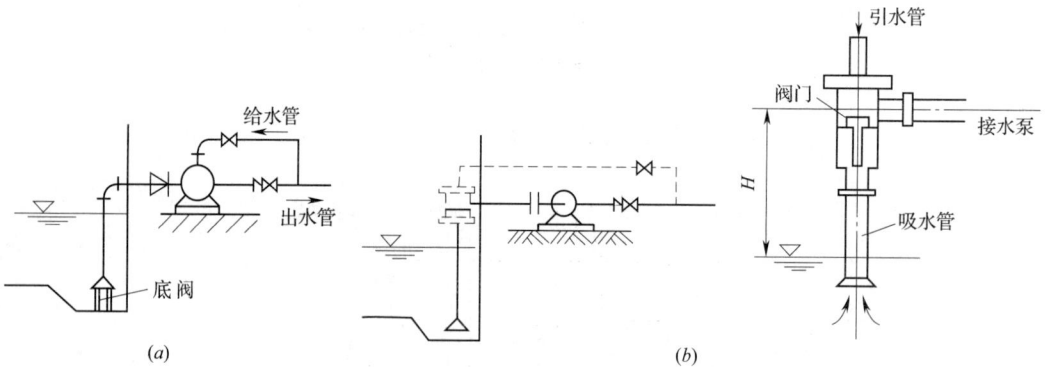

图4-17　底阀
（a）水下式；（b）水上式

水下式底阀系列产品，直径为50~200mm。水上式底阀安装在水面以上水泵吸水管与垂直管相交处，距动水位的垂直距离应小于7m。水平管长度一般不小于3倍的垂直管段长度。常用的水上式底阀的直径有50~300mm。

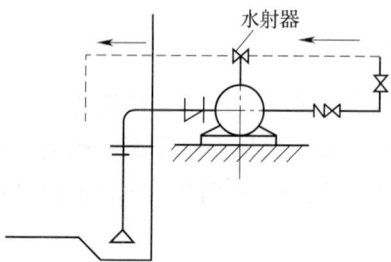

图4-18　水射器引水

② 水射器引水

如图4-18所示，水射器引水也是适用于小型水泵的引水设备，它需要足够的压力（0.25~0.4MPa），通常这部分压力由自来水或者专用水泵提供。抽气管接在泵壳的顶点。它的优点是设备简单，水头损失小，但是效率较低，需要耗用一定的压力水。

③ 真空泵引水

真空泵引水适用于各种水泵，特别适用于大、中型水泵和吸水管较长的水泵引水。抽气点连接在泵壳的顶点。其优点是启动迅速，效率高，水头损失小，易于自动控制等。目前用于给水泵房的真空泵，主要有 SK、SZB、SZ 型水环式真空泵，常用的水环式真空泵安装如图 4-19 所示。

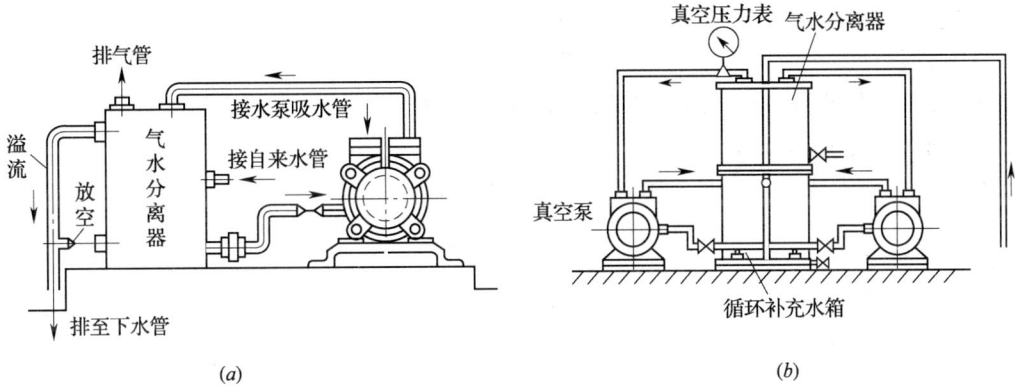

图 4-19　真空泵安装图

(a) 用于清水泵房；(b) 用于浑水泵房

真空泵引水一般设气水分离器和循环补水箱。清水泵房的气水分离器可与循环补充水箱合并，如图 4-19 (a) 所示；对于取水泵房，尤其是原水含沙量较高时，为避免泥沙进入真空泵，气水分离器和循环补充水箱应分开布置，如图 4-19 (b) 所示。真空泵内必须控制一定的液面高度，使偏心叶轮旋转时能形成适当的水环和空间，真空泵液面可由循环水箱内液面高度控制，一般采用泵壳直径的 2/3 高度。

真空泵可根据所要求的排气量 Q_v 和所需的最大真空值 H_{vmax} 选型。真空泵的排气量 Q_v 可近似地按泵房中最大一台泵的泵体和吸水管中的空气容积除以限定的抽气时间计算。

真空泵抽吸时的最大真空值 H_{vmax} 由吸水井最低水位到最大水泵泵壳顶垂直距离计算。

根据水泵的大小，真空泵的抽气管直径一般采用 25~50mm。泵房内真空泵通常不少于两台，一台工作，另一台备用。两台真空泵可共用一个气水分离器和循环补充水箱，如图 4-19 所示。真空泵一般利用泵房内的边角位置来布置，常布置为直线形或者转角形。

当泵房内积水不能自流排出时，应设集水坑和排水泵，排水泵不少于 2 台，并应根据集水坑水位自动启停。

3）调速设备

① 水泵调速原理

在供水过程中，当用水量减少时，可采用调节阀门增大阻力改变管道特性曲线，使水泵在高扬程工况下工作，或者改变水泵旋转速度，调整水泵的工况点使供需达到新的平衡。通过比较可以看出，调节阀门以减少流量比调节水泵转速以减少流量要多消耗一部分扬程。此外，阀门调节时工况点的变化幅度较大，有可能使工况点落在水泵高效段以外。而水泵调速后与调速前的效率是相等的，也就是说，在一定范围内，水泵的工况点发生变化，水泵的效率并不下降。

水泵样本中给出的各项参数，都是在额定的转速下水泵运行参数值，如果水泵的转速改变，水泵的其他参数也会发生改变。水泵转速改变前后，水泵叶轮满足相似条件。将相似定律应用于转速不同时的同一水泵叶轮，就得到水泵叶轮的比例律，即式（4-6）~式（4-8）：

$$\frac{Q_1}{Q_2} = \frac{n_1}{n_2}, \quad \frac{H_1}{H_2} = \left(\frac{n_1}{n_2}\right)^2, \quad \frac{N_1}{N_2} = \left(\frac{n_1}{n_2}\right)^3$$

以上三个关系式反映了同一水泵在转速改变时，其主要性能（如流量 Q、扬程 H、功率 N）的变化，也是水泵调速的基本原理。

在泵站设计与运行中经常利用比例律解决以下两个问题：

a. 已知水泵转速为 n_1 时的水泵特性曲线 $(Q-H)_1$，如图 4-20 所示，求流量为 Q_2、扬程 H_2 时的转速 n_2 值。

根据比例律公式可得出水泵扬程和流量的关系式：

$$\frac{H_1}{Q_1^2} = \frac{H_2}{Q_2^2} = k \tag{4-20}$$

$$H = kQ^2 \tag{4-21}$$

式中　k——比例常数。

在图 4-20 中，绘出 $A_2(Q_2, H_2)$ 点，求出比例常数 k，绘出 $H = kQ^2$ 曲线交 $(Q-H)_1$ 特性曲线于 $A_1(Q_1, H_1)$ 点。根据 Q_1、Q_2、n_1 或 H_1、H_2、n_1 求出 n_2 值。

由式（4-21）可看出，凡是符合比例律的工况点都分布在一条以坐标原点为顶点的抛物线上，此抛物曲线称之为相似工况抛物线（也叫等效率曲线）。

b. 已知水泵在转速为 n_1 时的特性曲线 $(Q-H)_1$、$(Q-N)_1$ 及 $(Q-\eta)_1$，用比例律画出转速为 n_2 时的特性曲线 $(Q-H)_2$、$(Q-N)_2$ 及 $(Q-\eta)_2$。

在特性曲线 $(Q-H)_1$ 上任意取 a，b，c，d，e，f 等点，其对应坐标为 (Q_a, H_a)，(Q_b, H_b)，(Q_c, H_c)，(Q_d, H_d)，(Q_e, H_e)，(Q_f, H_f) 等。

由于 n_1、n_2 为已知数，将上述坐标值代入式 $\frac{Q_1}{Q_2} = \frac{n_1}{n_2}$ 和式 $\frac{H_1}{H_2} = \left(\frac{n_1}{n_2}\right)^2$ 求出 Q_a'，H_a'……绘出相对应的相似工况点 a'，b'，c'，d'，e'，f' 的坐标 (Q_a', H_a')，(Q_b', H_b')，(Q_c', H_c')，(Q_d', H_d')，(Q_e', H_e')，(Q_f', H_f')。用一条光滑的曲线将点 a'，b'，c'，d'，e'，f' 连接起来，即可得到所求水泵特性曲线 $(Q-H)_2$，如图 4-21 所示。

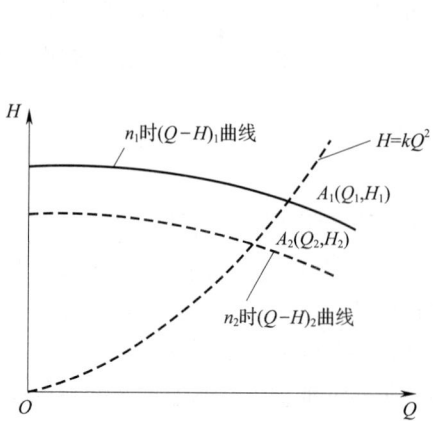

图 4-20　比例律的应用

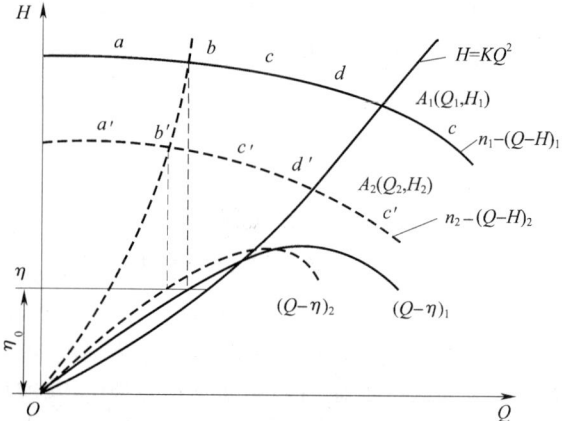

图 4-21　转速为 n_2 时的特性曲线图

同理，按照 $\dfrac{N_1}{N_2} = \left(\dfrac{n_1}{n_2}\right)^3$ 的关系可以求出各相应的 N 值，绘出转速为 n_2 时的 $(Q—N)_2$ 曲线。

② 水泵的调速方法

水泵的调速方法有多种，主要分为两类：第一类是电动机的转速不变，通过附加装置改变水泵的转速，如液力耦合器、液黏调速器调速等；第二类是改变电动机的转速，如变极调速、电磁离合器调速、变频调速等，其中变频调速是水泵站中常用的一种形式。

③ 水泵调速控制的类型

根据水泵调速的控制参数和目的不同，可以将水泵调速控制分为三种形式。其中：

恒压调速控制是指通过调速使水泵出口或最不利点的压力在一个较小的范围内波动（可以认为是恒定的）。目前许多城市管网供水系统、建筑小区供水系统等，都已经使用恒压给水系统。

恒流调速控制是通过调速使水泵的出水量基本维持不变。在取水泵房中水泵恒流调速应用较多。取水泵房的设计流量一般是不变的，但是取水水源的水位却是经常变化，当水泵在水位较高条件下工作，水泵的扬程减小，供水量增大。采用调速技术可使水泵保持供水量的恒定，而且有助于节约能耗。

非恒压、非恒流控制即在给水排水系统中的各种水处理药剂投加泵的调节。加药泵的调节是采用调速的方法来保证药量按需投加，这是一种非恒压、非恒流的水泵调节情况。

还应该注意的是：转速改变前后效率相等是在一定的转速范围内可以实现的，当转速变化超出一定范围时，效率变化就会比较大而不能够忽略；变速调节工况点，只能降速，不能增速。因为水泵的力学强度是按照额定转速设计的，超过额定转速，水泵就有可能被破坏；从理论上讲，水泵调速后各相似工况下对应点的效率是相等的。但实践证明，只有在高效段内，相似工况点的效率是相等的，其余情况下，相似工况点的效率是不相等的。当水泵的转速调节到额定转速的 50% 以下时，水泵的效率急剧下降。因此，水泵调速的合理范围应是水泵调速前后都在高效段内，当定速和调速并联工作时，还应保证调速后定速泵也在高效段内工作。这样才能保证水泵始终在高效率下工作，从而达到节能的目的。

4.2.3 水泵进水管、出水管及流道布置

（1）管道流速

1）管道流速可根据表4-5选用。

水泵进水管、出水管流速　　　　　　　　　　表4-5

管径 D（mm）	$D < 250$	$250 \leqslant D < 1000$	$D \geqslant 1000$
进水管流速（m/s）	1.0~1.2	1.2~1.6	1.5~2.0
出水管流速（m/s）	1.5~2.0	2.0~2.5	2.0~3.0

2）水泵进、出水管道上的阀门、缓闭阀和止回阀直径一般与管道直径相同，则流经阀门、止回阀门的流速和管道流速相同。

（2）流道流速

大型泵站的进水、出水当采用流道布置时，应满足下列要求：

1）进水流道型线平顺，出口断面处流速压力均匀；

2）进水流道的进口断面处流速宜取 0.8～1.0m/s；

3）在各种工况下，进水流道内不产生涡带；

4）出水流道型线变化均匀，当量扩散角取 8°～10°为宜；

5）出水流道出口流速一般小于 1.5m/s，装有拍门时，出口流速一般小于 2.0m/s。

（3）吸水管布置

1）每台水泵宜设置单独的吸水管直接从吸水井或清水池中吸水。如几台水泵采用联合吸水管道时，应使合并部分处于自灌状态，同时吸水管数目不得少于 2 条，在连通管上应装设阀门。

2）吸水管路应尽可能缩短、减少配件。吸水管多采用钢管或铸铁管，应注意接口不得漏气。

3）吸水管应有向水泵方向不断上升的坡度，一般不小于 0.005，如图 4-22 所示。防止由于施工允许误差和泵房管道的不均匀沉降而引起吸水管的倒坡，必要时可采用较大的上升坡度。为避免产生气囊，应使吸水管线的最高点设在水泵吸入口的顶端。吸水管断面应大于水泵吸入口的断面，吸水管路上的变径管采用偏心渐缩管，保持渐缩管上边水平。

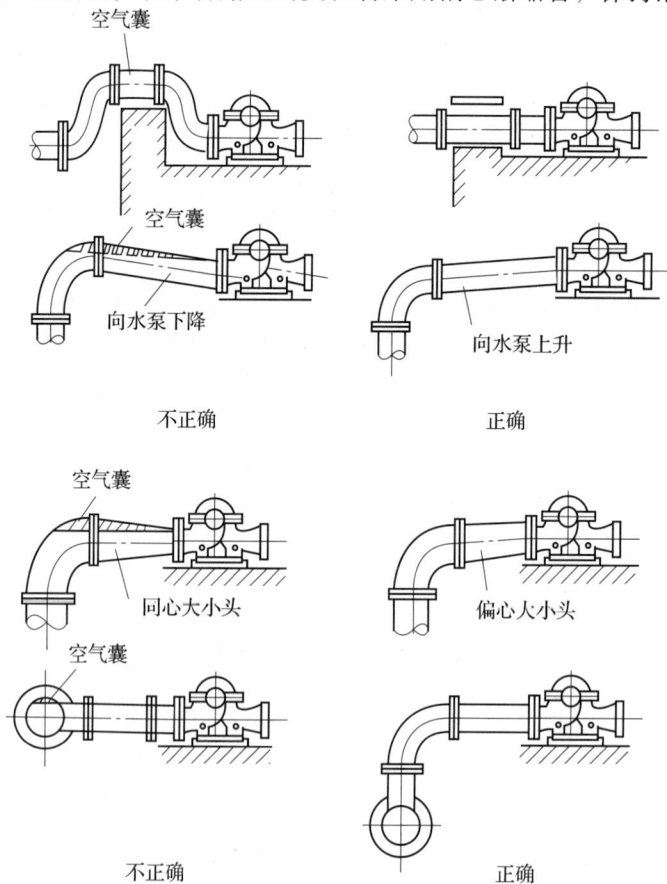

图 4-22　吸水管路布置

4）水泵吸水管管底始终位于最高检修水位以上，吸水管可不装阀门，反之，必须安装阀门。

5）泵房内吸水管一般不设联络管。如果因为某种原因必须在水泵吸水管上设置联络管时，联络管上要设置适当的阀门，以保证正常工作。

6）为了避免水泵吸入井底沉渣，并使水泵工作时有良好的水力条件，吸水井、垂直布置的吸水喇叭管如图 4-23 所示。

有关尺寸一般符合以下要求：

吸水管的直径为 d，吸水喇叭口的直径 D，可采用 $D = (1.25 \sim 1.5) d$；

吸水喇叭口与吸水井底间距 h_1 可取 $(0.6 \sim 0.8) D$，且不小于 0.5m；

吸水喇叭口最小淹没水深 h_2 不小于 0.5m，多取 $h_2 = (1.00 \sim 1.25) D$；

吸水喇叭口边缘与井壁的净距 $b = (0.8 \sim 1.5) D$，同时满足喇叭口安装要求；

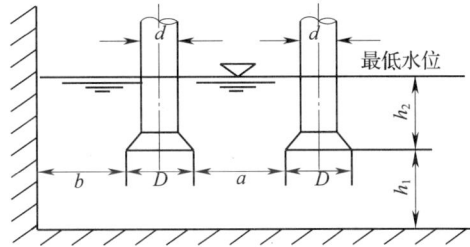

图 4-23　垂直布置喇叭管

在同一井中安装有几根吸水管时，喇叭口之间的净距离 a 可采用 $(1.5 \sim 2.0) D$。

吸水池（井）最低运行水位下的容积，应在符合上述布置要求的前提下，满足共用吸水池（井）的水泵 30～50 倍的设计秒流量要求。

（4）出水管的布置

离心水泵出水管管件配置应符合下列要求：

1）出口应设工作阀门、止回阀和压力表，并应设置防水锤装置；

2）应使任何一台水泵及阀门停用检修而不影响其他水泵的工作；

3）在不允许倒流的给水管网中，应在水泵出水管上设置止回阀。为消除停泵水锤，宜采用缓闭止回阀（带有缓冲装置的可分段关闭的止回阀）；

4）当工作阀门采用电动时，为检修和安全供水需要，对重要的供水泵房还需要在电动阀门后面（近出水管处）再安装一台手动检修阀门；

5）出水管一般采用钢管，焊接接口。但为了维修和安装方便，在适当地点可设置法兰接口；

6）为了承受管路中水压力、重力和推力，阀门、止回阀和大口径水管应设承重支墩或拉杆，不使作用力传至泵体；

7）参与自动控制的阀门应采用电动、气动或液压驱动。直径大于或等于 300mm 的其他阀门，启动频繁，宜采用电动、气动或液压驱动。

混流泵、轴流泵出水管道隔离设施设计应符合下列规定：当采用虹吸出水方式时，虹吸出水管驼峰顶部应设置真空破坏阀；当采用压力短管出水连接开口水池时，应设置拍门或普通止回阀；当与压力输水管道系统连接时，应设置缓闭止回阀；自由跌水出水口不设隔离设施。

（5）潜水泵泵室布置

潜水泵泵室（坑）是安装潜水泵的地方。小型潜水泵通常和进、出水管布置在一个泵室（坑）内。设计时应注意进入泵室（坑）的水流不要形成漩涡卷入空气，以免空气漩涡进入水泵产生振动或形成气塞，影响正常运行。

用于排水的潜水泵有时设计成间断运行的模式，即设计一定容积的泵室，高水位开泵，低水位停泵。这样，就会涉及泵室容积和潜水泵的工作周期问题。假定仅有一台潜水泵工作，流量为 Q_1（m^3/s），其泵室容积为 W（m^3），泵室连续进水流量为 Q_2（m^3/s）。向泵室进水后经 T_1（s）时间泵室内水位升高到最高水位，开启水泵运行 T_2（s）时间，泵室内水位降低到最低水位。则从上次开泵到下次开泵（或从上次停泵到下次停泵）的间隔时间称为泵站工作周期，以 T 表示，则：

$$T = T_1 + T_2 = \frac{W}{Q_2} + \frac{W}{Q_1 - Q_2}(s) \qquad (4\text{-}22)$$

潜水泵的工作周期与所配电机的特性有关，大多潜水泵每小时允许启动 15 次，其最短的工作周期为 240s。泵站工作周期长短和泵室容积有关，而主要和泵站进、出水流量有关。当泵室进水流量 Q_2 等于潜水泵抽吸流量 Q_1，开启水泵运行时间 T_2 为无穷大，即为连续运行工作。

给水工程的取水泵房大多连续供水，一般设计有进水（井）室和泵室，中间加设格（栅）网。按照潜水泵厂家提出的安装尺寸，并考虑检修需要设置的泵室，能够满足安全、稳定连续运行工作。对于多台潜水泵安装在一个泵室时，应满足以下要求为宜：

① 水流从进水室到泵室力求进水分布均匀，避免出现死水区或漩涡区；

② 两台潜水泵蜗壳之间的距离不小于 200mm；

③ 潜水泵蜗壳和泵室壁之间的距离不小于 100mm。

5 给水处理概论

5.1 水的自然循环和社会循环

地球上各层圈中的水相互联系，相互转化的过程形成了大气水的循环称为水的自然循环。根据人类生活和生产活动需要，从天然水体取水，经净化使用后再排入天然水体，这样的局部循环，称为水的社会循环。

（1）水的自然循环

水的自然循环，主要是在太阳辐射和地球引力作用下，大气水、地表水、生物水和浅层地下水之间，以蒸发、降水、渗透和径流方式，相互交换不断更新的过程。在此期间既有海洋和陆地间的水交换过程，又有海洋范围内或陆地范围内的水循环交换过程，见图5-1。

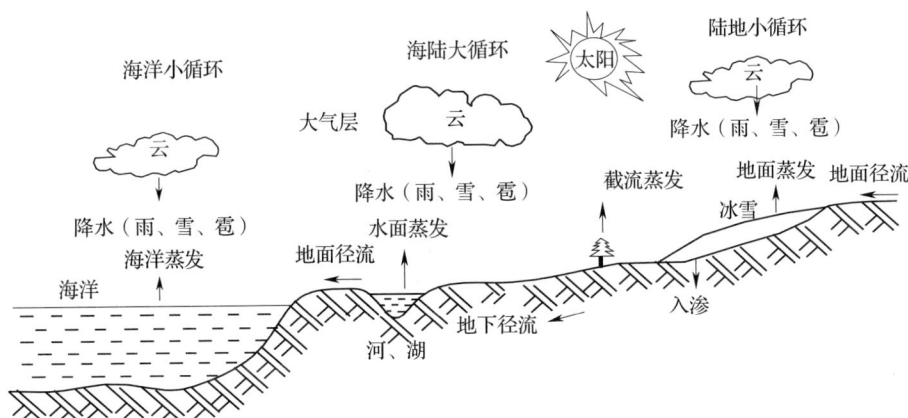

图 5-1　水的自然循环

地球上的水以液态、固态（冰、雪、雹）和气态（水汽）存在。在太阳辐射下，各类液态、固态的水，通过地面蒸发、水面蒸发、植物截留的水分蒸发（包括植物叶孔中逸出的生物水分蒸发）和海洋蒸发，形成水汽升入大气层并被气流运动带到陆地和海洋上空。大量水汽遇冷凝结，成云致雨、雪、雹等，在重力的作用下降落至地面或海洋上，称为降水。降到地面上的水，其中一部分被植物截留，一部分直接蒸发升入大气层，回到海洋和陆地上空。其余的部分渗入地下形成地下径流，部分沿地面流动形成地面径流进入江河湖泊等，最后流入海洋。这样，蒸发、降水、流动，往复循环，构成了海洋和陆地水分连续交换、更新的动态平衡。根据水循环的范围，由海洋蒸发的水汽降至陆地后最终又流入海洋，称为大循环或称海陆大循环；海洋蒸发的水汽直接降落到海洋，或陆地的降水在流入海洋前又直接蒸发升入大气层，称为小循环。小循环是大循环的组成部分。自然循环涉及水量循环和水质循环两个方面。从水质方面而言，水是良好的溶剂和分散剂。在降水和径流过程中，通过水的渗滤、淋漓，从而使水中含有多种杂质成分；同时，在蒸发过程中，又会析出所溶解、携带的物质。久而久之，使海水越来越咸，河流、湖泊、水库淤积萎缩。因此，在自然循环过程中，存在着水质变化或水质循环过程。不同季节，不同地域，不同时间的水质变化是不同的。但从宏观上而言，如果没有人类社会活动的干扰，水质变化将处于相对稳定的有序状态，从而保持地球生态环境的相对平衡。

水的自然循环（特别是海陆大循环）给人类提供了必需的淡水，促使了水资源的不断更新和交换。例如，海洋上的热带风暴登陆后带来了大量降水，使得和人类社会关系密切的大气水、河流水、湖泊水就会不断更新。

（2）水的社会循环

人类生活和生产活动需要大量用水。从天然水源取水，经过处理后供给生活、生产使用。使用后的水，必将溶入和混入生活、生产过程中的污染物质，成为污（废）水。污（废）水再经过处理后，又流回天然水体或部分直接回用。这样就形成了一个局部循环系统，称为水的社会循环，见图5-2。

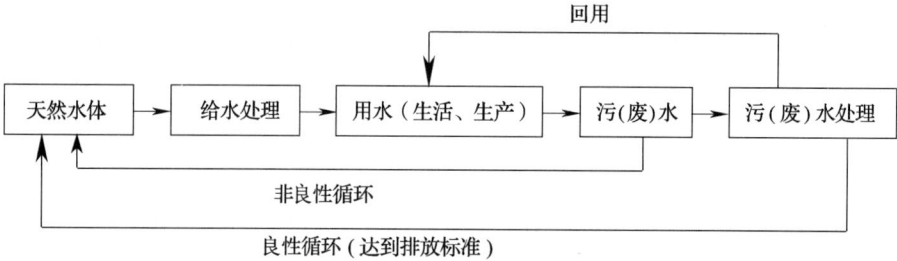

图5-2　水的社会循环

水的自然循环受人类活动影响极为有限，人类无法全面控制；而水的社会循环则受人类生活和生产影响极大，社会循环量的多少、排放的水质水量，都可以进行控制。在水的社会循环过程中，给水处理和污（废）水处理是两个重要环节。这两个环节有联系又有区别。污（废）水处理是影响水的社会循环良性与否的决定因素。如果污水处理达到规定标准后排入天然水体，就构成良性循环。在这种情况下，天然水体将保持原有天然属性，水环境生态平衡不会受到破坏。应当指出，由于天然水体本身有一定自净能力，所以污水处理后的排放标准并非要求与天然水体水质完全一样。只要排出的水体中所含污染物量在受纳水体自净能力范围以内，天然水体的水质就不会恶化。如果污（废）水不经处理或处理达不到规定排放标准，即排入天然水体的污染物量超过水体自净能力，则天然水体水质将会恶化，从而构成了水的非良性社会循环。

给水处理是将不符合人类生活、生产要求的天然水源水处理成符合人类生活、生产所要求的水质供人类使用。当污水处理程度达到水的良性循环要求时，水源不受污染。给水处理较为简单、经济，一般只需常规处理即可。但污水处理要求高，费用大。若污水不经处理或处理达不到水的良性循环要求时，天然水体受到污染，给水处理工艺就变得复杂起来。

当前，水的非良性社会循环普遍存在。有的天然水体污染轻微，通过常规处理或强化常规处理即可使用；有些天然水体污染较为严重，经常规处理以外，尚需再加预处理或深度处理方可使用；有些天然水体污染非常严重，不仅完全丧失使用功能，还破坏了水环境生态平衡。水资源危机中有一项所谓水质型缺水危机，即指有的地方虽然水源水量足够，但水质完全丧失使用功能而不能为人所用。

当污（废）水直接回用或者处理后达到另一些使用要求后再使用的零排放情况，属于良性社会循环。可认为是水的社会循环中一个子循环系统（图 5-1、图 5-2）。污水处理后回用，一方面缓解了水资源短缺，同时也减少了向天然水体排放的污（废）水水量，从而减轻了天然水体的污染。面对当前水资源危机，污（废）水回用已愈来愈受到重视。

水的社会循环直接影响人类的生活、经济可持续发展和水环境生态平衡，是当前备受关注的重大问题。为实现水的良性循环并为人类生活、生产提供符合标准的水，对水质进行控制或进行水质处理，就是环境工程、给水排水工程学科的任务。

5.2 水源水质与水质标准

（1）天然水源水中的杂质

由于水的自然循环和社会循环，不可避免地带入水体中大量杂质。按照其化学结构划分，可分为无机物、有机物和水生物；按照尺寸大小区分，可分成悬浮物、胶体和溶解杂质，见表 5-1。

水中杂质分类   表 5-1

杂质	溶解物（低分子、离子）	胶体	悬浮物	
颗粒尺寸	$0.1 \sim 1nm$	$10 \sim 100nm$	$1 \sim 10\mu m$	$100\mu m \sim 1mm$
分辨工具	电子显微镜可见	超显微镜可见	显微镜可见	肉眼可见
水的外观	透明	浑浊	浑浊	

表 5-1 中的颗粒尺寸系按球形计，且各类杂质的尺寸界限只是大体的概念，而不是绝对的。如悬浮物和胶体之间的尺寸界限，根据颗粒形状和密度不同而略有变化。一般说来，粒径在 $100nm \sim 1\mu m$ 属于胶体和悬浮物的过渡阶段。小颗粒悬浮物往往也具有一定的胶体特性，只有当粒径大于 $10\mu m$ 时，才与胶体有明显差别。

1）悬浮物和胶体杂质

悬浮物尺寸较大，如大颗粒泥砂及矿物质碎渣等，易于在水中下沉；而体积较大且密度小的一些有机物则容易上浮。胶体颗粒尺寸很小，在水中长期静置也难下沉。水中所存在的胶体通常有黏土、某些细菌及病毒、腐殖质及蛋白质等。有机高分子物质尺寸也属于胶体一类。工业废水排入水体，会引入各种各样的胶质或有机高分子物质，例如人工合成的高聚物主要来自生产这类产品的工厂所排放的废水中。天然水中的胶体一般带负电荷，有时也含有少量带正电荷的金属氢氧化物胶体。

水中的悬浮物和胶体颗粒是产生浑浊度的根源。所谓浑浊度简称为浊度，表示水中胶体颗粒和悬浮颗粒杂质，对光线透过、散射的阻碍程度。浊度的高低不仅和胶体颗粒、细小悬浮颗粒杂质的含量有关，还和这些杂质的分散程度有关。也就是说，胶体颗粒、悬浮颗粒杂质的含量一定，其粒径不同，则显示的浑浊度不同。分散度越大，粒径越小，浑浊度越低。

水中的有机物，如腐殖质及藻类等，往往会造成水的色、臭、味增加。随生活污水排入水体的病菌、病毒及原生动物等病原体会通过水体传播疾病。

悬浮物和胶体颗粒、藻类以及吸附在胶体颗粒上的有机污染物是饮用水处理的主要去除对象。粒径大于 0.1mm 的泥沙去除较易，通常在水中可很快自行下沉。而粒径较小的悬浮物和胶体杂质，需投加混凝剂方可去除。

2）溶解杂质

水中的溶解杂质也分为有机物和无机物两类。无机溶解物是指水中所含的无机低分子和离子。它们与水构成了相对稳定的均相体系，外观透明，属于真溶液。有的无机溶解物会使水产生色、嗅、味。无机溶解杂质主要是某些工业用水的去除对象，但有毒、有害无机溶解物也是生活饮用水的去除对象。

天然水体中的有机溶解物主要来源于水源污染和水的自然循环，如腐殖质等。本章重点介绍的是天然水体中含有的主要溶解杂质。

溶解气体　天然水中的溶解气体主要是氧、氮和二氧化碳，有时也含有少量硫化氢。

天然水体中的氧主要来源于空气中氧的溶解，部分来自藻类和其他水生植物的光合作用。地表水中溶解氧含量与水温、气压及水中有机物含量等有关。不受工业废水或生活污水污染的天然水体，溶解氧含量一般为 5～10mg/L。最高含量不超过 14mg/L。当水体受到废水污染时，溶解氧含量降低。严重污染的水体，溶解氧甚至为零。

地表水中的二氧化碳主要来源于有机物的分解，地下水中的二氧化碳除来源于少量有机物的分解外，主要来源于地层中的化学反应产物。江河水中的 CO_2 含量一般小于30mg/L，地下水中 CO_2 含量约每升（水中含有）几十毫克至几百毫克，海水中 CO_2 含量很少。水中 CO_2 约 99% 呈分子状态，仅 1% 左右与水作用生成碳酸。

水中的氮主要来自空气中氮的溶解，部分是有机物分解及含氮化合物的细菌还原等生化过程的产物。

水中硫化氢的存在与某些含硫矿物（如硫铁矿）的还原及水中有机物腐烂以及污染有关。由于 H_2S 极易被氧化，故地表水中含量很少。

离子　天然水中所含主要阳离子有 Ca^{2+}、Mg^{2+}、Na^+；主要阴离子有 HCO_3^-、SO_4^{2-}、Cl^-。此外还含有少量 K^+、Fe^{2+}、Mn^{2+}、Cu^{2+} 等离子及 $HSiO_3^-$、CO_3^{2-}、NO_3^- 等阴离子。所有这些离子，主要来源于矿物质的溶解，也有部分可能来源于水中有机物的分解。例如，当水流接触石灰石（$CaCO_3$）且水中 CO_2 含量足够时，可溶解产生 Ca^{2+} 和 HCO_3^-；当水流接触白云石（$MgCO_3 \cdot CaCO_3$）或菱镁矿（$MgCO_3$）且水中有足够 CO_2 时，可溶解产生 Mg^{2+} 和 HCO_3^-；Na^+ 和 K^+ 则为水流接触含钠盐或钾盐的土壤或岩层溶解产生的；SO_4^{2-} 和 Cl^- 则为接触含有硫酸盐或氯化物的岩石或土壤时溶解产生的。由此可知，地下水中含有大量离子（又称水质异常）是地下水自然循环过程中受到天然矿藏污染的结果。水中 NO_3^- 一般来自有机物的分解，但也有可能由盐类溶解产生。天然水体中有时某些重金属含量偏高，如砷、铬、铜、铅、汞等，这是由于水源附近可能有天然重金属矿藏。

由于各种天然水源所处环境、条件及地质状况各不相同，所含离子种类及含量也有很大差别。

（2）受污染水源中常见污染物

水源污染是当今世界上很多国家所面临的普遍问题。由于污染源不同，水中污染物种类和性质也不同。按污染物毒性可分为有毒污染物和无毒污染物。无毒污染物虽然本身无直接毒害作用，但会影响水的使用功能或造成间接危害，故也称污染物。

有直接毒害作用的无机污染物主要是氰化物、砷化物和汞、镉、铬、铅、铜、铊、镍、铍等重金属离子。地表水中这类无机污染物主要来源于工业废水的排放。当前，水源污染最重要的是有机污染物，本节对水源水中的有机污染物作（如下）简单说明。

目前已知的有机物种类多达 700 万种，其中人工合成的有机物种类达 10 万种以上，每年还有成千上万种新品种不断问世。这些化学物质大多通过人类活动社会循环进入水体，例如生活污水和工业废水的排放，农业上使用的化肥、除草剂和杀虫剂的流失等，使水源中杂质种类和数量不断增加，水质不断恶化。有机化合物进入水体后，与河床泥土或沉积物中的有机质、矿物质等发生诸如物理吸附、化学反应、生物富集、挥发、光解作用等，使其转入固相或气相中去。在一定的条件下，吸附到泥土和沉积物上的有机化合物又会发生各种转化，重新进入水中，甚至危及水生物和人体健康。

根据有机污染物本身的毒性、来源、存在状态划分，水源水中的有机污染物大致可以分为以下几种类型：

1）按照有机污染物本身的毒性可分为无毒有机污染物和有毒有机污染物。其中无毒有机污染物主要指碳水化合物、木质素、维生素、脂肪、类脂、蛋白质等有机化合物；有毒有机污染物指那些进入生物体内后能使生物体发生生物化学或生理功能变化，并危害生物生存的有机物质。如农药、杀虫剂、石油、藻毒素等物质。

2）根据有机污染物来源可分为外源有机污染物和内源有机污染物。外源有机污染物指水体从外界接纳的有机物，主要来自地表径流、土壤淋漓渗滤、城市生活污水和工业废水排放、大气降水、垃圾填埋场渗出液、水体养殖的饵料、运输事故中的排泄、采矿及石油加工排放和娱乐活动的带入等。内源有机物来自于生长在水体中的生物群体，如藻类、细菌及水生植物等及其代谢活动所产生的有机物和水体底泥释放的有机物。

3）根据污染物在自然界的存在形式，水源水中的有机污染物可分为天然有机物（NOM）和人工合成有机物（SOC）。天然有机物是指动植物在自然循环过程中所产生的物质，包括腐殖质、微生物分泌物、溶解的动物组织及动物的废弃物等。典型的天然有机污染物不超过 20 种，腐殖质是其中主要成分。这些有机物质大部分呈胶体微粒状，部分呈真溶液状，部分呈悬浮物状。

其中，腐殖质是土壤的有机组分，是由动植物残骸腐烂通过化学和生物降解以及微生物的合成作用而形成的。腐殖质是一类亲水的、酸性的多分散物质，分子量在几百到数万之间。腐殖质可根据溶解条件的不同又分为腐殖酸、富里酸。腐殖质约占水中溶解性有机碳（DOC）的 40% ~60%，也是地表水呈现色度的物质。腐殖质中 50% ~60% 是碳水化合物及其关联物质，10% ~30% 是木质素及其衍生物，1% ~3% 是蛋白质及其衍生物。

耗氧有机物包括蛋白质、脂肪、氨基酸、碳水化合物等，主要来源于生活污水的排放。一般生活污水中包含较多的耗氧有机物，易被微生物分解，故又称可生物降解的有机物。这类有机物在生物降解过程中消耗水中溶解氧而恶化水质，破坏水体功能。

藻类有机物是藻类的分泌物及藻类尸体分解产物的总称。藻类在其生长过程中新陈代谢排出的一些代谢残渣以及细胞分解的产物，即藻类分泌物，是从藻类中分离出来的一类有机物，其中一部分溶于水中，另一部分仍吸附在藻类的表面。藻类在新陈代谢和细胞分解过程中产生的溶于水的物质中糖类物质约占 60%，其余 40% 的化合物中还可能含有氨基酸、有机酸、糖醛、糖酸、腐殖质类物质和多肽等。

人工合成有机物一般具有以下特点：难于降解，具有生物富集性、三致（致癌、致畸、致突变）作用和毒性。相对于水体中的天然有机物，它们对人体的健康危害更大。

人工合成有机物往往吸附在悬浮颗粒物上和底泥中，成为不可移动的一部分。它们对水环境的影响时间可能会很长，例如多氯联苯（PCBs）在水环境中的停留时间可长达几年。

由于有毒物质品种繁多，不可能对每一种污染物都制定控制标准，因而提出在众多污染物中筛选出潜在危险大的作为优先研究和控制对象，称之为优先污染物或称为优先控制污染物。借鉴国外的经验，原国家环保局 1989 年通过的"水中优先控制污染物名单"中，包括了 14 类共 68 种有毒化学污染物质。

（3）水质标准

水质标准是用水对象（包括饮用和工业用水等）所要求的各项水质参数应达到的指标和限值。水质参数是指能反映水的使用性质的一种量度，有的涉及单项质量浓度具体数值，如水中铁、锰等；有的不代表具体成分，但能直接或间接反映水的某一方面的使用性质，如水的色度、浑浊度、总溶解固体、COD_{Mn} 等，称为"替代参数"。

1）生活饮用水水质标准

生活饮用水包括人们饮用和日常生活用水（如洗涤、沐浴等）。生活饮用水水质标准，就是为满足安全、卫生要求而制定的技术法规，通常包括 4 大类指标。

① 微生物指标　要求饮用水中不含有病原微生物（细菌、病毒、原虫、寄生虫等），在流行病学上安全可靠。病原微生物对人类健康影响最大，它能够在同一时间内使大量饮用者患病。自来水厂一般采用能充分反映病原微生物存在与否的指示微生物作为控制指标。例如，总大肠菌群和大肠埃希氏菌，它们普遍存在于人类粪便内而且数量很多，检测又较方便。当水中含有这类细菌时，表明水源可能受到粪便污染。当水中检测不出这类细菌时，表明病原菌不复存在，且具有较大的安全系数。

近年来，美国、日本等国家曾爆发了多起由隐孢子虫和贾第鞭毛虫等致病原生动物引起的水媒介流行病。因而，这两种致病原生动物也列入了饮用水卫生标准中。

水中消毒剂余量是指消毒剂加入水中与水接触一定时间后剩余的消毒剂量，它是保证在供水过程中继续维持消毒效果，抑制水中残余病毒微生物再度繁殖的指标。余量过少表明水质可能再度受到污染，故消毒剂余量与微生物直接相关。在过去的水质标准中往往把它列入微生物指标中。

② 毒理指标　所含的无机物和有机物在毒理学上安全，对人体健康不产生毒害和不良影响。水中有毒化学物质少数是天然存在的，如某些地下水中含有氟或砷等无机毒物。绝大多数是人为污染的，也有少数是在水处理过程中形成的，如三卤甲烷和卤乙酸等。饮用水水质标准中有毒化学物质种类和限值的确定是一个复杂而又十分严谨的问题，除了应

有大量流行病学和动物毒理实验资料以外，还需考虑饮用水中检出频率和浓度范围，同时还需考虑实施的可能，包括现有处理技术的可行性和经济投入的可接受程度等。

③ 感官性状和一般化学指标　本指标指的是感官良好，无不良刺激或不愉快的感觉，使用方便、无不良影响。水的色度、浑浊度、嗅、味和肉眼可见物，虽然不会直接影响人体健康，但会引起使用者的厌恶感。浑浊度高时不仅使用者感到不快，而且病菌、病毒及其他有害物质常常附着于形成浑浊度的悬浮物中。因此，降低浑浊度不仅为满足感官性状要求，对限制水中其他有毒、有害物质含量也具有积极意义。一般化学指标往往与感官性状有关，故与感官性状指标列在同一类中。化学指标中所列的化学物质和水质参数，包括以下几类：第一类是对人体健康有益但不宜过量的化学物质。例如，铁是人体必需元素之一。但水中铁含量过高会使洗涤的衣物和器皿染色并会形成令人厌恶的沉淀或异味。第二类是对人体健康无益但毒性也很低的物质，例如阴离子合成洗涤剂对人体健康危害不大，但水中含量超过 0.5mg/L 时会使水起泡且有异味。水的硬度过高，会使烧水壶结垢，洗涤衣服时浪费肥皂等。第三类是高浓度时具有毒性，但其浓度远未达到致毒量时，在感官性状方面即表现出来。例如，酚类物质有促癌或致癌作用，但水中含量很低，远未达到致毒量时，即具有恶臭，加氯消毒后所形成的氯酚恶臭更甚。故挥发酚按感官性状制定标准是安全的。

④ 放射性指标　水中放射性核素来源于天然矿物侵蚀和人为污染，通常以前者为主。放射性物质均为致癌物，因为放射性核素是发射 α 射线和 β 射线的放射源。当放射性核素剂量很低时，往往不需鉴定特定核素，只需测定总 α 射线和 β 射线的活度，即可确定人类可接受的放射水平。因此，饮用水标准中，放射性指标通常以总 α 射线和总 β 射线作为控制（或指导）指标。若 α 或 β 射线指标超过控制值（或指导值）时，或水源受到特殊核素污染时，则应进行核素分析和评价以判定能否饮用。

《生活饮用水卫生标准》GB 5749—2006 检测项目为 106 项（参见表 5-2 ~ 表 5-4）。标准中分常规指标和非常规指标两类。常规指标自 2007 年 7 月 1 日开始全部实施。非常规指标的实施项目和日期由省人民政府根据当地情况确定。并报国家标准化管理委员会、住房和城乡建设部和卫生部备案。从 2008 年起，三个部门对各省非常规指标实施情况进行通报。全部指标已于 2012 年 7 月 1 日实施。

《生活饮用水卫生标准》GB 5749—2006 水质常规指标及限值　　　　表 5-2

指　　标	限　　值
1. 微生物指标①	
总大肠菌群（MPN/100mL 或 CFU/100mL）	不得检出
耐热大肠菌群（MPN/100mL 或 CFU/100mL）	不得检出
大肠埃希氏菌（MPN/100mL 或 CFU/100mL）	不得检出
菌落总数（CFU/mL）	100
2. 毒理指标	
砷（mg/L）	0.01
镉（mg/L）	0.005
铬（六价，mg/L）	0.05
铅（mg/L）	0.01

指　　标	限　　值
汞（mg/L）	0.001
硒（mg/L）	0.01
氰化物（mg/L）	0.05
氟化物（mg/L）	1.0
硝酸盐（以 N 计，mg/L）	10 地下水源限制时为 20
三氯甲烷（mg/L）	0.06
四氯化碳（mg/L）	0.002
溴酸盐（使用臭氧时，mg/L）	0.01
甲醛（使用臭氧时，mg/L）	0.9
亚氯酸盐（使用二氧化氯消毒时，mg/L）	0.7
氯酸盐（使用复合二氧化氯消毒时，mg/L）	0.7
3. 感官性状和一般化学指标	
色度（铂钴色度单位）	15
浑浊度（NTU - 散射浊度单位）	1 水源与净水技术条件限制时为 3
臭和味	无异臭、异味
肉眼可见物	无
pH（pH 单位）	不小于 6.5 且不大于 8.5
铝（mg/L）	0.2
铁（mg/L）	0.3
锰（mg/L）	0.1
铜（mg/L）	1.0
锌（mg/L）	1.0
氯化物（mg/L）	250
硫酸盐（mg/L）	250
溶解性总固体（mg/L）	1000
总硬度（以 $CaCO_3$ 计，mg/L）	450
耗氧量（COD_{Mn}法，以 O_2 计，mg/L）	3 水源限制，原水耗氧量 >6mg/L 时为 5
挥发酚类（以苯酚计，mg/L）	0.002
阴离子合成洗涤剂（mg/L）	0.3
4. 放射性指标[②]	
总 α 放射性（Bq/L）	0.5
总 β 放射性（Bq/L）	1

① MPN 表示最可能数；CFU 表示菌落形成单位。当水样检出总大肠菌群时，应进一步检验大肠埃希氏菌或耐热大肠菌群；水样未检出总大肠菌群，不必检验大肠埃希氏菌或耐热大肠菌群。
② 放射性指标超过指导值，应进行核素分析和评价，判定能否饮用。

《生活饮用水卫生标准》**GB 5749—2006** 饮用水中消毒剂常规指标及要求　　表 5-3

消毒剂名称	与水接触时间	出厂水中限值 （mg/L）	出厂水中余量 （mg/L）	管网末梢水中余量 （mg/L）
氯气及游离氯制剂（游离氯，mg/L）	≥30min	4	≥0.3	≥0.05
一氯胺（总氯，mg/L）	≥120min	3	≥0.5	≥0.05
臭氧（O_3）（mg/L）	≥12min	0.3		0.02 如加氯，总氯≥0.05
二氧化氯（ClO_2）（mg/L）	≥30min	0.8	≥0.1	≥0.02

《生活饮用水卫生标准》**GB 5749—2006** 水质非常规指标及限值　　表 5-4

指　　标	限　　值
1．微生物指标	
贾第鞭毛虫（个/10L）	<1
隐孢子虫（个/10L）	<1
2．毒理指标	
锑（mg/L）	0.005
钡（mg/L）	0.7
铍（mg/L）	0.002
硼（mg/L）	0.5
钼（mg/L）	0.07
镍（mg/L）	0.02
银（mg/L）	0.05
铊（mg/L）	0.0001
氯化氰（以 CN^- 计）（mg/L）	0.07
一氯二溴甲烷（mg/L）	0.1
二氯一溴甲烷（mg/L）	0.06
二氯乙酸（mg/L）	0.05
1，2－二氯乙烷（mg/L）	0.03
二氯甲烷（mg/L）	0.02
三卤甲烷（三氯甲烷、一氯二溴甲烷、二氯一溴甲烷、三溴甲烷的总和）	该类化合物中各种化合物的实测浓度与其各自限值的比值之和不超过1
1，1，1－三氯乙烷（mg/L）	2
三氯乙酸（mg/L）	0.1
三氯乙醛（mg/L）	0.01
2，4，6－三氯酚（mg/L）	0.2
三溴甲烷（mg/L）	0.1
七氯（mg/L）	0.0004
马拉硫磷（mg/L）	0.25

指　标	限　值
五氯酚（mg/L）	0.009
六六六（总量，mg/L）	0.005
六氯苯（mg/L）	0.001
乐果（mg/L）	0.08
对硫磷（mg/L）	0.003
灭草松（mg/L）	0.3
甲基对硫磷（mg/L）	0.02
百菌清（mg/L）	0.01
呋喃丹（mg/L）	0.007
林丹（mg/L）	0.002
毒死蜱（mg/L）	0.03
草甘膦（mg/L）	0.7
敌敌畏（mg/L）	0.001
莠去津（mg/L）	0.002
溴氰菊酯（mg/L）	0.02
2,4-滴（mg/L）	0.03
滴滴涕（mg/L）	0.001
乙苯（mg/L）	0.3
二甲苯（mg/L）	0.5
1,1-二氯乙烯（mg/L）	0.03
1,2-二氯乙烯（mg/L）	0.05
1,2-二氯苯（mg/L）	1
1,4-二氯苯（mg/L）	0.3
三氯乙烯（mg/L）	0.07
三氯苯（总量，mg/L）	0.02
六氯丁二烯（mg/L）	0.0006
丙烯酰胺（mg/L）	0.0005
四氯乙烯（mg/L）	0.04
甲苯（mg/L）	0.7
邻苯二甲酸二（2-乙基己基）酯（mg/L）	0.008
环氧氯丙烷（mg/L）	0.0004
苯（mg/L）	0.01
苯乙烯（mg/L）	0.02
苯并（a）芘（mg/L）	0.00001
氯乙烯（mg/L）	0.005
氯苯（mg/L）	0.3

指　　标	限　　值
微囊藻毒素 – LR（mg/L）	0.001
3. 感官性状和一般化学指标	
氨氮（以 N 计）（mg/L）	0.5
硫化物（mg/L）	0.02
钠（mg/L）	200

2）再生水水质标准

污水经适当处理后，达到一定的水质标准，满足某种使用要求的水称为再生水。再生水水源可以是城市生活污水厂排水、工业污水厂排水、矿坑排水等。

再生水回用就是将城市居民生活及生产中使用过的水经过处理后回用。有两种不同程度的回用：一种是将污水处理到可饮用的程度，而另一种则是将污水处理到非饮用的程度。对于前一种，因其投资较高、工艺复杂，加之人们心理上的障碍，非特缺水地区一般不采用。多数国家则是将污水处理到非饮用的程度。再生水有时被称为中水，是因其水质介于自来水和污水之间而言的。再生水可以作为在一定范围内重复使用的非饮用的杂用水，如厕所冲洗、绿地浇灌、道路冲洗；景观环境用水；农业用水；工厂冷却用水；洗车用水等。其水质指标低于城市给水中饮用水水质标准，但又高于污水（允许排入地面水体）排放标准。

因回用用途不同，其水质标准也大不相同。再生水回用水质标准总体说来，首先应满足卫生要求，主要指标有大肠菌群数、细菌总数、余氯量、悬浮物、生物化学需氧量、化学需氧量等。

其次应满足人们感观要求，即无不愉快的感觉。主要衡量指标有浑浊度、色度、臭味等。另外，水质不易引起设备、管道的严重腐蚀和结垢，使用方便，主要衡量指标有 pH、硬度、蒸发残渣、溶解性物质等。

市政、环境、娱乐、景观、生活杂用水是住宅小区再生水回用的重要部分。这些回用水主要是按用途划分，虽各有侧重但无严格界限，实际上亦常有交叉。例如，景观用水有时属灌溉、环境用水，而生活杂用水和市政用水中的绿化用水又可属景观用水。事实上，环境、景观、娱乐用水往往紧密相关，但水质要求又不尽相同，例如用以维持河道自净能力的环境用水，既可改善景观，有时又可供水上娱乐。对于同人体直接接触的娱乐用水的水质要求应高于单一的环境或景观用水水质标准。

景观环境用水有以下两种可能的回用类型：一是观赏性景观环境用水；二是娱乐性景观环境用水。景观用水，要严格考虑污染物对水体美学价值的影响。因此要在生物二级处理的基础上，一方面降低 COD、BOD_5、SS，减轻水体的有机污染负荷，防止水体发黑、发臭，影响美学效果。另一方面控制水体富营养化的程度，提高水体的感观效果。此外，还要满足卫生方面的要求，保证人体健康。

关于再生水水质的要求，我国制定了《城市污水再生利用》系列标准，表 5-5 为《城市污水再生利用　城市杂用水水质》GB/T 18920—2002 中的标准。

序号	项目		冲厕	道路清扫、消防	城市绿化	车辆冲洗	建筑施工
1	pH		6.0~9.0				
2	色（度）	≤	30				
3	嗅		无不快感				
4	浑浊度（NTU）	≤	5	10	10	5	20
5	溶解性总固体（mg/L）	≤	1500	1500	1000	1000	—
6	五日生化需氧量 BOD_5（mg/L）	≤	10	15	20	10	15
7	氨氮（mg/L）	≤	10	10	20	10	20
8	阴离子表面活性剂（mg/L）	≤	1.0	1.0	1.0	0.5	1.0
9	铁（mg/L）	≤	0.3	—	—	0.3	—
10	锰（mg/L）	≤	0.1	—	—	0.1	—
11	溶解氧（mg/L）	≥	1.0				
12	总余氯（mg/L）		接触30min后≥1.0，管网末端≥0.2				
13	总大肠菌群（个/L）	≤	3				

3）工业用水水质标准

工业用水种类繁多，水质要求各不相同。水质要求高的工艺用水，不仅要求去除水中悬浮杂质和胶体杂质，而且还需要不同程度地去除水中的溶解杂质。

食品、酿造及饮料工业的原料用水，水质要求应当高于生活饮用水的要求。

纺织、造纸工业用水，要求水质清澈，且对易于在产品上产生斑点从而影响印染质量或漂白度的杂质含量，加以严格限制。如铁和锰会使织物或纸张产生锈斑。水的硬度过高也会使织物或纸张产生钙斑。

对锅炉补给水水质的基本要求是：凡能导致锅炉、给水系统及其他热力设备腐蚀、结垢及引起汽水共腾现象的各种杂质，都应大部或全部去除。锅炉压力和构造不同，水质要求也不同。汽包锅炉和直流锅炉的补给水水质要求相差悬殊。锅炉压力愈高，水质要求也愈高。如低压锅炉（压力小于 2450kPa），主要应限制给水中的钙、镁离子含量，含氧量及 pH。当水的硬度符合要求时，即可避免水垢的产生。

在电子工业中，零件的清洗及药液的配制等，都需要纯水。例如，在微电子工业的芯片生产过程中，几乎每道工序都要用高纯水清洗。

此外，许多工业部门在生产过程中都需要大量冷却水，用以冷凝蒸汽以及工艺流体或设备降温。冷却水首先要求水温低，同时对水质也有要求，如水中存在悬浮物、藻类及微生物等，就会使管道和设备堵塞；在水循环冷却系统中，还应控制在管道和设备由于水质所引起的结垢、腐蚀和微生物繁殖。

总之，工业用水的水质优劣，与工业生产的发展和产品质量的提高关系极大。各种工业用水对水质的要求由有关工业部门制定。

4）其他水质标准

针对不同的水体及其人类的需求，国家相关的行业部门建立了很多水质标准，如《地表水环境质量标准》GB 3838、《农田灌溉水质标准》GB 5084、《海水水质标准》GB 3097、《渔业水质标准》GB 11607 等。

其中的《地表水环境质量标准》GB 3838 适用于全国江河、湖泊、运河、渠道、水库等具有使用功能的地表水水域。集中式生活饮用水源地补充项目和特定项目适用于集中式生活饮用水地表水源地一级保护区和二级保护区。标准依据地表水水域环境功能和保护目标，按功能高低依次划分为以下五类：

Ⅰ类　主要适用于源头水、国家自然保护区；

Ⅱ类　主要适用于集中式生活饮用水地表水源地一级保护区、珍稀水生生物栖息地、鱼虾类产卵场、仔稚幼鱼的索饵场等；

Ⅲ类　主要适用于集中式生活饮用水地表水源地二级保护区、鱼虾类越冬场、洄游通道、水产养殖区等渔业水域及游泳区；

Ⅳ类　主要适用于一般工业用水区及人体非直接接触的娱乐用水区；

Ⅴ类　主要适用于农业用水区及一般景观要求水域。

5.3　给水处理基本方法

取用天然水源水，进行处理达到生活和生产使用水质标准的处理过程称为给水处理。给水水处理的主要目的有三：第一，去除或部分去除水中杂质，包括有机物、无机物和微生物等，达到使用水质标准；第二，在水中加入某种化学成分以改善使用性质，例如，饮用水中加氟以防止龋齿，循环冷却水中加缓蚀剂及阻垢剂以控制腐蚀、结垢等；第三，改变水的某些物理化学性质，例如调节水的 pH、水的冷却等。此外，水处理过程中所产生的污染物处理和处置也是水处理的内容之一。

（1）单元处理方法及其应用

单元处理是水处理工艺中完成或主要完成某一特定目的的处理环节。单元处理方法可分成物理、化学（其中包括物理化学分支）和生物三种。在水处理中，为方便考虑，简化为"物理化学法"和"生物法"（或生物化学）两种。这里的"物理化学法"并非指化学分支中的"物理化学"，而是物理学和化学两大学科的合称。

1）物理化学处理法

水的物理化学处理方法较多，但主要有以下几种：

① **混凝**　在原水（未经处理或放入容器等待进一步处理的水）中投加电解质，使水中不易沉淀的胶体和悬浮物聚结成易于沉淀的絮凝体的过程称为混凝，混凝包括凝聚和絮凝两个阶段。

② **沉淀**　通常指水中悬浮颗粒在重力作用下从水中分离出来的过程。如果向水中投加某种化学药剂，与水中一些溶解物质发生化学反应而生成难溶物沉淀下来，称为化学沉淀。

③ **澄清**　这里的"澄清"一词，并非一般概念上水的沉淀澄清，而是一个专业名词，是集絮凝和沉淀于一体的单元处理方法之一。在同一个处理单元或设备中，

水中胶体、悬浮物经过絮凝聚集成尺寸较大的絮凝体，然后在同一设备中完成固—液分离。

④ **气浮** 是固—液分离或液—液（如含油水）分离的一种方法。利用大量微细气泡粘附于杂质、絮粒之上，将悬浮颗粒浮出水面而去除的工艺，称为气浮分离。

⑤ **过滤** 待滤水通过过滤介质（或过滤设备）时，水中固体物质从水中分离出来的一种单元处理方法。过滤分为表面过滤和滤层过滤（又称滤床过滤或深层过滤）两种。表面过滤是指尺寸大于介质孔隙的固体物质被截留于过滤介质表面而让水通过的一种过滤方法。如滤网过滤、微孔滤膜过滤等。滤层过滤是指过滤设备中填装粒状滤料（如石英砂、无烟煤等）形成多孔滤层的过滤。

⑥ **膜分离** 在电位差、压力差或浓度差推动力作用下，利用特定膜的透过性能，分离出水中离子、分子和固体微粒的处理方法。在水处理中，通常采用电位差和压力差两种。利用电位差的膜分离法有电渗析法；利用压力差的膜分离法有微滤、超滤、纳滤和反渗透法。

⑦ **吸附** 吸附可以发生在固相—液相、固相—气相或液相—气相之间。在某种力的作用下，被吸附物质移出原来所处的位置在界面处发生相间积聚和浓缩的现象称为吸附。由分子力产生的吸附为物理吸附；由化学键力产生的吸附为化学吸附。

⑧ **离子交换** 一种不溶于水且带有可交换基团的固体颗粒（离子交换剂）从水溶液中吸附阴、阳离子，且把本身可交换基团中带相同电荷的离子等当量地释放到水中，从而达到去除水中特定离子的过程。离子交换法广泛应用于硬水软化、除盐和工业废水中的铬铜等重金属的去除。

⑨ **化学氧化** 用氧化剂氧化水中有毒有害物质使之转化为无毒无害或不溶解物质的方法，称为氧化法。氧化、还原同时发生，氧化剂得到电子得以还原，而使另一种物质失去电子受到氧化。给水处理常用氧、氯等氧化剂氧化水中铁、锰、铬、氰等无机物生成不溶解物质沉淀去除。用氯、二氧化氯等氧化剂可以灭活水中细菌和绝大多数病原体进行消毒。

⑩ **曝气** 给水处理中曝气主要是利用机械或水力作用将空气中的氧转移到水中充氧或使水中有害的溶解气体穿过气液界面向气相转移，从而达到去除水中溶解性气体（游离二氧化碳、硫化氢等）和挥发性物质的过程。

⑪ **消毒** 消毒的主要目的是灭活水中的致病微生物（包括病菌、病毒和原生动物孢囊等）。水的消毒方法很多，目前常用氯及氯化物消毒、臭氧消毒、紫外线消毒以及高级氧化消毒等。紫外线消毒是一种物理消毒方法，主要通过对微生物（细菌、病毒、芽孢等病原体）的辐射损伤和破坏核酸的功能使微生物致死，从而达到消毒的目的；其他消毒方法主要是利用消毒剂的强氧化能力来杀灭致病微生物。消毒是给水处理和污水处理中必不可少的工艺。

2）生物处理方法

利用微生物（主要是细菌菌落）的新陈代谢功能去除水中有机物和某些无机物的处理方法称为生物处理方法。在给水处理中，大多采用微生物附着生长在固定填料或载体表面形成的生物膜，降解水中有机物的方法，即为生物膜法。给水处理中的生物处理方法主要去除水中微量有机污染物和氨氮等。

以上所介绍的各种单元处理方法，在水处理中的应用是灵活多样的。去除一种污染物，往往可采用多种处理方法。同样，一种处理方法，往往也可应对多种处理对象。例如，氧化还原法可以去除的对象有：有机物，铁、锰、铬、氰等无机物以及灭菌除藻等。只有极少数处理方法，其功能是相对单一的。例如，中和法仅适用于酸、碱废水的中和。

还有一点必须注意：有的单元处理方法在应对主要处理对象的同时，往往也会兼收其他的处理效果。例如，沉淀、澄清的处理对象主要是水中悬浮物和胶体物质，其作用是使浑水变清。在此过程中，水中有机物、菌落也会得到部分去除。

（2）水处理工艺系统

天然水体中杂质的成分相当复杂，单靠某一种单元处理，难以达到预定的水质目标。往往需要由多个单元串联处理协同完成。由多个单元处理组成的处理过程称为水处理工艺系统或水处理工艺流程。例如，在给水处理中，传统的处理工艺通常由 4 个单元处理组成，即：混凝→沉淀→过滤→消毒。不同的原水水质或达到不同的出水标准，可用不同的处理工艺和单元处理方法。从事水处理工作者的任务就是在众多处理工艺和处理方法中寻求适合不同原水水质处理的最为经济有效的处理工艺和处理方法，并不断研究新的处理工艺和方法。

5.4 反应器概念及其在水处理中应用

反应器是化工生产过程中的核心部分。在反应器中所进行的过程，既有化学反应过程，又有物理过程，并有多方面的影响因素。化学反应工程把这种复杂的研究对象用数学模型的方法予以等效简化，使得反应装置的选择、反应器尺寸的计算、反应过程的操作及最优控制等较为科学。

反应器的概念在水处理中含义较广泛，上述各种单元处理所用的设备或构筑物均可称之为反应器，包括化学反应、生物化学反应以至纯物理过程等。尽管水处理单元和化工生产过程在生产条件、生产批量、生产原料上的要求不同，但了解反应器基本原理对水处理设备的选型、设计、设备性能的判断和操作条件的优化控制等均有指导意义，对水处理理论的发展和提高也有促进作用，本节对此作一简要介绍。

（1）物料衡算

在反应器内，某物质的产生、消失或浓度的变化，或者由化学反应引起；或者由物质迁移或质量传递引起；或者由两者同时作用的结果。设在反应器内某一指定部位（亦即指定某一反应区），任选某一物料组分 i，根据质量守恒定律，可写出如下物料平衡式（均以单位时间、单位体积物料计）：

$$变化量 = 输入量 - 输出量 + 反应量 \tag{5-1}$$

反应量指组分 i 由于化学反应而消失（或产生）的量。变化量指由上述三种作用引起反应器指定部位内 i 组分的变化，变化量又称"累积量"。单位均以［摩尔/体积/时间］或［质量单位/体积/时间］计。

（2）理想反应器

由于反应器内实际进行的物质迁移或流动过程相当复杂，建立数学模型十分困难。为此，将反应器内物质迁移或流动作一些假定予以简化。通过简化的反应器称理想反应器。可近似反映真实反应器的特征，并可由此进一步推出偏离理想状态的非理想反应器模型。图 5-3 表示 3 种理想反应器，即：

① 完全混合间歇式反应器（Completely mixed batch reactor，简称 CMB 型）

② 推流式反应器（Plug flow reactor，简称 PF 型）

③ 完全混合连续式反应器（Continuous stirred tank reactor，简称 CSTR 型）

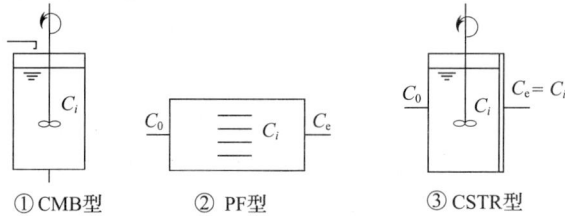

图 5-3　理想反应器图示

C_0—进口物料浓度；C_i—反应器内时间为 t 的物料浓度；C_e—出口物料浓度

1）完全混合间歇式反应器（CMB）

这是一种间歇操作的反应器。物料投入反应器后，通过搅拌使容器内物质均匀混合，同时进行反应，直至反应产物达到预期要求时，操作停止，排出反应产物，然后再进行下一批生产。在整个反应过程中，既无新的物料投入，也无反应产物排出容器。显然，就该系统而言，在反应过程中，不存在物料的输入和输出，即无输入量和输出量，只有变化量和反应量。假定是在恒温下操作，可写出下列反应式：

$$\frac{\mathrm{d}C_i}{\mathrm{d}t} = r(C_i) \tag{5-2}$$

当 $t = 0$ 时 $C_i = C_0$，积分式（5-2）得：

$$t = \int_{C_0}^{C_i} \frac{\mathrm{d}C_i}{r(C_i)} \tag{5-3}$$

如果反应速率 $r(C_i)$ 已知，通过积分就可算出物料 i 由进口浓度 C_0 变化至 C_i 所需的时间 t，从而根据生产要求，求出所需反应器容积。

如果物料反应为一级反应（并设 i 随时间减少），则 $r(C_i) = -kC_i$，代入式（5-3）得：

$$t = \int_{C_0}^{C_i} \frac{\mathrm{d}C_i}{-kC_i} = \frac{1}{k}\ln\frac{C_0}{C_i} \tag{5-4}$$

如果物料反应为二级反应（并设 i 随时间减少），则 $r(C_i) = -kC_i^2$，代入式（5-3）：

$$t = \int_{C_0}^{C_i} \frac{\mathrm{d}C_i}{-kC_i^2} = \frac{1}{k}\left(\frac{1}{C_i} - \frac{1}{C_0}\right) \tag{5-5}$$

式中，k——反应速度常数。

2）推流式反应器（PF）

理想的推流式反应器又称为活塞流反应器。反应器内的物料随水流以相同流速 v 平行流动。物料浓度在垂直于水流方向完全均匀，而沿着水流方向将发生变化。这种反应器物料的输入和输出就是平行流动的主流传送，而无纵向扩散作用。在稳定状态下，沿水流方向各断面处的物料浓度 C_i 不随时间而变，即 $\dfrac{\mathrm{d}C_i}{\mathrm{d}t}=0$，可以简化为：

$$v\frac{\mathrm{d}C_i}{\mathrm{d}x} = r(C_i) \tag{5-6}$$

按边界条件 $x=0$，$C_i=C_0$；$x=x$，$C_i=C_i$；积分式（5-6）得：

$$t = \frac{x}{v} = \int_{C_0}^{C_i}\frac{\mathrm{d}C_i}{r(C_i)} \tag{5-7}$$

由式（5-7）可见，推流式反应器（PF）和间歇式反应器（CMB）内的反应过程是完全一样。但间歇式反应器除了反应时间以外，还需考虑投料和卸料时间，而推流式反应器为连续操作。

推流式反应器在水处理中较广泛地用作水处理构筑物或设备的分析模型。如平流沉淀、滤池及氯化消毒接触池就接近于 PF 型反应器。

【例题 5-1】消毒试验设备采用 PF 式反应器。在消毒过程中，水中细菌个数随着消毒剂和水接触时间的延长而逐渐减少。设存活的细菌密度随时间的变化速率符合一级反应，且假定 $k = 0.92\mathrm{min}^{-1}$，求细菌灭活 99% 时，所需时间为多少？

【解】设原有细菌密度为 C_0，t 时后尚存活的为 C_i，则在 t 时后，细菌的灭活率为：

$$\frac{C_0 - C_i}{C_0} = 99\%，C_i = 0.01C_0$$

细菌灭活速率等于原有细菌减少速率。按一级反应，$r(C_i) = -kC_i = -0.92C_i$，代入式（5-4）：

$$t = \frac{1}{k}\ln\frac{C_0}{C_i} = \frac{1}{0.92}\ln\frac{C_0}{0.01C_0} = 5\mathrm{min}$$

3）完全混合连续式反应器（CSTR）

在水处理中，完全混合连续式反应器应用较多，例如快速混合池即是一例。当物料投入反应器后，经搅拌立即与反应器内的料液达到完全均匀混合。新的物料连续输入，反应产物也连续输出。不难理解，输出的产物其浓度和成分必然与反应器内的物料相同（即 $C_i = C_0$）。新的物料一旦投入反应器。由于快速混合作用，一部分新鲜物料必然随产物立刻输出，理论上说，这部分物料在反应器内停留时间等于零。而另一部分新鲜物料在反应器内的停留时间则各不相同，理论上最长的等于无穷大。

根据反应器内物料完全均匀混合且与输出产物相同的假定，在等温操作下，写出物料平衡式：

$$V\frac{\mathrm{d}C_i}{\mathrm{d}t} = QC_0 - QC_i + Vr(C_i) \tag{5-8}$$

式中　　V——反应器内液体体积；

Q——流入或输出反应器的流量；

C_0——进入反应器时组分 i 的浓度；

C_i——反应器内组分 i 的浓度。

通常，按稳定状态考虑，即在进入反应器的 i 物质浓度 C_0 不变的条件下，反应器内的组分 i 的浓度 C_i 亦不随时间而变化，即 $\dfrac{\mathrm{d}C_i}{\mathrm{d}t}=0$，于是：

$$QC_0 - QC_i + Vr(C_i) = 0 \qquad (5-9)$$

如果物料反应为一级反应，将 $r(C_i) = -kC_i$ 代入式（5-9）得：

$$QC_0 - QC_i - VkC_i = 0$$

因为，反应器内液体体积 V 等于流入反应器的流量 Q 和平均停留时间的乘积，即 $V = Q\bar{t}$，代入式（5-9）并经整理得：

$$\bar{t} = \frac{1}{k}\left(\frac{C_0}{C_i} - 1\right) 或 \frac{C_i}{C_0} = \frac{1}{1 + k\bar{t}} \qquad (5-10)$$

如果物料反应为二级反应，将 $r(C_i) = -kC_i^2$ 代入式（5-9）得：

$$QC_0 - QC_i - VkC_i^2 = 0 \qquad (5-11)$$

求解此一元二次方程式可以求出 t、C_i 值。

【例题 5-2】消毒试验设备采用 CSTR 型反应器。在消毒过程中，水中细菌个数随着消毒剂和水接触时间的延长逐渐减少。设存活的细菌密度随时间的变化速率符合一级反应，且假定 $k = 0.92\text{min}^{-1}$，求细菌被灭活 99% 时，所需时间为多少？

【解】将 $C_i = 0.01C_0$，$k = 0.92\text{min}^{-1}$ 代入式（5-10）：

$$t = \frac{1}{k}\left(\frac{C_0}{C_i} - 1\right) = \frac{1}{0.92}\left(\frac{C_0}{0.01C_0} - 1\right) = 107.6\text{min}$$

对比【例题 5-1】和【例题 5-2】可知，采用 CSTR 型反应器所需消毒时间几乎是 PF 型反应器所需消毒时间的 21.5 倍。这是由于 CSTR 反应器仅仅是在细菌浓度为最终浓度 $C_i = 0.01C_0$ 下进行反应，反应速度很低。而在 PF 反应器内，开始反应时，反应器内细菌浓度很高（C_0），相应的反应速度很快；随着反应流程延长，细菌浓度逐渐减小，反应速度也随之逐渐减低。直至反应结束时，才和 CSTR 的整个反应时间内的低反应速度一样。

4）完全混合连续式反应器（CSTR 型）串联

在水处理中，通常会将数个 CSTR 型反应器串联使用。如果采用 n 个体积相等、反应速度常数 k 值相同的 CSTR 型反应器串联使用，则第 2 个反应器的输入物料浓度即为第 1 个反应器的输出物料浓度，依此类推。

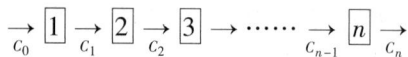

$$\xrightarrow{C_0} \boxed{1} \xrightarrow{C_1} \boxed{2} \xrightarrow{C_2} \boxed{3} \rightarrow \cdots\cdots \rightarrow \boxed{n} \xrightarrow{C_n}$$

设为一级反应，每个反应器停留时间 $\bar{t}$ 相同，物料进出浓度之比可写出如下公式：

$$\frac{C_1}{C_0} = \frac{1}{1 + k\bar{t}}; \quad \frac{C_2}{C_1} = \frac{1}{1 + k\bar{t}}; \quad \cdots \frac{C_n}{C_{n-1}} = \frac{1}{1 + k\bar{t}}$$

$$\frac{C_1}{C_0} \cdot \frac{C_2}{C_1} \cdot \frac{C_3}{C_2} \cdot \cdots \cdot \frac{C_n}{C_{n-1}} = \frac{1}{1 + k\bar{t}} \cdot \frac{1}{1 + k \cdot \bar{t}} \cdot \frac{1}{1 + k\bar{t}} \cdot \cdots \cdot \frac{1}{1 + k\bar{t}}$$

写成通式：$\dfrac{C_n}{C_0} = \left(\dfrac{1}{1 + k\bar{t}}\right)^n$ 或 $\bar{t} = \dfrac{1}{k}\left[\left(\dfrac{C_0}{C_n}\right)^{\frac{1}{n}} - 1\right]$ $\qquad (5-12)$

式中 $\bar{t}$ 为单个反应器的反应时间。总反应时间 $T = n\bar{t}$。

【例题 5-3】在【例题 5-2】中若采用 3 个体积相等的 CSTR 型反应器串联，求所需消毒时间为多少?

【解】$\dfrac{C_n}{C_0} = 0.01$，$n = 3$，代入式（5-12）：$\overline{t} = \dfrac{1}{0.92}\left[\left(\dfrac{1}{0.01}\right)^{\frac{1}{3}} - 1\right] = 3.96\text{min}$

$$T = n\,\overline{t} = 3 \times 3.96 = 11.88 \approx 12\text{min}$$

由此可知采用 3 个 CSTR 型反应器串联，所需消毒时间比 1 个反应器大大缩短。串联的反应器数愈多，所需反应时间愈短，理论上，当串联的反应器数 $n \to \infty$ 时，所需反应时间将趋近于 CMB 型或 PF 型的反应时间。表 5-6 列出 3 种理想反应器的理论停留时间表达式。

理想反应器的理论停留时间 表 5-6

反应级	平均停留时间		
	CMB 型	PF 型	CSTR 型
0	$\dfrac{1}{k}(C_0 - C_i)$	$\dfrac{1}{k}(C_0 - C_i)$	$\dfrac{1}{k}(C_0 - C_i)$
1	$\dfrac{1}{k}\ln\dfrac{C_0}{C_i}$	$\dfrac{1}{k}\ln\dfrac{C_0}{C_i}$	$\dfrac{1}{k}\left(\dfrac{C_0}{C_i} - 1\right)$
2	$\dfrac{1}{kC_0}\left(\dfrac{C_0}{C_i} - 1\right)$	$\dfrac{1}{kC_0}\left(\dfrac{C_0}{C_i} - 1\right)$	$\dfrac{1}{kC_i}\left(\dfrac{C_0}{C_i} - 1\right)$
$n(n \neq 1)$	$\dfrac{1}{k(n-1)C_0^{\,n-1}}\left[\left(\dfrac{C_0}{C_i}\right)^{n-1} - 1\right]$	$\dfrac{1}{k(n-1)C_0^{\,n-1}}\left[\left(\dfrac{C_0}{C_i}\right)^{n-1} - 1\right]$	$\dfrac{1}{kC_i^{\,n-1}}\left(\dfrac{C_0}{C_i} - 1\right)$

注：C_0 为进口处物料浓度；C_i 为平均停留时间 t 时的物料浓度；k 为反应速度常数。

6 水 的 混 凝

6.1 混凝机理

自来水厂所去除的杂质主要是悬浮物和胶体颗粒，需要经过混凝。广义上认为，混凝是通过投加电解质或搅拌、加热、冷冻水体或施加电场、磁场促使水中胶体颗粒和细小悬浮颗粒相互聚结的过程。在水处理过程中，指的是投加电解质促使水中胶体颗粒和细小悬浮颗粒相互聚结的过程。混凝过程涉及水中胶体颗粒和细小悬浮物的性质、投加的电解质（混凝剂）水解聚合产物基本性质以及胶体颗粒与混凝剂的作用。在整个混凝过程中，一般把混凝剂水解后和胶体颗粒碰撞、改变胶体颗粒的性质，使其脱稳，称为"凝聚"。在外界水力扰动条件下，脱稳后颗粒相互聚结称为"絮凝"。混凝包括凝聚、絮凝的整个过程，也有将凝聚、混凝概念相互通用。本章沿用混凝即为凝聚和絮凝的概念。

在水处理中，混凝是影响处理效果最为关键的因素。混凝的作用不仅能够使处于悬浮状态的胶体和细小悬浮物聚结成容易沉淀分离的颗粒，而且能够部分地去除色度，无机污染物、有机污染物，以及铁、锰形成的胶体络合物。同时也能去除一些放射性物质、浮游生物和藻类。

（1）水中胶体颗粒的稳定性

1）胶体颗粒的动力学稳定性

天然水体中含有黏土、泥沙和腐殖物等杂质。从粒度分布考虑，应分为悬浮物、胶体颗粒及溶解杂质。它们和水体一起构成了水的分散系。从胶体化学角度来看，亲水的高分子溶液处于相对稳定状态，即不容易沉淀析出。而黏土类胶体颗粒及其他憎水化合物、胶体，久置后会逐渐沉淀析出，并不是稳定体系。但从水处理过程考虑，不允许有过长的沉淀分离时间，水中的一些胶体颗粒也就不能自然分离出来。所以，凡沉降速度十分缓慢的胶体颗粒，细小悬浮物均被看作是稳定的。于是，就把水中黏土胶体颗粒及细小悬浮物和水构成的分散体系认为是稳定体系。由此可知，所谓的稳定性是指胶体颗粒长期处于分散悬浮状态而不聚结沉淀的性能。

水中胶体颗粒一般分为两大类，一类是与水分子有很强亲和力的胶体，如蛋白质、碳氢化合物以及一些复杂有机化合物的大分子形成的胶体，称为亲水胶体。其发生水合现象，包裹在水化膜之中。另一类与水分子亲和力较弱，一般不发生水合现象，如黏土、矿石粉等无机物属于憎水胶体。由于水中的憎水胶体颗粒含量很高，引起水的浑浊度变化，有时出现色度增加，且容易附着其他有机物和微生物，是水处理的主要对象。

胶体颗粒和水组成的分散系的性质取决于胶体颗粒粒度分布。也就是说，不同粒径的颗粒所占的比例大小不同，直接影响了其基本特性。天然水体中的胶体颗粒或细小悬浮物粒径在 $0.01 \sim 10\mu m$ 时，会发生布朗运动。受到水分子和其他溶解杂质分子的布朗运动撞击后，也具有了一定的能量，处于动荡状态。这种胶体颗粒本身的质量很小，在水中的重力不足以抵抗布朗运动的影响，故而能长期悬浮在水中，称为动力学稳定。如果是较大颗粒（$d > 5\mu m$）组成的悬浮物，它们本身布朗运动很弱，虽然也受到其他发生布朗运动的分子、离子撞击，因粒径较大，四面八方的撞击作用趋于平衡。在水中的重力能够克服布朗运动及水流运动的影响，容易下沉，则称为动力学不稳定。

水分子和其他溶解杂质分子的布朗运动既是胶体颗粒稳定性因素，同时又是能够引起颗粒运动碰撞聚结的不稳定因素。在布朗运动作用下，如果胶体颗粒相互碰撞、聚结成大颗粒，其动力学稳定性随之消失而沉淀下来，则称为聚集不稳定性。由此看出，胶体稳定性包括动力稳定和聚集稳定。如果胶体粒子很小，即使在布朗运动作用下有自发的相互聚集倾向，但因胶体表面同性电荷排斥或水化膜阻碍，也不能相互聚集。故认为胶体颗粒的聚集稳定性是决定胶体稳定性的关键因素。

2）胶体的结构形式

水中黏土胶体颗粒可以看成是大的黏土颗粒多次分割的结果。在分割面上的分子和离子改变了原来的平衡状态，所处的力场、电场呈现不平衡状况，具有表面自由能，因而表现出了对外的吸附作用。在水中其他离子作用下，出现相对平衡的结构形式，如图6-1所示。

由黏土颗粒组成的胶核表面上吸附或电离产生了电位离子层，具有一个总电位（Φ 电位）。由于该层电荷作用，使其在表面附近从水中吸附了一层电荷符号相反的离子，形成了反离子吸附层。反离子吸附层紧靠胶核表面，随胶核一起运动，称为胶粒。总电位（Φ 电位）和吸附层中的反离子电荷量并不相等，其差值称为 ζ 电位，

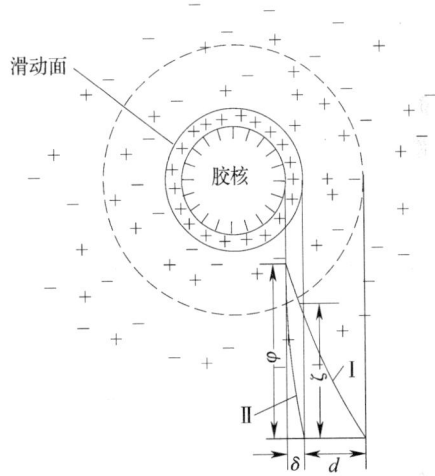

图6-1　胶体双电层结构示意

又称动电位，也就是胶粒表面（或胶体滑动面）上的电位，在数值上等于总电位中和了吸附层中反离子电荷后的剩余值。当胶粒运动到任何一处，总有一些与 ζ 电位电荷符号相反的离子被吸附过来，形成了反离子扩散层。于是，胶核表面所带的电荷和其周围的反离子吸附层、扩散层形成了双电层结构。双电层与胶核本身构成了一个整体的电中性构造，又称为胶团。如果胶核带有正电荷（如金属氢氧化物胶体），构成的双电层结构、电荷和黏土胶粒构成的双电层结构、电荷正好相反。天然水中的胶体杂质通常是带负电荷胶体。

ζ 电位的高低和水中杂质成分、粒径有关。同一种胶体颗粒在不同的水体中，因附着的细菌、藻类及其他杂质不同，所表现的 ζ 电位值不完全相同。由于无法把吸附层中的反离子层分开，只能在胶粒带着一部分反离子吸附层运动时，测定其电泳速度或电泳迁移率换算成 ζ 电位。

带有 ζ 电位的憎水胶体颗粒在水中处于运动状态，并阻碍光线透过或光的散射而使水体产生浑浊度。水的浑浊度高低不仅和含有的胶体颗粒的重量浓度有关，而且还和胶体颗粒的分散程度（即粒径大小）有关。

3）胶体颗粒聚集稳定性

天然水体中胶体颗粒虽处于运动状态，但大多不能自然碰撞聚集成大的颗粒。除因含有胶体颗粒的水体黏滞性增加，影响颗粒的运动和相互碰撞接触外，其主要原因还是带有相同性质的电荷所致。当两个胶粒接近到扩散层重叠时，便产生了静电斥力。静电斥力与两胶粒表面距离 x 有关，用排斥势能 E_R 表示。E_R 随 x 增大而按指数关系减小，见图 6-2。然而，与斥力对应的还普遍存在一个范德华引力作用。两颗粒间范德华力的大小同样也和胶粒间距有关，用吸引势能 E_A 表示。对于两个胶粒而言，促使胶粒相互聚集的吸引势能 E_A 和阻碍聚集的排斥势能 E_R 可以认为是具有不同作用方向的两个矢量。其代数和即为总势能 E。相互接触的两胶粒能否凝聚，决定于总势能 E 的大小和方向。

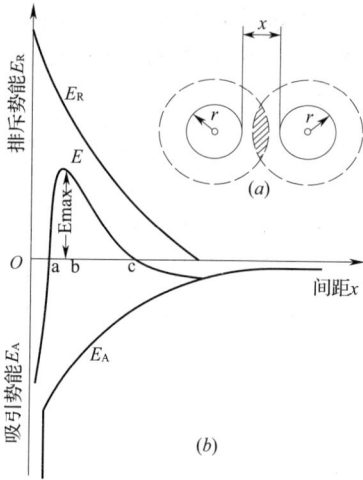

图 6-2 相互作用势能与粒间距离关系

(a) 双电层重叠；(b) 势能变化曲线

胶粒表面扩散层中反离子的化合价高低，直接影响胶体扩散层的厚度，从而影响两胶粒间的距离大小。显然，反离子化合价越高，观察到凝聚现象时的反离子浓度值（即临界凝聚值）越低。一般两价离子的凝聚能力是一价离子的 20 ~ 80 倍。

胶体颗粒聚集稳定性并非都是静电斥力引起的，有一部分胶体表面带有水合层，阻碍了胶粒直接接触，也是聚集稳定性的因素。一般认为无机黏土憎水胶体的水化作用对聚集稳定性影响较小。但对于有机胶体或高分子物质组成的亲水胶体来说，水化作用却是聚集稳定性的主要原因。亲水胶体颗粒周围包裹了一层较厚的水化膜，使之无法相互靠近，因而范德华引力不能发挥作用。如果一些憎水胶体表面附着有亲水胶体，同样，水化膜作用也会影响范德华引力作用。实践证明，亲水胶体虽然也存在双电层结构，但 ζ 电位对胶体稳定性的影响远小于水化膜的影响。

由上述分析可知，水中分子、离子的布朗运动撞击细小胶体颗粒使其处于动力学稳定状态，虽然能促使个别胶粒运动越过排斥能峰，在范德华引力作用下相互聚结，但对于绝大部分的胶粒而言，是无法克服排斥势能和水化膜作用影响的，也就不能发生聚集，而处于聚集稳定状态。

（2）硫酸铝在水中的化学反应

硫酸铝是水处理中使用广泛的一种无机盐混凝剂。它的作用原理可代表其他无机盐的混凝作用原理。

硫酸铝 $Al_2(SO_4)_3 \cdot 18H_2O$，溶于水后，立即离解出铝离子，且常以 $[Al(H_2O)_6]^{3+}$ 的水合形态存在。在一定条件下，Al^{3+}（略去配位水分子）经过水解、聚合或配合反应可形成多种形态的配合物或聚合物以及氢氧化铝 $Al(OH)_3$ 沉淀物。各种物质组分的含量多少以至存在与否，决定于铝离子水解时的条件，包括水温、pH、铝盐投加量等。水解产物的结构形态主要取决于羟铝比（OH）/（Al）——每摩尔铝所结合的羟基摩尔数。

铝离子通过水解产生的物质分成 3 类：未水解的水合铝离子及单核羟基配合物；多核多羟基聚合物；氢氧化铝沉淀（固体）物。多核多羟基配合物可认为是由单核羟基配合物通过羟基桥联形成的，如两个单核单羟基铝离子通过两个羟基（OH）桥形成双核双羟基铝离子的反应式为：

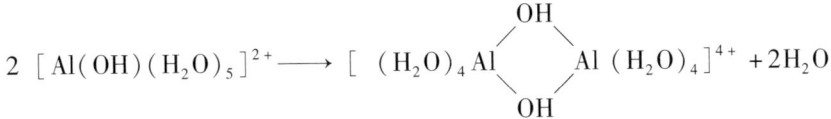

$$2\left[Al(OH)(H_2O)_5\right]^{2+} \longrightarrow \left[(H_2O)_4Al \underset{OH}{\overset{OH}{\diamond}} Al(H_2O)_4\right]^{4+} + 2H_2O$$

各种水解产物的相对含量与水的 pH 和铝盐投加量有关。当 pH < 3 时，水中的铝以 $\left[Al(H_2O)_6\right]^{3+}$ 形态存在，即不发生水解反应。随着水的 pH 升高，羟基配合物及聚合物相继产生，各种组分的相对含量与总的铝盐浓度有关。

（3）混凝机理

水处理中的混凝过程比较复杂，不同种类型的混凝剂以及在不同的水质条件下，混凝剂作用机理都有所不同。当前，看法比较一致的是，混凝剂对水中胶体粒子的混凝作用有三种：电性中和、吸附架桥和卷扫作用。这三种作用机理究竟以何种为主，取决于混凝剂种类和投加量、水中胶体粒子性质、含量以及水的 pH 等。三种作用机理有时会同时发生，有时仅其中一两种机理发挥作用。目前，这三种作用机理尚限于定性描述，今后的研究目标除定性描述外将以定量计算为主。

1）电性中和作用机理

根据胶体颗粒聚集理论，要使胶粒通过布朗运动碰撞聚集，必须降低或消除排斥能峰。吸引势能与胶粒电荷无关，它主要决定于构成胶体的物质种类、尺寸和密度。对于一定水源的水质，水中胶体特性基本不变。因此，降低或者消除 ζ 电位，即会降低排斥能峰，减小扩散层厚度，使两胶粒相互靠近，更好发挥吸引势能作用。向水中投加电解质（混凝剂）可以达到这一目的。

水中的黏土胶体颗粒表面带有负电荷（ζ 电位），和扩散层包围的反离子电荷总数相等，符号相反。向水中投加一些带正电荷的离子，即增加反离子的浓度，可使胶粒周围较小范围内的反离子电荷总数和 ζ 电位值相等，则为压缩扩散层厚度。如果向水中投加高化合价带正电荷的电解质，即增加反离子的强度，则可使胶粒周围更小范围内的反离子电荷总数就会和 ζ 电位平衡，也就进一步压缩了扩散层厚度。

当投加的电解质离子吸附在胶粒表面时，胶体颗粒扩散层厚度会变得很小，ζ 电位会降低，甚至于出现 $\zeta = 0$ 的等电状态，此时排斥势能消失。实际上，只要 ζ 电位降至临界电位 ζ_k 时，$E_{max} = 0$。这种脱稳方式被称为压缩双电层作用。

在混凝过程中，有时投加高化合价电解质，会出现胶粒表面所带电荷符号反逆重新稳定（再稳）现象。试验证明，当水中铝盐投量过多时，水中原来带负电荷的胶体可变成带正电荷的胶体。在水处理中，一般均投加高价电解质（如三价铝或铁盐）或聚合离子。以铝盐为例，只有当水的 pH < 3 时，$\left[Al(H_2O)_6\right]^{3+}$ 才起到压缩扩散（双电）层作用。当 pH > 3 时，水中便出现聚合离子及多核羟基配合物。这些物质往往会吸附在胶核表面，分子量越大，吸附作用愈强。

带正电荷的高分子物质和带负电荷胶粒吸附性很强。分子量不同的两种高分子电解质同时投入水中，分子量大者优先被胶粒吸附。如果不同时投入水中，先投加分子量低者吸附后再投入分子量高的电解质，会发现分子量高的电解质将慢慢置换出分子量低的电解质。这种分子量大、正电荷价数高的电解质优先涌入到吸附层表面中和 ζ 电位的原理称为

"吸附－电性中和"作用。在给水处理中，天然水体的 pH 通常总是大于 3，而投加的混凝剂多是带高价正电荷的电解质，则压缩双电层作用就会显得非常微弱了。实际上，吸附－电性中和的混凝过程中，包含了压缩双电层作用。

2）吸附架桥作用机理

不仅带异性电荷的高分子物质具有强烈吸附作用，不带电荷甚至带有与胶体同性电荷的高分子物质与胶粒也有吸附作用。当高分子链的一端吸附了某一胶粒后，另一端又吸附了另一胶粒，形成"胶粒－高分子－胶粒"的絮凝体，如图 6-3 所示。高分子物质在这里起到了胶粒与胶粒之间相互结合的桥梁作用，故称吸附架桥作用。高分子物质性质不同，吸附力的性质和大小不同。当高分子物质投量过多时，将产生"胶体保护"现象，如图 6-4 所示。即认为：当全部胶粒的吸附面均被高分子覆盖以后，两胶粒接近时，就会受到高分子的阻碍而不能聚集。这种阻碍来源于高分子之间的相互排斥。排斥力可能来源于"胶粒－胶粒"之间高分子受到压缩变形（像弹簧被压缩一样）而具有排斥势能，也可能由于高分子之间的电性斥力（对带电高分子而言）或水化膜。因此，高分子物质投量过少不足以将胶粒架桥连接起来，投量过多又会产生胶体保护作用。最佳投量应是既能把胶粒架桥连接起来，又可使絮凝起来的最大胶粒不易脱落。根据吸附原理，胶粒表面高分子覆盖率等于 1/2 时絮凝效果最好。但在实际水处理中，胶粒表面覆盖率无法测定，故高分子混凝剂投加量通常由试验决定。

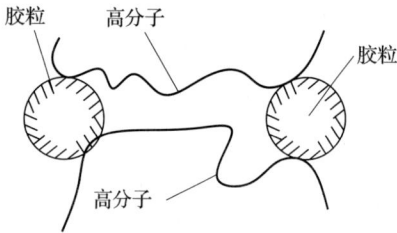

图 6-3　架桥模型示意　　　　　　　　图 6-4　胶体保护示意

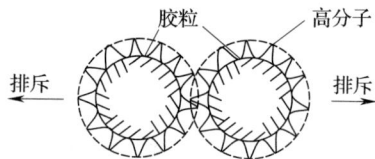

起架桥作用的高分子都是线性分子且需要一定长度。长度不够不能起粒间架桥作用，只能被单个分子吸附。显然，铝盐的多核水解产物，其分子尺寸都不足以起粒间架桥作用，只能被单个分子吸附发挥电性中和作用。而中性氢氧化铝聚合物 $[Al(OH)_3]_n$ 则可能起到架桥作用。

不言而喻，若高分子物质为阳离子型聚合电解质，它具有电性中和及吸附架桥双重作用；若为非离子型（不带电荷）或阴离子型（带负电荷）的聚合电解质，只能起粒间架桥作用。

3）网捕或卷扫

当铝盐或铁盐混凝剂投量很大而形成氢氧化物沉淀时，可以网捕、卷扫水中胶粒一并产生沉淀分离，称为卷扫或网捕作用。这种作用，基本上是一种机械作用，所需混凝剂量与原水杂质含量成反比，即原水中胶体杂质含量少时，所需混凝剂多，水中胶体杂质含量多时，所需混凝剂少。

6.2 混凝动力学及混凝控制指标

要使杂质颗粒之间或杂质与混凝剂之间发生絮凝，一个必要条件是使颗粒相互碰撞。碰撞速率和混凝速率问题属于混凝动力学范畴，这里仅介绍一些基本概念。

推动水中颗粒相互碰撞的动力来自两方面：颗粒在水中的布朗运动；在水力或机械搅拌下所造成的水体运动。由布朗运动所引起的颗粒碰撞聚集称为"异向絮凝"。由水体运动所引起的颗粒碰撞聚集称为"同向絮凝"。

（1）异向絮凝

颗粒在水分子热运动的撞击下所作的布朗运动是无规则的。这种无规则运动必然导致颗粒相互碰撞。当颗粒已完全脱稳后，一经碰撞就可能发生絮凝，从而使小颗粒聚集成大颗粒。因水中固体颗粒总质量没有发生变化，只是颗粒数量浓度（单位体积水中的颗粒个数）减少。颗粒的絮凝速率决定于碰撞速率。假定颗粒为均匀球体，如果两个颗粒每次碰撞后均会发生聚结，取颗粒的 ［絮凝速率］ $= -\dfrac{1}{2}$ ［碰撞速率］，则由布朗运动引起胶体颗粒的聚结速率，即为异向絮凝速度：

$$\frac{\mathrm{d}n}{\mathrm{d}t} = -\frac{1}{2}N_P = -\frac{4}{3\nu\rho}KT\eta n^2 \tag{6-1}$$

式中　n——颗粒数量浓度，个/cm^3；

　　　η——有效碰撞系数；

　　　K——波兹曼（Boltzmann）常数，1.38×10^{-16}g·cm^2/(s^2·K)；

　　　T——水的绝对温度，K；

　　　ν——水的运动黏度，cm^2/s；

　　　ρ——水的密度，g/cm^3。

由布朗运动引起胶粒碰撞聚结成大颗粒的速度，就是原有胶粒个数减少的速率，与水的温度成正比，与颗粒数量浓度的平方成正比。从表面上看来，与颗粒尺寸无关，而实际上，这是一个用发生布朗运动颗粒平均粒径代入求出的絮凝速度表达式。只有微小颗粒才具有布朗运动的可能性，且速度极为缓慢。随着颗粒粒径的增大，布朗运动的影响逐渐减弱，当颗粒粒径大于1μm时，布朗运动基本消失，异向絮凝自然停止。显然，异向絮凝速度是和颗粒粒径有关系的。由此还可以看出，要使较大颗粒进一步碰撞聚集，需要靠水体流动或扰动水体完成这一过程。

【例题 6-1】设天然河水中细小黏土颗粒的个数浓度为 3×10^6个/mL，在布朗运动作用下发生异向絮凝，有效碰撞系数 $\eta = 0.5$，水的密度 $\rho = 1.0$g/cm^3，求在水温20℃条件下水中胶体颗粒个数减少20%的时间。

【解】20℃时水的运动黏度 $\nu = 0.01$cm^2/s，根据式（6-1）得：

$\dfrac{\mathrm{d}n}{\mathrm{d}t} = -\dfrac{4}{3\nu\rho}KT\eta n^2$，　$\dfrac{\mathrm{d}n}{n^2} = -\dfrac{4}{3\nu\rho}KT\eta\mathrm{d}t$，　$\dfrac{1}{n} - \dfrac{1}{n_0} = \dfrac{4}{3\nu\rho}KT\eta t$，

取 $n = 0.8n_0$，得：

$$t = \frac{0.25}{n_0} \cdot \frac{3\nu\rho}{4KT\eta} = \frac{0.25 \times 3 \times 0.01 \times 1}{3 \times 10^6 \times 4 \times 1.38 \times 10^{-16} \times (273 + 20) \times 0.5} = 30914.6\mathrm{s} = 8.59\mathrm{h}$$

（2）同向絮凝

同向絮凝在整个混凝过程中具有十分重要的作用。最初的理论公式是根据水流在层流状态下导出的，显然与实际处于紊流状态下的絮凝过程不相符合。但由层流条件下导出的颗粒碰撞凝聚公式及一些概念至今仍在沿用。同样，假定颗粒为均匀球体，如果两个颗粒每次碰撞后均会发生聚结，取颗粒的［絮凝速率］= $-\frac{1}{2}$［碰撞速率］，则由水体搅动引起胶体颗粒的聚结速率，即为同向絮凝速度：

$$\frac{\mathrm{d}n}{\mathrm{d}t} = -\frac{1}{2}N_0 = -\frac{2}{3}\eta\, Gd^3n^2 \tag{6-2}$$

式中 N_0——水体搅动引起胶体颗粒的碰撞速率，$N_0 = \frac{4}{3}\eta Gd^3n^2$；

   G——速度梯度，s^{-1}；

   η——有效碰撞系数；

   d——颗粒粒径，cm；

   n——颗粒数量浓度，个/cm^3。

上式中的 n 和 d 均属于原水杂质特性参数，是在混凝过程中不断发生变化的，杂质的体积浓度等于 $\phi = \frac{\pi d^3}{6}n$，则不发生变化。引入体积浓度概念，式（6-2）变为：

$$\frac{\mathrm{d}n}{\mathrm{d}t} = -\frac{1}{2}N_0 = -\frac{4}{\pi}\eta G\phi n \tag{6-3}$$

G 值是控制混凝效果的水力条件，故在絮凝设备中，往往以速度梯度 G 值作为重要的控制参数。

根据牛顿内摩擦定律得：

$$G = \sqrt{\frac{p}{\mu}} \tag{6-4}$$

式中 μ——水的动力黏度，Pa·s；

   p——单位体积水体所耗散的功率，$\mathrm{W/m}^3$。

当用机械搅拌时，式（6-4）中的 p 由机械搅拌器提供。当采用水力絮凝池时，式中 p 应为水流本身能量消耗：

$$Vp = \rho ghQ \tag{6-5}$$

V 为水流体积，$V = QT$ 代入式（6-4）中，得：

$$G = \sqrt{\frac{\rho gh}{\mu T}} = \sqrt{\frac{gh}{\nu \mathrm{T}}} \text{ 或 } G = \sqrt{\frac{\gamma h}{\mu T}} \tag{6-6}$$

式中 ρ——水的密度，$\mathrm{kg/m}^3$；

   h——混凝设备中的水头损失，m；

   ν——水的运动黏度，m^2/s；

   γ——水的重度，9800$\mathrm{N/m}^3$；

   T——水流在混凝设备中的停留时间，s；

   g——重力加速度，9.81$\mathrm{m/s}^2$。

上式中 G 值反映了能量消耗概念，具有工程上的意义，无论层流、紊流作为同向絮凝的控制指标，式（6-6）仍可应用，在工程设计上是安全的。同时，把一个十分复杂过程的同向絮凝问题大为简化了。

【例题 6-2】 一座絮凝池，水流停留时间 15min、水头损失 0.30m。已知原水中含有悬浮颗粒杂质 40.20mg/L，杂质（含有毛细水）的密度为 $1.005g/cm^3$，水的动力黏度 $\mu = 1.14 \times 10^{-3}$ Pa·s，颗粒碰撞聚结有效系数 $\eta = 0.5$。则经絮凝池后水中悬浮颗粒个数减少率是多少？

【解】 水中杂质的体积浓度（L/L）为：

$$\Phi = \frac{40.20mg/L}{1.005g/cm^3 \times 1000mg/g \times 1000cm^3/L} = 4 \times 10^{-5}$$

水流速度梯度为：

$$G = \sqrt{\frac{\gamma H}{\mu T}} = \sqrt{\frac{(9800N/m^3) \times 0.30m}{1.14 \times 10^{-3} \times 15 \times 60}} = 53.53s^{-1}$$

根据式（6-3），令 $k = \frac{4}{\pi} \eta G \Phi = \frac{4}{3.14} \times 0.5 \times 53.53 \times 4 \times 10^{-5} = 1.36 \times 10^{-3}/s^{-1}$。

代入式（5-10），得：

$$\frac{n_i}{n_0} = \frac{1}{1 + kt} = \frac{1}{1 + 1.36 \times 10^{-3} \times 15 \times 60} = 0.4496$$

经絮凝池悬浮颗粒个数减少率为 $1 - 0.4496 = 0.5504 = 55.04\%$。

（3）混凝控制指标

投加在水中的电解质（混凝剂）与水均匀混合，然后改变水力条件形成大颗粒絮凝体，在工艺上总称为混凝过程。与其对应的设备或构筑物有混合设备和絮凝设备或构筑物。从混凝机理分析已知，在混合阶段主要发挥压缩扩散层、电中和脱稳作用。絮凝阶段主要发挥吸附架桥作用。由此可知，混合、絮凝是改变水力条件，促使混凝剂和胶体颗粒碰撞以及絮凝粒间相互碰撞聚结的过程。

在混合阶段，对水流进行剧烈搅拌的目的主要是使药剂快速均匀地分散于水中以利于混凝剂快速水解、聚合及颗粒脱稳。由于上述过程进行很快（特别对铝盐和铁盐混凝剂而言），故混合要快速剧烈，通常在 10~30s 至多不超过 2min 即告完成。搅拌强度按速度梯度计算，一般 G 在 700~1000s^{-1}。在此阶段，水中杂质颗粒微小，同时存在一定程度的颗粒间异向絮凝。

在絮凝阶段，主要依靠机械或水力搅拌，促使颗粒碰撞聚集，故以同向絮凝为主。搅拌水体的强度以速度梯度 G 值的大小来表示。同时考虑絮凝时间（也就是颗粒停留时间）T，因为 TN_0 即为整个絮凝时间内单位体积水体中颗粒碰撞次数。因 N_0 与 G 值有关，所以在絮凝阶段，通常以 G 值和 GT 值作为控制指标。在絮凝过程中，絮凝体尺寸逐渐增大。由于大的絮凝体容易破碎，故自絮凝开始至絮凝结束，G 值应渐次减小。絮凝阶段，平均 $G = 20~70s^{-1}$，平均 $GT = 1 \times 10^4 ~ 1 \times 10^5$。这些都是沿用已久的数据，随着混凝理论的发展，将会出现更符合实际、更加科学的新的参数。

还应该明确，絮凝是分散的絮凝体相互聚结的过程，并非絮凝时间越长，聚结后的颗粒粒径越大。在不同的水力速度梯度 G 值条件下，会聚结成与之相对应的不同粒径的"平衡粒径"颗粒。当水流速度梯度 G 值大小不变时，絮凝时间增加，絮凝体不断均匀化、球形化，聚结后的颗粒粒径不会变得很大。

6.3 混凝剂和助凝剂

（1）混凝剂

为了促使水中胶体颗粒脱稳以及悬浮颗粒相互聚结，常常投加一些化学药剂，这些药剂统称为混凝剂。按照混凝剂在混凝过程中的不同作用可分为凝聚剂、絮凝剂和助凝剂。习惯上把凝聚剂、絮凝剂都称作混凝剂，本教材沿用这一习惯。

应用于饮用水处理的混凝剂应符合以下基本要求：混凝效果良好；对人体健康无害；使用方便；货源充足，价格低廉。

混凝剂种类很多，有二三百种。按化学成分可分为无机和有机两大类。按分子量大小又分为低分子无机盐混凝剂和高分子混凝剂。无机混凝剂品种很少，目前主要是铁盐和铝盐及其聚合物，在水处理中用的最多。有机混凝剂品种很多，主要是高分子物质，但在水处理中的应用比无机的少。

1）无机混凝剂

常用的无机混凝剂见表 6-1。

常用的无机混凝剂　　　　　　　　　　　　　　　　　表 6-1

名　　称			化学式
铝系	无机盐	硫酸铝	$Al_2(SO_4)_3 \cdot 18H_2O$ $Al_2(SO_4)_3 \cdot 14H_2O$
	高分子	聚（合）氯化铝（PAC）	$Al_n(OH)_m Cl_{3n-m}$　　$0 < m < 3n$
		聚（合）硫酸铝（PAS）	$\left[Al_2(OH)_n(SO_4)_{3-\frac{n}{2}}\right]_m$
铁系	无机盐	三氯化铁	$FeCl_3 \cdot 6H_2O$
		硫酸亚铁	$FeSO_4 \cdot 7H_2O$
	高分子	聚（合）硫酸铁（PFS）	$\left[Fe_2(OH)_n(SO_4)_{3-\frac{n}{2}}\right]_m$
		聚（合）氯化铁（PFC）	$\left[Fe_2(OH)_n Cl_{6-n}\right]_m$
复合型高分子		聚硅氯化铝（PASiC）	$Al + Si + Cl$
		聚硅氯化铁（PFSiC）	$Fe + Si + Cl$
		聚硅硫酸铝（PSiAS）	$Al_m(OH)_n(SO_4)_p(SiO_x)_q(H_2O)_y$
		聚（合）氯化铝铁（PAFC）	$Al + Fe + Cl$

① 硫酸铝　硫酸铝有固、液两种形态，我国常用的是固态硫酸铝。固态硫酸铝产品有精制和粗制之分。精制硫酸铝为白色结晶体，相对密度约为 1.62，Al_2O_3 含量不小于 15%，不溶杂质含量不大于 0.5%，价格较贵。

固态硫酸铝是由液态硫酸铝浓缩和结晶而成，其优点是运输方便。如果水厂附近就有硫酸铝混凝剂生产厂家，最好采用液态，可节省生产运输费用。

② 聚合铝　聚合铝包括聚（合）氯化铝（PAC）和聚（合）硫酸铝（PAS）等。目前使用最多的是聚（合）氯化铝，我国也是研制聚（合）氯化铝较早的国家之一。

聚（合）氯化铝又名碱式氯化铝或羟基氯化铝。它是采用工业合成盐酸、工业氢氧化铝或高岭土、一水软铝石、三水铝石、铝酸钙加工制成。由于原料和生产工艺不同，产品规格也不一致。示性式为：$Al_n(OH)_m Cl_{3n-m}$，式中的 m 取值范围为 $0 < m < 3n$。

聚（合）氯化铝溶于水后，即形成聚合阳离子，对水中胶粒发挥电性中和及吸附架桥作用，其效能优于硫酸铝。聚（合）氯化铝在投入水中前的制备阶段即已发生水解聚合，投入水中后也可能发生新的变化，但聚合物成分基本确定。其成分主要决定于羟基

OH 和铝 Al 的摩尔数之比，通常称之为碱化度或盐基度，以 B 表示：

$$B = \frac{[\text{OH}]}{3[\text{Al}]} \times 100\% \tag{6-7}$$

生活饮用水用聚（合）氯化铝分为液体和固体，液体呈无色至黄褐色，固体为白色至黄褐色颗粒或粉末。液体聚（合）氯化铝密度 $\geqslant 1.12 \text{g/cm}^3$，含氧化铝（$Al_2O_3$）$\geqslant$ 10%，盐基度 40%～90%。固体聚氯化铝含氧化铝（Al_2O_3）$\geqslant$29%，盐基度同液体。

聚（合）硫酸铝（PAS）也是聚合铝类混凝剂。聚（合）硫酸铝中的 SO_4^{2-} 具有类似羟桥的作用，可以把简单铝盐水解产物桥联起来，促进铝盐水解聚合反应。聚（合）硫酸铝目前在生产上尚未广泛使用。

③ 三氯化铁　三氯化铁 $FeCl_3 \cdot 6H_2O$ 是黑褐色的有金属光泽的结晶体。固体三氯化铁溶于水后的化学变化和铝盐相似，水合铁离子 $Fe(H_2O)_6^{3+}$ 也进行水解，聚合反应。在一定条件下，铁离子 Fe^{3+} 通过水解聚合可形成多种成分的配合物或聚合物，如单核组分 $Fe(OH)^{2+}$ 及多核组分 $Fe_2(OH)_2^{4+}$、$Fe_3(OH)_4^{5+}$ 等，以至于 $Fe(OH)_3$ 沉淀物。三氯化铁的混凝机理也与硫酸铝相似，但混凝特性与硫酸铝略有区别。在多数情况下，三价铁适用的 pH 范围较广，氯化铁腐蚀性较强，且固体产品易吸水潮解，不易保存。

④ 硫酸亚铁　硫酸亚铁 $FeSO_4 \cdot 7H_2O$ 固体产品是半透明绿色结晶体，俗称绿矾。硫酸亚铁在水中离解出的是二价铁离子 Fe^{2+}，水解产物只是单核配合物，不具有 Fe^{3+} 的优良混凝效果。同时，Fe^{2+} 会使处理后的水带色，特别是当 Fe^{2+} 与水中有色胶体作用后，将生成颜色更深的溶解物。所以，采用硫酸亚铁作混凝剂时，应将二价铁 Fe^{2+} 氧化成三价铁 Fe^{3+}。氧化方法有氯化、曝气等方法。生产上常用的是氯化法，反应如下：

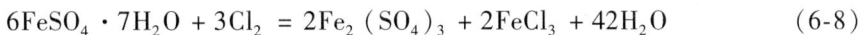

$$6FeSO_4 \cdot 7H_2O + 3Cl_2 = 2Fe_2(SO_4)_3 + 2FeCl_3 + 42H_2O \tag{6-8}$$

根据反应式，理论投氯量与硫酸亚铁（$FeSO_4 \cdot 7H_2O$）量之比约 1∶8。为使氧化迅速而充分，实际投氯量应等于理论剂量再加适当余量（一般为 1.5～2.0mg/L）。

⑤ 聚合铁　聚合铁包括聚（合）硫酸铁（PFS）和聚（合）氯化铁（PFC）。聚（合）氯化铁目前尚在研究之中。聚（合）硫酸铁已投入生产使用。

⑥ 复合型无机高分子　聚合铝和聚合铁虽属于高分子混凝剂，但聚合度不大，远小于有机高分子混凝剂，且在使用过程中存在一定程度水解反应的不稳定性。为了提高无机高分子混凝剂的聚合度，近年来国内外专家研究开发了多种新型无机高分子混凝剂 – 复合型无机高分子混凝剂。目前，这类混凝剂主要是含有铝、铁、硅成分的聚合物。所谓"复合"，即指两种以上具有混凝作用的成分和特性互补集中于一种混凝剂中。例如，用聚硅酸与硫酸铝复合反应，可制成聚硅硫酸铝（PSiAS）。这类混凝剂的分子量较聚合铝或聚合铁大（可达 10 万道尔顿以上），且当各组分配合适当时，不同成分具有优势互补作用。

由于复合型无机高分子混凝剂混凝效果优于无机盐和聚合铁（铝），其价格较有机高分子低，故有广阔的开发应用前景。目前，已有部分产品投入生产应用。

2）有机高分子混凝剂

有机高分子混凝剂又分为天然和人工合成两类。在给水处理中，人工合成的日益增多。这类混凝剂均为巨大的线性分子。每一大分子由许多链节组成且常含带电基团，故又被称为聚合电解质。实际上，该混凝剂是发挥吸附架桥作用的絮凝剂。按基团带电情况，可分为以下 4 种：凡基团离解后带正电荷者称为阳离子型，带负电荷者称为阴离子型，分子中既含正电基团又含负电基团者称为两性型，若分子中不含可离解基团者称为非离子型。水处理中常用的是阳离子型、阴离子型和非离子型 3 种高分子混凝剂，两性型使用极少。

非离子型高分子混凝剂主要品种是聚丙烯酰胺（PAM）和聚氧化乙烯（PEO）。前者是使用最为广泛的人工合成有机高分子混凝剂（其中包括水解产品）。聚丙烯酰胺分子式为：

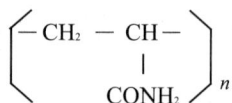

$$\left[\begin{matrix} -CH_2-CH- \\ | \\ CONH_2 \end{matrix}\right]_n$$

聚丙烯酰胺的聚合度可高达 20000 ~ 90000，相应的分子量高达 150 万 ~ 600 万。它的混凝效果在于对胶体表面具有强烈的吸附作用，在胶粒之间形成桥联。聚丙烯酰胺每一链节中均含有一个酰胺基（—$CONH_2$）。由于酰胺基间的氢键作用，线性分子往往不能充分伸展开来，致使桥架作用削弱。为此，通常将 PAM 在碱性条件下（pH > 10）进行部分水解，生成阴离子型水解聚合物（HPAM）。其单体的水解反应式为：

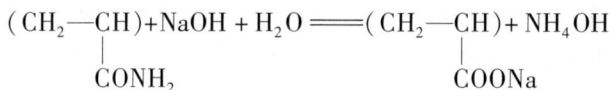

$$(CH_2{-}CH)+NaOH + H_2O \xrightarrow{\hspace{1cm}} (CH_2{-}CH)+ NH_4OH$$
$$\quad | \qquad\qquad\qquad\qquad\qquad\qquad | $$
$$\quad CONH_2 \qquad\qquad\qquad\qquad\qquad COONa$$

聚丙烯酰胺部分水解后，成为丙烯酰胺和丙烯酸钠的共聚物，一些酰胺基带有负的电荷。由酰胺基转化为羧基的百分数称为水解度。水解度过高，负电性过强，对絮凝产生阻碍作用。目前在处理高浊度水中，一般使用水解度为 30% ~ 40% 的聚丙烯酰胺水解体，并作为助凝剂以配合铝盐或铁盐混凝剂使用，效果显著。

阳离子型聚合物通常带有氨基（—NH_3^+）、亚氨基（—CH_2—NH_2^+—CH_2—）等正电基团。对于水中带有负电荷的胶体颗粒具有良好的混凝效果。国外使用阳离子型聚合物有日益增多趋势。因其价格较高，使用受到一定限制。

有机高分子混凝剂的毒性是人们关注的问题。聚丙烯酰胺和阴离子型水解聚合物的毒性主要在于单体丙烯酰胺。故对水体中丙烯酰胺单体残留量有严格的控制标准。我国《生活饮用水卫生标准》GB 5749—2006 规定：自来水中丙烯酰胺含量不得超过 0.0005 mg/L。在高浊度处理中，聚丙烯酰胺的投加量，应通过试验或参照相似条件的运行经验确定；当两种水源水含沙量相同时，聚丙烯酰胺的投加量与泥沙粒度有关，应开展泥沙组成与投药量的相关试验以确定最佳投药量。当无实际资料可用时，可参考下列数值计算投加量：

高浊度水混凝沉淀（澄清）处理时，聚丙烯酰胺全年平均投加量宜为 0.015 ~ 1.5mg/L；

当原水含沙量为 10 ~ 40kg/m^3 时，投加量宜为 1.0 ~ 2.0mg/L；

当原水含沙量为 40 ~ 60kg/m^3 时，投加量宜为 2.0 ~ 4.0mg/L；

当原水含沙量为 60 ~ 100kg/m^3 时，投加量宜为 4.0 ~ 10.0mg/L。

当投加聚丙烯酰胺进行生活饮用水处理时，投加聚丙烯酰胺剂量的多少，均以出厂水中丙烯酰胺单体残留浓度不超过饮用水标准（0.0005mg/L）为基准。

有机高分子聚丙烯酰胺混凝剂投加浓度宜为 0.1% ~ 0.2% , 当用水射器投加时, 药剂投加浓度应为水射器后的混合液浓度。

（2）助凝剂

当单独使用混凝剂不能取得较好的混凝效果时, 常常需要投加一些辅助药剂以提高混凝效果, 这种药剂称为助凝剂。常用的助凝剂多是高分子物质。其作用往往是为了改善絮凝体结构, 促使细小而松散的颗粒聚结成粗大密实的絮凝体。助凝剂的作用机理是高分子物质的吸附架桥作用。例如, 对于低温低浊度水的处理时, 采用铝盐或铁盐混凝剂形成的絮粒往往细小松散, 不易沉淀。而投加少量的活化硅助凝剂后, 絮凝体的尺寸和密度明显增大, 沉速加快。

一般自来水厂使用的助凝剂有: 骨胶、聚丙烯酰胺及其水解聚合物、活化硅酸、海藻酸钠等。

从广义上而言, 凡能提高混凝效果或改善混凝剂作用的化学药剂都可称为助凝剂。例如, 当原水碱度不足、铝盐混凝剂水解困难时, 可投加碱性物质（通常用石灰或氢氧化钠）以促进混凝剂水解反应; 当原水受有机物污染时, 可用氧化剂（通常用氯气）破坏有机物干扰; 当采用硫酸亚铁时, 可用氯气将亚铁 Fe^{2+} 氧化成高铁 Fe^{3+} 等。这类药剂本身不起混凝作用, 只能起辅助混凝作用, 与高分子助凝剂的作用机理是不相同的。有机高分子聚丙烯酰胺既能发挥助凝作用, 又能发挥混凝作用。

6.4 影响混凝效果主要因素

影响混凝效果的因素比较复杂, 其中包括水温、水化学特性、水中杂质性质和浓度以及水力条件等。

（1）水温影响

水温对混凝效果有明显的影响。我国气候寒冷地区, 冬季从江河水面以下取用的原水受地面温度影响, 到达水处理构筑物时, 水温有时低达 0 ~ 2℃。通常絮凝体形成缓慢, 絮凝颗粒细小、松散。其原因主要有以下几点:

1）无机盐混凝剂水解是吸热反应, 低温水混凝剂水解困难。

2）低温水的黏度大, 使水中杂质颗粒布朗运动强度减弱, 颗粒迁移运动减弱, 碰撞概率减少, 不利于胶粒脱稳凝聚。同时, 水的黏度大时, 水流剪力增大, 也会影响絮凝体的成长。

3）水温低时, 胶体颗粒水化作用增强, 妨碍胶体凝聚。而且水化膜内的水由于黏度和密度增大, 影响了颗粒之间粘附强度。

4）水温影响水的 pH, 水温低时, 水的 pH 提高, 相应的混凝最佳 pH 也将提高。

为提高低温水的混凝效果, 通常采用增加混凝剂投加量或投加高分子助凝剂等。

（2）水的 pH 和碱度影响

水的 pH 对混凝效果的影响程度, 视混凝剂品种而异。对硫酸铝而言, 水的 pH 直接影响 Al^{3+} 的水解聚合反应, 亦即是影响铝盐水解产物的存在形态。用以去除浊度时, 最佳 pH 在 6.5 ~ 7.5, 絮凝作用主要是氢氧化铝聚合物的吸附架桥和羟基配合物的电性中和作用; 用以去除水的色度时, pH 宜在 4.5 ~ 5.5。有试验数据显示, 在相同除色效果下,原水 pH=7.0 时的硫酸铝投加量，约比 pH=5.5 时的投加量增加一倍。

采用三价铁盐混凝剂时，由于 Fe^{3+} 水解产物溶解度比 Fe^{2+} 水解产物溶解度小，且氢氧化铁不是典型的两性化合物，故适用的 pH 范围较宽。

高分子混凝剂的混凝效果受水的 pH 影响较小。例如聚合氯化铝在投入水中前聚合物形态基本确定，故对水的 pH 变化适应性较强。

从铝盐（铁盐类似）水解反应可知，水解过程中不断产生 H^+，从而导致水的 pH 不断下降，直接影响了铝（铁）离子水解后生成物结构和继续聚合的反应。因此，应使水中有足够的碱性物质与 H^+ 中和，才能有利于混凝。

天然水体中能够中和 H^+ 的碱性物质称为水的碱度。其中包括氢氧化物碱度（OH^-）；碳酸盐碱度（CO_3^{2-}）；重碳酸盐碱度（HCO_3^-）。当水的 pH>10 时，OH^- 和 CO_3^{2-} 各占一半；pH=8.3~9.5 时，CO_3^{2-} 和 HCO_3^- 约各占一半；pH<8.3 时以 HCO_3^- 存在最多。所以，一般水源水 pH=6~9，水的碱度主要是 HCO_3^- 构成的重碳酸盐碱度，对于混凝剂水解产生的 H^+ 有一定中和作用：

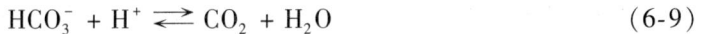

$$HCO_3^- + H^+ \rightleftharpoons CO_2 + H_2O \tag{6-9}$$

当原水碱度不足或混凝剂投量较高时，水的 pH 将大幅度下降以至影响混凝剂继续水解。为此，应投加碱剂（如石灰）以中和混凝剂水解过程中所产生的氢离子 H^+，反应如下：

$$Al_2(SO_4)_3 + 3H_2O + 3CaO == 2Al(OH)_3 + 3CaSO_4 \tag{6-10}$$

$$2FeCl_3 + 3H_2O + 3CaO == 2Fe(OH)_3 + 3CaCl_2 \tag{6-11}$$

应当注意，投加的碱性物质不可过量，否则形成的 $Al(OH)_3$ 会溶解为负离子 $Al(OH)_4^{-1}$ 而恶化混凝效果。由反应式（6-10）可知，每投加 1mmol/L 的 $Al_2(SO_4)_3$，需投加 3mmol/L 的 CaO，将水中原有碱度考虑在内，石灰投量按下式估算：

$$[CaO] = 3[a] - [x] + [\delta] \tag{6-12}$$

式中　$[CaO]$——纯石灰 CaO 投量，mmol/L；

$[a]$——混凝剂投量，mmol/L；

$[x]$——原水碱度，按 mmol/L，CaO 计；

$[\delta]$——保证反应顺利进行的剩余碱度，一般取 0.25~0.5mmol/L，CaO 计。

为了经济合理，石灰投量最好通过试验决定。

【例题 6-3】 某地表水源水的总碱度为 0.2mmol/L，CaO 计。市售精制硫酸铝（含 Al_2O_3 约 16%）投量 28mg/L。试估算石灰（市售品纯度为 50%）投量为多少 mg/L？

【解】 投药量折合 Al_2O_3 为 28mg/L×16% = 4.48mg/L。

Al_2O_3 分子量为 102，故投药量相当于 $\frac{4.48}{102}$ = 0.044mmol/L。

剩余碱度取 0.37mmol/L，得：

$$[CaO] = 3 \times 0.044 - 0.2 + 0.37 = 0.302mmol/L$$

CaO 分子量为 56，则市售石灰投量为：

$$0.302 \times \frac{56}{0.5} = 33.82mg/L$$

（3）水中悬浮物浓度的影响

从混凝动力学方程可知，水中悬浮物浓度很低时，颗粒碰撞率大大减小，混凝效果差。为提高低浊度原水的混凝效果，通常采用以下措施：① 在投加铝盐或铁盐的同时投加助凝剂，如活化硅酸或聚丙烯酰胺等。② 投加矿物颗粒（如黏土等）以增加混凝剂水解产物的凝结中心，提高颗粒碰撞速率并增加絮凝体密度。如果矿物颗粒能吸附水中有机物，效果更好，能同时收到去除部分有机物的效果。③ 采用直接过滤法。即原水投加混凝剂后经过混合直接进入滤池过滤。如果原水浊度低而水温又低，即通常所称的"低温低浊"水，混凝更加困难，应同时考虑水温浊度的影响，这是人们一直关注的研究课题。

如果原水悬浮物含量过高，如我国西北、西南等地区洪水季节的高浊度水源水，为使悬浮物达到吸附电中和脱稳作用，所需铝盐或铁盐混凝剂量将相应地大大增加。为减少混凝剂用量，通常投加高分子助凝剂。

近年来，取用水库水源的水厂越来越多，出现了原水浊度低、碱度低的现象。首先调节碱度，投加石灰水，选用高分子混凝剂及活化硅酸具有明显的混凝效果。

6.5 混凝剂储存与投加

（1）混凝剂储存

混凝剂存放间又称药剂仓库，常和混凝剂溶解房间连在一起便于搬运。

1）固体混凝剂

常用的混凝剂，如硫酸铝、三氯化铁、碱式氯化铝，多以固体包装成袋存放，每袋40～50kg。堆放时整齐排列、并留有通道，采取先存先用的原则。

大型水厂的混凝剂存放间设有起吊运输设备，有的安装单轨吊车，有的设皮带运输机。小型水厂可设平推车、轻便铁轨车等。

混凝剂存放间大门应能使汽车驶入，10t 载重卡车宽2.50m，故驶入汽车的大门宽需3.00m，高4.20m 以上。

产生臭味或粉尘的混凝剂应在通风良好的单独房间操作。一般混凝剂存放间、溶解池设置处安装轴流排气风扇。

固体混凝剂存储量根据货源供应、运输条件决定，宜按最大投加量的 7～15d 用量储备。包装成袋的固体混凝剂堆放面积按下式计算：

$$A = \frac{NV}{H(1 - P)} \tag{6-13}$$

式中 A——有效堆放面积，m^2；

$\quad\quad N$——混凝剂的储存袋（包）数；

$\quad\quad V$——每袋（包）混凝剂所占体积，m^3；

$\quad\quad H$——堆放高度，m（混凝剂：1.5～2.0m，石灰：1.5m，采用机械搬运时可适当增加）；

$\quad\quad P$——堆放时孔隙率，常取 30% 左右。

混凝剂贮存袋（包）数量按照贮存天数内使用量计算：

$$N = \frac{QaT}{1000W} \tag{6-14}$$

式中 Q——设计处理水量，m^3/d；

$\quad\quad a$——混凝剂投加量，mg/L；

T——贮存天数，d；

W——每袋（包）混凝剂质量，kg。

2）液体混凝剂

目前，聚（合）氯化铝、三氯化铁、硫酸铝液体混凝剂使用较广，多用槽车、专用船只运输到水厂储液池。储液池设在室外，盖板和池壁整体浇筑。在池角或池边，安装耐腐蚀液下泵，提升原液到调配池中。

液体混凝剂储存池应设计 2 格以上，每格容积可按 7～10d 用量计算。

3）构筑物防腐

混凝剂存放间地面、溶解池、溶液池内表面经常受到混凝剂侵蚀，会出现开裂剥皮，以至于大片脱落。目前，混凝剂存放间多用混凝土铺设地坪、粉刷墙面，已有一定防腐作用。存放袋装固体混凝剂或散装硫酸亚铁时，基本上可满足要求。

当混凝剂溶解时，不仅放热，水温提高，而且 pH 降低。溶解池、溶液调配池、储液池应进行防腐处理。采用辉绿岩混凝土浇筑或辉绿岩板衬砌的池子防腐效果较好，也有采用硬聚氯乙烯板、耐腐瓷砖衬砌，也有采用新型高分子屏障防腐涂料防腐。

（2）混凝剂溶解调配

混凝剂投加，通常是将固体溶解后配成一定浓度的溶液投入水中。

溶解设备的选择往往决定于水厂规模和混凝剂品种。大、中型水厂通常建造混凝土溶解池并配以搅拌装置。搅拌装置有机械搅拌、压缩空气搅拌及水力搅拌等，其中机械搅拌使用得较多。压缩空气搅拌常用于大型水厂，通过穿孔布气管向溶解池内通入压缩空气进行搅拌。其优点是没有与溶液直接接触的机械设备，使用维修方便。与机械搅拌相比较，动力消耗大，溶解速度稍慢，并需专设一套压缩空气系统。用水泵自溶解池抽水再送回溶解池，是一种水力搅拌。水力搅拌也可用水厂二级泵站高压水冲动药剂。

溶解池容积 W_1 按下式计算：

$$W_1 = (0.2 \sim 0.3)W_2 \tag{6-15}$$

式中　W_2——溶液池容积。

溶液池是配制一定浓度溶液的构筑物，通常建造在地面以上，用耐腐蚀泵或射流泵将溶解池内的浓液送入溶液池，同时用自来水稀释到所需浓度以备投加。溶液池容积按下式计算：

$$W_2 = \frac{24 \times 100aQ}{1000 \times 1000cn} = \frac{aQ}{417cn} \tag{6-16}$$

式中　W_2——溶液池容积，m^3；

　　　Q——处理的水量，m^3/h；

　　　a——混凝剂最大投加量，mg/L；

　　　c——溶液浓度，一般取 5%～20%（按商品固体重量计，计算时，代入% 号前的数据）；

　　　n——每日调制次数，一般不超过 3 次。

上述溶液池计算中，$FeCl_3 \cdot 6H_2O$ 混凝剂配制浓度 $c=6\% \sim 10\%$，其他混凝剂允许增大浓度，如 $Al_2(SO_4)_3 \cdot 18H_2O$，采用计量泵投加时溶液浓度可增大到 20%。

（3）混凝剂投加

混凝剂投加设备包括计量设备、药液提升设备、投药箱、必要的水封箱以及注入设备等，不同的投药方式或投药量控制系统，所用设备有所不同。

1）计量设备

药液投入原水中必须有计量或定量设备，并能随时调节。计量设备多种多样，应根据具体情况选用。常用的计量设备有：转子流量计、电磁流量计、苗嘴、计量泵等。采用苗嘴计量仅适用人工控制，其他计量设备既可人工控制，也可自动控制。

2）药液提升

由混凝剂溶解池、储液池到溶液池或从低位溶液池到重力投加的高位溶液池均需设置药液提升设备。使用较多的是耐腐蚀泵和水射器。

3）混凝剂投加

① 泵前投加　药液投加在水泵吸水管或吸水喇叭口处，安全可靠，操作简单，一般适用于取水泵房距水厂较近的小型水厂。

② 高位溶液池重力投加　当取水泵房距水厂较远者，应建造高架溶液池利用重力将药液投入水泵压水管上，或者投加在混合池入口处。

③ 水射器投加　利用高压水通过水射器喷嘴和喉管之间真空抽吸作用将药液吸入，同时注入原水管中。

④ 泵投加　泵投加混凝剂有两种形式：一是耐腐蚀离心泵配置流量计装置投加，另一是计量泵投加。计量泵一般为柱塞式计量泵和隔膜式计量泵，不另配备计量装置。柱塞式计量泵适用于投加压力很高的场合。

（4）混凝剂自动投加与控制

药剂配置和投加的自动控制指从药剂配制、中间提升到计量投加整个过程均实现自动操作。投加系统除了药剂的搬运外，其余操作都可以自动完成。

混凝剂投加量自动控制目前有数学模型法、现场模拟试验法、特性参数法。其中，流动电流检测器（SCD）法和透光率脉动法即属特性参数法。

6.6　混凝设备与构筑物

（1）混合设备

混凝剂投加到水中后，水解速度很快。迅速分散混凝剂，使其在水中的浓度保持均匀一致，有利于混凝剂水解时生成较为均匀的聚合物，更好发挥絮凝作用。所以，混合是提高混凝效果的重要因素。

从混合时间上考虑，一般取 $10 \sim 30s$，最多不超过 $2min$。从工程上考虑，混合的过程是搅动水体，产生涡流或产生水流速度差，通常按照速度梯度计算，一般控制 G 值在 $700 \sim 1000s^{-1}$。

混合设备种类较多，应用于水厂混合的大致分为水泵混合、管式混合、机械混合和水力混合池混合四种。

1）水泵混合

水泵抽水时，水泵叶轮高速旋转，投加的混凝剂随水流在叶轮中产生涡流，很容易达到均匀分散的目的。它是一种较好的混合方式，适合于大、中、小型水厂。水泵混合无需另建混合设施或构筑物，设备最为简单，所需能量由水泵提供，不必另外增加能源。

采用水泵混合时，混凝剂调配浓度取 10% ～20%，用耐腐蚀管道重力或压力加注在每一台水泵吸水管上，随即进入水泵，迅速分散于水中。

经混合后的水流不宜长距离输送，以免形成的絮凝体在管道中破碎或沉淀。一般适用于取水泵房靠近水厂絮凝构筑物较近的水厂，两者间距不宜大于 120m。

2）管式混合

利用水厂絮凝池进水管中水流速度变化，或通过管道中阻流部件产生局部阻力，扰动水体发生湍流的混合称为管式混合。常用的管式混合可分为简易管道混合和管式静态混合器混合。

简易管道混合如图 6-5 所示。

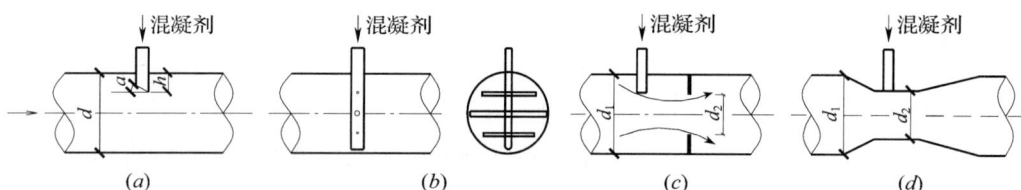

图 6-5　简易管道混合

（a）混凝剂投加方向和水流方向相反混合；（b）混凝剂多点投加混合；
（c）设置隔片（孔板）扰流混合；（d）安装文丘里管混合

当取水泵房远离水厂絮凝构筑物时，大多使用的管式混合器是"管式静态混合器"，如图 6-6 所示。内部安装若干固定扰流叶片，交叉组成。投加混凝剂的水流通过叶片时，被依次分割，改变水流方向，并形成涡旋，达到迅速混合的目的。

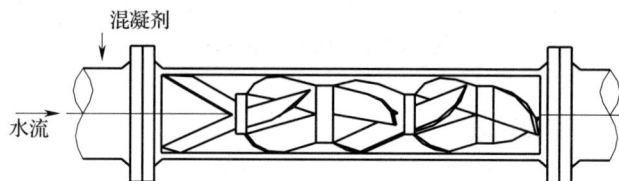

图 6-6　管式静态混合器

3）机械搅拌混合

机械搅拌混合是在混合池内安装搅拌设备，以电动机驱动搅拌器完成的混合。水池多为方形，用一格或两格串联，混合时间 10 ～30s，最长不超过 2min。混合搅拌器有多种形式，如桨板式、螺旋桨式、涡流式，以立式桨板式搅拌器使用最多。

4）水力混合池

利用水流跌落而产生湍流或改变水流方向以及速度大小进行的混合称为水力混合。水力混合需要有一定水头损失达到足够的速度梯度，方能有较好的混合效果。

（2）絮凝构筑物

和混合一样，絮凝是通过水力搅拌或机械搅拌扰动水体，产生速度梯度或涡旋，促使颗粒相互碰撞聚结。根据能量来源不同，分为水力絮凝池及机械絮凝池。在水力絮凝池中，水流方向不同，扰流隔板的设置不同，又分为很多型式的絮凝池。从絮凝颗粒成长规律分析，无论何种型式的絮凝池，对水体的扰动程度都是由大到小。在每一种水力条件下，会生成与之相适应的絮凝体颗粒，即不同水力条件下的"平衡粒径"颗粒。根据大多数水源的水质情况分析，取絮凝时间 $T = 15 \sim 30\text{min}$，起端水力速度梯度 100s^{-1} 左右，末端 $10 \sim 20\text{s}^{-1}$，$GT = 10^4 \sim 10^5$，可获得较好的絮凝效果。

1）隔板絮凝池

隔板絮凝池是水流通过不同间距隔板进行絮凝的构筑物。隔板絮凝池中的水流在隔板间流动时，水流和壁面产生近壁紊流，向整个断面传播，促使颗粒相互碰撞聚结。根据水流方向，可分为往复式、回流式、竖流式几种形式。

① 往复式絮凝池　往复式隔板絮凝池如图 6-7 所示，水流沿隔板来回流动，又称来回式隔板絮凝池。

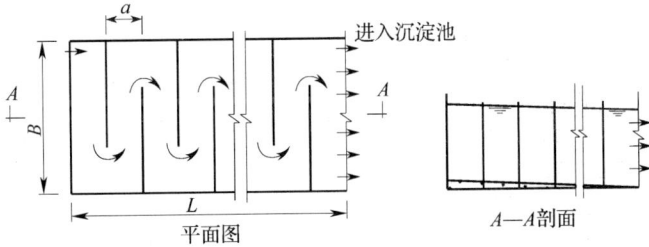

图 6-7　往复式隔板絮凝池

根据水源水质特点，往复式隔板絮凝池设计要求为：

a. 廊道流速分为 4 ~ 6 段，第一段，即起端流速 $v = 0.5 \sim 0.6\text{m/s}$，最后一段，即末端流速 $v = 0.2 \sim 0.3\text{m/s}$。一般采用变化廊道宽度 a 值来改变流速。

b. 为便于检修和清洗，每段隔板净间距应大于 0.50m，池底设 2% ~ 3% 坡度，并安装排泥管。

c. 为了减少水流转弯处水头损失，并力求每段速度梯度分布均匀，转弯处过水断面面积应为廊道顺直段过水断面面积的 1.2 ~ 1.5 倍。

d. 絮凝时间一般取 20 ~ 30min，低浊度水可取高值。

e. 絮凝池与沉淀池合建时，宽度往往和沉淀池相一致。

f. 隔板絮凝池各段水头损失按下式计算：

$$h_i = \frac{v_i^2}{C_i^2 R_i} L_i + \xi m_i \frac{v_n^2}{2g} \tag{6-17}$$

式中　v_i——第 i 段廊道内水流流速，m/s；

　　　v_n——第 i 段廊道内转弯处水流流速，m/s；

　　　C_i——流速系数，$C_i = \frac{1}{n} R_i^{1/6}$，$n$——池壁粗糙系数；

　　　R_i——第 i 段廊道过水断面水力半径，m；

　　　L_i——第 i 段廊道总长度，m；

　　　m_i——第 i 段廊道内水流转弯次数；

　　　ξ——隔板转弯处局部阻力系数，180°转弯 $\xi = 3$，90°转弯 $\xi = 1$。

絮凝池内总水头损失 $h=\sum h_i$。

② 回转隔板絮凝池

为了减小转弯处水头损失，使每档流速廊道中速度梯度分布趋于均匀，大中型规模的水厂有的采用了回转隔板絮凝池，见图6-8。该絮凝池水流转弯为90°，局部阻力系数 $\xi=1$，有助于减少局部水头损失所占的比例。其计算方法同往复式隔板絮凝池。

③ 折板絮凝池

折板絮凝池是水流多次转弯曲折流动进行絮凝的构筑物。折板絮凝池通常采用竖流式，相当于竖流平板隔板改成具有一定角度的折板。折板转弯次数增多后，转弯角度减少。这样，既增加折板间水流紊动性，又使絮凝过程中的 G 值由大到小缓慢变化，适应了絮凝过程中絮凝体由小到大的变化规律，从而提高了絮凝效果。

折板分为平板折板和波纹折板两类，如图6-9所示。

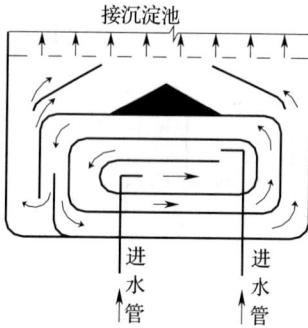

图6-8 回转式隔板絮凝池

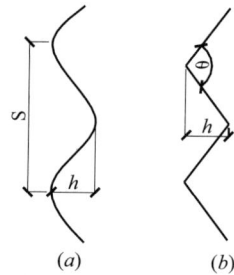

图6-9 波纹折板和平板折板
（a）波纹折板；（b）平板折板

目前，平板折板多用钢筋混凝土板、钢丝网水泥板、不锈钢板拼装而成，折板夹角 $\theta=90°\sim120°$，波高 $h=0.30\sim0.40\mathrm{m}$，板宽0.50m。大、中型规模水厂的折板絮凝池每档流速流经多格，被称为多通道折板絮凝池，如图6-10所示。小型规模的水厂的折板絮凝池可不分格，水流直接在相邻两道折板间上下流动，即为单通道折板絮凝池，见图6-11。

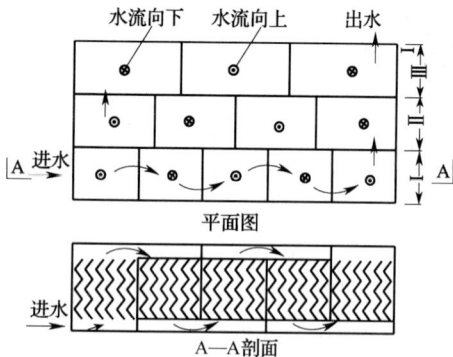

图6-10 多通道折板絮凝池

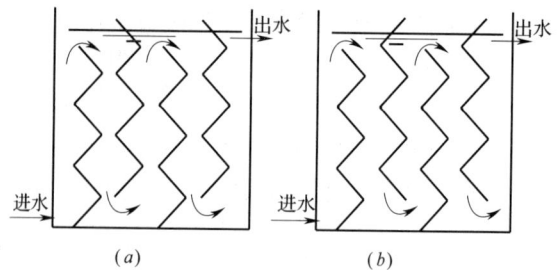

图6-11 单通道折板絮凝池
（a）异波折板；（b）同波折板

和隔板絮凝池一样，折板间距应根据水流速度由大到小逐渐变化，折板间距依次由小到大分成 3 ~ 4 段。第一段异波折板，波峰流速取 0.25 ~ 0.35m/s，波谷流速 0.1 ~ 0.15m/s；第二段同波折板，板间流速取 0.15 ~ 0.25m/s；第三段平行直板，板间流速取 0.10m/s 左右。折板絮凝池絮凝时间宜为 15 ~ 20min，第一段异波和第二段同波絮凝时间均应大于 5min 以上，低温低浊度水源水絮凝时间可取 20 ~ 30min。

折板絮凝池水头损失包括两部分：（1）缩—放单元（异波折板）或水流转弯（同波折板）的局部水头损失；（2）通道出口的局部水头损失。

目前，异波折板絮凝池缩—放单元水头损失按照渐缩局部水头损失与渐放（扩）局部水头损失简单相加计算。实际上，在一个紧紧相连的缩—放单元中，将渐缩和渐放（扩）的局部水头损失简单相加，并不符合水力学中有关渐缩和渐放的条件。因而，直接引用水力学中渐缩和渐放（扩）局部水头损失计算公式计算结果有一定误差。有关研究和生产实际表明，理论计算的水头损失值应乘以 0.83 ~ 0.85 的修正系数有可能和实际相接近。

异波折板一个渐缩和渐放组合及上下转弯的水头损失计算式为

$$h_1 = \frac{1.6v_1^2 - 1.5v_2^2}{2g} \tag{6-18}$$

$$h_3 = \xi_3 \frac{v_3^2}{2g} \tag{6-19}$$

式中　h_1——异波折板一个渐缩、渐放组合的水头损失，m；
　　　　v_1——异波折板波峰流速，m/s；
　　　　v_2——异波折板波谷流速，m/s；
　　　　h_3——上下转弯或通过孔洞的水头损失，m；
　　　　v_3——上下转弯或通过孔洞流速，m/s；
　　　　ξ_3——上下转弯或通过孔洞局部阻力系数，上转弯 $\xi_3 = 1.8$，下转弯或孔洞 $\xi_3 = 3.0$。

同波折板通道水流转弯的局部水头损失计算式为

$$h_4 = \xi_4 \frac{v_4^2}{2g} \tag{6-20}$$

式中　h_4——同波折板水流转弯的局部水头损失，m；
　　　　v_4——同波折板间流速，m/s；
　　　　ξ_4——同波折板通道转弯处局部阻力系数，每一个 90° 弯道阻力系数 $\xi_4 = 0.6$，每一个 120° 弯道阻力系数 $\xi_4 = 0.3$。

同波折板水流上下转弯或通过孔洞的水头损失计算同式（6-19）。

如果一座絮凝池分为多格，则各格絮凝池的速度梯度按照单格的水头损失计算，整座絮凝池的速度梯度按照水流并联经过该池的水头损失计算。

【例题 6-4】有一座折板絮凝池，共 7 条廊道 3 挡流速，构造如图 6-12 所示。其中第一挡流速为 v_1，流

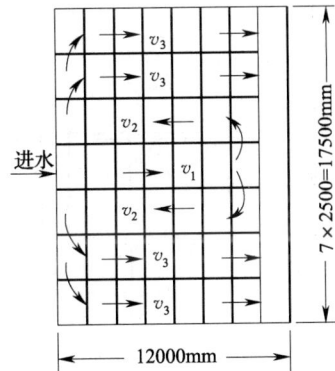

图 6-12　多廊道折板絮凝池

179

经一条廊道，停留时间 $T_1 = 2\text{min}$，水头损失 $h_1 = 0.15\text{m}$。第二挡流速为 v_2，每条廊道水头损失 $h_2 = 0.05\text{m}$，第三挡流速为 v_3，每条廊道水头损失 $h_3 = 0.03\text{m}$。假定每挡流速下的平均水深都相同（忽略水力坡降引起的水位差），不计隔墙所占体积，求：（1）该絮凝池各挡流速的廊道平均速度梯度是多少？（2）絮凝池平均速度梯度是多少？（水的密度 $\rho = 1000\text{kg/m}^3$，动力黏度 $\mu = 1.14 \times 10^{-3}\text{Pa} \cdot \text{s}$）

【解】（1）由右图可知，7 条廊道的容积相同，因为流经各廊道的流速不同，水流通过各廊道的时间不同。第一挡流速廊道停留时间为 $T_1 = 2\text{min}$，然后水流一分为二，从两边流经第二挡流速廊道，v_2 流速廊道体积是 v_1 流速廊道体积的 2 倍，则 $T_2 = 4\text{min}$。同理可以推算出 $T_3 = 8\text{min}$。

根据各挡流速的水头损失、停留时间代入公式 $G_i = \sqrt{\dfrac{\rho g h_i}{\mu T_i}}$，便可求出它们的平均速度梯度：

$$G_1 = \sqrt{\frac{9.81 \times 1000 \times 0.15}{1.14 \times 10^{-3} \times 2 \times 60}} = 103.7\text{s}^{-1}, \quad G_2 = \sqrt{\frac{9.81 \times 1000 \times 0.05}{1.14 \times 10^{-3} \times 4 \times 60}} = 42.3\text{s}^{-1},$$

$$G_3 = \sqrt{\frac{9.81 \times 1000 \times 0.03}{1.14 \times 10^{-3} \times 8 \times 60}} = 23.2\text{s}^{-1}。$$

（2）絮凝池平均速度梯度 $\overline{G} = \sqrt{\dfrac{\rho g \sum h_i}{\mu \sum T_i}} = \sqrt{\dfrac{\rho g (h_1 + h_2 + h_3)}{\mu (T_1 + T_2 + T_3)}}$，代入相关数据，得：

$$\overline{G} = \sqrt{\frac{9.81 \times 1000 \times (0.15 + 0.05 + 0.03)}{1.14 \times 10^{-3} \times (2 + 4 + 8) \times 60}} = 48.54\text{s}^{-1}$$

需要注意的是，水流经过第一挡流速廊道后并联通过第二、三挡流速廊道，只需计算经过其中的一条廊道的水头损失即可，既不能把流速相同的廊道水头损失值相加，也不能把所有廊道水头损失值相加。

2）机械搅拌絮凝池

机械搅拌絮凝池是通过电动机变速驱动搅拌器搅动水体，因桨板前后压力差促使水流运动产生漩涡，导致水中颗粒相互碰撞聚结的絮凝池。该絮凝池可根据水量、水质和水温变化调整搅拌速度，故适用于不同规模的水厂。根据搅拌轴安装位置，又分为水平轴和垂直轴两种形式。其中，水平轴搅拌絮凝池适用于大、中型水厂。垂直搅拌装置安装简便，可用于中、小型水厂。

机械搅拌絮凝池通常分为 3 格以上串联起来。串联的各格絮凝池隔墙上开设 3% ~5% 隔墙面积的过水孔，或者按穿孔流速等于下一格桨板线速度决定开孔面积。

桨板旋转时克服水流绕流阻力，即为桨板施加在水体上的功率。按照图 6-13 所示计算。

每根旋转轴上，在不同旋转半径上安装相同数量的桨板，在不考虑水温影响条件下，或 Re 在 $10^2 \sim 2 \times 10^4$ 范围内，则每根旋转轴全部叶轮桨板旋转时耗散在水体上的功率为：

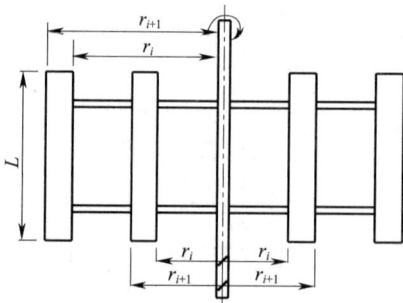

图 6-13　垂直轴桨板功率计算图

$$P = \sum_1^n \frac{mC_D\rho}{8}L\omega^3\left(r_{i+1}^4 - r_i^4\right) \tag{6-21}$$

式中 P——桨板旋转时耗散的总功率，W；

$\quad\quad m$——同一旋转半径上的桨板数；

$\quad\quad C_D$——绕流阻力系数，当桨板的宽长比小于 1 时，取 $C_D = 1.10$；

$\quad\quad \rho$——水的密度，kg/m^3；

$\quad\quad L$——桨板长度，m；

$\quad\quad \omega$——桨板相对于水流的旋转角速度，rad/s；

$\quad\quad r_i$——桨板内缘旋转半径，m；

$\quad\quad r_{i+1}$——桨板外缘旋转半径，m；

$\quad\quad n$——安装桨板的不同旋转半径数。

每根旋转轴上应配置电机功率按下式计算：

$$N = \frac{P}{1000\eta_1\eta_2} \tag{6-22}$$

式中 N——配置电动功率，kW；

$\quad\quad \eta_1$——搅拌设备机械效率，可取 0.75；

$\quad\quad \eta_2$——电机传动效率，可取 0.6～0.95。

桨板旋转时，搅动水体运动，产生相对线速度，作为机械搅拌絮凝池设计的主要参数。旋转半径 r 处相对水池池壁的线速度按下式计算：

$$v = r\omega \tag{6-23}$$

式中 v——旋转线速度，m/s；

$\quad\quad r$——叶轮中心点旋转半径，m；

$\quad\quad \omega$——相对水池池壁旋转角速度，rad/s。

因水流随桨板一起旋转运动，二者相对速度小于桨板相对水池池壁的线速度。一般称桨板相对水流的线速度为"相对速度"，其数值等于式（6-23）计算结果乘以 0.5～0.75。

机械搅拌絮凝池数不少于 3 个，絮凝时间 15～20min，低温低浊水源水絮凝时间可取 20～30min，水深 3～4m。搅拌桨板速度按叶轮桨板边缘处线速度确定，第一档搅拌机线速度一般取 0.50m/s，逐渐变小至末档的 0.20m/s。每台搅拌机上桨板总面积等于水流截面面积的 10%～20%，连同固定挡水板面积最大不超过水流截面面积的 25%，以免水流随桨板同步旋转。每块桨板宽 0.1～0.3m，长度不大于叶轮直径的 75%。

同一搅拌轴上、下两层叶轮相互垂直，水平轴或垂直轴搅拌机的桨板距池顶水面 0.30m，距池底 0.30～0.50m，距池壁 0.20m。

容积相同的多格机械搅拌絮凝池串联时的平均速度梯度和各格的平均速度梯度有如下关系：

$$\overline{G}_{平均} = \sqrt{\frac{1}{n}\sum G_i^2} \tag{6-24}$$

【例题 6-5】一座设计流量 $Q = 5$ 万 m^3/d 的水平轴机械搅拌絮凝池共分为 3 格，每格容积为 $174m^3$，在 15℃时计算出各格速度梯度为：$G_1 = 75s^{-1}$，$G_2 = 50s^{-1}$，$G_3 = 25s^{-1}$。如果把该机械搅拌絮凝池改为三段流速的水力搅拌絮凝池，各格速度梯度不变，不计隔墙所占体积，则该絮凝池前后水面高差大约是多少？（水的动力黏度 $\mu = 1.14 \times 10^{-3} Pa \cdot s$，水

的重度 $\gamma = 9800\text{N/m}^3$)

【解】 机械搅拌絮凝池平均速度梯度为：

$$\overline{G}_j = \sqrt{\frac{P_1 + P_2 + P_3}{\mu(V_1 + V_2 + V_3)}} = \sqrt{\frac{1}{3}\left(\frac{P_1 + P_2 + P_3}{\mu V}\right)} = \sqrt{\frac{1}{3}(G_1^2 + G_2^2 + G_3^2)}$$

$$= \sqrt{\frac{1}{3}(75^2 + 50^2 + 25^2)} = 54\text{s}^{-1}$$

水力搅拌絮凝池速度梯度计算公式为：

$$\overline{G}_s = \sqrt{\frac{\gamma(h_1 + h_2 + h_3)}{\mu(T_1 + T_2 + T_3)}} = \sqrt{\frac{\gamma \sum h_i}{3\mu T}}$$

每格絮凝池水力停留时间为：

$$T = \frac{174}{50000/(24 \times 60 \times 60)} = 300\text{s}$$

根据 $\sqrt{\dfrac{\gamma \sum h_i}{3\mu T}} = 54\text{s}^{-1}$ ，得：

$$\sum h_i = \frac{3 \times 1.14 \times 10^{-3} \times 300 \times 54^2}{9800} = 0.305\text{m}$$

需要注意的是：本例题由 3 格容积相同的机械搅拌絮凝池加设不同宽度廊道改造为三段流速的水力搅拌絮凝池，三段流速的水流停留时间相同。如果机械搅拌絮凝池各格容积不同，则计算平均速度梯度应采用各格的搅拌功率相加。水力搅拌絮凝池水流停留时间不同，则计算平均速度梯度时应分别计算每格水头损失，然后相加。

3）网格（栅条）絮凝池

网格（栅条）絮凝池由多格竖井组成，每格竖井中安装若干层网格或栅条，上下交错开孔，形成串联通道。因此，它具有速度梯度分布均匀、絮凝时间较短的优点。图 6-14、图 6-15 为网格、栅条构件图及絮凝池平面布置图。

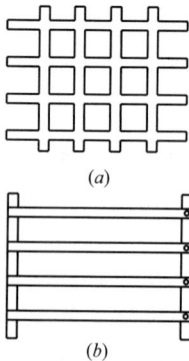

图 6-14 网格、栅条构件图
（a）网格；（b）栅条

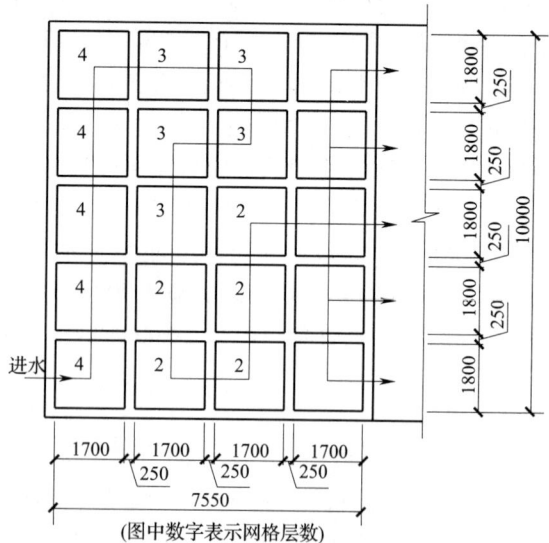

（图中数字表示网格层数）

图 6-15 网格絮凝池平面图

网格（栅条）絮凝池水头损失由水流通过两竖井间孔洞损失和每层网格（栅条）水头损失组成，即

$$h = \sum h_1 + \sum h_2 \qquad\qquad (6\text{-}25)$$

式中　h_1——水流通过竖井间孔洞水头损失，m；

　　　h_2——水流通过网格（栅条）水头损失，m。

$$\text{其中}\quad h_1 = \xi_1 \frac{v_1^2}{2g} \qquad\qquad h_2 = \xi_2 \frac{v_2^2}{2g}$$

v_1——水流通过竖井间孔洞流速，m/s；

ξ_1——孔洞阻力系数，按180°下转弯阻力系数计算，取3.0；

v_2——水流通过网格（栅条）层时的过网过栅流速，m/s；

ξ_2——水流通过网格（栅条）阻力系数，根据实际工程水头损失测定值推算，前段可取1，中段取0.9左右。

网格（栅条）絮凝池的水头损失较小，相对应的水流速度梯度较小，应根据不同水质条件选用。

4）不同形式絮凝池组合

上述不同形式的絮凝池具有各自的优缺点和适应条件。为了相互取长补短，特别是处理水量较小而难以从构造上满足要求，或者水质水量经常变化，可采用不同形式的絮凝池组合工艺。

常用的絮凝池组合工艺之一是折板絮凝池和平直板絮凝池的组合。由于折板水流转折次数多，混合絮凝作用较好。絮凝池后段的絮凝体逐渐结大，要求水流流速慢慢减小，紊动作用减弱。后段的折板改为平直板具有很好的絮凝效果。当水量较小或水量水质经常变化时，常采用机械搅拌絮凝和竖流直板或机械搅拌絮凝和水平流隔板絮凝组合工艺，来弥补起始段廊道或竖井尺寸偏小、施工不便的影响，并可调节机械搅拌器旋转速度以适应水量变化。

7 沉淀、澄清和气浮

7.1 沉淀原理

（1）沉淀分类

在水处理工艺中，水中悬浮颗粒在重力作用下，从水中分离出来的过程称为沉淀。当颗粒的密度大于水的密度时，则颗粒下沉；相反，颗粒的密度小于水的密度时，颗粒上浮。

根据悬浮颗粒的浓度和颗粒特性，其从水中沉降分离的过程分为以下几种基本形式：

1）分散颗粒自由沉淀　悬浮颗粒浓度不高，下沉时彼此没有干扰，颗粒相互碰撞后不产生聚结，只受到颗粒本身在水中的重力和水流阻力作用的沉淀。含泥砂量小于5000mg/L 的天然河流水中泥砂颗粒具有自由沉淀的性质。

2）絮凝颗粒自由沉淀　经过混凝后的悬浮颗粒具有一定絮凝性能，颗粒相互碰撞后聚结，其粒径和质量逐渐增大，沉速随水深增加而加快的沉淀。

3）拥挤沉淀　又称分层沉淀，当水中悬浮颗粒浓度大（一般大于15000mg/L），在下沉过程中颗粒处于相互干扰状态，并在清水、浑水之间形成明显界面层整体下沉，故又称为界面沉降。

4）压缩沉淀　即为污泥浓缩，沉降到沉淀池底部的悬浮颗粒组成网状结构絮凝体，在上部颗粒的重力作用下挤出空隙水得以浓缩的沉淀。网状结构絮凝体的组成和水中杂质的成分有关，不再按照颗粒粒径大小分层。

（2）天然悬浮颗粒在静水中自由沉淀

水中悬浮颗粒浓度较低，沉淀时不受池壁和其他颗粒干扰的沉淀称为自由沉淀。如低浓度的除砂预沉池属于这种沉淀。

在重力作用下，颗粒下沉，同时受到水的浮力和水流阻力作用。这些作用力达到平衡时，颗粒以稳定沉速下沉。以直径为 d 的球形颗粒为例，其在水中所受的重力为 F_1，则

$$F_1 = \frac{1}{6}\pi d^3 (\rho_s - \rho) g \qquad (7-1)$$

式中　ρ_s——悬浮颗粒的密度（悬浮颗粒的质量/悬浮颗粒本身所占体积），kg/m^3；

　　　ρ——水的密度，kg/m^3；

　　　g——重力加速度，m/s^2。

颗粒下沉时所受到水的阻力 F_2 是颗粒上下部位的水压差在竖直方向分量，即压力阻力，和颗粒周围水流摩擦阻力在竖直方向分量（摩擦阻力）之和称为绕流阻力。

$$F_2 = \frac{1}{2} C_D \rho (\frac{\pi}{4} d^2) u^2 \qquad (7-2)$$

式中　C_D——绕流阻力系数，与颗粒的形状、水流雷诺数有关，同时与颗粒表面粗糙程

度有关；

u——球形颗粒沉速，m/s。

颗粒开始下沉时，初速为零，而后加速下沉，阻力增大。当所受到的阻力和其在水中的重力相等时，颗粒等速下沉。一般所说的沉淀速度即指等速下沉时的速度，由下式求得：

$$\frac{1}{6}\pi d^3(\rho_s - \rho)g = \frac{1}{2}C_D\rho(\frac{\pi}{4}d^2)u^2 \tag{7-3}$$

于是得：

$$u = \sqrt{\frac{4}{3C_D}(\frac{\rho_s - \rho}{\rho})gd} \tag{7-4}$$

绕流阻力系数 C_D 与雷诺数 Re 有关，Re 计算式是：

$$Re = \frac{ud}{\nu} = \frac{\rho ud}{\mu} \tag{7-5}$$

式中　ν——水的运动黏度系数，cm²/s（u、d 分别以 cm/s、cm 为单位计算）；

μ——水的动力黏度系数，Pa·s（u、d 分别以 m/s、m 为单位计算）。

根据试验，C_D 和 Re 关系如图 7-1 所示。

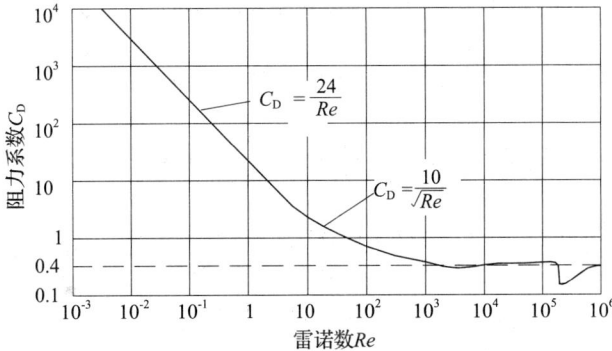

图 7-1　球形颗粒 Re 与 C_D 的关系

同时，可回归为如下表达式：

$$C_D = \frac{24}{Re} + \frac{3}{\sqrt{Re}} + 0.34 \tag{7-6}$$

试验证明，在 $Re < 1$ 范围内，绕圆球流过的水流呈层流状态，绕流阻力系数 $C_D = \frac{24}{Re}$，代入式（7-4）得斯托克斯（Stokes）公式：

$$u = \frac{1}{18}\frac{\rho_s - \rho}{\mu}gd^2 \tag{7-7}$$

在 $1 < Re < 1000$ 范围内，属于过渡区，绕流阻力系数 $C_D \approx \frac{10}{\sqrt{Re}}$，代入式（7-4）得阿兰（Allen）公式：

$$u = \left[\left(\frac{4}{225}\right) \frac{(\rho_s - \rho)^2 g^2}{\mu\rho} \right]^{\frac{1}{3}} d \tag{7-8}$$

在 $1000 < Re < 250000$ 范围内，绕圆球流过的水流呈紊流状态。绕流阻力系数 $C_D \approx$ 0.4，代入式（7-4）得牛顿（Newton）公式：

$$u = 1.83 \sqrt{\frac{\rho_s - \rho}{\rho} gd} \tag{7-9}$$

当 $Re = 250000$ 时，绕流阻力系数 C_D 值骤然下降到 0.2 左右，见图 7-1，应代入式 （7-4）计算球体颗粒沉速。

式（7-9）是将在特定的雷诺数条件下计算的 C_D 值代入式（7-4）推算出的表达式，故应认为仍然和雷诺数有关。

对于非球形颗粒，应以实际计算的体积和投影面积代入式（7-3）中沉淀颗粒的体积和投影面积计算。

【例题 7-1】一直径 $d = 1.5$mm，高 $h = 2.5$mm 的圆柱体颗粒在静水中自由沉淀。经推算，绕过圆柱体的水流雷诺数 $Re \approx 250$，圆柱体颗粒的密度 $\rho_s = 1600$kg/m^3，水的密度 $\rho = 1000$kg/m^3，水的动力黏度 $\mu = 1.14 \times 10^{-3}$ Pa·s。则该圆柱体颗粒竖直沉淀时的沉速是多少？

【解】该圆柱体颗粒的体积 $V = \frac{\pi d^2 h}{4}$，竖直下沉时垂直于（相对）水流方向的投影面积 $A = \frac{\pi d^2}{4}$，根据颗粒在水中的重力等于沉淀时绕流阻力平衡式：$\frac{\pi d^2 h}{4}(\rho_s - \rho)g = \frac{C_D}{2}\rho(\frac{\pi d^2}{4})u^2$，过渡区绕流阻力系数 $C_D = \frac{10}{\sqrt{Re}} = \frac{10}{\sqrt{250}} = 0.63$ 代入式（7-4）得：

$$u = \sqrt{\frac{2h(\rho_s - \rho)g}{C_D\rho}} = \sqrt{\frac{2 \times 0.0025 \times 600 \times 9.81}{0.63 \times 1000}} = 0.216\text{m/s}$$

验算沉淀时雷诺数，$Re = \frac{\rho u d}{\mu} = \frac{1000 \times 0.216 \times 0.0015}{1.14 \times 10^{-3}} = 284$，属过渡区。

如果把该圆柱体折算成同体积的球体，其水平投影面积明显增大，用球体直径代入阿兰公式求出的沉速偏小。

还应说明，式（7-7）～式（7-9）是式（7-4）在不同的 Re 范围内的特定形式。不难理解，在计算某一颗粒的沉速或粒径时，因不知道 Re 范围，无法确定采用哪一公式，因而不能直接计算。利用先行绘制的 $C_D - Re$ 关系表（表 7-1），或绘制成相互对应的标尺，可使此类计算简化。如果已知悬浮颗粒径为 d，求其沉速 u，则可变换式（7-4）为：

$$C_D = \frac{4}{3} \frac{(\rho_s - \rho)gd}{\rho u^2} \tag{7-10}$$

引入 $Re^2 = \frac{\rho^2 u^2 d^2}{\mu^2}$ \tag{7-11}

将式（7-10）、式（7-11）两式相乘，消去 u^2，得：

$$C_D Re^2 = \frac{4\rho(\rho_s - \rho)gd^3}{3\mu^2} \tag{7-12}$$

由已知条件代入式（7-12）求出 $C_D Re^2$ 值，查表 7-1 得出相应的 Re 值，由雷诺数计算式，即可以计算出 u 值。

$C_D - Re$ 关系表   表 7-1

Re	C_D	$C_D Re^2$	C_D/Re	Re	C_D	$C_D Re^2$	C_D/Re
0.1	249.8268	2.498	2498.2683	200	0.6721	26885.28	0.003361
0.2	127.0482	5.082	635.2410	300	0.5932	53388.46	0.001977
0.3	85.8172	7.724	286.0574	400	0.5500	88000.00	0.001375
0.4	65.0834	10.413	162.7085	500	0.5222	130541.02	0.001044
0.5	52.5826	13.146	105.1653	600	0.5025	180890.82	0.000837
0.6	44.2130	15.917	73.6883	700	0.4877	238960.78	0.000697
0.7	38.2114	18.724	54.5877	800	0.4761	304682.25	0.000595
0.8	33.6941	21.564	42.1176	900	0.4667	378000.00	0.000519
0.9	30.1689	24.437	33.5210	1000	0.4589	458868.33	0.000459
1.0	27.3400	27.340	27.3400	1110	0.4517	556498.49	0.000407
2.0	14.4613	57.845	7.2307	1120	0.4511	565823.11	0.000403
3.0	10.0721	90.648	3.3574	1130	0.4505	575222.45	0.000399
4.0	7.8400	125.440	1.9600	1140	0.4499	584696.49	0.000395
5.0	6.4816	162.041	1.2963	1150	0.4493	594245.19	0.000391
6.0	5.5647	200.331	0.9275	1160	0.4488	603868.53	0.000387
7.0	4.9025	240.221	0.7004	1170	0.4482	613566.47	0.000383
8.0	4.4007	281.642	0.5501	1180	0.4477	623338.99	0.000379
9.0	4.0067	324.540	0.4452	1190	0.4471	633186.06	0.000376
10.0	3.6887	368.868	0.3689	1200	0.4466	643107.66	0.000372
20.0	2.2108	884.328	0.1105	1300	0.4417	746416.50	0.000340
30.0	1.6877	1518.950	0.0563	1400	0.4373	857149.61	0.000312
40.0	1.4143	2262.947	0.0354	1500	0.4335	975284.25	0.000289
50.0	1.2443	3110.660	0.0249	1600	0.4300	1100800.00	0.000269
60.0	1.1273	4058.274	0.0188	1700	0.4269	1233678.39	0.000251
70.0	1.0414	5102.986	0.0149	1800	0.4240	1373902.60	0.000236
80.0	0.9754	6242.625	0.0122	1900	0.4215	1521457.24	0.000222
90.0	0.9229	7475.445	0.0103	2000	0.4191	1676328.16	0.000210
100.0	0.8800	8800.000	0.0088	3000	0.4028	3624950.30	0.000134

同理，已知颗粒沉速 u 求粒径 d 时，可用式（7-10）两边同除以 Re 及其表达式，先行消去 d，得：

$$\frac{C_D}{Re} = \frac{4\mu(\rho_s - \rho)g}{3\rho^2 u^3} \tag{7-13}$$

将 u 代入上式，求出 C_D/Re 值，查表得出相应的 Re 值，由雷诺数计算式，求出 d 值。

【例题7-2】 已知球形细砂颗粒粒径 $d = 0.45\text{mm}$，颗粒密度 $\rho_s = 2.65\text{g/cm}^3$，水的动力黏度系数 $\mu = 1.14 \times 10^{-3}\text{Pa} \cdot \text{s}$，求该细砂颗粒在静水中的沉速。

【解】 用 $d = 0.00045\text{m}$、$\rho_s = 2650\text{kg/m}^3$、$\rho = 1000 \text{ kg/m}^3$、$\mu = 1.14 \times 10^{-3}\text{Pa} \cdot \text{s}$、$g = 9.81\text{m/s}^2$ 代入式（7-12），得：

$$C_D Re^2 = \frac{4\rho(\rho_s - \rho)g d^3}{3\mu^2} = \frac{4 \times 1000 \times 1650 \times 9.81 \times (0.00045)^3}{3 \times (1.14 \times 10^{-3})^2} = 1513$$

查表7-1 得 $Re \approx 30$，用 $Re = 30$，$\mu = 1.14 \times 10^{-3}\text{Pa} \cdot \text{s}$，$d = 0.00045\text{m}$，$\rho = 1000 \text{ kg/m}^3$ 代入雷诺数计算式，求出沉淀速度 u 为：

$$u = \frac{Re\mu}{\rho d} = \frac{30 \times 1.14 \times 10^{-3}}{1000 \times 0.00045} = 0.076\text{m/s}$$

该颗粒沉淀时，$1 < Re \approx 30 < 1000$，属过渡区范围，代入式（7-8）阿兰（Allen）公式验算，得 $u = 0.072\text{m/s}$，计算结果接近。

（3）絮凝颗粒在静水中自由沉淀

经混凝后的悬浮颗粒已经脱稳，大多具有絮凝性能。在沉淀池中虽不如在絮凝池中相互碰撞聚结频率很高，但因水流流速分布差异而产生相邻水层速度差，以及颗粒沉速差异仍会促使颗粒相互碰撞聚结。对于絮凝颗粒沉淀研究较少，国外学者根据投加混凝剂的种类、加注量对沉淀基本公式进行修正。试验时可取絮凝颗粒球形度系数 $\phi = 0.8$，绕流阻力系数 $C_D \approx \frac{45}{Re}$ 代入式（7-4），得絮凝颗粒在静水中的自由沉淀速度：

$$u = \frac{4}{135\mu}(\rho_s - \rho) g d^2 \tag{7-14}$$

聚结成悬浮颗粒群体絮状物的沉淀和单颗粒沉淀有一定差别。因为群体颗粒比较松散，密度较小，在垂直方向的投影面积大于单颗粒投影面积之和，周围水流雷诺数 Re 也有变化。所以，沉淀速度会变得较小些。

还应指出，粒径细小的颗粒聚结成粒径较大的颗粒后，如果密度不发生变化，沉淀时其在水中的重力和所受到的阻力之比随着粒径的增大而增大，因而沉速加快。这就是细小粒径颗粒聚结成大粒径颗粒沉速增大的主要原因。

7.2 平流沉淀池

（1）沉淀池类型

经混合、絮凝后，水中悬浮颗粒已形成粒径较大的絮凝体，需在沉淀（或澄清）构筑物分离出来。在正常情况下，沉淀池可以去除处理系统中90%以上的悬浮固体，而排出沉泥水中的含固率为1%左右，优于滤池过滤去除悬浮物的效果。

在重力作用下，悬浮颗粒从水中分离出来的构筑物是沉淀池。不同型式的沉淀池分离悬浮物的原理相同，构造有一定差别。

常用的沉淀池是按照进出水方向来划分的。一般分为竖流式、平流式和辐流式沉淀池。其中，竖流式沉淀池中的水流向上运动，沉降颗粒向下运动。为使进出水均匀，多设计成圆锥形。鉴于竖流式沉淀池主要去除沉淀速度大于上升水流速度的颗粒，表面负荷选用值较小，直接影响了该池的使用。

辐流式沉淀池中的水流从池中心进入后流向周边，水平流速逐渐减少，沉降杂质沉淀到底部。辐流式沉淀池多设计成圆形，池底向中心倾斜。常常用于高浊度水的预沉处理。

按照悬浮颗粒沉降距离划分，斜管、斜板沉淀池的沉淀属于浅池沉淀。斜管（板）沉淀池主要基于增大沉淀面积，减少单位面积上的产水量来提高杂质的去除效率。

目前，使用最多的沉淀池是平流式沉淀池。其性能稳定、去除效率高，是我国自来水厂应用较早、使用最广的泥水分离构筑物。

平流式沉淀池为矩形水池，上部是沉淀区，或称泥水分离区，底部为存泥区。经混凝后的原水进入沉淀池，沿进水区整个断面均匀分布，经沉淀区后，水中颗粒沉于池底，清水由出水口流出，存泥区的污泥通过吸泥机或排泥管排出池外。

平流式沉淀池去除水中悬浮颗粒的效果，常受到池体构造及外界条件影响，即实际沉淀池中水中颗粒运动规律和沉淀理论有一定差别。为便于讨论，首先提出"理想沉淀池"概念，来分析水中颗粒运动规律。

（2）平流式沉淀池内颗粒沉淀过程分析

1）理想沉淀池基本假定

所谓"理想沉淀池"指的是池中水流流速变化、沉淀颗粒分布状态符合以下三个基本假定条件：

① 颗粒处于自由沉淀状态，即在沉淀过程中，颗粒之间互不干扰，颗粒大小、形状、密度不发生变化，进口处颗粒的浓度及在池深方向的分布完全均匀一致，因此沉速始终不变。

② 水流沿水平方向等速流动，在任何一处的过水断面上，各点的流速相同，始终不变。

③ 颗粒沉到池底即认为已被去除，不再返回水中。到出水区尚未沉到池底的颗粒全部随出水带出池外。

2）平流式沉淀池表面负荷和临界沉速

根据上述假定，悬浮颗粒在理想沉淀池沉淀规律见图 7-2。

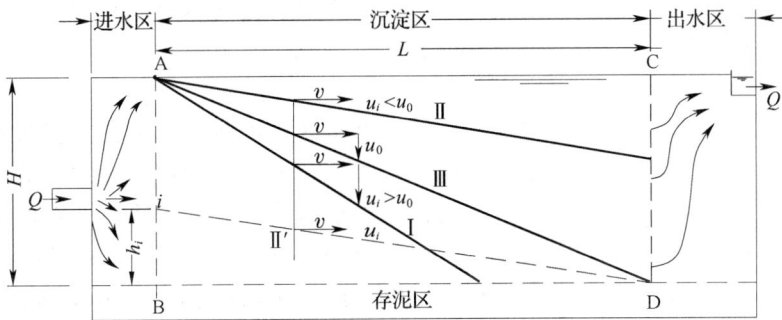

图 7-2 平流理想沉淀示意图

原水进入沉淀池后，在进水区均匀分配在 A-B 断面上，水平流速为：

$$v = \frac{Q}{HB} \tag{7-15}$$

式中　v——水平流速，m/s；

　　　Q——流量，m^3/s；

　　　H——沉淀区水深，m；

　　　B——A-B 断面的宽度，m。

如图7-2所示，沉速为 u 的颗粒以水平流速 v 向右水平运动，同时以沉速 u 向下运动，其运动轨迹是水平流速 v、沉速 u 的合成速度方向直线。具有相同沉速的颗粒无论从哪一点进入沉淀区，沉降轨迹互相平行。从沉淀池最不利点（即进水区液面 A 点）进入沉淀池的沉速为 u_0 的颗粒，在理论沉淀时间内，恰好沉到沉淀池终端池底，u_0 被称为"临界沉速"，或"截留速度"，沉降轨迹为直线Ⅲ。沉速大于 u_0 的颗粒全部去除，沉降轨迹为直线Ⅰ。沉速小于 u_0 的某一颗粒沉速为 u_i，在进水区液面下某一高度 i 点以下进入沉淀池，可被去除，沉降轨迹为虚线Ⅱ′，而在 i 点以上任一处进入沉淀池的 u_i 颗粒未被去除，如实线Ⅱ，与虚线Ⅱ′平行。

截留速度 u_0 及水平流速 v 都与沉淀时间 t 有关：在数值上等于：

$$t = \frac{L}{v} \qquad t = \frac{H}{u_0} \tag{7-16}$$

式中　L——沉淀区长度，m；

　　　v——水平流速，m/s；

　　　H——沉淀区水深，m；

　　　t——水流在沉淀区内的理论停留时间，s；

　　　u_0——颗粒截留速度或临界流速，m/s。

于是，可以得出，

$$u_0 = \frac{Hv \cdot B}{L \cdot B} = \frac{Q}{A} \tag{7-17}$$

式中　A——沉淀池的表面积，也是沉淀池在水平面上的投影，即为沉淀面积。

上式中的 Q/A，通常称为"表面负荷"或"溢流率"，代表沉淀池的沉淀能力，或者单位面积的产水量，在数值上等于从最不利点进入沉淀池全部去除的颗粒中最小的颗粒沉速。由于各沉淀池处理的水质特征参数（水中悬浮颗粒大小及分布规律、水温等）有一定差别，所选用的表面负荷率不完全相同。

3）沉淀去除效率计算

如上所述，沉速为 u_i 的颗粒（$u_i < u_0$）从进水区水面进入沉淀池，将被水流带出池外。如果从水面以下距池底 h_i 高度处进入沉淀池，在理论停留时间内，正好沉到池底，即认为已被去除。如果原水中沉速等于 u_i 的颗粒重量浓度为 C_i，进入整个沉淀池中沉速等于 u_i 颗粒的总量为 $HBvC_i$。由 h_i 高度内进入沉淀池中沉速等于 u_i 颗粒的总量是 h_iBvC_i，则沉淀去除的数量占该颗粒总量之比，即为沉速等于 u_i 颗粒的去除率，用 E_i 表示：

$$E_i = \frac{h_iBvC_i}{HBvC_i} = \frac{h_i}{H} \tag{7-18}$$

由于沉速等于 u_0 的颗粒沉淀 H 高度和沉速等于 u_i 的颗粒沉淀 h_i 高度所用的时间均为 t，则：

$$E_i = \frac{h_i/t}{H/t} = \frac{u_i}{u_0} = \frac{u_i}{Q/A} \tag{7-19}$$

由此可知，悬浮颗粒在理想沉淀池中的去除率除与本身的沉速有关外，还与沉淀池表面负荷有关，而与其他因素如池深、池长、水平流速、沉淀时间无关。不难理解，沉淀池表面积不变，改变沉淀池的长宽比或池深，在沉淀过程中，水平流速将按长、宽、深改变的比例变化，从最不利点进入沉淀池的沉速为 u_0 的颗粒，在理论停留时间内同样沉到终端池底。

以上讨论的是某一特定的沉速为 u_i 的颗粒（$u_i < u_0$）去除效率。实际上，原水中沉速小于 u_0 的颗粒众多，这些不同沉速的颗粒总去除率等于各颗粒去除率的总和。所有沉速小于 u_0 的颗粒去除率总和应为：

$$p = \frac{u_1}{u_0}\mathrm{d}p_1 + \frac{u_2}{u_0}\mathrm{d}p_2 + \cdots\cdots + \frac{u_n}{u_0}\mathrm{d}p_n = \frac{1}{u_0}\sum_{i=1}^{n} u_i\,\mathrm{d}p_i = \frac{1}{u_0}\int_0^{p_0} u_i\,\mathrm{d}p_i \tag{7-20}$$

沉速大于等于 u_0 的颗粒已全部去除，其占全部颗粒的重量比例为（$1 - p_0$），因此，理想沉淀池总去除率 P 为：

$$P = (1 - p_0) + \frac{1}{u_0}\int_0^{p_0} u_i\,\mathrm{d}p_i \tag{7-21}$$

式中　p_0——所有沉速小于截留速度 u_0 的颗粒重量占进水中全部颗粒重量比；

　　　u_0——理想沉淀池截留速度，或沉淀池临界速度，mm/s；

　　　u_i——沉速小于截留速度 u_0 的某一颗粒沉速，mm/s；

　　　p_i——所有沉速小于 u_i 的颗粒重量占进水中全部颗粒重量比；

　　　$\mathrm{d}p_i$——沉速等于 u_i 颗粒的重量占进水中全部颗粒重量比。

上式中 p_i 是 u_i 的函数，$p_i = f(u_i)$。

由于进入各沉淀池的水质不完全相同，因而 p_i 和 u_i 的关系也不完全相同，难以准确求出适用各种水质的 $p \sim u$ 数学表达式。常常根据不同水质，通过试验筒（图7-3）试验结果绘出颗粒累计分布曲线，用图解法求解。即把 u_1、p_1、u_2、p_2……绘成曲线（图7-4），就得到了不同沉速颗粒的累积分布曲线，从而可以求出截留速度为 u_0 的沉淀池的总去除率。

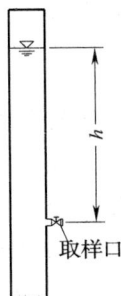

图7-3　沉淀试验筒

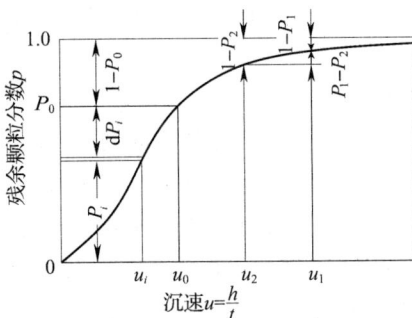

图7-4　理想沉淀去除百分比计算

图7-3 单点取样沉淀试验筒也可改用在沉淀筒底部直接取出沉泥方法，其累积沉泥量就是不同沉淀时间的总去除率。

【例题7-3】悬浮颗粒沉淀试验沉淀柱如图7-3所示，取样口设在水面以下120cm处，沉淀试验记录见表7-2。表中 C_0 代表进入沉淀柱中水的悬浮物浓度，C_i 代表在沉淀时间 t_i 时取出水样所含的悬浮物浓度。根据试验结果，计算表面负荷为 $43.2 \mathrm{m}^3/(\mathrm{m}^2 \cdot \mathrm{d})$ 的平流式沉淀池去除悬浮物的百分率。

沉淀试验记录 表 7-2

沉淀时间 t_i（min）	0	15	30	40	45	60	90	180
C_i/C_0	1	0.96	0.81	0.667	0.62	0.46	0.23	0.06

【解】 根据试验数据，可以得出不同沉淀速度 u_i 和小于该沉速的颗粒组成分数以及沉速为 u_i 的颗粒占所有颗粒重量比例（表7-3）。

小于沉速 u_i 的颗粒组成分数和 u_i 的颗粒占所有颗粒重量比 表 7-3

沉淀时间 t_i（min）	15	30	40	45	60	90	180
沉淀速度 u_i=120（cm）/t_i（min）	8.00	4.00	3.00	2.67	2.00	1.33	0.67
小于沉速 u_i 的颗粒占所有颗粒重量比（%）	96	81	66.7	62	46	23	6
沉速为 u_i 的颗粒占所有颗粒重量比（%）	4	15	14.3	4.7	16	23	17

表面负荷为 $43.2 \mathrm{m}^3/(\mathrm{m}^2 \cdot \mathrm{d})$ 的平流式沉淀池的临界沉速 $u_0 = \dfrac{43.2 \mathrm{m}^3}{\mathrm{m}^2 \cdot \mathrm{d}} = 3.0 \mathrm{cm/min}$。

根据表 7-2 可知，另有沉速小于 $0.67 \mathrm{cm/min}$ 的颗粒占所有颗粒的重量比为 6%，假定这种颗粒沉速为 $0.67/2 = 0.34 \mathrm{cm/min}$，则沉速小于 $3.0 \mathrm{cm/min}$ 的颗粒去除率为：

$$p = \frac{1}{3}(2.67 \times 4.7\% + 2 \times 16\% + 1.33 \times 23\% + 0.67 \times 17\% + 0.34 \times 6\%) = 29.52\%$$

总去除百分数为：

$$P = (4.0\% + 15\% + 14.3\%) + 29.52\% = 62.82\%$$

（3）影响沉淀效果主要因素

在讨论理想沉淀池时，假定水流稳定，流速均匀，颗粒沉速不变。而实际的沉淀池因受外界风力、温度、池体构造等影响时偏离理想沉淀条件，主要在以下几个方面影响了沉淀效果：

1）短流影响

在理想沉淀池中，垂直于水流方向的过水断面上各点流速相同，在沉淀池的停留时间 t_0 相同。而在实际沉淀池中，有一部分水流通过沉淀区的时间小于 t_0，而另一部分则大于 t_0，该现象称为短流。引起沉淀池短流的主要原因有：① 进水惯性作用，使一部分水流流速变快；② 出水堰口负荷较大，堰口上产生水流抽吸，近出水区处出现快速水流；③ 风吹沉淀池表层水体，使水平流速加快或减慢；④ 温差或过水断面上悬浮颗粒密度差、浓度差，产生异重流，使部分水流水平流速减慢，另一部分水流流速加快或在池底绕道前进；⑤ 沉淀池池壁、池底、导流墙摩擦，刮（吸）泥设备的扰动使一部分水流水平流速减小。

短流的出现，有时形成流速很慢的"死角"、减小了过流面积、局部地方流速更快，本来可以沉淀去除的颗粒被带出池外。从理论上分析，沿池深方向的水流速度分布不均匀时，表层水流速度较快，下层水流流速较慢。沉淀颗粒自上而下到达流速较慢的水流层后，容易沉到终端池底，对沉淀效果影响较小。而沿宽度方向水平流速分布不均匀时，沉淀池中间水流停留时间小于t_0，将有部分颗粒被带出池外。靠池壁两侧的水流流速较慢，有利于颗粒沉淀去除，一般不能抵消较快流速带出沉淀颗粒的影响。

2）水流状态影响

在平流式沉淀池中，雷诺数和弗劳德数是反映水流状态的重要指标。水流属于层流或是紊流用雷诺数Re判别，表示水流的惯性力和黏滞力两者之比：

$$Re = \frac{vR}{\nu} \tag{7-22}$$

式中　v——水平流速，m/s；

R——水力半径，m，$R = \dfrac{\omega}{\chi}$；

ω——过水断面面积，m^2；

χ——湿周，m；

ν——水的运动黏滞系数，m^2/s。

对于平流式沉淀池这样的明渠流，当$Re < 500$，水流处于层流状态；$Re > 2000$，水流处于紊流状态。大多数平流式沉淀池的$Re = 4000 \sim 20000$，显然处于紊流状态。在水平流速方向以外产生脉动分速，并伴有小的涡流体，对颗粒沉淀产生不利影响。

水流稳定性以弗劳德数Fr判别，表示水流惯性力与重力的比值：

$$Fr = \frac{v^2}{Rg} \tag{7-23}$$

式中　v——水平流速，m/s；

R——水力半径，m；

g——重力加速度，$9.81m/s^2$。

当惯性力的作用加强或重力作用减弱时，Fr值增大，抵抗外界干扰能力增强，水流趋于稳定。

在实际沉淀池中存在许多干扰水流稳定的因素，提高沉淀池的水平流速和Fr值，异重流等影响将会减弱。一般认为，平流式沉淀池的Fr值大于10^{-5}为宜。

比较式（7-22）、式（7-23）可知，减小雷诺数、增大弗劳德数的有效措施是减小水力半径R值。沉淀池纵向分格，可减小水力半径。因减小水力半径有限，还不能达到层流状态。提高沉淀池水平流速v，有助于增大弗劳德数，减小短流影响，但会增大雷诺数。由于平流式沉淀池内水流处于紊流状态，再适当增大雷诺数不至于有太大影响，故希望适当增大水平流速，不过分强调雷诺数的控制。

3）絮凝作用影响

平流式沉淀池水平流速存在速度梯度以及脉动分速，伴有小的涡流体。同时，沉淀颗粒间存在沉速差别，因而导致颗粒间相互碰撞聚结，进一步发生絮凝作用。水流在沉淀池中停留时间越长，则絮凝作用越加明显。无疑，这一作用有利于沉淀效率的提高，但同理想沉淀池相比，也视为偏离基本假定条件的因素之一。

（4）平流式沉淀池构造与设计计算

1）平流式沉淀池的构造

平流式沉淀池分为进水区、沉淀区、出水区和存泥区四部分，见图7-2。

① 进水区

进水区的主要功能是使水流分布均匀，减小紊流区域，减少絮凝体破碎。通常采用穿孔花墙、栅板等布水方式。从理论上分析，欲使进水区配水均匀，应增大进水流速来增大过孔水头损失。如果增大水流过孔流速，势必增大沉淀池的紊流段长度，造成絮凝颗粒破碎。目前，大多数沉淀池属混凝沉淀，而进水区或紊流区段占整个沉淀池长度比例很小，故首先考虑絮凝体的破碎影响，所以多按絮凝池末端流速作为过孔流速设计穿孔墙过水面积，且池底积泥面上0.3m至池底范围内不设进水孔。

② 沉淀区

沉淀区即为泥水分离区，由长、宽、深尺寸决定。根据理论分析，沉淀池深度与沉淀效果无关。但考虑到后续构筑物，不宜埋深过大。同时考虑外界风吹不使沉泥泛起，常取有效水深3~3.5m，超高0.3~0.5m。沉淀池长度L与水量无关，而与水平流速v和停留时间T有关。一般要求长深比（L/H）大于10，即为水平流速是截留速度的10倍以上。沉淀池宽度B和处理水量有关，即$B = \dfrac{Q}{Hv}$。宽度B越小，池壁的边界条件影响就越大，水流稳定性越好。一般设计$B = 3~8$m，最大不超过15m，当宽度较大时可中间设置导流墙。设计要求长宽比（L/B）大于4。

③ 出水区

沉淀后的清水在池宽方向能否均匀流出，对沉淀效果有较大影响。多数沉淀池出水采用集水管、集水渠集水，如图7-5所示。

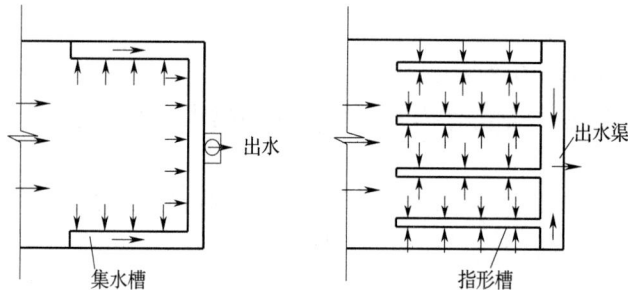

图7-5　沉淀池出水集水方式

集水管、渠多采用孔口出流、锯齿堰出流或薄壁堰出流形式，见图7-6。

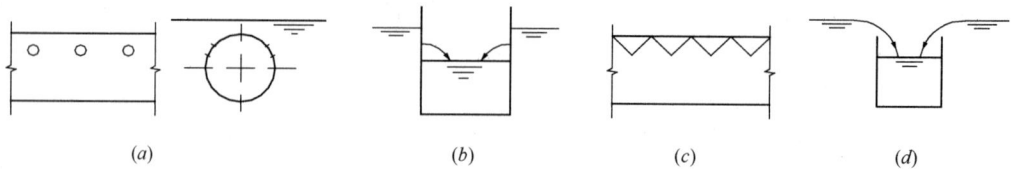

图7-6　集水管、渠集水方式

（a）穿孔管集水；（b）淹没孔口出流；（c）锯齿堰出流；（d）薄壁堰出流

各集水方式适用条件和设计要求见表7-4。

各集水方式适用条件和设计要求 表 7-4

集水方式	适用条件及设计要求
穿孔管	1. 小型斜管、斜板沉淀池、澄清池、气浮池; 2. 集水管可用钢管、铸铁管或水泥管; 3. 集水管中心间距 1.2~2.0m,管长不大于 10m 为宜; 4. 集水管上部开单排或双排斜向 $\phi20~\phi25mm$ 进水孔,孔口淹没深度 0.07~0.10m
淹没孔口出流集水槽	1. 适用于大中型规模的沉淀池、澄清池; 2. 水中无大量树叶、小草等漂浮物; 3. 集水槽可用钢筋混凝土或钢板焊接,进水孔开设在钢板条或硬塑料板上,再固定在集水槽两侧,允许调节槽口高度; 4. 集水槽中心间距 1.5~2.0m,两侧进水孔 $\phi25~\phi35mm$,孔口淹没深度 0.05~0.07m,出流跌落 0.05m
锯齿堰出流集水槽	1. 适用于大中型规模的沉淀、澄清池; 2. 出水顺畅,一般不易堵塞进水口; 3. 钢板或铝合金板切割成倒三角形,三角形顶角为 90° 或 60°; 4. 倒三角形进水口作用水头(即淹没高度)0.05~0.07m; 5. 倒三角形进水口也可开设在钢板条、硬塑料板上,再固定在集水槽两侧
水平堰出流集水槽	1. 适用于大中型规模的沉淀、澄清池; 2. 堰口水平,集水负荷 ≤250m³/(d·m); 3. 水平堰出流集水槽可用钢筋混凝土浇筑、堰口粉平或用钢板加工后校正水平

各集水方式计算方法见表 7-5。

各集水方式计算方法 表 7-5

集水方式	计算公式	符号说明
穿孔管孔口和淹没孔口的流量	$Q = \mu\omega\sqrt{2gH}$	Q——孔口流量,m³/s; μ——孔口流量系数,按薄壁堰锐缘孔口计算取 $\mu=0.62$; ω——孔口过水断面,m²; H——自由出流孔口淹没水深、淹没出流孔两侧水位差,m; g——重力加速度,9.81m/s²
锯齿堰出水流量	$q = \dfrac{8}{15}\mu\cdot\tan\dfrac{\theta}{2}\sqrt{2g}H^{2.5}$ $q_{90} = 1.401H^{2.5}$ $q_{60} = 0.812H^{2.5}$	q——每个三角堰出水流量,m³/s; θ——倒三角形顶角,度; H——堰口作用水头,指锯齿堰底到集水槽外水面高度,m; μ——三角堰流量系数,$\theta=90°$ 时,$\mu=0.593$,$\theta=60°$ 时,$\mu=0.596$; q_{90}——$\theta=90°$ 时的三角堰流量,m³/s; q_{60}——$\theta=60°$ 时的三角堰流量,m³/s
水平堰单宽流量	$q = m_0 b\sqrt{2g}H^{1.5}$ 或 $q = 1.86bH^{1.5}$	q——矩形水平堰流量,m³/s; m_0——堰流量系数,取 $m_0=0.42$; b——单位堰顶长度,m

其中，薄壁堰、齿形堰集水不易堵塞，其单宽出水流量分别和堰上水头的 1.5 次方、2.5 次方成正比。而淹没式孔口集水，有时被杂物堵塞，其孔口流量和淹没水位的 0.5 次方成正比。

显然，以淹没式孔口集水的沉淀池水位变化时，不会立刻增大出水流量。为防止集水堰口流速过大产生抽吸作用带出沉淀杂质，堰口溢流率以不大于 $250m^3/(m \cdot d)$ 为宜。目前，新建沉淀池大多采用增加集水堰长或指形出水槽集水，效果良好。加长堰长或指形槽集水，相当于增加沉淀池的中途集水作用，既降低了堰口负荷，又因集水槽起端集水后，减少后段沉淀池中水平流速，有助于提高沉淀去除率或提高沉淀池处理水量。

④ 存泥区和排泥方法

平流式沉淀池下部设有存泥区，排泥方式不同，存泥区高度不同。小型沉淀池设置的斗式、穿孔管排泥方式，需根据设计的排泥斗间距或排泥管间距设定存泥区高度。多年来，平流式沉淀池普遍使用了机械排泥装置，池底为平底，一般不再设置排泥斗、泥槽和排泥管。

桁架式机械排泥装置分为泵吸式和虹吸式两种。其中虹吸式排泥是利用沉淀池内水位和池外排水渠水位差排泥，节约泥浆泵和动力，目前应用较多（图 7-7）。当沉淀池内水位和池外排水渠水位差较小，虹吸排泥管不能保证排泥均匀时可采用泵吸式排泥。

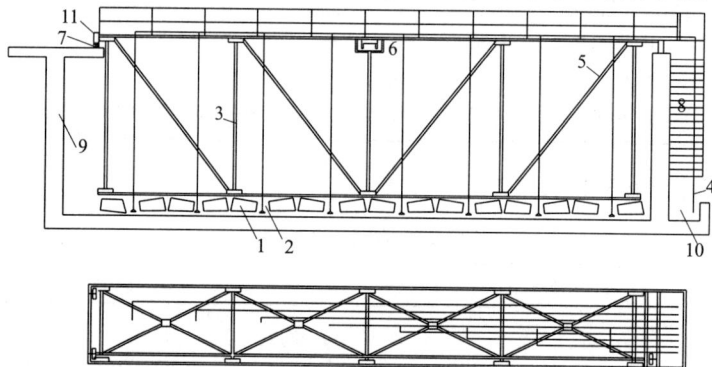

图 7-7 虹吸式排泥机

1—刮泥板；2—吸泥口；3—吸泥管；4—排泥管；5—桁架；
6—传动装置；7—导轨；8—爬梯；9—池壁；10—排泥渠；11—驱动滚轮

上述两种排泥装置安装在桁架上，利用电机、传动机构驱动滚轮，沿沉淀池长度方向运动。为排出进水端较多积泥，有时设置排泥机在前三分之一长度处返还一次。机械排泥较彻底，但排出积泥浓度较低。为此，有的沉淀池把排泥设备设计成只刮不排装置，即采用牵引小车或伸缩杆推动刮泥板把沉泥刮到底部泥槽中，由泥位计控制排泥管排出。

2）平流式沉淀池的设计计算

在设计平流式沉淀池时，通常把表面负荷率和沉淀时间作为重要控制指标，同时考虑水平流速。当确定沉淀池表面负荷率 $[Q/A]$ 之后，即可确定沉淀面积，根据沉淀时间和水平流速便可求出沉淀池容积及平面尺寸。有时先行确定沉淀时间，用表面负荷率复核。

平流沉淀池的沉淀时间和水平流速宜通过试验或参照相似条件下的水厂运行经验确定，《室外给水设计标准》GB 50013—2018 建议，沉淀时间 $T = 1.5 \sim 3.0h$，低温低浊水处理沉淀时间宜为 $2.5 \sim 3.5h$，水平流速 $v = 10 \sim 25mm/s$，并避免过多转折。

平流式沉淀池设计方法如下：

① 按截留速度计算沉淀池尺寸

沉淀池面积 A：

$$A = \frac{Q}{3.6u_0} \qquad (7\text{-}24)$$

式中 A——沉淀池面积，m^2；

u_0——截留速度，mm/s；

Q——设计水量，m^3/h。

沉淀池长度 L：

$$L = 3.6vT \qquad (7\text{-}25)$$

式中 L——沉淀池长度，m；

v——水平流速，mm/s；

T——水流停留时间，h。

沉淀宽度 B：

$$B = \frac{A}{L} \qquad (7\text{-}26)$$

沉淀池深度 H：

$$H = \frac{QT}{A} \qquad (7\text{-}27)$$

式中 H——沉淀池有效水深，m；

其余符号同上。

② 按停留时间 T 计算沉淀池尺寸

沉淀池容积 V：

$$V = QT \qquad (7\text{-}28)$$

式中 V——沉淀池容积，m^3；

Q——设计水量，m^3/h；

T——水流停留时间，h。

沉淀池面积 A：

$$A = \frac{V}{H} \qquad (7\text{-}29)$$

式中 A——沉淀池面积，m^2；

H——沉淀池有效水深，一般取 $3.0 \sim 3.5m$。

沉淀池长度 L：

$$L = 3.6vT \qquad (7\text{-}30)$$

沉淀池每格宽度（或导流墙间距）宜为 $3 \sim 8m$。用下式计算：

$$B = \frac{V}{LH} \qquad (7\text{-}31)$$

③ 校核弗劳德数 Fr

控制 $Fr = 1 \times 10^{-4} \sim 1 \times 10^{-5}$

④ 出水集水槽和放空管尺寸

出水通常采用指形槽集水，两边进水，槽宽 0.2 ~ 0.4m，间距 1.2 ~ 1.8m。

指形集水槽集水流入出水渠。集水槽、出水渠大多采用矩形断面，当集水槽底、出水渠底为平底，自由跌落出水时起端水深 h 按下式计算：

$$h = \sqrt{3} \cdot \sqrt[3]{\frac{q^2}{gB^2}} \tag{7-32}$$

式中　q——集水槽、出水渠流量，m^3/s；

　　　B——槽（渠）宽度，m；

　　　g——重力加速度，$9.81m/s^2$。

沉淀池放空时间 T' 按变水头非恒定流盛水容器放空公式计算，并取外圆柱形管嘴流量系数 $\mu = 0.82$，按下式求出排泥、放空管管径 d：

$$d \approx \sqrt{\frac{0.7BLH^{0.5}}{T'}} \tag{7-33}$$

式中　T'——沉淀池放空时间，s。

其余符号同前。

7.3　斜板、斜管沉淀池

（1）斜板、斜管沉淀池沉淀原理

从平流式沉淀池内颗粒沉降过程分析和理想沉淀原理可知，悬浮颗粒的沉淀去除率仅与沉淀池沉淀面积 A 有关，而与池深无关。在沉淀池容积一定的条件下，池深越浅，沉淀面积越大，悬浮颗粒去除率越高。此即"浅池沉淀原理"。

如图 7-8 所示，如果平流式沉淀池长为 L、深为 H、宽为 B，沉淀池水平流速为 v，截留速度为 u_0，沉淀时间为 T。将此沉淀池加设两层底板，每层水深变为 $H/3$，在理想沉淀条件下，则有如下关系：

未加设底板前，$u_0 = \dfrac{H}{T} = \dfrac{H}{L/v} = \dfrac{Hv}{L} = \dfrac{HBv}{LB} = \dfrac{Q}{A}$

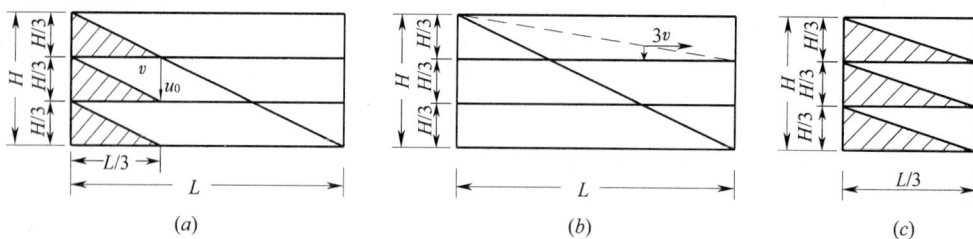

图 7-8　浅池沉淀原理

加设两层底板后［图 7-8（a）］，截留速度比原来减小 2/3，去除效率相应提高。如果去除率不变，沉淀池长度不变，而水平流速增大［图 7-8（b）］，则处理水量比原来增加两倍。如果去除率不变，处理水量不变，而改变沉淀池长度［图 7-8（c）］，则沉淀池长度减小原来的 2/3。

按此推算，沉淀池分为 n 层，其处理能力是原来沉淀池的 n 倍。但是，如此分层排出沉泥有一定难度。为解决排泥问题，把众多水平隔板改为倾斜隔板，并预留排泥区间，这就变成了斜板沉淀池。用管状组件（组成六边形、四边形断面）代替斜板，即为斜管沉淀池。

在斜板沉淀池中，按水流与沉泥相对运动方向可分为上向流、同向流和侧向流三种形式。而斜管沉淀池只有上向流、同向流两种形式。水流自下而上流出，沉泥沿斜管、斜板壁面自动滑下，称为上向流沉淀池。水流水平流动，沉泥沿斜板壁面滑下，称为侧向流斜板沉淀池。上向流斜管沉淀池和侧向流斜板沉淀池是目前常用的两种基本形式。

斜板（或斜管）沉淀池沉淀面积是众多斜板（或斜管）的水平投影和原沉淀池面积之和，沉淀面积很大，从而减小了截留速度。又因斜板（或斜管）湿周增大，水流状态为层流，更接近理想沉淀池。

悬浮颗粒在斜板中的运动轨迹如图7-9所示。可以看出，在沉淀池尺寸一定时，斜板间距 d 愈小，斜板数愈多，总沉淀面积愈大。斜板倾角 θ 愈小，越接近水平分隔的多层沉淀池。斜板间轴向流速 v_0 和斜板出口水流上升流速 v_s 有如下关系：

$$v_s = v_0 \sin\theta \tag{7-34}$$

斜板中轴向流速 v_0、截留速度 u_0 和斜板构造的几何关系见图7-10。

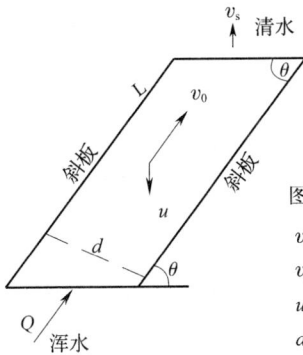

图中：

v_0——斜板间轴向流速，mm/s；

v_s——斜板出口上升流速，mm/s；

u——悬浮颗粒下沉流速，mm/s；

d——斜板间距，mm；

θ——斜板倾角。

图7-9 斜板间水流和悬浮
颗粒运动轨迹

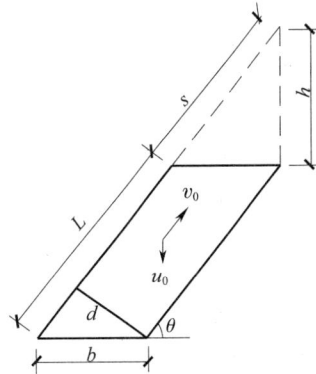

图7-10 轴向流速 v_0、截留速度
u_0 的几何关系图

由 $\dfrac{v_0}{u_0} = \dfrac{L+s}{h} = \dfrac{L + \dfrac{d}{\cos\theta}\dfrac{1}{\sin\theta}}{\dfrac{d}{\cos\theta}} = \dfrac{L}{d}\cos\theta + \dfrac{1}{\sin\theta}$，得关系式：

$$\frac{u_0}{v_0}\left(\frac{L}{d}\cos\theta + \frac{1}{\sin\theta}\right) = 1 \tag{7-35}$$

如图7-10，假定斜板宽度为 B，由上式得 $u_0 = \dfrac{v_0}{\dfrac{L}{d}\cos\theta + \dfrac{1}{\sin\theta}} = \dfrac{v_0 d}{(L\cos\theta + b)} \cdot \dfrac{B}{B} =$

$\dfrac{Q}{BL\cos\theta + Bb}$。由此可知，斜板沉淀池截留速度 u_0 等于处理流量 Q 与斜板投影面积、沉淀池面积之和的比值。

如果斜管直径为 d，截留速度 u_0、以最不利沉淀断面上流速代替斜管中轴向流速 v_0，和斜管构造的几何关系表达式为：

$$\frac{u_0}{v_0}\left(\frac{L}{d}\cos\theta + \frac{1}{\sin\theta}\right) = \frac{4}{3} \tag{7-36}$$

式中符号同斜板轴向流速 v_0、截留速度 u_0 几何关系图中符号。

【例题 7-4】 一座竖流式沉淀池，进水中颗粒沉速和所占的比例见下表（表 7-6）。

表 7-6

小于沉速 u_i 的颗粒组成分数占所有颗粒重量比

颗粒沉速 u_i（mm/s）	0.1	0.2	0.3	0.5	0.8	1.2	1.5	2.0
≤u_i 颗粒占所有颗粒的重量比例（%）	10	25	35	45	60	75	90	100

竖流式沉淀池对上述悬浮物总去除率为 40%。现加设斜板改为斜板沉淀池，如果斜板投影面积按竖流沉淀池的 4 倍计算，则加设斜板后总去除率是多少？

【解】 根据表 7-6 进行计算，求出沉速等于 u_i 的颗粒占所有颗粒重量比和 ≥u_i 的颗粒占所有颗粒重量比，得表 7-7。

表 7-7

≥沉速 u_i 的颗粒组成分数占所有颗粒重量比

颗粒沉速 u_i（mm/s）	0.1	0.2	0.3	0.5	0.8	1.2	1.5	2.0
≤u_i 颗粒占所有颗粒的重量比例（%）	10	25	35	45	60	75	90	100
沉速等于 u_i 的颗粒占所有颗粒重量比（%）	10	15	10	10	15	15	15	10
沉速≥u_i 的颗粒占所有颗粒重量比（%）	100	90	75	65	55	40	25	10

根据竖流式沉淀池对上述悬浮物总去除率可知，沉速大于 1.2mm/s 的颗粒占所有颗粒的重量比例为 40%，竖流式沉淀可以全部去除的最小颗粒沉速是 1.2mm/s。斜板沉淀池沉淀面积等于斜板投影面积与竖流沉淀池沉淀面积之和，是竖流沉淀池沉淀面积的 5 倍。斜板沉淀池可以全部去除的最小颗粒沉速为 $u_0 = \frac{1.2}{5} = 0.24$mm/s，鉴于沉速等于 0.24mm/s 的颗粒并不存在，按照沉速大于或等于 0.3mm/s 的颗粒占所有颗粒重量比计算，认为沉速大于或等于 0.24mm/s 的颗粒占 75%，计算总去除率时取用的 u_0 值仍是 0.24mm/s。

总去除率等于 $P = 75\% + \frac{0.2}{0.24} \times 15\% + \frac{0.1}{0.24} \times 10\% = 91.67\%$

由此可以看出，上向流斜板（管）沉淀池和竖流式（上向流）沉淀池去除悬浮颗粒效率的计算方法是不同的。

（2）斜管沉淀池设计计算

斜板、斜管沉淀池沉淀原理相同。给水处理中使用斜管沉淀池较多，故本节以介绍斜管沉淀池设计为重点，也适用于斜板沉淀池的设计。

斜管沉淀池构造如图 7-11 所示，分为清水区、斜管区、配水区、积泥区。在设计时应考虑以下几点：

底部配水区高度不小于 2.0m，以便减小配水区内流速，达到均匀配水。进水口采用穿孔墙、缝隙栅或下向流斜管布水。

斜管倾角越小，则沉淀面积越大，截留速度越小，沉淀效率越高，但排泥不畅，根据生产实践，斜管水平倾角 θ 通常采用 60°。

斜管材料多用厚 0.4~0.5mm 无毒聚氯乙烯或聚丙烯薄片热压成波纹板，然后粘结成多边形斜管。为防止堵塞，斜管内切圆直径取 30~40mm。斜管长度和沉淀面积有关，但长度过大，势必增加沉淀池深度，沉淀效果提高很少。所以，一般选用斜管长 1000mm，

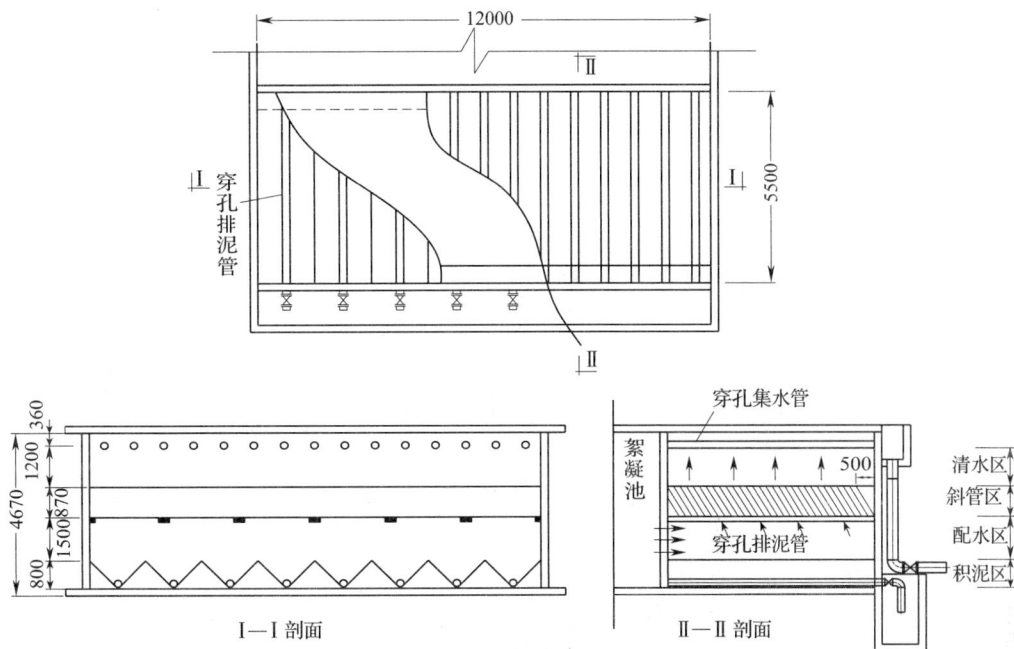

图 7-11　上向流斜管沉淀池平、剖面图

斜管区高 860mm，可满足要求。

　　斜管沉淀池清水区高度是保证均匀出水和斜管顶部免生青苔的必要高度，一般取不小于 1200mm。清水集水槽根据清水高度设计，其间距应满足斜管出口至两集水槽的夹角小于 60°，可取集水槽间距等于 1 ~ 1.2 倍的清水区高度。

　　斜管沉淀池的表面负荷是一个重要的技术参数，是对整个沉淀池的液面而言，又称为液面负荷。用下式表示：

$$q = \frac{Q}{A} \tag{7-37}$$

式中　q——斜管沉淀池液面负荷，$m^3/(m^2 \cdot h)$；

　　　　Q——斜管沉淀池处理水量，m^3/h；

　　　　A——斜管沉淀池清水区面积，m^2。

　　上向流斜管沉淀池液面负荷 q 一般取 5.0 ~ 9.0$m^3/(m^2 \cdot h)$（相当于 1.4 ~ 2.5mm/s），低温低浊度水取 3.6 ~ 7.2$m^3/(m^2 \cdot h)$。不计斜管沉淀池材料所占面积及斜管倾斜后的无效面积，则斜管沉淀池液面负荷 q 等于斜管出口处水流上升流速 v_s。

　　小型斜管沉淀池采用斗式及穿孔管排泥，大型斜管沉淀池多用桁架虹吸机械排泥。

　　【例题 7-5】一座竖流式沉淀池，清水上升流速 $v_s = 2.0$mm/s，加设倾角 $\theta = 60°$ 斜板，斜板长度 L 和板间垂直距离 d 之比（L/d）= 20，如果斜板材料及无效面积影响系数 $\eta = 0.6$，处理水量不变，则加设斜板后能够全部去除的最小颗粒沉速是多少？

　　【解】未加设斜板前清水区上升流速 $v_s = 2.0$mm/s，则加设斜板后斜板间轴向流速

$v_0 = \dfrac{v_s}{\eta \cdot \sin\theta} = \dfrac{2}{0.6 \times \sin60°} = 3.85$mm/s，由式（7-35）得 $u_0 = \dfrac{v_0}{\left(\dfrac{L}{d}\cos\theta + \dfrac{1}{\sin\theta}\right)}$，由此求

出加设斜板后能够全部去除的最小颗粒沉速为：

$$u_0 = \frac{3.85}{(20 \times 0.5 + 1.155)} = 0.345\text{mm/s}。$$

7.4　其他沉淀池

（1）高密度沉淀池

DENSADEG 高密度沉淀池是法国德利满公司开发的一种新型的沉淀池，其构造见图 7-12。该沉淀池具有混合絮凝区、推流区、泥水分离区、沉泥浓缩区、泥渣回流及排放系统组成。

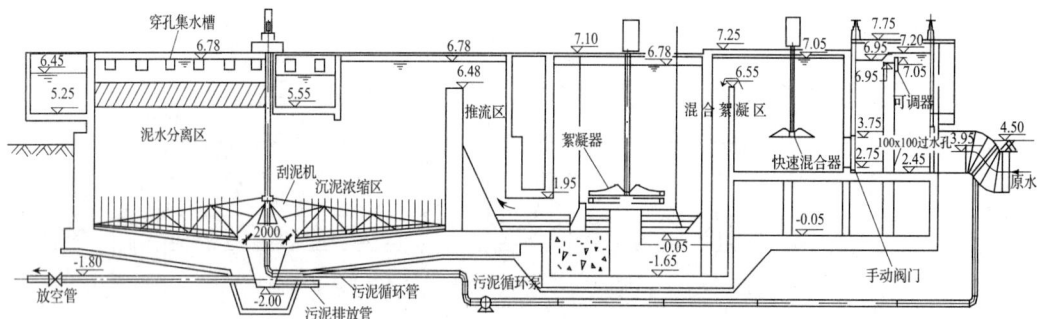

图 7-12　高密度沉淀池

该沉淀池特点之一是污泥回流，回流量约占处理水量的 5% ~ 10%，发挥了接触絮凝作用。在絮凝区及回流污泥中投加高分子混凝剂有助于絮凝颗粒聚结沉淀。沉淀出水经过斜管沉淀区，较大的沉淀面积进一步沉淀分离出了水中细小杂质颗粒。下部设有很大容积的污泥浓缩区，根据污泥浓度定时排放。高密度沉淀池池深达 8 ~ 9m。集合接触絮凝、斜管沉淀、污泥浓缩于一体。斜管出水区负荷很高，可达 20 ~ 25m³/(m²·h)(5.6 ~ 7mm/s)。排放污泥含固率在 3% 以上，可直接进入污泥脱水设备。

国内设计院借鉴上述沉淀池设计原理研发的高速澄清池在絮凝区采用水体回流循环方法强化了絮凝作用。该高速澄清池清水区液面负荷可达 12 ~ 25m³/(m²·h)。用于高浊度水处理时可取 7.2 ~ 15.0m³/(m²·h)。

（2）辐流式沉淀池

在处理高浊度水和某些高浓度污水的沉淀构筑物中，其关键技术在于沉淀泥渣的排除。辐流式沉淀池具有排泥方便的特点，又可作为高浓度泥沙原水的污泥浓缩池。

辐流式沉淀池无论用于给水处理或污水处理，其沉淀原理、设计计算方法基本相同，只是水中悬浮物性质有所差别。前者是天然水中泥沙，后者是污水中的悬浮物。在设计参数的选用（如表面负荷、沉淀时间等）和一些细部设计上有所不同，应根据原水水质确定。

（3）预沉池和沉沙池

当高浊度水源水中泥沙含量高且粒径大于 0.03mm 的颗粒占有较大比例时，容易淤积在絮凝池和沉淀池底部难以清除，通常采用预沉处理。

常用的预沉池有两种形式：一是结合浑水调蓄用的调蓄池，同时作为预沉池。二是辐流式预沉池。调蓄预沉池容积根据河流流量变化、沙峰延续时间和积泥体积确定。预沉时间一般 10d 以上。调蓄预沉池大多不设置排泥系统，采用吸泥船清除积泥。

主要用于去除水中粒径较大的泥沙颗粒的沉淀构筑物称为沉沙池。

给水处理中所需去除的泥沙来自天然水源，粒径较小，一般在0.1mm以下，沙粒表面附着的有机物很少，采用平流式沉沙池或水力旋流沉沙池即可，不采用曝气沉砂池。

7.5 澄清池

（1）澄清原理

在理想沉淀池中，沉速等于u_i的颗粒去除效率等于$E_i = \dfrac{u_i}{Q/A}$。显然，增大絮凝颗粒沉速u_i，便可提高杂质颗粒去除效率。增大絮凝颗粒沉速方法可采用改善絮凝条件、使用新型絮凝剂等。澄清池则是利用构筑物内已经形成的絮凝体和新进入的颗粒碰撞粘附、聚结成较大的颗粒提高颗粒沉淀速度。

在澄清池运行时，先通过投加较多的混凝剂，适当降低负荷，或投加黏土等技术措施，使絮凝颗粒形成一定的浓度和粒径。当进入澄清池水中的细小颗粒与之接触时，便发生絮凝作用并被泥渣层截留下来，使浑水获得澄清。可见，澄清池的主要特点就是集絮凝和沉淀功能于一体的水处理单元。澄清池内的泥渣层絮凝是先生成的高浓度絮凝体为介质的絮凝，即絮凝颗粒之间具有显著粒径差异或沉速差异，这种絮凝又称为接触絮凝。排泥系统排出多余老化泥渣后，泥渣层始终处于浓度相对平衡状态，并通过新陈代谢保持了泥渣的接触絮凝活性。

（2）澄清池分类

澄清池型式多种多样，根据搅拌方式和进水方式不同区分，常用的澄清池有数十种之多，其澄清原理大同小异，基本上可归纳为两种类型：

1）泥渣悬浮型澄清池

泥渣悬浮型澄清池泥渣层处于悬浮状态，原水通过泥渣层时，水中杂质因接触絮凝作用而被拦截下来，故称为泥渣悬浮型澄清池。由于悬浮泥渣层类似过滤层，又称为泥渣过滤型澄清池，见图7-13。

泥渣悬浮型澄清池主要有悬浮澄清池和脉冲澄清池两类。

悬浮澄清池一般分为两格或三格，如图7-14所示。投加过混凝剂的原水经气水分离器6分离空气后进入澄清池，从穿孔配水管1分布到整个过水断面。水中的细小颗粒被悬浮层中的大粒径颗粒截流分离出来，清水从集水槽3流出。泥渣浓缩室在强制排水管4排

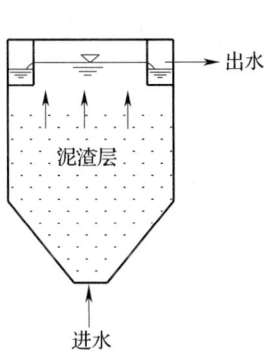

图7-13 泥渣悬浮型澄清池
示意图

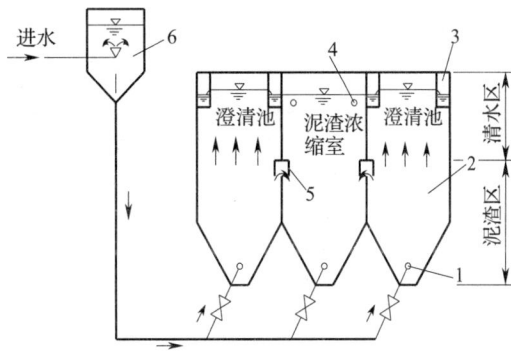

图7-14 悬浮澄清池流程
1—穿孔配水管；2—泥渣悬浮层；3—集水槽；
4—强制出水管；5—排泥窗口；6—气水分离器

出清水后，清水区水位低于澄清池的清水区水位，澄清池下部的高浓度泥渣层就会不断从排泥窗口 5 扩散到泥渣浓缩室，定期排除。澄清池中锥形段水流上升速度大于上部悬浮层中的水流上升速度，把泥渣托起后保持平衡，则泥渣层基本上处于稳定状态。泥渣层浓度和接触絮凝活性通过排出沉泥控制。

挟带有悬浮颗粒的水流经过悬浮层后，悬浮颗粒被截留下来成为泥渣层。不计入泥渣体积，可以认为水流在悬浮层中的停留时间等于悬浮层体积除以进水流量。计入泥渣体积时，水流在悬浮层中的停留时间等于悬浮层体积减去泥渣体积除以进水流量。泥渣在悬浮层中的停留时间近似等于悬浮层中泥渣重量除以进水中悬浮颗粒重量。

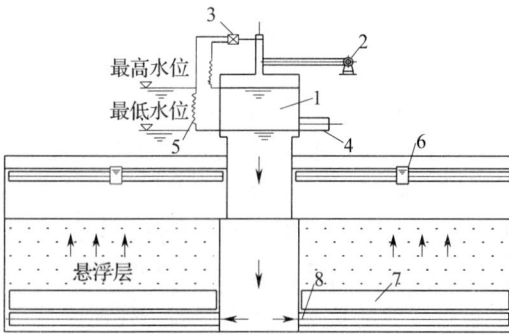

图 7-15　脉冲澄清池

1—进水室；2—真空泵；3—进气阀；4—进水管；

5—水位电极；6—集水槽；7—稳流板；8—配水管

脉冲澄清池剖面图如图 7-15 所示。进入悬浮层的水量忽大忽小，从而使悬浮泥渣层产生周期性的膨胀和收缩，不仅有利于悬浮泥渣与微絮凝颗粒接触絮凝，还可使悬浮层在全池扩散，浓度趋于均匀，防止颗粒在池底沉积。

悬浮型澄清池中悬浮泥渣层在水中的重量与上升水流的上托力必须保持平衡，原水浊度、温度、水量变化都会引起悬浮层浓度波动，影响澄清效果，所以，目前设计此类澄清池越来越少。

2）泥渣循环型澄清池

为了充分发挥泥渣接触絮凝作用，可通过泥渣在池内循环流动，使大量泥渣回流，增加颗粒间的相互碰撞聚结概率。回流量一般为设计进水流量的 2～4 倍。借助水力提升的泥渣循环澄清池，简称为水力循环澄清池。借助机械提升的泥渣循环澄清池，简称为机械搅拌澄清池（或称为机械加速澄清池）。

机械搅拌澄清池主要有第一絮凝室和第二絮凝室及分离室组成。整个池体上部是圆形，下部是截头圆锥形。投加药剂后的原水在第一絮凝室和第二絮凝室内与高浓度的回流泥渣相接

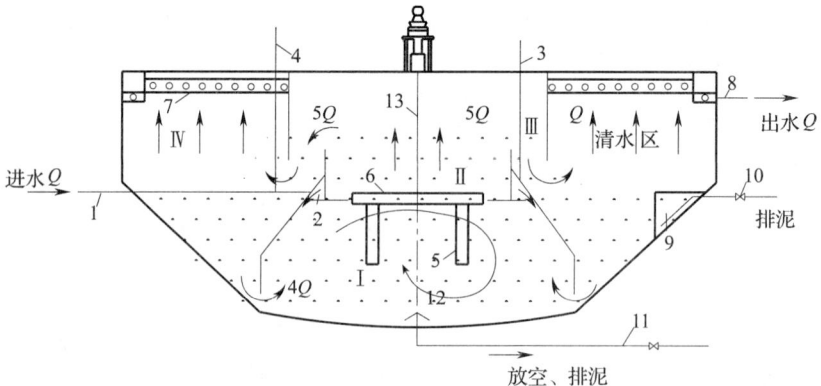

图 7-16　机械搅拌澄清池剖面示意

1—进水管；2—三角配水槽；3—透气管；4—投药管；5—搅拌桨；6—提升叶轮；

7—集水槽；8—出水管；9—泥渣浓缩室；10—排泥阀；11—放空管；12—排泥罩；13—搅拌轴

Ⅰ—第一絮凝室；Ⅱ—第二絮凝室；Ⅲ—导流室；Ⅳ—分离室

触,达到较好的絮凝效果,聚结成大而重的絮凝体在分离室中分离。图7-16所示的澄清池是机械搅拌澄清池的一种形式,还有很多其他的构造形式,其基本构造和澄清原理相同。

有的澄清池混凝剂投加在澄清池的进水管上。这里绘出的机械搅拌澄清池是混合、絮凝、泥水分离三种工艺在一个构筑物中综合完成的,各部分相互影响。所以计算工作不能一次完成,需运用水力学和几何知识一步步计算各部分尺寸,相互调整。其主要设计参数为:

第二絮凝室计算流量即为叶轮提升流量,取进水流量的3~5倍,叶轮直径可为第二絮凝室内径的70%~80%,并应设置调整叶轮和开启度的装置。

分离室清水上升流速0.8~1.0mm/s。澄清池总停留时间1.2~1.5h,第一、二絮凝室停留时间20~30min,按照提升流量计算,第二絮凝室循环一次的停留时间为0.8~1.5min。第一絮凝室、第二絮凝室(包括导流室)、分离室容积比一般控制在2:1:7左右。第一、二絮凝室絮凝时间等于第一、二絮凝室(包括导流室)有效容积除以澄清池进水流量。第一、二絮凝室絮凝时间加上分离室停留时间即为澄清池设定处理流量的总停留时间。

第二絮凝室、导流室流速取40~60mm/s。原水进水管流速取1m/s左右,三角配水槽自进水处向两侧环形配水,每侧流量按进水量的一半计算。配水槽和出水缝隙流速均采用0.4m/s左右。

集水槽布置力求避免产生上升流速过高或过低现象。在直径较小的澄清池中,一般沿池壁建造环形集水槽;直径较大的澄清池,大多加设辐射形集水槽。澄清池集水槽计算和沉淀池集水槽计算相同,超载系数取1.2~1.5。

为防止进入分离室的水流直接流向外圈池壁环形集水槽,有时增大内圈环形集水槽的集水面积,加大集水流量来减少短流影响。

7.6 气浮分离

(1)气浮分离原理和特点

在不同的水质处理中,常常碰到密度较小的颗粒,用沉淀的方法难以去除。如能因势利导向水中充入气泡,粘附细小微粒,则能大幅降低带气微粒的密度,使其随气泡一并上浮,从而得以去除。这种产生大量微细气泡粘附于杂质、絮粒之上,将悬浮颗粒浮出水面而去除的工艺,称为气浮分离。

气浮工艺在分离水中杂质的同时,还伴随着对水的曝气、充氧,对微污染及嗅味明显的原水,更显示出其特有的效果。向水中通入空气或减压释放水中的溶解气体,都会产生气泡。水中杂质或微絮凝体颗粒粘附细气泡后,形成带气微粒。因为空气密度仅为水密度的1/775,显然受到水的浮力较大。粘附一定量微气泡的带气微粒,上浮速度远远大于下沉速度,粘附气泡越多,上浮速度越大。

其与沉淀池、澄清池相比,具有如下特点:

1)经混凝后的水中细小颗粒周围粘附了大量微细气泡,很容易浮出水面,所以对混凝要求可适当降低,有助于节约混凝剂投加量;

2)排出的泥渣含固率高,便于后续污泥处理;

3）池深较浅、构造简单、操作方便，且可间歇运行；

4）溶气罐溶气率和释放器释气率在95%以上；

5）可去除水中90%以上藻类以及细小悬浮颗粒；

6）需要配套供气、溶气装置和气体释放器。

带气微粒上浮过程和自由沉淀过程相似，其上浮速度的大小，同样与其本身重力、受到水的浮力、阻力大小有关。大多数的微小气泡直径在100μm以下，带气微粒直径在500μm以下，其上浮时，周围水流雷诺数 Re 小于1。因此，上浮速度适用于斯托克斯公式（Stockes）计算。

气泡与水中杂质、絮凝微粒的粘附作用和水中杂质、絮粒性质有关，憎水性颗粒容易粘附气泡。经脱稳后的絮凝颗粒水化膜厚度越小，越有利于和气泡结合。通常出现多气泡撞入颗粒群体中间及粘附在颗粒周围的现象。使整个颗粒群体在上浮过程中处于稳定状态，上浮至水面后成为泥渣不易下沉，起到了共聚作用。

（2）气浮池类型

向水中通入空气，使其形成微细气泡并扩散于整个水体的过程称为曝气。按照曝气形式，气浮池分为两大类：一类是分散空气气浮池；一类是溶解空气气浮池。

分散空气气浮池所产生的气泡直径较大，上浮速度快，扰动水体剧烈，广泛用于矿物浮选、含脂羊毛废水及含有大量表面活性剂废水的泡沫分离处理。

释放溶解空气气浮池如图7-17所示，又称压力溶气气浮池。先将空气和回流水一起送入压力溶气罐4，借助空气接触湍流，形成空气饱和溶液。然后导入溶气释放器5降压消能，促使微气泡稳定释出。释出的气泡与水中杂质颗粒粘附在一起浮至水面，浮渣由刮渣机排入浮渣槽排出，清水从气浮池下部流出。这一方法不依赖于强烈搅拌，可制备直径小于0.10mm的细小气泡，有助于粘附细小杂质颗粒和微絮凝颗粒，因而在水处理中广为应用。

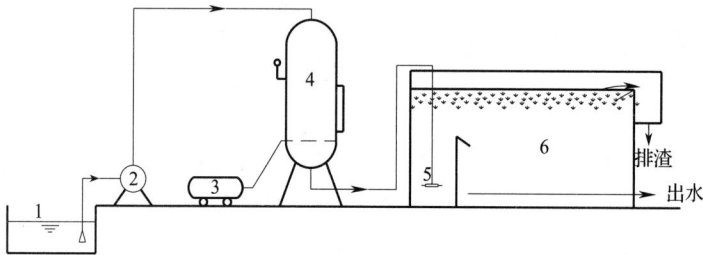

图7-17 释放溶解空气气浮池

1—吸水池；2—提升水泵；3—空气压缩机；4—压力溶气罐；5—溶气释放器；6—气浮池

（3）释放溶解空气气浮池构造

释放溶解空气气浮池由压力溶气系统、溶气释放系统、气浮分离系统三部分组成，各系统设计要求既独立又有密切联系。

1）压力溶气系统

压力溶气系统如图7-18所示，包括水泵、压力溶气罐及附属设备，其中压力溶气罐是溶解空气的关键设备。

水泵用以向溶气罐注水，其流量等于气浮池的回水流量。在给水处理中多取设计水量的 10% 左右，废水处理中取用设计流量的 20% ~ 30% 。水泵扬程等于压力溶气罐内溶气压力，一般取 0.2 ~ 0.4MPa。溶气罐供气多采用空气压缩机供气、水射器抽吸和水泵吸水管吸气等供气溶气方式。其中，水射器抽吸和水泵吸水管吸气溶气系统装置简单，又称为射流溶气。该方式水泵流量难以控制，溶气效率较低。

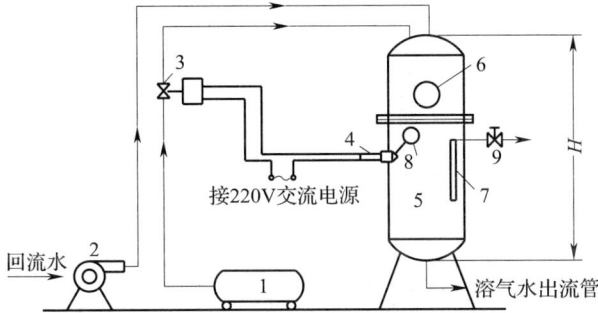

图 7-18　压力溶气系统

1—空气压缩机；2—提升水泵；3—电磁阀；4—液位传感器；5—溶气罐；
6—观察窗；7—液位显示管；8—浮球继电开关；9—放气阀

空气压缩机供气式溶气系统应用广泛。由于空气在水中溶解度很小，常选用小功率空压机或间歇工作。根据压力溶气水减压释放溶解的空气形成气泡试验分析，当溶气罐压力 0.2 ~ 0.3MPa 时，释放出来的微气泡尺寸最小，气浮效果最好；若溶气压力超过 0.3MPa，则产生气泡相互粘附合并成大气泡现象，故选用空压机设定压力为 0.4MPa 以下。空压机额定气量，由回流水量、溶气效率、空气溶解度系数决定。

压力溶气罐在溶气压力为 0.2 ~ 0.4MPa 时，不放填料的溶气罐水流过流密度取 40 ~ 80m^3/(h·m^2)、有填料的溶气罐水流过流密度取 100 ~ 150m^3/(h·m^2)计算其容积大小，可以满足气浮池的需要。

2）溶气释放系统

空气的溶气过程是空气中氮气、氧气、二氧化碳等以分子扩散或紊流扩散的传质方式，克服水分子之间的引力后，进入水分子空隙中。空气分子具有动能（溶气罐中为压能），转化成了气、水分子间的内能。而溶气水释放出空气必须使气、水分子间的内能转化为气体分子的动能，克服水分子的引力，由液相扩散到气相。为此，需专门设置溶气释放系统。将溶气水的压能瞬间转化为动能。在剧烈紊动和布朗运动作用下迅速扩散，以微小气泡形式分散在水中，气泡越小，气浮效果越好。目前工程上应用的溶气释放器，由两片不锈钢圆盘组成，如图 7-19 所示。圆盘间距 3 ~ 4mm，经不断改进，使出水更加均匀。如果释放器一旦堵

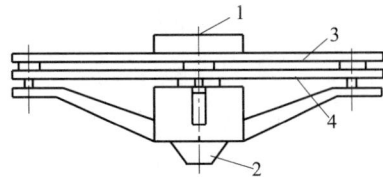

图 7-19　TV 型溶气释放器

1—溶气水接口；2—压缩空气接口；
3—上盘；4—下盘

塞，只要在气浮池外打开通气阀，接通压缩空气气源，推动上下压盘，使两圆盘间距增大，压力溶气水即会将释放器内污物冲洗干净。每个释放器作用范围为0.4 ~ 0.8m^2。

3）气浮分离系统

气浮分离系统主要是指气浮池。根据水流方向，常用的气浮池分为平流式和竖流式。图 7-20 为平流式气浮池，该池设有捕捉区、气浮分离区、出水区及刮渣设备。

其中，捕捉区是溶气水释放出微小气泡对絮凝颗粒接触捕捉的区域，一般控制水流上升流速 $v_1 = 10 \sim 20 mm/s$，水深 $1.5 \sim 2.0 m$，水流停留时间 60s 以上。

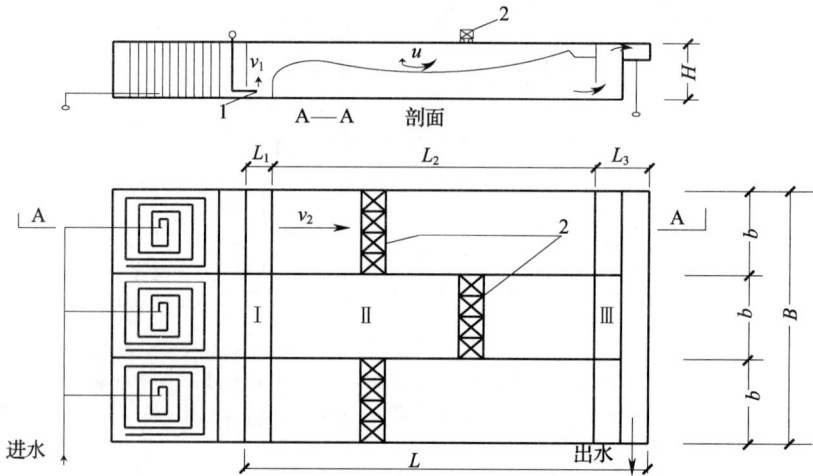

图 7-20 平流式气浮池
1—溶气释放器；2—刮渣机；Ⅰ—捕捉区；Ⅱ—气浮区；Ⅲ—出水区

气浮区也称为分离区，带气微粒在该区脱离水体浮至水面，清水向下流入集水系统，水流速度 $v_2 = 1.5 \sim 2.0 mm/s$。分离区有效水深 $2.0 \sim 3.0 m$，单格池宽不超过 10m，池长不超过 15m 为宜，水流停留时间 $15 \sim 30 min$。

出水区采用堰口或出水管出水，为防止出水区发生短流，一般在气浮区下部沿池底设"丰"字穿孔集水管。穿孔集水管孔口流速小于或等于 0.5m/s 为宜。

浮至水面的泥渣进一步相互聚结、挤出部分空隙水，形成浮渣层，通常用机械刮渣机刮至泥渣槽排出。为不使浮渣移动时破碎，刮渣机行走速度取 $3 \sim 5 m/min$。

8 过 滤

8.1 过滤基本理论

（1）过滤机理

水中悬浮颗粒经过具有孔隙的介质或滤网被截留分离出来的过程称为过滤。在水处理中，一般采用石英砂、无烟煤、陶粒等粒状滤料截留水中悬浮颗粒，从而使浑水得以澄清。同时，水中的部分有机物、细菌、病毒等也会附着在悬浮颗粒上一并去除。在饮用水净化工艺中，经滤池过滤后，水的浊度可达 1NTU 以下。当原水常年浊度较低时，有时沉淀或澄清构筑物省略，采用直接过滤工艺。在自来水处理中，过滤是保证水质卫生安全的主要措施，是不可缺少的处理单元。

最早使用的滤池为慢滤池，铺设 1m 左右厚度细砂作为过滤层，下部铺垫卵石，底部埋入集水管道，滤速 0.1~0.3m/h。其主要过滤原理是水中悬浮物被致密的滤膜所截留，同时水中一些有机物被滤膜中的微生物氧化分解。经数月后，滤层阻力增加到最大允许值，停止过滤，人工或机械将表层滤料移出池外清洗，然后再放入池中。此种滤池滤后水质优良，但滤速很慢，不能满足大规模水厂生产需要，于是便发展了快滤速的滤池，简称快滤池。

快滤池形式很多，滤料级配、反冲洗方法各异，但去除水中杂质的原理基本相同。以单层石英砂滤料滤池为例，多取滤料粒径为 0.5~1.0mm。经冲洗水力分选后，滤料粒径在滤层中自上而下由细到粗依次排列，滤料层中孔隙尺寸也因此由上而下逐渐增大。表层滤料大多为粒径等于 0.5mm 的球体颗粒，则滤料颗粒间的缝隙尺寸为 80~200μm。经混凝沉淀后的水中悬浮物粒径小于 30μm，能被滤料层截留下来，不是简单的机械筛滤作用，而主要是悬浮颗粒与滤料颗粒之间的粘附作用。

水流中的悬浮颗粒能够粘附在滤料表面，一般认为涉及以下两个过程。首先，悬浮于水中的微粒被输送到贴近滤料表面，即水中微小颗粒脱离水流流线向滤料颗粒表面靠近的输送过程，称为迁移。其次，接近或到达滤料颗粒表面的微小颗粒截留在滤料表面的附着过程，又称为粘附。

1）颗粒迁移

在过滤过程中，滤料孔隙内水流挟带的细小颗粒随着水流流线运动。在物理作用、水力作用下，这些颗粒脱离流线迁移到滤料表面。通常认为发生如下作用：当处于流线上的颗粒尺寸较大时，会直接碰到滤料表面产生拦截作用；沉速较大的颗粒，在重力作用下脱离流线沉淀在滤料表面，即产生沉淀作用；随水流运动的颗粒具有较大惯性，当水流在滤料孔隙中弯弯曲曲流动时脱离流线而到达滤料表面，是惯性作用的结果；由相邻水层流速差产生的速度梯度，使微小颗粒不断旋转跨越流线向滤料表面运动，即为水动力作用；此外，细小颗粒的布朗运动或在其他微粒布朗运动撞击下扩散到滤料表面，属于扩散作用。

　　水中微小颗粒的迁移,可能是上述作用单独存在或者几种作用同时存在。例如,进入滤池的凝聚颗粒尺寸较大时,其扩散作用几乎无足轻道。还应指出,这些迁移机理影响因素比较复杂,如滤料尺寸、形状,水温,水中颗粒尺寸、形状和密度等。颗粒迁移机理示意如图 8-1 所示。

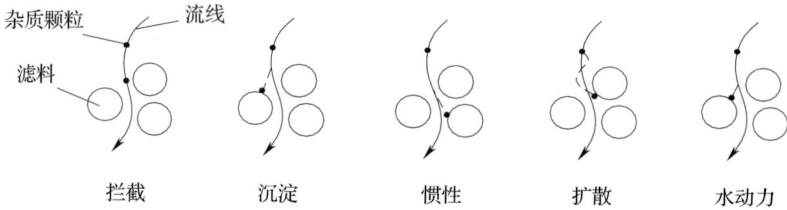

图 8-1　颗粒迁移机理示意

　　2）颗粒粘附

　　水中的悬浮颗粒在上述迁移机理作用下,到达滤料附近的固液界面,在彼此间静电力作用下,带有正电荷的铁、铝等絮体被吸附在滤料表面。或者在范德华引力及某些化学键以及某些化学吸附力作用下,粘附在滤料表面原先已粘附的颗粒上,如同颗粒间的吸附架桥作用。颗粒的粘附过程,主要取决于滤料和水中颗粒的表面物理化学性质。未经脱稳的胶体颗粒,一般不具有相互聚结的性能,不能满足粘附要求,滤料就不容易截留这些微粒。由此可见,颗粒的粘附过程与澄清池中泥渣层粘附过程基本相似,主要发挥了接触絮凝作用。另外,随着过滤时间增加、滤层中孔隙尺寸逐渐减小,在滤料表层就会形成泥膜,这时,滤料层的筛滤拦截将起很大作用。

　　3）杂质在滤层中的分布

　　水中杂质颗粒粘附在砂粒表面的同时,还存在孔隙中水流剪切冲刷作用而导致杂质颗粒从滤料表面脱落的趋势。过滤初期,滤料较干净,孔隙率最大,孔隙中水流速度最小,水流剪力较弱小,颗粒粘附作用占优势。滤层表面截留的杂质逐渐增多后,孔隙率逐渐减小,孔隙中的水流速度增大,剪切冲刷力相应增大,将使最后粘附的颗粒首先脱落下来,连同水流挟带不再粘附的后续颗粒一并向下层滤料迁移,下层滤料截留作用渐次得到发挥。对于某一层滤料而言,颗粒粘附和脱落,在粘附力和水流剪切冲刷力作用下,处于相对平衡状态。

　　由于水力筛选结果,非均匀滤料自上而下、由细到粗排列,孔隙尺寸由小到大,势必在滤料表层积聚大量杂质以至于形成泥膜。显然,所截留的悬浮杂质在滤层中分布很不均匀。以单位体积滤层中截留杂质的重量进行比较,上部滤料层截留量大,下部滤料层截留量小。在一个过滤周期内,按整个滤层计算,单位体积滤料中的平均含污量称为"滤层含污能力"(单位:g/cm³ 或 kg/m³)。可见,在滤层深度方向截留悬浮颗粒的量有较大差别的滤池,滤层含污能力较小。

　　为了改变上细下粗滤层中杂质分布不均匀现象,提高滤层含污能力,便出现了双层滤料、三层滤料及均质滤料滤池。滤料组成情况如图 8-2 所示。

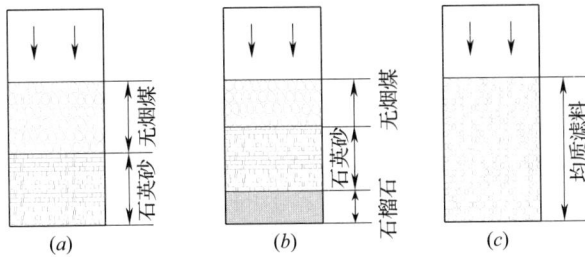

图 8-2　几种滤料组成示意

双层滤料是上部放置密度较小、粒径较大的轻质滤料（如无烟煤），下部放置密度较大、粒径较小的重质滤料（如石英砂）。经水反冲洗后，自然分层，轻质滤料在上层，重质滤料位于下层。虽然每层滤料仍是从上至下粒径从小到大，但就滤层整体而言，上层轻质滤料的平均粒径大于下层重质滤料的平均粒径，上层滤料孔隙尺寸大于下层滤料孔隙尺寸。于是，很多细小悬浮颗粒就会迁徙到下层滤料，使得整个滤层都能较好的发挥作用。因而可增加杂质穿透深度，见图 8-3。穿透深度曲线与坐标纵轴所包围的面积除以滤层的厚度等于滤层含污能力。显然，双层滤料的含污能力大于单层滤料。

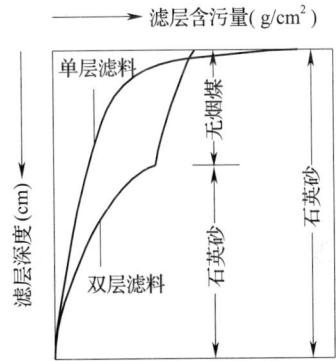

图 8-3　滤料层含污量变化

三层滤料是在双层滤料下部再铺设一层密度更大、粒径更小的重质滤料，如石榴石、磁铁矿石。使整个滤层滤料粒径从大到小分为三层，可进一步发挥下层滤料截留杂质的作用。实践证明，双层滤料、三层滤料含污能力是单层滤料的 1.5 倍以上。

常用的均质滤料即为均匀级配粗砂滤料，石英砂粒径一般取 0.9～1.2mm。大多采用气水反冲洗，反冲洗时滤层发生微膨胀，沿整个滤层深度方向的任一横断面上，滤料组成和平均粒径较为均匀一致。过滤时，一些细小悬浮颗粒也会迁徙到下层，大部分滤层发挥了截污作用。所以，这种均匀级配粗砂滤料层的含污能力显然大于上细下粗单层细砂滤料层的含污能力。

由上述分析可知，截留的悬浮颗粒在滤层中的分布状况和滤料粒径有关，同时，还和滤料形状、过滤速度、水温、过滤水质有关。一般说来，滤料粒径越大、越接近于球状、过滤速度由快到慢、进水水质浊度越低、杂质在滤层中的穿透深度越大，下层滤料越能发挥作用，整个滤层含污能力相对较大。

4）直接过滤

原水不经沉淀或澄清处理而直接进入滤池的过滤称为"直接过滤"。直接过滤有两种方式：① 原水投加混凝剂后不经过絮凝沉淀构筑物直接进入滤池过滤，一般称"接触过滤"；② 原水投加混凝剂后经过短时间的絮凝，水中悬浮胶体颗粒脱稳、聚结成一定粒径颗粒即刻进入滤池过滤称为"微絮凝过滤"。直接过滤的滤层同时发挥絮凝和过滤截留作用。和经过沉淀后的过滤相比，直接过滤的滤料粒径稍大，滤层厚度有所增加，悬浮颗粒容易迁移到滤料层深部。因而杂质穿透深度较大，有助于提高整个滤层的含污能力。

接触过滤、微絮凝过滤仅适用浊度和色度较低且水质变化较小的水源水，一般不含大量藻类。

原水进入滤池前，无论是接触过滤或微絮凝过滤，均不应形成大的絮凝体以免很快堵塞滤层表面孔隙。为提高微小絮粒的强度和粘附力，有时需投加高分子助凝剂以发挥高分子在滤层中的吸附架桥作用，避免粘附在滤料上的杂质脱落穿透滤层。助凝剂投加在混凝剂投加点之后的滤池进水管上。

（2）过滤水力学

在过滤过程中，滤层中截留的悬浮杂质不断增加，必然导致过滤水力条件发生变化。讨论过滤过程中水头损失变化和滤速变化的规律，即为过滤水力学的内容。

1）清洁砂层水头损失

过滤开始时，滤层中没有截留杂质，认为是干净的。水流通过干净滤层的水头损失称为"清洁滤层水头损失"或称为"起始水头损失"。

清洁滤层水头损失变化涉及滤料粒径、孔隙度大小、过滤滤速、滤层厚度诸多因素。清洁滤层水头损失表达式很多，所包含的因素基本一致，计算结果相差很小。常用的卡曼－康采尼（Carman-Kozony）公式适用于清洁砂层中的水流呈层流状态，水头损失变化与滤速的一次方成正比。表达如下：

$$h_0 = 180 \frac{\nu}{g} \cdot \frac{(1 - m_0)^2}{m_0^3} \left(\frac{1}{\varphi \cdot d_0} \right)^2 L_0 v \tag{8-1}$$

式中　h_0——水流通过清洁砂层的水头损失，cm；

　　　ν——水的运动黏度，cm^2/s；

　　　g——重力加速度，$981 cm/s^2$；

　　　m_0——滤料孔隙率；

　　　d_0——与滤料体积相同的球体直径，cm；

　　　L_0——滤层厚度，cm；

　　　v——过滤滤速，cm/s；

　　　φ——滤料颗粒球形度系数，见 8.2 节。

在计算滤层过滤水头损失时，和滤料同体积球的直径不便计算，也可用当量粒径代入式（8-1）计算，其误差不超过 10%。当量粒径表示为：

$$\frac{1}{d_{eq}} = \sum_{i=1}^{n} \frac{p_i}{\frac{d'_i + d''_i}{2}} \tag{8-2}$$

式中　　　d_{eq}——当量粒径，cm；

　　　d'_i、d''_i——相邻两个筛子的筛孔孔径，cm；

　　　p_i——截留在筛孔为 d'_i 和 d''_i 之间的滤料重量占所有滤料的重量比；

　　　n——滤料分层数。

如果滤层是非均匀滤料，其水头损失可按滤料筛分结果分成若干层计算。取相邻两筛孔孔径的平均值作为各层滤料计算粒径，则各层滤料水头损失之和即为整个滤层水头损失。

$$H_0 = \sum h_0 = 180 \cdot \frac{\nu}{g} \cdot \frac{(1-m_0)^2}{m_0^3} \left(\frac{1}{\varphi}\right)^2 L_0 v \cdot \sum_{i=1}^{n} (p_i/d_i^2) \tag{8-3}$$

式中　H_0——整个滤层水头损失，cm；

　　　n——根据筛分曲线计算分层数；

　　　d_i——滤料计算粒径，即相邻两筛孔孔径的平均值，cm；

　　　p_i——计算粒径为d_i的滤料占全部滤料重量比。

其他符号同式（8-1）。

【例题8-1】滤池滤料筛分结果见表8-1，滤层厚80cm，滤料球形度系数$\varphi = 0.98$，孔隙率$m_0 = 0.38$。计算滤速为9m/h，水温为20℃时清洁滤层水头损失值。

滤料层筛分记录　　　　　　　　　　　　　　　表8-1

筛孔孔径（mm）	通过该筛号的砂量占全部滤料的重量比（%）
1.54	100
1.397	92
0.991	75
0.701	31
0.589	8
0.44	0

【解】上述滤料的计算粒径：

$$d_1 = \frac{0.154 + 0.1397}{2} = 0.14685 \text{cm}, \quad p_1 = 100\% - 92\% = 8\%$$

$$d_2 = \frac{0.1397 + 0.0991}{2} = 0.1194 \text{cm}, \quad p_2 = 92\% - 75\% = 17\%$$

依次得到$d_3 = 0.0846$cm，$p_3 = 44\%$；$d_4 = 0.0645$cm，$p_4 = 23\%$；$d_5 = 0.05145$cm，$p_5 = 8\%$。

取$g = 981 cm/s^2$，滤速$v = \frac{900 \text{cm}}{3600 \text{s}} = 0.25$cm/s，水温20℃时水的运动黏度$\nu = 0.01 \text{cm}^2/\text{s}$，代入式（8-3）得：

$$H = \sum h_0 = 180 \times \frac{0.01}{981} \times \frac{(1-0.38)^2}{0.38^3} \times \left(\frac{1}{0.98}\right)^2 \times 80 \times 0.25 \times$$

$$\left(\frac{0.08}{0.14685^2} + \frac{0.17}{0.1194^2} + \frac{0.44}{0.0846^2} + \frac{0.23}{0.0645^2} + \frac{0.08}{0.05145^2}\right) = 43.53 \text{cm}$$

由此可知，非均匀滤料滤层按粒径大小分层越多，清洁滤层水头损失计算精确度越高。

随着过滤时间延长，滤层中截留的悬浮物量逐渐增多，滤层孔隙率m_0减少，过滤水头损失必然增加。或者水头损失保持不变，则过滤滤速必须减小。这就出现了等速过滤和变速过滤（实为减速过滤）两种基本过滤方式。

2）等速过滤过程中的水头损失变化

当滤池过滤速度保持不变，亦即单格滤池进水量不变的过滤称为"等速过滤"。虹吸滤池和无阀滤池属于等速过滤滤池。

上述清洁滤层水头损失和滤速 v 的一次方成正比，可以简化为如下表达式：

$$H_0 = KL_0v \tag{8-4}$$

式中　K——包含水温、d_0、m_0、φ 因素的过滤阻力系数；

　　　L_0——滤层厚度，m；

　　　v——滤速，m/h，等于过滤水量除以滤池表面积。

显然，当滤层中截留的悬浮杂质增多后，滤层孔隙率减小，悬浮物沉积在滤料表面后滤料颗粒表面积增大，其形状也发生变化，水流在滤料中流态发生变化，因而使得过滤系数 K 值增大，水头损失增加。在等速过滤过程中，滤层阻力增加，滤后出水流量稍小于进水流量，使得砂面水位不断上升，见图 8-4。当水位上升至最高允许水位时，过滤停止以待冲洗。

冲洗后刚开始过滤时，滤层的水头损失为 H_0，当过滤时间为 t 时，滤层水头损失增加 ΔH_t，于是，滤池总的水头损失表示为：

$$H_t = H_0 + h + \Delta H_t \tag{8-5}$$

式中　H_t——过滤 t 时间后滤池总水头损失，cm；

　　　h——滤池配水系统、承托层及管（渠）水头损失之和，cm；

　　　ΔH_t——过滤 t 时间后滤层水头损失增加值，cm。

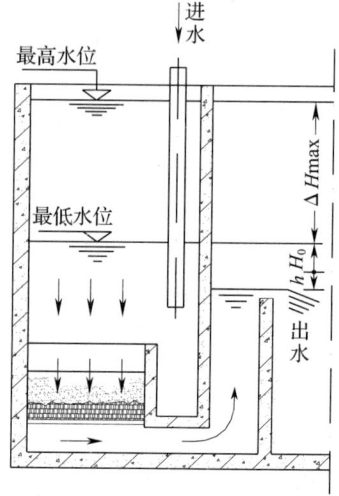

图 8-4　等速过滤

滤层中水头损失的增加速率和滤层中杂质的分布状况有关。如前所述，当杂质穿透深度较大，杂质在上、下滤层中分布趋于均匀，水头损失变化的速率较小。所以，滤料粒径越大，越接近于球状，水头损失变化速率越小。在保证过滤水质条件下，清洁砂层过滤时，较大的滤速有助于悬浮杂质向滤层深度迁移，也会使水头损失增加缓慢。

3）变速过滤过程中的滤速变化

在过滤过程中，如果保持过滤水头损失不变，即保持砂面上水位和滤后清水出水水位高差不变。因截留杂质的滤层孔隙率减小，必然使滤速逐渐减小，这种过滤方式称为"等水头变速过滤"，或称为"等水头减速过滤"。如图 8-5 所示，一组 4 格滤池，过滤开始时，4 格滤池内的工作水位和出水水位相同，也就是总的过滤水头损失基本相等。过滤过程中，滤层中截污量最少的滤池滤速最大，截污量最多的滤池滤速最小。在整个过滤过程中，4 格滤池的平均滤速始终不变，以保持该组滤池总的进、出水流量平衡。

图 8-5（b）表示其中一格滤池的滤速变化情况。实际工况是，当一格滤池滤层截污达到最大值时，滤速最小，需停止过滤进行冲洗。该格滤池冲洗前过滤的水量由其他三格滤池承担，每格滤池滤速按照各自滤速大小成比例的增加。短时间的滤速变化，图中未作显示。当反冲洗的一格滤池冲洗结束后投入过滤时，过滤滤速最大，其他三格滤池滤速依次降低。任何一格滤池的滤速均会出现如图 8-5（b）所示的阶梯形变化曲线。

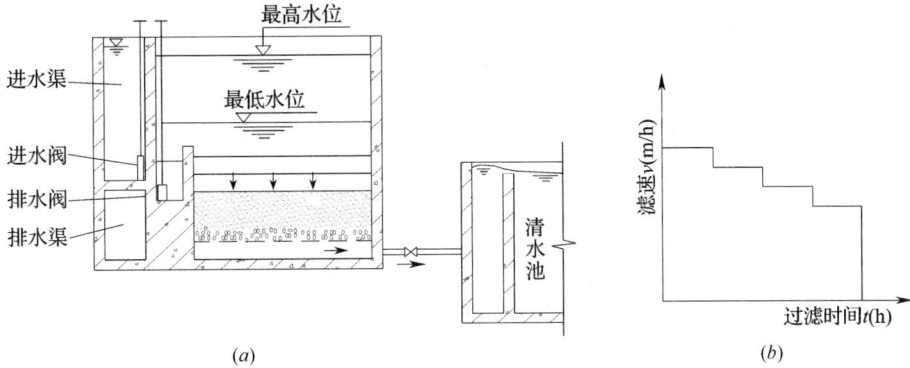

图 8-5 减速过滤和滤速变化

(a) 减速过滤滤池；(b)（一组 4 格）滤池滤速变化

【例题 8-2】 一组双层滤料滤池共分为 4 格，假定出水阀门不作调节，等水头变速过滤运行。经过滤一段时间后，各格滤速依次为：第 1 格 $v_1 = 12$ m/h，第 2 格 $v_2 = 10$ m/h，第 3 格 $v_3 = 8$ m/h，第 4 格 $v_4 = 6$ m/h。当第 4 格滤池停止过滤进行冲洗时，其余 3 格滤池短时间的强制滤速各是多少？

【解】 假定每格滤池过滤面积为 F（m^2），总过滤水量是 $(12F + 10F + 8F + 6F)$ = $36F$（m^3/h）不变。第 4 格滤池停止过滤时，$6F$（m^3/h）的流量分配到其他三格之中，每格滤池增加的滤速和原来的滤速大小成正比。于是得：

第 1 格滤池短时间的滤速变为：

$$12 \times (1 + \frac{6}{36 - 6}) = 12 \times \frac{36}{36 - 6} = 14.4 \text{m/h},$$

第 2 格滤池短时间的滤速变为：

$$10 \times (1 + \frac{6}{36 - 6}) = 10 \times \frac{36}{36 - 6} = 12 \text{m/h},$$

第 3 格滤池短时间的滤速变为：

$$8 \times (1 + \frac{6}{36 - 6}) = 8 \times \frac{36}{36 - 6} = 9.60 \text{m/h}。$$

冲洗结束后，各格滤池滤速重新变化。第 4 格滤池滤速最大，其他几格依次减少。如果不计滤池反冲洗期间短时间的滤速变化，则每格滤池在一个过滤周期内都发生 4 次滤速变化。由此可见，当一组滤池的分格数越多，则两格滤池冲洗间隔时间越短，阶梯形滤速下降折线将变为近似连续下降曲线。

当一组滤池分格很多，其中任何一格滤池反冲洗时，过滤水量变化对其他多格影响很小，砂面水位变化幅度微乎其微时，有可能达到近似"等水头变速过滤"状态。

等速过滤时，悬浮杂质在滤层中不断积累，滤料孔隙流速越来越大，从而使悬浮颗粒不易附着或使已附着的固体脱落，并随水流迁移至下层或带出池外。相反，减速过滤时，过滤初期，滤料干净，滤料层孔隙率较大，允许较大的滤速把杂质带到深层滤料之中。过滤后期，滤层孔隙率减小，因滤速减慢而孔隙流速变化较小，水流冲刷剪切作用变化较小，悬浮颗粒仍较容易附着或不易脱落，从而减少杂质穿透，出水水质稳定。同时，变速过滤过程中，承托层和配水系统中的水头损失随滤速的降低而减小，所节余的这部分水头可用来补偿滤层，使滤层有足够大的水头克服砂层阻力，延长过滤周期。

4）过滤过程中的负水头现象

在正常过滤过程中，砂层中任一深度处以上的滤层最大水头损失应等于该处的水深。当滤层中截留了大量杂质后，孔隙率减小，滤速增大，过滤水头损失增加，使得某一深度处的水头损失超过水深时，便出现了负水头现象。实际上是滤池内水的部分势能（静水压能）转化成了动能的结果。

当滤层中出现负水头时，水中的溶解的气体会释放出来形成气囊，减少过滤面积，增大孔隙流速，增大水头损失。反冲洗时，气囊分割成气泡容易黏附滤料顺水带出滤池。避免发生负水头过滤的方法是增加砂面上水深，或者控制滤层水头损失不超过最大允许值，或者将滤后水出水口位置提高至滤层砂面以上。

8.2　滤池滤料

（1）滤料

滤料的选用是影响过滤效果的重要因素。滤料选用涉及滤料粒径、滤层厚度和级配。

1）滤料选用基本要求

① 具有足够的机械强度，防止冲洗时产生磨损和破碎现象；

② 化学稳定，与水不产生化学反应，不恶化水质，不增加水中杂质含量；

③ 具有一定颗粒级配和适当的空隙率；

④ 就地取材，货源充沛，价格便宜。

天然石英砂是使用最广泛的滤料，一般可满足①、②两项要求。经筛选可满足第③项要求。在双层和多层滤料中，选用的无烟煤、石榴石、钛铁矿石、磁铁矿石、金刚砂，以及聚苯乙烯和陶粒滤料，经加工或烧结，大都可满足上述要求。

2）滤料粒径、级配和滤层组成

根据滤池截留杂质的原理分析，滤料粒径的大小对过滤水质和水头损失变化有着很大影响。滤料粒径比例不同，过滤水头损失不同。所以，筛选滤料时不仅要考虑粒径大小，还应注意不同粒径的级配。表示滤料粒径的方法有以下两种：

有效粒径法：以滤料有效粒径 d_{10} 和不均匀系数 K_{80} 表示：

$$K_{80} = \frac{d_{80}}{d_{10}} \tag{8-6}$$

式中　d_{10}——通过滤料重量 10% 的筛孔孔径，mm；

　　　d_{80}——通过滤料重量 80% 的筛孔孔径，mm。

式（8-6）d_{10} 反映滤料中细颗粒尺寸，d_{80} 反映滤料中粗颗粒尺寸。一般说来，过滤水头损失主要决定于 d_{10} 的大小。d_{10} 相同的滤池，其水头损失大致相同。不均匀系数 K_{80} 愈大，表示滤料粗细颗粒尺寸相差愈大、愈不均匀。过滤时，大量杂质被截留在表层，滤层含污能力减小，水头损失增加很快。反冲洗时，为满足下层粗滤料膨胀摩擦，表层细颗粒滤料有可能被冲出池外。若仅满足细颗粒滤料膨胀要求，则粗颗粒滤料不能很好冲洗。如果选用 K_{80} 接近于 1，即为均匀滤料，过滤、反冲洗效果较好，但需筛除大量的其他粒径滤料，价格提高。我国常用的是有效粒径法，单层、多层及均匀级配粗砂滤料滤池滤速和滤料组成见表 8-2。

表 8-2

滤料种类	滤料组成			正常滤速 （m/h）	强制滤速 （m/h）
	有效粒径 （mm）	均匀系数	厚度 （mm）		
单层细砂滤料	石英砂 $d_{10} = 0.55$	$K_{80} < 2.0$	700	6~9	9~12
双层滤料	无烟煤 $d_{10} = 0.85$	$K_{80} < 2.0$	300~400	8~12	12~16
	石英砂 $d_{10} = 0.55$	$K_{80} < 2.0$	400		
均匀级配 粗砂滤料	石英砂 $d_{10} = 0.9~1.2$	$K_{60} < 1.6$	1200~1500	6~10	10~13

注：滤料的相对密度（g/cm³）为：石英砂 2.50~2.70；无烟煤 1.40~1.60；重质矿石 4.40~5.20；实际采购的滤料粒径与设计粒径的允许偏差为 ±0.05mm。

如前所述，粒径较小的滤料，具有较大的比表面积，黏附悬浮杂质的能力较强，但同时具有较大的水头损失值。双层或多层滤料滤池就整体滤层来说，滤料粒径上大下小。从而能使截留的污泥趋于均匀分布，滤层具有较大的含污能力。

双层滤料或三层滤料的选用主要考虑正常过滤时各自截留杂质的作用及相互混杂问题。根据所选滤料的粒径大小、密度差别、形状系数及反冲洗强度大小，有可能出现正常分层、分界处混杂或分层倒置几种情况。需要合理掌握反冲洗强度，尽量减少混杂的可能。生产经验表明，煤、砂交界面混杂厚度 5cm 左右，对过滤效果不会产生影响。

最大粒径、最小粒径法：有一些水厂在筛选滤料时简单地用最大、最小两种筛孔筛选。取 $d_{max} = 1.2mm$，$d_{min} = 0.5mm$，筛除大于 1.2mm 和小于 0.5mm 的滤料。

满足上述要求的滤料，将有一系列的不同选择。例如，确定了 d_{10}、d_{80}，无法确定其他不同粒径滤料占所有滤料的比例。有可能 d_{20}、d_{30} 的滤料粒径接近 d_{10} 或 d_{80}，过滤和反冲洗的效果存在一定差别。

3）滤料孔隙率和形状

滤料层中孔隙所占的体积与滤料层体积比称为滤料层孔隙率。孔隙率 m 的大小可用称重法测定后按下式计算：

$$m = 1 - \frac{G}{\rho_s V} \tag{8-7}$$

式中　m——滤料孔隙率；

　　　G——烘干后的砂重，g；

　　　ρ_s——烘干后砂的密度，g/cm³；

　　　V——滤料层体积，cm³。

滤料层孔隙率与滤料颗粒形状、均匀程度以及密实程度有关。一般所用石英砂滤料孔隙率在 0.42 左右。

天然滤料经风化、水流冲刷、相互摩擦，表面凹凸不平，大都不是圆球状的。即使体积相同的滤料，形状并不相同，因而表面积也不相同。为便于比较，引用了球形度系数 φ 的概念，定义为：

$$\varphi = \frac{同体积球体表面积}{颗粒实际表面积} \tag{8-8}$$

目前，还没有一种满意的方法可以确定不规则形状颗粒的形状系数，各种方法只能反映颗粒大致形状。根据推算，几种不同形状颗粒球形度系数和孔隙率见表8-3，相应的形状示意图见图8-6。

滤料颗粒球形度及孔隙率　　　　　　　　　　　　表8-3

序号	形状描述	球形度系数 φ	孔隙率 m
1	圆球形	1.00	0.38
2	圆形	0.98	0.38
3	已磨蚀的	0.94	0.39
4	带锐角的	0.81	0.40
5	有角的	0.78	0.43

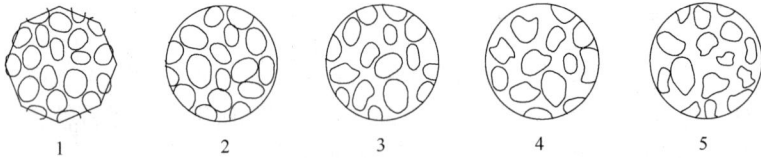

图8-6　滤料颗粒形状示意图

根据实际测定和滤料形状对过滤和反冲洗水力学特性影响推算，天然砂滤料球形度系数 φ 值一般为 0.75~0.80。

（2）承托层

在滤层下面，配水管（板）上部放置一层卵石，即为滤料承托层。正常过滤时，承托层支承滤料并防止滤料从配水系统流失。在滤池冲洗时，承托层把配水系统各孔口射出水流的动能转成了势能，平衡各点压力，起到均匀布水作用。

承托层的设置既要考虑上层承托层的最大孔隙尺寸应小于紧靠承托层的滤料最小粒径，不使滤料漏失，又要考虑反冲洗时，足以抵抗水的冲力，不发生移动。单层、双层滤料滤池采用大阻力配水系统时，承托层采用的天然卵石或砾石粒径、厚度见表8-4。

大阻力配水系统承托层材料、粒径和厚度　　　　　　表8-4

层次（自上而下）	材料	粒径（mm）	厚度（mm）
1	砾石	2~4	100
2	砾石	4~8	100
3	砾石	8~16	100
4	砾石	16~32	顶面高出配水系统孔眼100

滤料组成不同，反冲洗配水方式不同，所选用的承托层组成有一定差别。气水反冲洗滤池，通常采用长柄滤头（滤帽）配水布气系统，承托层一般用粒径 2~4mm 粗石英砂，保持滤帽顶至滤料层之间承托层厚度不宜小于100mm。

8.3　滤池冲洗

在过滤过程中，水中悬浮颗粒越来越多地截留在滤层之中，滤料间孔隙率逐渐减小，通过滤层缝隙的水流速度逐渐增大，同时引起流态和阻力系数发生变化，致使过滤水头损失增加。因滤层中水流冲刷剪切力增大，易使杂质穿透滤层，过滤水质变差。为了恢复滤层过滤能力，洗除滤层中截留的污物，需对滤池进行冲洗。

截留在滤层中的杂质，一部分滞留在滤层缝隙之中，采用水流反向冲洗滤层，很容易把污泥冲出池外。而一部分附着在滤料表面，需要扰动滤层，使之摩擦脱落，冲出池外。于是便采用如下的反冲洗方式：高速水流反冲洗；气、水反冲洗；表面辅助冲洗、高速水流冲洗。这里主要讨论高速水流反冲洗和气、水反冲洗有关内容。

（1）高速水流反冲洗

高速水流反冲洗是普通快滤池常用的冲洗方法。相当于过滤滤速 4～5 倍以上的高速水流自下而上冲洗滤层时，滤料因受到绕流阻力作用而向上运动，处于膨胀状态。上升水流不断冲刷滤料使之相互碰撞摩擦，附着在滤料表面的污泥就会脱落，随水流排出池外。在讨论高速水流冲洗时，涉及滤层膨胀率，孔隙率变化，冲洗水流的水头损失等问题。

1）滤层膨胀率

冲洗滤池时，当滤层处于流态化状态后，即认为滤层将发生膨胀。膨胀后增加的厚度与膨胀前厚度的比值称为滤层膨胀率，其计算公式为：

$$e = \frac{L - L_0}{L_0} \times 100\% \tag{8-9}$$

式中　e——滤层膨胀率，又称为滤层膨胀度，%；

　　　L_0——滤层膨胀前的厚度，cm 或 m；

　　　L——滤层膨胀后的厚度，cm 或 m。

滤层膨胀率的大小和冲洗强度有关，并直接影响了冲洗效果。实践证明，单层细砂级配滤料在水反冲洗时，膨胀率为 45% 左右，具有较好的冲洗效果。

由于滤料层膨胀前后滤池中的滤料体积没有变化，只是滤料间的空隙体积增加，则有 $L_0(1 - m_0) = L(1 - m)$ 代入式（8-9）后，得：

$$e = \frac{m - m_0}{1 - m} \tag{8-10}$$

式中　m_0——滤料层膨胀前孔隙率；

　　　m——滤料层膨胀后孔隙率。

由式（8-10）可知，无论滤料层厚度是多少，滤料层孔隙率 m_0 确定后，增大反冲洗水的强度和压力，会使滤料层孔隙率 m 值、膨胀率 e 值增大，此增大值和膨胀前的滤料层厚度 L_0 无关。

【例题 8-3】石英砂滤料滤池，在未冲洗之前滤料的孔隙率为 $m_0 = 0.43$，石英砂滤料的密度 $\rho_s = 2.65\text{g/cm}^3$，用水高速冲洗时取样测得膨胀后的 1L 砂 – 水混合液中石英砂重 1.007kg，求冲洗时滤层膨胀率是多少？

【解】假设石英砂滤料层未膨胀前的厚度为 L_0，膨胀后的厚度为 L_i、膨胀后的孔隙率是 m_i，可按照以下两种方法求解：

方法 1：用石英砂重量代入孔隙率计算式，得：

$$m_i = 1 - \frac{G}{\rho_s V} = 1 - \frac{1.007}{2.65} = 1 - 0.38 = 0.62$$

$$\text{膨胀率} \, e = \frac{m_i - m_0}{1 - m_i} = \frac{0.62 - 0.43}{1 - 0.62} = 50\%$$

方法 2：膨胀后的滤层厚度 $L_i = L_0(1 + e)$，膨胀前后滤料重量不变，则：

$$2.65\text{kg/L} \times (1 - m_0)L_0 = 1.007\text{kg/L} \times (1 + e)L_0$$

得：

$$e = \frac{2.65 \times (1 - 0.43)}{1.007} - 1 = 1.50 - 1 = 0.50 = 50\%。$$

按照式（8-9）、式（8-10）所求的是同一种粒径滤料滤层的膨胀率。对于不同粒径组成的非均匀滤料层，在相同的冲洗流速下，不同粒径滤料具有不同的膨胀率。假定第 i 层滤料的重量占滤层总重量之比为 p_i，则膨胀前第 i 层滤料厚 $L_{i0} = p_i L_0$，膨胀后变为了 $L_i = p_i L_0 (1 + e_i)$。膨胀后的滤层总厚度变为 $L = \sum\limits_{i=1}^{n} L_i = \sum\limits_{i=1}^{n} p_i L_0 (1 + e_i)$，代入式（8-9），则得整个滤层膨胀率为：

$$e = \sum_{i=1}^{n} p_i e_i \tag{8-11}$$

式中　e_i——第 i 层滤料膨胀率；

　　　p_i——第 i 层滤料的重量占整个滤层重量之比；

　　　n——滤料分层数。

2）滤层水头损失

在反冲洗时，水流从滤层下部进入滤层。如果反冲洗流速较小，则反冲洗相当于反向过滤，水流通过滤层时的水头损失用式（8-1）、式（8-3）计算。当反冲洗流速增大，滤层松动，处于流态化状态时，水流通过滤料层的水头损失可用欧根（Ergun）公式计算：

$$h = \frac{150\nu}{g} \cdot \frac{(1 - m_0)^2}{m_0^3} \left(\frac{1}{\varphi d_0}\right)^2 L_0 v + \frac{1.75}{g} \cdot \frac{1 - m_0}{m_0^3} \cdot \frac{1}{\varphi d_0} L_0 v^2 \tag{8-12}$$

式中符号同式（8-1）。上式和式（8-1）的主要差别在于增加右边一项紊流项。通常认为第一项和式（8-1）相似。在过滤过程中，紊流项计算出的水头损失占滤层的水头损失比例很小，可以忽略。

当滤层膨胀起来后，处于悬浮状态下的滤料受到水流的作用力主要是水流产生的绕流阻力，在数值上等于滤料在水中的重量。即有：

$$\rho g h = (\rho_s - \rho) g (1 - m) L$$

$$h = \frac{\rho_s - \rho}{\rho}(1 - m) L \tag{8-13}$$

式中　h——滤层处于膨胀状态时，冲洗水流水头损失值，cm；

　　　ρ_s——滤料密度（滤料的质量/滤料颗粒本身所占体积），g/cm^3 或 kg/m^3；

　　　ρ——水的密度，g/cm^3 或 kg/m^3；

　　　m——滤层处于膨胀状态时的孔隙率；

　　　L——滤层处于膨胀状态时的厚度，cm；

　　　g——重力加速度，981cm/s^2。

对于不同粒径的滤料，其比表面积不同，在相同的冲洗流速作用下，所产生的水流阻力不同。因此，冲起不同粒径滤料处于膨胀状态时的水流流速是不相同的。

根据滤料的特征参数，很容易求出滤料层流态化前后的水头损失值，绘成水头损失和冲洗速度关系图，如图8-7所示。

图中，滤料膨胀前后水头损失线交叉点对应的反冲洗流速是滤料层刚刚处于流态化的冲洗速度临界值 v_{mf}，称为最小流态化冲洗速度。当反冲洗流速大于 v_{mf} 后，滤层将开始膨胀起来，再增加反冲洗强度，托起悬浮滤料层的水头损失基本不变，而增加的能量表现为冲高滤层，增加滤层的膨胀高度和孔隙率。

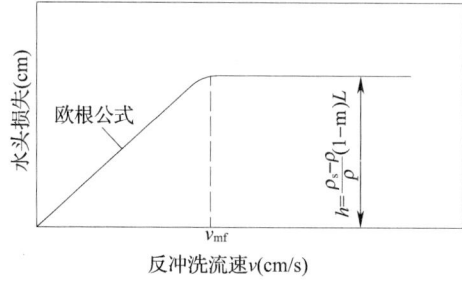

图8-7 水头损失和冲洗流速关系

对于颗粒活性炭吸附滤池，单水冲洗时处于流态化状态的颗粒活性炭受到水的作用力计算公式同式（8-13）。湿水后的颗粒活性炭吸附孔容积内渗入的水分不再排出，计入颗粒活性炭的湿真密度。

3）反冲洗强度

滤料层反冲洗时单位面积上的冲洗水量称为反冲洗强度。根据最小流态化冲洗流速求出的水头损失等于滤料在水中的重量关系，可以求出不同粒径滤料在不同冲洗强度下的膨胀率。或者，根据膨胀率、滤料粒径及水的黏滞系数求出反冲洗强度。

敏茨（Д·М·Минц）、舒别尔特（С·А·Шуберт）通过实验研究提出如下石英砂滤料水反冲洗强度计算式：

$$q = 29.4 \frac{d_0^{1.31}}{\mu^{0.54}} \cdot \frac{(e + m_0)^{2.31}}{(1 + e)^{1.77}(1 - m_0)^{0.54}} \tag{8-14}$$

式中　q——反冲洗强度，$L/(m^2 \cdot s)$；

d_0——与砂滤料颗粒体积相同的球体直径，cm；

μ——水的动力黏度，$Pa \cdot s$；

m_0——滤料层膨胀前孔隙率，石英砂滤料一般取 $m_0 = 0.41 \sim 0.42$。

从上式看出，反冲洗强度和水的动力黏度有关。冬天水温低时，动力黏度增大，在相同的冲洗强度条件下，滤层膨胀率增大。因此，冬天反冲洗时的强度可适当降低。不同的水温条件下水的动力黏度和冲洗强度关系为：

$$\frac{q_1}{q_2} = \left(\frac{\mu_2}{\mu_1}\right)^{0.54} \tag{8-15}$$

式（8-14）包含参数较多，不便计算，一般不用该式确定反冲洗强度。又因为流态化时滤层水头损失值稍大于滤料在水中的重量，求出的流态化时反冲洗流速和实际滤池反冲洗速度有一定差别。考虑到实际的滤池滤料是不均匀的，上层细滤料截污量大，允许有较大的膨胀率，而下层粗滤料只要达到最小流态化状态，即有很好的冲洗效果。通常，滤池冲洗强度按下式计算：

$$q = 10kv_{mf} \tag{8-16}$$

式中　q——冲洗强度，$L/(m^2 \cdot s)$；

k——安全系数，一般取 $k = 1.1 \sim 1.3$，趋于均匀的滤料取小值；

v_{mf}——滤层中最大粒径滤料最小流态化速度，cm/s。

滤层反冲洗强度的计算，关键在于滤层中最大粒径滤料的最小流态化速度的大小，一般通过实验求得。20℃水温，滤料粒径 $d = 1.2mm$ 的石英砂滤料，$v_{mf} \approx 1.0 \sim 1.2cm/s$。

有研究提出滤层中最大粒径滤料流态化时的雷诺数 Re_{mf} 值计算方法，从中求出 v_{mf} 值，计算过程复杂。

4）冲洗时间

当冲洗强度或滤层膨胀率符合要求，若冲洗时间不足时，不能充分清洗掉滤料层中的污泥。而且，冲洗废水也不能完全排出而导致污泥重返滤层。不同的滤池滤料，在水温20℃时的冲洗强度、膨胀率和冲洗时间参照表8-5确定。在实际操作中，冲洗时间可根据排出冲洗废水的浊度适当调整。

冲洗强度和冲洗时间 表 8-5

滤料组成	冲洗强度[L/(m²·s)]	膨胀率(%)	冲洗时间(min)
单层细砂级配滤料	12 ~ 15	45	7 ~ 5
双层煤、砂级配滤料	13 ~ 16	50	8 ~ 6

单水冲洗滤池的冲洗强度及冲洗时间还和投加的混凝剂或助凝剂种类有关，也与原水含藻情况有关。单水冲洗滤池的冲洗周期一般 12 ~ 24h。

（2）气水反冲洗

上述单水反冲洗滤池滤层厚 0.70 ~ 1.0m，高速水流冲洗时，上层滤料完全膨胀，下层滤料处于最小流态化状态。因冲洗时水头损失不足 1.0m，滤料层中的水流速度梯度一般在 $400s^{-1}$ 以下，所产生的水流剪切力不能够使滤料表面污泥完全脱落。而且，高速水流冲洗耗水量大，滤料上细下粗明显分层，下层滤料的过滤作用没有很好发挥作用。为此，人们便研究了气水反冲洗工艺。

1）气水反冲洗原理

在滤层结构不变或稍有松动条件下，利用高速气流扰动滤层，促使滤料互撞摩擦，以及气泡振动对滤料表面擦洗，使表层污泥脱落，然后利用低速水流冲洗污泥排出池外，即为气水反冲洗的基本原理。低速水流冲洗后滤层不产生明显分层，仍具有较高的截污能力。气流、水流通过整个滤层，无论上层下层滤料都有较好冲洗效果，允许选用较厚的粗滤料滤层。由此可见，气水反冲洗方法不仅提高冲洗效果，延长过滤周期，而且可节约一半以上的冲洗水量。所以，气水反冲洗滤池得到广泛应用。

2）气、水冲洗强度及冲洗时间

选用气、水反冲洗方法，根据滤料组成不同，冲洗方式有所不同，一般采用以下几种模式：

① 先用空气高速冲洗，然后再用水中速冲洗；

② 先用高速空气、低速水流同时冲洗，然后再用水低速冲洗；

③ 先用空气高速冲洗，然后高速空气、低速水流同时冲洗，最后低速水流冲洗；

④ 也有使用时间较长的滤池，滤料层板结，先用低速水流松动后，再按上述冲洗方法冲洗。

根据大多数滤池运行情况，气水反冲洗强度、时间可采用表8-6所列数据：

滤料层组成	先气冲洗		气水同时冲洗			后水冲洗		表面扫洗		冲洗周期 (h)
	强度 [L/ (m²·s)]	时间 (min)	气强度[L/ (m²·s)]	水强度[L/ (m²·s)]	时间 (min)	强度[L/ (m²·s)]	时间 (min)	强度 [L/ (m²·s)]	时间 (min)	
单层细砂级配滤料	15~20	3~1				8~10	7~5			12~24
双层煤砂级配滤料	15~20	3~1				6.5~10	6~5			12~24
单层粗砂级配滤料（有表面扫洗）	13~17	2~1	13~17	1.5~2	5~4	3.5~4.5	8~5	1.4~2.3	全程	24~36
单层粗砂级配滤料（无表面扫洗）	13~17	2~1	13~17	3~4	4~3	4~8	8~5			24~36

注：本表不适用于翻板阀滤池。

（3）滤池配水配气系统

滤池配水配气系统，是安装在滤池滤料层底部、承托层之下（或承托层之中）的布水布气系统。过滤时配水系统收集滤后水到出水总管之中。反冲洗时，将反冲洗水（气）均匀分布到整个滤池之中。配水配气大多共用一套系统，也有分为两套系统。

当反冲洗水流经过配水系统时，将产生一定阻力。按照滤池配水系统反冲洗阻力大小，常用滤池的配水系统分为大阻力配水系统、中阻力和小阻力配水系统。其中，中阻力配水系统应属于小阻力配水系统范畴。

1）大阻力配水系统

大阻力配水系统是普通快滤（或双阀快滤池）常用的配水系统，又称为穿孔管大阻力配水系统，见图8-8、图8-9。滤池中间是一根干管或干渠，两侧对称接出多根相同管径的支管。反冲洗时，冲洗水从中间干管（渠）流入各支管，再从支管出水孔喷出，穿过承托层，冲动滤层使之处于悬浮状态，带出滤层中污泥排入排水槽（渠）排出池外。

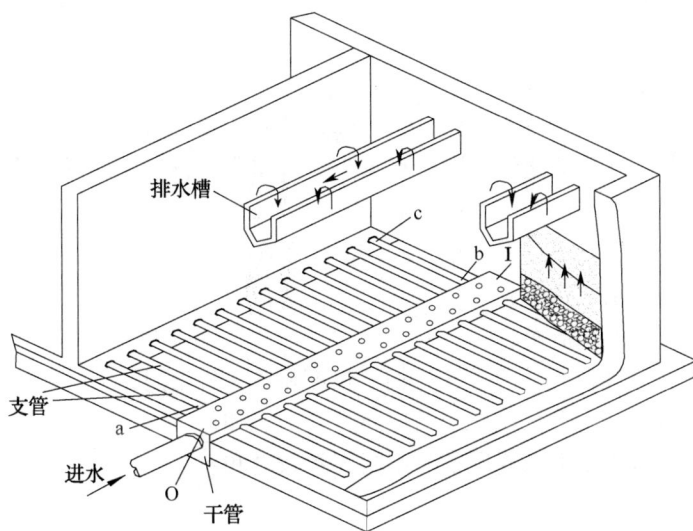

图8-8　穿孔管大阻力配水系统

223

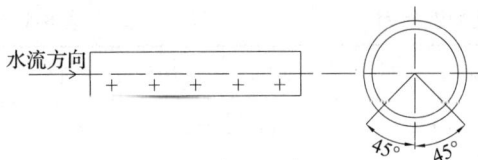

图 8-9　穿孔支管

为便于讨论大阻力配水系统的原理，将配水干管支管均看作沿程均匀泄流管道。支管上孔口出流流量大小和支管、干管中压力变化有关。所以，应首先分析管道中压力变化。

① 沿程均匀泄流管道中压力变化

沿程均匀泄流管道的进口水流平均流速为 v，管内的静水压力 H，在流动过程中不断泄流出水后，到达末端不再流动，流速 $v=0$，流速水头转化为压力水头，又称为"恢复水头"。如果不计管道中的水头损失，则配水干管、配水支管终端管内压力水头高于起端压力水头，人为地增大了末端孔口的出口流量。

水流从干管起端、干管末端流入到支管 a、b 处时的局部水头损失相等，则支管上 a 孔和 c 孔处压力水头之间关系符合下式：

$$H_c = H_a + \frac{v_g^2 + v_z^2}{2g} \tag{8-17}$$

式中　H_c——支管上孔口 c 处的压力水头，m；

　　　H_a——支管上孔口 a 处的压力水头，m；

　　　v_g——干管（渠）进口平均流速，m/s；

　　　v_z——支管进口平均流速，m/s；

　　　g——重力加速度，9.81m/s²。

② 大阻力配水系统原理

图 8-8 所示的 a、c 孔口位置是整个滤池中具有代表性的两个孔口，其出水流量差别大小即反映滤池反冲洗的均匀性程度。反冲洗压力水从 a、c 孔口喷出后穿过承托层，扰动滤层，到达同一水平高度的冲洗排水槽槽口。则 a、c 孔口处的压力水头减去冲洗排水槽槽口高出 a、c 孔口处的差值就是水流经孔口、承托层、滤层的总水头损失值，分别用 H'_a、H'_c 表示。在数值上等于支管 a、c 点压力水头 H_a、H_c 减去同一个终点水头值，有如下关系式：

$$H'_c = H'_a + \frac{1}{2g}(v_g^2 + v_z^2) \tag{8-18}$$

a、c 孔口及孔口以上承托层、滤层总水头损失和孔口出流量的平方成正比，则有：

$$H'_a = (S_1 + S'_2)Q_a^2$$

$$H'_c = (S_1 + S''_2)Q_c^2$$

式中　Q_a——孔口 a 出水流量；

　　　Q_c——孔口 c 出水流量；

　　　S_1——孔口阻力系数，因各孔口加工精度相同，S_1 相同；

　　　S'_2——孔口 a 处以上承托层及滤层阻力系数之和；

　　　S''_2——孔口 c 处以上承托层及滤层阻力系数之和。

于是得：

$$Q_c = \sqrt{\frac{S_1 + S'_2}{S_1 + S''_2}Q_a^2 + \frac{1}{S_1 + S''_2}\frac{v_g^2 + v_z^2}{2g}} \tag{8-19}$$

由该式可知，欲使 Q_a 尽量接近 Q_c，措施之一就是增大孔口阻力系数 S_1，削弱承托层、滤料层分布不均匀系数 S'_2、S''_2 和配水系统不均匀的影响。即 S_1 值很大，$\dfrac{S_1 + S'_2}{S_1 + S''_2} \approx 1$，$\dfrac{1}{S_1 + S''_2} \dfrac{v_g^2 + v_z^2}{2g}$ 也会减小，而使 $Q_c \approx Q_a$。这就是"大阻力配水系统"的配水原理。

③ 大阻力配水系统设计

配水支管上孔口出流的孔口流量主要由孔口内压力水头决定，即：

$$Q = \mu\omega\sqrt{2gH} \tag{8-20}$$

式中　Q——孔口出流流量，m^3/s；

μ——孔口流量系数，一般小孔口出流取 $\mu = 0.62$；

ω——孔口面积，m^2；

H——孔口内压力水头，m。

于是，可以得出滤池配水系统中反冲洗流量分布差别最大的 a、c 两孔口流量的比例关系式：

$$\frac{Q_a}{Q_c} = \frac{\mu\omega\sqrt{2gH_a}}{\mu\omega\sqrt{2gH_c}} = \sqrt{\frac{H_a}{H_a + \dfrac{1}{2g}(v_g^2 + v_z^2)}} \tag{8-21}$$

一般滤池设计要求 $\dfrac{Q_a}{Q_c} \geqslant 95\%$，则 $\sqrt{\dfrac{H_a}{H_a + \dfrac{1}{2g}(v_g^2 + v_z^2)}} \geqslant 95\%$，得：

$$H_a \geqslant 9.26 \frac{(v_g^2 + v_z^2)}{2g} \tag{8-22}$$

为了简化计算，通常假定 H_a 作为平均的压力水头，H_a 与冲洗强度、开孔比的关系是：

$$H_a = \frac{1}{2g}\left(\frac{qF \times 10^{-3}}{\mu f}\right)^2 = \frac{1}{2g}\left(\frac{q}{10\mu\alpha}\right)^2 \tag{8-23}$$

式中　q——水反冲洗强度，$L/(m^2 \cdot s)$；

F——滤池过滤面积，m^2；

f——配水系统孔口总面积，m^2；

μ——孔口流量系数；

α——开孔比，即配水孔口总面积与过滤面积之比，

$$\alpha = \frac{f}{F} \times 100\% = \frac{q}{1000\mu v} \times 100\% = \frac{q}{10\mu v}\%$$

v——支管上配水孔口流速，m/s。

一般设计时取 $\alpha = 0.20\% \sim 0.28\%$，计算时代入 % 前的数值。

该式是淹没出流的孔口水头损失值，也就是大阻力配水系统的水头损失值。流量系数 μ 值，包含了孔口阻力系数 ξ 值、流速水头校正系数和孔口收缩系数 ε。

干管（渠）、支管中的流速与冲洗强度有关，分别表示为：

$$v_g = \frac{qF \times 10^{-3}}{\omega_g}$$

$$v_z = \frac{qF \times 10^{-3}}{n\omega_z}$$

(8-24)

式中　ω_g——干管（渠）过水断面面积，m^2；

　　　ω_z——支管过水断面面积，m^2；

　　　n——支管根数。

把式（8-23）、式（8-24）代入式（8-22）得：

$$\frac{1}{2g}\left(\frac{qF \times 10^{-3}}{\mu f}\right)^2 \geq 9.26 \times \frac{1}{2g}\left[\left(\frac{qF \times 10^{-3}}{\omega_g}\right)^2 + \left(\frac{qF \times 10^{-3}}{n\omega_z}\right)^2\right],$$

用 $\mu = 0.62$ 代入计算，结果为：

$$\left(\frac{f}{\omega_g}\right)^2 + \left(\frac{f}{n\omega_z}\right)^2 \leq 0.28$$

(8-25)

可以看出，滤池配水均匀性与配水系统的构造有关，而与滤池的面积、反冲洗强度无关。实际的滤池面积不宜过大，以免承托层、滤层铺设误差太大而影响反冲洗的均匀性。一般要求单池面积不大于 $100m^2$ 为宜。

上述推导过程中，忽略了管道的沿程水头损失值，增大了最远一点孔口 c 的流量。在这种条件下，如果 a 孔口流量与 c 孔口流量之比能够满足 95% 以上，而实际上存在有管道水头损失，其恢复水头引起的 c 孔口压力水头减小，则 a 孔口流量与 c 孔口流量更为接近，滤池冲洗配水更加均匀。

【例题 8-4】一座大阻力配水系统的普通快滤池，配水支管上的孔口总面积为 f，配水干管过水断面面积是孔口总面积的 6 倍，配水支管过水断面面积之和是孔口总面积的 3 倍。以孔口平均流量代替干管起端支管上孔口流量，孔口流量系数 $\mu = 0.62$，该滤池反冲洗时，配水均匀程度可达多少？

【解】设冲洗强度为 q，则：

$$
\begin{aligned}
\frac{Q_a}{Q_c} &= \sqrt{\frac{H_a}{H_c}} = \sqrt{\frac{H_a}{H_a + \frac{1}{2g}(v_g^2 + v_z^2)}} \\
&= \sqrt{\frac{\frac{1}{2g}\left(\frac{qF \times 10^{-3}}{\mu f}\right)^2}{\frac{1}{2g}\left(\frac{qF \times 10^{-3}}{\mu f}\right)^2 + \frac{1}{2g}\left[\left(\frac{qF \times 10^{-3}}{6f}\right)^2 + \left(\frac{qF \times 10^{-3}}{3f}\right)^2\right]}} \\
&= \sqrt{\frac{(1/0.62)^2}{(1/0.62)^2 + (1/6)^2 + (1/3)^2}} = \sqrt{\frac{2.60}{2.60 + 0.028 + 0.111}} = 97.4\%
\end{aligned}
$$

2）小阻力配水系统

根据滤池配水系统分析，减小干管流速 v_g 和支管流速 v_z，配水系统中的流速水头就会变得很小，a、c 两点压力水头就会近似相等，也就会使 $Q_c \approx Q_a$，这就是小阻力配水系统的原理。对于过滤面积不大的小型滤池，不考虑承托层和滤层分布不均匀的影响，而采用较小阻力的布水方法，即为小阻力配水系统。还应指出，配水系统的阻力大小是一个相对概念，一般说来，大阻力配水系统中孔口出流阻力在 3.0m 以上，而小阻力配水系统的孔口出流阻力在 1.0m 以下。配水系统中的阻力大小体现在开孔比 α 上，在通常情况下，大阻力穿孔管配水系统 $\alpha = 0.20\% \sim 0.28\%$；中阻力滤砖配水系统 $\alpha = 0.60\% \sim 0.80\%$；小阻力配水系统 $\alpha = 1.25\% \sim 2.0\%$。

中、小阻力配水系统的阻力计算方法同大阻力配水系统。配水孔处压力水头大小和冲洗强度有关，单水冲洗时，一次配水孔口压力大小（即水头损失值）仍按式（8-23）计算，即：

$$H = \frac{1}{2g}\left(\frac{q}{10\mu\alpha}\right)^2$$

式中　H——配水系统孔口压力水头，m；

　　　q——冲洗强度，$L/(m^2 \cdot s)$；

　　　μ——孔口流量系数；

　　　α——开孔比，即配水孔口面积与过滤面积之比，%，计算时带入% 前的数值。

小阻力配水系统一般用于虹吸滤池、无阀滤池和移动罩滤池，单池面积在 $20 \sim 40m^2$，反冲洗水头 1.5m 左右。

3）气水反冲洗配水布气系统

气水反冲洗滤池一般采用长柄滤头、三角形配水（气）滤砖或穿孔管配水布气系统。其中长柄滤头使用最多。

穿孔管配气系统同大阻力配水系统，一般适用旧滤池改造。原有的单水冲洗系统不能满足气水同时冲洗两相流要求，需另行安装一套穿孔管空气冲洗系统，各自独立供水供气。

穿孔管配气系统中的配气干管一般采用焊接钢管或镀锌钢管，支管采用硬质塑料管，用螺栓固定在滤池底板上。干管、支管中空气流速取用 10m/s 左右，支管孔眼空气出流速度 $30 \sim 35m/s$。

（4）反冲洗供水供气

冲洗水供给根据滤池型式不同而不同，这里仅介绍普通快滤池单水冲洗供水方法和气、水反冲洗滤池的空气供给方式。

普通快滤池采用单水反冲洗时，冲洗水量较大，通常采用高位水箱（水塔）或水泵冲洗，见图 8-10、图 8-11。

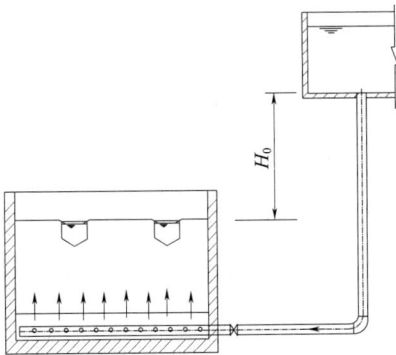

图 8-10　冲洗水箱（水塔）

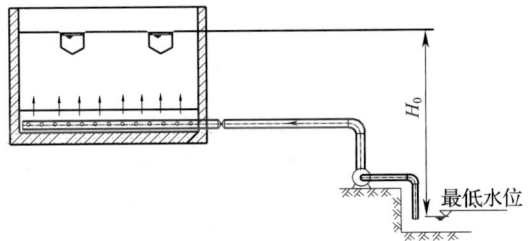

图 8-11　冲洗水泵

1）高位水箱、水塔冲洗

滤池反冲洗高位水箱建造在滤池操作间之上，又称为屋顶水箱。水塔一般建造在两组滤池之间。在两格滤池冲洗间隔时间内，由小型水泵抽取滤池出水渠中清水，或抽取清水池中水送入水箱或水塔。水箱（塔）中的水深变化，会引起反冲洗水头变化，直接影响冲洗强度的变化，使冲洗初期和末期的冲洗强度有一定差别。所以水箱（塔）水深越浅，冲洗越均匀，一般设计水深 $1 \sim 2\mathrm{m}$，最大不超过 $3\mathrm{m}$。

高位水箱（塔）的容积按单格滤池冲洗水量的 1.5 倍计算：

$$V = \frac{1.5qFt \times 60}{1000} = 0.09qFt \tag{8-26}$$

式中　V——高位水箱或水塔的容积，m^3；

　　　q——反冲洗强度，$\mathrm{L/(m^2 \cdot s)}$；

　　　F——单格滤池面积，m^2；

　　　t——冲洗历时，min。

冲洗水箱、水塔底高出滤池冲洗排水槽顶的高度 H_0（图8-10）按下式计算：

$$H_0 = h_1 + h_2 + h_3 + h_4 + h_5 \tag{8-27}$$

式中　h_1——冲洗水箱（水塔）至滤池之间管道的水头损失值，m；

　　　h_2——滤池配水系统水头损失，m；

　　　h_3——承托层水头损失，m；

$$h_3 = 0.022qz \tag{8-28}$$

　　　q——反冲洗强度，$\mathrm{L/(m^2 \cdot s)}$；

　　　z——承托层厚度，m；

　　　h_4——滤料层水头损失，按式（8-13）计算；

　　　h_5——富余水头，一般取 $1 \sim 1.5\mathrm{m}$。

2）水泵冲洗

水泵冲洗是设置专用水泵抽取清水池或储水池清水直接送入反冲洗水管的冲洗方式。因冲洗水量较大，短时间内用电负荷骤然增加。当全厂用电负荷较大，冲洗水泵短时间耗电量所占比例很小，不会因此而增大变压器容量时，可考虑水泵冲洗。由于水泵扬程、流量稳定，使得滤池的冲洗强度变化较小，是一种造价低于高位水箱（水塔）的冲洗方式。

冲洗水泵的流量 Q 等于冲洗强度 q 和单格滤池面积的乘积。水泵扬程按下式计算：

$$H = H_0 + h_1 + h_2 + h_3 + h_4 + h_5 \tag{8-29}$$

式中　H_0——滤池冲洗排水槽顶与吸水池最低水位的高差，m；

　　　h_1——吸水池到滤池之间最长冲洗管道的局部水头损失、沿程水头损失之和，m；

　　　$h_2 \sim h_5$ 同式（8-27）。

气水反冲洗滤池的水冲洗流量比普通快滤池单水冲洗流量小，一般用水泵冲洗，水泵流量按最大冲洗强度计算。水泵扬程计算同式（8-29），但式中的滤池配水系统水头损失 h_2、滤料层水头损失值 h_4 的计算方法不同，即：

　　　h_2——配水系统中滤头水头损失，按照厂家提供数据计算，一般设计取 $0.2 \sim 0.3\mathrm{m}$；

　　　h_4——按未膨胀滤层水头损失计算式（8-12）计算；设计时多取 $1.50\mathrm{m}$ 左右。

其余符号同上。

3）供气

气水反冲洗滤池供气系统分为鼓风机直接供气和空压机串联储气罐供气。鼓风机直接供气方式操作方便，使用最多。鼓风机风量等于空气冲洗强度 q 乘以单格滤池过滤面积，其出口处静压力按下式计算：

$$H_A = h_1 + h_2 + 9810kh_3 + h_4 \tag{8-30}$$

式中　H_A——鼓风机出口处静压力，Pa；

　　　h_1——输气管道压力总损失，Pa；

　　　h_2——配气系统的压力损失，Pa；

　　　k——安全系数，取 $k = 1.05 \sim 1.10$；

　　　h_3——配气系统出口至空气溢出面的水深，m；采用长柄滤头时，取 $h_3 = 2.5m$；

　　　h_4——富余压力，取 $h_4 = 0.5 \times 9810 = 4905Pa$。

在实际的长柄滤头配水配气系统的滤池中，$H_A \approx 39240Pa$，相当于 4.0m 水柱。

8.4　普通快滤池、V 型滤池

（1）滤池分类

在水处理中，当前常用的是快滤型滤池。其型式有很多种，滤速一般都在 6m/h 以上，截留水中杂质的原理基本相同，仅在构造、滤料组成、进水、出水方式以及反冲洗排水等方面有一定差别。

按照滤料组成和级配划分，常用的滤池有单层细砂级配滤料滤池，单层粗砂均匀级配滤料滤池，双层滤料滤池和三层滤料滤池以及活性炭吸附滤池。

按照控制阀门多少划分，可以分为：四个阀门控制的滤池，俗称四阀滤池（或称普通快滤池）、双阀（双虹吸管）滤池。基于滤层过滤阻力增大，砂面水位上升到一定高度形成虹吸或水位继电器控制的原理，可省去控制阀门，便出现了无阀滤池，虹吸滤池和单阀滤池。

按照反冲洗方法分类，有单水反冲洗和气水反冲洗滤池。

此外，还有上向流、下向流、双向流之分，以及混凝、沉淀过滤和接触过滤滤池。

滤池的型式是多样的，各自具有一定的适用条件。从过滤周期长短，过滤水质稳定考虑，滤料粒径，级配与组成是滤池设计的关键因素，也由此决定反冲洗方法。在过滤过程中，一组滤池的过滤流量基本不变，进入到各格滤池的流量是否相等，是等速过滤或是变速过滤操作运行的主要依据。原水中悬浮物的性质、含量及水源受到污染的状况，是滤池选型主要考虑的问题，也是整个水处理工艺选择和构筑物形式组合的出发点。

（2）普通快滤池

1）构造特点

普通快滤池通常指的是安装四个阀门的快滤型滤池。一组滤池分为多格，图 8-12 所示的普通快滤池是其中的一格。每格内的滤层、承托层、配水系统、冲洗排水槽尺寸完全相同。每一格滤池上都设置了四个阀门，又称四阀滤池。滤池滤层一般采用单层石英砂滤料或无烟煤—石英砂双层滤料，放置在承托层之上。

快滤池过滤出水水质稳定、使用历史悠久，适用于不同规模的水厂。当设计水量在 1 万 m^3/d 以下规模时，可设计成图 8-12 所示的管道进水方式。设计水量较大时，一般设

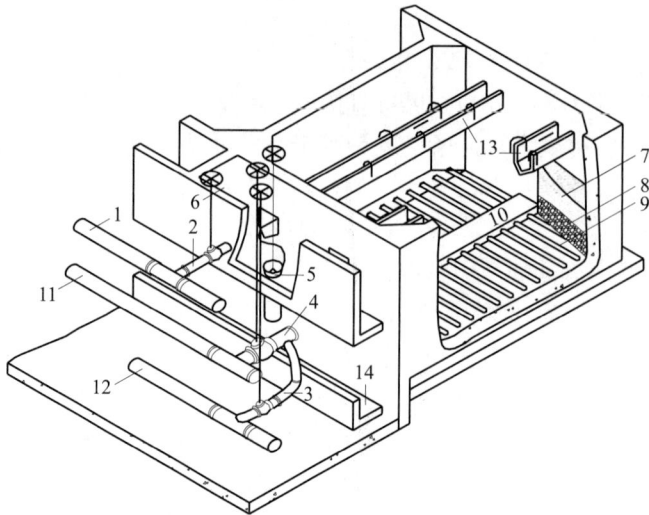

图 8-12　普通快滤池剖面

1—进水总管；2—进水支管；3—清水支管；4—冲洗支管；5—排水阀；6—浑水渠；7—滤料层；8—承托层；

9—配水支管；10—配水干管；11—冲洗水总管；12—清水总管；13—冲洗排水槽；14—废水渠

计成管渠结合的进、出水方式。把反冲洗进水总管（渠）、滤后出水管（渠）布置在管廊中间，浑水进水、反冲洗排水分别布置在滤池两端。如果一组滤池分为 4 格以上，可设计成双排，中间设管廊和操作间，上部设反冲洗高位水箱。单格滤池面积较大时，大多采用每格双单元布置，即中间布置排水总渠，两侧有若干条冲洗排水槽。

普通快滤池有"浑、排、冲、清"四个阀门，先后开启、关闭各一次，即为一个工作周期。其中，清水出水阀门在工作周期内开启度由小到大。为了减少阀门数量，开发了"双阀滤池"。即用虹吸管代替过滤进水和反冲洗排水的阀门。在管廊间安装真空泵，抽吸虹吸管中空气形成真空，浑水便从进水渠中虹吸到滤池，反冲洗废水从滤池排水渠虹吸到池外排水总渠，见图 8-13。

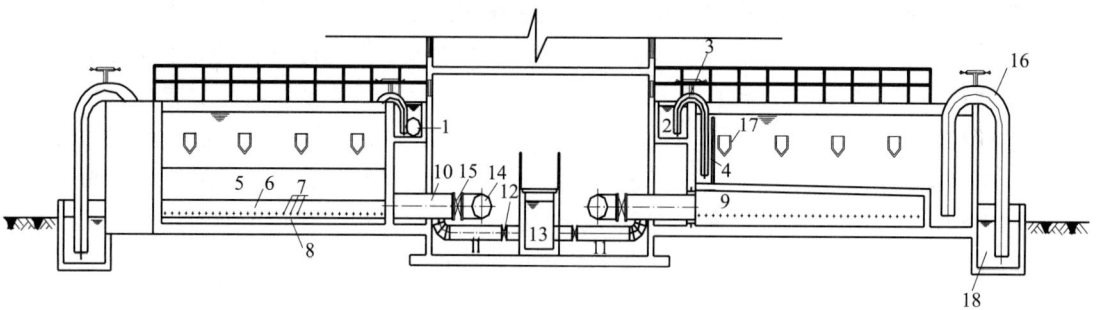

图 8-13　双阀快滤池

1—进水管；2—进水渠；3—进水虹吸管；4—水封槽；5—滤层；6—承托层；

7—配水支管；8—垫层；9—配水干渠；10—配水干管；11—清水出水管；

12—清水出水阀门；13—清水出水干渠；14—冲洗水干管；15—冲洗阀门；

16—排水虹吸管；17—冲洗排水槽；18—排水总渠

在实际运行过程中，抽吸虹吸管中空气形成真空的时间不便控制，且抽气管、虹吸管需严密不漏气。对自动化控制、运行具有不利影响，所以，近年来设计的自动化控制的滤池仍以四阀滤池为主，各阀门为电动或气动控制。

2）设计要点

在已知过滤水量条件下，设计一座快滤池，就是确定滤池尺寸大小、平面布置形式、进出水管（渠）尺寸、反冲洗方式等。

① 滤池面积与分格

快滤池的滤速相当于滤池的负荷，以单位时间、单位过滤面积上的过滤水量计算，单位是 $m^3/(m^2 \cdot h)$ 或 m/h。通常单层细砂滤料滤池滤速 6～9m/h，当一格或两格停止运行进行检修、冲洗或翻砂时其他滤池滤速（强制滤速）9～12m/h。

设计滤速是指过滤周期内全部滤池进行工作时的滤速。过滤周期的概念有两种观点：其一认为，过滤周期是指从过滤开始到过滤终止运行的时间，过滤周期＋冲洗历时＝工作周期。该工作周期也是两次冲洗间隔的时间，也称为冲洗周期。其二认为，过滤周期是指从过滤开始运行、截留杂质饱和后进行冲洗到再次过滤的整个间隔时间。把过滤周期、工作周期、冲洗周期均看作是间隔同一个时间段的两次运行，是同一个概念。实际上，连续过滤一次的时间，或从过滤开始经滤池冲洗到再次过滤两次间隔的时间都可以当作过滤周期。本教材认为采用第一种说法，把过滤周期、工作周期分开定义比较明确。

如果设计的快滤池每天反冲洗一次，不计冲洗时间，即工作周期为24h。扣除反冲洗时间和冲洗后停用时间约为1.0h，则实际过滤（周期）时间为23h。有些水厂设计时明确要求滤池每天过滤22h，应按实际过滤时间的流量计算。还应注意的是，有些水厂要求，滤池冲洗后排放初滤水0.5h，应计入冲洗后的停用时间内。在这种情况下，滤池实际过滤水量大于设计供水量。

一组滤池分格多少由过滤滤速和强制滤速的大小决定，和设计水量无关。但在设计时必须考虑过滤水量、允许停运的格数。

一组滤池分格数应大于4格，可采用双排布置，中间设置管廊，操作间及高位水箱，设计成方型。在分格数相同的条件下，管廊越长，输水管越长，操作间越长，相对应的造价增加。所以尽量设计成管廊操作间较短些，对于反冲洗均匀配水是有益的。

【例题 8-5】一座单层细砂滤料的普通快滤池，设计过滤水量2400m³/h，平均设计滤速为 8m/h，出水阀门适时调节，等水头过滤运行。当其中一格检修，一格反冲洗时其他几格滤池强制滤速不大于 12m/h，该座滤池可采用的最大单格滤池面积为多少？

【解】假定该座滤池共分为 n 格，单格面积为 F（m²），全部滤池均在工作时的过滤水量是 $8nF$（m³/h）。其中一格停运检修，一格反冲洗，（$n-2$）格的最大过滤水量是 $12(n-2)F$（m³/h），则有：$12(n-2)F \geqslant 8nF$，得最少分格数 $n \geqslant 6$ 格。

单格滤池最大过滤面积：

$$F = \frac{2400m^3/h}{8m/h \times 6 \text{ 格}} = 50m^2/\text{格}$$

② 滤池深度

普通快滤池深度包括：砾石承托层厚400mm左右，反冲洗配水支管放置其中；

滤层厚度 700 ~ 800mm，放置在承托层之上；

滤层砂面以上水深，又称为砂面水深，一般为 1500 ~ 2000mm，砂面水深越大，池深越大；

保护高度，又称为超高或干舷高度，一般取 300 ~ 400mm。

由此可以计算出滤池总深度约 3000 ~ 3600mm，多层滤料滤池池深度为 3500 ~ 4000mm。

滤池的深度不代表滤池内水面标高。砂面以上水位标高和过滤水头损失、清水池最高水位有关。单层、双层滤料滤池冲洗前水头损失宜采用 2.0 ~ 2.5m。

③ 管廊内管线设计流速

普通快滤池的管渠有浑水进水管（渠），滤后清水管（渠），反冲洗进水管（渠），反冲洗排水管（渠）及与各格相连接的支管。其设计过水断面参考下列流速确定：

浑水进水管（渠）：0.8 ~ 1.2m/s；

清水出水管（渠）：1.0 ~ 1.5m/s；

反冲洗进水管：2.0 ~ 2.5m/s；

反冲洗排水管（渠）：1.0 ~ 1.5m/s；

初滤水排放管（渠）：3.0 ~ 4.5m/s。

如果浑水进水渠、反冲洗排水渠为重力流，其流速适当减小，同时计入超载系数进行计算。

④ 配水系统

普通快滤池配水系统大多采用管式大阻力配水系统。

a. 过滤面积较小的快滤池管式大阻力配水系统由干管、支管组成。过滤面积较大的快滤池配水干管改为配水渠，如图 8-14 所示。

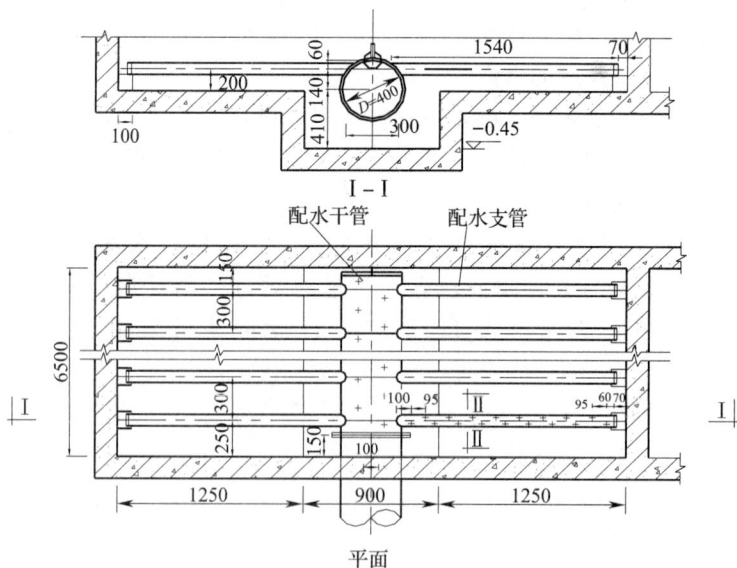

图 8-14 穿孔管式大阻力配水系统

配水系统过水断面参考下列数据计算：

b. 配水干管（渠）进口处流速取 1.0 ~ 1.5m/s，支管起端流速 1.5 ~ 2.0m/s，支管上孔眼出口流速 5 ~ 6m/s。

c. 配水支管间距 0.20~0.30m，支管长度与支管直径之比不大于 60。

d. 支管上孔眼直径 9~12mm，与垂线呈 45°向下交错排列。孔眼个数和间距根据滤池开孔比 α 确定。

e. 池中间不设排水渠的小型快滤池配水干管（渠）埋设在承托层之下，直径或渠宽大于 300mm 时，上方应开孔布水，并加设挡水板，不使直冲滤料。

⑤ 排水渠和冲洗排水槽

快滤池冲洗水通常由冲洗排水槽和排水渠排出，其布置形式见图 8-15。同时，它又是过滤进水分配到整格滤池的渠道。

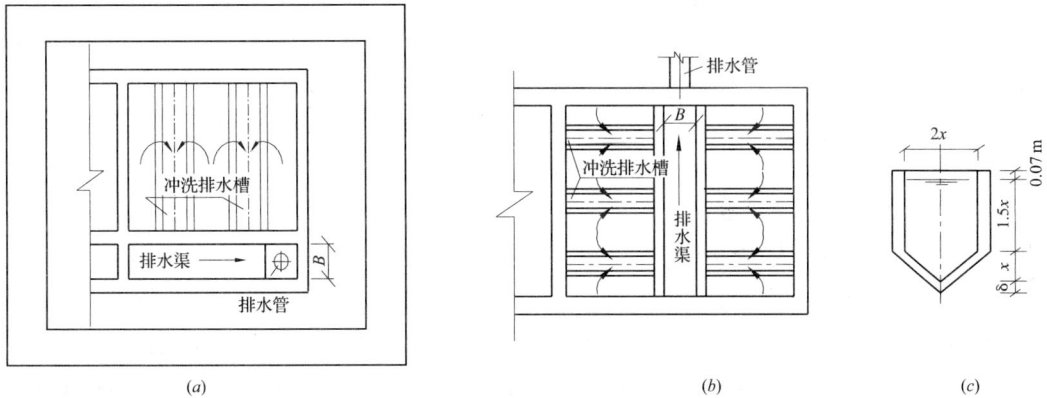

图 8-15　排水渠和冲洗排水槽布置

（a）排水渠设在滤池一侧；（b）排水渠设在滤池中间；（c）冲洗排水槽

滤池面积较小时，排水渠设在滤池一侧；滤池面积较大时，排水渠设在滤池中间。

排水渠，又称废水渠，收集冲洗排水槽排出水，再由排水管排到池外废水池。排水渠一般设计成矩形，自由跌落出水时起端水深按下式计算：

$$H_{q} = \sqrt{3} \cdot \sqrt[3]{\frac{Q^2}{gB^2}} \qquad (8\text{-}31)$$

式中　Q——滤池冲洗流量，$\mathrm{m^3/s}$；

　　　B——渠宽，m；

　　　g——重力加速度，$9.81\mathrm{m/s^2}$。

为使排水顺畅，排水渠起端水面需低于冲洗排水槽底 100~200mm，使排水槽内废水自由跌落到排水渠中。渠底高度即由排水槽槽底高度和排水渠中起端水深确定。

冲洗排水槽一般设计成 ［图 8-15（c）］ 槽底三角形断面形式，也有槽底是半圆形断面。

过滤面积较小的快滤池，冲洗排水槽常设计成槽底斜坡，末端深度等于起端深度的 2 倍，收集的废水在水力坡度下迅速流到排水渠。槽底是平坡的排水槽，末端、起端断面相同。起端水深按照末端水深的 $\sqrt{3}$ 倍计算。取槽宽 $2x$ 等于起端平均水深，则排水槽断面模数 x 的近似计算式为：

$$x \approx 0.45Q^{0.4}(\mathrm{m}) \qquad (8\text{-}32)$$

式中　Q——冲洗排水槽排水量，$\mathrm{m^3/s}$，$Q = \dfrac{qL_0a_0}{1000}$；

q——滤池反冲洗强度，L/（m² · s）；

L_0——冲洗排水槽长度，m，L_0一般小于6m；

a_0——两条冲洗排水槽中心距，多取 $a_0 = 1.5 \sim 2.0$m。

也可按照冲洗排水槽末端流速 v 计算，则：

$$x = \frac{1}{2}\sqrt{\frac{qL_0a_0}{1000v}}(\text{m}) \tag{8-33}$$

通常取 $v \leqslant 0.6$m/s。

在反冲洗时，滤料层处于膨胀状态，两排水槽中间水流断面减小，上升水流流速加快，容易冲走滤料，所以，排水槽底设置在滤料层膨胀面以上。则槽顶距滤料层砂面的高度为：

$$H_e = eH_2 + 2.5x + \delta + 0.07 \tag{8-34}$$

式中　H_e——冲洗排水槽槽顶距滤料层砂面高度，m；

H_2——滤料层厚度，m；

e——冲洗时滤料层膨胀率，一般取 40% ~ 50%；

x——冲洗排水槽断面模数，m；

δ——冲洗排水槽槽底厚度，m，一般取 0.05m；

0.07(m)——冲洗排水槽超高。

为达到均匀地排出废水，设计排水渠和冲洗排水槽时还应注意以下几点：

a. 排水渠通常设有一定坡度，末端渠底比起端低 0.30m 左右。排水渠下部是配水干渠的快滤池，排水渠底板最高处安装排气管，并在排水渠中部底板上设置检修人孔，故要求设在池内的排水渠宽度一般在 800mm 以上。

b. 冲洗排水槽在平面上的总面积（槽宽 × 槽长 × 条数）一般不大于滤池面积的25%，以免冲洗时槽与槽之间水流上升速度过大，将细滤料冲出池外。

c. 冲洗排水槽中心间距 1.5 ~ 2.0m。以免出水流量存在差异，直接影响反冲洗均匀性。

d. 单位槽长的溢入流量应相等，故施工时力求排水槽口水平，误差限制在 ±2mm 以内。

【例题8-6】　如图8-15（b）所示，快滤池冲洗排水槽分布在排水渠两侧，每侧3条，每条长4m，中心间距2.00m，中间排水渠宽0.8m，滤层厚 $H_2 = 0.80$m，在15L/（m² · s）水冲洗强度下，膨胀率为45%。计算：① 冲洗排水槽槽顶距滤料层砂面高度；② 冲洗排水槽面积占滤池面积的比例；③ 当自由跌落排水时，中间排水渠底距冲洗排水槽底的高度。

【解】　单格滤池宽 3 × 2 = 6m，过滤面积 $F = 2 \times 4 \times 6 = 48$m²；

冲洗水量 $Q = 15 \times 48/1000 = 0.72$m³/s；

每条冲洗排水槽流量 $Q_1 = \dfrac{0.72}{6} = 0.12$m³/s；

冲洗排水槽断面模数：$x \approx 0.45Q_1^{0.4} = 0.193$m。

① 冲洗排水槽槽顶距滤料层砂面高度：

$$H_e = 0.45 \times 0.80 + 2.5 \times 0.193 + 0.05 + 0.07 \approx 0.963\text{m}$$

② 冲洗排水槽总面积：

$$(2 \times 0.193 + 0.05 \times 2) \times 4 \times 6 = 11.664\text{m}^2$$

冲洗排水槽总面积与滤池过滤面积的比值 = 11.664/48 = 24.3% < 25%。

③ 排水渠宽 0.80m，渠底为平底排水渠起端水深：

$$H_q = \sqrt{3} \cdot \sqrt[3]{\frac{0.72^2}{9.81 \times 0.8^2}} = 0.754\text{m}$$

则中间排水渠底应低于冲洗排水槽槽底 0.754 + 0.1 = 0.854m。其中 0.1m 是排水渠起端水面低于排水槽底的富余高度，以保证排水槽自由跌落，排水通畅。

（3）V 型滤池

V 型滤池是一种滤料粒径较为均匀的重力式快滤型滤池。由于截污量大，过滤周期长，而采用了气水反冲洗方式。近年来，在我国应用广泛，适用于大、中型水厂。

1）构造和工艺流程

V 型滤池构造见图 8-16。一组滤池通常分为多格，每格构造相同。多格滤池共用一条进水总渠、清水出水总渠、反冲洗进水管和进气管道。反冲洗水排入同一条排水总渠后排

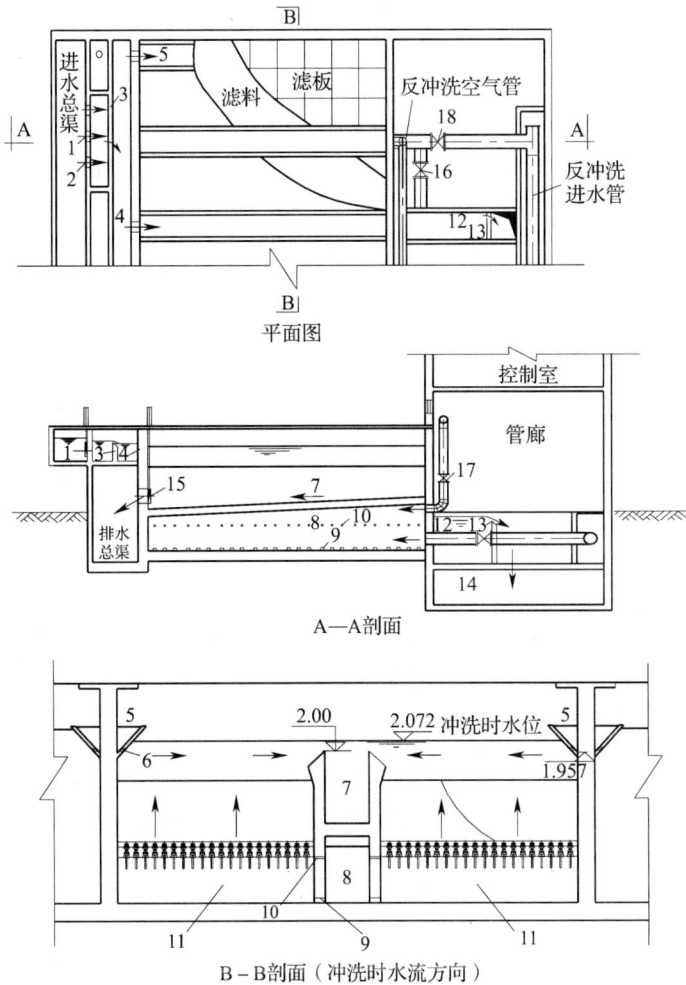

图 8-16　V 型滤池构造

1—进水阀门；2—进水方孔；3—堰口；4—侧孔；5—V 型槽；6—扫洗水布水孔；7—排水渠；
8—配水配气渠；9—配水孔；10—配气孔；11—底部空间；12—水封井；13—出水堰；14—清水渠；
15—排水阀门；16—清水阀；17—进气阀；18—冲洗水阀

出。滤池中间设双层排水、配水干渠，将滤池分为左右两个过滤单元。渠道上层为冲洗废水排水渠7，顶端呈45°斜坡，防止冲洗时滤料流失。下层是气水分配渠8，过滤后的清水汇集在其中。反冲洗时，气、水从分配渠中均匀流入两侧滤板之下。滤板上安装长柄滤头，上部铺设 d = 2 ~ 4mm 粗砂承托层，覆盖滤头滤帽 50 ~ 100mm。承托层上面铺 d = 0.9 ~ 1.2mm 滤料层厚 1200 ~ 1500mm。滤池侧墙设过滤进水 V 型槽和冲洗表面扫洗进水孔。

在过滤时，冲洗进水、进气阀门关闭，浑水由进水总渠经开启的阀门 1、堰口 3 进入分配渠，向两侧流过侧孔 4 进入 V 型槽 5。同时，从 V 型槽槽底扫洗孔 6 和槽顶溢流，均匀分布到滤池之中。滤后清水从底部空间 11 经配水孔 9 汇入气水分配渠 8，再由水封井 12、出水堰 13、清水渠 14 流入清水池。出水堰 13 的堰顶水位标高和砂面水位标高的差值即为过滤水头损失值。

当滤后水质逐渐变差时，即要进行滤池反冲洗。启动鼓风机，开启空气进水阀 17，压缩空气经配水配气渠 8 上部的配气孔 10 均匀分布在滤板之下底部空间 11 中，并形成气垫层。不断进入的空气经长柄滤头滤杆上进气孔（缝）到滤头缝隙流出，冲动砂滤料发生位移，填补、互相摩擦，致使滤料表面附着的污泥脱落到滤料孔隙之中。被气流带到水面表层的污泥，在 V 型槽底扫洗孔横向出流的扫洗水作用下，推向排水渠 7。经过气冲 2min 左右，启动反冲洗水泵，开启冲洗水阀 18，或用高位水箱冲洗。冲洗水经气水分配渠 8 下部的配水孔 9 进入滤板下底部空间 11 的气垫层之下，从长柄滤头滤杆端口压入滤头，和压缩空气一并从滤头缝隙进入滤池。反冲洗水流冲刷滤层，进一步搅动滤料相互摩擦，促使滤料表层污泥脱落，同时把滤层孔隙中污泥冲到水面排走。气—水同时冲洗时，空气冲洗强度不变，水冲洗强度 1.5 ~ 2.0 L/(m² · s)，气水同时冲洗 5 ~ 4min。最后停止空气冲洗，关闭进气阀 17，单独用水漂洗（后水冲洗），适当增大反冲洗强度到 3.5 ~ 4.5L/(m² · s)，冲洗 8 ~ 5min。整个反冲洗过程历时 10 ~ 12min。

2）工艺特点

从滤料级配、过滤过程、反冲洗方式等方面考虑，均质滤料滤池具有以下工艺特点：

① 滤层含污量大；所选滤料粒径 d_{max} 和 d_{min} 相差较小，趋于均匀。气—水反冲洗时滤层不发生膨胀和水力分选，不发生滤料上细下粗的分级现象。又因为该种滤料孔隙尺寸相对较大，过滤时，杂质穿透深度大，能够发挥绝大部分滤料的截污作用，因而滤层含污量增加，过滤周期延长。

② 等水头过滤；滤池出水阀门根据砂面上水位变化，不断调节开启度，用阀门阻力逐渐减小方法，克服滤层中增大的水头损失，使砂面水位在过滤周期内趋于平稳状态。虽然，上层滤料截留杂质后，孔隙流速增大，污泥下移，但因滤层厚度较大，下层滤料仍能发挥过滤作用，确保滤后水质。当一格反冲洗时，进入该池的待滤水大部分从 V 型槽下扫洗孔流出进行表面扫洗，不至于使其他未冲洗的几格滤池增加过多水量或增大滤速，也就不会产生冲击作用。

③ 滤料反复摩擦，污泥及时排出；空气反冲洗引起滤层微膨胀，发生位移，碰撞。

气水同时冲洗，增大滤层摩擦及水力冲刷，使附着在滤料表面的污泥脱落，随水流冲出滤层，在侧向表面冲洗水流作用下，及时推向排水渠，不沉积在滤层。和处于流态化的滤层相比，气—水同时冲洗的摩擦作用更大。

④ 配水布气均匀；滤池滤板表面平整，同格滤池所有滤头滤帽或滤柄顶表面在同一

水平高程，高差不超过±5mm。从底部空间进入每一个滤头的气量、水量基本相同。底部空间高700~900mm，气—水通过时，流速很小，各点压力相差很小，可以保证气、水均匀分布，冲洗到滤层各处，不产生泥球，不板结滤层。

3）设计要点

① 单池面积

滤池过滤面积等于处理水量除以滤速。单池面积与分格数有关。根据均质滤料滤池的工艺特点可知，当一格滤池反冲洗时，如果进入该格的待滤水量参与表面扫洗，仅有少许水量增加到其他几格，因此不会出现较大的强制滤速。如果滤池冲洗时不用待滤水表面扫洗，则应按照强制滤速大小进行计算。

滤池分格多少，主要考虑反冲洗配水布气均匀，表面扫洗排水通畅，滤池不均匀沉降引起滤板水平误差等因素，故希望单格滤池面积不宜过大。其平面尺寸虽没有长宽比限制，但考虑到表面扫洗效果，滤池两侧V型槽槽底扫洗配水孔口到中央排水渠边缘的水平距离宜在3.50m以内，最大不超过5.0m。

② 滤池深度

气水反冲洗滤池底部空间高700~900mm；

滤板厚100~150mm；

承托层厚150~200mm；

滤料层1200~1500mm；

滤层砂面以上水深1200~1500mm；

进水系统跌落（从进水总渠到滤池砂面上水位）300~400mm；

进水总渠超高300mm；

则滤池深度约4000~4500mm。

每格滤池的出水都经过出水堰口流入清水总渠，砂面上水位标高和出水堰口水位标高之差即为最大过滤水头损失值。均质滤料滤池冲洗前的滤层水头损失值一般控制在2.0~2.5m。

③ 配水、配气系统

均质滤料气—水反冲洗滤池具有均匀的配水配气系统。通常有配水配气渠、滤板、长柄滤头（图8-17）组成。

配水、配气渠位于排水渠之下，起端安装空气进气管，进气管管顶和渠顶平接。下面安装冲洗水进水管，进水管管底和渠底平接。配水配气渠起端末端宽度相同。当气、水同时进入配水配气渠时，空气处于压缩状态，其体积占冲洗水的20%~30%。配水干管进口端流速1.5m/s左右。空气输送管或配气干管进口端空气流速10~15m/s。

配水、配气渠上方两侧开配气孔，出口流速10m/s左右。沿渠底开配水孔，配水孔过孔水流流速1.0~1.50m/s。

滤板搁置在配水、配气渠和池壁之间的支撑小梁上，每平方米滤板上安装长柄滤头50~60个。每个滤头缝隙面积约2.5~5.65cm²。根据安装滤头个数便可计算出长柄滤头滤帽缝隙总面积与滤池过滤面积之比值（开孔比）。同时控制同格滤池安装的所有滤头滤帽或滤头滤柄顶表面在同一水平高程，误差不超过5mm。

仅设计单水冲洗、不考虑气水冲洗的活性炭滤池、虹吸滤池等可安装短柄滤头。

237

④ 管渠设计

均质滤料气水反冲洗滤池的管渠较多，除进水总渠、滤后清水总渠、反冲洗进水管（渠）、反冲洗排水干渠之外，还有冲洗输气管、V形槽（图8-18）、排水渠等。

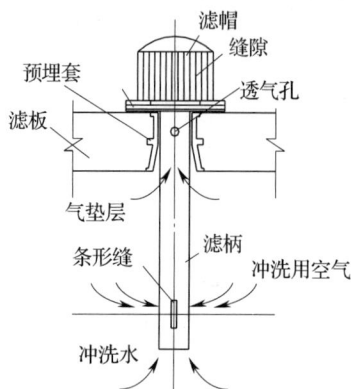

图 8-17　长柄滤头

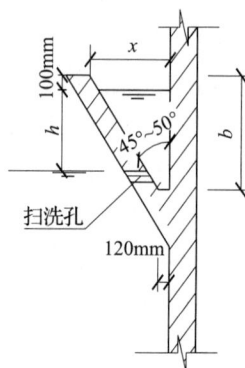

图 8-18　V 形槽

其中过滤水进水总渠、滤后清水总渠、排水总渠流速及断面设计参见普通快滤池管渠设计。低压空气输气管直径按照 10 ～ 15m/s 流速设计。为防止输气管中进水，进入滤池的空气总管应安装在滤池砂面上最高水位以上，进滤池前安装控制阀门。

位于配水配气渠上的排水渠渠底标高随着配水配气渠渠顶高度变化而变化。该排水渠一般宽 800 ～ 1200mm，渠顶高出滤料层 500mm。排水渠起端深度应根据后水冲洗时的水深计算，一般取 1000mm 以上。V 形槽设计尺寸见图8-18，在过滤时处于淹没状态，待滤水经 V 形槽起端的进水孔进入 V 形槽，经槽口和扫洗孔进入滤池。反冲洗时，槽内水位下降到斜壁顶以下 50 ～ 100mm。经扫洗孔流出表面扫洗。扫洗孔孔径 $d = 25 \sim 30$mm，间距 100 ～ 200mm，流速 2.0m/s 左右。扫洗孔中心标高低于反冲洗时滤池内最高水位50 ～ 150mm。

【例题 8-7】 V 形滤池中央排水渠渠顶标高 2.00m，排水渠到 V 形槽一侧滤池宽 3.50m，V 形槽夹角45°，表面扫洗强度 2.3 L/(m² · s)，扫洗孔出流流速 $v = 3.13$m/s。扫洗孔中心标高低于冲洗时滤池内最高水位 0.08m、高于 V 形槽槽底 0.05m。计算 V 形槽尺寸及扫洗孔间距。计算简图见图 8-18。

【解】 取扫洗孔平均断面上过孔流速 $v = 3.13$m/s，冲洗时 V 形槽内外水位差 h 值按下式计算：

因为 $v = \varphi \sqrt{2gh}$，φ 是孔口流速系数，取 $\varphi \approx 0.97$，则

$$h = \frac{v^2}{2g\varphi^2} = \frac{3.13^2}{2 \times 9.81 \times 0.97^2} = 0.53\text{m}$$

槽高：$b = 0.53 + 0.10 + 0.08 + 0.05 = 0.76$m　槽宽：$x = b\tan45° + 0.12 = 0.76 \times \tan45° + 0.12 = 0.88$m。

取 $x = 0.88$m。

取扫洗孔内径 $d = 30$mm，单孔流量：

$q = \mu\omega\sqrt{2gh}$，μ 是流量系数，取 $\mu = 0.62$。

$$q = 0.62 \times \frac{\pi}{4} \times (0.03)^2 \times \sqrt{2g \times 0.53} = 0.00141\text{m}^3/\text{s} = 1.41\text{L/s}$$

设扫洗孔间距为 a，沿长度 L 方向共开 L/a 个扫洗孔。根据扫洗水强度 $2.3\ \mathrm{L/(m^2 \cdot s)}$ 计算，$2.3 \times 3.5 \times L = 1.41 \times L/a$，得扫洗孔间距 $a = \dfrac{1.41}{2.3 \times 3.5} = 0.175\mathrm{m}$。取扫洗孔 $d = 30\mathrm{mm}$，间距 170mm。

8.5 虹吸滤池、无阀滤池

（1）虹吸滤池

虹吸滤池是一种用虹吸管代替进水、反冲洗排水阀门，并以真空系统控制滤池工作状态的重力式过滤的滤池。一座虹吸滤池往往是由数格滤池组成的一个整体。池型有圆形、矩形和多边形，从施工方便和保证冲洗效果考虑，大多情况下采用矩形池型，见图 8-19。

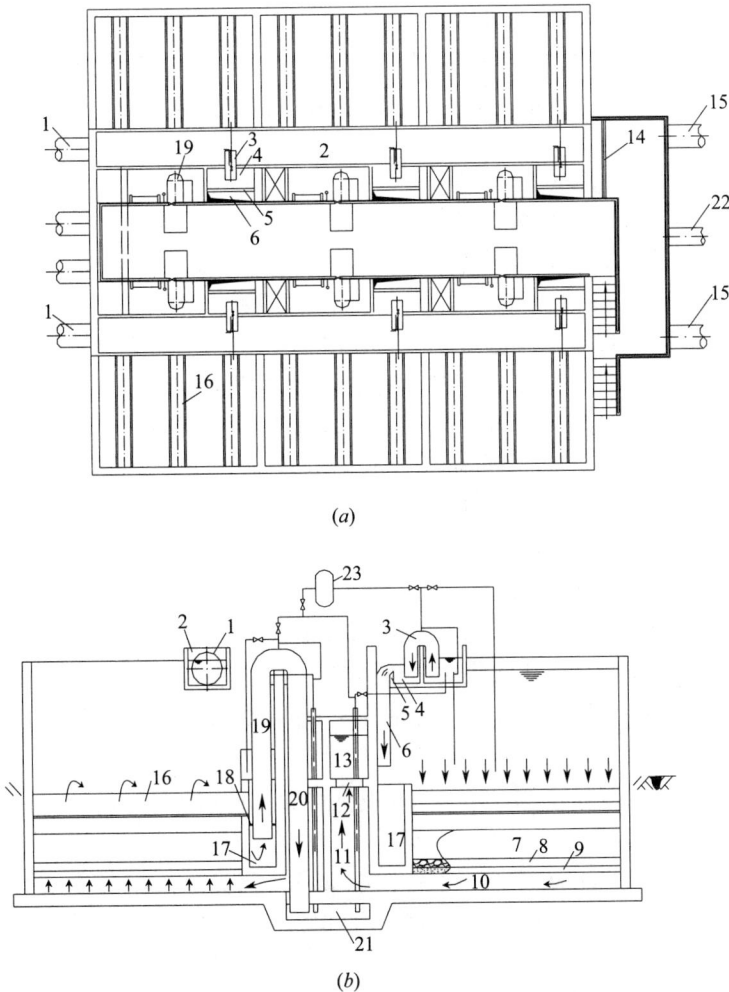

图 8-19 虹吸滤池布置
（a）平面示意图；（b）剖面图

1—进水管；2—进水渠；3—进水虹吸管；4—单格滤池进水槽；5—进水堰；6—单格滤池进水管；7—滤层；8—承托层；9—配水系统；10—底部集水区；11—清水室；12—出水孔洞；13—清水集水渠；14—出水堰；15—清水出水管；16—排水槽；17—反冲洗废水集水渠；18—防涡栅；19—虹吸上升管；20—虹吸下降管；21—排水渠；22—排水管；23—真空系统

1）工艺特点

① 虹吸滤池的总进水量自动均衡地分配至各格，当总进水量不变时，各格均为变水头等速过滤；

② 采用真空系统或继电控制进水虹吸管和排水虹吸管，代替了进水阀门和排水阀门的启闭，在过滤和反冲过程中实现无阀操作，自动化控制；

③ 利用滤池本身的出水及水头进行单格滤池的冲洗，不必设置专门的冲洗水泵或冲洗水箱（水塔）；

④ 过滤时，滤后水水位始终高于滤层，不会出现负水头现象；

⑤ 由于采用小阻力配水系统，单格面积不宜过大，反冲洗可用水头偏低，影响反冲洗均匀性。同时，池深较大，结构比较复杂，有一定施工难度。从滤料截留水中杂质的过程分析，这种等速过滤的滤后水质不易控制在较低水平。

2）设计要点

① 虹吸滤池设计时首先考虑滤池的分格多少。由于滤池冲洗水来自本组滤池其他几格滤池的过滤水，故当其中一格反冲洗时，其他几格的过滤水量必须满足冲洗水量，即：

$$n \geqslant \frac{3.6q}{v} \tag{8-35}$$

式中 n——一组虹吸滤池分格数；

q——反冲洗强度，$L/(m^2 \cdot s)$；

v——滤速，m/h。

② 由于一组虹吸滤池每格的进水堰口标高相同，则进入每格滤池的过滤水量相同。当任何一格滤池冲洗或者检修、翻砂时，其他几格都增加相同的水量。全部滤池均在工作的正常滤速和其中一格冲洗或其中一格检修、翻砂停运时其他几格的强制滤速符合下列关系式：

$$nv = (n - n')v' \tag{8-36}$$

式中 n——一组虹吸滤池分格数；

v——全部滤池工作时的滤速，m/h；

n'——停止过滤运行的格数；

v'——停运 n' 格滤池后其他几格滤池的强制滤速，m/h。

③ 虹吸滤池冲洗前的过滤水头损失允许达到 1.5m。反冲洗时，清水集水渠内的水位与冲洗排水槽口标高差（即冲洗水头）宜采用 1.0~1.2m，并应有调整冲洗水头的措施。当冲洗水头确定后，也就确定了冲洗强度。

④ 虹吸进水管流速取 0.6~1.0m/s，虹吸排水管流速取 1.4~1.6m/s，依此计算管道断面。

【例题 8-8】现有一座虹吸滤池，设计滤速 8m/h。当其中一格滤池以 $15L/(m^2 \cdot s)$ 的水冲洗强度冲洗时，该座滤池进水流量不变，且保持继续向清水池供应 30% 的设计流量，则一格滤池反冲洗时其他几格滤池的强制滤速是多少？

【解】假定该座滤池分为 n 格，当一格滤池冲洗时进水量不变的条件下，保持继续向清水池供应 30% 的设计流量，剩余 $100\% - 30\% = 70\%$ 的流量用于冲洗一格滤池，则有如下关系式：

$$8n(1 - 30\%)m^3/h \geqslant \frac{3600 \times 15}{1000}m^3/h，求得 n \geqslant 9.64，取 n = 10 格。$$

当一格滤池反冲洗前各格滤池的滤速都是8m/h，代入式（8-36），

$$8\mathrm{m/h} \times 10 = v'(10 - 1)，得强制滤速 v' = 8.9\mathrm{m/h}。$$

（2）无阀滤池

无阀滤池是一种不设阀门、水力控制运行的等速过滤滤池。按照滤后水压力大小分为重力式和压力式两类。通常，滤后水出水水位较低，直接流入地面式清水池的无阀滤池为重力式，而滤后水直接进入高位水箱、水塔或用水设备，滤池及进水管中都有较高压力的无阀滤池为压力式。

1）重力式无阀滤池的构造

重力式无阀滤池构造见图8-20，主要由进水分配槽、U形进水管、过滤单元、冲洗水箱、虹吸上升管、虹吸下降管、虹吸破坏系统组成。

2）重力式无阀滤池设计计算

重力式无阀滤池要求各管道设计严密、标高计算准确，完全按照水力计算结果自动运行，涉及内容较多，仅对主要部位的设计计算作一简要说明。

① 反冲洗水箱

反冲洗水箱置于滤池顶部，一般加设盖板或密封（留出人孔），水箱容积按照一格滤池冲洗一次所需要的水量计算：

$$V = 0.06qFt \tag{8-37}$$

式中　V——冲洗水箱容积，$\mathrm{m^3}$；

　　　q——冲洗强度，$\mathrm{L/(m^2 \cdot s)}$，一般采用平均冲洗强度 $q_a = 15\mathrm{L/(m^2 \cdot s)}$；

　　　F——单格滤池过滤面积，$\mathrm{m^2}$；

　　　t——冲洗历时，min，一般取 $4 \sim 6\mathrm{min}$。

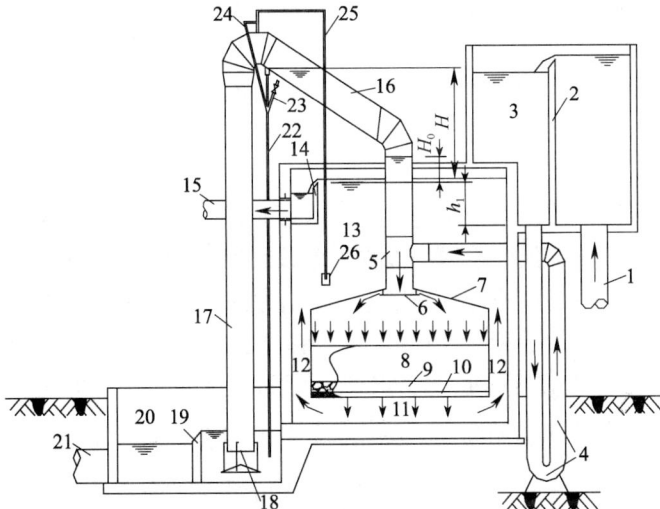

图8-20　无阀滤池过滤过程

1—进水管；2—进水堰；3—进水分配槽；4—U形进水管；5—三通；6—挡板；7—顶盖；8—滤料；
9—承托层；10—配水系统；11—底部集水区；12—连通渠；13—冲洗水箱；14—出水堰；15—出水管；
16—虹吸上升管；17—虹吸下降管；18—冲洗强度调节器；19—排水堰；20—排水井；21—排水管；
22—虹吸辅助管；23—强制冲洗器；24—抽气管；25—虹吸破坏管；26—虹吸破坏斗

反冲洗水箱深度 ΔH 和合用一个冲洗水箱的滤池格数 n 有关，和下列设计要求有关。

a. 当一格滤池冲洗时，其他几格滤池过滤的水量不参与冲洗，不计连通渠和连通渠斜边面积，则冲洗水箱的深度 ΔH 为：

$$\Delta H = \frac{V}{nF} = \frac{0.06qFt}{nF} = \frac{0.06qt}{n} \tag{8-38}$$

b. 各格滤池无冲洗时自动停止过滤进水装置，当一格滤池冲洗时，其他 $(n-1)$ 格滤池过滤的水量补充到冲洗水箱参与冲洗，不计连通渠和连通渠斜边面积，则冲洗水箱的深度 ΔH 为：

$$\Delta H = \frac{V}{nF} = \frac{0.06qFt - (n-1)Fvt/60}{nF} = \frac{0.06qt}{n} - \frac{(n-1)vt}{60n} \tag{8-39}$$

c. 各格滤池均有冲洗时自动停止过滤进水装置，当一格滤池冲洗时，其他 $(n-1)$ 格滤池过滤的水量等于 n 格滤池过滤的水量，全部补充到冲洗水箱参与冲洗，不计连通渠和连通渠斜边面积，则冲洗水箱的深度 ΔH 为：

$$\Delta H = \frac{V}{nF} = \frac{0.06qFt - nFvt/60}{nF} = \frac{0.06qt}{n} - \frac{nvt}{60n} \tag{8-40}$$

上式中符号同式（8-37）。

多格滤池合用一座冲洗水箱，水箱水深可以减少很多。反冲洗时的最大冲洗水头 H_{max} 和最小冲洗水头 H_{min}，分别指的是冲洗水箱最高、最低水位和排水堰口标高的差值。当冲洗水箱水深变浅后，最大冲洗水头和最小冲洗水头差别变小，反冲洗强度变化较小，能使反冲洗趋于均匀。

无阀滤池的分格多少除考虑冲洗水箱水深，冲洗强度均匀之外，还应考虑的是，当一格滤池冲洗时，其他几格过滤水量必须小于该格冲洗水量。这和虹吸滤池的分格要求正好相反。否则，其他几格过滤水量等于或大于一格反冲洗水量时，无阀滤池将会一直处于反冲洗状态。因此，一组无阀滤池合用一座反冲洗水箱时，其分格数一般小于或等于3。当一格滤池冲洗即将结束时，其余二格滤池过滤水量不至于随即淹没虹吸破坏管口，使虹吸得以彻底破坏。

② 虹吸上升管

从反冲洗过程可知，冲洗水箱水经连通渠、承托层、滤层进入虹吸上升管、下降管排入排水井，其水量等于冲洗强度乘以滤池面积。设计时，冲洗强度采用平均冲洗强度，即按照 H_{max} 和 H_{min} 平均值 H_a 计算的冲洗强度。如果冲洗的一格不能自动停水，进入该格的过滤水直接进入虹吸上升管、虹吸下降管排出，则虹吸管的流量等于这两部分流量之和。

当滤池的面积和反冲洗强度确定后，即确定了反冲洗水的流量，可以先行选定管径计算出总水头损失，然后确定排水堰口的高度，使总水头损失 $\sum h$ 小于冲洗水箱平均水位与排水堰前水封井水位高差值，即 $\sum h < H_a$。也可以按照设定的平均冲洗水头 H_a，反求出虹吸管管径。

在能够利用地形高差的地方建造无阀滤池，将排水井放在低处，增大平均冲洗水头后，便可减小虹吸管管径。设计时，虹吸下降管管径比上升管管径小 1～2 级。虹吸下降管管口安装冲洗强度调节器，用改变阻力大小方法调节冲洗强度。

③ 虹吸辅助管

虹吸辅助管是加快虹吸上升管、虹吸下降管形成虹吸、减少虹吸过程中水量损失的主要部件,如图 8-21 所示。当虹吸上升管中水位到达虹吸辅助管上端管口后,从辅助管内下降的水流抽吸虹吸上升管顶端积气,加速虹吸形成。虹吸上升管中的水位很快就会充满全管,所以用虹吸辅助管上端管口标高作为过滤过程中砂面上水位上升的最大值。虹吸辅助管管口标高和冲洗水箱中出水堰口 14 标高的差值即为期终允许过滤水头损失值 H。无阀滤池期终允许过滤水头损失可采用 1.5m。为防止虹吸辅助管管口被水膜覆盖,通常设计成比辅助管管径大一号的管口。

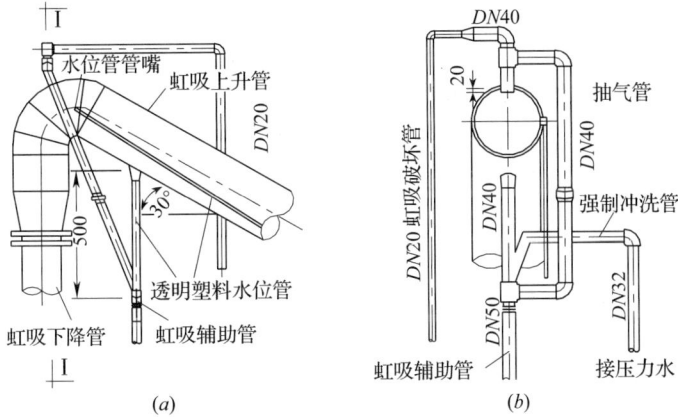

图 8-21 虹吸辅助管

(a) 立面图;(b) Ⅰ-Ⅰ剖面图

④ 虹吸破坏斗

虹吸破坏斗见图 8-22。和虹吸辅助管相连接,是破坏虹吸、结束反冲洗的关键部件。

由虹吸破坏管抽吸破坏斗中存水时,水斗中存水抽空后再行补充的间隔时间长短直接影响到虹吸破坏程度。当冲洗水箱中水位下降到破坏斗缘口以下时,水箱水仍能通过两侧的小虹吸管流入破坏斗。只有破坏斗外水箱水位下降到小虹吸管口以下,破坏斗停止进水。虹吸破坏管很快抽空斗内存水后,管口露出进气,虹吸上升管排水停止,冲洗水箱内水位开始上升。当从破坏斗

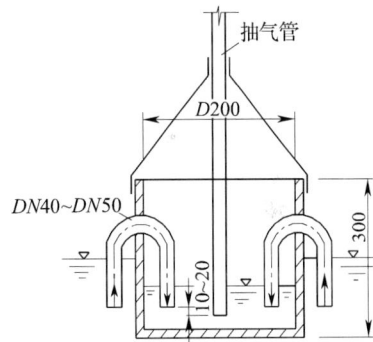

图 8-22 虹吸破坏斗

两侧小虹吸管管口上升到管顶向破坏斗充水时,需要间隔一定时间。于是,就有足够的空气进入虹吸管,彻底破坏虹吸。

⑤ 进水分配槽

进水分配槽一般由进水堰和进水井组成。过滤水通过堰顶溢流进入到各格滤池,同时保持一定高度,克服重力流过滤过程中的水头损失。进水堰顶标高=虹吸辅助管管口标高+U形进水管、虹吸上升管内各项水头损失+保证堰上自由跌水高度 (0.1~0.15m)。

堰后进水分配井平面尺寸和水深对无阀滤池的运行会产生一定影响。当滤料为清洁砂层或冲洗不久过滤时,水头损失很小,虹吸上升管及进水分配井中水位高出冲洗水箱水面很少,从进水堰上跌落的水流就会卷入空气,从进水管带入滤池。这些空气要么逸出积聚在虹吸上升管顶端,要么积存在滤池顶盖之下,越积越多。虹吸上升管中水位上升后,或者大量水流冲洗滤池时,积聚在滤池顶盖之下的气囊就会冲入虹吸上升管顶端,有可能使

反冲洗中断。

为了避免上述现象发生，通常采用减小进水管、进水分配井的流速，保持进水分配井有足够水深，设计分配井底与滤池冲洗水箱顶相平或低于冲洗水箱水面。同时，放大进水分配井平面尺寸到（0.6m×0.6m）～（0.8m×0.8m），均有助于散除水中气体，防止卷入空气作用。

⑥ U形进水管

如图8-20所示，如果进水分配井出水直接进入虹吸上升管，而不设U形弯管，就会出现如下现象：反冲洗时，虹吸上升管中流量强烈抽吸三通处接入管中水流，无论进水管是否停止进水都会将进水管中大部分存水抽出而吸入空气，破坏虹吸。为此，加设U形管进行水封，并将U形管管底设置在排水水封井水面以下，U形管中存水就不会排往排水井，也就不可能从进水管处吸入空气。

（3）压力无阀滤池和压力滤池

压力式无阀滤池常作为小型水厂或厂矿水厂的处理构筑物。当水源水浊度较低无需建造沉淀构筑物而直接过滤时使用。其构造型式如图8-23所示。

压力无阀滤池由水泵3抽取水源水，同时在吸水管2上投加混凝剂，通过滤池5接触过滤后的清水经清水管6进入水塔中分隔出来的冲洗水箱，再溢流到高位水塔供给用户使用。当过滤一段时间后，过滤水头损失增加，同时有一部分水流从虹吸上升管9流入虹吸辅助管12，通过抽气管13抽吸虹吸下降管10顶部空气形成真空，水泵停止工作，冲洗水水箱中的水沿清水管6冲洗滤池后经虹吸上升管9、虹吸下降管10排出到排水井14。冲毕，水泵重新启动，进行下一周期的过滤。压力式无阀滤池和压力滤池都是一种自动控制运行的小规模的水处理构筑物，即使在平原地带也可不设二级清水泵房的供水系统。

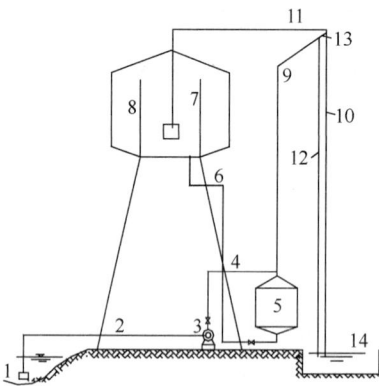

图 8-23　压力式无阀滤池

1—取水管；2—吸水管；3—水泵；4—压力水管；5—滤池；6—清水管；7—冲洗水箱；8—向外供水水塔；9—虹吸上升管；10—虹吸下降管；11—虹吸破坏管；12—虹吸辅助管；13—抽气管；14—排水井

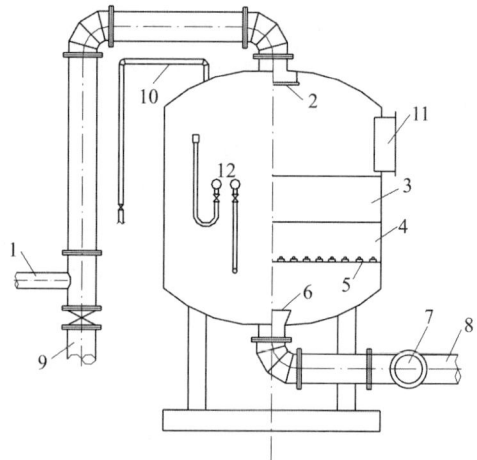

图 8-24　双层滤料压力滤池

1—进水管；2—进水挡板；3—无烟煤滤层；4—石英砂滤层；5—滤头；6—配水盘；7—出水管；8—冲洗水箱；9—排水管；10—排气管；11—检修孔；12—压力表

压力滤池是一种工作在高于正常大气压下的封闭罐式快滤型滤池。一般池体为钢制的圆柱状封闭罐，可分为立式和卧式两种。由于单池过滤面积较小，所以通常用作软化、除盐系统的预处理工艺，也可以用于工矿企业、小城镇及游泳池等小型或临时供水工程。

压力滤池像无阀滤池一样设有进水系统、过滤系统和配水系统，池体外则设置各种管道、阀门和其他附属设备。图 8-24 为双层滤料压力滤池示意图。

压力滤池的过滤和冲洗过程基本上同普通快滤池，所不同之处在于：进水是用水泵送入滤池，滤池在压力下工作；滤后水的压力一般较高，可以直接输入水塔中或后续用水处。

8.6 翻板阀滤池、移动罩滤池

（1）翻板阀滤池

翻板阀滤池是反冲洗排水阀板在工作过程中来回翻转的滤池。滤池冲洗时，根据膨胀的滤料复原过程变化阀板开启度，及时排出冲洗废水。对于多层滤料或轻质滤料滤池采用不同的反冲洗强度时具有较好控制作用。

1）翻板阀滤池构造

翻板阀滤池构造和石英砂、无烟煤多层滤料滤池基本相同，装填活性炭滤料的滤池构造如图 8-25 所示。

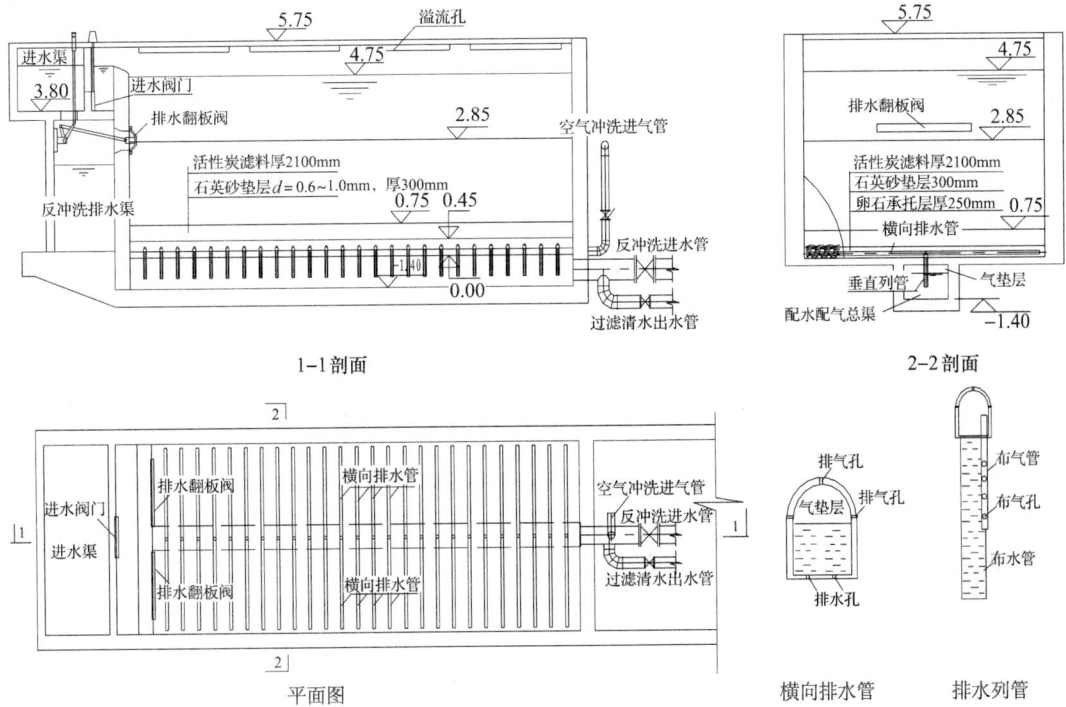

图 8-25 翻板阀活性炭吸附滤池示意图

翻板阀滤池分为进水、滤层、过滤水收集、反冲洗配水布气及反冲洗排水系统。进水系统一般由进水渠、进水堰及进水阀门（阀板）组成。为使进水均匀分配到各格滤池，通常设有进水渠。反冲洗排水渠和进水渠布置在滤池同一端或分在两端。多格翻板阀滤池进水阀板安装在进水渠侧墙上，过滤时开启进水，反冲洗时关闭。过滤水收集系统也是反冲洗的配水系统。过滤水由布水布气管（又称为横向排水管）收集后经垂直管流入配水渠，再通过出水管排出。不锈钢垂直立管又称为垂直列管或列管组，并设有小布气管。每根立管连接一根横向排水管。横向排水管由塑料板加工而成，呈马蹄状，便于形成气、水两相流。上下留有布气配水孔，埋设在承托层之下。滤池排水由翻板阀和排水渠组成，翻板阀又称为泥水舌阀，安装在排水渠侧墙上，距活性炭滤料层200mm左右，是该种滤池关键技术之一。翻板阀布置示意图见图8-26。

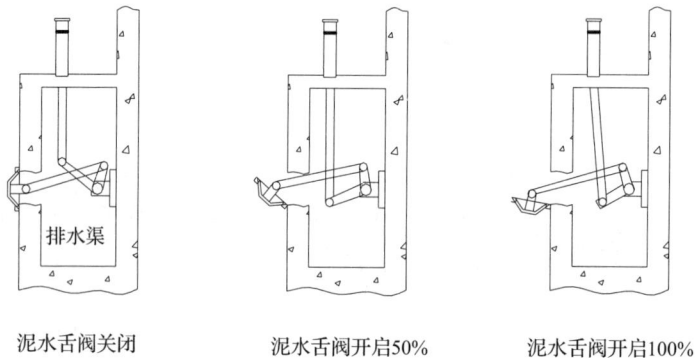

泥水舌阀关闭　　　　　泥水舌阀开启50%　　　　　泥水舌阀开启100%

图8-26　翻板阀（泥水舌阀）布置示意图

2）翻板阀滤池的运行

① 过滤：过滤水流由进水渠经进水阀板和溢流堰进入滤池，每格滤池的进水量相同。滤池中的水流以重力流方式渗透穿过滤层、石英砂垫层和砾石承托层进入横向排水管，从竖向列管组中流入配水配气总渠，再通过出水管流入清水池。和V型滤池一样，在过滤时，根据砂面上水位变化，调整出水管上的阀门开启程度，用阀门阻力逐渐减小方法，克服滤层中增大的水头损失，使砂面水位在过滤周期内趋于平稳状态，可使翻板阀滤池在恒水头条件下过滤。

② 反冲洗：翻板阀滤池中的滤料可以是颗粒活性炭下铺石英砂垫层，也可采用双层滤料。按照滤池反冲洗效果考虑，应以最小的反冲洗水量，使冲洗后滤层残留的污泥最少，同时又不使双层滤料乱层。翻板阀滤池通常采用气－水反冲洗形式。

翻板阀滤池后水反冲洗的时间根据滤池反冲洗时滤层上的水位决定。当滤池滤料层上水位最低时开始反冲洗，水位到达滤池水位最大允许值时停止，经数十秒后逐渐打开排水阀板（翻板阀）排水。

排水翻板阀安装在滤层以上200mm处，设有50%开启度，100%开启度两个控制点。反冲洗开始时，冲洗水流自下而上冲起滤料层，排水阀处于关闭状态。当反冲洗水流上升到滤层以上距池顶300mm时，反冲洗进水阀门关闭或反冲洗水泵停泵。20～30s后排水翻板阀逐步打开，先开启50%开启度，然后再开启100%开启度。经60～80s滤层上水位下降至翻板阀下缘，即淹没滤层200mm左右，关闭翻板阀，再开始另一次的反冲洗。

每冲洗一格滤池时，如此操作2～3次，即可使滤料冲洗干净，并且把附着在滤料上的细小气泡冲出池外。

3）翻板阀滤池的主要特点

翻板阀滤池用气或水反冲洗时允许有较大的反冲洗强度,水冲强度可达$15L/(m^2 \cdot s)$以上。这对于含污量较高的滤层,有利于恢复过滤功能。从水流冲洗滤料所产生的剪切冲刷作用考虑,瞬间增大反冲洗速度,有利于把滤料表面的污泥冲刷下来变成滤料缝隙间污泥排出池外,同时也能冲刷掉附着在滤料表面的气泡。

翻板阀滤池的配水布气管为马蹄形,上部半圆形部分开$d = 3 \sim 5mm$布气孔。就布水布气系统而言,无论是土建施工或是工艺安装,其简易程度都小于一般气水反冲洗滤池。

缓时排水、避免滤料流失是翻板阀滤池的一大特点。当一次反冲洗进水结束后,部分滤料和被冲洗下来的污泥一并悬浮起来,因滤料粒径或密度大于冲洗下来的污泥颗粒的粒径、密度,先行下沉复位,随即打开排水阀,能使含泥废水几乎在60s以内完全排出。这种反冲洗缓时排水方法,允许有较高的反冲洗强度,又可避免排放废水时引起滤料流失。

翻板阀滤池冲洗时向滤池一端或两端排水、废水流程较长,污泥会沉积在滤料表面。应设计成侧面排水、废水流程6.0m以内为宜。故要求翻板滤池的池宽不宜大于6m,不应大于8m;长度不大于15m。

4）翻板阀滤池设计要点

① 滤料组成

单层滤料:石英砂滤料$d = 0.9 \sim 1.20mm$,厚1200mm;

活性炭滤料$d = 2.5mm$,厚$1500 \sim 2000mm$。

双层滤料:石英砂滤料$d = 0.7 \sim 1.20mm$,厚800mm;

无烟煤滤料$d = 1.6 \sim 2.5mm$,厚700mm。

② 设计滤速　滤池滤速大小主要考虑进出水水质特点,当进水浊度<10NTU,出水浊度<0.5NTU,设计滤速取$6 \sim 10m/h$。

③ 冲洗前过滤水头损失$2.0 \sim 2.5m$,砂面以上水深$1.5 \sim 2.0m$。

④ 气水反冲洗　空气冲洗:冲洗强度$15 \sim 17L/(m^2 \cdot s)$,历时$3 \sim 5min$;气水同时冲洗:空气冲洗强度$15 \sim 17L/(m^2 \cdot s)$,水冲洗强度$2 \sim 3L/(m^2 \cdot s)$,历时$4 \sim 5min$;单水冲洗:冲洗强度$15 \sim 17L/(m^2 \cdot s)$,历时$2 \sim 3min$。

⑤ 翻板阀底距滤层顶垂直距离不小于0.30m。

配水、配气系统中的竖向配水管流速:$1.5 \sim 2.5m/s$;竖向配气管流速:$15 \sim 25m/s$;横向布水、布气管水孔流速:$1.0 \sim 1.5m/s$,气孔流速:$10 \sim 20m/s$。

（2）移动罩滤池

移动罩滤池是由多滤格组成、利用移动式冲洗罩轮流对各滤格进行冲洗的减速过滤池。主要由进水和出水系统、多格滤池和共用的冲洗罩设备组成,见图8-27。移动罩滤池的过滤及冲洗方式和虹吸滤池相似。冲洗时,冲洗罩可以按照设定的程序逐个罩住一格滤池进行自动冲洗,冲洗罩的作用与无阀滤池的伞状罩体相似。

1）过滤过程

待滤水由进水管1经过挡水板2进入滤池,经滤层3、承托层4和配水系统5后,滤后水进入底部集水区6收集后由钟罩式虹吸出水管7、出水堰9溢流通过出水管10输送至清水池。滤池内的常水位与出水堰的堰顶标高之差为过滤水头。

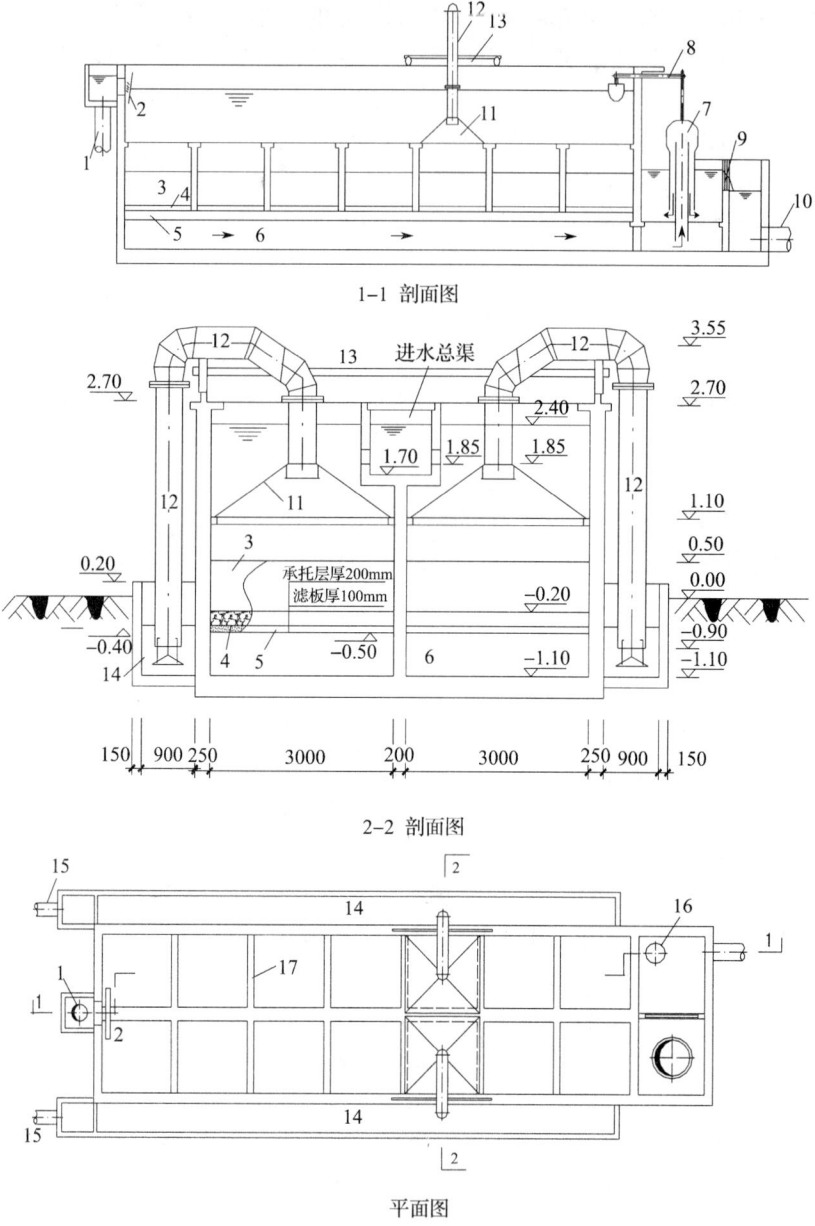

1-1 剖面图

2-2 剖面图

平面图

图8-27 移动罩滤池

1—进水管；2—进水挡板；3—滤层；4—承托层；5—配水系统；6—底部集水区；7—出水虹吸管；
8—水位恒定器；9—出水堰；10—出水管；11—冲洗罩；12—排水虹吸管；13—移动桁车；
14—排水渠；15—排水管；16—溢流管；17—隔墙

2）反冲洗过程

当任一滤格需要反冲洗时，冲洗罩11在桁车13的带动下移至冲洗的滤格上方，封住滤格顶部，利用抽气设备抽出排水虹吸管12内的空气。当真空度达到一定值后，虹吸开始。来自邻近滤格的滤后水经配水系统、承托层对滤层实施冲洗，废水由排水虹吸管12

排至排水渠 14。冲洗结束后，移开移动罩 11，该滤格重新进入过滤状态。按照预先设定的程序，可以对各滤格依次进行冲洗，一格冲洗并不会影响其他滤格的过滤。出水堰 9 堰顶上水位标高和排水渠中水封井内的水位标高差就是冲洗水头。

　　根据排出冲洗水的动力方法不同，移动罩滤池的冲洗水排除，可用泵吸式或虹吸式两种方法。

9 水 的 消 毒

9.1 消毒理论

饮用水消毒是杀灭水中对人体健康有害的致病微生物，防止通过饮用水传播疾病。消毒并非要把水中的微生物全部杀灭，只是消除水中致病微生物（包括病菌、病毒及原生动物胞囊等）的致病作用。

水中微生物往往会粘附在悬浮颗粒上，因此，经混凝、沉淀和过滤去除悬浮物、降低水的浊度的同时，也去除了大部分微生物。然而水中仍有少量病菌、病毒、原生动物滞留水中，最后再通过消毒予以杀灭。所以认为消毒是生活饮用水安全、卫生的最后保障。

（1）消毒方法

水的消毒方法很多，包括氯及氯化物消毒、臭氧、二氧化氯消毒，以及紫外线消毒和某些重金属离子消毒等，也可采用上述方法组合使用。氯消毒经济有效，使用方便，应用历史最久也最为广泛。自20世纪70年代发现受污染水源经氯消毒后往往会产生一些三卤甲烷等有害健康的副产物后，人们便重视了其他消毒剂或消毒方法的研究。但不能就此认为氯消毒会被淘汰。从发展的观点来看，对于不受有机物污染的水源水或在消毒前通过前处理把形成氯消毒副产物的前期物（如腐殖酸和富里酸等）预先去除，采用氯消毒是安全的；此外，其他各种消毒剂也会产生消毒副产物，以及残留于水中的消毒剂本身对人体健康都会发生影响，现正在进行全面、深入地研究。因此，就目前情况而言，氯消毒仍是应用最多、经济、有效的消毒方法。

（2）消毒机理

氯、二氧化氯、臭氧等氧化型消毒剂，可以通过氧化等以多种途径对微生物产生灭活作用。一般说来，常用的消毒方法对微生物的作用机理包括以下几个方面：

1）破坏细胞膜；

2）损害细胞膜的生化活性，氧化微生物有机体；

3）对细胞的重要代谢功能造成损害，抑制破坏酶的活性；

4）损坏核酸组分；

5）破坏有机体的 RNA（核糖核酸）、DNA（遗传系统）。

不同微生物的表面性质和生理特性不同，对消毒剂的耐受能力不同。例如，对于三大类肠道病原微生物来说，按照其对消毒剂的耐受能力从强到弱的排序是：肠道原虫包囊、肠道病毒、肠道细菌。这三类微生物的大小有一定差别，细菌的尺寸比病毒大10倍多，原虫包囊比细菌约大10倍。原虫包囊对其不利生存环境的耐受能力最强，而病毒结构中既无细胞膜，也无复杂的酶系统，比一般细菌较难杀灭。所以认为，微生物的尺寸大小以及它们的生存与繁殖方式，对消毒剂的耐受能力有较大影响。

（3）消毒影响因素

影响消毒的主要因素是接触时间、消毒剂浓度、水的温度和水中杂质。这里仅简单介绍消毒剂的浓度 C 和接触时间 T 的乘积 CT 值概念。

在消毒过程中，消毒接触时间和消毒剂浓度是最重要的影响因素。对于一定的消毒剂浓度，接触时间越长，杀菌灭活率就越高。在消毒过程中，存活的微生物浓度随时间的变化速率基本上符合一级反应，即：

$$\frac{\mathrm{d}N_\mathrm{T}}{\mathrm{d}t} = -kN_\mathrm{T} \tag{9-1}$$

式中　N_T——T 时刻的微生物浓度；

　　　t——时间，min；

　　　k——灭活速率常数。

当 $t=0$ 时 $N_\mathrm{T}=N_0$，积分上式得：

$$T = \frac{1}{k}\ln\frac{N_0}{N_\mathrm{T}}，或\ T = \frac{2.303}{k}\lg\frac{N_0}{N_\mathrm{T}} \tag{9-2}$$

在实际消毒过程，有时会出现偏离以上规律的现象，其主要原因是水中其他组分先与消毒剂反应影响了消毒效果，或者部分微生物包裹在胶体、悬浮颗粒群体之中而产生屏蔽保护作用影响了消毒效果。

在一定的微生物灭活率条件下，消毒剂的浓度 C（以剩余消毒剂的浓度表示）和接触时间 T 的乘积 CT 值等于常数。对于不同的消毒剂种类、微生物、水温、pH 等条件下，达到一定灭活要求的 CT 值不同。从理论上分析，微生物去除率越高，灭活后的微生物越少，需要的 CT 值越大。

消毒剂与水的接触时间 T 和消毒剂的种类、消毒灭活率有关。为安全起见，工程上要求氯消毒、二氧化氯消毒的有效接触时间不少于 30min，氯胺消毒的有效接触时间不少于 2h。

在水厂中，一般用清水池作为接触池来满足加入消毒剂后的接触时间。由于清水池中的水流不能达到理想的推流状态，部分水流在清水池中的停留时间小于平均水力停留时间。则应加设多道导流墙，减少短流影响。加设 3 道以上导流墙的清水池，消毒剂接触时间一般大于平均水力停留时间（V/Q）的 65% 以上。

（4）消毒剂的投加点

给水处理中，采用化学药剂进行消毒时，通常氯、二氧化氯等消毒剂投加在以下位置：

1）在水厂取水口或净水厂混凝前预投加，以控制输水管渠和水厂构筑物内菌藻贝的生长；

2）清水池前投加是消毒剂的主要投加点；

3）调整出厂水剩余消毒剂浓度时补充投加在输水泵站吸水井中；

4）配水管网中的补充投加（转输泵站吸水井中）等。

由于消毒剂是强氧化剂，在水厂取水口或净水厂混凝前预投加时，除了杀菌消毒作用外，还可以氧化部分有机物，改善混凝效果，控制藻类生长，氧化分解水中产生色嗅味的物质。鉴于预氯化有可能生成卤代消毒副产物，有的改用了生成消毒副产物较少的高锰酸钾、臭氧、二氧化氯预氧化。

对于包裹在颗粒物中的微生物，消毒效果不好。因此，消毒总是作为水厂处理的最后一道工序，在充分降低水的浊度条件下进行消毒。

对于以地下水为水源的给水处理系统，水质良好的地下水可以满足饮用水水质标准中除微生物学指标以外的其他指标，相应的饮用水处理工艺只有消毒一项，消毒剂投加在清水池入口处即可。

9.2 氯消毒

氯消毒是指以液氯、漂白粉或次氯酸钠为消毒剂的消毒。具有经济有效、使用方便、安全可靠、持续消毒时间长的特点。在加强水源保护，有效去除水中有机污染物，合理采用氯消毒工艺的基础上，氯消毒可以同时满足对水质微生物学和毒理学两方面的要求，是一种广泛使用的消毒技术。

水厂氯消毒一般采用液氯，次氯酸钠，小型水站消毒、游泳池水消毒，临时性消毒有的采用次氯酸钠或采用漂白粉。

（1）氯消毒的化学反应

1）自由氯消毒

液态氯为黄绿色透明液体，气化为氯气后，成为一种黄绿色有毒气体。很容易溶解于水，在20℃、98kPa条件下，溶解度7160mg/L。当氯溶解在纯水中时，下列两个反应几乎瞬时发生：

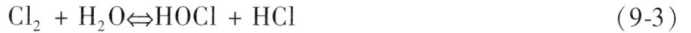

$$Cl_2 + H_2O \Leftrightarrow HOCl + HCl \tag{9-3}$$

次氯酸HOCl部分离解为氢离子和次氯酸根：

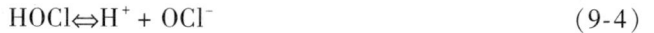

$$HOCl \Leftrightarrow H^+ + OCl^- \tag{9-4}$$

其平衡常数为：

$$K_i = \frac{[H^+][OCl^-]}{[HOCl]} \tag{9-5}$$

在不同温度下次氯酸离解平衡常数见表9-1。

次氯酸离解平衡常数 表9-1

温度（℃）	0	5	10	15	20	25
K_i（mol/L）	2.0×10^{-8}	2.3×10^{-8}	2.6×10^{-8}	3.0×10^{-8}	3.3×10^{-8}	3.7×10^{-8}

水中的Cl_2、HOCl和OCl^-被称为自由性氯或游离氯。由于氯很容易溶解在水中，所以自由性氯主要是HOCl与OCl^-。HOCl与OCl^-的相对比例取决于水的温度和pH，见图9-1。

当pH>9时，OCl^-接近100%，当pH<6时，HOCl接近100%，当pH=7.54时，HOCl与OCl^-大致相等。

【例题9-1】计算在20℃，pH为7时，纯水中次氯酸HOCl在自由性氯（HOCl与OCl^-）中的比例。

【解】本题是求 $\dfrac{[\text{HOCl}]}{[\text{HOCl}]+[\text{OCl}^-]}$ 值的大小。变化该式为：

$$\frac{[\text{HOCl}]}{[\text{HOCl}]+[\text{OCl}^-]}=\frac{1}{1+\dfrac{[\text{OCl}^-]}{[\text{HOCl}]}}$$

根据式（9-5），可得 $\dfrac{[\text{OCl}^-]}{[\text{HOCl}]}=\dfrac{K_i}{[\text{H}^+]}$，查表 9-1，在 20℃ 时，$K_i=3.3\times10^{-8}$，代入上式得：

$$\frac{[\text{HOCl}]\times100\%}{[\text{HOCl}]+[\text{OCl}^-]}=\frac{100\%}{1+\dfrac{[\text{OCl}^-]}{[\text{HOCl}]}}=\frac{100\%}{1+\dfrac{K_i}{[\text{H}^+]}}=\frac{100\%}{1+\dfrac{3.3\times10^{-8}}{10^{-7}}}=75.2\%$$

按照同样的计算方法，可以求出不同温度、不同 pH 条件下 OCl^- 在自由性氯（HOCl 与 OCl^-）中的比例。

自由性氯消毒主要是通过次氯酸 HOCl 和 OCl^- 的氧化作用来实现的。HOCl 是很小的中性分子，能扩散到带负电荷的细菌表面，破坏细菌细胞膜并渗透到细菌内部，继而破坏酶的活性而使细菌死亡。OCl^- 虽亦具有杀菌能力，但是带有负电荷，难以接近带负电荷的细菌表面，杀菌能力比 HOCl 差很多。生产实践表明，pH越低则消毒能力越强，证明 HOCl 是消毒的主要因素。当 HOCl 消耗殆尽时，OCl^- 就会转化为HOCl，继续发挥消毒作用。

图 9-1　不同 pH 和水温时，水中 HOCl 和 OCl^- 的比例

2）化合性氯消毒

在很多地表水源中，由于污染而含有一定的氨氮，氯加入到这种水中，产生如下的反应：

$$\text{NH}_3+\text{HOCl}\Leftrightarrow\text{NH}_2\text{Cl}+\text{H}_2\text{O} \tag{9-6}$$

$$\text{NH}_2\text{Cl}+\text{HOCl}\Leftrightarrow\text{NHCl}_2+\text{H}_2\text{O} \tag{9-7}$$

$$\text{NHCl}_2+\text{HOCl}\Leftrightarrow\text{NCl}_3+\text{H}_2\text{O} \tag{9-8}$$

次氯酸 HOCl，一氯胺 NH_2Cl、二氯胺 NHCl_2 和三氯胺 NCl_3 的存在以及在平衡状态下的含量比例决定于氯、氨的相对浓度、pH 和温度。一般来讲，在中性 pH 条件下，当氯、氨比例小于 4 时，一氯胺占优势；当氯、氨比例大于 4，一氯胺和二氯胺同时存在；而三氯胺只在一氯胺被氧化后才有少量存在。水中的一氯胺、二氯胺和三氯胺统称为氯胺，又称为化合性氯。

从消毒效果分析，用氯消毒时，5min 内可杀灭细菌 99% 以上。在相同的条件下，采用氯胺消毒时，5min 仅杀灭细菌 60% 左右，需要将水与氯胺的接触时间延长到数小时以上，才能达到 99% 以上的灭菌效果。由此认为水中有氯胺时，当水中的 HOCl 因消毒而消耗后，反应向左进行，继续产生消毒所需的 HOCl 发挥消毒作用，消毒作用比较缓慢。也有资料报道，经氯胺消毒后细胞结构中产生了有机氯胺的成分，细胞内有的反应产物与游

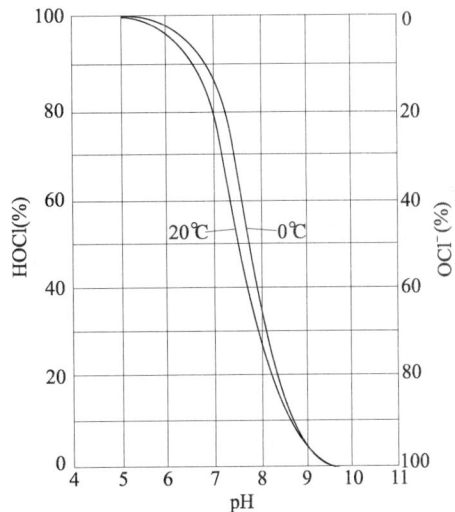

离氯消毒不同，说明氯胺本身也能破坏细菌核酸和病毒的蛋白质外壳，直接进行了反应，从而达到消毒作用。

比较3种氯胺的消毒效果，$NHCl_2$要胜过NH_2Cl，但$NHCl_2$具有臭味。当pH低时，$NHCl_2$所占比例大，消毒效果较好。三氯胺NCl_3消毒作用很差，当其含量$\geq 0.05mg/L$时，即会产生恶臭味。一般自来水中不太可能产生三氯胺，而且它在水中溶解度很低，不稳定而易气化，所以三氯胺的恶臭味并不引起严重问题。

3）漂白粉消毒

市售漂白粉（$CaOCl_2$）为白色粉末，有氯气味，含有效氯20%～25%，包装成50kg一袋。含氯量较高的漂白精（$Ca(OCl)_2$）和漂白粉消毒作用原理相同，含有效氯60%～70%，有时制成片状。

漂白粉、漂白精的消毒原理和氯气相同，利用水解过程产生的次氯酸进行消毒。

$$2CaOCl_2 + 2H_2O = 2HOCl + Ca(OH)_2 + CaCl_2 \qquad (9-9)$$

用于预加氯氧化有机物助凝时，漂白粉投加量（按有效氯计）1～3mg/L，特殊情况下加注量达4～6mg/L。用于滤后水消毒时，漂白粉投加量1mg/L左右。投加漂白粉消毒时需要设置溶解池、溶液调配池，先溶解成10%～15%浓度的溶液，再加水调配成1%～2%浓度的稀释溶液，澄清后，用计量设备加入水中。

4）次氯酸钠消毒

次氯酸钠（NaClO）是一种淡黄色透明状液体，pH=9～10，含有效氯6～10g/L。现场制备或外购的NaClO质量与生产条件有关而略有差别，使用单位可向供货的化工厂提出质量要求。

NaClO在阳光和温度影响下容易分解，产生具有消毒作用的OCl^-、$HOCl$。

$$NaClO \longrightarrow Na^+ + ClO^- \qquad (9-10)$$

$$ClO^- + H_2O \longrightarrow HOCl + OH^- \qquad (9-11)$$

次氯酸钠的消毒效果较氯气消毒效果要差一些，常用于游泳池、深井供水和小型水厂等小水量给水工程。考虑到发生事故危害性较小，一些大中型水厂也开始使用次氯酸钠消毒。

次氯酸钠可用次氯酸钠发生器（以钛极为阳极，电解食盐水）生产：

$$NaCl + H_2O \xrightarrow{\text{电解}} NaClO + H_2 \uparrow \qquad (9-12)$$

每产生1kg有效氯，耗用食盐3～4.5kg，耗电5～10kWh。

5）有效氯和余氯

自由氯和化合氯都具有消毒能力，两者之和称为有效氯，或总有效氯，简称总氯。经过一定接触时间后水中剩余的有效氯称为余氯。显然，余氯中包括自由性余氯和化合性余氯。

（2）加氯量与余氯量

加入到水中的氯大部分用于灭活水中微生物、氧化有机物和还原性物质，称为需氯量。为了抑制水中残余病原微生物的复活，出厂水和管网中尚需维持少量剩余氯，称为余氯量。《生活饮用水卫生标准》GB 5749—2006规定：出厂水游离性余氯与水接触30min后不应低于0.3mg/L，管网末梢不应低于0.05mg/L。当采用化合氯消毒时，出厂水中一氯胺余量与水接触 120min 后不少于 0.5mg/L，管网末梢不低于 0.05mg/L。管网末梢余氯量仍具有消毒能力，虽然不能维持管网污染的消毒作用，但可以作为预示再次受到污染的信号，这一点对于管网较长而有死水端和设备陈旧的情况，尤为重要。

根据水中氨氮含量不同，耗氧量不同，余氯量的多少有一定差别。不同情况下的加氯量与剩余氯量之间有如下关系：

1）如水中不含微生物、不含有机物和还原性物质，则需氯量为零，加氯量等于剩余氯量，如图 9-2 中所示的虚线①，该线与坐标轴呈 45°。

2）实际上，地表水源水已受到不同程度的污染，含有有机物以及滋生大量微生物。氧化这些有机物和杀灭微生物需要消耗一定的氯量，即需氯量不等于 0。加氯量必须超过需氯量，才能保证水中含有一定的剩余氯。当水中不含有氨氮时，加氯量大于需氯量会出现自由性余氯，如图 9-2 中的实线②。

由于水中一些有机物与氯作用的速度缓慢，以及水中余氯自行分解，如次氯酸受水中某些杂质或光线的作用，产生如下的催化分解：

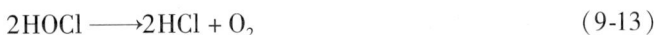

$$2HOCl \longrightarrow 2HCl + O_2 \qquad\qquad (9-13)$$

使得剩余氯量不能立刻彰显出来，所以，图 9-2 中的实线②与横坐标交角小于 45°。

3）当水中含有氨、氮化合物时，情况比较复杂，会出现如图 9-3 所示的 4 个区域。曲线 AHBC 的纵坐标值 a 表示余氯量，曲线 AHBC 与斜虚线间的差值 b 表示消耗的需氯量。其中：

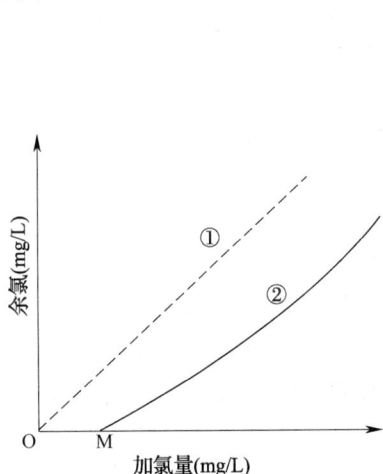

图 9-2　加氯量与余氯关系　　　图 9-3　有氨氮时加氯量—余氯量的关系曲线

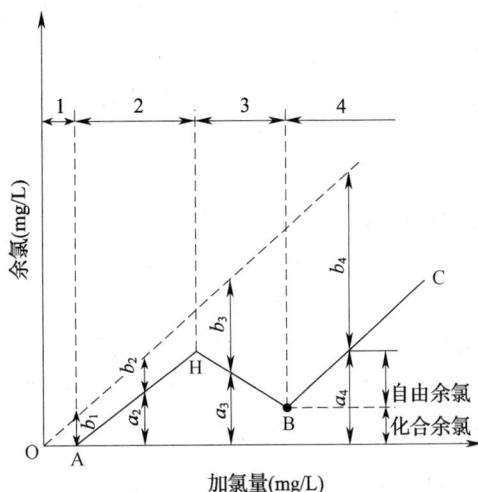

第 1 区，即 OA 段，称为无余氯区。该区表示水中耗氯物质将氯消耗已尽，余氯量为零，需氯量为 b_1，这时的消毒效果是不可靠的。

第 2 区，即曲线 AH，称为化合性余氯区。当起始的需氯量 OA 满足以后加氯量增加，剩余氯也增加，氯与氨发生反应，有余氯存在，但余氯为化合性氯，其主要成分是一氯胺。

第 3 区，即 HB 段，称为化合性余氯分解区。加氯量超过 H 点后，虽然加氯量增加，余氯量反而下降，H 点称为峰点。该区内的化合性余氯和自由性氯发生下列化学反应：

$$2NH_2Cl + HOCl \longrightarrow N_2 \uparrow + 3HCl + H_2O \qquad (9-14)$$

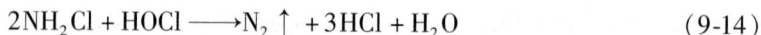

反应结果使氯胺被氧化成一些不起消毒作用的化合物，余氯反而逐渐减少，最后到达折点 B。

超过折点 B 以后，进入第 4 区，即曲线 BC 段，称为折点后余氯区。已经没有消耗氯的杂质了，故所增加的氯均为自由性余氯，加上原存在的化合性余氯，该区同时存在自由余氯和化合余氯。

从整个加氯曲线看，到达峰点 H 时，余氯量最多，以化合性余氯形式存在。在折点 B 处余氯最少，也是化合性余氯。在折点以后，若继续加氯，则余氯量也随之增加，而且所增加的是自由性余氯。加氯量超过折点的称为折点氯化。

加氯曲线应根据水厂生产实际进行测定。图 9-3 只是一种典型示意图。由于水中含有多种消耗氯的物质（特别是有机物），故实际测定的加氯曲线往往不像图 9-3 那样曲折分明。如果反应时间充裕，在折点处的化合性余氯会全部被氧化，超过折点 B 以后的余氯则是自由性余氯。

（3）氯消毒工艺

1）折点加氯法

采用折点加氯时，形成的自由性氯的氧化能力强，具有消毒效果好，可以同时去除水中部分嗅、味、有机物等优点，被广泛采用。但在受污染水源水消毒时，自由性氯会与水中污染物反应，生成三卤甲烷、卤乙酸等消毒副产物。所以，对于受污染的水源水，不希望采用折点氯化法，而是通过强化常规处理、增加预处理或深度处理来去除消毒副产物的前期物质，或改进消毒工艺，尽量减少消毒副产物的生成量。如果水源水含氨量较低，投加氯气消毒时生成的氯胺量不能满足消毒要求，则要耗用部分氯气将氨氮氧化为氮气（折点加氯）后，加氯量可超过折点 B，再增加的氯均为剩余氯，以自由性氯的形式存在。

【例题 9-2】 城市水厂设计规模为 20 万 m^3/d，滤池过滤出水中含有氨（NH_3）0.6mg/L，用氯气消毒时氧化有机物、杀灭细菌需要投加 0.4mg/L，要求水厂出厂水自由性余氯（以 Cl_2 计）0.5mg/L，则该水厂每天至少需要投加氯气多少千克？

【解】 由（9-14）反应式，$2NH_2Cl + HOCl \longrightarrow N_2 \uparrow + 3HCl + H_2O$ 简化为：

$2NH_3 + 3Cl_2 = N_2 + 6HCl$，相当于 $2 \times 17mg\ NH_3/L$ 和 $3 \times 71\ mg\ Cl_2/L$ 进行反应，每氧化 1mg NH_3/L 消耗 6.26mg Cl_2/L，则加氯量至少为：

$0.4 + 6.26 \times 0.6 + 0.5 = 4.656\ mg/L = 46.56kg/$万 m^3

水厂每天至少需要投加氯气量为：

$$20\ \text{万}\ m^3 \times 46.56kg/\text{万}\ m^3 = 931.2kg$$

2）氯胺消毒法

氯胺虽然具有一定的消毒作用，水厂采用的氯胺消毒实际上是氯胺维持自由氯消毒的工艺。因氯胺分解出自由氯需要一定时间，就显得氯胺消毒作用比游离氯缓慢，但氯胺消毒还具有其他优点：氯胺的稳定性好，可以在管网中维持较长时间，特别适合于大型城市和长距离管网；氯胺消毒的氯嗅味和氯酚味比游离氯消毒小；产生的三卤甲烷、卤乙酸等消毒副产物少；操作简单、消毒费用低。

氯胺消毒的具体方法有：

① 先氯后氨的氯胺消毒法

一些大型水厂或长距离管网的自来水供水系统，常采用先氯后氨的氯胺消毒法，即先对滤池出水采用折点加氯氯化法消毒处理，在清水池中保证足够的接触时间，再在出厂前的二级泵房处加氨，一般采用液氨瓶加氨，Cl_2 和 NH_3 的重量比为 $3:1 \sim 6:1$，使水中游离性余氯转化为化合性氯，以减少氯味和余氯的分解速度。此法为先氯后氨的氯胺消毒法，其消毒的主要过程仍是通过游离氯来消毒，目前部分水厂把此消毒工艺称为氯胺消毒法。

② 化合性氯的氯胺消毒法

氯胺的消毒能力低于游离氯消毒。但是，氯胺衰减速度远低于游离氯衰减速度，当接触消毒时间在 2h 以上时，氯胺消毒可以达到消毒效果且在长距离管网中维持较长时间的消毒作用。

因此，对于氨氮浓度较高的原水，有的采用化合性氯消毒。即使是水源水质较好，原水中氨氮浓度很低时，也可以在消毒时同时投加氯和氨，采用化合性氯法消毒。这样，既可以减少加氯量，又能减少氯化消毒副产物的生成量。

（4）加氯加氨设备

水厂加氯消毒普遍采用的是液氯，存放在氯瓶之中。个别水厂和游泳池、小型污水消毒等可以采用次氯酸钠、漂白粉消毒。液氯消毒的加氯设备主要包括：加氯机、氯瓶、加氯监测、漏氯吸收装置与自控设备等。

1）加氯机

加氯机分为手动和自动两大类。其功能是从氯瓶送来的氯气在加氯机中先流过转子流量计，再通过水射器把氯溶解在水中、再输送至加氯点处。为了防止氯气泄漏，加氯机内多采用真空负压运行。柜式真空自动加氯机见图9-4，挂墙式真空自动加氯机见图9-5。

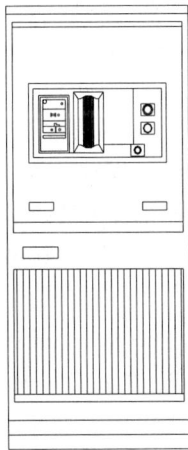

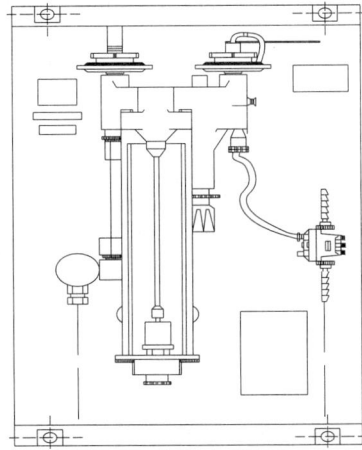

图9-4　柜式真空自动加氯机　　　　图9-5　挂墙式真空自动加氯机

2）氯瓶

氯瓶是一种储存液氯的钢制压力容器。干燥氯气或液态氯对钢瓶无腐蚀作用，但遇水或受潮则会严重腐蚀金属，故必须严格防止水或潮湿空气进入氯瓶。氯瓶内保持一定的压力也是为了防止潮气进入氯瓶的措施。并要求在线氯瓶下至少有一个校核氯量的电子式磅秤，用以判断瓶中残余液氯量并校核加氯量。

由于液氯的气化是吸热过程，氯瓶上面设有自来水淋水设施，当室温较低氯瓶气化不充分时用自来水中的热量传递给氯瓶吸热保温。液氯使用量在20kg/h以上时，大都设置了蒸发器。采用液氯蒸发器系统时，加氯机连接氯瓶的铜管连接的是氯瓶下端的出氯口。氯瓶的功能仅是在内部压力的作用下将液态氯输送给氯蒸发器。在氯瓶内不发生气化，因此无需考虑氯瓶的淋水等保温供热措施。氯瓶的供气量只与氯蒸发器的蒸发量有关，供氯量要比氯瓶蒸发方式稳定得多。此外，采用氯蒸发器系统可以根据监测仪表数据准确控制氯瓶中的剩余氯量，经济地使用氯瓶容积，减少在线氯瓶的数量，节约占地面积和保证运行安全。

3）加氯监测与加氯间设置

加氯自控系统由余氯自动连续检测仪和自动加氯机组成。自动加氯机可以根据处理水量和所检测的余氯量对加氯量自动调整。

加氯间是安置加氯设备的地方，氯库是储备氯瓶的仓库。加氯间和氯库可以合建，也可分建。由于氯气是有毒气体，故加氯间和氯库位置除了靠近加氯点外，还应位于主导风向下方，且需与经常有人值班的工作间隔开。加氯间和氯库在建筑上的通风、照明、防火、保温等应特别注意，还应设置一些安全报警、事故处理设施等。当室内空气中含氯量≥1mg/m³时，自动开启通风装置；当室内空气中含氯量≥5mg/m³时，自动报警，并关闭通风装置；当室内空气中含氯量≥10mg/m³时，自动开启漏氯吸收装置。依次设定漏氯检测仪的检测范围为：1～15mg/m³。

加氯间和氯库须注意通风，应设有每小时8～12次的换气通风系统。设置高位新鲜空气进口和低位室内空气排至室外高处的排放口。

4）漏氯吸收装置

氯库、加氯间和氯蒸发器间应设置事故漏氯吸收处理装置，处理能力按照1h处理1个满瓶漏氯量计算。漏氯吸收装置安装在临近氯库的单独房间内，氯库、加氯间和氯蒸发器间的地面设置通向事故漏氯吸收处理装置的吸气地沟。漏氯吸收装置见图9-6，已有成套设备生产。

图9-6　漏氯吸收装置

1—吸收塔；2—离心空气泵；3—填料；
4—除雾装置；5—碱液池；6—碱液泵；
7—喷淋装置

吸收塔内一般安装碱雾吸收装置、漏氯监测仪和自动控制系统。氢氧化钠碱液喷淋吸收的反应式为：

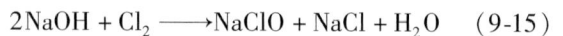

$$2NaOH + Cl_2 \longrightarrow NaClO + NaCl + H_2O \qquad (9-15)$$

吸收漏氯的碱液用量是：每100kg氯约用125kg氢氧化钠（30%溶液）或氢氧化钙（10%溶液），或300kg纯碱（25%溶液）。

也有的漏氯吸收系统采用氯化亚铁-铁粉悬浮液作为吸收液，亚铁的浓度大约为20%。氯可以将铁元素氧化成亚铁，还可能将亚铁进一步氧化成三价铁。由于三价铁的氧化还原电位比铁元素高，所以在有元素铁的条件下三价铁又能被铁粉还原成

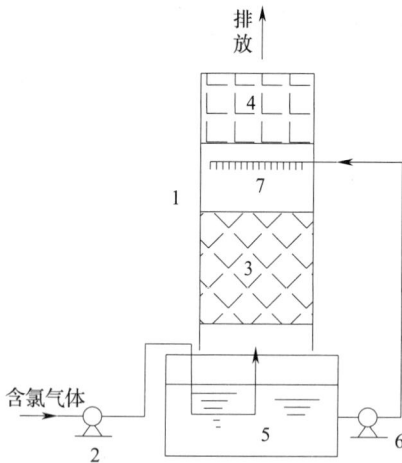

亚铁离子。因此最终消耗的是元素铁。理论上每 100kg 氯约消耗 79kg 铁粉。这种方法可以利用工业废铁屑，吸收液成本低，容易制备，腐蚀性较小，不容易变质。生成的氯化亚铁比较稳定，回收作为化工原料。

5）加氨设备

投加液氨设备的系统与投加液氯的相似。也有采用硫酸铵或氯化铵的，使用固体药剂需先配置成水溶液再投加。

投加液氨采用真空投加或压力投加。压力投加设备的出口压力应小于 0.1MPa。真空投加的可以采用加氨机。加氨所用水射器的进水要用软化水或偏酸性水，以防止投加口结垢堵塞，并应有定期对投加点和管路进行酸洗的措施。加氨管道及设备不应采用铜质材料。

液氨仓库与液氯仓库应隔开。液氨仓库和加氨间应设有每小时 8～12 次的通风系统。设置低位新鲜空气进口和高位排出口。

9.3　二氧化氯消毒

（1）二氧化氯的性质

二氧化氯（ClO_2）分子量为 67.453，常温常压下为黄绿色或橘红色气体，其蒸气在外观和气味上酷似氯气，有窒息性臭味，在冷却并低于 -40℃ 以下，为深红色（或红褐色）液体；温度低于 -59℃ 时，为橙黄色固体。温度升高、曝光或与有机物质相接触，ClO_2 会发生爆炸。ClO_2 极易溶于水而不与水反应，几乎不发生水解，20℃时溶解度约为 8300mg/L。ClO_2 水溶液为黄绿色，作为溶解的气体保留在溶液中，在阴凉处避光保存并严格密封非常稳定；ClO_2 还溶于冰醋酸、四氯化碳中，易被硫酸吸收且不与其反应。ClO_2 的挥发性较大，稍一曝气即从溶液中逸出。从理论上分析，ClO_2 中的有效氯（得到电子的个数乘以含氯量）是单质 Cl_2 的 2.63 倍，杀菌活性很高，不发生氯代反应。

在常温下，ClO_2 在空气中的体积浓度超过 10% 或在水中浓度超过 30% 时会发生爆炸。不过，ClO_2 溶液浓度在 10g/L 以下时基本没有爆炸的危险。由于 ClO_2 对压力、温度和光线敏感，目前还不能压缩液化储存和运输，只能在使用时现场制备。

（2）二氧化氯消毒特点

ClO_2 具有很强的反应活性和氧化能力，因此在水处理中表现出优良的消毒效果和氧化作用。在水的 pH 为 6～10 的范围内消毒效果较好，温度升高后 ClO_2 杀灭杀菌能力增强；不与氨反应，水中的氨氮不影响消毒效果；ClO_2 在水中的稳定性仅次于氯胺，但高于游离氯，能在管网中保持较长时间消毒作用；ClO_2 不仅能杀死细菌，而且能分解残留的细胞结构，并具有杀灭隐孢子虫和病毒的作用，其杀灭细菌、病毒、藻类和浮游动物等的效果好于液氯；ClO_2 在饮用水消毒时几乎不形成氯仿（$CHCl_3$）等有机卤代物，在用于水消毒过程中不产生致突变物质；ClO_2 与水中无机物和有机物，尤其与有机物的反应表现以氧化作用为主，而液氯则以氯取代为主，容易与水中前驱物质作用形成了显著数量的 $CHCl_3$ 等有机卤代物。由于制取的 ClO_2 溶液中含氯，仍会生成三卤甲烷等卤代消毒副产物，只是生成量有所降低。

一般认为，ClO_2 与细菌及其他微生物细胞中蛋白质发生氧化还原反应，使其分解破坏，进而控制微生物蛋白质合成，最终导致细菌死亡。ClO_2 对细菌壁有较强的吸附穿透能力，能渗透到细胞内部与含巯基（－SH）的酶反应，使内部组织产生变异，细菌组织破坏，从而达到杀灭的目的。ClO_2 对水中的病原微生物，包括病毒、芽孢子、配水管网中的异养菌、硫酸盐、还原菌及真菌等均有很高的杀灭作用。

由于细菌、真菌都是低级微生物，其酶系统分布于细胞膜表面，易于受到 ClO_2 攻击而失活。而人和动物细胞中，酶系统位于细胞质之中受到系统的保护，ClO_2 难以和酶直接接触，故其对人和动物的危害较小。

目前，ClO_2 多为现场制备，设备复杂，费用较高。ClO_2 消毒将产生对人体有害的分解产物亚氯酸盐。因此，尽管 ClO_2 消毒要优于氯消毒，但在短期之内尚不能全面替代饮用水氯消毒技术。

《生活饮用水卫生标准》GB 5749—2006 规定：采用 ClO_2 氯消毒时，应测定出厂水中 ClO_2 的含量。采用 ClO_2 与氯混合消毒剂发生器消毒时，应测定 ClO_2 含量和游离氯。两项指标均应满足限值要求，至少一项指标应满足余量要求。ClO_2 应与水充分混合，有效接触时间不少于 30min。

ClO_2 在饮用水消毒中可以单独使用，也可以与氯消毒剂配合使用，有可能防止生成过量的三卤甲烷等卤代消毒副产物，同时降低管网水中 ClO_2、ClO_2^-、ClO_3^- 的总量。

（3）二氧化氯的制备

ClO_2 的制备方法主要有两种，即化学法和电解法。其中，化学法制备 ClO_2 的技术已趋成熟，电解法制备 ClO_2 技术正在发展中。化学法分为亚氯酸钠法和氯酸钠法两种。

1）亚氯酸钠法制备 ClO_2

国内使用 ClO_2 消毒的自来水厂有 100 多家，其中有 10 余家分别使用 $NaClO_2$ ＋盐酸、$NaClO_2$ ＋氯气生产 ClO_2 方法，即

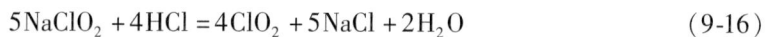

$$5NaClO_2 + 4HCl = 4ClO_2 + 5NaCl + 2H_2O \tag{9-16}$$

$$2NaClO_2 + Cl_2 = 2ClO_2 + 2NaCl \tag{9-17}$$

其中，$NaClO_2$ ＋盐酸制取 ClO_2 在反应器内进行，把亚氯酸盐稀溶液（约 10%）和酸的稀溶液（HCl 约 10%）送入反应器中，经过约 20min 的反应，就得到 ClO_2 水溶液。酸用量一般超过化学计量关系的 3~4 倍。该法所生成的 ClO_2 不含游离性氯，但是，亚氯酸钠转化为 ClO_2 的只有 80%，另 20% 转化为氯化钠。

$NaClO_2$ ＋氯气制取 ClO_2 在瓷环反应器内进行，从加氯机出来的氯溶液与计量泵投加的亚氯酸盐稀溶液共同进入反应器中，经过约 1min 的反应，就得到 ClO_2 水溶液，再把它加入到要消毒的水中。

2）氯酸盐法制备 ClO_2

该法以氯酸钠和盐酸为原料，反应生成 ClO_2 和氯气的混合气体，产物中 ClO_2 与氯气的摩尔比为 2:1，因此成为复合式。国内使用 ClO_2 消毒的自来水厂大多使用 $NaClO_3$ ＋盐酸的方法生产 ClO_2，即

$$2NaClO_3 + 4HCl = 2ClO_2 + Cl_2 + 2NaCl + 2H_2O \tag{9-18}$$

反应的最佳温度在 70℃ 左右，产生的混合气体通过水射器投加到水中。复合式 ClO_2 制备设备主要由以下几部分组成：供料系统、反应系统、温控系统、吸收系统、安全系统等。

以氯酸钠为原料生产复合式 ClO_2 的生产成本较低（约为以亚氯酸钠为原料生产纯 ClO_2 的 $1/3 \sim 1/4$），使用的氯酸钠原料比亚氯酸钠性能稳定，安全性好。复合式制取法同时产生的游离氯仍会生成一定量的氯化消毒副产物。

3）电解法制备 ClO_2

根据电解原料的不同，主要分为电解氯化钠法、电解亚氯酸钠法和电解氯酸钠法。常规电解法生产 ClO_2 以食盐水为电解质。以食盐为原料的电解法制得的 ClO_2 纯度较低，ClO_2 一般仅占 10% 左右，大多数为氯气，失去了使用 ClO_2 的意义，且设备耗电、管理麻烦、电极易于腐蚀、设备造价高。

电解法 ClO_2 发生器适用于小型消毒场所，如游泳池消毒、二次供水的补充消毒等。

电解法 ClO_2 发生器由次氯酸钠发生器改进发展而成，现场制取含有二氧化氯和次氯酸钠的水溶液，在总有效氯（具有氧化能力的氯）中，ClO_2 的含量一般在 10% ~ 20%，其余为次氯酸钠。因此，该种发生器实际上是 ClO_2 和次氯酸钠的混合发生器。ClO_2 发生器的氧化和消毒能力优于次氯酸钠发生器，但仍存在生成氯代有机物的问题。

4）稳定型 ClO_2 溶液

稳定型 ClO_2 是一种可以保存的化工产品。其生产方法是将生成的 ClO_2 气体通入含有稳定剂的液体（如碳酸钠、硼酸钠及过氯化物的水溶液）中而制成的 ClO_2 溶液。产品中 ClO_2 的含量约为 2%，储存期为 2 年。使用前需再加活化剂，如柠檬酸，活化后的药剂应当天用完。因稳定型 ClO_2 价格较贵，只用于个别小型消毒场所。

（4）ClO_2 的投加

ClO_2 的投加量与原水水质和投加用途有关。用于水厂消毒，投加量一般在 $0.2 \sim 0.5mg/L$，以满足出厂水中 ClO_2 浓度 $\geqslant 0.1mg/L$，管网末梢水 $\geqslant 0.02mg/L$ 的要求。当用于混凝前氧化有机物、除臭、除藻、除铁、除锰时，投加量需由试验确定，一般在 $0.5 \sim 2mg/L$。

ClO_2 投加系统包括原料储存调配、ClO_2 制备、投加设备、库房设备间等。

水厂使用 ClO_2 多采用 ClO_2 发生器现场制备。ClO_2 溶液的投加浓度必须控制在防爆浓度之下。对投加到管渠中的可采用水射器投加，投加到水池中的应设置扩散器或扩散管。

制备 ClO_2 材料，包括氯酸钠、亚氯酸钠、盐酸、氯气等，严禁相互接触，必须分别储存在分类库房内，储放槽需设置隔离墙。库房需设置快速水冲洗设施，在溶液泄漏时进行冲洗稀释。库房与设备间需符合有关的防毒、防火、防爆、通风、检测等要求。

9.4 其他消毒剂消毒

（1）臭氧消毒

臭氧（O_3）是氧（O_2）的同素异形体。在常温常压下，它是淡蓝色的具有强烈刺激性气体，液态呈深蓝色。臭氧的标准电极电位为 2.07V，仅次于氟（2.87V），居第 2 位。它的氧化能力高于氯（1.36V）、二氧化氯（1.5V）。臭氧是一种活泼的不稳定的气体。臭氧密度约为 $2.144kg/Nm^3$（0℃时），易溶于水，在空气或水中均易分解为 O_2。空气中臭氧浓度 $0.01mg/L$ 时即能嗅出，安全浓度为 $1mg/L$，空气中臭氧浓度达到 $1000mg/L$ 时对人即有生命危险。

臭氧是在现场用空气或纯氧通过臭氧发生器产生的。臭氧发生系统包括气源制备和臭氧发生器。如果以空气作为气源,所产生的臭氧化空气中臭氧含量一般在2%～3%（重量比）；如果以纯氧作为气源,所生产的是纯氧/臭氧混合气体（臭氧化氧气）,其中臭氧含量约占6%～8%（重量比）。臭氧用于水处理的工艺系统一般包括三部分：① 臭氧发生系统；② 接触设备；③ 尾气处理设备。由臭氧发生器生产出来的臭氧化空气（或臭氧化氧气）进入接触设备和待处理水充分混合。为获得最大传质效率,臭氧化气体可通过微孔扩散器等设备形成微小气泡均匀分散于水中。如果臭氧不能完全吸收,应对接触设备排出的尾气进行处理。

臭氧既是消毒剂,又是氧化能力很强的氧化剂。在水中投入臭氧进行消毒或氧化通称臭氧化。这里主要介绍臭氧消毒的有关内容。

臭氧能破坏分解细菌的细胞壁,迅速进入细胞内氧化其中的酶系统,或破坏细胞膜和组织结构中的蛋白质与核糖核酸,导致细胞死亡。臭氧能对病毒、芽孢等生命力较强的微生物起到杀灭作用,是一种很好的消毒剂。

与氯消毒相比,臭氧消毒的主要优点是：消毒能力强,不会产生三氯甲烷和氯乙酸等副产物；消毒后的水口感好,不会产生氯及氯酚等臭味。但臭氧在水中很不稳定,易分解,故经臭氧消毒后,管网水中无消毒剂余量。为了维持管网中消毒剂余量,通常在臭氧消毒后的水中再投加少量氯或氯胺。

臭氧消毒虽然不会产生三氯甲烷和氯乙酸等有害物质,但也不能忽视在某些特定条件下可能产生有毒有害副产物。例如,当水中含有溴化物时,经臭氧化后,将会产生有潜在致癌作用的溴酸盐；臭氧也可能与腐殖质等天然有机物反应生成具有"三致"作用的物质如醛化物（如甲醛）等。

为利用臭氧消毒无残余消毒剂,处理后口感好的特点,臭氧消毒主要用于食品饮料行业和饮用纯净水、矿泉水等的消毒。由于臭氧消毒设备复杂,电耗较高,投资大,故城市水厂单纯消毒一般不采用臭氧,通常与微污染水源氧化预处理或深度处理相结合。

（2）紫外线消毒

紫外线消毒是一种物理消毒方法。紫外线光子能量能够破坏水中各种病毒、细菌以及致病微生物的遗传系统（DNA）结构。经紫外光照射后,微生物DNA中的结构键断裂,或发生光学聚合反应,DNA丧失复制繁殖能力,进而达到消毒灭菌的目的。

一般化学氧化剂消毒处理不是灭菌,并不能杀灭水中所有微生物。特别是对于个别生存能力很强的微生物,如某些病毒和原生动物（例如隐孢子虫等）,一般消毒处理并不能完全去除。而紫外线消毒则可在短时间内杀灭这些病毒和原生动物。

与上面的化学消毒方法相比,紫外线消毒的优点是：杀菌速度快,管理简单,不需向水中投加化学药剂,产生的消毒副产物少,不存在剩余消毒剂所产生的味道,特别是紫外线消毒是控制贾第虫和隐孢子虫的经济有效方法。其主要不足之处是紫外线消毒无持续消毒作用,需要与化学消毒法（氯或二氧化氯）联合使用,且紫外灯管寿命有限。

利用紫外线消毒是用紫外灯照射水流,以照射能量的大小来控制消毒效果的。由于紫外线在水中的穿透深度有限,要求被照射水的深度或灯管之间的间距不得过大。

10　地下水除铁除锰和除氟

10.1　含铁含锰和含氟地下水水质

地下水中一般含有微量的铁离子和锰离子。但是，有一些地方地下水中铁离子或者铁、锰离子的含量较高，直接影响了居民生活使用和工业应用。铁和锰可共存于地下水中，在大多数情况下，含铁量高于含锰量。我国地下水的含铁量一般小于15mg/L，有的高达$20 \sim 30$mg/L，含锰量约为$0.5 \sim 2.0$mg/L。

由于Fe^{3+}、Mn^{4+}的溶解度低，易被地层滤除，所以水中溶解性铁、锰主要以二价离子的形态存在。其中，铁主要为Fe^{2+}，以重碳酸亚铁（$Fe(HCO_3)_2$）假想组合形式存在，在酸性矿井水中以硫酸亚铁（$FeSO_4$）形式存在。锰主要为Mn^{2+}，以重碳酸亚锰（$Mn(HCO_3)_2$）假想组合形式存在。

地表水中含有一定量的溶解氧，铁锰主要以不溶解的$Fe(OH)_3$和MnO_2状态存在，所以铁锰含量不高。在地下水和一些较深的湖泊水库的底层，由于缺少溶解氧处于还原状态，以至于部分地层中的铁锰被还原为溶解性的二价铁锰，引起水中铁锰含量升高。

含有铁锰的地下水接触大气后二价的铁、锰会被大气中的氧所氧化，形成氢氧化铁（脱水后成为三氧化二铁，即铁锈）、二氧化锰等沉淀析出物。含有较高浓度铁锰的水的色度将会升高，并有铁腥味。三氧化二铁析出物会使用水器具产生黄色、棕红色锈斑，二氧化锰析出物的颜色还要更深，为棕色或棕黑色。作为饮用水，铁腥味影响口感；作为工业用水影响许多产品的质量，如纺织、印染、造纸会出现黄色或棕黄色斑渍；食品、饮料影响口味；化工和皮革精制等生产用水，会降低产品质量；铁质沉淀物Fe_2O_3会滋长铁细菌，阻塞管道，有时自来水会出现红水。

国家标准《生活饮用水卫生标准》GB 5749—2006规定，铁、锰浓度分别不得超过0.3mg/L和0.1mg/L，这主要是为了防止水的腥臭或沾污生活用具或衣物，并没有毒理学的意义。铁锰含量超过标准的原水需经除铁除锰处理。

我国地下水含氟地区的分布范围很广，长期饮用含氟量高于1.5mg/L的水可引起氟斑牙，表现为牙釉质损坏，牙齿过早脱落等。当饮用水中含氟量高于3.0mg/L，即发生慢性氟中毒，重者则骨关节疼痛，骨骼变形，出现弯腰驼背，完全丧失劳动能力。所以，高氟水的危害是严重的，应予除氟处理。《生活饮用水卫生标准》GB 5749—2006规定氟化物含量不得超过1.0mg/L。

10.2　地下水除铁

（1）除铁原理
由于地下水中不含有溶解氧，不能氧化Fe^{2+}为Fe^{3+}。所以认为含铁地下水中不含有

溶解氧是 Fe^{2+} 稳定存在的必要条件。如果把水中溶解的二价铁（Fe^{2+}）氧化成三价铁（Fe^{3+}），使其以 $Fe(OH)_3$ 形式析出，再经沉淀或过滤去除，即能达到除铁的目的，这就是地下水除铁的基本原理。空气中氧氧化 Fe^{2+} 的反应式为：

$$4Fe^{2+} + O_2 + 2H_2O = 4Fe^{3+} + 4OH^- \tag{10-1}$$

常用的氧化剂有空气中的氧气、氯和高锰酸钾等。由于利用空气中的氧既方便又经济，所以生产上应用最广。本节重点介绍空气自然氧化和接触催化氧化除铁方法。此外，在除铁处理设备中所生长的微生物，如铁细菌等，具有生物除铁作用，可以提高处理效果。

对于含铁量略高的地表水，在常规的混凝、沉淀、过滤处理工艺中，只要加强预氧化（如预氯化）就可以把二价铁氧化成三价铁，所形成的氢氧化铁在沉淀过滤中去除，不必单独设置除铁处理设施。对于含铁量较高以及其他水质指标不符合饮用水标准的含铁地下水，常规处理不能达到饮用水标准时，就需要考虑另加地下水的除铁工艺或去除其他杂质工艺。

（2）空气自然氧化法除铁

含铁地下水，经曝气向水中充氧后，空气中的 O_2 将 Fe^{2+} 氧化成 Fe^{3+}，与水中的氢氧根作用形成 $Fe(OH)_3$ 沉淀物析出而被去除，习惯上称为曝气自然氧化法除铁。

根据（10-1）反应方程式可以得出：每氧化 1mg/L 的二价铁，理论上需耗氧（2×16）/（4×55.8）=0.14mg/L。生产中实际需氧量远高于此值。一般按照下式计算：

$$[O_2] = 0.14\alpha [Fe^{2+}] \quad (mg/L) \tag{10-2}$$

式中　　$[O_2]$——水中溶解氧浓度，mg/L；

　　　　$[Fe^{2+}]$——水中 Fe^{2+} 浓度，mg/L；

　　　　α——实际需氧量的浓度与理论的比值，又称为过剩溶氧系数，通常取 $\alpha=2\sim5$。

水中 Fe^{2+} 的氧化速度即是 Fe^{2+} 浓度随时间的变化速率，与水中溶解氧浓度，Fe^{2+} 浓度和氢氧根浓度（或 pH）有关。当水中的 pH>5.5 时，Fe^{2+} 氧化速度可用下式表示：

$$-\frac{d[Fe^{2+}]}{dt} = k[Fe^{2+}][O_2][OH^-]^2 \tag{10-3}$$

式中 k 值为反应速率常数。公式左端负号表示 Fe^{2+} 浓度随时间而减少。一般情况下，水中 Fe^{2+} 自然氧化速度较慢，故经曝气充氧后，应有一段反应时间，以保证 Fe^{2+} 获得充分的氧化和沉淀下来。

上式表明，二价铁的氧化速度与氢氧根离子浓度的平方成正比。由于水的 pH 是氢离子浓度的负对数，因此，水的 pH 每升高 1 个单位，二价铁的反应速度将增大 100 倍。采用空气氧化时，一般要求水的 pH 大于 7.0，方可使氧化除铁顺利进行。

对于含有较多 CO_2 而 pH 较低的水，曝气除了提供氧气以外，还可以起到吹脱散除水中 CO_2 气体，提高水的 pH 作用，加速氧化反应的作用。

自然氧化除铁一般采用如图 10-1 所示的工艺系统：

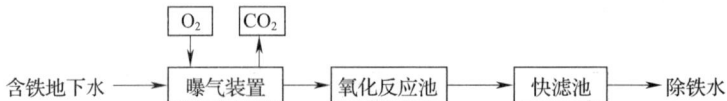

图 10-1　自然氧化法除铁工艺

此法适用于原水含铁量较高的情况。曝气的作用主要是向水中充氧。曝气装置有多种形式，常用的有曝气塔、跌水曝气、喷淋曝气、压缩空气曝气及射流曝气等。为提高 Fe^{2+} 氧化速度，通常采用在曝气充氧时还散除部分 CO_2，以提高水的 pH 的曝气装置，如曝气塔等。

曝气后的水进入氧化反应池停留时间一般在 1h 左右，以便充分氧化 Fe^{2+} 为 Fe^{3+}，发挥 $Fe(OH)_3$ 絮体的沉淀作用，减轻后续快滤池的负荷。

除铁工艺中的快滤池是用来截留三价铁絮凝体的。除铁用的快滤池与一般澄清用的快滤池相同，只是滤层厚度根据除铁要求稍有增加，可取 800~1200mm。对于原水含铁量>5mg/L、二价锰大于 0.55mg/L 时，可采用天然锰砂或石英砂滤料的二级过滤工艺。

滤池滤速一般为 5~7m/h，含铁量高或需除锰的采用较低滤速。反冲洗参数与普通给水过滤相同，石英砂滤料除铁滤池的反冲洗强度为 13~15L/$(m^2 \cdot s)$，冲洗时间大于 7min。

（3）接触催化氧化法除铁

含铁地下水经天然锰砂滤料或石英砂滤料滤池过滤多日后，滤料表层会覆盖一层具有很强氧化除铁能力的铁质活性滤膜，以此进行地下水除铁的方法称为接触催化氧化除铁。

铁质活性滤膜由 $Fe(OH)_3 \cdot 2H_2O$ 组成，主要是 Fe^{2+} 的氧化生成物。含铁地下水通过含有铁质活性滤膜的滤料时，活性滤膜首先以离子交换方式吸附水中 Fe^{2+}，即：

$$Fe(OH)_3 \cdot 2H_2O + Fe^{2+} = Fe(OH)_2(OFe) \cdot 2H_2O^+ + H^+ \tag{10-4}$$

因水中含有溶解氧，被吸附的 Fe^{2+} 在活性滤膜催化作用下，迅速氧化成 Fe^{3+}，并水解成 $Fe(OH)_3$，形成新的催化剂：

$$Fe(OH)_2(OFe) \cdot 2H_2O^+ + \frac{1}{4}O_2 + \frac{5}{2}H_2O = 2Fe(OH)_3 \cdot 2H_2O + H^+ \tag{10-5}$$

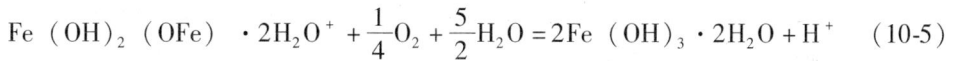

试验证明，天然锰砂不仅是铁质活性滤膜的载体和附着介质，而且对 Fe^{2+} 具有很好的吸附去除能力。锰砂中的锰质化合物（MnO_2）不起催化作用，滤膜老化生成的羟基氧化铁（FeOOH）也不起催化作用。吸附水中铁离子形成的铁质活性滤膜对低价铁离子的氧化具有催化作用。因此认为，二价铁离子氧化生成物（铁质活性滤膜）又是催化剂的除铁氧化过程是一个自催化过程。

曝气接触氧化除铁工艺系统如图 10-2 所示。

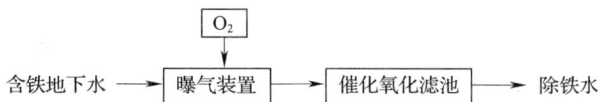

图 10-2 曝气催化氧化除铁工艺

接触催化氧化除铁工艺简单，不需设置氧化反应池，只需把曝气后的含铁水经过含有活性滤膜滤料的滤池，即可在滤层中完成 Fe^{2+} 的氧化过程。催化氧化除铁过程中的曝气主要是为了充氧，不要求有散除 CO_2 的功能，故曝气装置也比较简单。可使用射流曝气、跌水曝气、压缩空气曝气、穿孔管或莲蓬头曝气等。

接触催化氧化除铁滤池中的滤料可以是天然锰砂，石英砂或无烟煤等粒状材料。相比之下，锰砂对铁的吸附容量大于石英砂和无烟煤。曝气充氧后的含铁地下水直接经过滤池过滤时，新滤料表面无活性滤膜，仅靠滤料本身吸附作用，除铁效果较差。当滤料表面活性滤膜逐渐增多直至滤料表面覆盖棕黄色滤膜出水含铁量达到要求时，表明滤料已经成熟，可投入正常运行。因锰砂吸附 Fe^{2+} 较多，成熟期较短。铁质活性滤膜逐渐累积量越多，催化能力越强，滤后水质会愈来愈好。因此过滤周期并不决定于滤后水质，而是决定于过滤阻力，这与一般澄清用的滤池不同。

接触催化氧化除铁滤池滤料粒径、滤层厚度和滤速，根据原水含铁量、曝气方式和滤池型式等确定，滤料粒径通常为 0.5 ~ 1.2mm，滤层厚度在 800 ~ 1500mm（压力滤池滤层一般较厚），滤速在 5 ~ 7m/h，含铁量高的采用较低滤速，含铁量低的采用较高滤速。也有天然锰砂除铁滤池的滤速高达 20m/h 以上。

对于锰砂滤料，因其密度为 3.2 ~ 3.6g/cm³，需采用较大反冲洗强度。大多锰砂除铁滤池工作周期 8 ~ 24h，反冲洗时间 10 ~ 15min。

水中硅酸盐能与三价铁形成溶解性较高的铁与硅酸的复合物。对于含有较多硅酸盐的原水，如果曝气过多，水的 pH 升高，则二价铁的氧化反应过快，所生成的三价铁将与硅酸盐反应形成铁与硅酸的复合物，造成滤后出水含铁偏高。处理此类水，应使二价铁的氧化和三价铁的凝聚过滤去除都基本上在滤料层中完成，或考虑第一级过滤前仅简单曝气，在第二级过滤前再进行一次曝气。当原水中可溶性硅酸盐超过 40mg/L 时，一般不用曝气氧化法除铁工艺而应采用接触过滤氧化法工艺。充氧可以采用多种形式，曝气充氧后的水应在较短时间（最好在 5min 之内）进入滤池、完成接触氧化除铁反应。

（4）氧化剂氧化法除铁

在天然地下水的 pH 条件下，氯和高锰酸钾都能迅速将二价铁氧化为三价铁。当用空气中的氧氧化除铁有困难时，可以在水中投加强氧化剂，如氯、高锰酸钾等。此法适用于铁锰有所超标的地下水常规处理。

药剂氧化时可以获得比空气氧化法更为彻底的氧化反应。用作地下水除铁的氧化药剂主要是氯。氯是比氧更强的氧化剂，当 pH 大于 5 时，即可将二价铁迅速氧化为三价铁，反应方程式为：

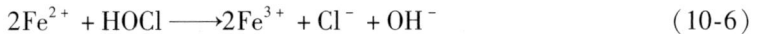

$$2Fe^{2+} + HOCl \longrightarrow 2Fe^{3+} + Cl^- + OH^- \qquad (10\text{-}6)$$

按此理论反应式计算，每氧化 1mg/L 的 Fe^{2+} 理论上需要 $2 \times 35.5/(2 \times 55.8) = 0.64mg/L$ 的 Cl_2。由于水中含有其他能与氯反应的还原性物质，实际上所需投氯量要比理论值高一些。

10.3　地下水除锰

铁和锰的化学性质相近似，常常共存于地下水中。通过氧化，将溶解状态的 Mn^{2+} 氧化为溶解度较低的 Mn^{4+} 从水中沉淀析出，即为地下水除锰的基本原理。

当水的 pH > 9.0 时，水中溶解氧能够较快地将 Mn^{2+} 氧化成 Mn^{4+}，而在中性 pH 条件下，Mn^{2+} 几乎不能被溶解氧氧化。所以在生产上一般不采用空气自然氧化法除锰。目前常用的除锰方法是催化氧化法和生物氧化法以及化学氧化剂氧化法。

（1）催化氧化除锰

接触催化氧化法除锰工艺系统和接触催化氧化法除铁类似。即在中性 pH 条件下，含锰地下水经过天然锰砂滤料或石英砂滤料滤池过滤多日后，滤料表面会形成黑褐色锰质活性滤膜，吸附水中的 Mn^{2+}，在锰质活性滤膜催化作用下，氧化成 Mn^{4+} 后去除，称为接触催化氧化法除锰。

近来有人认为催化剂不是 MnO_2，而是 α 型 Mn_3O_4（可以写成 MnO_x，$x = 1.33$）。并发现它并非是一种单质，而可能是黑锰矿（$x = 1.33 \sim 1.42$）和水黑锰矿（$x = 1.15 \sim 1.45$）的混合物。

以 Mn^{2+} 的催化氧化反应为：

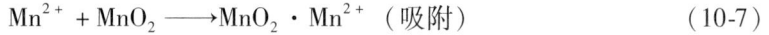

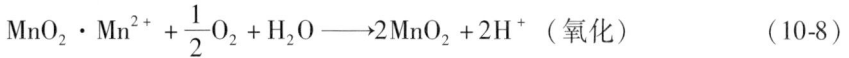

$$Mn^{2+} + MnO_2 \longrightarrow MnO_2 \cdot Mn^{2+} \quad （吸附） \tag{10-7}$$

$$MnO_2 \cdot Mn^{2+} + \frac{1}{2}O_2 + H_2O \longrightarrow 2MnO_2 + 2H^+ \quad （氧化） \tag{10-8}$$

水中二价锰在接触催化下的总反应式为：

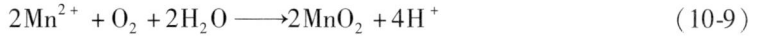

$$2Mn^{2+} + O_2 + 2H_2O \longrightarrow 2MnO_2 + 4H^+ \tag{10-9}$$

由于二氧化锰沉淀物的表面催化作用，使得二价锰的氧化速度明显加快，这种反应生成物又起催化作用的氧化过程是一种自催化过程。根据式（10-9）计算，每氧化 1mg/L 的 Mn^{2+}，理论上需氧量为 $32/(2 \times 54.9) = 0.29$mg/L。实际需氧量约为理论值的 2 倍以上。

催化氧化除锰工艺流程见图 10-3。

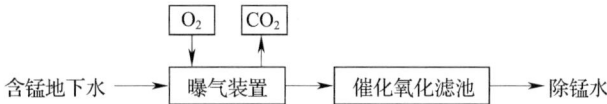

图 10-3　催化氧化除锰工艺流程

催化氧化滤池滤料多采用含有二氧化锰的天然锰砂，有的含有四氧化三锰，形成锰质活性滤膜的时间（滤层成熟期）较短。二价锰的氧化反应和二氧化锰的凝聚过滤都在滤料层中完成。对于普通石英砂滤料，经过三四个月的运行时间，滤料颗粒表面上也会形成深褐色的二氧化锰覆盖膜，起到很好的催化作用，熟化后的砂滤料可以获得与锰砂相同的良好的除锰效果。在长期运行的除锰滤池中还会逐步滋生出大量的除锰菌落，具有生物催化氧化除锰的作用，明显提高除锰效果。

铁、锰共存的地下水除铁除锰时，由于铁的氧化还原电位低于锰，而容易被 O_2 氧化。在相同的 pH 条件下，二价铁比二价锰的氧化速率快。同时，Fe^{2+} 又是 Mn^{4+} 的还原剂，阻碍二价锰的氧化，使得除锰比除铁困难。对于同时含有较低浓度铁锰的水，可以一步同时去除。如果铁锰含量较高且伴生氨氮（>1mg/L）时，需先除铁再除锰。图 10-4 是一种先除铁后除锰的两级曝气两级过滤工艺系统。

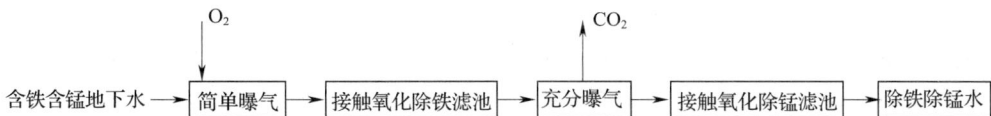

图 10-4　两级曝气两级过滤除铁除锰工艺系统

当地下水中铁的含量不高（<2mg/L）且满足水的 pH≥7.5 时，两级曝气两级过滤

除铁除锰工艺系统可简化为一次曝气一次过滤的工艺，滤池上层除铁下层除锰在同一滤层中完成，不至于因锰的泄漏而影响水质。

如果铁含量高于5mg/L以上同时含有锰时，则除铁滤层的厚度增大后，剩余的滤层已无足够能力截留水中的锰，会使二价锰泄漏。为了更好地除铁除锰，可在一个流程中建造两座滤池，采用二级过滤，第一级过滤除铁，第二级过滤除锰。图10-5所示的压力滤池为双层滤料滤池，经预氧化的含铁含锰地下水，自上而下进入双层滤料滤池，上层除铁、下层除锰。

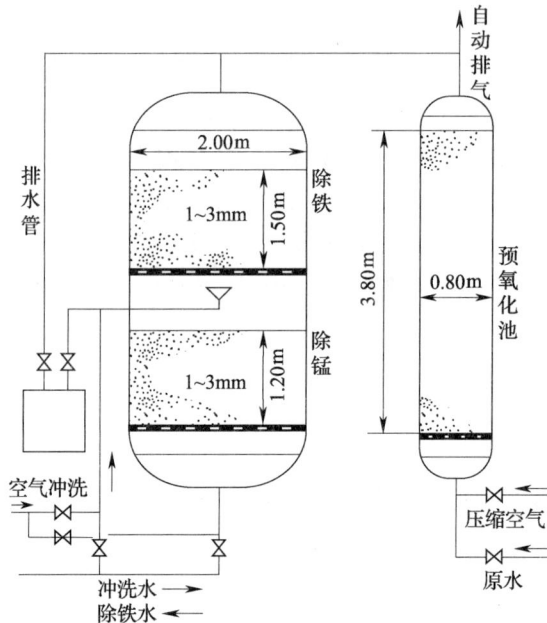

图10-5 除铁除锰双层滤料滤池

（2）生物法除锰

上节已说明，在自然曝气除铁除锰滤池中，因生存条件适宜，不可避免会滋生一些微生物，其中就有一些能够氧化二价铁、锰的铁细菌，具有加速水中溶解氧氧化二价铁、锰的作用。在自然氧化除铁过程中，铁细菌的作用不甚明显。而在中性pH条件下自然氧化除锰困难时，生物作用能够发挥较好的除锰效果，可以认为是生物酶催化作用下生成的锰质活性滤膜作用，也有人认为是生物法除锰。

生物法除铁除锰也是在滤池中进行的，称为生物除铁除锰滤池。曝气后的含铁含锰水进入滤池过滤，铁细菌氧化水中 Fe^{2+}、Mn^{2+} 并进行繁殖。经数十日，便有良好的除铁除锰效果，即认为滤层中以锰氧化细菌为主的微生物群落繁殖代谢达到平衡，生物除锰滤层已经成熟。如果用成熟滤池中的铁泥对新的滤料层微生物接种、培养、驯化，则可以加快滤层成熟速度，该方法又称为生物固锰除锰技术。一般认为，生物除锰原理是：Mn^{2+} 首先吸附于细菌表面，然后在铁、锰氧化细菌胞内酶促反应以及铁、锰氧化细菌分泌物的催化反应下，使 Fe^{2+} 氧化成 Fe^{3+}，Mn^{2+} 氧化成 Mn^{4+}。

锰的氧化还原菌对 Mn^{2+} 的去除是在细胞酶参与下的吸附氧化过程。细菌细胞酶上具有发达的 Mn^{2+} 胞内磷脂蛋白运输系统，对 Mn^{2+} 的利用既是生理性解毒，又是能量储备方式。

生物除铁除锰工艺简单，可在同一滤池内完成。当原水中二价铁小于 5mg/L，二价锰小于 0.5mg/L 时，工艺流程如图 10-6 所示。

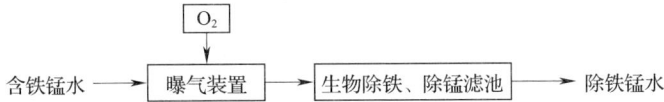

图 10-6 生物除铁除锰工艺流程

生物除铁除锰需氧量较少，只需简单曝气即可（如跌水曝气），曝气装置简单。滤池中滤料仅起微生物载体作用，可以是石英砂、无烟煤和锰砂等。目前，生物除铁除锰法我国已有生产应用，在 pH=6.9 条件下，允许含锰量 2~3mg/L，含铁量高达 8mg/L。该工艺的原理、适用铁锰比例以及 pH 范围，尚需不断研究和积累经验。

有关除铁、除锰滤池的冲洗强度、膨胀率和冲洗时间可参考表 10-1 选用。

除铁、除锰滤池冲洗强度、膨胀率、冲洗时间参考值　　　　表 10-1

序号	滤料种类	滤料粒径（mm）	冲洗方式	冲洗强度 [L/(m²·s)]	膨胀率（%）	冲洗时间（min）
1	石英砂	0.5~1.2	水冲洗	10~15	30~40	>7
2	锰砂	0.6~1.2	水冲洗	12~18	30	10~15
3	锰砂	0.6~1.5	水冲洗	15~18	25	10~15
4	锰砂	0.6~2.0	水冲洗	15~18	22	10~15

注：表中所列锰砂滤料冲洗强度按滤料密度（g/cm³）在 3.4~3.6 计算，冲洗水温为 8℃时的数据。

（3）化学氧化除锰

和化学氧化除铁相似，氯、二氧化氯、臭氧、高锰酸钾强氧化剂能把二价锰氧化成四价锰沉淀析出，具有除锰作用，容易发生化学反应的反应式为：

$$HOCl + Mn^{2+} + H_2O \longrightarrow MnO_2 + HCl + 2H^+ \tag{10-10}$$

理论上，每氧化 1mg/L 的 Mn^{2+} 需要 $2 \times 35.5/54.9 = 1.29mg/L$ 的氯。

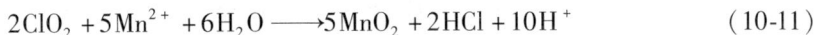

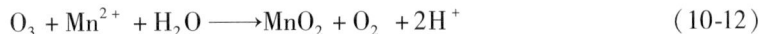

$$2ClO_2 + 5Mn^{2+} + 6H_2O \longrightarrow 5MnO_2 + 2HCl + 10H^+ \tag{10-11}$$

$$O_3 + Mn^{2+} + H_2O \longrightarrow MnO_2 + O_2 + 2H^+ \tag{10-12}$$

其中，二氧化氯、臭氧生产工序复杂。用氯氧化水中二价锰需要在 pH≥9.5 时才有足够快的氧化速度，在工程上不便应用。如果通过滤料表面的 $MnO_2 \cdot H_2O$ 膜催化作用，氯在 pH=8.5 的条件下可将二价锰氧化为四价锰，是工程上能够接受的除锰方法。

高锰酸钾是比氯更强的氧化剂，可以在中性或微酸性条件下将水中的二价锰迅速氧化成四价锰：

$$3Mn^{2+} + 2KMnO_4 + 2H_2O \longrightarrow 5MnO_2 \downarrow + 2K^+ + 4H^+ \tag{10-13}$$

理论上，每氧化 1mg/L 的 Mn^{2+} 需要 $2 \times 158.04/(3 \times 54.9) = 1.92mg/L$ 的高锰酸钾。

10.4 地下水除氟

氟是人体必需元素之一。当饮用水中含氟量低于 0.5mg/L，有可能引起儿童龋齿，但过量又会引起毒害作用。

我国地下水含氟地区分布范围很广，当水中含氟量高于 1.0mg/L，需要进行除氟处理。目前，饮用水常用的除氟方法中，应用最多的是吸附过滤法。作为吸附剂的滤料主要是活性氧化铝，其次是磷酸三钙和骨炭，又称为磷酸三钙吸附过滤法。两种方法都是利用吸附剂的吸附和离子交换作用，是除氟的比较经济有效方法。其他还有混凝、电渗析、反渗透等除氟方法已逐渐应用于实际工程。

（1）活性氧化铝法

活性氧化铝是白色颗粒状多孔吸附剂，由氧化铝的水化物灼烧而成，具有较大的比表面积。活性氧化铝是两性物质，等电点约在 pH = 9.5。当水的 pH 小于 9.5 时可吸附阴离子，pH 大于 9.5 时可吸附阳离子，因此，在酸性溶液中活性氧化铝为阴离子交换剂，对氟有极大的选择性。

活性氧化铝使用前先用 3% ~ 4% 浓度的硫酸铝溶液活化，使其转化成为硫酸盐型，反应如下：

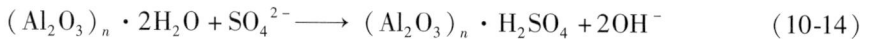

$$(Al_2O_3)_n \cdot 2H_2O + SO_4^{2-} \longrightarrow (Al_2O_3)_n \cdot H_2SO_4 + 2OH^- \tag{10-14}$$

除氟时的反应为：

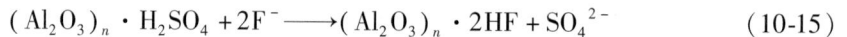

$$(Al_2O_3)_n \cdot H_2SO_4 + 2F^- \longrightarrow (Al_2O_3)_n \cdot 2HF + SO_4^{2-} \tag{10-15}$$

活性氧化铝失去除氟能力后，可用 2% ~ 3% 浓度的硫酸铝溶液再生：

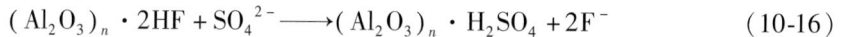

$$(Al_2O_3)_n \cdot 2HF + SO_4^{2-} \longrightarrow (Al_2O_3)_n \cdot H_2SO_4 + 2F^- \tag{10-16}$$

活性氧化铝在水的 pH = 5 ~ 8 时，除氟效果较好，而在 pH = 5.5 时，吸附量最大，因此如将原水的 pH 调节到 5.5 左右，可以增加活性氧化铝的吸氟效率。

每克活性氧化铝所能吸附氟的重量（吸氟容量）一般为 1.2 ~ 4.5mgF$^-$/gAl$_2$O$_3$。它取决于原水的氟浓度、pH、活性氧化铝的颗粒大小等。在原水含氟量为 10mg/L 以下条件下，原水含氟量增加时，吸氟容量可相应增大。进水 pH 影响 F$^-$ 泄漏前的处理水量。活性氧化铝颗粒大小和吸氟容量呈线性关系，颗粒小则吸氟容量大，但小颗粒会在反冲洗时流失，并且容易被再生剂 NaOH 溶解。活性氧化铝的粒径应小于 2.5mm，宜为 0.5 ~ 1.5mm。

活性氧化铝除氟工艺可分成原水调节 pH 和不调节 pH 两类。为减少酸的消耗和降低成本，大多将进水 pH 调节在 6.0 ~ 7.0，除氟装置的接触时间应在 15min 以上。

当活性氧化铝吸附滤池进水 pH 大于 7 时，采用间断运行方式，滤速 2 ~ 3m/h，连续运行 4 ~ 6h，间断 4 ~ 6h。

当活性氧化铝吸附滤池进水 pH 小于 7 时，采用连续运行方式，滤速 6 ~ 8m/h。

活性氧化铝吸附滤池滤料厚度和原水含氟量有关：

原水含氟量小于 4mg/L 时，滤料厚度宜大于 1.5m；原水含氟量大于 4mg/L 时，滤料厚度宜大于 1.8m。

活性氧化铝柱失效后，需进行再生。再生时，首先反冲洗氧化铝柱 10 ~ 15min，膨胀率为 30% ~50%，以去除滤层中的悬浮物。再生液浓度和用量应通过试验确定，如果采用 Al_2 $(SO_4)_3$ 再生，浓度为 2% ~3%。采用 NaOH 再生时，浓度为 0.75% ~1.0%。再生时间约 1.0 ~2.0h，再生后用除氟水反冲洗 8 ~10min。采用 NaOH 溶液再生的滤层呈现碱性，需再行转变为酸性，以便去除 F^- 离子和其他阴离子。这时可在再生结束重新进水时，将原水的 pH 调节到 3 左右，并以平时的滤速流过滤层，连续测定出水的 pH。当 pH 达到预定值时，出水即可送入管网系统中应用，然后恢复原来的方式运行。和离子交换法一样，再生废液的处理是一个问题，再生废液处理费用往往占运行维护费用很大的比例。

（2）磷酸三钙、骨炭吸附法

磷酸三钙除氟通常采用羟基磷灰石作为滤料吸附除氟。其分子式可以写作 Ca_3 $(PO_4)_2 \cdot CaCO_3$，或写作 Ca_{10} $(PO_4)_6$ $(OH)_2$，交换反应如下：

$$Ca_{10}\ (PO_4)_6\ (OH)_2 + 2F^- \rightleftharpoons Ca_{10}\ (PO_4)_6F_2 + 2OH^- \tag{10-17}$$

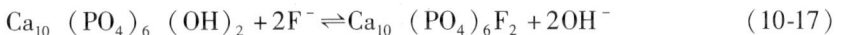

当水的含氟量较高时，反应向右进行，氟被磷酸三钙吸收而去除。

滤料再生一般用 1% 的 NaOH 溶液浸泡，然后再用 0.5% 的硫酸溶液中和。再生时水中的 OH^- 浓度升高，反应向左进行，使滤层得到再生又成为羟基磷酸钙。

骨炭法除氟原理和磷酸三钙除氟相同。较活性氧化铝法的接触时间短，只需为 5min，且价格比较便宜，但是机械强度较差，吸附性能衰减较快。

（3）其他除氟方法

混凝法除氟是利用铝盐的混凝作用，凝聚氟离子沉淀过滤除氟。适用于原水含氟量较低（含氟量小于 4mg/L）并需同时去除浊度的水源水质。由于投加的硫酸铝量（Al^{3+} 含量宜为含氟量的 10 ~15 倍）很大会影响水质，处理后出水中总含有大量溶解铝引起人们对影响健康的担心，因此应用越来越少。电凝聚法除氟的原理和铝盐混凝法基本相同，应用也少。

膜分离技术除氟包括电渗析和反渗透等。膜分离技术除氟效率都较高，是具有良好应用前景的新型饮用水除氟技术。电渗析和反渗透除氟法可同时除盐，适宜于苦咸高氟水地区的饮用水除氟，其应用越来越多。有关膜分离技术的应用见第 13 章。

11　受污染水源水处理

11.1　受污染水源水水质特点及处理方法概述

（1）受污染水源水的水质特点

水源污染是指一些污染物进入水体而造成危害的现象，是一个全球性的问题，主要取决于排放污水中所含污染物的浓度和性质。目前，我国城市污水和工业废水处理滞后，地面水源污染治理缓慢。同时，垃圾、粪便、腐烂植物秸秆经常倾倒入河道，加剧了水环境的恶化。

当水源受到工业废水、农业废水、生活污水污染时，水中通常含有以下污染物质并产生一些不利于水体自净的影响：

① 有机物：因生物降解耗氧，使水体缺氧发黑发臭；

② 悬浮物：沉淀或分解而产生气味，污泥变黑；

③ 油类：漂浮水面遮光影响水生物生长；

④ 无机物：指无机盐累积，氮磷含量增加，滋生藻类；

⑤ 发泡物质：洗涤剂等，常使水源中 N、P 增加；

⑥ 酸碱和有毒物质；杀灭水生物，死亡水生物分解产生臭味；

⑦ 热污染；水生物减少，有害气体挥发，影响水体环境状态；

⑧ 放射性物质污染。

水源受到排放的工业废水、生活污水或农田排水污染，其水质具有不同的特点：

1）工业废水污染

工业废水排放量大，占总排水量的 50% ~ 60%，所含杂质种类繁多。一般说来，悬浮物含量高，常有大量漂浮物；色度高，多呈黄褐色，直接影响了水质感官指标；化学耗氧量（COD_{Cr}）或高锰酸钾指数（COD_{Mn}）较高，生化需氧量（BOD_5）有时较高；含有多种有毒有害成分，如重金属（Cd、Cr、As、Pb）、酚、染料、多环芳烃。此类水源距城市越近，污染越严重，远离城市污染较轻。我国不少城市内的河流已不再能够作为饮用水源，不得不舍近求远另辟水源或上游引水。

2）城市生活污水、生活垃圾污染

城市生活污水排放量次于工业废水排放量。其中含有大量碳水化合物和氮、硫、磷生活营养源的有机物及洗涤剂。生活垃圾或渗出液虽然数量不多，却污染严重。经污染后的水源，很容易引起水体富营养化，滋生藻类。当溶解氧大量消耗后，在厌氧细菌作用下，产生 H_2S、CH_4 及其他恶臭物质，致使水源发黑发臭。

3）农田排水污染

我国现有耕地约占世界耕地的 10%，而氮肥使用量占世界的 30%。其中氮肥在农作物吸收前就有一半以气体形式逸失到大气中或排入地下水或排入河道之中，另有部分残存土壤之中。再加上很多农作物秸秆在田间腐烂，降雨过后，经淋滤富集，汇入河流，使河流水中含有大量腐殖质及化肥农药。特别是湖泊水源，受农田排水污染的较多。该类水源中耗氧量（COD_{Mn}）较高、氨氮含量增加，在光照足够条件下易滋生藻类。此外，还有农药污染。

受污染严重的水源大多属于Ⅳ、Ⅴ类水体，已不能作为生活饮用水水源。而污染较轻的水源，又称为微污染水源，大多属于Ⅲ类水体，个别指标劣于Ⅲ类。较为普遍的影响水质的主要指标是：氨氮、COD_{Mn}、藻类等并伴有色度增加，嗅味异常。微污染水源中的有毒有害物质多呈分子离子状态，经自来水厂混凝、沉淀、过滤后，分子量较大的（1000道尔顿以上）有可能聚结，附着在其他微粒上去除，而分子量较小（500道尔顿以下）的，基本不能去除。预加氯又会使水中氯代化合物倍增，生成新的污染物，饮用时经常引起感官不良、味觉异常、肠胃不适，以致致畸致癌，对人体健康存有潜在威胁。

（2）受污染水源水处理基本方法

生活饮用水卫生标准是为了保证饮用水对居民健康无不良影响。自来水厂的功能就是针对不同的水源水质，采用不同处理工艺组合以达到饮用水卫生标准为原则，不能决然分为预处理、常规处理、深度处理。自来水厂选定水源后，建造了相应处理构筑物。随着水源水质变化，自来水厂会在已有处理构筑物基础上增建进一步处理工艺，于是习惯上常把广泛采用的混凝、沉淀、过滤工艺称为常规处理，而在其前后增设的处理工艺称为预处理和深度处理。本节仍按这一习惯称呼进行讨论。

针对我国水源状况，许多单位对提高水质的处理技术进行了大量试验研究，提出了新的见解，有的已付诸实施。在现有条件下，加强常规处理、增加预处理和深度处理是提高饮用水水质的有效方法。

1）强化常规处理工艺

我国大多数地面水源水厂采用了混凝、沉淀、过滤、消毒工艺。当水源受到污染时，适当投加助凝剂、氧化剂，仍可起到一定作用。经对我国部分地面水源水厂调查表明，从提高水质考虑，加强科学管理，强化常规处理，仍有较大的挖潜余地。

一般说来，强化常规处理主要包含以下内容：

① 强化混凝，降低出水浑浊度；

② 调节进水 pH，去除有机污染物；

③ 减少消毒副产物生成量；

④ 发挥滤料生物作用。

为减少水中三卤甲烷含量，应尽量降低水的浊度，以有效地去除三卤甲烷母体及部分污染物。单纯使用氯消毒的水厂，可适当投加氨改为氯胺消毒或在管网分几次加氯；预加氯的水厂，采用快速混合方式，并注意降低水的 pH，能够有效地控制三卤甲烷的生成。如果水中卤代化合物的生成与季节有关，则届时在絮凝池中、后段投加粉末活性炭，可大幅度地减少卤代化合物母体及产生气味的污染物。

混凝剂的选用应根据不同季节的水质变化有所不同。在通常情况下，以降低浊度为主的水厂，可选用金属盐混凝剂，并适当调整水的 pH 即可，或者投加无机高分子混凝剂效果较佳。如果水体有一定色度，投加金属盐混凝剂后再投加无机高分子混凝剂效果不好时，需加注高锰酸钾氧化剂或投加粉末活性炭，能够取得较好的效果。

在不改变滤池结构和适当改动反冲洗形式条件下，将级配滤料改为均匀滤料，有助于提高滤层含污能力、延长过滤周期。

2）生物氧化去除氨氮

生物氧化技术在污水处理中应用较多，具有一套成熟的经验。将其应用于微污染水源水预处理研究已取得进展，能够有效地去除氨氮90%以上。

悬浮填料生物氧化技术取得较好效果。采用塑料片加工的球状或柱状填料在水中浮起，在多孔管曝气条件下，流化填料翻转滚动，有效防止了大量积泥，生物膜不断更新，脱落的泥膜随水流带入沉淀池。

3）臭氧—活性炭吸附工艺去除污染物

活性炭呈多孔结构，具有巨大的比表面积和优异的吸附性能。在水处理工艺中，常用于吸附经混凝、沉淀、过滤难以去除的某些有机物或无机污染物，例如：除臭除味、除色、脱氮、除有机物、吸附去除重金属汞、铬等、吸附去除病毒和放射性物质。

采用活性炭吸附工艺时，先行化学氧化可以降低有机物浓度，使不易生物降解的有机物转化为易生物降解物质，并延长活性炭再生周期，有利于微污染水源水处理。

4）超滤膜组合处理工艺

超滤工艺能使出水浊度降至0.1NTU以下，所以混凝后的水经过沉淀或不经过沉淀便可进入超滤膜过滤，而不必设置常规的过滤池，从而简化了工艺流程。

超滤前设置活性炭滤池过滤，可以发挥物理吸附和生物降解的作用。在反应池前投加粉末活性炭，进行污泥循环，粉末活性炭会在反应池中停留很长的时间，不仅能充分发挥其吸附容量，而且在炭表面还可能滋生生物菌落，进一步发挥对有机物的生物降解作用，从而构成高效的超滤膜或者说是形成具有生物作用的滤饼，又称为生物粉末活性炭反应器。

超滤一般能去除水蚤、藻类、原生动物、细菌甚至病毒在内的微生物，所以对超滤出水的消毒，主要不是灭活水中的致病微生物，而是使水在输配和贮存过程中具有持久的消毒能力。

超滤和生物活性炭净水，属于物理和生物处理方法，不增加水中溶解离子含量，对水质无不良影响。

超滤膜分离技术去除水中污染物效率较高，是具有良好应用前景的新型饮用水处理技术，其应用越来越多。有关膜分离技术的应用见第13.7节膜分离法。

11.2 生物氧化

（1）生物氧化原理

微污染水源水生物氧化，主要依靠生物膜对水中的氨氮、有机物进行降解，再经絮凝沉淀去除。生物氧化池中，装填一定厚度的滤料或其他生物填料。通入含有污染物质的水流后，水中有机营养物和附着在填料上的微生物接触。微生物在填料表面生长繁殖。随着时间延长，填料表面的微生物增殖越来越多，逐渐在填料表面形成了具有大量微生物群落的黏液状膜即为生物膜。沿水流方向，生物膜上的细菌及各种微生物组成的生态系以及对有机物的降解功能趋于稳定状态。

生物膜去除水中有机物过程如图 11-1 所示。生物膜具有高度亲水性和很强的吸附能力，表面总是存在一层附着水层。而生物膜表面生长富集了大量微生物和微型动物，形成了有机物—细菌—原生动物的食物链。首先对附着水层中的有机物降解。同时，流动水层中的有机物又会不断扩散进入附着水层，有机物代谢过程的产物如无机物、CO_2 和水，沿着相反方向经生物膜、附着水层排泄出去，从而达到了对污染水源的净化作用。

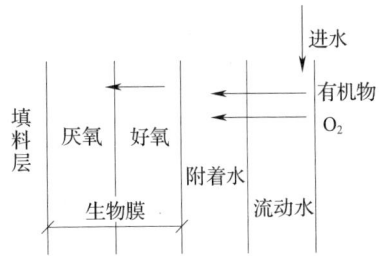

图 11-1　生物膜生化过程

生物膜厚度随着微生物不断生长繁衍亦相应增加，直接影响氧气进入填料表面的生物膜深部。如果供氧不足，近填料层处的生物膜深部就由好氧状态转为厌氧状态，形成厌氧层。发生厌氧分解时，产生的有机酸、氨、硫化氢、甲烷通过好氧层排出膜外，直接影响好氧层生态系统稳定性，也减弱好氧层生物膜在填料上的附着力。导致生物膜老化脱落后，再重新形成新的生物膜。为了充分发挥生物膜的作用，保证生物膜正常活动，必须保持好氧层膜的活性，其主要方法就是向水中供氧以满足好氧细菌的需要，尽量减少厌氧层厚度。

（2）生物接触氧化池

生物氧化处理构筑物主要有人工填料生物接触氧化池和颗粒滤料生物滤池。

根据受污染水源水中的有机营养物浓度，目前自来水厂采用的生物氧化构筑物主要是生物接触氧化池，如图 11-2 所示。该型式的生物氧化池池内装填滤料或生物填料，经充氧或含有氧气的原水浸没全部滤料。水流在通过布满生物膜的填料层时，水中有机物被生物膜吸附、吸收、氧化和分解。实际上，生物接触氧化池也是淹没式生物滤池。

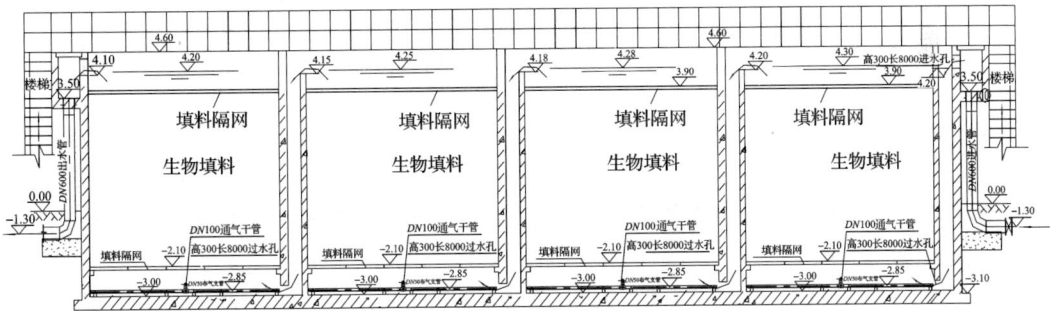

图 11-2　生物接触氧化池示意图

（3）生物接触氧化池构造

微污染水源水处理中所采用的生物接触氧化池的主要构造包括：池体、填料和布水布气系统。

1）池体：考虑到饮用水处理水量大、有机营养物含量低的特点，大多数生物氧化池设计成矩形或圆形，以钢筋混凝土浇筑或钢板焊接加工而成。池内填料高 3~4m，底部布水布气系统高 0.5~1.0m，顶部集水系统高 0.5~0.8m，总高 5~6m。通常一座生物氧化池分成多格串联。

2）填料：生物接触氧化池中的填料是生物膜载体，是接触氧化处理工艺的关键部位。所选填料的好坏，不仅影响处理效果和排泥状况，同时影响氧化池的造价，因此选定合适的填料具有重要的技术和经济意义。用于微污染水源水生物接触氧化池的填料分为固定式、悬挂式和分散型堆积式三种类型。

固定式填料主要是蜂窝类填料，已很少使用。悬挂式填料是生物氧化池使用较早的生物填料。经不断改进，已由悬挂式软性填料改为弹性立体填料。在水流、气流以及自旋、摆动多种外力作用下，使老化生物膜较容易脱落，有效避免结团结块现象。

分散型堆积式填料避免了积泥后冲洗困难的现象，具有更换、冲洗容易的优点。该种系列填料又称为悬浮填料或轻质填料，填料多为空心多瓣球形，有的是大球中再放入4～5个小球，有的是斜切空心柱状填料。

装填悬浮填料或轻质填料的接触氧化池分成多格，经导流后每格水流、气流向上流动，使悬浮填料处于流态化悬浮状态，既避免填料挤压，又可防止填料上积泥过重。

3）曝气系统：生物接触氧化池曝气充氧一般采用鼓风机供气作为气源，采用穿孔管、微孔曝气、散流式曝气器、射流式曝气器、机械曝气器等布气。从近几年设计建造的自来水厂接触氧化池来看，使用最多的是微孔曝气和穿孔管曝气。

目前使用的微孔曝气器为可变曝气器，即采用橡胶膜片上激光打孔代替开孔的陶瓷、钛板，称为微孔曝气器，其安装图如图11-3所示。

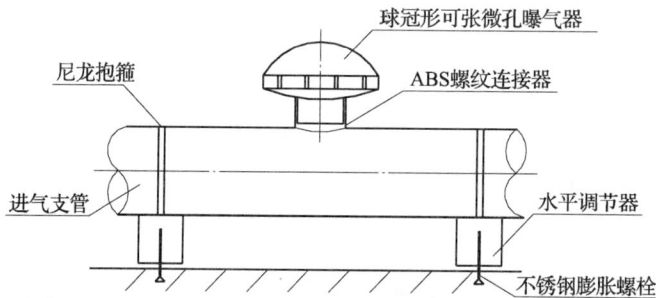

图 11-3　微孔曝气器安装图

可变微孔曝气器主要特点是：向水中曝气时，进气管中空气进入曝气器，开孔的橡胶膜面向外鼓起，微孔张开。停止曝气时，橡胶膜面收缩，微孔闭合，可防止水中沉淀物质落入透气微孔堵塞孔道。由于橡胶膜片容易老化，故应定期更换，连同底座一并拆下，重新安装新的曝气器。

穿孔管曝气具有构造简单、制作方便、安装容易的特点，一直广为使用。穿孔管曝气系统多用钢管或ABS管道连接成环状，中间安装若干支管，或直接设计成每根干管上垂直安装若干支管方式。支管两侧和竖直方向呈45°方向开3～5mm孔眼，空气从孔眼中溢出。

穿孔管曝气不易堵塞，阻力小，但氧转移率偏低，一般为4%～6%，动能消耗也低。

从南方地区几家建有生物接触氧化池的水厂使用情况分析，选用曝气器时应一并考虑采用的填料型式和后续的沉淀澄清构筑物。当生物接触氧化池中填放悬浮填料或立体弹性填料，后续沉淀澄清构筑物是气浮池，则选用何种曝气器均无大的问题。如果后续工艺紧接沉淀池，选用微孔曝气器充氧，需采用较大的空气量冲起悬浮填料或冲洗掉立体填料上污泥时，就会向水中溶入了大量空气。而在沉淀池起端，溶解的气体附带细小絮凝体一起漂浮在水面，使沉淀池的入口处成为气浮池，直接影响了沉淀效果。在这种情况下，选用穿孔管式曝气为宜。

（4）生物接触氧化池设计要点

污水处理中，生物接触氧化池一般按照污水中 BOD_5 含量设计计算。而微污染水源水中 BOD_5 含量较低，通常 3~5mg/L，这比污水中 BOD_5 含量 100~200mg/L 低很多。因此，设计计算时大多按照试验数据、进行设计计算，并注意以下各要点：

1）微污染水源水生物接触氧化处理一般适用于高锰酸盐指数小于 10mg/L，NH_3-N 含量小于 5mg/L 的微污染水源水。同时适应有一些嗅味及藻类的水源水。

2）设计时，应分为两组以上同时运行，保证在不间断供水条件下，可进行检修和冲洗。

3）生物填料层高度根据填料种类确定。当采用悬浮式填料时，填料层高 3~4m。当采用堆积式球型填料时，以填料外轮廓直径计算所得的体积等于接触池中水体积的 30%~50%。

4）安装悬挂式填料时，填料层高 3~4m，设计成池底预埋吊钩固定的网格式，或用角钢焊接好框架，直接放入水中的单体框架式。

5）微污染水源水接触氧化池停留时间取 1.2~2.5h，为减少占地面积，氧化池中水深可达 5~6m。

6）生物氧化池中水的溶解氧含量应保持 5~8mg/L，以此计算应向水中溶解的空气量或曝气气水比。大多数生物氧化池采用的气水比为 0.8:1~2:1。

7）微污染水源水生物接触氧化池沿水平水流方向应分为 3 段以上，每段曝气器可根据水中溶解氧含量进行调整，一般采用渐减曝气方式，如果分为 4 段，可按四段曝气量 35%、27%、23% 和 15% 设计。

8）曝气充氧时，多采用鼓风机供气，按照氧化池水深确定鼓风机风压。如果采用微孔曝气器，应按制造厂家测定的服务面积决定曝气器数量。

9）连接曝气器的布气管道可用钢管、ABS 管，应保持布气管道水平。干管中空气流速 10~15m/s。

10）采用穿孔管曝气时，穿孔管管径 25~50mm，曝气孔口直径 $d=3~5mm$，@100~150mm，孔口空气流速 8~10m/s，干管、支管中空气流速可适当减小到 5~6m/s，支管间距 200~250mm。

（5）颗粒填料生物接触氧化池

颗粒填料生物接触氧化池是生物接触氧化池的一种，其结构形式类似气水反冲洗的滤池，又称为淹没式生物滤池。

颗粒填料生物接触氧化池选用的填料多为具有较大比表面积的页岩陶粒滤料、沸石滤料。也有选用轻质多孔球形陶粒或轻质塑料球形颗粒填料。目前，颗粒填料生物氧化池填料粒径多取 3~5mm，填料厚度 2000~2500mm。底部卵石承托层厚 400~600mm。之中埋设管式大阻力配水系统，主要用于冲洗时均匀布水，过滤时收集滤后水排出。由于管式配水系统中不便形成气、水两相流，故在配水系统上部同时设置穿孔曝气管，正常运行时曝气充氧，气水反冲洗时鼓入空气参与冲洗。

颗粒填料生物接触氧化池一般多格并联，定期反向冲洗，大多采用下向流运行模式，水流和曝气充氧气流逆向流动，曝气充分。下向流颗粒填料氧化池布置同普通快滤池或活性炭滤池。个别工程为了节约水头，采用上向流运行模式，上向流颗粒填料氧化池结构形式同上向流颗粒活性炭吸附滤池。

颗粒填料生物接触氧化池的运行参数应根据微污染水源水质参数确定。一般取空床停留时间 15~45min，充氧曝气气水比 0.5:1~1.5:1；滤层终期过滤水头下向流取 1.0~1.5m，上向流取 0.5~1.0m 为宜。

11.3 化学氧化

（1）预加氯氧化

1）氯的物理性质

氯气（Cl_2）是一种氧化能力很强的黄绿色有毒气体，在0℃和98kPa压力下，1L氯气重 3.2g，在0℃和392kPa压力下被压缩成液态，1L 液氯重约 1.5kg。常温常压下，液氯很容易气化，液化点在98kPa压力下为 -34.5℃。1L 液氯能气化为 457.6L 氯气，1kg 液氯可气化为约 310L 氯气。20℃时，氯气在水中溶解度 7.0g/L 以上。自来水厂、污水处理厂等单位使用的液氯由化工厂生产运输到使用单位气化为氯气投加到水中。

投加在水中的氯气立即水解，生成次氯酸，同时和水中氨氮反应，生成化合性氯。

2）氯氧化在微污染水源水处理中的应用

氯能氧化水中的铁、有机物、氨氮，降低色度，杀灭藻类有助于去除水中污染杂质。

众多的研究指出，预氯化、折点加氯会产生大量三氯甲烷及其他有毒有害副产物，已引起了广泛重视。如果合理掌握加氯量或先行去除三氯甲烷前期物，仍可控制自来水出厂水三氯甲烷小于 0.06mg/L 的水质标准。

目前，我国有很多自来水厂采用氯消毒和氯预氧化技术。为了强化混凝沉淀，有的自来水厂在投加混凝剂时投加氯气提高混凝效果，有助于降低沉淀池出水浊度。实践中，应根据原水中总有机碳（TOC）含量，合理选择氯气加注量。

有些以湖泊、水库为水源的自来水厂，在藻类含量较高时，加氯灭藻效果明显。

我国的很多河流受农田排水、生活污水污染严重，水中氨氮含量较高。先投加粉末活性炭，5min 后投加混凝剂絮凝沉淀，过滤后折点加氯，或粉末活性炭与混凝剂同时投加，滤后折点加氯可使生成三卤甲烷含量最低。实践证明，生成的副产物含量越高，致突变性试验（Ames）呈现阳性的可能性越大。因此，预加氯氧化的水厂需要做到合理加氯，或再经活性炭吸附，可以使氯氧化副产物含量降低到安全范围以内。

（2）二氧化氯氧化

1）二氧化氯化学性质

二氧化氯的物理性质已在消毒一节进行过介绍，作为氧化剂使用，这里主要说明其化学性质。

ClO_2 在酸性条件下具有很强的氧化性：

$$ClO_2 + 4H^+ + 5e \longrightarrow Cl^- + 2H_2O \qquad (11\text{-}1)$$

在水中 pH≈7 的中性条件下，

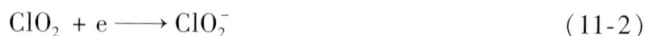
$$ClO_2 + e \longrightarrow ClO_2^- \qquad (11\text{-}2)$$

$$ClO_2^- + 2H_2O + 4e \longrightarrow Cl^- + 4OH^- \qquad (11\text{-}3)$$

ClO_2 所含有效氯比例用下式计算：

$$有效氯 = 有效系数 \cdot 含氯量 = \frac{夺取电子数}{Cl^- 个数} \cdot \frac{氯分子量}{化合物分子量} = 5 \times \frac{35.5}{35.5 + 16 \times 2} = 263\%$$

ClO_2 溶解在水中以溶解气体形式存在，不发生水解反应，能加速与水中的铁、锰反应：

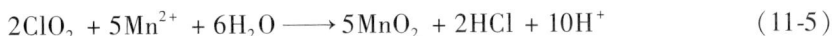

$$ClO_2 + 5Fe^{2+} + 13H_2O \longrightarrow 5Fe(OH)_3 + HCl + 10H^+ \qquad (11\text{-}4)$$

$$2ClO_2 + 5Mn^{2+} + 6H_2O \longrightarrow 5MnO_2 + 2HCl + 10H^+ \qquad (11\text{-}5)$$

二氧化氯能将水中少量的 S^{2-}、SO_3^{2-}、NO_2^- 等还原性酸根氧化成无害状态。

二氧化氯对苯酚、苯胺、吡咯有较强的氧化能力，以氧化还原的形式将少量有机物降解，不产生三氯甲烷副产物。

ClO_2 预氧化只是有选择性地与某些有机物进行氧化反应，将其降解为以含氧基团为主的产物，不产生氯化有机物，所需投加量小，约为氯投加量的 40%，且不受水中氨氮的影响。因此，采用 ClO_2 代替氯消毒，可使减少三氯甲烷生成量。

2）二氧化氯在受污染水源水处理中的应用

ClO_2 基本上不与有机腐殖酸发生氯化反应，不会生成大量的三氯甲烷类的有毒有害副产物，一些水厂或应用其除藻、去除异味，或作为助凝剂，来改善水处理条件。

① ClO_2 预氧化除藻

有研究指出，藻类叶绿素中的吡咯环和苯环类似，ClO_2 对苯环具有一定亲和性，容易氧化。同样，ClO_2 也会亲吡咯环、氧化叶绿素、使藻类新陈代谢终止，中断蛋白质合成，而使藻死亡。在投加量较高的条件下，ClO_2 透过细胞壁与细胞内的氨基酸反应杀藻。

② ClO_2 预氧化去除异味

当水源受到生活污水污染时，水中 N、P 增加，滋生藻类，容易产生异味。如果水中含有酚、硫化物时，产生臭味加重。投加 ClO_2，利用单电子转移反应机理，可氧化酚类物质和硫化物，氧化引起水中色度、臭味的物质。在一般情况下，投加 ClO_2 1mg/L 左右，可有效去除异味。

③ ClO_2 氧化除铁除锰

除铁、除锰最简单的方法是充氧曝气，使 Fe^{2+} 氧化为 Fe^{3+} 变成 $Fe(OH)_3$，同时将 Mn^{2+} 氧化为 Mn^{4+} 变为 MnO_2，经滤池过滤去除。如果铁、锰含量较高，仅利用曝气充氧氧化效果不好，特别是水中含有锰时，空气中的氧或者投加氯气在饮用水规定的 pH 条件下氧化水中二价锰离子速度很慢，需要在 $pH \geqslant 9$ 时，才有较快的氧化速度。一般曝气充氧去除水中锰不足 50%，应考虑采用强氧化剂氧化法。按照理论计算，每氧化 1mg/L 的 Mn^{2+} 需要 0.49mg/L 的二氧化氯，0.87mg/L 的臭氧，1.29mg/L 的氯，1.92mg/L 的高锰酸钾 [反应式见式（11-5）和第 10 章式（10-10）、式（10-12）、式（10-13）]。按照理论计算，每氧化 1mg/L 的 Fe^{2+} 需耗用 0.24mg/L 的二氧化氯，0.58mg/L 的臭氧，0.64mg/L 的氯，0.94mg/L 的高锰酸钾。所以认为，ClO_2 氧化除铁除锰效果优于 O_3、Cl_2、$KMnO_4$。

④ ClO_2 氧化去除有机物等

水中的有机物多种多样、形态各异，一般强氧化剂直接氧化，去除率在 20% 以下。同样，ClO_2 氧化也是基于破坏有机物分子结构，使其转化为小分子或生成其他有机物。经试验，原水 $COD_{Mn} < 6mg/L$ 时，投加 ClO_2 2～3mg/L，去除 COD_{Mn} 不足 10%。

ClO_2 可氧化水中氰化物、亚硝酸盐，不与氨氮反应。投加量过多时会使水的色度增加。投加 ClO_2 时不会提高溶解氧含量，与颗粒活性炭滤池配合使用时，需另行溶入氧气。

（3）高锰酸钾氧化

1）高锰酸钾的性质

高锰酸钾（$KMnO_4$）是一种暗紫色或黑色细长形结晶体，稀溶液呈紫红色，分子量 158.03，密度 $2.70g/cm^3$。加热到 200℃ 以上分解并放出氧气。

高锰酸钾容易溶解在水中，0℃ 时的溶解度是 27.5g/L，10℃ 时溶解度为 40.1g/L，20℃ 溶解度 60g/L。

高锰酸钾是一种普通的氧化剂，氧化还原电位 1.69V（pH = 0），比氯气（氧化还原电位 1.36V）、二氧化氯（一级反应氧化还原电位 0.95V）的氧化能力还要强。氧化时，$KMnO_4$ 中的 Mn^{7+} 还原为 Mn^{4+}、Mn^{2+}。

高锰酸钾能氧化一些无机物质，特别是铁、锰，反应式为：

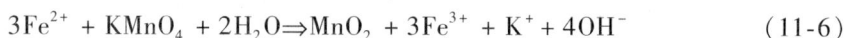

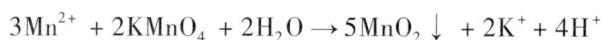

$$3Fe^{2+} + KMnO_4 + 2H_2O \Rightarrow MnO_2 + 3Fe^{3+} + K^+ + 4OH^- \qquad (11-6)$$

$$3Mn^{2+} + 2KMnO_4 + 2H_2O \rightarrow 5MnO_2 \downarrow + 2K^+ + 4H^+$$

2）高锰酸钾氧化在受污染水源水处理中的应用

高锰酸钾氧化工艺是近几年在我国推广的新技术。高锰酸钾能氧化水中部分微量有机污染物、氧化藻类等。高锰酸钾的氧化还原能力虽然比 O_3 低，不像 O_3、ClO_2 那样迅速，但能和水中无机物生成无机化合物，有利于沉淀去除。在正常 pH 条件下，氧化生成 MnO_2。二氧化锰在水中溶解度很低，很容易形成具有较大比表面积的水合二氧化锰胶体，又能吸附其他有机物。所以认为高锰酸钾的氧化和二氧化锰的吸附双重作用不仅能去除被氧化的微量有机物，还能去除未被氧化的微量有机物。

高锰酸钾作为预氧化剂去除水中藻类时，投加量 0.5～2.5mg/L，接触时间 10～15min，可杀灭藻类 90% 以上。高锰酸钾氧化水中有机物时，可减轻水的嗅、味。当微污染水源水含有铁（Fe^{2+}）、锰（Mn^{2+}）时，投加高锰酸钾后可使之转化为具沉降性能的 $Fe(OH)_3$ 及 MnO_2。

高锰酸钾氧化能力比臭氧弱，所以常采用臭氧/高锰酸钾复合氧化技术，发挥协同氧化。同时，高锰酸钾还原中间价态锰氧化物会对臭氧产生催化氧化作用。又因高锰酸钾中的锰在水中会变成二氧化锰（MnO_2），使水的色度增加，常需粉末活性炭（PAC）联合使用，同时发挥高锰酸钾、粉末活性炭在去除微量有机物时的协同作用。高锰酸钾氧化时，把大分子有机物氧化为小分子有机物，更利于粉末活性炭的吸附，提高除污染效果。

高锰酸钾去除水中污染物时，一般不需专门的设备，只要将高锰酸钾连续加入即可。当投加量在 12kg/d 以上时，宜采用湿式投加。湿式投加配制高锰酸钾水溶液浓度 1%～4%，先于其他混凝剂投加前 3min 以上投加，探索出最佳投加点就能显著提高微量有机物去除效果。

（4）臭氧氧化

1）臭氧物理化学性质

臭氧（O_3）是一种有特殊刺激性气味的不稳定气体，常温下为浅蓝色，液态呈深蓝色，其主要物理性能见表 11-1。O_3 是常用氧化剂中氧化能力最强的，在水中的氧化还原电位为 2.07V，具有较强的腐蚀性。

臭氧的主要物理性能   表 11-1

项目	数值
熔点（760mmHg）（℃）	-192.5 ± 0.4
沸点（760mmHg）（℃）	-111.9 ± 0.3
临界温度（℃）	-12.1
临界压力（Pa）	5532.35
临界体积（cm^3/mol）	111
气体密度（0℃）（g/L）	2.144
固体密度（77.4K）（g/cm^3）	1.728

O_3 在空气中会慢慢自行分解为 O_2，同时放出大量的热量，当其浓度超过 25% 时，很容易爆炸。但一般空气中 O_3 的浓度不超过 10%，不会发生爆炸。

在标准压力和 20℃温度下，纯臭氧的溶解度比氧大 15 倍以上，比空气大 30 倍。O_3、O_2、空气在水中的溶解度比较见表 11-2。

O_3、O_2、空气在水中的溶解度（分压 0.1MPa）   表 11-2

气体	密度（g/L）	不同温度下溶解浓度（mL/L）/（mg/L）			
		0℃	10℃	20℃	30℃
O_3	2.144	641/1374	520/1114	368/788	233/499
O_2	1.429	49.3/70.45	38.4/54.87	31.4/44.87	26.7/38.15
空气	1.293	28.8/37.24	23.6/30.51	18.7/24.18	16.1/20.82

O_3 在水中不稳定，在含杂质的水溶液中迅速分解为 O_2，并产生氧化能力极强的单原子氧（O）。在催化条件下，产生氢氧基（OH－）等具有极强灭菌作用的物质，其中氢氧基的氧化还原电位为 2.80V。20℃时，O_3 在自来水中的半衰期约为 20min。

O_3 溶于水后会发生两种反应：一种是直接氧化，反应速度慢，选择性高，易与苯酚等芳香族化合物及乙醇、胺等反应；另一种是 O_3 分解产生羟基自由基从而引发的链反应，此反应还会产生十分活泼的、具有强氧化能力的单原子氧（O），可瞬时分解水中有机物、细菌和微生物。

氢氧基是强氧化剂、催化剂，引起的连锁反应可使水中有机物充分分解。当溶液 pH 高于 7 时，在催化条件下，O_3 自分解加剧，自由基型反应占一定地位，这种反应速度快，选择性低。

由上述机理可知，O_3在水处理中能氧化水中的多数有机物使之降解，并能氧化酚、氨氮、铁、锰等无机还原物质。此外，由于O_3具有很高的氧化还原电位，能破坏或分解细菌的细胞壁，容易通过微生物细胞迅速扩散到细胞内并氧化其中的酶等有机物，或破坏细胞膜和组织结构的蛋白质、核糖核酸等，从而导致细胞死亡。因此，O_3能够除藻、杀菌，对病毒、芽孢等生命力较强的微生物也有很好的灭活作用。

2）臭氧在水处理中的应用

臭氧可氧化溶解性铁、锰，形成高价沉淀物，经沉淀、过滤去除；可将氰化物、酚等有毒有害物质氧化为无害物质；可氧化致嗅和着色物质，从而减少嗅味，降低色度；可将生物难降解的大分子有机物氧化分解为易于生物降解的中小分子量有机物。使用臭氧预处理，还可以起到微絮凝作用，提高出水水质；当水源水含有溴化物时，臭氧容易把溴离子（Br^-）氧化成次溴酸（HBrO），溴离子化合价升高，继而和有机物反应生成危害人体健康的溴代三卤甲烷。《生活饮用水卫生标准》GB 5749—2006 规定：使用臭氧时，溴酸盐含量≤0.01mg/L。

臭氧在水处理中作为氧化剂、消毒剂，具有如下特点：

① O_3氧化、消毒时受 pH、水温及水中含氨量影响较小。水的浊度、色度对消毒灭菌效果有一定影响，将有相当一部分O_3耗用到氧化分解水中的无机物和有机物上。

② 投加O_3能改变小粒径颗粒表面电荷的性质和大小，使带电的小颗粒聚集；同时O_3氧化溶解性有机物的过程中，还存在"微絮凝作用"，对提高混凝效果有一定帮助。

③ O_3分解速度快，无法维持管网中有一定量的剩余消毒剂余量，故通常在O_3消毒后的水中再投加少量的含氯消毒剂。

④ O_3氧化有机物时同时向水中充氧，为后续处理（特别是生物处理）提供更为有利的条件。但从经济上考虑，O_3投加量不可能太高，所以氧化并不彻底。如果后续工艺处理中因加氯产生三卤甲烷等有害物质，或者在预氧化过程中形成三卤甲烷，O_3也很难将其氧化去除。

⑤ O_3能氧化分解苯并芘、苯、二甲苯、苯乙烯、氯苯和艾氏剂，不能氧化 DDT、环氧七氯、狄氏剂和氯丹等杀虫剂。

3）臭氧的制备

生产O_3的方法主要是无声放电法，在实际应用中都采用了无声放电法制取臭氧。

使O_2转变为O_3，首先需要有很大的能量将 O－O 键裂解为氧原子。无声放电就是利用高速电子来轰击氧分子，使其分解为氧原子。

$$O_2 = 2O \qquad (11-7)$$

离解后的氧原子有些合成臭氧：

$$3O = O_3 \qquad (11-8a)$$

有些重新合成为氧气，有些则和氧气合成为O_3

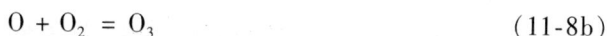

$$O + O_2 = O_3 \qquad (11-8b)$$

上述反应都是可逆的，生成的O_3也会分解成为氧原子或氧气。所以，通过放电区域的氧气中只有一部分能够变成O_3，因此生产出来的O_3通常指的是含有一定浓度O_3的空气或含有一定浓度O_3的氧气，称为臭氧化空气、臭氧化氧气，并非纯的臭氧气体。

根据目前技术水平，制备生产O_3的气源分为空气、纯氧气、液态氧气三种。

① 空气生产臭氧

以空气为气源的臭氧发生装置多为管式电极发生器，主要由无油润滑空压机、空气干燥净化装置、臭氧发生器单元和电器控制装置组成。按组装形式分为集装式和组合式两种，集装式为全套装置组装于一框式结构内，适合于实验室和小型水处理工程使用；组合式适合于中、小型水厂及污水处理工程使用。空气气源生产臭氧的发生装置工艺组成见图11-4。

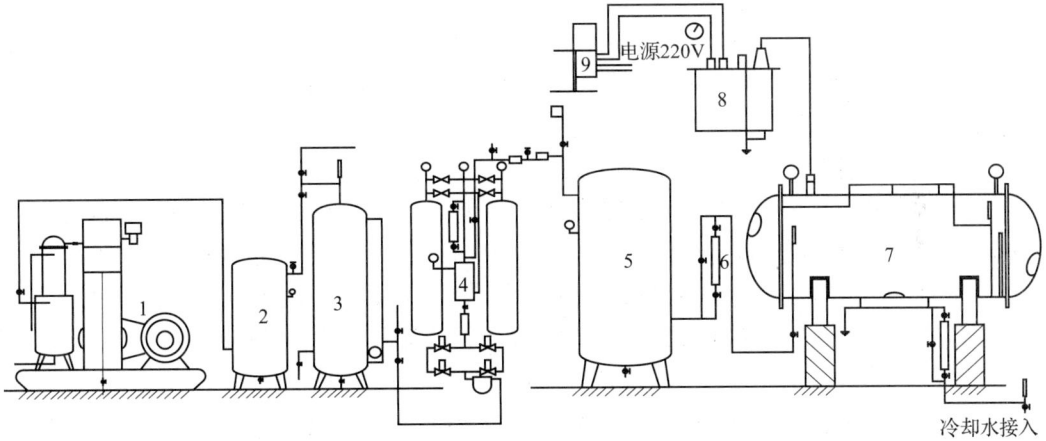

图 11-4　空气气源臭氧发生装置工艺组成

1—无油润滑空压机；2—稳压罐；3—列管式冷凝器；4—变压吸附干燥器；5—净化空气贮罐；
6—空气转子流量计；7—发生器单元；8—变压器；9—电源控制柜

由无油润滑空压机输入压力≥0.6MPa的压缩空气，经列管式冷凝器降温、过滤后，进入变压吸附干燥器，经净化并减压至0.1～0.2MPa后，送入臭氧发生器单元的放电单元环隙。出口输出的气体即含有一定浓度的臭氧，供水处理或其他用途。

臭氧发生器单元的放电元件高压电极是不锈钢管和石墨导电层，介电体是无任何导电涂层的玻璃管。高压放电产生热量由外接冷却水冷却，保持发生器单元体温度在35℃以下。

② 纯氧生产臭氧

以纯氧为气源的臭氧制备系统原理同空气气源臭氧制备系统，仅在于进入臭氧发生器的气源处理上有所不同。

如果使用臭氧的自来水厂靠近氧气发生站或制氧厂家，利用管道输送氧气到水厂储氧罐，则气源干燥净化系统可以简化，仅进行简易干燥处理即可。

如果采用现场制取氧气供臭氧发生器制取臭氧，同样需要空气净化，干燥后由空气分离制氧机制取氧气，再进入臭氧发生器生产O_3化氧气。所需设备比空气气源制取臭氧增加了制氧设备。整个系统机械维修工作量较大，并有噪声影响。根据国内外制氧机、空气压缩机耗电量计算，国内外制氧机制取1kg氧气用电成本约0.50元计，该系统生产的O_3化氧气中，臭氧的比例可提高到5%～10%，由10～20kg氧气制取1kg臭氧，耗电 10kWh 左右，生产臭氧的成本有所下降。从长期使用经济成本分析，是容易接受的。

③ 液态氧气生产臭氧

液态氧气生产臭氧适用于有液氧生产的地方，或液氧运输条件的自来水厂。无论何种气体作为气源，臭氧发生器构造不变，仅是气体原料的净化方法不同。

液氧密度 1.1432kg/L。一般制氧厂家在制取氮气时同时制氧，纯度较高，达99.99%，作为生产臭氧气源完全可以满足要求。有的臭氧发生器要求氧气纯度 95% 即可。如瑞士 OZONIA 公司提供的发生器，当氧气纯度为 97% 左右时发生器效率最高，故在液氧蒸发汽化后的氧气中需再加入 3% 左右的氮气。对于小型水厂或试验制取臭氧可直接掺入氮气，中型水厂另配小型无油润滑空压机充气。

④ 臭氧接触氧化池设计和尾气处理

根据气体转移传质过程可知，气体在水中的溶解一般分为难溶解、中等溶解、易溶解三种状况。对于难溶解气体，例如 O_2，液膜阻力是气膜阻力的 140 倍，提高传质速度的方法是尽量减少液膜厚度，增大气液接触面积，分割气泡，增加水流紊动，多采用鼓泡式溶解方法。对于易溶解的气体，以减少气膜阻力为主，多用变换水流方式的水滴式，或用填料塔，同时变换水流气流接触面积和接触方式。

对于 O_3 化气体在水中溶解的要求严格，这不仅影响水中有机物的氧化和 O_3 的利用效率，还影响尾气中 O_3 的污染问题。自来水厂处理水量较大，O_3 化气体需用量大，设计时多采用水流串联，O_3 化气体并联分段加入的溶解接触氧化方法。

臭氧在空气中浓度 $0.3mg/m^3$（$6.25 \times 10^{-6} mol/L$）时，对眼、鼻、喉有刺激感觉；浓度在 $3mg/m^3$ 以上时，会使人头痛、呼吸器官局部麻痹。因此，应对臭氧接触氧化排放尾气进行处理。目前常用的方法包括回用、加热分解和催化分解。

臭氧氧化是在自来水厂常规处理工艺不能满足水质要求条件下另行增加的工艺，串联在常规处理工艺系统之中。就臭氧氧化、生产制备系统而言，是自来水处理中的新工艺，目前使用的厂家仍然较少。该系统包括臭氧接触氧化池（塔）、尾气吸收破坏、臭氧制备生产、气源选择、自动控制、安装调试等。

臭氧化后，水中能转化为细胞质量的有机碳（又称为可同化有机物碳 AOC）上升，可能会造成水中细菌再度繁殖。为了维持管网中有足量的剩余消毒剂，在臭氧处理后再加氯或氯胺处理会分别生成三氯硝基甲烷和氯化氰等新的消毒副产物。对某些农药，臭氧氧化后的产物可能更有害。所以，在大多数情况下，臭氧不单独使用，需和活性炭联合使用。

11.4 活性炭吸附

（1）活性炭分类

活性炭是由木材、煤炭、果壳等加工制造而成，其制造工艺不断革新，用途不断扩大。根据水源水质的变化，在水处理中已逐渐得以使用。

按照形状对活性炭取名分类，大致分为：粉末活性炭，颗粒活性炭，破碎活性炭，球形活性炭，中空纤维球活性炭，纤维状活性炭，蜂巢状活性炭等。按照制造生产方法不同，还可分为化学药品活化法活性炭（活化剂是氧化锌、磷酸、氢氧化钾、氢氧化钠等）、强碱活化法活性炭、气体活化法活性炭及水蒸气活化法活性炭。

水处理用活性炭主要是吸附水中有机物，并能在其表面附着生物群落。为便于微孔内外均能发挥作用，一般使用中孔（孔径 $10^{-4} \sim 10^{-5}$ mm）活性炭，大孔（孔径 $10^{-2} \sim 10^{-3}$ mm）活性炭。

生活饮用水净水厂用煤质活性炭外观：暗黑色炭素物质，呈颗粒状或粉状，不应含有影响人体健康的有毒、有害物质。技术指标见表11-3。

《生活饮用水净水厂用煤质活性炭》CJ/T 345—2010 技术指标　　　表 11-3

序号	项目			指标要求		
				颗粒活性炭		粉末活性炭
1	孔容积（mL/g）			≥0.65		≥0.65
2	比表面积（m²/g）			≥950		≥900
3	漂浮率（%）			柱状颗粒活性炭	≤2	
				不规则状颗粒活性炭	≤3	
4	水分（%）			≤5		≤10
5	强度（%）			≥90		—
6	装填密度（g/L）			≥380		≥200
7	pH			6~10		6~10
8	碘吸附值（mg/g）			≥950		≥900
9	亚甲蓝吸附值（mg/g）			≥180		≥150
10	酚值（mg/g）			≤25		≤25
11	二甲基异莰醇吸附值（μg/g）			—		≤4.5
12	水容物（%）			≤0.4		≤0.4
13	粒度（%）	φ1.5mm	>2.50mm	≤2		≤200 目[a]
			1.25~2.50mm	≥83		
			1.00~1.25mm	≤14		
			<1.00mm	≤1		
		8 目×30 目	>2.50mm	≤5		
			0.60~2.50mm	≥90		
			<0.60mm	≤5		
		12 目×40 目	>1.60mm	≤5		
			0.45~1.60mm	≥90		
			<0.45mm	≤5		
		30 目×60 目	>0.60mm	≤5		
			0.60~0.25mm	≥90		
			<0.25mm	≤5		
14	有效粒径（mm）			0.35~1.50[b]		—
15	均匀系数			≤2.1[b]		—

序号	项目	指标要求	
		颗粒活性炭	粉末活性炭
16	锌（Zn）（μg/g）	<500	<500
17	砷（As）（μg/g）	<2	<2
18	镉（Cd）（μg/g）	<1	<1
19	铅（Pb）（μg/g）	<10	<10

a 200目对应尺寸为75μm，通过筛网的产品大于或等于90%。

b 适应于降流式固定床使用的不规则状颗粒活性炭。

（2）活性炭的生产制造

活性炭是由木材、果壳、无烟煤、泥炭等多种来自植物的碳前驱体原材料在高温下炭化后再经活化后制成，即木材、煤、树脂、沥青等经过热分解，氢、氧大部分呈气体脱离，炭以石墨微晶形态残存并在温度升高后相互结合，变成结晶状形态。最后经过活化而打通非晶质炭堵塞的通道，使孔隙结构发达，制成具有很大比表面积、孔隙结构均匀的活性炭。

用于水处理的活性炭大多使用煤基粒状活性炭，通常采用压块（压条）置于425℃特定条件下烘烤，去除部分挥发性有机化合物，进行炭化处理后置于1000℃特定条件下热活化，或把无烟煤直接进行破碎筛分后活化处理，制成颗粒状活化炭。不规则颗粒状活化炭装填密实、比表面积大、具有更好的吸附作用。

（3）活性炭性能

1）吸附特性

由活性炭的生产制造或再生过程可知，活性炭具有很大比表面积的网格结构，可看作是木炭、焦炭进行无限分割的结果。在分割面上的分子所处的电场、力场由原来的平衡状态变成了不对称不平衡状态，因而表现出了很强的界面自由能。活性炭吸附水中杂质主要依靠吸附界面上的物理化学自由能，或者说主要来源于表面物理吸附作用，如范德华力等。很多被吸附物质移出后在活性炭固相和液相之间积聚。当水中有足够氧气时，活性炭表面会滋生一层生物菌落及其黏液状膜构成生物膜，以附着的有机物为营养，将积聚在活性炭孔内外的有机物分解消化。故认为生物作用起到了再生效果。

颗粒活性炭吸附水中污染物质是一种动态平衡，表面已被吸附的难吸附物质会被后面水流中容易吸附的物质置换下来。在交替更换过程中，吸附能力较弱的杂质有可能继续被深层活性炭吸附，出现吸附层移现象，又称为"色谱分层效果"。水处理工艺中，活性炭和大部分有机物之间的物理吸附通常是可逆的。随着时间延长，对各种污染物的吸附由快速转为慢速，通过生物作用降解部分有机物后，处于相对平衡状态。

活性炭表面的生物化学作用并不能把所有吸附的杂质分解，而生物代谢也不可能全部从活性炭孔穴中排出。所以，长时间使用后的活性炭表面孔隙堵塞、网纹模糊不清、吸附能力下降，一般采用高温扩孔再生法进行再生。该再生工艺是在隔绝氧气条件下以过热蒸汽活化。可使活性炭强度不受损伤，基本上维持新炭的强度；损耗控制在5%～10%左右；蒸汽活化造孔扩孔不仅能恢复原有的孔穴，还可以重新造孔，从而使吸附能力得以较高的恢复；对原有炭基可反复再生7～8次，每次再生费用仅为购置新炭的25%～30%。

2）吸附容量

活性炭吸附水中有机物的效果除了与活性炭比表面积有关，还与水温、pH、被吸附物质的性质、浓度有关。在一定的压力和温度条件下，如果以重量为 m（g）的活性炭吸附水中溶质 x（mg），则单位重量的活性炭所吸附溶质的数量 q_e 表示为：

$$q_e = \frac{x}{m} \qquad (\text{mg/g}) \tag{11-9}$$

一般来说，当被吸附的物质能够与活性炭发生结合反应，或与活性炭有较强的亲和作用，或浓度较大时，q_e 值较大。

描述吸附容量 q_e 与吸附平衡浓度 C 的关系式有 Langmuir，BET 和 Fruendlich 吸附等温式。在水和污水处理中通常用 Fruendlich 近似表达式来比较不同温度和不同溶质浓度下活性炭的吸附容量，即：

$$q_e = kC^{\frac{1}{n}} \tag{11-10}$$

式中　q_e——吸附容量，mg/g；

　　　k——与活性炭吸附比表面积、吸附平衡浓度有关的系数；

　　　n——和水温有关的系数，$n > 1$；

　　　C——吸附平衡时的溶质浓度，mg/L。

式（11-10）是一个经验公式，表示为图 11-5（a）的吸附等温线。通常用图解方法求出 k 和 n 值。为方便求解，常把式（11-10）变换成线性对数关系式：

$$\lg q_e = \lg \frac{C_0 - C}{m} = \lg k + \frac{1}{n}\lg C \tag{11-11}$$

式中　C_0——被吸附物质原始浓度，mg/L；

　　　C——水中被吸附物质的平衡浓度，mg/L；

　　　其余符号同上。

在双对数坐标纸上绘出 $\lg q_e$、$\lg C$ 关系的直线，即为对数表示的吸附等温线，见图 11-5（b）。$\lg k$ 为直线的截距，$\frac{1}{n}$ 为斜率。用此等温线可对各种活性炭的吸附容量进行比较。

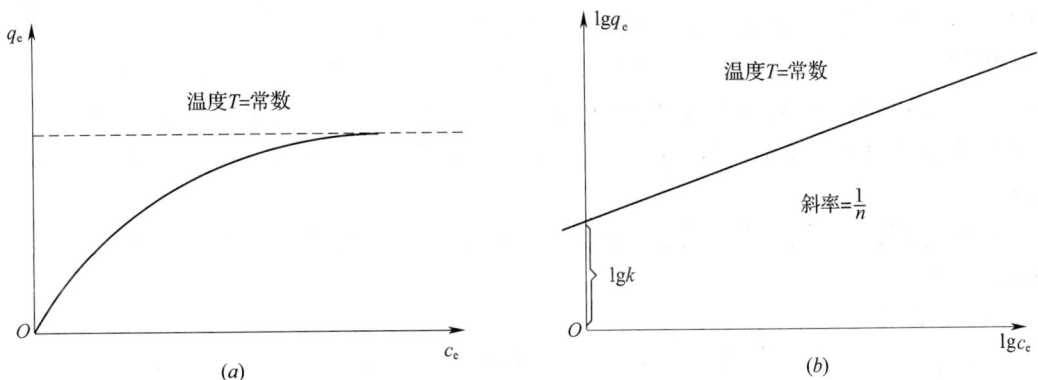

图 11-5　Fruendlich 吸附等温线

目前，我国生产的活性炭分为柱状 EJ 型、颗粒状 PJ 型和粉状 FJ 型。出厂时测定活性炭的碘吸附值在 800mg/g 以上，亚甲基蓝吸附值在 120mg/g 以上，说明活性炭具有较大的吸附容量。

活性炭种类不同，生产的原料有所不同。柱状活性炭和柱状破碎活性炭的原料煤应满足灰分低、具有较好的热稳定性及成孔性、容易筛选、不会影响柱状活性炭的生产的要求。而压块破碎活性炭的原料煤除了以上要求外，还必须具有一定粘结性。原料煤需要从炼焦煤中筛选，进行合理搭配，因此需进一步研究以降低成本。

一般说来，具有碘吸附容量的活性炭同样具有吸附有机物的能力。应该注意的是，颗粒活性炭（包括柱状和非柱状）在水处理中并非完全按照碘吸附值和亚甲基蓝吸附值大小的发挥作用。活性炭滤池总是先发挥物理吸附，然后变成生物活性炭，依靠生物作用降解有机物。只要活性炭表面生物菌落生长良好，就很好去除 COD、UV_{254} 的功效。所以中孔发达的活性炭上附着的生物菌落较多，即使碘吸附值下降，仍有很好的效果。因此，以 COD、UV_{254} 去除效果衡量活性炭是否再生是正确的。

3）影响活性炭吸附的主要因素

① 活性炭性质的影响

如前所述，活性炭比表面积、空隙尺寸和空隙分布以及表面化学性质对吸附效果影响很大。但吸附效果主要决定于吸附剂和吸附质两者的物理化学性质，一般需通过试验选择合适的活性炭。

② 吸附质性质及浓度的影响

活性炭主要吸附水中芳香族类有机物、卤代芳香烃、酚与氯酚类、烃类有机物、合成洗涤剂、腐殖酸类以及水中致臭物质和产生色度的物质。活性炭是一种非极性吸附剂，对水中非极性、弱极性的有机物有很好的吸附能力。吸附质的极性越强，则被活性炭吸附的性能越差。例如：苯是非极性有机物，被活性炭吸附性强；苯酚有极性，活性炭吸附的性能比苯差。

有机物能否被吸附还与有机物的官能团有关，即与这些化合物与活性炭的亲和力大小有关。一般说来，对芳香族化合物吸附优于对非芳香族化合物的吸附，如对苯的吸附优于对环己烷的吸附。对带有支链烃类的吸附，优于对直链烃类的吸附。对分子量大、沸点高的有机化合物的吸附，优于分子量小、沸点低的有机化合物的吸附。在无机物中，活性炭对汞、铋、锑、铅、六价铬等均具有较好吸附效果。

吸附质的分子量大小直接影响吸附去除效果，过大的分子不能进入小空隙中。实验证明，分子量为 500～1000 的有机物易被吸附去除。经检测，饮用水水源中分子量小于 500 的有机物主要为极性物质，不易被活性炭吸附，分子量大于 3000 的有机物基本上不被去除。

吸附质浓度对活性炭吸附量也有影响，一般情况下，吸附质浓度越高，活性炭吸附量越大。

③ pH 影响

水的 pH 往往影响水中有机物存在形态。例如，当 pH＜6 时，苯酚很容易被活性炭吸附；当 pH＞10 时，苯酚大部分会电离为离子而不易被吸附。不同吸附质的最佳 pH 应通过实验确定。一般情况下，水的 pH 越高，吸附效果越差。

④ 水中其他物质的影响

无论是微污染水源水还是污水中，总是含有多种物质，包括有机物和无机物。多种物质共存时，对活性炭吸附有的有促进作用，有的起干扰作用，有的互不干扰。有研究认为，水中有 $CaCl_2$ 时，会对活性炭吸附黄腐酸有促进作用。因为黄腐酸与钙离子络合而增加了活性炭对黄腐酸的吸附量。也有无机盐类如镁、钙、铁等，也可能沉积于活性炭表面而阻碍对其他物质的吸附。

水中多种物质共存时，往往存在竞争吸附。易被活性炭吸附的物质首先被吸附，只有当活性炭还存在吸附位时，才吸附其他物质。对特定的吸附对象而言，其他物质的竞争吸附就是一种干扰或抑制。

⑤ 温度的影响

活性炭吸附杂质时所放出的热量称为吸附热，吸附热越大，则温度对吸附的影响越大。在水处理中的吸附主要为物理吸附，吸附热较小，温度变化对吸附容量影响较小，对有些溶质，温度高时，溶解度变大，对吸附不利。

总之，影响活性炭吸附的因素很复杂，现只能对几个主要因素进行粗略的说明。

（4）活性炭吸附在水处理中的应用

因水源受污水污染，经常出现异臭异味、色度增加和藻类滋生等现象。在各种改善水处理效果的技术中，活性炭吸附或吸附协同生物氧化是完善混凝、沉淀、过滤等工艺进一步去除水中有机污染物最为成熟有效的技术。众多自来水厂应用了活性炭吸附处理方法，一般包括如下工艺：

1）活性炭吸附除色脱味

地面水源受到轻微污染，经常规处理仍有一定色度和嗅味时，通常使用活性炭除色脱味。有时采用颗粒活性炭滤池过滤，依靠其微孔吸附作用，吸附捕捉引起着色、产生嗅味的溶解性杂质。例如建造活性炭滤池去除水中的泥土味、鱼腥味、铁腥味等。使用较多的情况是在混凝阶段投加粉末活性炭（PAC）去除水中土嗅味、水草味及某些化工污染引起的异味。粉末活性炭粒径一般采用 200 目，配成 5%～10%（重量比）的炭浆，投加量 5～30mg/L。为了防止活性炭和混凝剂之间发生竞争吸附或被混凝剂包卷，粉末活性炭投放点应进行试验后确定。

为防止加氯后产生大量三卤甲烷，投加粉末活性炭或使用颗粒活性炭能够部分去除三卤甲烷的前期物。尽管水中总有机碳（TOC）和三卤甲烷生成量之间的关系不十分明确，活性炭吸附去除 TOC 和其他有机物后，对三卤甲烷的生成具有明显地降低作用。不同类型的活性炭对不同有机物吸附作用不尽相同。所以，活性炭对三卤甲烷前驱物的去除效果取决于原水水质、活性炭吸附能力及活性炭的吸附周期。

大量研究表明，活性炭吸附可较好去除地面水中的一些杀虫剂，有效吸附三氯甲烷 20%～30%，并能吸附部分腐殖酸，降低水中致突变物质。去除率高低和水中被吸附物质浓度有关。

2）生物增强活性炭吸附工艺

使用粉末活性炭除色脱臭时，往往是在突发性水质变化或季节性水质较差的情况下。粉末活性炭发挥一次性的吸附作用，而后经沉淀或过滤后随水厂废水排出。粉末活性炭吸附容量一般只能发挥 30%～50%。颗粒活性炭滤池去除水中污染物时，是一种连续吸附不间断工作状态。根据活性炭吸附容量和去除水中污染物总量传质过程计算，一般活性炭吸附数月到半年可能达到饱和状态。实践证明，当水中有足够的溶解氧时，活性炭表面滋生繁殖了大量的细菌微生物，并有效降低了水中有机物含量。同时发现，投加臭氧（O_3）后的水流可以增强颗粒活性炭的生物活性，于是便出现了生物活性炭（BAC）工艺，或称为生物增强性活性炭工艺。

生物增强活性炭工艺去除水中有机物的过程，是活性炭吸附和生物降解协同作用。首先，活性炭依靠其吸附性能吸附大部分有机物，在其表面积聚浓缩，同时滋生繁殖部分细菌微生物并使之逐渐适应生存环境或称为生物驯化。此时去除水中有机物仍以活性炭吸附为主要作用。根据水温、水中溶解氧和有机物含量不同，生物驯化时间有所差别。当水温在20℃左右时，经3~4周时间，生物驯化基本结束，细菌微生物已能适应所处的生存环境，逐渐把积聚在活性炭表面的有机物作为养料消化分解。实际上也是对活性炭生物再生过程，使接近吸附饱和的活性炭恢复部分吸附性能再重新吸附。水中的有机物向活性炭表面扩散迁移，继而被活性炭及生物菌落吸附降解，如此处于一种动态平衡过程。在此稳定状态下，既去除了水中有机污染物，满足处理要求，又延长了活性炭使用寿命，故称为活性炭的生物再生效应。

颗粒活性炭过滤工艺常和臭氧（O_3）氧化工艺紧密结合。在活性炭滤池前先对处理的水流臭氧氧化，把大分子有机物氧化为活性炭容易吸附的小分子有机物，并向水中充氧，最大限度增强活性炭的生物活性。于是，臭氧—生物活性炭工艺具有更强的降解有机物功能。大多数受污染水源的水厂采用这一工艺，降低可生物降解的有机碳50%以上。具有生物活性的活性炭同时还能去除有机化合物，如苯、甲烷和部分杀虫剂，有效降低产生嗅味和味道的化合物，如链醛、胺和脂肪醛、苯酚及氧化苯酚。

生物强化活性炭降解水中有机物的能力和活性炭吸附容量有关，当吸附的有机物过量时，生物菌落的生长有可能受到抑制。而活性炭对有机物的吸附和解吸也处于动态平衡状态。

投加臭氧、氯气、高锰酸钾、二氧化氯等强氧化剂预氧化后的水流，经生物活性炭滤层时，未完全分解的臭氧及氯气等对生物活性炭的作用具有不良影响。这些强氧化剂一方面和具有石墨结构的活性炭发生化学反应，减少了活性炭吸附容量，同时对生物生长起破坏作用。因此，应尽量降低进入生物活性炭滤池水中的强氧化剂浓度。另外，有毒农药或重金属离子含量较高时，也会减小活性炭动态吸附容量，降低生物活性炭的生物活性。此时应适当增加炭层厚度，保证可靠的去除效果。

生物活性炭表面的生物菌落（或称为生物膜）新陈代谢和生物氧化池中生物填料上的生物膜相类似，厌氧层中部分老化的菌落会定期脱落，用水反冲洗或借助气水反冲洗便可排除。

颗粒活性炭作为吸附或生物载体进行过滤时，一般把活性炭放置在滤池或过滤器中。其中，过滤器适用于水量小或采用压力过滤的水厂。

活性炭滤池的结构和常规处理工艺的滤池大同小异。我国已建成使用的活性炭滤池多以普通快滤池为基础，采用变速过滤方式，或采用气水反冲洗式的滤池。

气水冲洗滤池反冲洗时，利用空气扰动，引起滤料运移、填补和互相摩擦，再用水漂洗，具有较好的反冲洗效果。特别是水源水含有藻类时，经气水反冲洗后，粘附在滤料表面的杂质容易脱落，过滤出水水质稳定。近年来，气-水反冲洗开始应用于活性炭滤料的滤池。从理论上分析，过滤反冲洗不会存在问题。但需注意以下问题：

空气反冲洗扰动滤层，有棱角的颗粒活性炭互相摩擦时，容易破碎，因此反冲洗强度应通过试验或在试运转时进一步研究确定。在正常情况下，活性炭吸附滤池冲洗周期宜采用 $3 \sim 6d$。常温下经常冲洗时的冲洗强度宜为 $11 \sim 13L/(m^2 \cdot s)$，历时 $8 \sim 12min$，膨胀率 $15\% \sim 20\%$。气水联合冲洗时，应采用先气冲后水冲的模式，气冲强度宜采用 $15 \sim 17L/(m^2 \cdot s)$，历时 $3 \sim 5min$。定期采用 $15 \sim 18L/(m^2 \cdot s)$ 高强度水冲洗，历时 $8 \sim 12min$，膨胀率 $25\% \sim 35\%$。

冲洗水应采用颗粒活性炭吸附池出水或滤池出水，采用滤池出水时，冲洗水中不宜含有余氯。

空气反冲洗后引起活性炭表层微气泡附着，影响生物菌落的生长，一般不采用气-水同时反冲洗方法。颗粒活性炭滤料是一种轻质滤料，较大的反冲洗强度容易使滤料浮起流失。很小的反冲洗强度又往往不能使滤料冲洗干净。为此，一些水厂引进了翻板阀滤池。

11.5 膜式分离

膜分离法在脱盐章节介绍，这里仅简要介绍膜分离法在受污染水处理中的应用。受污染水源水的处理可以采用超滤、纳滤和反渗透。

超滤膜的孔径范围为 $0.01 \sim 0.1\mu m$，主要发挥机械筛分作用，进一步降低浑浊度。超滤膜可截留水中的微粒、胶体、细菌、大分子的有机物和部分病毒，但无法截留无机离子和小分子的物质。鉴于小分子量物质多为亲水性强、溶解性大的物质，在超滤过程中渗透性强、容易透过超滤膜。所以，超滤的工作压力相对较小，有的内压式超滤工艺采用 $0.3MPa$ 低压工作。

外压板式超滤膜操作压力更低，可在 $0.05 \sim 0.07MPa$ 条件下工作。用以代替常规处理中的过滤工艺。

纳滤是近年来发展起来的一种新技术，其膜孔径达到纳米级，截留分子量约在 $200 \sim 1000$。驱动压力在 $0.5 \sim 1.5MPa$。纳滤对水中溶解性有机物的去除率可达 75% 以上，对无机物中的高价离子（如 Ca^{2+}、Mg^{2+} 等）去除率高于对低价离子（如 Na^+、K^+ 等）的去除率。由于纳滤操作压力低（相对于反渗透），既能去除水中溶解性有机物和无机离子，又能保留水中部分微量元素，故在饮用水深度处理中受到重视。

反渗透应用历史较久。我国 20 世纪 70 年代即在水处理中开始应用反渗透技术，主要用于苦咸水或海水淡化及水的除盐等。近年来，也开始用于微污染水源的深度处理。反渗透膜孔径比纳滤更小，几乎可截留水中所有有机物和无机物，滤后水可达到纯水程度。内压式反渗透驱动压力高，一般在 $1.0MPa$ 左右。

膜处理法作为微污染水处理工艺的主要特点是去除污染物的范围广，不需投加化学药剂，设备体积小，易于自动控制，故应用前景广阔。随着膜制造技术的发展和应用日益增多，膜分离装置价格下降，在水处理领域的应用日益广泛，将成为今后的发展趋势。

12 城市给水处理工艺系统和水厂设计

12.1 给水处理工艺系统和构筑物选择

（1）给水处理工艺系统

城市给水处理是把含有不同杂质的原水处理成符合使用要求的自来水。由于江河湖泊原水中所含杂质有很大差别，应根据不同的原水水质，采取不同的处理方法及工艺系统。无论采取哪些处理方法和工艺，经处理后的水质必须符合国家规定的生活饮用水水质要求。

1）常规处理工艺

自来水厂的常规处理是去除浊度和杀灭致病微生物为主的工艺，适用于未受污染或污染极其轻微的水源。自来水厂在去除泥沙等构成的悬浮物的同时，也能去除一些附着在上面的有机无机溶解杂质和菌类。所以降低水的浊度至关重要。

目前，去除水的浊度方法有很多，但自来水厂通常采用的方法是混凝、沉淀（澄清）、过滤。经该工艺去除形成浊度的杂质后，再进行消毒，即可达到饮用水水质要求。其典型的工艺流程如图 12-1 所示。

图 12-1 常规处理工艺流程

在设计常规处理工艺时，涉及混凝剂选用、混合絮凝方法、沉淀（澄清）过滤类型、消毒剂种类等方面内容。根据不同水源水质，便出现了优化设计问题。

如果原水常年浊度较低（一般在 25NTU 以下），且水源未受污染、不滋生藻类，水质变化不大者，可省略沉淀（或澄清）单元，投加混凝剂后直接采用双层煤砂滤料或单层细砂滤料滤池过滤。也可在过滤前设置一微絮凝池，称为微絮凝过滤。所谓微絮凝过滤，是指絮凝阶段不必形成粗大絮凝体以免堵塞表面滤层，只需形成微小絮体即进入滤池的过滤。微絮凝过滤工艺流程见图 12-2。

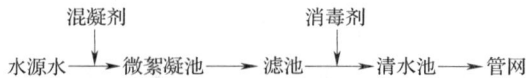

图 12-2 微絮凝过滤工艺流程

如果水源水常年浊度很高，含沙量很大，为减少混凝剂用量，则在混凝、沉淀前增设预沉池或沉沙池，即为高浊度水二级沉淀（或澄清）工艺，如图 12-3 所示。

292

混凝剂

水源水 ──→ 调蓄、预沉自然预沉或沉沙 ──↓──→ 混合絮凝 ──→ 沉淀(澄清) ──→ 过滤

消毒剂

──↓──→ 清水池 ──→ 管网

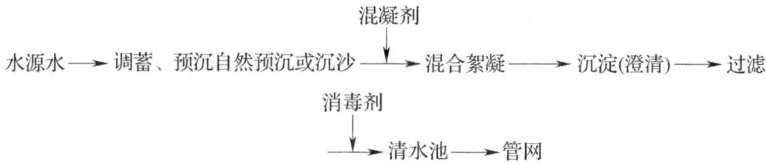

图 12-3　高浊度水二级沉淀（或澄清）工艺流程

以上所用的处理方法，均称为常规处理方法。

2）受污染水源水处理工艺

我国不少城市水厂水源都受到污染，很多湖泊水库呈现富营养化。大多数受污染水源水中氨氮、COD_{Mn}、铁锰、藻类含量超过水源标准。

对于水中的溶解有机物、氨氮和藻类等，常规处理工艺一般不能有效去除。为此，需在常规处理的基础上增加预处理或深度处理。预处理通常设在常规处理之前，深度处理设在常规处理之后。

① 预处理——常规处理工艺

目前，受污染水源水预处理大多采用生物氧化法、化学氧化法以及粉末活性炭吸附等方法。图 12-4 为常规处理工艺之前增加生物预处理工艺流程。

混凝剂　　　　　　　　　　　　　　消毒剂

水源水 ──→ 生物预处理 ──↓──→ 混合絮凝 ──→ 沉淀(澄清) ──→ 过滤 ──↓──→ 清水池 ──→ 管网

图 12-4　设有生物预处理的微污染水源水处理工艺流程

生物预处理可以有效去除微污染水源水中氨氮、藻类和部分有机物。

生物预氧化工艺设在混凝构筑物之前，辅助设置鼓风机房以保证原水中有足够的溶解氧，水温宜在 5℃以上。一般情况下，生物预氧化工艺前不宜采用预氯化处理。如果是长距离输水，为防止输水管中滋生贝螺，有时在取水泵房处投加少量氯气，但应保持不影响生物活性的剂量以下。

当受污染水源水中含有较多难以生物降解的有机物时，宜采用化学预氧化法。

化学预氧化常用的氧化剂有氯（Cl_2）、臭氧（O_3）、二氧化氯（ClO_2）、高锰酸钾（$KMnO_4$）及其复合药剂。化学氧化剂的种类及投加剂量选择，决定于水中污染物种类、性质和浓度等。一般说来，选用氯气作为预氧化剂，经济、有效，投加设备简单，操作方便，是使用较多的预氧化剂，但当氯氧化副产物的前体物含量较高时，不宜使用。图 12-5 为化学预氧化工艺流程。

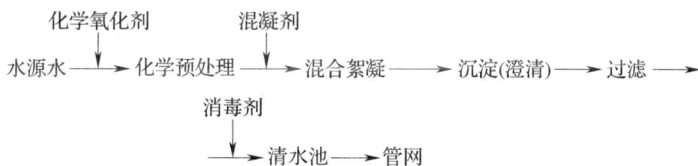

化学氧化剂　　　混凝剂

水源水 ──↓──→ 化学预处理 ──↓──→ 混合絮凝 ──→ 沉淀(澄清) ──→ 过滤 ──→

消毒剂

──↓──→ 清水池 ──→ 管网

图 12-5　设有化学预氧化的微污染水源水处理工艺流程

粉末活性炭是一种应用很广的吸附剂。具有吸附水中微量有机物及其产生的异味、色度的能力。当水源水质突发变化或季节性变化时，在混凝剂投加之前投加粉末活性炭，经沉淀、过滤截留在排泥水中。粉末活性炭投加点应进行试验后确定，有的投加在混凝剂投加点之前，有的投加在絮凝池中间或后段，机动灵活，简易方便。其工艺流程如图 12-6 所示。

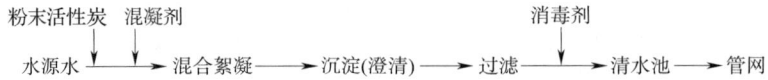

图 12-6　预加粉末活性炭的微污染水源水处理工艺流程

图 12-6 所示的给水处理的预处理工艺是根据水源水质来确定的。一般说来，微污染水源水中氨氮含量常年大于 1mg/L，应首先考虑采用生物预处理工艺。对于藻类经常繁殖的水源水，预氧化杀藻后，可配合活性炭吸附，降低藻毒素含量。含有溶解性铁锰或少量藻类的水源水，预加高锰酸钾氧化具有较好效果。水中土腥味和霉烂味，多由土臭素和 2 - 甲基异茨醇引起，投加高锰酸钾预氧化和粉末活性炭吸附联用能够很好去除异臭异味。

② 常规处理——深度处理工艺

当水源污染比较严重，经混凝、沉淀、过滤处理后某些有机物质含量或色、臭、味等感官指标仍不能满足出水水质要求时，可在常规处理之后或者穿插在常规处理工艺之中增加深度处理单元。目前，生产上常用的深度处理方法有颗粒活性炭吸附法，臭氧—活性炭法，反渗透、纳滤膜分离法。尤以臭氧—活性炭法应用较多。图 12-7 为臭氧—活性炭进行深度处理的工艺流程。

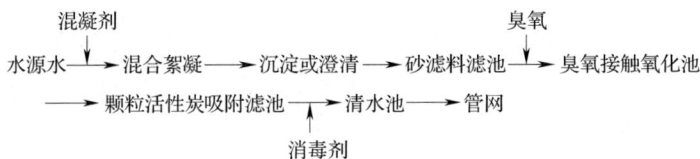

图 12-7　加设臭氧—活性炭吸附的受污染水源水处理工艺流程

近年来，超滤、反渗透等膜处理工艺开始应用于生活饮用水深度处理。超滤工艺能使出水浊度降至 0.5NTU 以下，所以混凝后的水经过沉淀或不经沉淀便可进入超滤过滤，从而简化了工艺流程。该技术已趋成熟，设备运行安全可靠。图 12-8 为采用超滤进行深度处理的工艺流程。

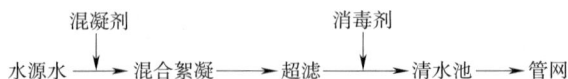

图 12-8　采用超滤进行深度处理的工艺流程

③ 预处理——常规处理—深度处理工艺

当微污染水源水中氨氮含量常年大于 1mg/L、高锰酸盐指数（COD_{Mn}）大于 5mg/L 时，大多在常规处理前后分别增加生物预处理和深度处理工艺，如图 12-9 所示。

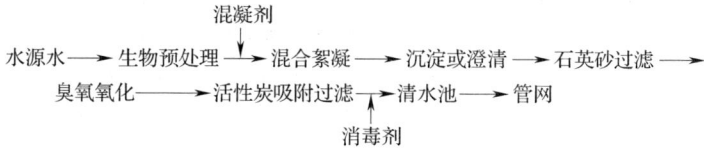

混凝剂

水源水 → 生物预处理 → 混合絮凝 → 沉淀或澄清 → 石英砂过滤 →

臭氧氧化 → 活性炭吸附过滤 → 清水池 → 管网

消毒剂

图 12-9　预处理—常规处理—深度处理工艺流程

为了减少活性炭吸附滤池出水中的悬浮颗粒，有的水厂把活性炭吸附滤池设计成上向流滤池，放置在石英砂滤料滤池之前。此方法应充分注意悬浮杂质堵塞活性炭孔隙的影响。

（2）排泥水处理系统

排泥水是指絮凝池、沉淀、澄清池排泥水和滤池反冲洗排出的生产废水。不含有水厂食堂、浴室等生活污水和消毒、加药间排出的废水。虽然排泥水中的污泥取自河道，但流经自来水厂后又加入了混凝剂，而后形成高浊度水。如果集中排出，很容易淤积河道，同时也会影响河流的生态环境。为此，有些距城市污水厂较近的自来水厂，在有可能条件下，将排泥水排入污水处理厂集中处理。当需在自来水厂进行处理时，上清液回用或外排，污泥经浓缩脱水后，外运处置。目前，新建自来水厂应考虑排泥水处理系统。

排泥水处理的流程一般包括以下几部分：排泥水截流、调节、浓缩，污泥调理和污泥脱水。其流程见图 12-10。

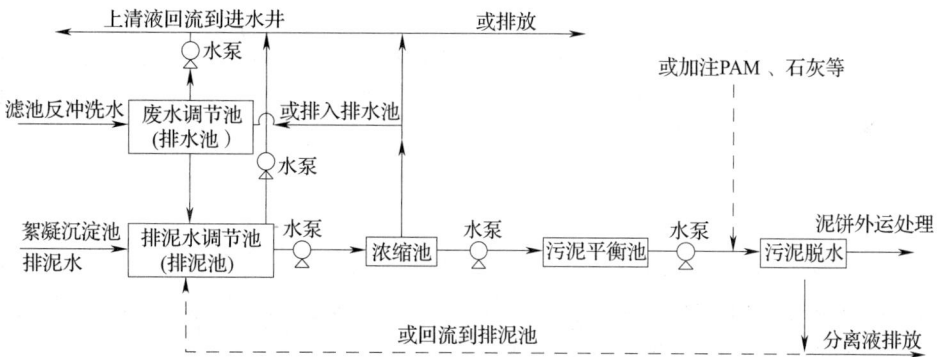

图 12-10　自来水厂排泥水处理系统流程

图 12-10 表达了污泥处理系统各单元进出水方向、排泥水处理的基本流程。一般自来水厂的沉淀、过滤构筑物排泥水占处理水量的 10% 以下。排泥水处理规模由干泥量确定。而实际设计时的污泥处理系统，以干泥量多少来选择污泥提升、污泥脱水、干化设备。排泥水提升、浓缩池设计则按照排泥水量多少进行水力计算。

水厂沉淀（澄清）池排泥和滤池冲洗是间歇进行的，其水质和水量也是变化的。如将这些排泥水直接浓缩，所需浓缩池体积庞大，且管理也困难。因此，截流池一方面收集沉淀（澄清）池和滤池排泥水，同时起调节和平衡浓缩池的进水流量作用。

排泥水浓缩是自来水厂排泥水处理的关键工艺。根据常用的污泥脱水机械的脱水要

295

求，经浓缩后排出的泥浆水含固率应在 2% 以上。按照物料平衡计算，进入浓缩池的排泥水中有 75% 以上的上清液漂出，剩余 25% 以下的泥浆进一步污泥脱水。

自来水厂排泥水处理、处置方法及工艺系统选择，应根据污泥特性和现场条件，综合考虑技术、经济、环境影响和运行、管理等因素确定。

（3）给水处理构筑物选择

给水处理构筑物的类型较多，应根据水源水水质、用水水质要求、水厂规模、水厂可用地面积和地形条件等，通过技术经济比较后选用。以"混凝—沉淀—过滤"的常规处理工艺而言，每一单元处理都应根据上述条件选择合适的处理构筑物形式。例如，隔板絮凝池多用于大、中型规模的自来水厂；无阀滤池一般适应于规模不大于 5 万 m^3/d 的小型水厂；辐流式沉淀池一般用于高浊度水处理；气浮宜用于藻类含量较高的微污染水源水处理。当水厂使用面积有限时，可不采用平流式沉淀池，而采用澄清池、斜管沉淀池。

当处理工艺确定之后，处理构筑物型式选择，仍存在一个优化设计的问题。例如，沉淀池停留时间取高限值时，出水浊度较低，后续过滤负荷降低，过滤面积减少，或冲洗周期增长，冲洗耗水量减少，但沉淀池造价提高。故设计参数选用时需要优化组合。目前，构筑物型式组合和设计参数的选用优化，主要凭设计者经验。如何根据水源水质，采用相关技术集成和构筑物优化组合数学模型有待进一步确定。

12.2 水厂设计

（1）水厂厂址选择

水厂厂址选择是城市规划，给水专项规划中的内容。不仅涉及取水水源评价，城市防洪，还涉及城市发展，工业区布局，重要交通道路的建设等。一般考虑以下几个方面：

1）水厂应设置在城市河流上游，不易受洪水威胁的地方。净水厂及其取水、供水系统属于遭受洪灾或失事损失巨大、影响十分严重的防护对象，其防洪标准不低于城市防洪标准，并留有适当的安全裕度，同时考虑有较好的排水和污泥处置条件。

2）水厂应尽量设置在交通方便，靠近电源的地方。因供水安全要求，一、二类城市主要水厂的供电应采用一级负荷。一、二类城市非主要水厂及三类城市的水厂可采用二级负荷。当不满足时，应设置备用动力设施。

3）考虑水质安全要求，净水厂周围应有良好的卫生环境，并便于设立防护地带。净水厂不应设置在垃圾堆放场，垃圾处理厂，污水处理厂附近。应远离化工厂，或有烟尘排放的地方。

4）净水厂的建设应统一规划，分期实施，应考虑远期发展用地条件及废水处理排放、污泥处置的条件。

5）有良好的工程地质条件，确保水处理构筑物不发生不均匀沉降。

6）合理布局，尽量靠近主要用水区域，减少主干管工程量，节约投资；要少拆迁，不占或少占农田；充分利用地形，把有沉沙特殊处理要求的水厂设在水源附近。

7）当取水水源距离用水区较近时，处理构筑物一般设置在取水构筑物附近。当取水水源远离用水区时，有的处理构筑物设置在取水点附近，其优点是：便于集中管理，水厂排泥水就近排放。主要缺点是：从水厂二级泵房到用水区的清水输水管按照最高日最高时输水量设计，输水管造价提高。

当处理构筑物设在用水区时，水源水由取水泵房或提升泵房通过压力或重力流输送到建有处理构筑物的水厂，经过处理后再输送到用水区管网。浑水输水渠易受污染，多用管道输送。这种布置形式的缺点是把水厂排泥水一并远距离输送，既浪费能量，也增加了城市排水量，但浑水输水管按照最高日平均时流量设计，造价较低。究竟选择何种形式，不仅要考虑技术经济条件，还应考虑水质变化因素。长距离输送自来水时，自来水在管中停留时间较长，水质会有所下降。有研究指出，当取水地点距城市用水区 15km 以上时，自来水厂建设在集中用水区是适宜的。

（2）水厂平面设计

设计一座净水厂，无论规模大小，都包含有取水构筑物、处理构筑物、清水池、二级泵房、药剂调配、投加及存放间。同时还要设置化验室、机修间、材料仓库、车库、配电间以及办公室、食堂宿舍。这些构筑物、建筑物必须根据生产工艺流程分别设置在合适位置。

1）水厂平面布置原则

净水厂基本组成分为生产设施构（建）筑物，附属生产建筑物和辅助建筑物两部分。生产构（建）筑物指的是混凝、沉淀、过滤构筑物和清水池，以及生物氧化，化学氧化构筑物和排泥水调节、浓缩、污泥调配构筑物，供配电建筑物。其平面尺寸按照相应的设计参数确定。附属生产建筑物主要是一、二级泵房、加药间、消毒间。建筑面积根据水厂规模，选用设备情况确定。生产辅助建筑物是指化验室、修理车间、仓库、车库、值班室，生活辅助建筑物包括办公室、食堂、浴室、职工宿舍。其建筑面积根据水厂规模，管理体制和功能确定。

水厂平面布置的主要内容包括：各构筑物建筑物的平面定位；相互连接管渠布置，雨水、生活污水排水布置，道路、围墙、绿化、喷水池景观布置等。一座净水厂构筑物很多，各种管线交错，通常按照以下原则进行布置。

① 确保水处理构筑物功能要求　水处理构筑物是净水厂的主要构筑物。根据水源或原水进水井位置依次布置取水泵房或提升泵房、混凝、沉淀、过滤、深度处理、清水池等处理构筑物。以这些构筑物为主线，力求水流通畅、顺直，避免迂回，然后布置有关生产辅助构筑物和建筑物。混凝剂投加系统是保证混凝沉淀必不可少的，而投加点通常设在絮凝池之前。所以加药间以及混凝剂储存间应设置在投加点附近。考虑到原水水质变化，有的水厂采用了投加粉末活性炭及预氧化工艺，同样也应设置在投加点附近，形成相对完整的加药系统区域。需要考虑生物预氧化处理的水厂，生物氧化池应布置在混凝剂投加点之前。

滤池反冲洗水泵房或高位冲洗水箱和鼓风机房一般紧靠滤池。采用臭氧活性炭深度处理的水厂，提升泵房吸水池及臭氧生产车间、接触氧化池也应在活性炭滤池旁。臭氧生产车间及纯氧储罐应远离水厂其他建筑物道路 10m 以外，远离民用建筑明火或散发火花地点 25m 以外。

二级泵房及吸水井应紧靠清水池。排泥水处理构筑物应设置在排水方便处，且便于泥饼外运。

② 统一规划分期实施　一般净水厂近期设计年限为 5～10 年，远期规划设计年限

10～20年，故应考虑近远期结合，以近期为主的原则。净水厂水处理构筑物远期大多采用逐步分组扩建，而加药间、二级泵房、加氯间则不希望分组过多，所以常常按照5～10年后的规模建设，其中设备仪表则按近期规模设置。

③ 功能分区　大中型规模的净水厂，除设有各种处理构筑物的生产区以外，因所需工作人员较多，还设有办公、中央控制、化验仪表校验、值班宿舍等，常集中在一座办公楼内，同时设有食堂厨房、锅炉房、浴室。这些（生产管理建筑物和生活设施）可组合为生活区，设置在进门附近，与生产区分开、互不干扰。供暖地区锅炉房布置在水厂最小频率风向的上风向。

此外，水厂的机修仓库、车库等组成的附属设施区，有时堆物杂乱、加工制作扬尘，也应和生产区分开。

④ 充分利用地形、土方平衡降低能耗　建设在有一定地形高差的水厂，应充分利用地形，把沉淀、澄清构筑物建造在地形较高处，清水池建造在地形较低处。这不仅使水流顺畅，而且减少了土方开挖及填补土方量。

建有生物预氧化构筑物的水厂，也可设置在原水进水处的地形较低处。水厂排泥水调节池设置在水厂排水口低洼处。

⑤ 布置紧凑，道路顺直　在满足各构筑物功能前提下，各构筑物应紧凑布置，尽量减少各构筑物间连接管渠长度。净水厂的道路布置是平面布置的重要内容。水厂的滤池、加药间、加氯间、一二级泵房附近必须有道路到达，大型水厂可设置双车道或环形道路，所有道路尽量顺直，进出车辆方便行驶，避免水厂布置零散多占土地，增加道路。

上述内容是水厂平面设计时考虑的一般原则，在实际工程设计中，应根据具体地形情况多方案比较后确定。图12-11是一座微污染水源水处理工艺的净水厂，采用了生物预处理、混凝沉淀、砂滤工艺之后又加设了臭氧活性炭深度处理工艺。清水池设置在沉淀池之下，并规划出河道整治距离。

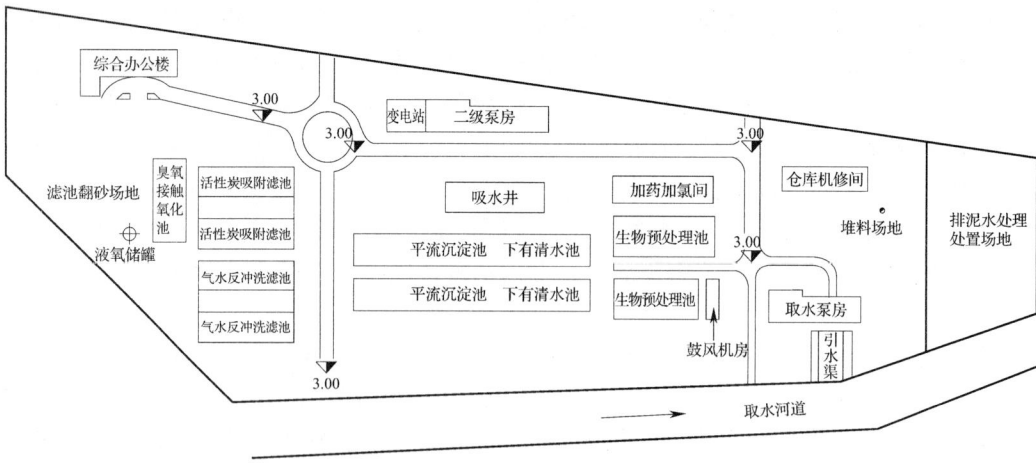

图 12-11　水厂平面布置图

2）构筑物布置

各水厂大多按照生产构筑物为主线，生产建筑物靠近生产构筑物、辅助建筑物另设分

298

区的布置方式。在充分利用地形条件下，力求简捷。同时还要注意的是应和朝向、风向适应。需要散发热量的泵房，其朝向应和水厂夏天最大频率风向一致，有利于自然通风散热。

根据净水厂各构筑物功能和相互关系，水厂构筑物布置形式、特点和基本要求如下：

① 线型布置　这是最为常见的布置形式，从进水到出水，全流程呈直线形。其生产联络管线最短，水流顺畅，有利于分组分期建造，成为各自独立的生产线。与之配合的生产建筑物如加药间可独立设置，同时向几条生产线投加混凝剂。清水池互相连通，由一座二级泵房向用水区供水。

② 折角型布置　当水厂地形或占地面积受到限制时，生产构筑物不能布置成直线型时，有的采用了折角型布置，其生产线呈"L"状。转折点常放在清水池或吸水井，也有的从滤池出水开始转折。如图 12-11 所示。

③ 回转型布置　图 12-12 所示的水厂布置可认为是回转型布置形式。因水厂周围道路和地形限制，只好将生产线转折。可根据需要分期先行建造一组两座澄清构筑物，也可先行建造一座，而一期建造的滤池单边布置。

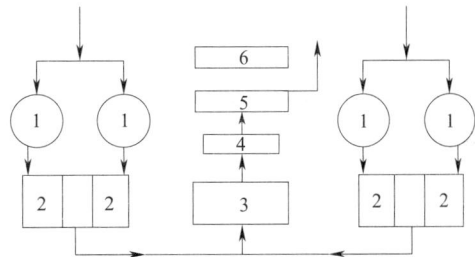

图 12-12　折角、回转型水厂流程
1—机械加速澄清池；2—滤池；3—清水池；
4—吸水井；5—二级泵房；6—加氯加药间

有些水厂把清水池设置在沉淀池之下，如图 12-11 所示，是折角型的另一种形式。无论何种布置形式，都应该考虑近远期结合以及水流顺畅、水头损失较小、利于管理、节约能量、尽量避免二次提升。在地形起伏的地方，将活性炭滤池，清水池布置在最低处，较为合理。

3）附属建筑、道路和绿化

净水厂附属建筑物分为生产附属建筑物和生活附属建筑物。生产附属建筑物包括化验室、机修车间、仓库、汽车库。生活附属建筑物包括行政办公、生产管理部门、食堂、浴室、宿舍等。这些附属建筑物大多集中在一个区间内，管理方便不干扰生产。

水厂道路是各构筑物，建筑物相互联系，运送货物，进行消防的主要设施。一般根据下列要求设计。

① 大中型水厂可设置环形，主干道路，与之相连接的车行道或人行道应到达每一座构筑物建筑物。

② 大型水厂可设置双车道，中小型水厂设置单车道，但必须有回车转弯的地方。

③ 水厂主车道一般设计单车道宽 3.5 ~ 4.0m，双车道宽 6.0 ~ 7.0m，支道和车间、构筑物间引道宽 3m 以上，人行道宽 1.5 ~ 2.0m，人行天桥宽度不宜小于 1.2m。

④ 车行道尽头和材料装卸处必须设置回车道或回车场地，车行道转弯半径 6 ~ 10m，其中主要物料运输道路转弯半径不应小于 9m。

⑤ 水厂应设置大门和围墙。围墙高度不宜小于 2.5m。有排泥水处理的水厂，宜设置脱水泥渣专用通道及出入口。

净水厂是一座整体水域面积较大的厂区，力求在绿草树荫的衬托下，环境优美，所以绿化是不可少的。水厂绿化通常有清水池顶上绿地，道路两侧行道树，各构筑物、建筑物间绿地、花坛，一般根据地理气候条件选择树种和花草。

（3）水厂高程设计

1）水厂高程设计的基本原则

净水厂高程设计主要根据水厂地形，地质条件，各构筑物进出水标高确定。各构筑物的水面高程，一般遵守以下原则：

① 从水厂絮凝池到二级泵房吸水井，应充分利用原有地形条件，力求流程顺畅。

② 各构筑物之间以重力流为宜，对于已有处理系统改造或增加新的处理工艺时，可采用水泵提升，尽量减少能耗。

③ 各构筑物连接管道，尽量减少连接长度。使水流顺直，避免迂回。

④ 除清水池外，其他沉淀、过滤构筑物一般不埋入地下，埋入地下的清水池，吸水井等应考虑放空溢流设施，避免雨水灌入。

⑤ 设有无阀滤池的水厂清水池应尽量放置在地面之上，可以充分利用无阀滤池滤后水水头。

⑥ 在地形平坦地区建造的净水厂，絮凝、沉淀、过滤构筑物，大部分高出地面，清水池部分埋地的高架式布置方法，挖土填土最少。在地形起伏的地方建造的净水厂，力求清水池放在最低处，挖出土方填补在絮凝池之下，即需注意土方平衡。

2）工艺流程标高确定

净水厂各处理构筑物之间均采用重力流时，前一个构筑物出水水面标高和下一个构筑物进水渠中水面标高差值即为连接两构筑物的管（渠）水头损失值。混合池进水分配井或絮凝池进水水位标高和清水池或二级泵房吸水井最高水位标高差值是整个工艺流程中的水头损失值。工艺流程中水头损失值包括两部分组成，一是连接管（渠）水头损失值，一是构筑物中的水头损失值。连接两构筑物管（渠）的水头损失值和连接管（渠）设计流速有关，按照水力计算确定。当有地形高差时，应取用较大流速。构筑物连接管（渠）设计流速及水头损失估算值参见表12-1。

构筑物连接管设计流速及水头损失估算值　　　　　　　　　表12-1

连接管段	设计流速（m/s）	水头损失估算值（m）
一级泵房至絮凝池	1.00～1.20	按照水力计算确定
絮凝池至沉淀池	0.10～0.15	0.10
混合池至澄清池	1.00～1.50	0.30～0.50
沉淀、澄清池至滤池	0.60～1.00	0.30～0.50
滤池至清水池	0.80～1.20	0.30～0.50
清水池至吸水井	0.80～1.00	0.20～0.30
快滤池反冲洗进水管	2.00～2.50	按短管水力计算
快滤池反冲洗排水管	1.00～1.20	按满管流短管水力计算

工艺流程中处理构筑物的水头损失值和构筑物形式有关。从构筑物进水渠水面到出水渠水面之间的高差值均记为构筑物水头损失。通常按表12-2数据选用。

构筑物名称	水头损失（m）	构筑物名称	水头损失（m）
进水井格栅	0.15～0.30	V 形滤池	2.00～2.50
水力絮凝池	0.40～0.50	直接过滤滤池	2.50～3.00
机械絮凝池	0.05～0.10	无阀滤池	1.50～2.00
沉淀池	0.20～0.30	虹吸滤池	1.50～2.00
澄清池	0.60～0.80	活性炭滤池	0.60～1.50
普通快滤池	2.50～3.00	清水池	0.20～0.30

当所设计的构筑物和连接管道水头损失确定后，便可根据地形、地质条件进行高程布置。高程布置图中的构筑物纵向按比例，横向可不按比例绘制，主要注明连接管中心标高，构筑物水面标高，池底标高。图 12-13 为一水厂高程布置图。

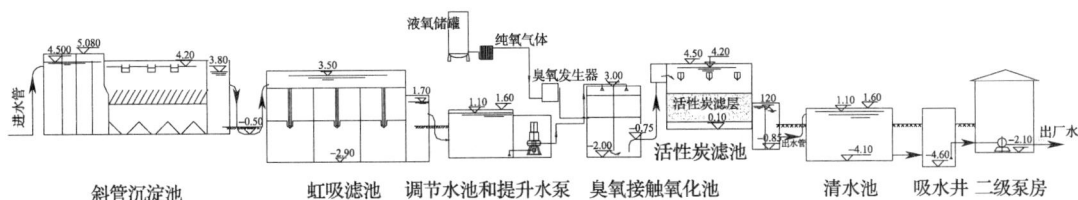

图 12-13　水厂高程布置图

（4）水厂管线设计

1）管线分类及设计

从取水到二级泵房吸水井，需要管渠连接各处理构筑物，所以涉及如下管线：

① 浑水管线　从水源到混合絮凝池或澄清池，或水源到预处理池再到沉淀（澄清）池之间的管道称为浑水管道，一般设计两根。当取水水源远离水厂时，该输水管可采用钢筋混凝土管，玻璃钢夹砂管，球墨铸铁管和钢管。跨越河流，水塘道路多用钢管或球墨铸铁管，埋入厂区道路下时，应保证管顶覆土 0.80m 以上，否则设置管沟。

② 沉淀水管线　从沉淀池或澄清池到滤池之间的管线，分为高架式和埋地式两种。高架式中以输水管渠为多，采用现浇或预制钢筋混凝土方形渠，或压力式涵洞，或重力式渠道上铺盖板，兼作人行通道。埋地式多用钢管或球墨铸铁管。沉淀水管（渠）输水能力按可能超负荷输水流流量计算。水力计算时应注意进口收缩，出水放大时的局部水头损失值。

③ 清水管线　从滤池到清水池，或从砂滤池到活性炭滤池到清水池之间管线。一般采用钢管、球墨铸铁管，也有采用钢筋混凝土管。该类清水管线应注意埋深，进入清水池时可从清水池最高水位以下接入。清水池之间连接管大多埋地较深，也有采用虹吸管连接，增加了操作工序。

④ 生产超越管　指跨越某一构筑物的生产管线。当水厂一期仅设一座澄清（沉淀）池，一座滤池，一座清水池时，应考虑加设生产超越管线，从取水泵房可以直接进入滤池，或从澄清池出水直接进入清水池或吸水井，避免其中一座构筑物因事故检修而停止供水。生产超越管上安装了较多阀门，采用焊接钢管为宜。

⑤ 空气输送管　设有生物氧化预处理池和气水反冲洗滤池的空气输送管，压力一般

为 4~5m，可以设计一座鼓风机房或分开设计两座。空气输送管采用焊接钢管，流速 10~15m/s，并在水平直段加设伸缩接头配件。

⑥ 混凝剂消毒剂等投加管线 投加混凝剂、消毒剂管线通常敷设在管沟内。管沟尺寸按照敷设管线的数量、直径而定。加盖盖板后留出适当空间。同时注意管沟内的雨水排除措施，即在最低处埋设排水管。混凝剂投加管线多用 PVC、PVC-U 塑料管，投加氯气消毒剂时，也可用 PVC、PVC-U 塑料管输送。

从臭氧发生器输出的臭氧化气体加注到臭氧接触氧化池时，或用臭氧消毒时，其输送管线应采用不锈钢管。

⑦ 排水管线 净水厂排水管线包括三部分：第一部分是雨水排放管，收集道路，屋面雨水，按当地降雨强度和 2~5 年的重现期设计排水管径和坡度。雨水排除方法一般用水泥管排入附近雨水管道后流入附近河流，或通过雨水截流池、水泵提升到河道中。建在江河旁边的水厂，应注意洪水时，河水倒灌。建在山脚下的水厂应注意防洪，排洪沟渠不应穿越水厂。

第二部分是生活用水排水管线，应直接排入污水处理厂或者水厂自行设置小型污水处理装置。生活污水管多用水泥管，PVC 管。

第三部分是生产废水管线，即絮凝池，沉淀池排泥水，滤池反冲洗水，一般单独收集，浓缩，脱水，上清液回用或外排。多用低压或重力流钢筋混凝土管、塑料管等。

⑧ 电缆管线净水厂内有动力、照明、通信控制、数据显示等各种电缆电线。在水厂平面设计时应留出相应位置。采用设置电缆沟方式，将各类电缆集中敷设在沟内，为便于安装检修，电缆沟尺寸在 0.80m×0.80m 以上，同时注意加设排除雨水措施。

2）连接管线水力计算

各构筑物间连接管线水力计算可先选定连接管管径（或输水渠断面），根据两端标高差值，验算输水能力，如不能满足设计要求，再行调整管径或构筑物水位差。

有关构筑物连接管渠流速可选用表 12-1 中数据，按短管计算，计入局部水头损失。

12.3 水厂生产过程检测和控制

净水厂的生产过程涉及混凝剂、助凝剂、消毒剂的投加，水质状态参数的变化以及水流速度，水头损失等多种影响因素。为了科学管理，优化运行，降低药耗、能耗、水耗，最大限度降低制水成本，越来越多的水厂采用了生产过程自动检测和自动化控制系统。在水厂设计时应充分考虑这一因素或预留检测、自动控制系统端口。

（1）生产过程在线检测的内容

净水厂通常在各相关构筑物、设备上安装在线检测仪表，以及传感器变送器等。检测仪表检测的数据变为电流、电压传送到单项构筑物控制室或传送到全厂调度控制中心，或传送到整个给水系统调度控制中心，进行分级调度或全厂系统调度。所以，生产过程检测是控制调度的基础资料，力求准确可靠。根据构筑物工艺要求，净水厂生产过程在线检测的内容大致如下：

1）取水水源检测：包括水位指示，水温、浊度、水源水质（pH、COD、色度、氨氮、溶解氧等），并有水位、COD、氨氮上限报警显示。

地下水取水时，应检测水源井水位，出水流量、出水压力，以及深井泵工作状态工作电流、电压与功率。

2）一级取水泵房检测：吸水井水位，水泵开启台数，水泵压力、流量，水泵电机工作电流、电压与功率、温度及报警显示。

3）生物预氧化处理池：水中溶解氧浓度，分段测定氨氮浓度、COD 含量、生物滤池过滤阻力、空气输送流量、鼓风机电机工作电流、电压与功率、温度及报警显示。

4）絮凝沉淀或澄清池检测：进出口水位，进水流量，（进）出水浊度，存泥区泥位。

5）混凝剂、氯气等投加系统检测：混凝剂溶液池浓度，混凝剂投加量，氯气投加量，氯瓶重量及氯气泄漏报警，氨投加量，氨瓶容量及氨气泄漏报警。

6）滤池控制：分格检测滤池液位，过滤水头损失，滤后出水浊度，滤后出水余氯，反冲洗水泵流量、压力，空气冲洗时空气流量、压力，高位水箱水位，提升水泵流量压力。

7）臭氧—活性炭深度处理检测：臭氧生产及空气净化系统或液氧储存系统已有相应检测显示仪表，应接入调度控制中心。还应检测臭氧化气体中臭氧浓度，臭氧接触氧化池尾气中臭氧浓度，臭氧生产车间臭氧浓度，活性炭滤池进水中臭氧浓度，活性炭滤池进出水中 COD、色度、氨氮浓度、DO。

8）清水池及吸水井检测：最高、最低水位。

9）二级泵房检测：出水总管压力、流量（及累积值）、出水浊度、余氯、pH，单台水泵压力流量，水泵电机工作电流、电压与功率、温度及报警显示。

10）排泥水处理检测：排水池、排泥池水位，排泥池泥位、调节池水位、浓缩池进出水浓度、污泥脱水排水浓度及离心脱水机工作参数。

11）管网检测：不同测点的水压、流量、浊度、余氯等。

12）变配电间检测：接线系统电流、电压、有功功率。

（2）水厂分级调度控制

一般净水厂采用二级调度控制，即单项构筑物控制，全厂性调度控制或全公司调度控制。其中单项构筑物控制（一级控制）属生产过程控制，包括以下内容：

1）根据水质特征参数，改变混凝剂投加量和助凝剂投加量，氯气投加量等；

2）根据泥位高低确定吸（刮）泥机开停时间；

3）根据滤池出水浊度变化或过滤水头损失，调整单格滤池反冲洗周期和反冲洗时间；

4）根据清水池水位和出水管压力调整二级泵房水泵开启台数和阀门开启程度；

5）根据清水池水位，调整取水泵开启台数和阀门开启程度。

二级控制属全厂性运转调度控制，一般在水厂控制调度中心采用计算机网络或 PLC 联网系统采集各单项构筑物运行参数，并根据本厂特点发出指令或直接对生产过程进行操作，使水厂运行处于优化状态。

三级控制为整个供水系统运行调度控制，根据管网供水现状和多座水厂的运行及备用水源调度，由自来水公司或城市供水控制调度中心发出指令，各水厂或分公司进行全厂性调度控制。

13 水的软化与除盐

13.1 软化与除盐概述

（1）软化除盐基本方法

无论是工业生产用水或是生活用水均对水的硬度、含盐量有一定的要求，特别是锅炉用水对硬度指标要求严格。含有硬度、盐类的水进入锅炉，会在锅炉内生成水垢，降低传热效率、增大燃料消耗，甚至因金属壁面局部过热而烧损部件。因此，对于低压锅炉，即使取用总硬度不大于 120mg/L（$CaCO_3$ 计）的（习惯称为）非硬水，一般也要进行水的软化处理，对于中、高压锅炉，则要求进行水的软化与脱盐处理。

软化处理主要去除水中的部分硬度或者全部硬度，常用药剂软化、离子交换方法。

除盐处理是针对水中的各种离子以减少水中溶解盐类的总量，满足中、高压锅炉用水以及医药、电子工业的生产用水要求。去除部分离子、降低含盐量、海水淡化和苦咸水淡化也是除盐处理的内容。

除盐处理的基本方法是：离子交换法、膜分离（反渗透、电渗析）法和蒸馏法等。

可以看出，水的软化和除盐主要是针对水中的离子而采取的处理工艺。软化、除盐设备必须有很好的离子交换功能或离子拦截功能。为了更好发挥软化、除盐设备的功能，防止设备堵塞、污染，应根据软化、除盐设备进水水质要求对原水进行合适的预处理。各种软化、除盐设备进水水质要求见表 13-1。

各种软化、除盐设备进水水质要求   表 13-1

项　　目		离子交换	电渗析	反渗透	电除盐
污染指数 SDI		—	<5	<5	
浑浊度 （NTU）	对流再生	<2	<1.0	<1.0	
	顺流再生	<5			
水温（℃）		5~40	5~40	5~35	5~40
pH		—	—	3~11	5~9
化学耗氧量（高锰酸钾法，以 O_2 表示）（mg/L）		<2	<3	<3	—
游离氯（以 Cl_2 表示）（mg/L）		<0.1	<0.3	控制值为 0（允许最大值小于 0.1）	0.05
含铁量（以 Fe 表示）（mg/L）		<0.3	<0.3	<0.05	<0.01
含锰量（以 Mn 表示）（mg/L）		—	<0.1	—	（两项合计）

注：1. 强碱Ⅱ型树脂、丙烯酸树脂的进水水温不应高于 35℃；
    2. 电除盐装置的进水宜为反渗透装置的产品水，进水 SiO_2 <0.5mg/L，总硬度 <1mg/L（$CaCO_3$），总含盐量 <10~25mg/L，总有机碳 <0.5mg/L。

（2）离子浓度表示方法

水中的 Ca^{2+}、Mg^{2+} 构成了水的硬度，其单位以往习惯用 meq/L（毫克当量/L）表示。国外也有以 10mgCaO/L 作为 1 度（如德国），也有换算成 mgCaCO_3/L 表示（如美国、日本）。它们之间的换算关系为：1meq 硬度/L = 2.8 德国度 = 50mgCaCO_3/L。

按照法定计量单位，硬度应统一采用物质的量浓度 c 及法定单位 mol/L 或 mmol/L 表示。1mol 的某一物种是指 6.022×10^{23} 个该物种粒子（分子、离子和电子）的质量。记为：c（Ca^{2+}）、c（Mg^{2+}），表示 Ca^{2+}、Mg^{2+} 的摩尔浓度。可以看出，物质的量 m（mol）与基本单元 X 的粒子数 N 之间有如下关系：

$$m(X)(\text{mol}) = \frac{N(X)(\text{粒子个数})}{6.022 \times 10^{23}} \tag{13-1}$$

以 Ca^{2+}、Mg^{2+} 硬度为例，根据基本单元 X 的表示方法，可以是 Ca^{2+}、Mg^{2+}，亦可采用 $1/2Ca^{2+}$、$1/2Mg^{2+}$，表示当量粒子，$M\left(\frac{1}{2}Ca^{2+}\right)$ 表示当量粒子摩尔质量。引入的当量粒子摩尔质量在数值上等于电解质离子的摩尔质量 M（g/mol）除以离子的电荷数（或当量数），表达式为：

$$M\left(\frac{1}{z}X\right) = \frac{1}{z}M(X)(\text{g/mol})，以 Ca^{2+} 为例，M\left(\frac{1}{2}Ca^{2+}\right) = \frac{40}{2}\text{g/mol} = 20\text{g/mol} 由此得出：$$

$$n\left(\frac{1}{z}X\right) = z \cdot n(X)(\text{mol}) \tag{13-2}$$

式（13-2）中的 n 表示当量离子个数，z 等于离子电荷数（或当量数），$\frac{1}{z}X$ 为当量粒子。可以解释为离子电荷（或当量）数为 z 的 n（mol）的 X 离子，其当量粒子摩尔数等于 zn（mol）。以 Ca^{2+} 为例，离子电荷数为 2 的 3mol 的 Ca^{2+} 离子，其当量粒子摩尔数等于 6mol。以当量粒子 $\frac{1}{2}Ca^{2+}$、$\frac{1}{2}Mg^{2+}$ 表示硬度时，符合软化除盐反应中各反应物质等当量反应的规律，meq/L 浓度和 mmol/L 浓度完全相同。在计算离子平衡时，以往的 "meq/L" 可代之以 "mmol/L" 而数值保持不变，既符合法定计量单位的使用规则，又保留了当量浓度表示方法的某些优点，有许多方便之处，得到了广泛采用。

如果以 n 表示物质的量（mol），以 c 表示物质的量浓度（mol/L），以 m 表示物质的质量（g），以 M 表示摩尔质量（g/mol），以 V 表示溶液体积（L），它们之间的关系可表示为：

$$c_B = \frac{n_B(\text{mol})}{V(\text{L})} = \frac{m(\text{g})}{M_B\left(\frac{\text{g}}{\text{mol}}\right) \cdot V(\text{L})}$$

或

$$m(g) = n_B(\text{mol}) \cdot M_B\left(\frac{\text{g}}{\text{mol}}\right) = c_B\left(\frac{\text{mol}}{\text{L}}\right) \cdot M_B\left(\frac{\text{g}}{\text{mol}}\right) \cdot V(\text{L})$$

按照上述符号，以 Ca^{2+} 为例，本教材将离子摩尔质量、摩尔浓度和当量粒子摩尔质量、当量粒子摩尔浓度分别表示为：

$M(Ca^{2+})$（钙离子摩尔质量）= 40g/mol（或 40mg/mmol）；

$M\left(\frac{1}{2}Ca^{2+}\right)$（钙离子当量粒子摩尔质量）= 20g/mol（或 20mg/mmol）；

$c(Ca^{2+})$（钙离子的摩尔浓度），以 mol/L（或 $mmol/L$）表示；

$c(\frac{1}{2}Ca^{2+})$ 或 $[Ca^{2+}]$（钙离子当量粒子摩尔浓度），以 mol/L（或 $mmol/L$）表示。

水处理中所采用的基元当量粒子有以下几种：

1）阳离子：H^+、Na^+、K^+、$\frac{1}{2}Ca^{2+}$、$\frac{1}{2}Mg^{2+}$

2）阴离子：OH^-、HCO_3^-、$\frac{1}{2}CO_3^{2-}$、$\frac{1}{2}SO_4^{2-}$、Cl^-

3）酸、碱、盐：HCl、$\frac{1}{2}H_2SO_4$、$NaOH$、$\frac{1}{2}CaO$、$\frac{1}{2}CaCO_3$

软化除盐有关的阳离子、阴离子、酸、碱、盐的当量粒子摩尔质量见表13-2。

软化除盐中有关的当量粒子摩尔质量 表13-2

阳离子	当量粒子摩尔质量（mg/mmol）	阴离子	当量粒子摩尔质量（mg/mmol）	酸碱盐	当量粒子摩尔质量（mg/mmol）
Ca^{2+}	$40/2 = 20$	HCO_3^-	61	HCl	36.5
Mg^2	$24/2 = 12$	SO_4^{2-}	$96/2 = 48$	H_2SO_4	$98/2 = 49$
Na^+	23	Cl^-	35.5	$NaOH$	40
K^+	39	CO_3^{2-}	$60/2 = 30$	CaO	$56/2 = 28$
H^+	1	OH^-	17	$CaCO_3$	$100/2 = 50$

以 Ca^{2+} 硬度为例，离子浓度单位表示方法及换算关系见表13-3。

Ca^{2+} 硬度单位表示方法及换算关系 表13-3

表示方法		物质的量浓度		当量浓度	$CaCO_3$的质量浓度	德国度
定 义		$c(Ca^{2+}) = n(Ca^{2+})/V$	$c[(1/2)Ca^{2+}] = n[(1/2)Ca^{2+}]/V$	Ca^{2+}的毫克当量数/体积	$CaCO_3$的质量/体积	$10mgCaO/L$
单 位		$mmol/L$	$mmol/L$	meq/L	mg/L	$°dH$
换算关系	$c(Ca^{2+})$ $mmol/L$	1.0	2.0	2.0	100	5.6
	$c[(1/2)Ca^{2+}]$ $mmol/L$	0.5	1.0	1.0	50	2.8
	meq/L	0.5	1.0	1.0	50	2.8
	$mgCaCO_3/L$	0.01	0.02	0.02	1.0	0.056
	$°dH$	$\frac{10}{56} = 0.179$	$\frac{10}{28} = 0.357$	$\frac{10}{28} = 0.357$	$\frac{10}{28} \times 50 = 17.86$	1.0

【例题 13-1】 在 $1m^3$ 水中含有钙离子 40g，试用不同的表达方法表示其硬度。

【解】 可以按照以下 5 种方法表示：

① 以 mol/L 表示

$1molCa^{2+}/L$ 等于 $40gCa^{2+}/L$，Ca^{2+} 摩尔质量 $M(Ca^{2+}) = 40g/mol$

钙离子（Ca^{2+}）浓度 $c(Ca^{2+}) = \frac{40g}{1000L} \times \frac{1}{40g/mol} = 0.001mol/L = 1mmol/L$。

② 以 meq/L 表示

一种离子的 meq 等于该离子的原子量（以 mg 计）除以化合价。$1meqCa^{2+} = 40/2 =$

$20mgCa^{2+}$，钙离子（Ca^{2+}）浓度 $N_{Ca} = \dfrac{40g \times 1000mg/g}{1000L} \times \dfrac{1}{20mg/meq} = 2meq/L$

③ 以当量粒子 $\dfrac{1}{2}Ca^{2+}$ 表示

Ca^{2+} 的当量粒子摩尔质量是 $20mg/mmol$，即 $M\left(\dfrac{1}{2}Ca^{2+}\right) = 20mg/mmol$，钙离子（$Ca^{2+}$）当量粒子摩尔浓度：

$$c\left(\dfrac{1}{2}Ca^{2+}\right) = \dfrac{40g \times 1000mg/g}{1000L} \times \dfrac{1}{20mg/mmol} = 2mmol/L（相当于 2meq/L）$$

④ 以 $mgCaCO_3/L$ 计

$1meqCaCO_3 = 100/2 = 50mgCaCO_3$

钙离子（Ca^{2+}）浓度 $\rho(Ca^{2+}) = \dfrac{40g \times 1000mg/g}{1000L \times (20mg/meq)} \times \dfrac{50mgCaCO_3}{meq} = 100mgCaCO_3/L$

或 $M(CaCO_3) = 100mg/mmol$，$\rho(Ca^{2+}) = \dfrac{1mmol}{L} \times \dfrac{100mg}{mmol} = 100mgCaCO_3/L$

⑤ 以德国度（$^{\circ}dH$）表示

$10mgCaO/L$ 作为 1 德国度，$1meqCaO/L = 56/2 = 28mgCaO/L = 2.8$ 德国度，则钙离子（Ca^{2+}）浓度为：

$$H_{Ca} = \dfrac{40g \times 1000mg/g}{1000L} \times \dfrac{1}{20mg/meq} \times \dfrac{2.8^{\circ}d}{meqCaO/L} = 5.6^{\circ}dH$$

上述离子浓度表示方法，一般适用于离子含量较高的情况。经软化除盐后的工业用水中离子浓度很低，不足几个 mg/L，远小于 $1meq/L$，用质量浓度表示时测定麻烦，不如电导性测定简便。为此，通常采用水的导电指标（电阻率或电导率）来表示水的纯度。水的纯度越低，含盐量越大，水的导电性能越强，电阻越弱。反之，导电性能很弱，电阻很大的水必然是含盐量很低的水。

水的电阻率是指断面 $1cm \times 1cm$、长 $1cm$ 体积的水所测得电阻，单位："欧姆·厘米"，符号：$\Omega \cdot cm$。水的电阻率和水的温度有关。我国规定测量电阻率均以水温为 $25^{\circ}C$ 时数值为标准。在 $25^{\circ}C$ 时，理论上的纯水电阻率的约等于 $18.3 \times 10^{6}\Omega \cdot cm$。一般井水、河水的电阻率只有几百到 $1000\Omega \cdot cm$。

纯水的电阻率很大，为方便起见，常用电阻率的倒数表示，称为电导率。表示纯水电导率的单位是 $\mu S/cm$（微西门子/厘米，$1\mu S/cm = 10^{-6}S/cm$）。纯水电阻率 $25 \times 10^{6}\Omega \cdot cm$ 相当于电导率 $\dfrac{1}{25 \times 10^{6}} = 0.04\mu S/cm$。

常见的除盐水、纯水、高纯水 $25^{\circ}C$ 导电指标见表 13-4。

除盐水、纯水、高纯水电导率和残余含盐量 表 13-4

	除盐水	纯水	高纯水	理论纯水
电导率（$\mu S/cm$）	10~1	1~0.1	<0.1	0.0548
残余含盐量（mg/L）	1~5	1	0.1	≈ 0

注：仅去除电介质的水称为除盐水，不仅去除电介质还去除非电介质的水成为纯水。

（3）水中离子假想组合

天然水中的阳离子主要是 Ca^{2+}、Mg^{2+}、Na^+（包括 K^+），阴离子主要是 HCO_3^-、SO_4^{2-}、Cl^-，其他离子含量均较低。就整个水体来说是电中性的，亦即水中阳离子的电荷总数等于阴离子的电荷总数。实际上，这些离子并非以化合物形式存在于水中，但是一旦将水加热，便会按一定规律先后分别组合成一些化合物从水中沉淀析出。钙、镁的重碳酸盐转化成难溶解的 $CaCO_3$ 和 $Mg(OH)_2$ 首先沉淀析出，其次是钙、镁的硫酸盐，而钠盐析出最难。在水处理中，往往根据这一现象将有关离子假想组合一起，写成化合物的形式。

水中阳离子与阴离子的组合顺序是：Mn^{2+}、Fe^{2+}、Al^{3+}、Ca^{2+}、Mg^{2+}、Na^+（包括 K^+）。

水中阴离子与阳离子的组合顺序是：PO_4^{3-}、HCO_3^-、CO_3^{2-}、OH^-、F^-、SO_4^{2-}、NO_3^-、Cl^-。

从水中阳离子与阴离子组合顺序中来看，Fe^{2+} 排列在 Ca^{2+}、Mg^{2+} 之前，在有氧存在条件下，$Fe(HCO_3)_2$ 和石灰反应，生成 $Fe(OH)_3$ 沉淀，反应式为：

$$4Fe(HCO_3)_2 + 8Ca(OH)_2 + O_2 = 4Fe(OH)_3 + 8CaCO_3 + 6H_2O$$

如果仅有石灰（$Ca(OH)_2$）和 $Fe(HCO_3)_2$ 反应，不便生成（$Fe(OH)_3$）沉淀。为不影响 $Mg(HCO_3)_2$ 生成量，从安全考虑，$Fe^{2+} < 0.3mg/L$ 时，$Ca(OH)_2$ 和 $Fe(HCO_3)_2$ 反应，按照当量粒子摩尔浓度计算，去除少量铁即可。

【例题 13-2】有一井水水质分析资料如下：

总硬度（以 $CaCO_3$ 计）＝400mg/L，其中：钙硬度（以 $CaCO_3$ 计）＝255mg/L，镁硬度（以 $CaCO_3$ 计）＝145mg/L，Na^+＝67.6mg/L，K^+＝3.5mg/L，碱度（以 $CaCO_3$ 计）＝340mg/L，SO_4^{2-}＝110mg/L，Cl^-＝68.87mg/L。根据上述资料，写出水的 pH＝7.5 时的离子假想组合关系图。

【解】当水的 pH≤7.5 时，认为水中不含有 CO_3^{2-}，仅有 HCO_3^- 离子。$CaCO_3$ 的当量粒子摩尔质量为 $M\left(\frac{1}{2}CaCO_3\right)=50mg/mmol$，以当量粒子摩尔浓度表示离子浓度，计算结果见表 13-5。

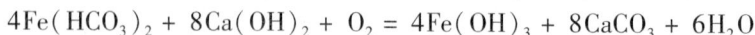

当量粒子摩尔浓度计算表　　　　　　　　　　表 13-5

阳　离　子		阴　离　子	
Ca^{2+}	$\dfrac{255mg/L}{50mg/mmol}=5.10mmol/L$	HCO_3^-	$\dfrac{340mg/L}{50mg/mmol}=6.80mmol/L$
Mg^{2+}	$\dfrac{145mg/L}{50mg/mmol}=2.90mmol/L$	SO_4^{2-}	$\dfrac{110mg/L}{48mg/mmol}=2.29mmol/L$
Na^+	$\dfrac{67.6mg/L}{23mg/mmol}=2.94mmol/L$	Cl^-	$\dfrac{68.87mg/L}{35.5mg/mmol}=1.94mmol/L$
K^+	$\dfrac{3.5mg/L}{39mg/mmol}=0.09mmol/L$		
合计	$\sum$ 阳离子 ＝ 11.03mmol/L	合计	$\sum$ 阴离子 ＝ 11.03mmol/L

假想组合结果见表 13-6。

$Ca^{2+}=5.10$ mmol/L	$Mg^{2+}=2.90$ mmol/L		$Na^+=2.94$ mmol/L	$K^+=0.09$ mmol/L
$HCO_3^-=6.80$ mmol/L	$SO_4^{2-}=2.29$ mmol/L		$Cl^-=1.94$ mmol/L	
$Ca(HCO_3)_2=5.10$ mmol/L	$Mg(HCO_3)_2=$ 1.70mmol/L	$MgSO_4=$ 1.20mmol/L	$Na_2SO_4=$ 1.09mmol/L	$NaCl=$ 1.85mmol/L $KCl=$ 0.09mmol/L

总硬度：400mg/L÷50mg/mmol=8.00mmol/L，碳酸盐硬度：6.8mmol/L，非碳酸盐硬度：1.20mmol/L。

13.2 水的药剂软化

水的药剂软化是根据溶度积原理，投加一些药剂（如石灰、苏打）于水中，使之和水中的钙镁离子反应生成难溶化合物如 $CaCO_3$ 和 $Mg(OH)_2$，通过沉淀去除，达到软化的目的。

药剂软化或加热时，Ca^{2+}、Mg^{2+}、Fe^{3+}、Mn^{2+}、Al^{3+} 等形成的难溶盐类和氢氧化物都会沉淀下来。在一般天然水中，Ca^{2+}、Mg^{2+} 的结晶沉淀物较多，其他离子氢氧化物含量很少。构成硬度的是 Ca^{2+}、Mg^{2+}，所以通常以水中钙、镁离子的总含量称为水的总硬度 H_t。硬度又可分为碳酸盐硬度 H_c 和非碳酸盐硬度 H_n。碳酸盐硬度在加热时易沉淀析出，称为暂时硬度，而非碳酸盐硬度在加热时不沉淀析出，又称为永久硬度。

水处理中常见的一些难溶化合物的溶度积见表 13-7。

几种难溶化合物（25℃）的溶度积   表 13-7

化合物	$CaCO_3$	$CaSO_4$	$Ca(OH)_2$	$MgCO_3$	$Mg(OH)_2$	$Fe(OH)_3$
溶度积	4.8×10^{-9}	6.1×10^{-5}	3.1×10^{-5}	1.0×10^{-5}	5.0×10^{-12}	3.8×10^{-38}

水的软化处理药剂有石灰、苏打、苛性钠，根据水质特点通常采用一种药剂或采用两种药剂配合使用。目前使用较多的是石灰、苏打药剂软化。

（1）石灰软化

石灰 CaO 加水反应称为消化过程，其生成物 $Ca(OH)_2$ 称为熟石灰或消石灰。熟石灰 $Ca(OH)_2$ 投入到含有构成硬度离子的水中，发生下列化学反应：

$Ca(OH)_2$ 首先与水中的游离 CO_2 反应，即：

$$CO_2+Ca(OH)_2\longrightarrow CaCO_3\downarrow+H_2O \tag{13-3}$$

其次与水中的碳酸盐硬度 $Ca(HCO_3)_2$ 和 $Mg(HCO_3)_2$ 反应：

$$Ca(OH)_2+Ca(HCO_3)_2\longrightarrow 2CaCO_3\downarrow+2H_2O \tag{13-4}$$

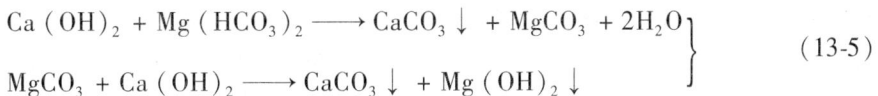
$$\left.\begin{array}{l}Ca(OH)_2+Mg(HCO_3)_2\longrightarrow CaCO_3\downarrow+MgCO_3+2H_2O\\MgCO_3+Ca(OH)_2\longrightarrow CaCO_3\downarrow+Mg(OH)_2\downarrow\end{array}\right\} \tag{13-5}$$

根据各反应物质等当量反应的原则可知，去除 1mol 的 $Ca(HCO_3)_2$，需要 1mol 的 $Ca(OH)_2$。当石灰和 $Mg(HCO_3)_2$ 反应时，第一步生成的 $MgCO_3$ 溶解度较高，还需要再与 $Ca(OH)_2$ 进行第二步反应，生成溶解度很小的 $Mg(OH)_2$ 才会沉淀析出。所以去除 1mol 的 $Mg(HCO_3)_2$，需要 2mol 的 $Ca(OH)_2$。

从上述的反应可以看出，投加石灰的实质是使水中的碳酸平衡向右移动，生成 CO_3^{2-}，如式（13-6）所示。

$$H_2O + CO_2 \Leftrightarrow H^+ + HCO_3^- \Leftrightarrow 2H^+ + CO_3^{2-} \tag{13-6}$$

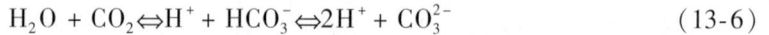

因此，投加石灰后，最先消失的应为 CO_2，亦即石灰首先与 CO_2 反应。当投加的石灰量有富余时，石灰继续与 $Ca(HCO_3)_2$ 和 $Mg(HCO_3)_2$ 反应。

石灰与非碳酸盐硬度的反应如下式：

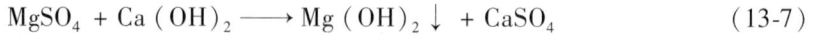

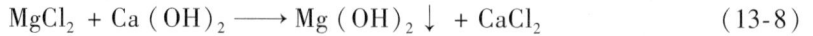

$$MgSO_4 + Ca(OH)_2 \longrightarrow Mg(OH)_2\downarrow + CaSO_4 \tag{13-7}$$

$$MgCl_2 + Ca(OH)_2 \longrightarrow Mg(OH)_2\downarrow + CaCl_2 \tag{13-8}$$

由此可见，镁的非碳酸盐硬度虽也能与石灰作用，生成 $Mg(OH)_2$ 沉淀，但同时生成等当量钙的非碳酸盐硬度，这部分硬度仍然不能去除。所以，石灰软化无法去除水中的非碳酸盐硬度。

石灰反应生成的 $CaCO_3$ 和 $Mg(OH)_2$ 沉淀物常常不能全部聚结成大粒径颗粒沉淀下来，仍有少量呈胶体状态残留在水中。特别是当水中有机物存在时，它们吸附在胶体颗粒上，起保护胶体的作用，使胶体颗粒在水中更加稳定。在这种情况下，石灰软化处理后，残留在水中的 $CaCO_3$ 和 $Mg(OH)_2$ 含量有所增加。所以，石灰软化经常与混凝处理同时进行。实践证明，铁盐混凝剂具有较好去除微小硬度颗粒的作用。

石灰软化时石灰用量不仅与中的 Ca^{2+}、Mg^{2+} 含量有关，还和水中铁、硅含量等有关，应通过试验确定。在进行设计或拟定试验方案时，需要预先知道石灰用量的近似值，[CaO]（以 100% CaO 当量粒子摩尔浓度计算）可按下式进行估算：

$$[CaO] = \{[CO_2] + [Ca(HCO_3)_2] + 2[Mg(HCO_3)_2] + [Fe] + K + \alpha\}\ (mmol/L) \tag{13-9a}$$

式中 $[Ca(HCO_3)_2]$——假想组合的 $Ca(HCO_3)_2$ 当量粒子摩尔浓度，mmol/L；

         $[Mg(HCO_3)_2]$——假想组合的 $Mg(HCO_3)_2$ 当量粒子摩尔浓度，mmol/L；

         $[CO_2]$——水中游离的 CO_2 当量粒子摩尔浓度，mmol/L；

         $[Fe]$——水中 Fe^{2+} 当量粒子摩尔浓度，mmol/L；

         K——混凝剂投加量，mmol/L；

         α——CaO 过剩量，一般为 0.1~0.2mmol/L。

当水的钙硬度大于碳酸盐硬度，水中碳酸盐硬度仅以 $Ca(HCO_3)_2$ 形式出现，不存在 $Mg(HCO_3)_2$ 形式的硬度。石灰用量（以 100% 纯度 CaO 当量粒子摩尔浓度计算）公式变为：

$$[CaO] = \{[CO_2] + [Ca(HCO_3)_2] + [Fe] + k + \alpha\}\quad (mmol/L) \tag{13-9b}$$

【例题 13-3】 一城市自来水水质部分分析资料如下：

$Na^+ = 46mg/L$，$K^+ = 31.9mg/L$，$Ca^{2+} = 40mg/L$，$Mg^{2+} = 26.4mg/L$，$HCO_3^{-1} = 213.5mg/L$，$Fe^{2+} = 0.168mg/L$，游离 $CO_2 = 2.2mg/L$。采用石灰软化若不计混凝剂投加量和石灰过剩余量对石灰投加量的影响，试估算软化每 $1m^3$ 水投加纯度为 80% 的石灰量是多少？

【解】 $m(CO_2) = 2.2mg/L$，当量粒子摩尔浓度 $[CO_2]$ 或 $c(CO_2) = 2.2/22 = 0.1mmol/L$

$m(Ca^{2+}) = 40mg/L$，当量粒子摩尔浓度 $[Ca^{2+}]$ 或 $c\left(\frac{1}{2}Ca^{2+}\right) = 40/20 = 2.0mmol/L$

$m(Mg^{2+}) = 26.4mg/L$，当量粒子摩尔浓度 $[Mg^{2+}]$ 或 $c\left(\frac{1}{2}Mg^{2+}\right) = 26.4/12 =$

2.2mmol/L

$m(\text{Fe}^{2+}) = 0.168\text{mg/L}$，当量粒子摩尔浓度 $[\text{Fe}^{2+}]$ 或 $c\left(\frac{1}{2}\text{Fe}^{2+}\right) = 0.168/28 = 0.006\text{mmol/L}$

$m(\text{HCO}_3^{-1}) = 213.5\text{mg/L}$，当量粒子摩尔浓度 $[\text{HCO}_3^{-1}]$ 或 $c(\text{HCO}_3^{-1}) = 213.5/61 = 3.5\text{mmol/L}$

根据假想组合得：$[\text{Ca}(\text{HCO}_3)_2]$（当量粒子摩尔浓度）$= 2.0\text{mmol/L}$

$[\text{Mg}(\text{HCO}_3)_2]$（当量粒子摩尔浓度）$= 1.5\text{mmol/L}$

代入式 (13-9a)，得石灰投加量为：

$[\text{CaO}] = 28(\text{mg/mmol}) \times (0.1 + 2.0 + 2 \times 1.5 + 0.006)\text{mmol/L} = 28 \times 5.106 = 143\text{mg/L}$

每软化 1m^3 水投加纯度为 80% 的石灰量约为 $143\text{mg/L} \times \dfrac{1000\text{L/m}^3}{1000\text{mg/g}} \times \dfrac{1}{0.8} = 179\text{g}$。

经石灰处理后，水的剩余碳酸盐硬度可降低到 0.25～0.5mmol/L，剩余碱度约为 0.8～1.2mmol/L。石灰软化法虽以去除碳酸盐硬度为目的，但同时还可去除部分铁、硅和有机物。经石灰处理后，硅化合物可去除 30%～35%，有机物可去除 25%，铁残留量约 0.1mg/L。

在水的药剂软化中，石灰软化是最常用的方法。石灰价格低、货源广，很适用于原水的碳酸盐硬度较高、非碳酸盐硬度较低的且不要求深度软化的场合。

(2) 石灰 – 苏打软化

这一方法是同时投加石灰和苏打（Na_2CO_3）的软化方法。其中石灰去除碳酸盐硬度，苏打去除非碳酸盐硬度，化学反应如下：

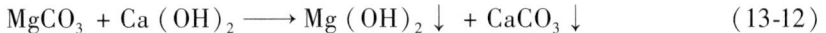

$$\text{CaSO}_4 + \text{Na}_2\text{CO}_3 \longrightarrow \text{CaCO}_3 \downarrow + \text{Na}_2\text{SO}_4 \tag{13-10}$$

$$\text{MgSO}_4 + \text{Na}_2\text{CO}_3 \longrightarrow \text{MgCO}_3 + \text{Na}_2\text{SO}_4 \tag{13-11}$$

$$\text{MgCO}_3 + \text{Ca}(\text{OH})_2 \longrightarrow \text{Mg}(\text{OH})_2 \downarrow + \text{CaCO}_3 \downarrow \tag{13-12}$$

此法适用于硬度大于碱度的水。

采用石灰软化时宜选用悬浮澄清池（器）或机械搅拌澄清池（器）或反应沉淀池、水力涡流反应器。且不少于 2 座，以便一座检修时仍能正常运行。石灰或石灰苏打软化后应进行过滤，过滤器不少于 2 座，每昼夜冲洗 1～2 次为宜。

选用的石灰粉和氢氧化钙纯度宜在 80% 以上，石灰消化及石灰乳液配制应采用石灰处理后的软化水，设备、管道冲洗最好也用软化水。配制的石灰乳浓度控制在 2%～3%（以 CaO 计）为宜。

投加石灰乳的自流管坡度应大于 5%；输送石灰乳管道管内流速不宜小于 2.5m/s；管道弯头、三通和穿墙处管段应设法兰接口；水平直管超过 3m 时，应分段用法兰连接，以便拆卸清淤。

13.3 离子交换

(1) 离子交换原理

离子交换法是利用离子交换剂上的可交换离子与水中可交换离子之间进行等物质量的

交换，离子交换剂结构不发生实质性变化，而去除水中一些离子的水处理工艺。利用离子交换剂所具有的可交换阳离子（Na^+或H^+）把水中的钙、镁离子交换出来的过程，称为水的离子交换软化。利用离子交换剂所具有的可交换阳离子（H^+）、阴离子（OH^-）把水中金属阳离子和OH^-以外的阴离子交换出来的过程，称为水的离子交换除盐。

水处理用的离子交换剂有离子交换树脂和磺化煤两类。离子交换树脂的种类很多，按其结构特征，可分为凝胶型、大孔型等孔型；按其单体种类，可分为苯乙烯系、酚醛系和丙烯酸系等；根据其活性基团（交换基或官能团）性质，又可分为强酸性、弱酸性、强碱性和弱碱性，前两种带有酸性活性基团，称为阳离子交换树脂，后两种带有碱性活性基团，称为阴离子交换树脂。磺化煤为兼有强酸性和弱酸性两种活性基团的阳离子交换剂。阳离子交换树脂或磺化煤可用于水的软化或脱碱软化，阴、阳离子交换树脂配合用于水的除盐。

离子交换树脂是由空间网状结构骨架（即母体）与附属在骨架上的许多活性基团所构成的不溶性高分子化合物。活性基团遇水电离，分成两部分：① 固定部分，仍与骨架紧密结合，不能自由移动，构成所谓固定离子；② 活动部分，能在一定空间内自由移动，并与其周围溶液中的其他同性离子进行交换反应，称为可交换离子或反离子。以强酸性阳离子交换树脂为例，可写成$R-SO_3^-H^+$，其中 R 代表树脂母体即网状结构部分，$-SO_3^-$为活性基团的固定离子，H^+为活性基团的活动离子。$R-SO_3^-H^+$还可进一步简写为 RH。因此，离子交换的实质是不溶性的电解质（树脂）与溶液中的另一种电解质所进行的化学反应。这种反应不是在均相溶液中进行，而是在固态的交换树脂和溶液接触的界面上进行。这一化学反应可以是中和反应、中性盐分解反应或复分解反应。

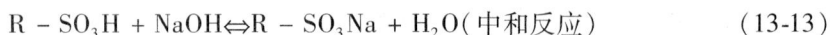

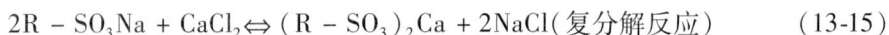

$$R-SO_3H + NaOH \Leftrightarrow R-SO_3Na + H_2O(中和反应) \qquad (13-13)$$

$$R-SO_3H + NaCl \Leftrightarrow R-SO_3Na + HCl(中性盐分解反应) \qquad (13-14)$$

$$2R-SO_3Na + CaCl_2 \Leftrightarrow (R-SO_3)_2Ca + 2NaCl(复分解反应) \qquad (13-15)$$

（2）离子交换树脂的基本性能

1）外观

离子交换树脂是外观呈不透明或半透明球状的颗粒。颜色有乳白、淡黄或棕褐色等数种。树脂粒径一般为 0.3~1.2mm。

2）交联度

树脂交联度是指在制造过程中加入交联剂的比例。树脂骨架的交联程度取决于制造过程。工业中常用的聚苯乙烯树脂用 2%~12% 的二乙烯苯作为苯乙烯的交联剂，通过二乙烯苯架桥交联构成网状结构的树脂骨架。交联度大小直接影响了树脂的特性。例如，交联度的改变将引起树脂交换容量、含水率、溶胀度、机械强度等性能的改变。水处理用的离子交换树脂，交联度以 7%~10% 为宜。

3）含水率

树脂的含水率一般以每克湿树脂所含水分的百分比来表示（约50%）。树脂交联度越小，孔隙度越大，含水率也越高。

4）溶胀性

干树脂湿水后成为湿树脂，体积增大；或湿树脂转型时（例如阳树脂由钠型转换为氢型），体积也有变化。这种体积变化的现象称为溶胀。湿水发生的体积变化率称为绝对溶胀度，湿树脂转型发生的体积变化率称为相对溶胀度。树脂溶胀的原因是活性基团遇水电离出的离子生成水合离子，使交联网孔胀大所致。由于水合离子半径有一定差别，因而溶胀后的体积不完全相同。树脂交联度越小或活性基团越易电离或水合离子半径越大，则溶胀度越大。例如强酸性阳离子交换树脂由 Na 型转换为 H 型，强碱性阴离子交换树脂由 Cl 型转换为 OH 型，相对溶胀度都会增加变化 5% ~ 15%。

【例题 13-4】 现有试验用强酸干树脂重 1000g，湿水溶胀后称重为 1961g，如果不计干树脂内部孔隙体积，则湿水溶胀后树脂颗粒本身体积增加多少？溶胀后树脂的含水率是多少？

【解】 假定 1L 水重 1000g，则溶胀后树脂颗粒本身体积增加 $w = \dfrac{(1961 - 1000)g}{1000g/L} =$ 0.961L

干树脂湿水溶胀后的含水率是为：

$$w = \frac{1961 - 1000}{1961} = 49\%$$

5）密度

在水处理中，树脂处于湿水状态下工作，通常所说的树脂真密度和视密度是指湿真密度和湿视密度。湿真密度指树脂溶胀后的质量与其本身所占体积（不包括树脂颗粒之间的孔隙）之比：

$$湿真密度(\rho_z) = \frac{湿树脂质量}{湿树脂颗粒本身所占体积}(g/mL) \tag{13-16}$$

苯乙烯系强酸树脂湿真密度约 1.3g/mL，强碱树脂约为 1.1g/mL。

湿视密度指树脂溶胀后的质量与其堆积体积（包括树脂颗粒之间的孔隙）之比，亦称为堆积密度。

$$湿视密度(\rho_w) = \frac{湿树脂质量}{湿树脂堆积体积}(g/mL) \tag{13-17}$$

该值一般为 0.60 ~ 0.85g/mL。

上述两项指标在生产上均有实用意义。树脂的湿真密度与树脂层的反冲洗强度、膨胀率以及混合床和双层床的树脂分层有关，而树脂的湿视密度则用于计算离子交换器所需装填湿树脂的数量。

【例题 13-5】 测定苯乙烯系强酸树脂交换层中树脂湿真密度约 1.3g/mL，湿视密度 0.75g/mL，求该湿树脂交换层的孔隙率是多少？

【解】 假定该强酸湿树脂颗粒本身所占体积为 V_1，湿树脂堆体积为 V_w，则有 $1.3V_1 = 0.75V_w$，得：

$$V_1 = 0.5769V_w$$

$$湿树脂孔隙率 = \frac{V_w - V_1}{V_w} = 1 - \frac{V_1}{V_w} = 1 - 0.5769 = 42.31\%$$

6）交换容量

交换容量是树脂最重要的性能指标，它定量地表示树脂交换能力的大小。交换容量又可分为全交换容量和工作交换容量。全交换容量是一定量树脂所具有的活性基团或可交换离子的总数量，工作交换容量指树脂在给定工作条件下实际上可利用的交换能力。

树脂全交换容量可由滴定法测定。在理论上亦可从树脂单元结构式进行计算。以苯乙烯系强酸阳离子交换树脂为例，其单元结构式是：

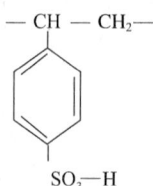

$$-\text{CH} - \text{CH}_2-$$

（苯环结构，带 SO_3-H）

分子式为：CH（$C_6H_4SO_3H$）CH_2，分子量等于 184.2。活性基团的活动离子是 H^+。每 184.2g 树脂中含有 1g 可交换的 H^+，相当于 1mol（1000mmol）H^+ 的质量。扣除交联剂所占的分量（按 8% 计），用当量摩尔浓度表示，强酸树脂全交换容量应为：

$$E_m = \frac{1 \times 1000}{184.2} \times (1 - 8\%) \approx 5.0\text{mmol/g（干树脂）}。$$

树脂交换容量的单位可用容积容量 mmol/L（湿树脂）和重量容量 mmol/g（干树脂）表示。它们之间的关系为：

$$E_V = E_m(1 - w)\rho_w \qquad (13\text{-}18)$$

式中 E_V——湿树脂交换容量，mmol/L；

E_m——干树脂交换容量，mmol/g；

w——湿树脂含水率，%；

ρ_w——湿视（堆积）密度，g/L。

如强酸树脂含水率为 48%，湿视密度为 800g/L，则：

$$E_V = 5.00 \times (1 - 0.48) \times 800 = 2080\text{mmol/L}$$

由于湿树脂交联网孔隙内充满了水分，多用饱和状态的湿树脂表示，一般采用容积容量 mmol/L 作为交换容量的单位。

树脂工作交换容量与实际运行条件有关，诸如再生方式、水流接触时间、再生剂用量等。在相同条件下，逆流再生可获得较高的工作交换容量。

7）有效 pH 范围

由于树脂活性基团分为强酸、强碱、弱酸、弱碱性，水的 pH 势必对交换容量产生影响。强酸、强碱树脂的活性基团电离能力强，其交换容量基本上与 pH 无关。弱酸树脂在水的 pH 低时不电离或仅部分电离，因而只能在碱性溶液中才会有较高的交换能力。弱碱树脂则相反，在水的 pH 高时不电离或仅部分电离，只是在酸性溶液中才会有较高的交换能力。各种类型树脂的有效 pH 范围见表 13-8。

各种类型树脂有效 pH 范围　　　　　　　　　　　　　　　表 13-8

树脂类型	强酸性	弱酸性	强碱性	弱碱性
有效 pH 范围	1~14	5~14	1~12	0~7

此外，树脂还应有一定的耐磨性、耐热性以及抗氧化性能。

（3）离子交换平衡

离子交换是一种可逆反应。正反应为交换反应，逆反应为树脂再生。一价对一价的离子交换反应通式为：

$$R^- A^+ + B^+ \Leftrightarrow R^- B^+ + A^+$$

其离子交换选择系数表示为：

$$K_{A^+}^{B^+} = \frac{[R^- B^+][A^+]}{[R^- A^+][B^+]} = \frac{[R^- B^+]/[R^- A^+]}{[B^+]/[A^+]} \tag{13-19}$$

式中 $[R^- B^+]$、$[R^- A^+]$——树脂相中离子浓度，mmol/L；

$[B^+]$、$[A^+]$——溶液中离子浓度，mmol/L。

此时，选择系数为树脂中 B^+ 与 A^+ 浓度的比率和溶液中 B^+ 与 A^+ 浓度的比率之比。选择系数大于1，说明该树脂对 B^+ 的亲和力大于对 A^+ 的亲和力，亦即有利于进行离子交换反应。

选择系数可以用离子浓度比例表示，把上述公式化为便于应用的公式；

令
$$c_0 = [A^+] + [B^+]$$
$$c = [B^+]$$
$$q_0 = [R^- A^+] + [R^- B^+]$$
$$q = [R^- B^+]$$

其中 c_0——溶液中 A^+、B^+ 两种交换离子的总浓度，mmol/L；

c——溶液中 B^+ 离子的浓度 $[B^+]$，mmol/L；

q_0——树脂全交换容量，mmol/L，等于重量交换容量（mmol/g（干树脂））乘以干树脂的视密度 ρ_s（g/L）；

q——树脂中 B^+ 离子交换容量 $[RB]$，mmol/L。则

$$\frac{[R^- B^+]}{[R^- A^+]} = \frac{q}{q_0 - q} = \frac{q/q_0}{1 - q/q_0} \qquad \frac{[B^+]}{[A^+]} = \frac{c}{c_0 - c} = \frac{c/c_0}{1 - c/c_0}$$

代入式（13-19），得：

$$\frac{q/q_0}{1 - q/q_0} = k_{A^+}^{B^+} \frac{c/c_0}{1 - c/c_0} \tag{13-20}$$

二价对一价离子的交换反应通式为：

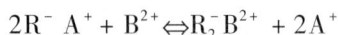

$$2R^- A^+ + B^{2+} \Leftrightarrow R_2^- B^{2+} + 2A^+$$

其离子交换选择系数为：

$$K_{A^+}^{B^{2+}} = \frac{[R_2^- B^{2+}][A^+]^2}{[R^- A^+]^2[B^{2+}]} \tag{13-21}$$

化为便于应用的公式为：

$$\frac{q/q_0}{(1 - q/q_0)^2} = \frac{k_{A^+}^{B^{2+}} q_0}{c_0} \cdot \frac{c/c_0}{(1 - c/c_0)^2} \tag{13-22}$$

式中 $\dfrac{k_{A^+}^{B^{2+}} q_0}{c_0}$——平衡参数，或称为表观选择系数，无量纲数。

由此可以看出，离子交换就是交换树脂对水中可交换离子的亲和力大于可交换离子之间的亲和力而进行离子迁移、重新组合的过程。

【例题 13-6】 装填 Na 型强酸树脂的离子交换软化柱采用逆流再生操作工艺交换，如

果树脂全交换容量为 2mol/L，交换选择系数 $k_{Na^+}^{Ca^{2+}} = 3$，树脂层底部再生度为98%，进水中钙离子当量离子摩尔浓度 $[Ca^{2+}] = 4mmol/L$，则软化运行初期出水剩余硬度大约为多少？

【解】 溶液中交换离子 Ca^{2+} 的浓度为 $c_0 = [Ca^{2+}]$ 或 $c\left(\dfrac{1}{2}Ca^{2+}\right) = 4mmol/L$；

树脂全交换容量 $q_0 = 2mol/L$；

树脂中 Ca^{2+} 的浓度 $q = 2mol/L \times (1-98\%) = 0.04mol/L$；

交换选择系数 $k_{Na^+}^{Ca^{2+}} = 3$。

代入式（13-22），得：

$$\frac{c/c_0}{(1-c/c_0)^2} = \frac{c_0}{k_{A^+}^{B^{2+}} q_0} \cdot \frac{q/q_0}{(1-q/q_0)^2} = \frac{4 \times 10^{-3}}{3 \times 2} \cdot \frac{0.04/2}{(1-0.04/2)^2} = 0.0000139$$

可以用解一元二次方程方法求出值 $\dfrac{c}{c_0}$，这里简化计算，近似取 $(1-c/c_0)^2 = 1$，则 $\dfrac{c}{c_0} \approx 0.0000139$，运行初期出水剩余硬度估算值为：

$$[Ca^{2+}] = 0.0000139 \times 4 = 0.0556 \times 10^{-3} mmol/L$$

凝胶型强酸阳离子交换树脂、凝胶型强碱阴离子交换树脂对水中常见离子的选择系数见表13-9、表13-10。

凝胶型强酸阳离子交换树脂对几种常见离子的选择系数　　　　表13-9

交联度	$K_{H^+}^{Li^+}$	$K_{H^+}^{Na^+}$	$K_{H^+}^{NH_4^+}$	$K_{H^+}^{K^+}$	$K_{H^+}^{Mg^{2+}}$	$K_{H^+}^{Ca^{2+}}$
4%	0.8	1.2	1.4	1.7	2.2	3.1
8%	0.8	1.6	2.0	2.3	2.6	4.1
16%	0.7	1.6	2.3	3.1	2.4	4.9

凝胶型强碱阴离子交换树脂对几种常见离子的选择系数近似值　　　　表13-10

$K_{Cl^-}^{NO_3^-}$	3.5~4.5	$K_{Cl^-}^{SO_4^{2-}}$	0.11~0.15
$K_{Cl^-}^{Br^-}$	3	$K_{Cl^-}^{HSO_4^-}$	2~3.5
$K_{Cl^-}^{F^-}$	0.1	$K_{NO_3^-}^{SO_4^{2-}}$	0.04
$K_{Cl^-}^{HCO_3^-}$	0.3~0.8	$K_{OH^-}^{Cl^-}$	I 型 10~20
$K_{Cl^-}^{CN^-}$	1.5		II 型 1.5

由表13-9和表13-10可以看出，同一种树脂对不同离子进行交换反应，其选择系数是不同的，这取决于树脂和离子之间的亲和力。选择系数大，则亲和力亦大。强酸、强碱树脂对水中各种常见离子的选择性顺序为：

强酸阳离子交换树脂 $Fe^{3+} > Al^{3+} > Ca^{2+} > Mg^{2+} > K^+ > NH_4^+ > Na^+ > H^+ > Li^+$

强碱阴离子交换树脂 $SO_4^{2-} > NO_3^- > Cl^- > F^- > HCO_3^- > HSiO_3^-$

位于顺序前面的离子可从树脂上取代位于顺序后面的离子。由此可知，原子价越高的阳离子，其亲和力越强；在同价离子（碱金属和碱土金属）中原子序数越大，则水合离子半径越小，其亲和力也越大。

应着重指出，上述有关选择性的顺序均对常温、稀溶液的情况而言。当高浓度时，顺序的前后变成次要的问题，而浓度的大小则成为决定离子交换反应方向的关键因素。

利用离子平衡方程式及选择系数，可以估算离子交换过程中某些极限值，从而得出水处理系统处理效果的有益启示。

（4）树脂层离子交换过程

在离子交换柱中以装填钠型树脂为例，从上而下通过含有一定浓度钙离子的水。交换反应进行了一段时间后，停止运行，逐层取出树脂样品并测定树脂内的钙离子含量以及饱和程度。可以看出，树脂层分为3部分：第1部分表示树脂内的可交换离子已全部变成钙离子；第2部分的树脂层中既有钙离子又有钠离子，表示正在进行离子交换反应；第3部分的树脂中基本上还是钠离子，表示尚未进行交换。如把整个树脂层各点饱和程度连成曲线，即得出如图13-1所示的饱和程度曲线。

实验证明，树脂层离子交换过程可分为两个阶段（图13-2）。第一阶段为刚开始交换反应，树脂饱和程度曲线形状不断变化，随即形成一定形式的曲线，称为交换带形成阶段。第二阶段是已定形的交换带沿着水流方向以一定速度向前推移的过程。所谓交换带是指某一时刻正在进行交换反应的软化工作层。交换带并非在一段时间内固定不动，而是随着时间的推移而缓慢移动。交换带厚度可理解为处于动态的软化工作层的厚度。

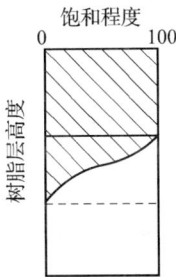

图 13-1　树脂层饱和程度示意

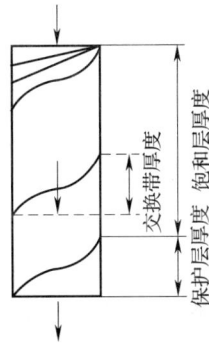

图 13-2　树脂层离子交换过程示意

当交换带下端到达树脂层底部时，硬度也开始泄漏。此时，整个树脂层可分为两部分：树脂交换容量得到充分利用的部分称为饱和层，树脂交换容量只是部分利用的部分称为保护层。可见，交换带厚度相当于此时的保护层厚度。在水的离子交换软化情况下，交换带厚度主要与进水流速及进水总硬度有关。

13.4　离子交换软化

离子交换软化是利用离子交换树脂对水中 Ca^{2+}、Mg^{2+} 亲和力大于对可交换离子或反离子的亲和力，进行离子迁移重新组合的过程。

离子交换软化方法，目前常用的有 Na 离子交换法、H 离子交换法和 H – Na 离子交换法。

（1）Na 离子交换法

Na 离子交换法是最简单的一种软化方法，其反应如下式：

$$2RNa + Ca(HCO_3)_2 \Leftrightarrow R_2Ca + 2NaHCO_3 \qquad (13-23)$$

$$2RNa + CaSO_4 \Leftrightarrow R_2Ca + Na_2SO_4 \qquad (13-24)$$

$$2RNa + MgCl_2 \Leftrightarrow R_2Mg + 2NaCl \qquad (13-25)$$

该法的优点是处理过程中不产生酸性水，但无法去除碱度。在锅炉给水中，含碱度（HCO_3^-）的软水进入锅炉内，在高温高压下，$NaHCO_3$ 会被浓缩并发生分解和水解反应生成 $NaOH$ 和 CO_2，造成锅炉水系统的腐蚀并恶化蒸气品质。一般用于原水碱度低，低压锅炉的给水处理系统。Na 离子交换法的再生剂为食盐。设备和管道防腐设施简单。Na 离子交换软化系统见图 13-3。

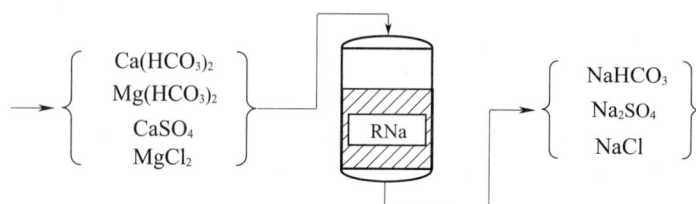

图 13-3　Na 离子交换软化系统示意

该系统处理后的水质是：碱度不变，去除了硬度。由于 Na^+ 的当量粒子摩尔质量大于 Ca^{2+}、Mg^{2+} 的当量粒子摩尔质量，使得蒸发残渣反而略有增加。

（2）H 离子交换法

强酸性 H 离子交换树脂的软化反应如下式：

$$2RH + Ca(HCO_3)_2 \Leftrightarrow R_2Ca + 2CO_2 + 2H_2O \qquad (13-26)$$

$$2RH + Mg(HCO_3)_2 \Leftrightarrow R_2Mg + 2CO_2 + 2H_2O \qquad (13-27)$$

$$2RH + CaCl_2 \Leftrightarrow R_2Ca + 2HCl \qquad (13-28)$$

$$2RH + MgSO_4 \Leftrightarrow R_2Mg + H_2SO_4 \qquad (13-29)$$

H 离子交换系统　通常不单独自成系统，多与 Na 离子交换联合使用。由于氢离子交换出水水质变化复杂，特对强酸树脂用于 H 离子交换的出水水质变化过程加以分析。

当进水流经 H 离子交换器时，由于强酸树脂对水中离子选择性顺序是：$Ca^{2+} > Mg^{2+} > Na^+$，所以出水中离子出现的次序为 H^+、Na^+、Mg^{2+} 和 Ca^{2+}，而此次序与原水中这些离子的相对浓度无关。在开始阶段，原水中所有阳离子均被树脂上的 H^+ 交换出来，出水酸度保持定值，并与原水中 $[SO_4^{2-} + Cl^-]$ 浓度相当，如图 13-4 所示。从点 a 开始，Na^+ 泄漏，出水中 H^+ 含量则相应减小，出水酸度下降。随后出水 Na^+ 含量超过原水的 Na^+ 含量时，表明水中 Mg^{2+}、Ca^{2+} 已开始将先前交换到树脂上的 Na^+ 置换出来。当出水 Na^+ 含量与原水 $[SO_4^{2-} + Cl^-]$ 浓度相当时，出水酸度等于零。然后出水 Na^+ 含量增大，出水呈碱性。当出水碱度等于原水碱度时，出水 Na^+ 含量也达到最高值，即与原水中阴离子总浓度 $[SO_4^{2-} + Cl^- + HCO_3^-]$ 相当。这时 H 离子交换运行完全转变为 Na 离子运行，对水中的 Na^+

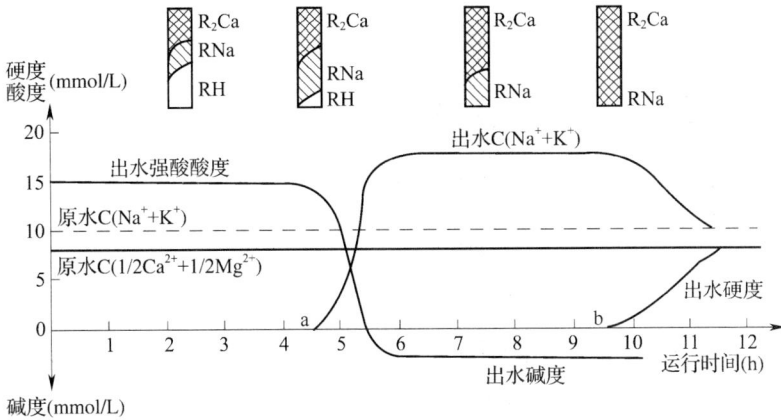

图 13-4 氢离子交换出水水质变化过程曲线

不起交换反应，而对 Mg^{2+}、Ca^{2+} 仍然具有交换能力，直到点 b，硬度开始泄漏。说明交换柱内的交换带前沿已到达树脂层底部，出水 Na^+ 含量从最高值逐渐下降。最后，出水硬度接近原水硬度，出水 Na^+ 含量亦接近原水 Na^+ 含量，整个树脂层交换能力几乎完全耗竭。

由此可见，在 H 离子交换过程中，根据原水水质与处理要求，对失效点的控制应有所不同。在水的除盐系统中，失效点应以 Na^+ 泄漏为准，而在水的软化系统中，也可考虑以硬度开始泄漏作为失效点。

由上文分析可知，当含有 Na^+、Ca^{2+}、Mg^{2+} 的水流经 H 离子型交换器时，出水中不含 Na^+、Ca^{2+}、Mg^{2+} 的离子。经过一段时间，出水中首先泄漏 Na^+，H 离子型交换树脂变成了 Na^+、Ca^{2+}、Mg^{2+} 离子型树脂。继续交换，进水中的 Ca^{2+}、Mg^{2+} 离子交换出 Na^+ 离子，出水中 Na^+ 离子当量粒子摩尔浓度等于进水中的 Na^+、Ca^{2+}、Mg^{2+} 离子当量粒子摩尔浓度。再继续交换，出水中逐渐出现 Ca^{2+}、Mg^{2+} 泄漏。所以，以硬度泄漏为失效点的运行要比以 Na^+ 离子泄漏为失效点运行的交换周期长一些，其增加值主要和进水中的 Na^+ 离子含量有关。

原水中的碳酸盐硬度在交换过程中形成碳酸，因此除了软化外还能去除碱度。非碳酸盐硬度在交换过程中，除软化外生成相应的酸。所以，H 离子交换法能去除碱度，但出水为酸水，无法单独作为处理系统，一般与 Na 离子交换法联合使用。

（3）H-Na 离子交换脱碱软化法

H-Na 离子交换系统适用于原水硬度高、碱度大的情况，分为并联和串联两种形式。

1）H-Na 并联离子交换系统

H-Na 并联离子交换系统如图 13-5 所示，原水一部分（Q_{Na}）流经 Na 离子交换器，另一部分（Q_H）流经 H 离子交换器。前者出水呈碱性，后者出水呈酸性。这两股出水混合后进入除二氧化碳器去除 CO_2，同时达到软化和脱碱作用。除二氧化碳器设置见图13-6。

原水的流量分配与原水水质及其处理要求有关。如 H 离子交换器的失效点以泄漏 Na^+ 为准，则整个运行期间出水呈酸性，其酸度等于原水 $[SO_4^{2-} + Cl^-]$ 浓度。考虑到混合后的软化水应含有少量剩余碱度，进入 R-H 交换器的流量 Q_H、Q_{Na} 可按下

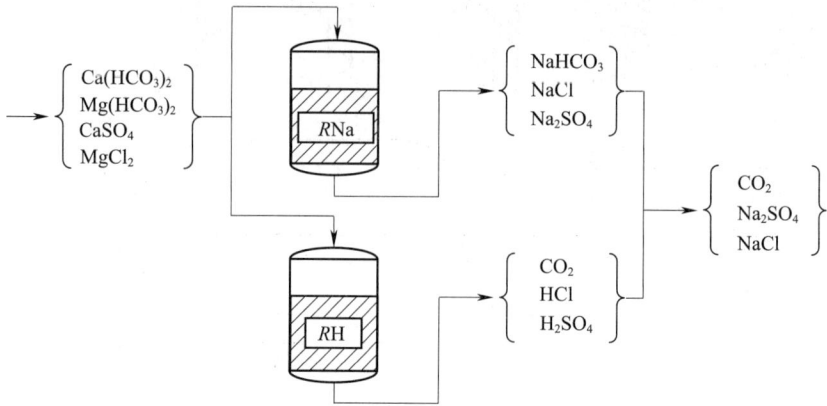

图 13-5　H－Na 并联离子交换脱碱软化系统

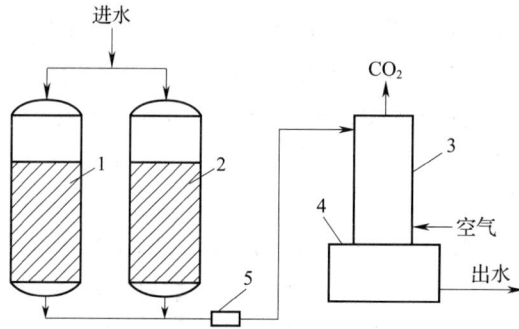

图 13-6　H－Na 离子并联除二氧化碳器设置

1—R－H 离子交换器；2—R－Na 离子交换器；3—除 CO_2 器；4—水箱；5—混合器

式计算：

$$Q_H \cdot [SO_4^{2-} + Cl^-] = (Q - Q_H) \cdot [HCO_3^-] - QA_r \qquad (13\text{-}30)$$

式中　　　　　　Q——处理水总流量，m^3/h；

[$SO_4^{2-} + Cl^-$]——原水中 SO_4^{2-}、Cl^- 的当量粒子摩尔浓度之和，mmol/L；

[HCO_3^-]——原水碱度，当量粒子摩尔浓度表示，mmol/L；

A_r——混合后软化水剩余碱度，约为 0.5mmol/L。

可以分别求出 H、Na 离子交换器的水量：

$$Q_H = \frac{[HCO_3^-] - A_r}{[SO_4^{2-} + Cl^- + HCO_3^-]} Q (m^3/h) \qquad (13\text{-}31)$$

$$Q_{Na} = \frac{[SO_4^{2-} + Cl^-] + A_r}{[SO_4^{2-} + Cl^- + HCO_3^-]} Q (m^3/h) \qquad (13\text{-}32)$$

　　H 离子交换器出水与 Na 离子交换器出水一般采取瞬间混合方式，混合水立即进入除二氧化碳器。要使任何时刻都不会出现酸性水，H 离子交换过程运行到 Na^+ 泄漏为宜。如运行到硬度泄漏，则初期混合水仍可能呈酸性，这不仅给后续设备在防腐蚀上加重负担，而且即使软水池容量能起一定调节作用，也难以保证任何时刻不出现酸水。

2）H－Na 串联离子交换系统

如图 13-7 所示，原水一部分（Q_H）流经 H 离子交换器，出水与另一部分原水混合后，进入除二氧化碳器脱气，然后流入中间水箱，再由水泵送入 Na 离子交换器进一步软化。流量分配比例也要根据原水水质与处理要求而定，计算方法与 H－Na 并联情况完全一样。

H－Na 串联离子交换系统适用于原水硬度较高的场合。因为部分原水与 H 离子交换

图 13-7　H－Na 离子串联交换系统
1—R－H 离子交换器；2—R－Na 离子交换器；
3—除 CO_2 器；4—中间水箱；
5—混合器；6—水泵

器出水混合后，硬度有所降低，然后再经过 Na 离子交换器，这样既减轻 Na 离子交换器的负担，又能提高软化水质。

综上所述可知，H－Na 并联系统与 H－Na 串联系统就设备而言，并联系统比较紧凑，投资省。但从运行效果来看，串联系统安全可靠，更适合于处理高硬度水。经过 H－Na 离子交换处理，蒸发残渣可降低 1/3～1/2，能满足低于锅炉对水质的要求。

（4）弱酸树脂应用

弱酸性阳离子交换树脂目前得到推广使用的是一种丙烯酸型。其化学结构式为：

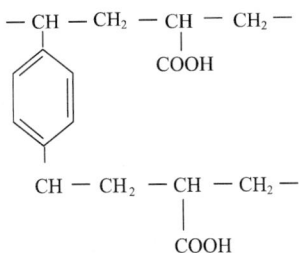

$$-CH-CH_2-CH-CH_2-$$

由于其活性基团作用的主要是羧酸（—COOH），所以也称为羧酸树脂，表示为 RCOOH，实际参与离子交换反应的可交换离子为 H^+。

弱酸树脂主要与水中碳酸盐硬度起交换反应：

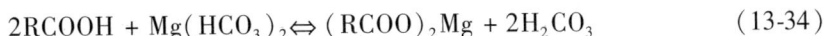

$$2RCOOH + Ca(HCO_3)_2 \Leftrightarrow (RCOO)_2Ca + 2H_2CO_3 \tag{13-33}$$

$$2RCOOH + Mg(HCO_3)_2 \Leftrightarrow (RCOO)_2Mg + 2H_2CO_3 \tag{13-34}$$

反应产生的 H_2CO_3，只有极少量离解为 H^+，并不影响树脂上的可交换离子 H^+ 继续离解出来并和水中 Ca^{2+}、Mg^{2+} 进行反应。H_2CO_3 容易分解为 CO_2 逸出，更有利于 H^+ 继续离解。弱酸树脂对于水中非碳酸盐硬度以及钠盐一类的中性盐基本上不起反应，即使开始时也能进行某些交换反应，但亦极不完全。

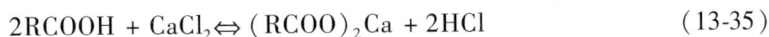

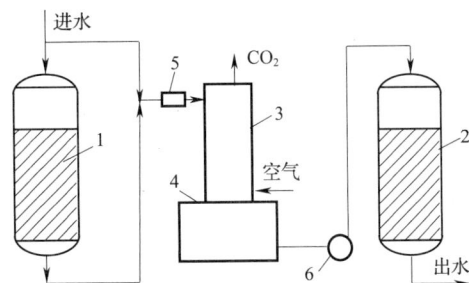

$$2RCOOH + CaCl_2 \Leftrightarrow (RCOO)_2Ca + 2HCl \tag{13-35}$$

$$RCOOH + NaCl \Leftrightarrow RCOONa + HCl \tag{13-36}$$

这是因为反应的产物如 HCl、H_2SO_4，离解度很大，立即产生可逆反应，抑制了交换反应的继续进行。因此，弱酸树脂无法去除非碳酸盐硬度。

由于羧酸根（—COO⁻）与 H⁺结合所生成的羧酸离解度很小，所以弱酸树脂很容易吸附 H⁺。鉴于弱酸树脂和强酸树脂对 H⁺的亲合力差别很大，用酸再生弱酸树脂比再生强酸树脂要容易得多。从式（13-34）、式（13-35）来看，再生反应即逆反应能自动地向左边进行，不必用过量的或高浓度的酸进行强制反应，再生用酸量接近于理论值。这样，再生液既能充分利用，浓度也可以很低。

弱酸树脂单体结合的活性基团多，所以交换容量大。

弱酸树脂与 Na 型强酸树脂联合使用可用于水的脱碱软化。联用方式有两种：一是前面提到的 H - Na 串联系统，二是在同一交换器中装填 H 型弱酸和 Na 型强酸树脂，构成H - Na离子交换双层床。

（5）离子交换软化系统选择

前文介绍了几种常见的离子交换软化方法，由于水源水水质多变，软化方法应从优选择。实际工程设计中的软化系统可按照表13-11进行选择。

离子交换软化系统选择表 表 13-11

系统名称	进水水质			出水水质	
	总硬度 [mg/L (CaCO₃)]	碳酸盐硬度 [mg/L (CaCO₃)]	碳酸盐硬度与总硬度比值	硬度 [mg/L (CaCO₃)]	碱度 [mg/L (CaCO₃)]
石灰处理—钠离子交换系统（CaO—Na）	—	>150	>0.5	<2	40~60
钠离子交换（单 Na）系统	≤325	—	—	<2	与进水相同
强酸阳离子交换—除二氧化碳—钠离子交换系统（H—D—Na 串联）	—	>50	<0.5	<0.25	25~15
强酸阳离子交换、钠离子交换并联—除二氧化碳系统（$\frac{H}{Na}$]—D）	—	—	>0.5	<2	25~15
二级钠离子交换串联系统（Na—Na 串联）	—	—	—	<0.25	与进水相同
弱酸阳离子交换系统（Hw）	—	—	>0.5	—	<50

注：石灰处理—钠离子交换系统中的石灰软化处理时，原水宜加热到 30~40℃，混凝处理时选用铁盐凝聚剂为宜。

13.5 离子交换除盐

离子交换除盐是通过离子交换把强电解质盐类去除的过程。离子交换除盐一般方法是

阳离子 H^+、阴离子羟基 OH^- 和水中阴、阳离子进行交换，组合成以下不同的工艺流程。

（1）复床除盐 复床除盐系指阳离子、阴离子交换器串联使用，达到除盐目的。最常用的复床系统有以下两种：

1）强酸—脱气—强碱除盐系统

系统流程如图 13-8 所示。原水经强酸 H^+ 交换器，去除 Ca^{2+}、Mg^{2+}、Na^+ 等阳离子。交换下来的 H^+ 和水中的阴离子结合成酸。其中，H^+ 和 HCO_3^- 结合生成的 CO_2 连同原有的 CO_2 经除 CO_2 器一并去除。剩余的 SO_4^{2-}、Cl^-、$HSiO_3^-$ 阴离子最后经强碱 OH 交换器去除。如果原水中碱度偏低或水量很小，也可不设除 CO_2 器。

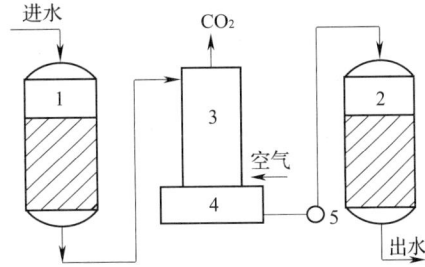

图 13-8　强酸—脱气—强碱除盐系统
1—强酸 H 交换器；2—强碱 OH 交换器；
3—除 CO_2 器；4—中间水箱；5—提升水泵

强酸 H 交换器总是设在强碱 OH 交换器之前，且强酸 H 交换器以漏 Na^+ 为终点，其主要原因在于：

① 强酸 H 交换器出水中的 CO_2 用物理方法去除后降低 OH 交换器负荷。否则，如果先经过强碱 OH 交换器，本应去除的碳酸都要由 OH 交换器承担，必然增加再生剂用量；

② 强酸 H 交换器首先去除 Ca^{2+}、Mg^{2+}、Na^+ 等阳离子，避免在 OH 交换器中生成 $CaCO_3$、$Mg(OH)_2$ 沉积物，不会影响强碱树脂交换容量；

③ 强酸树脂比强碱树脂具有更强的抵抗有机物污染的能力；

④ 强酸 H 交换器去除阳离子后出水呈酸性条件下，强碱树脂容易吸附 $HSiO_3^-$。否则，如果先经过强碱 OH 交换器，交换器中硅酸成 $NaHSiO_3$ 形式。在碱性条件下，强碱树脂对 $NaHSiO_3$ 的吸附作用很弱，直接影响了硅酸盐的去除效果。

为防止交换树脂污染，该系统要求进水中的游离氯小于 0.1mg/L，铁含量小于 0.3mg/L，COD_{Mn} 小于 2mg/L，含盐量不大于 500mg/L。经处理后，出水电阻率可达 $0.1 \times 10^6 \Omega \cdot cm$ 以上（电导率 $=10\mu S/cm$ 以下）硅含量在 0.1mg/L 以下。

2）强酸—脱气—弱碱—强碱除盐系统

系统流程如图 13-9 所示。原水经强酸 H 交换器，去除 Ca^{2+}、Mg^{2+}、Na^+ 等阳离子。交换下来的 H^+ 和水中的阴离子结合成酸。其中，H^+ 和 HCO_3^- 结合生成的 CO_2 连同原有的 CO_2 经除 CO_2 器一并去除。剩余的 SO_4^{2-}、Cl^-、$HSiO_3^-$ 阴离子首先进入弱碱树脂交换器，强酸阴离子由弱碱阴离子较容易吸附交换后，剩余的弱酸阴离子如 $HSiO_3^-$、HCO_3^- 再经强碱 OH 交换器去除。

该系统中弱碱树脂上的活性基团在水中离解能力很低，在酸性条件下与强酸根发生交换反应，在碱性条件下容易再生。通常采用串联在强碱树脂之后再生，所有 NaOH 再生液都先再生强碱树脂，然后再生弱碱树脂。系统出水水质和强酸—脱气—强碱除盐系统大致相同，运行费用较低。

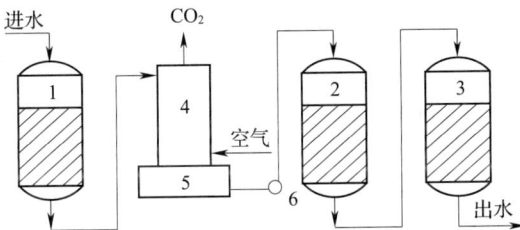

图 13-9　强酸—脱气—弱碱—强碱除盐系统
1—强酸 H 交换器；2—弱碱交换器；3—强碱 OH 交换器；4—除 CO_2 器；5—中间水箱；6—提升水泵

（2）混合床除盐

混合床除盐就是把阴、阳离子交换树脂装填在一个交换器内进行多级阴、阳离子交换的除盐设备。

混合床内的树脂已分别再生成 H、OH 型，紧密交替接触，如同很多阳床、阴床串联在一起交错排列的微型复床。整个交换过程是阴、阳离子同时交换反应，又是盐的分解反应和酸碱中和反应的组合。影响阳离子交换反应的 H^+ 和影响阴离子交换反应的 OH^- 立即中和生成了水。使得交换反应几乎都在中性条件下进行，出水纯度较高，出水电阻率可达 $(5 \sim 10) \times 10^6 \Omega \cdot cm$ 以上（电导率 $0.2 \sim 0.1 \mu S/cm$ 以下）。

混合床通常采用反洗分层后酸、碱再生液分步进入阳、阴树脂层的再生方法。

混合床存在的主要问题是再生时阴、阳树脂不能完全分层，有相互混杂现象。部分阳树脂混杂在阴树脂层中再生后变成了 Na 型树脂，容易造成 Na^+ 过早泄漏。混合床阴、阳树脂同时接触原水，阴树脂抗污染能力较弱，容易受有机物污染而影响出水水质。

（3）除盐系统选择

根据不同的水质要求，离子交换除盐系统选择可参见表 13-12。

离子交换除盐系统选择表　　　　　表 13-12

序号	系统名称		进水水质				出水水质	
			碱度 [mg/L (CaCO₃)]	碳酸盐硬度 [mg/L (CaCO₃)]	强酸阴离子 [mg/L (CaCO₃)]	SiO₂ (mg/L)	电导率 (25℃) (μS/cm)	SiO₂ (mg/L)
1	强酸—脱气—强碱 一级除盐系统 （H—D—OH）	顺流再生	<200	—	<100	—	<10	<0.1
		逆流再生					<5	
2	强酸—脱气—强碱 一级除盐加混床系统 （H—D—OH—H/OH）		<200	—	—	—	<0.2	<0.02
3	弱酸—强酸—脱 气—强碱弱酸 一级除盐系统 （Hw—H—D—OH）	顺流再生	—	>150	<100	—	<10	<0.1
		逆流再生					<5	
4	弱酸—强酸—脱气—强碱—混床 弱酸一级除盐加混合床系统 （Hw—H—D—OH—H/OH）		—	>150	<100	—	<0.2	<0.02
5	强酸—脱气—弱 碱—强碱弱碱一 级除盐系统 （H—D—OHw—OH 或 H—OHw—D—OH）	顺流再生	<200	—	>100	—	<10	<0.1
		逆流再生					<5	
6	强酸—脱气—弱碱—强碱—混床 弱碱一级除盐加混合床系统 （H—D—OHw—OH—H/OH 或 H—OHw—D—OH—H/OH）		<200	—	>100	—	<0.2	<0.02

序号	系统名称	进水水质				出水水质	
		碱度 [mg/L (CaCO₃)]	碳酸盐硬度 [mg/L (CaCO₃)]	强酸阴离子 [mg/L (CaCO₃)]	SiO₂ (mg/L)	电导率 (25℃) (μS/cm)	SiO₂ (mg/L)
7	弱酸—强酸—脱气—弱碱—强碱 弱酸、弱碱一级除盐系统 (Hw—H—D—OHw—OH)	—	>150	>100	—	<10	<0.1
8	弱酸—强酸—脱气—弱碱—强碱—混床弱酸、弱碱一级除盐加混合床系统 (Hw—H—D—OHw—OH—O/H)	—	>150	>100	—	<0.2	<0.02
9	强酸—脱气—强碱—强酸—强碱 二级除盐系统 (H—D—OH—H—OH)	>200	—	>100	—	<1	<0.02
10	强酸—脱气—强碱—强酸—强碱—混床二级除盐加混合床系统 (H—D—OH—H—OH—H/OH)	>200	—	>100	—	<0.2	<0.02
11	强酸—强碱—脱气—混床强酸、弱碱加混合床系统 (H—OHw—D—H/OH 或 H—D—OHw—H/OH)	<200	>150	>100	<1	<0.2	<0.1
12	反渗透(或电渗析)—强酸—脱气—强碱—混床反渗透(或电渗析)加一级除盐加混合床系统 (RO 或 ED—H—D—OH—H/OH)	—	—	—	—	<0.1	<0.02
13	二级反渗透加电除盐系统 (RO—RO—EDI)	pH=4~11	—	—	—	<0.1	<0.02

13.6 离子交换系统设计

在给水处理中，离子交换主要用于水质软化、水质除盐和高纯水制取。无论离子交换软化、除盐或制取高纯水工艺过程，都是不完全相同的制水系统工程。涉及离子交换、脱除二氧化碳、树脂再生系统和相应的设备装置。本节对这些系统中的装置、设备的设计作简要说明。

（1）离子交换装置设计

根据《工业用水软化除盐设计规范》GB/T 50109—2014，各种离子交换的台数不宜少于两台，当1台（套）设备检修时，其余设备和水箱应能满足正常供水和自用水的要求。

按照运行方式不同，离子交换装置可分为固定床和连续床两大类：

固定床是离子交换装置中最基本的一种形式，是指离子交换树脂在制水（包括交换和再生）运行过程中，一直处在交换器中的床型。固定床离子交换工艺有两个缺陷：一是离子交换器的体积较大，树脂用量多。这是因为在离子交换需要再生之前，已有大量的树脂呈失效状态，所以交换器的部分容积用来存储失效的树脂，容积利用率低。二是离子交换饱和后需停水再生，无法连续供水。故发展了移动床和流动床工艺。

按照其再生运行方式，固定床又分为顺流再生固定床和逆流再生固定床。

1）顺流再生固定床

① 顺流再生离子交换器构造

顺流再生离子交换器是指在运行时水流方向和再生时再生液流动方向一致，均是由上向下流动。交换器用碳钢衬胶、硬聚氯乙烯、不锈钢、有机玻璃和高分子材料制作而成，能承受 0.15~0.6MPa 压力。内部构造为中上方安装再生液分布系统、向下 0.15~0.2m 处放置树脂层、底部设配水系统，类似压力过滤器和逆流再生（不设压脂层和中排液管的）固定床。同时在再生液分布系统上部留出 1~2m 的冲洗时树脂膨胀空间。

② 顺流再生离子交换运行

顺流再生离子交换固定床的运行通常分为反洗、再生、正洗和交换四个步骤。

a. 反洗：交换结束后，再生之前用清水自下而上进行冲洗，其目的是松动树脂层和清洗树脂上部的截留的悬浮物、碎屑、气泡，以利于进行顺利再生。

b. 再生：再生的目的是让树脂恢复交换能力。再生时再生剂的用量是影响再生程度的重要因素，对交换容量的恢复和制水成本核算有直接的关系。由于离子交换是可逆和等当量的，故再生反应只能进行到化学平衡状态。用理论计算的再生剂量再生，无法使树脂的交换容量完全恢复，所以生产上再生剂量要超过理论计算值。单位体积树脂所消耗的纯再生剂用量与树脂工作交换容量的比值（mol/mol）称为再生比耗。顺流再生离子交换固定床的再生比耗为理论计算值的 2~3.5 倍。在一定范围内，增加再生比耗可以提高再生程度。当再生比耗增加到一定比例后，再生程度提高很少。

再生液浓度高低也是影响再生程度的重要因素。再生液浓度太低，不仅再生时间拖长、自用水量增加，而且再生效果较差。如果再生液浓度太高，则也会降低再生效果。

对于强碱树脂串联弱碱树脂交换系统来说，较高浓度的再生液容易把强碱树脂吸附的硅酸和碳酸再生出来进入到弱碱树脂层，析出胶体硅附着在弱碱树脂颗粒上，降低弱碱树脂交换容量。通常先用1%的碱液洗脱强碱树脂层的部分硅酸，提高弱碱树脂的碱性，然后以2%~3%浓度的碱液再生。

c. 正洗：正洗目的在于清洗出过剩的再生剂和再生产物。

d. 交换：水流自上而下经过树脂层。

③ 固定床离子交换物料衡算

固定床离子交换器中离子交换过程就是利用离子交换树脂对水中的离子亲和力大于对可交换离子或反离子的亲和力，进行离子迁移重新组合的过程。以软化设备为例，其中的物料衡算关系表示式为：

$$FLE = QTH_t \tag{13-37}$$

式中　F——离子交换器截面积，m^2；

　　　L——树脂层厚度，m；

E——树脂工作交换容量，mmol/L；

Q——软化水水量，m^3/h；

T——软化工作周期，即从软化开始到出现硬度泄漏的时间，h；

H_t——原水硬度，mmol/L。

式（13-37）等号左边表示交换器在给定工作条件下所具有的实际交换能力，等号右边表示树脂能够交换的离子总量。其中的关键是如何确定树脂工作交换容量。工作交换容量可以表示为：

$$E = \eta \cdot E_0 \qquad (13-38)$$

式中　E_0——树脂全交换容量，mmol/L；

η——树脂实际利用率，受树脂再生程度、交换饱和程度影响。

再生程度是指树脂处在再生之后、交换之前的恢复状态而言；饱和度是指树脂处在交换之后、再生之前的失效状态而言，在概念上不应混淆。在实际生产中，树脂再生度与饱和度均在 80%～90%。对于逆流再生，这两个指标趋于上限，对于顺流再生，则趋于下限。树脂实际利用率根据具体条件大约在 60%～80%。

④ 顺流再生离子交换器设计要点

顺流再生离子交换器构造尺寸按照物料衡算关系式计算，交换器内树脂层高 1.5～2m，不宜低于 1.0m。交换器不少于 2 台，当 1 台设备检修时，其余设备和水箱应能满足正常供水和自用水的要求。同时注意以下问题：

a. 交换运行流速：强酸、弱酸阳离子交换器、钠离子交换器以及强碱、弱碱阴离子交换器交换运行流速 20～30m/h，混合离子交换器交换运行流速 40～60m/h，二级钠离子交换器交换运行流速小于 60m/h。运行流速大小，均应按照出水达到离子交换出水水质要求为准进行调节。

b. 反洗：用本级交换器进水反洗，反洗流速一般取 15m/h，强碱阴离子交换器反洗流速 6～10m/h，弱碱阴离子交换器反洗流速 5～8m/h。冲洗到排出水不浑浊为止，冲洗历时 15min 左右。

c. 再生：氯化钠再生液浓度 5%～8%、盐酸浓度 2%～5%、硫酸浓度 0.8%～1%、氢氧化钠浓度 2%～5% 较为合适。再生液流速 4～8m/h，再生时间 30min 左右，每天再生 1～2 次为宜。

d. 正洗：正洗流速 10～20m/h，正洗历时 20～60min，以出水达到离子交换出水水质要求为准。

⑤ 顺流再生离子交换器特点

顺流再生离子交换器结构简单，操作方便，容易实现自动化控制；对进水浊度要求较低；但再生度较低的树脂处于出水部位，出水水质较差；再生效率低，再生比耗大，树脂交换容量较低。因此，顺流再生固定床只适用于处理水量较少、原水浑浊度较低、硬度较低的状况。

2）逆流再生固定床

① 逆流再生离子交换器构造和工作原理

再生液流向与正常交换运行水流流向相反的离子交换固定床称为逆流再生固定床。常见的形式是再生液向上流、交换原水向下流的逆流再生固定床。再生时，再生液首先接触

（即再生）饱和程度低的底层树脂，然后接触（即再生）饱和程度较高的中、上层树脂。

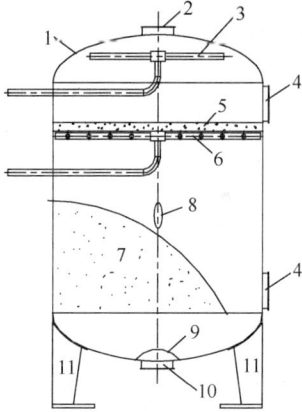

图 13-10 固定床逆流再生
离子交换器

1—壳体；2—排气管；3—上
配水装置；4—树脂装卸口；
5—压脂层；6—中间排液管；
7—树脂层；8—视镜；9—下
配水装置；10—出水管；
11—底脚

这样，再生液被充分利用，再生剂用量显著降低，并能保证底层树脂得到充分再生。软化除盐时，处理水在经过上层树脂交换之后又与底层树脂接触，进行充分交换，从而提高了出水水质。该特点在处理高硬度、高含盐量水时更为突出。逆流再生离子交换器如图 13-10 所示。

逆流再生所以能降低离子泄漏，还可以从离子交换平衡得到解释。以 H 型树脂与含钠盐的水进行交换反应为例，根据式（13-20），

$$\frac{[RNa^+]}{[RH^+]} = k_{H^+}^{Na^+} \frac{[Na^+]}{[H^+]} = k_{H^+}^{Na^+} \frac{c}{c_0 - c}$$

$$c_0 - c = c \cdot k_{H^+}^{Na^+} \frac{[RH^+]}{[RNa^+]} \qquad c = \frac{c_0}{1 + k_{H^+}^{Na^+} \frac{[RH^+]}{[RNa^+]}}$$

因为 $Na^+ = c$，则 Na^+ 的泄漏量可表达为：

$$[Na^+] = \frac{c_0}{1 + k_{H^+}^{Na^+} \frac{[RH]}{[RNa]}}$$

显然，$[RNa]$ 和 c_0 越小，$[RH]$ 和 $k_{H^+}^{Na^+}$ 越大，则泄漏量 $[Na^+]$ 就越小。在特定的情况下，当 c_0 和 $k_{H^+}^{Na^+}$ 为定值时，再生后底层树脂的组成 $[RH]$ 与 $[RNa]$ 直接影响 $[Na^+]$ 泄漏数值。逆流再生能做到底层的 $[RH]$ 值最大和 $[RNa]$ 值最小，因而出水漏钠量可大为降低。

② 逆流再生离子交换器再生工艺程序

逆流再生离子交换器再生有两种操作方式：一是采用再生液向上流、正常运行水流向下流的方式，应用比较成熟的有气顶压法、水顶压法等；二是采用再生液向下流、正常运行水流向上流的方式、应用比较成功的还有浮动床法。

气顶压法是在再生之前，在交换器顶部送进压强约为 0.03～0.05MPa 的压缩空气，从而在正常再生液流速（5m/h 左右）的情况下，做到离子树脂层次不乱。构造上与普通顺流再生设备的不同处在于，在树脂层表面处安装有中间排水装置，以便排出向上流的再生液和清洗水，借助上部压缩空气的压力，防止乱层。另外，在中间排水装置上面，装填一层厚约 15cm 的树脂或密度轻于树脂而略重于水的惰性树脂层，又称为压脂层。它一方面使压缩空气比较均匀而缓慢地从中间排水装置逸出，另一方面起到截留水中悬浮物的作用。

气顶压法逆流再生操作步骤（图 13-

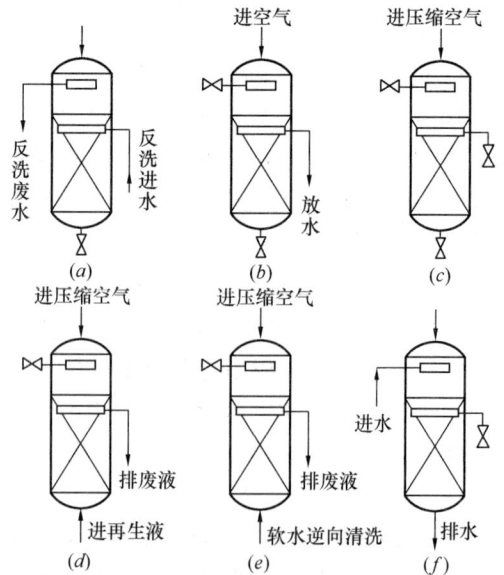

图 13-11 气顶压法逆流再生操作步骤

11）如下：

    a. 小反洗：从中间排水装置引进反洗水，冲洗压脂层；

    b. 放水：将中间排水装置上部的水放掉，以便进空气顶压；

    c. 顶压：从交换器顶部进压缩空气，气压维持在一定压力，防止乱层；

    d. 进再生液：从交换器底部进再生液；

    e. 逆向清洗：用软化水逆流清洗，直到排出水符合要求；

    f. 正洗：顺向清洗到出水水质符合运行控制指标，即可转入运行。

逆流再生固定床运行若干周期后要进行一次大反洗，以便去除树脂层内的污物和碎粒。大反洗后的第一次再生时，再生剂耗量适当增加。逆流再生要用软化水清洗，否则底层已再生好的树脂在清洗过程中又被消耗，导致出水水质下降，失去了逆流再生的优点。

水顶压法的装置及其工作原理与气顶压法相同，仅是用带有一定压力的水替代压缩空气。再生时将水引入交换器顶部，经压脂层进入中间排水装置与再生废液同时排出。

无顶压逆流再生的操作步骤与顶压基本相同，只是不进行顶压。此法的特点在于，增加中间排水装置的开孔面积，使小孔流速低于 0.1~0.2m/s。这样，在压脂层厚30cm左右，再生流速小于7m/h的情况下，无需任何顶压方法，即可保证不乱层，而再生效果完全相同。

低流速再生法也属无顶压再生。此法是将再生液以很低流速由下向上通过树脂层，保持层次不乱，多用于小型交换器。

另一类逆流再生即是浮动床逆流再生。与上述逆流再生不同的是：软化时，原水由下向上流动，高速上升水流冲起树脂层呈流态化；再生时，再生液由上而下流经树脂层，故同样具有逆流再生特点。

逆流再生固定床气顶压法、水顶压法、低流速法和无顶压法再生方法的比较见表13-13。

逆流再生固定床几种再生方法的比较　　　　　　　　　　表13-13

操作方式	条　件	优　点	缺　点
气顶压法	1. 压缩空气压力 0.3~0.5kg/cm²，压力稳定，不间断； 2. 气量 0.2~0.3m³/(m²·min)； 3. 再生液流速 3~5m/h	1. 不易乱层，稳定性好； 2. 操作容易掌握； 3. 耗水量少	需设置净化压缩空气系统
水顶压法	1. 水压 0.5kg/cm²； 2. 压脂层厚 500mm； 3. 顶压水量为再生液用量的 1~1.5 倍	操作简单	再生废液量大，增加废水中和处理的负担
低流速法	再生流速 2m/h	设备及辅助系统简单	不易控制，再生时间长
无顶压法	1. 中间排水装置小孔流速低于 0.1m/s； 2. 压脂层厚 280mm，再生时处于干的状态； 3. 再生流速 5~7m/h	1. 操作简便； 2. 外部管道系统简单； 3. 无需任何顶压系统，投资省	采用小阻力分配，容易偏流
浮动床法		1. 运行流速高，水流阻力小； 2. 操作方便，设备投资省； 3. 无需顶压系统，再生操作简便	1. 对进水浊度要求较高； 2. 需体外反洗装置； 3. 不适合水量变化较大的场合

③ 逆流再生离子交换器设计工艺参数

逆流再生离子交换器构造尺寸按照物料衡算关系式计算，交换器内树脂层厚度、交换器台数要求同顺流再生离子交换器。

a. 交换运行流速：强酸阳离子交换器、钠离子交换器以及强碱阴离子交换器交换运行流速 20～30m/h。

b. 小反洗：清洗压脂层污物、松动压脂层、疏通中排液管滤网，原水浑浊度低时，可几周小反洗一次；强酸阳离子交换器、钠离子交换器以及强碱阴离子交换器小反洗流速约 5～10m/h。强酸阳离子交换器及强碱阴离子交换器小反洗历时 15min，钠离子交换器小反洗历时 3～5min。

c. 顶压：气顶压 0.03～0.05MPa，水顶压 0.05MPa。水顶压水流量约为再生液流量的 0.4～1.0 倍。

d. 再生：氯化钠再生液浓度 5%～8%、盐酸浓度 1.5%～3%、硫酸浓度 0.8%～1%、氢氧化钠浓度 1%～3% 较为合适。再生液上升流速小于 5m/h；再生时间 30min，每天再生 1～2 次为宜。

e. 逆向清洗：又称为置换清洗，用软化水逆流清洗，硫酸再生的强酸阳离子交换器，清洗流速 8～10m/h，盐酸再生的强酸阳离子交换器、钠离子交换器、强碱阴离子交换器清洗流速小于 5m/h。逆向清洗时间 30min，同时参考以下出水水质指标来控制置换清洗终点。

阳离子交换柱置换清洗终点：出水酸度 3～5mmol/L；

阴离子交换柱置换清洗终点：出水碱度小于 0.5mmol/L，或电阻率大于 $1 \times 10^3 \Omega \cdot cm$；

钠离子交换柱置换清洗终点：出水氯根为进水氯根加 20mg/L，或出水硬度小于 0.5mmol/L。

f. 小正洗：阳离子交换柱小正洗流速 10～15m/h，阴离子交换柱小正洗流速 7～10m/h，历时均为 5～10min。

g. 正洗：阴、阳离子交换柱正洗流速 10～15m/h，钠离子交换柱正洗流速 15～20m/h，以出水达到离子交换出水水质要求为准。

④ 逆流再生离子交换器特点

与顺流再生比较，再生剂耗量可降低 20% 以上；出水水质显著提高；原水水质适用范围扩大，对于硬度较高的水，仍能保证出水水质；再生废液中再生剂有效浓度明显降低，一般不超过 1%；树脂工作交换容量有所提高。

（2）除二氧化碳器

1）除二氧化碳基本原理

天然水中溶解的气体主要有 O_2 和 CO_2。在氢离子交换过程中，氢离子和水中重碳酸根 HCO_3^- 反应生成水和大量的 CO_2。水中 1mmol/L 的 HCO_3^- 可产生 44mg/L 的 CO_2。这些气体腐蚀金属，侵蚀混凝土。此外，游离碳酸进入强碱阴离子交换器，加重强碱树脂的负荷。因此，在离子交换脱碱软化或除盐系统中，均应考虑去除 CO_2 的措施。

在水处理中，有以脱除水中 CO_2 为主的除二氧化碳器，也称除碳器；有以脱除水中溶解氧为主的除氧器；有以脱除水中各种气体的除气器。本节仅介绍最为常用的鼓风填料式除二氧化碳器。

在平衡状态下，CO_2在水中的溶解度（水温15℃时）仅为0.6mg/L。当水中溶解的CO_2浓度大于溶解度时，则CO_2逐渐就会从水中析出，即所谓的解吸过程。又由于空气中CO_2含量极低（约0.03%），如果创造一种条件使含有CO_2的水与大量新鲜空气接触，就有可能促使CO_2从水中转移到空气中，从而降低CO_2在水中的溶解量。这种加快CO_2解吸过程的设备称为除二氧化碳器（或脱气塔）。

碳酸是一种弱酸，水的pH越低，游离碳酸越不稳定。这可从以下碳酸平衡中明显看出：

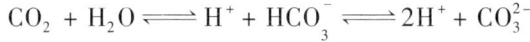

$$CO_2 + H_2O \rightleftharpoons H^+ + HCO_3^- \rightleftharpoons 2H^+ + CO_3^{2-}$$

水的pH低，则平衡向左方移动，有利于碳酸的分解。碳酸几乎全部以游离CO_2的形态存在于水中。这给脱气提供了良好的条件。所以，在水的脱碱软化或除盐系统中，往往将除二氧化碳器放置在紧接氢离子交换器之后。

2）除二氧化碳器的构造与计算

常用的鼓风填料式除二氧化碳器如图13-12所示。布水装置将进水沿整个截面均匀淋下。经填料层时，水被淋洒成细滴或薄膜，从而大大增加了水和空气的接触面。空气从下而上由鼓风机不断送入，在与水充分接触的同时，将析出的二氧化碳气体随之排出。脱气后的水则由出水口流出。

由于原水经离子交换后成酸性，所以除碳器外壳及淋水填料要有耐腐蚀作用。常用的除碳器外壳有碳钢衬胶、硬聚氯乙烯或玻璃钢材质加工而成。常用的填料有拉希环、聚丙烯鲍尔环、聚丙烯多面空心球等。拉希环规格 $25 \times 25 \times 3$（mm），单位体积所具有的工作表面积 $A_s = 204m^2/m^3$。

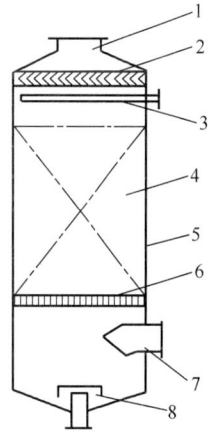

图 13-12　鼓风填料式
除二氧化碳器

1—排风口；2—收水器；
3—布水器；4—填料；
5—外壳；6—承托架；
7—进风口；8—水封及
出水口

除二氧化碳器截面积按照淋水密度 $60m^3/(m^2 \cdot h)$ 计算。淋水填料的高度主要决定需要装填的填料总工作表面积和处理的水中二氧化碳含量。计算公式为：

$$F = \frac{G_{CO_2}}{K\Delta C} \quad (m^2) \tag{13-39}$$

式中　　F——除二氧化碳器需要的淋水填料总工作表面积，m^2；

G_{CO_2}——散除的CO_2量，kg/h；可按式(13-40)计算：

$$G_{CO_2} = \frac{Q[(CO_2)_1 - (CO_2)_2]}{1000} \quad (kg/h) \tag{13-40}$$

Q——处理水量，m^3/h；

$(CO_2)_1$——进水中CO_2浓度，mg/L，按式（13-41）计算：

$$(CO_2)_1 = 44 \cdot c(HCO_3^-) + \rho(CO_2) \quad (mg/L) \tag{13-41}$$

$c(HCO_3^-)$——原水碱度，mmol/L；

$\rho(CO_2)$——原水游离CO_2浓度，mg/L；

$(CO_2)_2$——出水中CO_2浓度，一般取5mg/L；

ΔC——平均解吸推动力，kg/m^3，表示除二氧化碳器上下两端推动力的平均值，可近似地按式（13-42）计算（或查阅有关图表）：

$$\Delta C = \frac{(CO_2)_1 - (CO_2)_2}{1.06\ln\frac{(CO_2)_1}{(CO_2)_2}} \times \frac{1}{1000} \ (kg/m^3) \tag{13-42}$$

K——解吸系数，$\dfrac{kg}{h \cdot m^2 \cdot kg/m^3}$或 m/h，即单位时间、单位接触面积、单位平均解吸动力下去除的 CO_2 数量（kg/h），该值主要和水温有关，由图 13-13 求出。

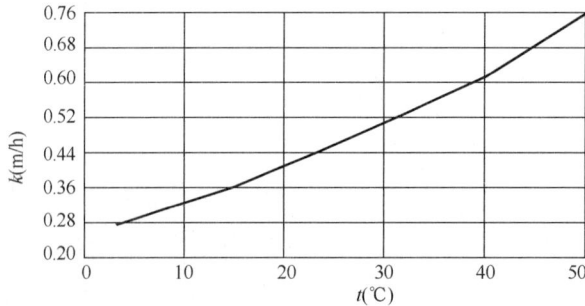

图 13-13　K 值曲线［适用于淋水密度 $60m^3/(m^2 \cdot h)$，$25 \times 25 \times 3$（mm）拉希环（瓷）填料］

除二氧化碳器需要的填料高度按下式计算：

$$H = \frac{bF}{QA_s} = \frac{60F}{QA_s} \ (m) \tag{13-43}$$

式中　H——填料层设计高度，m；

b——设计淋水密度，$m^3/(m^2 \cdot h)$，基准条件 $b = 60m^3/(m^2 \cdot h)$；

A_s——单位体积填料所具有的工作表面积（比表面积），m^2/m^3。在基准条件下，$16 \times 16 \times 2$（mm）拉希环（瓷）填料，$A_s = 305m^2$；$25 \times 25 \times 3$（mm）拉希环（瓷）填料，$A_s = 204m^2$；$40 \times 40 \times 4.5$（mm）拉希环（瓷）填料，$A_s = 126m^2$。

其余符号同上。

由此可以看出，除二氧化碳器的直径大小取决于处理水量大小，而其高度则取决于进水中主要与碱度（HCO_3^{-1}）有关的 CO_2 含量。

当设计淋水密度不是基准条件下的淋水密度，即 b 不等于 $60m^3/(m^2 \cdot h)$ 时，应根据基准条件下计算所求得的除二氧化碳器需要的填料高度 H 按式（13-44）进行修正：

$$H_1 = H\left(\frac{b_1}{60}\right)^{0.14} \ (m) \tag{13-44}$$

式中　b_1——除二氧化碳器设计淋水密度，$m^3/(m^2 \cdot h)$；

H_1——设计淋水密度为 b_1 条件下的除二氧化碳器填料高度，m。

除二氧化碳器鼓风机风量等于 20～30 倍的水量，每处理 $1m^3$ 水，通常需要 20～$30m^3$ 的空气。鼓风机风压根据填料阻力计算，瓷环填料阻力约为 0.3～0.5kPa，塔内局部阻力总和约 0.4kPa。据此选择合适的鼓风机。

水温的高低对除二氧化碳效果影响很大。水温越低，不仅 CO_2 溶解度越高，而且解吸系数 k 值越小。不利于低温水中的 CO_2 从水中转移到空气中，从而影响脱气效果。因此，在冬季应尽可能采取鼓入热风方法。

（3）再生设备

1）再生药品储存

再生药品储存量一般按 15～30d 消耗量计算。本地供应的，可适当减少储存天数，铁路运输时，应满足储存 1 槽车或 1 车皮容积加 10d 的药品消耗量。酸、碱、盐液计量箱有效容积可根据一台离子交换器一次再生药量的 1.3～1.5 倍计算。一般不设备用，当有两台离子交换器同时再生时，应设两台计量箱。

2）食盐系统

食盐系统包括食盐储存、盐液配制及输送等设备。一般为湿法储存，当盐日用量小于500kg 时，亦可干法储存。图 13-14 为用水射器输送的湿存食盐系统。储盐槽兼作储存和溶解之用。储盐槽不少于 2 格，并设有清洗设施，以便轮换、清洗。储盐槽内壁应有耐腐蚀措施。槽底部填有厚约 35～45mm 的石英砂和卵石，其级配规格从 1～4mm 到 16～32mm。溶解好的饱和食盐溶液经固体食盐层和滤料层过滤后流入计量箱。用水射器输送的同时，将盐液稀释到所需的浓度。该系统操作方便，但水射器工作水压要保持稳定。此外，还可用泵输送。

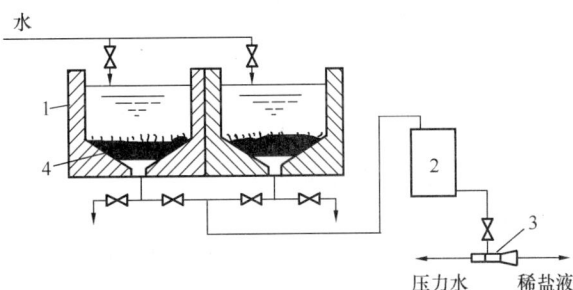

图 13-14　湿存食盐系统（水射器输送）
1—储盐槽；2—计量箱；3—水射器；4—滤料层

干法储存食盐则将食盐堆放在附近盐库，平时随用随溶解，备有溶解和过滤装置。

海滨地区的一级钠离子交换器可用海水再生，设置海水过滤设备、不设计量箱。

3）酸系统

酸系统主要由储存、输送、计量以及投加等设备组成。工业盐酸浓度为 30%～31%，硫酸浓度为 91%～93%。盐酸腐蚀性强，与盐酸接触的管道、设备均应有防腐蚀措施。盐酸还释放氯化氢气体，对周围设备有腐蚀作用，而且污染环境，损害健康。因此，酸槽应密闭，设置在仪表盘和水处理设备的下风向，并保持必要的距离。储酸的钢槽（罐）内壁要衬胶。浓硫酸虽不引起腐蚀，但浓度在 75% 以下的硫酸具有腐蚀性。

图 13-15 为盐酸配制、输送系统。储酸池中的盐酸经泵输送到高位酸罐内，再自流到计量箱。再生时，用水射器将酸稀释并送往离子交换器。采用浓硫酸为再生剂时，考虑到浓硫酸在稀释过程中释放大量的热能，应先稀释成 20% 左右的浓度，然后再配制成所需的浓度。

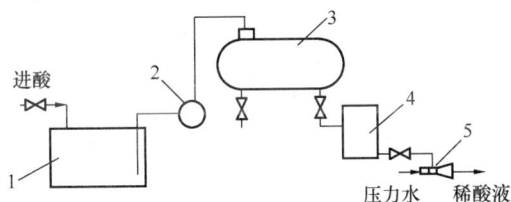

图 13-15　盐酸配制、输送系统
1—储酸池；2—泵；3—高位酸罐；4—计量箱；5—水射器

4）再生剂用量计算

再生剂用量表示单位体积树脂所消耗的

333

纯再生剂量（g/L 或 kg/m³）；再生剂比耗 n 表示单位体积树脂所消耗的纯再生剂物质的量与树脂工作交换容量的比值（mol/mol），则每台离子交换器再生一次需要的再生剂总量为：

$$G = \frac{Q(C_1 - C_2)NTn}{10\alpha} = \frac{Q(C_1 - C_2)RT}{10\alpha} \quad (kg) \qquad (13\text{-}45)$$

式中　Q——每台交换器的设计产水量，m³/h；

$\quad\quad C_1$——进水中钙镁离子含量或阳离子含量，mol/m³；

$\quad\quad C_2$——出水中残余硬度或阳离子含量，mol/m³；

$\quad\quad N$——再生剂摩尔质量，g/mol；

$\quad\quad T$——交换器工作周期，h；

$\quad\quad n$——再生剂比耗；

$\quad\quad R$——再生剂耗用量，g/mol；

$\quad\quad \alpha$——工业用酸和盐的浓度或纯度，%，计算时带入% 号前的数值。

13.7　膜分离法

（1）膜分离法的特点

电渗析、反渗透、纳滤、超滤、微滤、渗析以及电脱盐统称为膜分离法。所谓膜分离法系指在某种推动力作用下，利用特定膜的透过性能，分离水中离子或分子以及某些微粒的方法。根据《工业用水软化除盐设计规范》GB/T 50109—2014，纳滤、反渗透、电除盐装置不宜少于两套，当有 1 套设备化学清洗或检修时，其余设备应能满足正常用水量的要求。膜分离的推动力可以是膜两侧的压力差、电位差或浓度差。膜分离具有高效、耗能低、占地面积小等特点，并且可以在室温和无相变的条件下进行，因而得到了广泛的应用。各种膜去除杂质的范围以及特点如图 13-16 和表 13-14 所示。

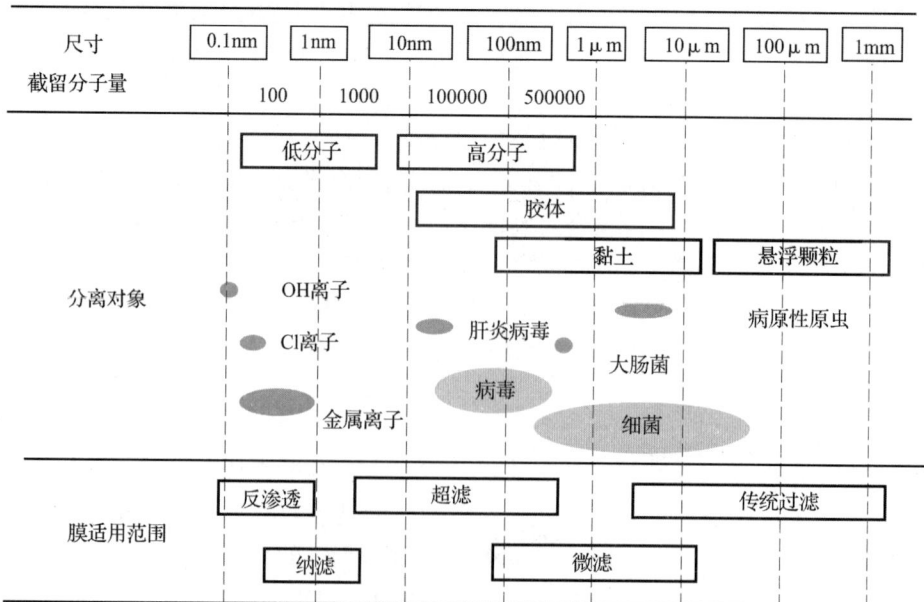

图 13-16　压力驱动膜去除杂质的范围

各种膜分离方法以及特点　　　　　　　　　　表 13-14

膜分离种类	推动力	透过物	截留物	膜孔径
渗析	浓度差	低分子量物质	大分子量物质	—
电渗析	电位差	电解质离子	非电解质物质	—
反渗透	压力差	水溶剂	全部悬浮物、大部分溶解性盐、大分子物质	$0.1 \sim 1.0$ nm
纳滤	压力差	水溶剂	全部悬浮物、某些溶解性盐和大分子物质	$1 \sim 10$ nm
超滤	压力差	水和盐类	悬浮固体和胶体大分子	$0.01 \sim 0.1$ μm
微滤	压力差	水和溶解性物质	悬浮固体	$0.05 \sim 5$ μm
电脱盐（EDI）	电位差	电解质离子	非电解质物质	—

　　膜孔的大小是表示膜性能的重要参数。虽然有多种实验方法可以间接测定膜孔径的大小，但由于这些测定方法都必须作出一些假定条件以简化计算模型，因此实用价值不大。通常用截留分子量表示膜的孔径特征。所谓截留分子量是用一种已知分子量的物质（通常为蛋白质类的高分子物质）来测定膜的孔径，当 90% 的该物质为膜所截留，则此物质的分子量即为该膜的截留分子量。由于超滤膜的孔径不是均一的，而是有一个相当宽的分布范围，一般截留 1000 ~ 100 万道尔顿分子量的有机物。因此，虽然表明某个截留分子量的超滤膜，但对大于或小于该截留分子量的物质也有截留作用。

　　（2）膜的结构和组件

　　1）膜的结构

　　膜结构的特点是非对称结构和具有明显的方向性。膜主要有两层结构，表皮层和支撑层，见图 13-17。表皮层致密，起脱盐和截留作用。支撑层为一较厚的多孔海绵层，结构松散，起支撑表皮层的作用。支撑层没有脱盐和截留作用。表皮层中具有很多 2nm 左右宽度的孔隙，进行透水，截留盐分。

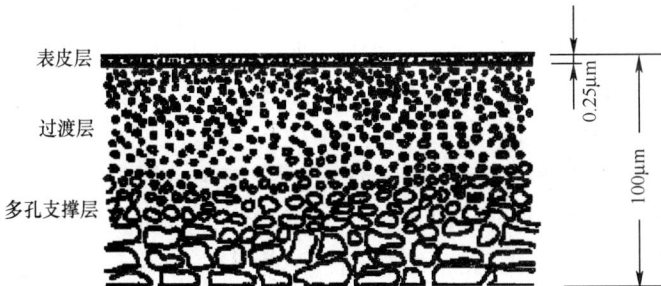

图 13-17　不对称膜结构示意

　　具有实用价值的膜要有较高的脱盐率和透水通量。根据这样的要求，膜的结构必须是不对称的，这样可尽量降低膜阻力，提高透水量，同时满足高脱盐率的要求。

　　2）膜组件及其种类

　　所谓的膜组件是指将膜、固定膜的支撑材料、间隔物或管式外壳等通过一定的粘合或组装构成基本单元，在外界压力的作用下实现对杂质和水的分离。膜组件有板框式、管式、卷式和中空纤维式 4 种类型。

① 板框式：膜被放置在可垫有滤纸的多孔的支撑板上，两块多孔的支撑板叠压在一起形成的料液流道空间，组成一个膜单元。单元与单元之间可并联或串联连接。板框式膜组件方便膜的更换，清洗容易，而且操作灵活。

② 管式：管式膜组件有外压式和内压式两种。管式膜组件的优点是对料液的预处理要求不高，可用于处理高浓度的悬浮液。缺点是投资和操作费用较高，单位体积内的膜装填密度较低，在 $30 \sim 500m^2/m^3$。

③ 卷式：组件如图 13-18 所示，将导流隔网、膜和多孔支撑材料依次迭合，用粘合剂沿三边把两层膜粘结密封，另一开放边与中间淡水集水管连接，再卷绕一起。原水由一端流入导流隔网，从另一端流出，即为浓水。透过膜的淡化水或沿多孔支撑材料流动，由中间集水管流出。卷式膜的装填密度一般为 $600m^2/m^3$，最高可达 $800m^2/m^3$。卷式膜由于进水通道较窄，进水中的悬浮物会堵塞其流道，因此必须对原水进行预处理。反渗透和纳滤多采用卷式膜组件。

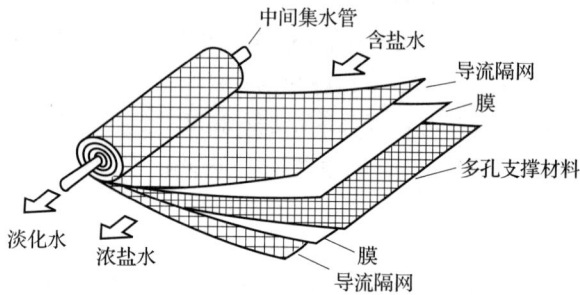

图 13-18　卷式膜示意

④ 中空纤维式：中空纤维膜是将一束外径 $50 \sim 100\mu m$、壁厚 $12 \sim 25\mu m$ 的中空纤维弯成 U 形，装于耐压管内，纤维开口端固定在环氧树脂管板中，并露出管板。透过纤维管壁的处理水沿空心通道从开口端流出。中空纤维膜的特点是装填密度最大，最高可达 $30000m^2/m^3$。中空纤维膜可用于微滤、超滤、纳滤和反渗透。

（3）反渗透（RO）与纳滤（NF）

1）渗透现象与渗透压

只能透过溶剂而不能透过溶质的膜称为半透膜。用只能让水分子透过，而不允许溶质透过的半透膜把纯水和咸水分开，则水分子将从纯水一侧通过膜进入咸水一侧，结果使咸水一侧的液面上升，直到某一高度，处于平衡状态，这一现象称为渗透现象，如图 13-19 所示。

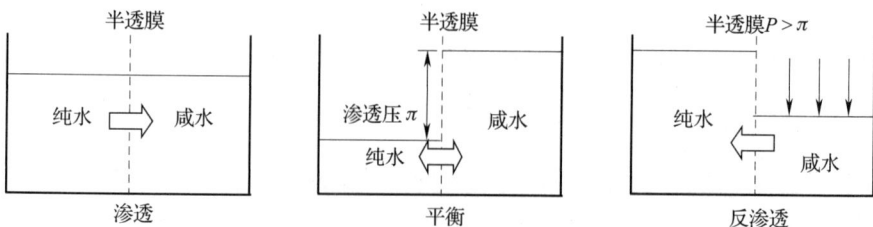

图 13-19　渗透与反渗透现象

渗透现象是一种自发过程，但要有半透膜才能表现出来。从化学位考虑，纯水的化学位高于咸水中水的化学位，所以水分子向化学位低的一侧渗透。渗透现象是一种质量传递，半透膜两侧水的化学位的大小决定着质量传递的方向。

当渗透达到动平衡状态时，半透膜两侧存在着一定的水位差或压力差，此即为在指定温度下的溶液（咸水）渗透压 π，并可由下式进行计算：

$$\pi = icRT \tag{13-46}$$

式中　π——溶液渗透压，Pa；

　　　c——溶液中溶质的浓度，mol/m^3；

　　　i——系数，对于含有大量 NaCl 的海水，约等于 1.8；

　　　R——气体常数，这里取 $R = 8.314 J/(mol \cdot K)$；

　　　T——绝对温度，K。

【例题 13-7】盐度（指海水中的含盐量，g/kg）为 34.3‰的海水，溶解杂质浓度 $C = 0.56 \times 10^3 mol/m^3$ 在 25℃时溶液渗透压是多少？

【解】海水中主要含有 $CaSO_4$、$MgSO_4$、$MgCl_2$、NaCl，浓度（折算）等于 0.56×10^3 mol/m^3，其渗透压为：

$$\pi = icRT = 1.8 \times 0.56 \times 10^3 \times 8.314 \times 298 = 2.5 \times 10^6 Pa = 2.5 MPa$$

2）反渗透

如图 13-19 所示，当咸水一侧施加的压力 P 大于该溶液的渗透压 π，可迫使渗透反向，实现反渗透过程。此时，在高于渗透压的压力作用下，咸水中水的化学位升高并超过纯水的化学位，水分子从咸水一侧反向地透过膜进入纯水一侧，海水淡化即基于该原理。理论上，用反渗透法从海水中生产单位体积淡水所耗费的最小能量即理论耗能量（25℃），可按下式计算：

$$W_{lim} = \frac{A\,R\,T\,S}{\overline{V}} \tag{13-47}$$

式中　W_{lim}——理论耗能量，kWh/m^3；

　　　A——系数，等于 0.000537；

　　　S——海水盐度，一般取 34.3‰，计算时仅用‰前的数值代入式中；

　　　$\overline{V}$——水的偏摩尔体积，等于纯水的摩尔体积。指 1mol 水分子 18g 整齐排列所占的体积，以 L 或 m^3 计，数值上等于 $\frac{18g/mol}{1000000g/m^3} = 0.018 \times 10^{-3} m^3/mol$；

　　　R——理想气体常数，写成 $\frac{8.314J}{1mol \cdot K} \times \frac{1kh}{1000 \times 3600s} = 2.31 \times 10^{-6} kWh/(mol \cdot K)$

将上列各值代入上式，得

$$W_{lim} = \frac{0.000537 \times 2.31 \times 10^{-6} \times 298 \times 34.3}{0.018 \times 10^{-3}} = 0.7\ kWh/m^3$$

由于 $1kWh = 3.6 \times 10^6 N \cdot m = 3.6 \times 10^6 \frac{N}{m^2}m^3 = 3.6 \times 10^6 Pa \cdot m^3$，

$$0.7\frac{kWh}{m^3} = \frac{0.7 \times 3.6 \times 10^6 Pa \times m^3}{m^3} = 2.52 MPa$$

该值亦即海水的渗透压。

实际上，在反渗透过程中，海水盐度不断提高，其相应的渗透压亦随之增大，此外，为了达到一定规模的生产能力，还需施加更高的压力，所以海水淡化实际所耗能量要比理论值大很多。故海水淡化一般采用高压反渗透（5.6~10.5MPa），苦咸水淡化采用低压反渗透（1.4~4.2MPa），自来水除盐采用超低压反渗透（0.5~1.4MPa）。

经一级（或两级串联）反渗透出水一般电导率在$1\mu S/cm$以上，不能满足电力工业中高压锅炉补给水（电导率$<0.3\mu S/cm$）和电子工业纯水、高纯水要求。所以，在电力工业锅炉补给水和电子工业纯水生产中，反渗透一般作为预除盐工艺，再经混合床离子交换或其他去离子设备进行深度除盐处理，可以达到表13-4所示的纯水要求。

和离子交换复合床、混合床制取纯水工艺相比，反渗透作为预除盐工艺可以减少排放酸碱再生废液对环境的污染，但要增加能耗水耗。

反渗透膜透过水中游离CO_2、HCO_3^-、CO_3^{2-}的顺序为：$CO_2 > HCO_3^- > CO_3^{2-}$，出水一般呈酸性（pH <6）。

3）反渗透主要技术参数

① 水与溶质的通量

反渗透过程中水和溶质的通量可分别表示为：

$$J_W = W_p(\Delta P - \Delta \pi) \tag{13-48}$$

$$J_s = K_p \Delta C \tag{13-49}$$

式中　J_W——水透过膜（渗透）的通量，$cm^3/(cm^2 \cdot s)$；

$\quad\ W_p$——水的透过（渗透）系数，$cm^3/(cm^2 \cdot s \cdot Pa)$；

$\quad\ \Delta P$——膜两侧的压力差，Pa；

$\quad\ \Delta \pi$——膜两侧的渗透压差，Pa；

$\quad\ J_s$——溶质透过膜（渗析）的通量，$mg/(cm^2 \cdot s)$；

$\quad\ K_p$——溶质的透过（渗析）系数，cm/s；

$\quad\ \Delta C$——膜两侧的浓度差，mg/cm^3。

由上式可知，在给定条件下，渗透过膜的水通量与压力差成正比，而渗析过膜的溶质通量则主要与分子扩散有关，因而只与浓度差成正比。所以，提高反渗透器的操作压力不仅使淡化水产量增加，而且可降低淡化水中的溶质浓度。另一方面，在操作压力不变的情况下，增大进水的溶质浓度即是增大浓度差，原水渗透压增高，水渗通量减小，溶质通量增大。

② 脱盐率

反渗透的脱盐率 R 表示膜两侧的含盐浓度差与进水含盐量之比：

$$R = \frac{C_b - C_f}{C_b} \times 100\% \tag{13-50}$$

式中　C_b——进水含盐量，mg/L；

$\quad\ C_f$——淡化水含盐量，mg/L，$C_f = \dfrac{J_s}{J_W}$。

【例题13-8】假设反渗透膜水透过系数 W_p 为 2×10^{-10} $cm^3/(cm^2 \cdot s \cdot Pa)$，溶质透过系数 K_p 为 3.345×10^{-5} cm/s，在操作压力为 3.0MPa，水温为 $25°C$ 的条件下对浓度为 C_b =5000mg/L 的苦咸水（以 NaCl 为主）进行脱盐处理，脱盐后淡水中含盐量 C_f = 300mg/L。按照理论计算，水透过膜的通量 J_W 和溶质透过膜的通量 J_s 各为多少？

【解】 溶质浓度 $c = \dfrac{5000\mathrm{g/m}^3}{58.5\mathrm{g/mol}} = 85.47 \;\mathrm{mol/m}^3$；

渗透压 $\pi = i \cdot c \cdot R \cdot T = 1.8 \times 85.47 \times 8.314 \times 298 = 0.3812 \;\mathrm{MPa}$；

膜的透水通量等于 $J_\mathrm{W} = W_\mathrm{p}(\Delta P - \Delta \pi) = \dfrac{2 \times 10^{-10}\,\mathrm{cm}^3}{\mathrm{cm}^2 \cdot \mathrm{s} \cdot \mathrm{Pa}} \times (3.0 - 0.3812) \times 10^6 \mathrm{Pa}$

$$= 0.524 \times 10^{-3}\,\mathrm{cm}^3/(\mathrm{cm}^2 \cdot \mathrm{s});$$

淡水中含盐量 $C_\mathrm{f} = 300\mathrm{mg/L} = 0.3\mathrm{mg/(cm}^3)$，溶质的通量为：

$J_\mathrm{s} = K_\mathrm{p} \cdot \Delta C = 3.345 \times 10^{-5}\mathrm{cm/s} \times (5 - 0.3)\mathrm{mg/cm}^3 = 0.1572 \times 10^{-3}\,\mathrm{mg/(cm}^2 \cdot \mathrm{s})$

4）纳滤（简称 NF）

反渗透膜对离子的截留没有选择性，使得操作压力高，膜通量受到限制。对于一些通量要求大，同时对某些物质截留率要求不高的应用来说，可以选择纳滤处理工艺。20 世纪 80 年代末发展的纳滤膜，与反渗透具有类似性质，故又称为"疏松型"反渗透膜。纳滤膜的截留分子量为 200D ~ 1000D，与截留分子量相对应的膜孔径为 1nm 左右，故将这类膜称为纳滤膜。纳滤膜对 NaCl 的截留率一般小于 90%。纳滤膜的特点是对二价离子有很高的去除率，可用于水的软化，而对一价离子的去除率较低。纳滤膜对有机物有很好的去除效果，故在微污染水源的饮用水处理中有广阔的应用前景。

反渗透和纳滤膜脱盐处理的原水一般先经过细砂过滤器滤除水中细小悬浮物，再经消毒、保安过滤器后进入膜处理装置。根据水中含盐量高低，通常采用一级处理、二级处理和一级两段式工艺系统，如图 13-20 所示。

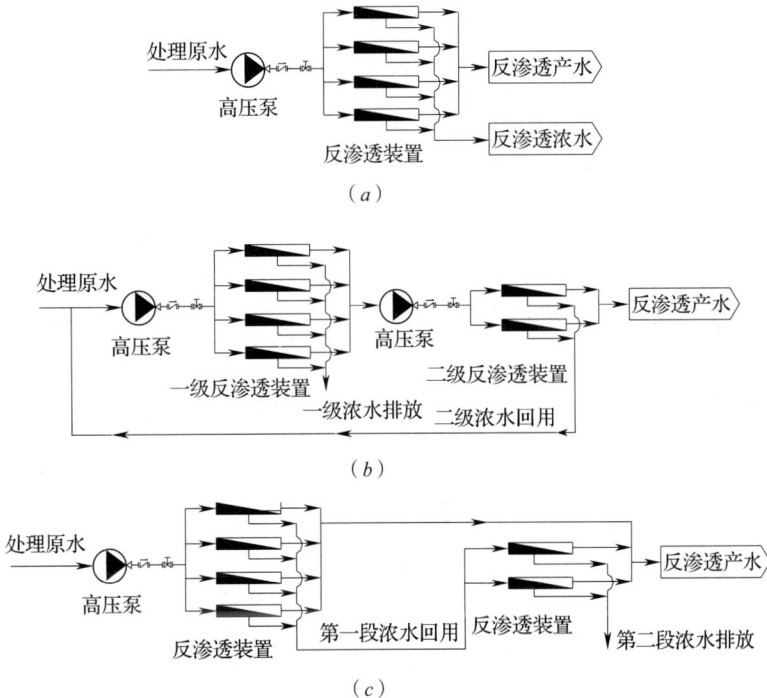

（a）

（b）

（c）

图 13-20　反渗透和纳滤膜脱盐处理工艺流程

（a）一级处理系统；（b）二级处理系统；（c）一级两段式处理系统

5）反渗透与纳滤前的预处理

进水水质预处理是膜处理工艺的一个重要组成部分，是保证膜装置安全运行的必要条件。预处理包括去除悬浮物、有机物、胶体物质、微生物以及某些有害物质（如铁、锰）。悬浮物和胶体物质会黏附在膜表面，使膜过滤阻力增加。某些膜材质如醋酸纤维素可成为细菌的养料，使膜的醋酸纤维减少，影响膜的脱盐性能。水中的有机物，特别是腐殖酸类会污染膜。因此，作为膜的预处理，可采用常规处理如混凝、沉淀和过滤、活性炭吸附以及投加消毒剂等，消除影响膜运行的不利因素。反渗透和纳滤膜对进水水质的要求如表 13-15 所示。

反渗透和纳滤膜对进水水质的要求 表 13-15

水质指标	卷式膜	中空纤维膜
浑浊度（度）	<0.5	<0.3
污染指数 FI	3~5	<3
pH	4~7	4~11
水温（℃）	15~35	15~35
化学耗氧量（mgO_2/L）	<1.5	<1.5
游离氯（mg/L）	0.2~1.0	0~0.1
总铁（mg/L）	<0.05	<0.05

表中污染指数 FI 值又称为滤阻指数，表示在规定压力和时间的条件下，用微孔膜过滤一定水量所花费的时间变化来计算过滤过程中的滤膜堵塞的程度，从而间接地推算水中悬浮物和胶体颗粒的数量。

污染指数 FI 的测定方法是：用有效直径为 42.7mm 的 0.45μm 的微孔膜，在 0.2MPa 的压力下测定最初过滤 500mL 水所需要的时间 t_1，然后继续过滤 15min 后，再测定过滤 500mL 水所需要的时间 t_2，按下式计算 FI 值：

$$FI = \left(1 - \frac{t_1}{t_2}\right) \times \frac{100}{15} \qquad (13-51)$$

当 t_1 和 t_2 相等时，表明水中没有任何杂质，此时的 FI 值为 0；如果水中的杂质较多，使 t_1/t_2 趋向 0，此时的 FI 值为 6.7。说明 FI 值的范围在 0~6.7。反渗透膜的进水的 FI 值要求低于 3，该值正好位于范围的中间值。

（4）微滤和超滤

超滤（简称 UF）和微滤（简称 MF）对溶质的截留被认为主要是机械筛分作用，即超滤和微滤膜有一定大小和形状的孔，在压力的作用下，溶剂和小分子的溶质透过膜，而大分子的溶质被膜截留。超滤膜的孔径范围为 0.01~0.1μm，可截留水中的微粒、胶体、细菌、大分子的有机物和部分的病毒，但无法截留无机离子和小分子的物质。微滤膜孔径范围在 0.05~5μm。

超滤所需的工作压力比反渗透低。这是由于小分子量物质在水中显示出高度的溶解性，因而具有很高的渗透压，在超滤过程中，这些微小的溶质可透过超滤膜，而被截留的大分子溶质，渗透压很低。微滤所需的工作压力则比超滤更低。

超滤和微滤有两种过滤模式，终端过滤和错流过滤（图 13-21）。终端过滤为待处理的水在压力的作用下全部透过膜，水中的微粒被膜截留。而错流过滤是在过滤过程中，部分水透过膜，而一部分水沿膜面平行流动。由于截留的杂质全部沉积在膜表面，因而终端过滤的通量下降较快，膜容易堵塞，需周期性地反冲洗以恢复通量。而错流过滤中，由于平行膜面流动的水不断将沉积在膜面的杂质带走，通量下降缓慢。但由于一部分能量消耗在水的循环上，错流过滤的能量消耗较终端过滤大。常见的膜处理工艺中，微滤和超滤可采用终端过滤或错流过滤模式，而反渗透和纳滤采用错流过滤模式。

当超滤和反渗透膜面截留大分子溶质后，膜面处溶质浓度 C_m 高于主体水流中的溶质浓度 C_b，在膜面附近边界层内浓差 $(C_m - C_b)$ 作用力推动下，迫使溶质向主体水流反向扩散的现象称为浓差极化，致使滤垢沉积在滤膜表面、滤阻增大。

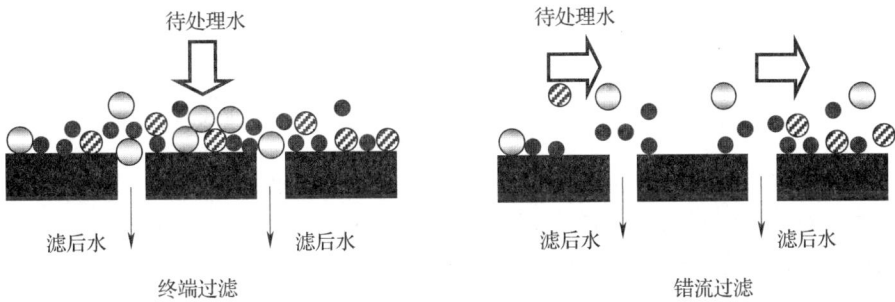

图 13-21　过滤模式图

（5）电渗析

电渗析是以电位差为推动力的膜分离技术，用于除盐和咸水淡化。

1）电渗析原理及过程

电渗析法是在外加直流电场作用下，利用离子交换膜的选择透过性（即阳膜只允许阳离子透过，阴膜只允许阴离子透过），使水中阴、阳离子作定向迁移，从而达到离子从水中分离的一种物理化学过程。电渗析原理示意如图 13-22 所示。

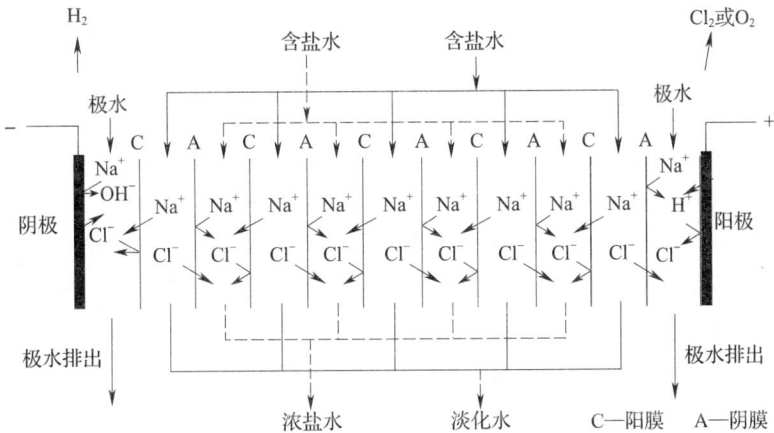

图 13-22　电渗析原理示意图

在阴极和阳极之间，阳膜与阴膜交替排列，并用特制的隔板将这两种膜隔开，隔板内有水流的通道。进入淡室的含盐水，在电场的作用下，阳离子不断透过阳膜向阴极方向迁移，阴离子不断透过阴膜向阳极方向迁移，水中离子含量不断减少，含盐水逐渐变成淡化水。而进入浓室的含盐水，由于阳离子在向阴极方向迁移中不能透过阴膜，阴离子在向阳极方向迁移中不能透过阳膜，同时，浓室还不断接受相邻的淡室迁移透过的离子，浓室中的含盐水的离子浓度越来越高而变成浓盐水。这样，在电渗析器中，形成了淡水和浓水两个系统。与此同时，在电极和溶液的界面上，通过氧化、还原反应，发生了电子与离子之间的转换，即电极反应。以食盐水溶液为例，阴极还原反应为：

$$H_2O \longrightarrow H^+ + OH^-$$

$$2H^+ + 2e \longrightarrow H_2 \uparrow$$

阳极氧化反应为：

$$H_2O \longrightarrow H^+ + OH^-$$

$$4OH^- \longrightarrow O_2 \uparrow + 2H_2O + 4e$$

$$2Cl^- \longrightarrow Cl_2 \uparrow + 2e$$

所以，在阴极不断排出氢气，阴极室溶液呈碱性，当水中有 Ca^{2+}、Mg^{2+}、HCO_3^- 等离子时，会生成 $CaCO_3$ 和 $Mg(OH)_2$ 水垢，沉积在阴极上。在阳极则不断有氧气或氯气放出，而阳极室溶液则呈酸性，对电极造成强烈的腐蚀。

在运行中，电渗析器的膜界面上还会出现极化和沉淀现象。

在阳膜淡室一侧，膜内阳离子迁移数大于溶液中阳离子迁移数，迫使水电离后 H^+ 穿过阳膜传递电流，而产生极化现象。水电离后生成的 OH^- 迁移穿过阴膜进入浓室，使浓水的 pH 上升，出现 $CaCO_3$ 和 $Mg(OH)_2$ 的沉淀现象。极化会引起以下不良的后果：

① 部分电能消耗在水的离解上，降低电流效率；

② 当水中有钙镁离子时，会在膜面生成水垢，增大膜电阻，增加耗电量，降低出水水质；

③ 极化严重时，出水呈酸性或碱性。

在电渗析过程中，电能的消耗主要用来克服电流通过溶液、膜时所受到的阻力以及进行电极反应。

2）电渗析器的构造与设计

① 膜堆

一对阴、阳膜和一对浓、淡水隔板交替排列，组成最基本的脱盐单元，称为膜对。电极（包括中间电极）之间由若干组膜对堆叠一起即为膜堆。

隔板由配水孔、布水槽、流水道和隔网组成。配水孔作用是均匀配水。布水槽将水引入淡室或浓室。浓、淡水隔板由于连接配水孔与流水道的布水槽的位置有所不同，分别构成相应的浓室和淡室。

对隔板材料要求绝缘性能好、化学稳定性好、耐酸碱等，常用的有聚氯乙烯、聚丙烯、合成橡胶等。隔板的厚度有 0.5mm、0.8mm、1.0mm、1.5mm、2.0mm、2.5mm 等规格。隔板越薄，离子迁移的路程越短，则电阻越小，电流效率越高，还可使设备体积减小。但隔板越薄，水流阻力越大，而且容易产生堵塞。隔板的流水道是进行脱盐的场所。流水道分为有回路式和无回路式两种。有回路式隔板（水流来回流动）脱盐流程长、流速大、水头损失较大、电流效率高、适用于流量较小而除盐率要求较高的场合。无回路式隔板（多道水流平行流动）脱盐流程短，流速低，水头损失小，适用于流量较大而除盐率较低的场合。流水道上的隔网作用是隔开阴、阳膜和加强水流扰动，提高极限电流密度。常用的隔网有鱼鳞网、编织网、冲膜式网等。

② 极区

电渗析器两端的电极连接直流电源，设有原水进口，淡水、浓水出口以及极室水通路。电极区由电极、极框、电极托板、橡胶垫板等组成。极框较隔板厚，放置在电极与阳膜（紧靠阴、阳极的膜均用抗腐蚀性较强的阳膜）之间，以防止膜贴到电极上，保证极室水流通畅，及时排除电极反应产物。常用电极材料有石墨、钛涂钌、铅、不锈钢等。

③ 紧固装置

紧固装置用来将整个极区和膜堆均匀夹紧，形成整体，使电渗析器在压力下运行时不漏水。压板由槽钢加强的钢板制成，紧固时四周用螺杆拧紧。

电渗析器的配套设备还有整流器、水泵、转子流量计等。

④ 电渗析器的组装

电渗析器组装方式有"级"和"段"。一对电极之间的膜堆称为一级，具有同向水流的并联膜堆称为一段。增加段数就等于脱盐流程，提高脱盐效率。增加膜对数可提高水处理量。一台电渗析器的组装方式有一级一段、多级一段、一级多段和多级多段等，如图 13-23 所示。

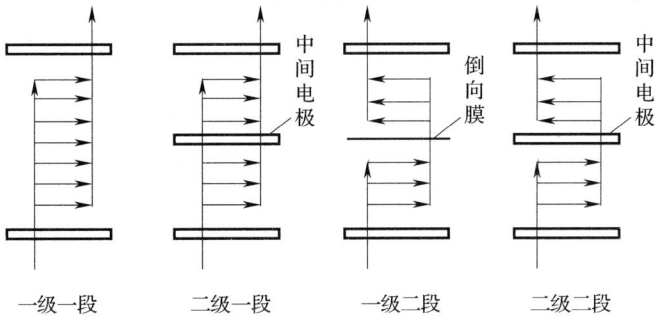

图 13-23　电渗析组装方式

⑤ 电渗析器的工艺设计与计算

a. 平均电流密度等于：

$$i = \frac{1000I}{b\,L}(\mathrm{mA/cm^2}) \tag{13-52}$$

式中　b——流水道宽度，cm；

　　　L——流水道长度，cm；

　　　I——通入电流，A。

b. 一个淡室的流量可表示为：

$$q = \frac{dbv}{1000}(\mathrm{L/s}) \tag{13-53}$$

式中　d——隔板厚度，cm；

　　　v——隔板流水道中的水流速度，cm/s。

c. 电渗析器用于水的淡化时，一个淡室（相当于一对膜）实际去除的盐量为：

$$m_1 = \frac{q(c_1 - c_2)t \cdot M_B}{1000}(g)$$ (13-54)

式中　q——一个淡室的出水量，L/s；

　c_1，c_2——分别表示进、出水含盐量，当量粒子摩尔浓度作为基本单元，mmol/L；

　　t——通电时间，s；

　M_B——物质的摩尔质量，g/mol。

d. 根据法拉第定律，应析出的盐量为：

$$m = \frac{ItM_B}{F}(g)$$ (13-55)

式中　F——法拉第常数，等于 96500 C/mol 或等于 965 00A·s/mol。

e. 电渗析器电流效率等于一个淡室实际去除的盐量与应析出的盐量之比，即

$$\eta = \frac{m_1}{m} = \frac{q(c_1 - c_2)F}{1000I} \times 100\%$$ (13-56)

f. 脱盐流程长度：

$$L = \frac{vd(c_1 - c_2)F}{1000\eta i}(cm)$$ (13-57)

电渗析器总流程长度即在给定条件下需要的脱盐流程长度。对于一级一段或多级一段组装的电渗析器，脱盐流程长度也就是隔板的流水道长度。

g. 电渗析器并联膜对数 n_p 可由下式求出：

$$n_p = 278\frac{Q}{dbv}$$ (13-58)

式中　Q——电渗析器淡水产量，m³/h；

其余符号同上。

（6）电去离子（EDI）

1）电去离子除盐原理

电去离子（EDI，Electrodeionization）是 20 世纪 80 年代在电渗析的基础上研究发展起来的除盐技术。是一种深度除盐，替代离子交换混合床制取高纯水的新型工艺。电去离子又叫填充床电渗析在电渗析淡水室中装填阴阳混合离子交换树脂，利用电渗析极化现象对离子交换树脂再生，又称为电除盐。这种将电渗析技术和离子交换相结合的工艺，既利用了电渗析可以连续除盐和离子交换深度除盐的优点，又克服了电渗析浓差极化的负面影响及离子交换树脂需要酸碱再生不能连续工作的缺陷。

电去离子（EDI）构造示意如图 13-24 所示。主要由交替排列的阴、阳离子交换膜、浓水室和淡水室隔板以及正、负电极等组成，在淡水室内填充有一定比例的阴、阳离子交换树脂。

电去离子除盐过程分为：① 电渗析过程，在外加电场作用下，水中电解质通过离子交换膜进行选择性迁移，从而达到去除离子的作用；② 离子交换过程，通过离子交换树脂对水中的电解质交换作用，去除水中的离子；③ 电化学再生过程，利用电渗析的极化过程产生的 H^+ 和 OH^- 及树脂本身的水解作用对树脂进行电化学再生。其除盐机理既有电渗析的脱盐作用，又有树脂的吸附、交换作用和树脂电化学再生作用。

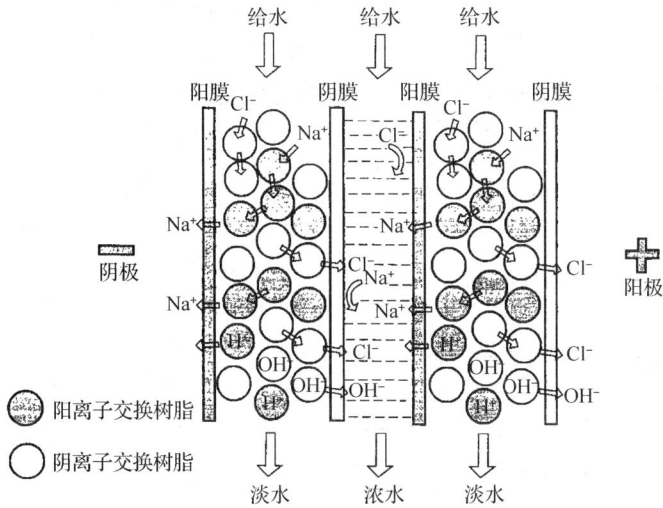

图 13-24　EDI 构造示意图

2）EDI 模块的结构类别

① EDI 模块的分类

商业化 EDI 模块按其结构形式可分为板式和卷式两种。

a. 板式 EDI 模块　又称板框式模块，它的内部部件为板框式结构，主要由阴、阳电极板、极框、离子交换膜、淡水隔板、浓水隔板及端压板等部件按一定的顺序组装而成，外形一般为长方体。

板式 EDI 模块按其组装形式又分为两种，一种是按一定的产水量进行定型生产的模块，大部分模块是按照这种标准化的型式生产的，如美国 Electropure 公司生产的 XL 系列模块和国产模块等。另一种是按照不同的产水量对产品进行定型生产，如美国 U. S. Filter 公司生产的 CDI 模块。

b. 卷式 EDI 模块　又称螺旋卷式模块，主要由电极、阳膜、阴膜、淡水隔板、浓水隔板、浓水配水集水管和淡水配水集水管组成，见图 13-25。它的组装方式与卷式反渗透膜相似，即按照"浓水隔板—阳膜—淡水隔板（填阳、阴离子交换树脂）—阴膜"的顺序，

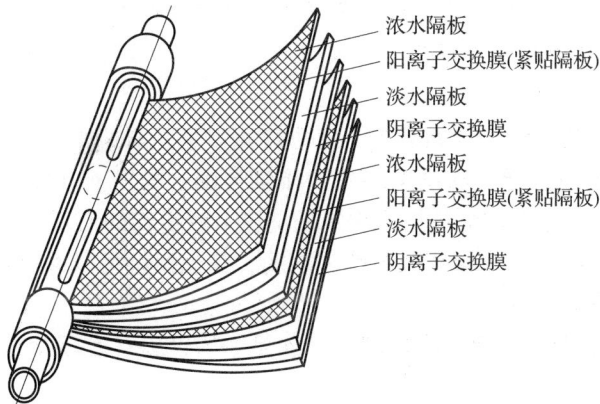

图 13-25　卷式 EDI 模块结构

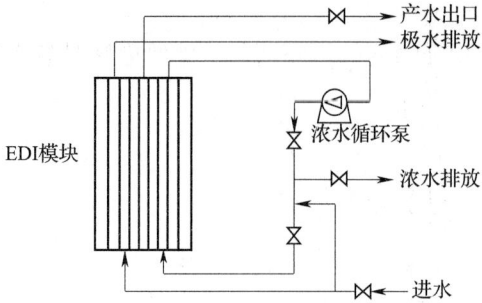

图 13-26 浓水循环式 EDI 系统流程

将它们叠放后，以浓水配水集水管为中心卷制成型。其中浓水配集管兼做 EDI 的负极，膜卷包裹的一层外壳作为阳极。

② EDI 运行方式

根据浓水循环与否，可将 EDI 系统分为浓水循环式和浓水直排式两种。

a. 浓水循环式 EDI 系统。浓水循环式 EDI 系统流程如图 13-26 所示。进水一分为二，大部分水由模块下部进入淡水室中进行脱盐，少部分水作为浓水循环回路的补充水。浓水从模块的浓水室出来后，进入浓水循环泵入口，经升压后送进入模块的下部，并在模块内一分为二，大部分水进入浓水室内，小部分水进入极水室内作为电解液，电解后携带电极反应的产物和热量而排放。为了避免因浓水的浓缩倍数而出现结垢现象，运行中将在浓水循环泵后不断排出一部分浓水。

b. 浓水直排式 EDI 系统。该系统一般只用于在浓水室和极水室中也填充了离子交换树脂等导电性材料的 EDI 模块，如美国 Ionpure 公司生产的 IPLX 系列模块，其系统流程见图 13-27。

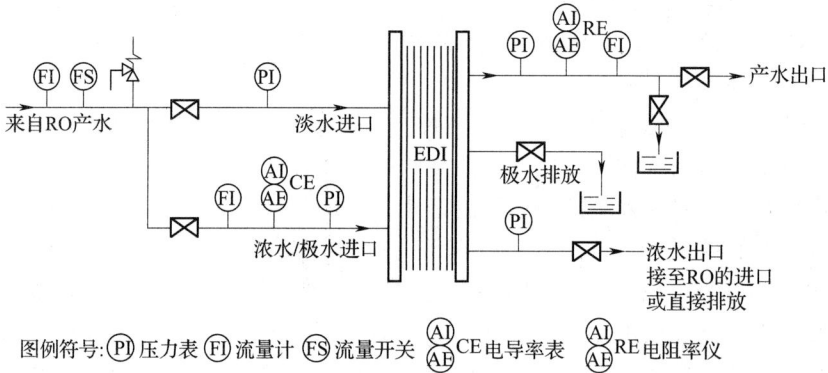

图例符号：(PI) 压力表 (FI) 流量计 (FS) 流量开关 (AI/AE) CE 电导率表 (AI/AE) RE 电阻率仪

图 13-27 浓水直排式 EDI 系统流程

3) 电去离子法水处理系统设计

① 设计原则

在采用模块化方法设计 EDI 装置时，必须注意以下几点原则：

a. 应根据系统的脱盐能力和单个模块的流量范围，确定 EDI 模块的数量。由于每个 EDI 模块在短时间内，可以在保证出水水质的前提下以更高的流量运行，当 EDI 系统中个别模块出现了故障，在更换和维修故障模块期间，其他模块可以通过提速而补偿故障模块的作用，故一般不考虑备用。

b. 应根据总体规划，预留扩容位置。一般是一次性设计和安装框架，这样能保证快速、经济地安装新增模块。

c. 当布置的空间有限时，应调整 EDI 装置的外形尺寸以适应场地的要求。

d. 根据 EDI 模块的数量及规格，确定整流器及浓水循环泵的规格型号、确定连接管道和阀门的规格尺寸，以及确定测量及分析仪表的量程范围及型号。

e. 设计 EDI 模块的进出水接口时，应注意留下必要的检修空间，以便检修时各类接管可以方便地连接和断开。

② 模块选取的简单计算

EDI 产品主要是以模块化生产的，因此设计比较简单。一般单台模块的产水量在 $0.5 \sim 5\ m^3/h$，用户可以根据实际水量随意进行数量组合，选择某种型号的 EDI 模块的数量。一般来说，EDI 的操作电压为 $100 \sim 600V$，单台电流 $2 \sim 5A$，浓水流量一般为产水量的 10% 左右，极水流量为产水流量的 5% 左右。

14 水 的 冷 却

工业生产中往往会产生大量热量，为保证产品质量和生产设备安全运行，需采用冷却介质带走生产中产生的部分热量。水是吸收和传递热量的良好介质且便于获得，故常常采用水冷却。水的冷却系统有直流式和循环式两类。由于工业冷却水用量很大，从节约水资源考虑，通常采用循环式冷却水系统，尤以敞开式循环冷却水系统应用最多。

14.1 冷却构筑物类型

利用水的蒸发及空气和水的传热原理带走水中热量、降低水温的构筑物（或设备）称为冷却构筑物。水的冷却构筑物有水面冷却池、喷水冷却池和冷却塔三类，其中，湿式冷却塔冷却效率较高、应用最多，是本章重点讨论的内容。

（1）水面冷却池

水面冷却池是利用水体自然水面通过蒸发、对流、辐射方式向大气中传质、传热散除水中热量冷却的敞开式冷却构筑物。一般分为两种形式：

1）水面面积有限的水体，包括水深小于3m的浅水冷却池（池塘、浅水库、浅湖泊）和水深大于4m的深水冷却池（深水库、深湖泊等）。其中，浅水冷却池中的水流以水平流向流动为主，深水冷却池中的水流有明显的温差异重流。

2）水面面积很大的水体或水面面积相对冷却水量很大的水体，包括河道、大型湖泊、海湾等。

水面冷却池水流分布如图14-1所示。高温水从排水口进入冷却池缓慢流向下游取水口的过程中，水面和空气接触，发生自然对流、通过蒸发散热、对流传热、辐射传热方式使热水得以冷却。根据冷却水体的流动情况，冷却池内的水域大致上分为主流区、回流区和死水区三区。显然，热水在主流区水面流动时具有较好的冷却效果。

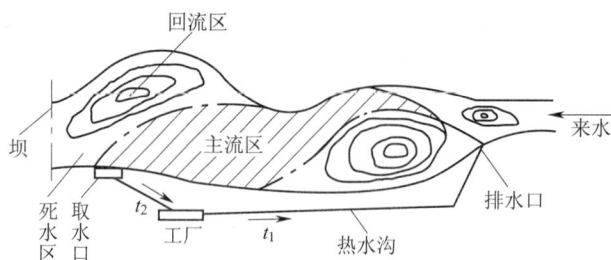

图14-1 水面冷却池水流分布

当冷却池水深较深时，进入冷却池主流区的热水和池内冷水会产生温差异重流，冷却后的冷水下沉，热水上浮，冷、热水层对流有利于表层热水的散热冷却。

排入冷却池的热水排水口出流高程应接近自由水面，以利于散热，并尽量减少排出的热水和池中冷水掺混、延长热水由排水口流入取水口的行程历时。取水口应淹没在池底泥沙淤积层以上热水层以下的冷水层中。

冷却池水面散热是蒸发散热、对流传热和辐射传热综合作用的结果。表示水面散热作用效果的是水面综合散热系数，表示单位时间内水面温度变化1℃、水体通过单位表面散失的热量。设计时，可按 $0.01 \sim 1.0 \mathrm{m}^3/(\mathrm{m}^2 \cdot \mathrm{h})$ 的水力负荷估算冷却池面积。

（2）喷水冷却池

喷水冷却池是压力水经喷嘴向上喷出均匀散开的水滴和空气接触进行冷却的构筑物，如图 14-2 所示。

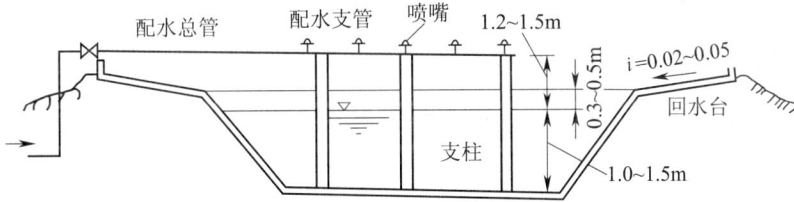

图 14-2　喷水冷却池

喷水冷却池常常安装不易堵塞、出水量大、布置简单的 C-6 型喷嘴，喷嘴高出正常水位 $1.2 \sim 1.5 \mathrm{m}$，喷嘴前的水压力应保持 $6.0 \mathrm{m}$ 以上。

喷水冷却池中的配水支管间距 $6.0 \sim 10.0 \mathrm{m}$，一根支管上的喷嘴距离 $4.0 \sim 5.0 \mathrm{m}$。喷水池淋水密度根据当地气候条件和冷却水水温确定，一般可采用 $0.7 \sim 1.2 \mathrm{m}^3/(\mathrm{m}^2 \cdot \mathrm{h})$。

喷水池设计水深 $1.2 \sim 2.0 \mathrm{m}$，适用于冷却水温要求不严格，场地宽阔地带，在大风、多沙地区不宜采用。

（3）冷却塔

在冷却构筑物中，冷却塔形式最多，构造最为复杂。按照通风方式分类，有自然通风冷却塔和机械通风冷却塔。按照热水和空气的接触方式分类，有湿式冷却塔（敞开式）、干式冷却塔（密闭式）和干湿（混合）式冷却塔。按照热水和空气的流动方向分类，有逆流式冷却塔和横流式冷却塔。

1）自然通风冷却塔

冷空气自然进入冷却塔后，吸收热水的热量，温度升高，湿度变大，密度变小。和塔外冷空气的密度存在差异，便产生了塔内空气压力小于塔外空气压力的现象。于是，塔外空气很容易进入塔内带出热量，发挥冷却作用。该种冷却塔不设置通风机械抽风、鼓风，故称为自然通风。为了满足冷却所需的空气流量，自然通风冷却塔必须建造一个高大的塔筒，以满足在任何情况下因空气密度差产生的抽吸力等于进塔空气流动的阻力。自然通风冷却塔建造费用高，运行费用低。从节能观点考虑，自然通风冷却塔显得更为经济，有逐渐增多采用的趋势。自然通风冷却塔有逆流式和横流式两种。

2）机械通风逆流湿式冷却塔

湿式冷却塔是指热水和空气直接接触传热的冷却塔。和干式塔相比，湿式塔冷却效率高，但水量损失较大。机械通风是指依靠风机强制抽风、鼓风作用引起的空气流动。机械通风逆流湿式冷却塔分为鼓风式和抽风式两种。逆流是指空气和热水相对运动，具有冷却效果好、阻力较大、淋水密度较低的特点。

3）机械通风横流湿式冷却塔

进入该类冷却塔的空气横向流动和竖向落下的热水水滴或水膜交叉流动，故也称为十字式冷却塔。与逆流塔相比，横流塔的阻力较小，可采用较大的淋水密度，冷却效果不如逆流塔。

4）喷流式冷却塔

热水通过压力喷嘴喷向塔内，成为散开的细小流线，同时将大量空气带入塔内，通过蒸发和接触传热将热量传给空气，冷却后的水落入集水池，空气经过收水器后排出。这种冷却塔不用填料和风机，但要求较高的水质及喷水压力，且占地面积较大。和机械通风冷却塔相比，在节能、管理方面没有明显优势，使用很少。

上述湿式冷却塔分类见表 14-1，冷却塔示意见图 14-3。

湿式冷却塔分类   表 14-1

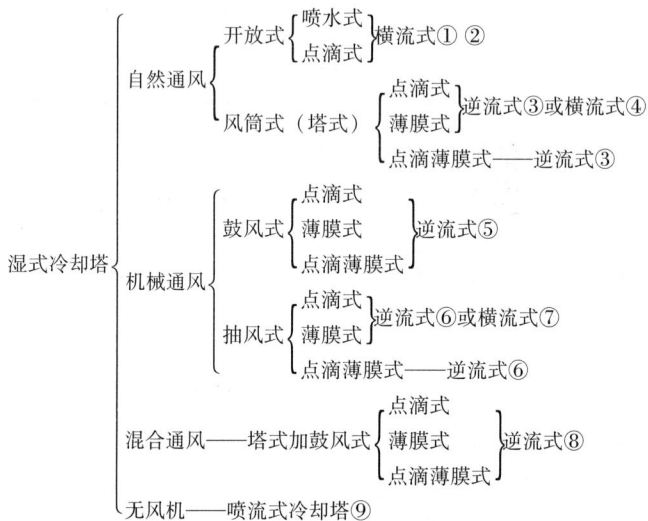

5）干式冷却塔

干式冷却塔是指冷却工艺设备的热水或工艺热流体引入冷却塔在散热盘管内流动，依靠与管外空气或淋水的温差进行冷却的构筑物。

不设淋水装置的干式冷却塔，没有水的蒸发散热，冷却极限为空气的干球温度，与湿球温度无关，冷却效率低。因无风吹蒸发和排污损失，所以它适合于缺水地区。

当上部设有淋水装置时，喷淋水到散热盘管上吸热后传给上升的气流，热空气连同蒸发的水气一并排出塔外，有助于提高干式冷却塔的冷却效率。干式冷却塔建造需要大量的金属管材，造价为同容量湿式塔的多倍。其工艺构造和工作原理见图 14-4。

由上述各种冷却构筑物可以看出，循环冷却水与被冷却的介质或工艺热流体直接接触换热的为直接冷却式（直冷式），否则称为间接冷却式（间冷式）。循环冷却水引入冷却构筑物后和大气直接接触散热的循环冷却水系统为敞开式（简称开式）系统。循环冷却水引入冷却构筑物在散热盘管内流动，不和大气直接接触散热，属于封闭式循环冷却水系统（简称闭式）系统。

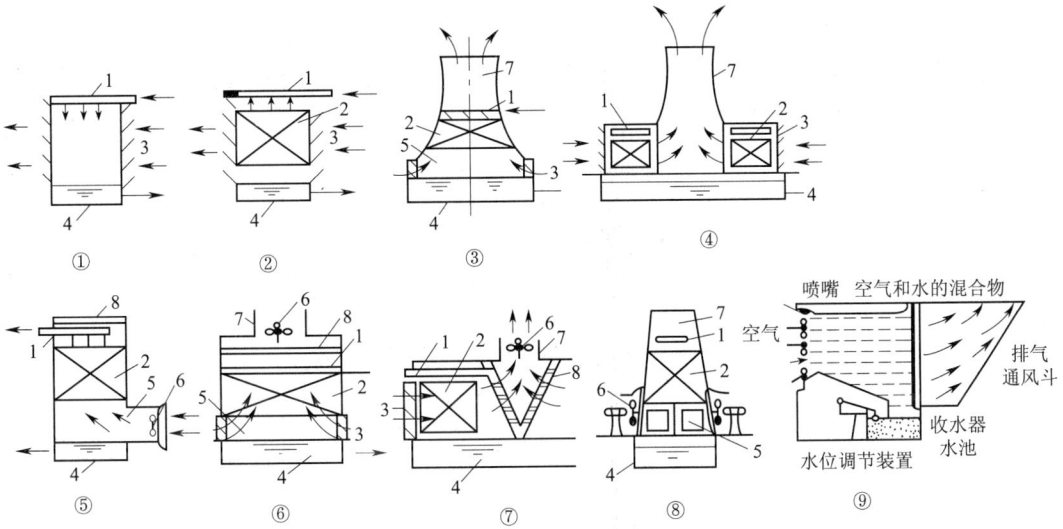

图 14-3　各类湿式冷却塔示意图

1—配水系统；2—淋水填料；3—百叶窗；4—集水池；5—空气分配区；6—抽风机；7—风筒；8—除水器

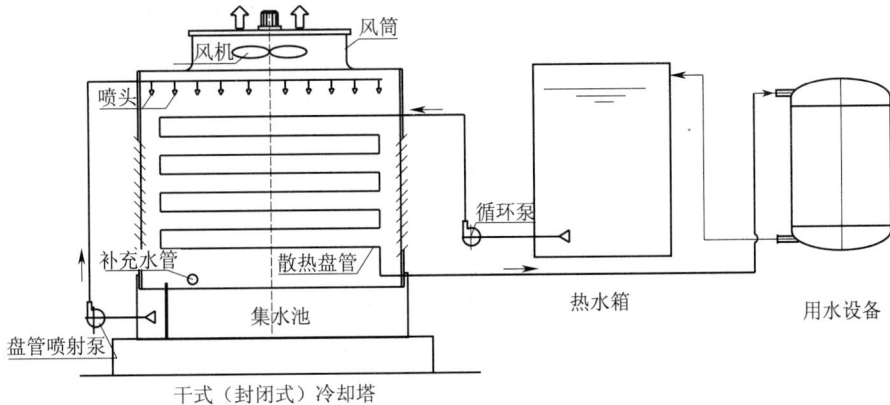

图 14-4　干式冷却塔工艺构造和工作原理

常用的冷却塔多为间冷开式系统或直冷开式系统，较少使用像干式冷却塔那样的直冷或间冷闭式系统。

14.2　湿式冷却塔的工艺构造和工作原理

（1）机械通风冷却塔工作原理

图 14-5 为抽风式逆流冷却塔。热水经进水管 10 流入冷却塔内，经配水系统 1 的支管上喷嘴均匀地洒至下部淋水填料 2 上。热水在填料中以水滴或水膜形式向下流动。冷空气从下部进风口 5 进入塔内。热水与冷空气在淋水填料中进行传热、传质以降低水温。吸收了热量的湿空气由抽风机 6 经风筒 7 抽出塔外。随气流挟带的一些雾状小水滴经除水器 8 分离后回流至塔内。冷却后的冷水流入下部集水池 4 内，再由提升泵送入冷却水循环系统中。

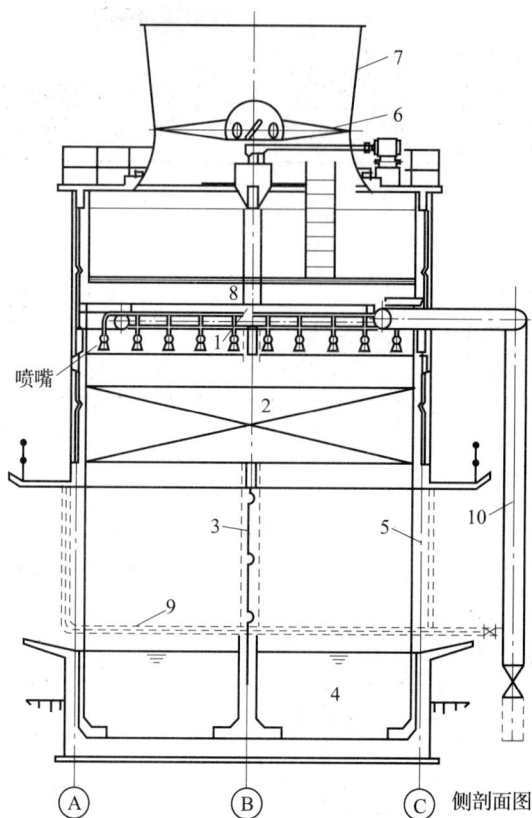

图 14-5 抽风式逆流冷却塔

1—配水系统；2—淋水填料；3—挡风墙；4—集水池；5—进风口；6—抽风机；
7—风筒；8—除水器；9—化冰管；10—进水管

图 14-6 为抽风式横流冷却塔。热水从上部经配水管系 1 洒下，冷空气由侧面经进风百叶窗 2 水平进入塔内。水和空气的流向相互垂直，在淋水填料 3 中进行传热和传质，冷水流到下部集水池，湿热空气经除水器 4 除去雾状小水滴后流到中部空间，再由顶部风机抽出塔外。

（2）机械通风冷却塔组成

冷却塔工艺构造主要包括：配水系统；淋水填料；通风及空气分配装置（风机、风筒、进风口）和其他装置（集水池、除水器、塔体）等部分。

1）配水系统

配水系统的功能是将需要冷却的水均匀地分配到冷却塔的整个淋水填料表面上。如果分配不均匀，则会使淋水填料内部水流分布不均匀，致使水流密集地方通风阻力增大，空气流量减少，热负荷集中，冷效降低；而在水流过少的部位，大量空气未能充分吸收热量而逸出塔外。

冷却塔配水系统设计流量适应范围为冷却水量的 80% ~ 110%。

配水系统分为管式、槽式和池（盘）式三种。其中：

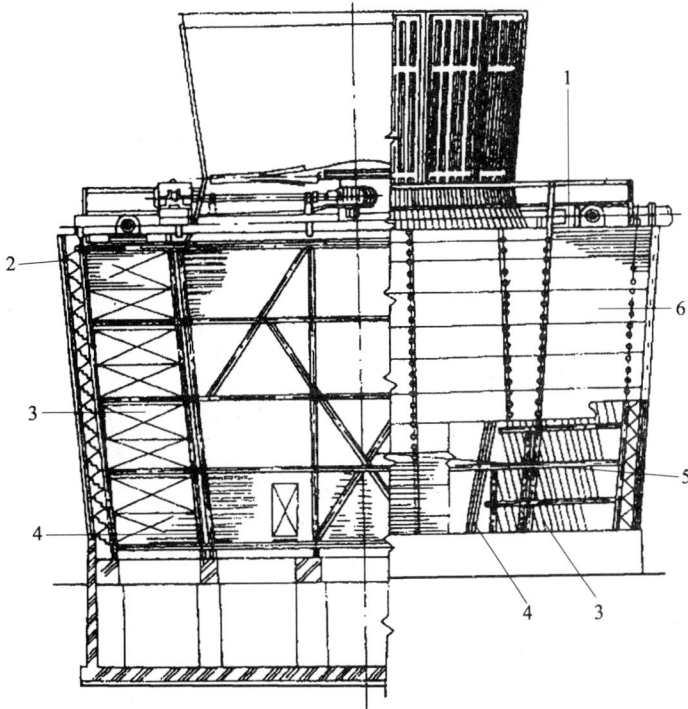

图 14-6 抽风式横流冷却塔

1—配水系统；2—进风百叶窗；3—淋水填料；4—除水器；5—支架；6—围护结构

① 管式配水系统

管式配水系统分为固定式和旋转式两种。固定管式配水系统如图 14-7 所示，由配水干管、支管以及支管上的喷嘴（图 14-8）组成。配水干管起始断面设计流速宜采用 1.0~1.5m/s、大型冷却塔可适当提高且宜用支管连接配水干管成环网。该系统施工安装方便，主要用于大[冷却水量≥3000m³/(h·格)]、中[冷却水量 1000~3000m³/(h·格)]型冷却塔。

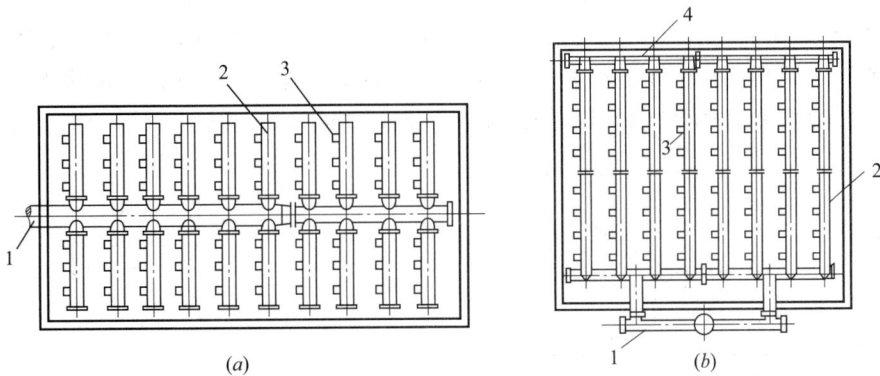

图 14-7 固定管式配水管系布置图

（a）枝状布置；（b）环状布置

1—配水干管；2—配水支管；3—喷嘴；4—环形管

旋转管式配水系统由给水管、旋转体和配水管组成旋转布水器布水，如图 14-9 所示，与给水管连接的旋转体四周接出多根设有喷水孔的配水管，热水喷射出流推动配水管旋转，在淋水填料表面间歇、均匀布水。该系统适合于小型 [冷却水量 $<1000\text{m}^3/(\text{h}\cdot\text{格})$] 的玻璃钢逆流冷却塔使用。

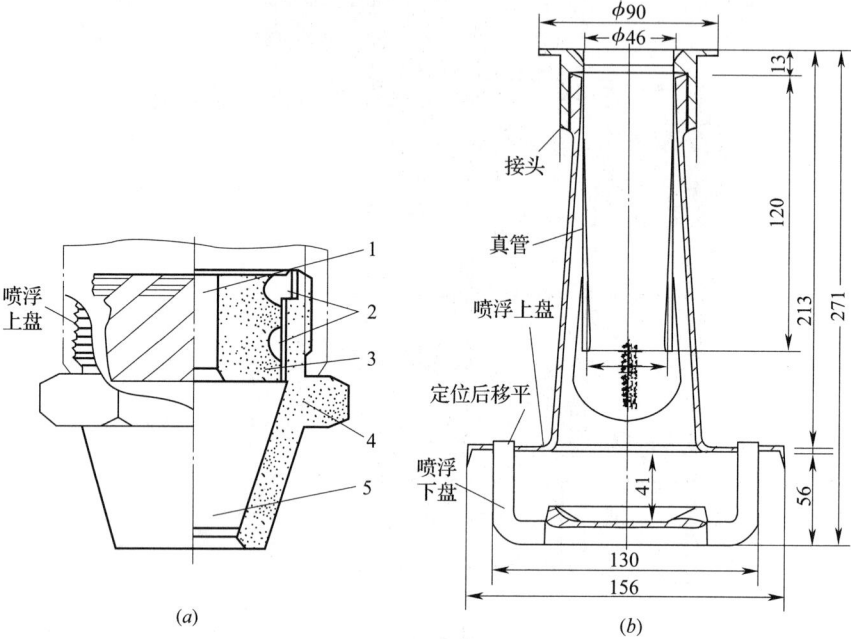

图 14-8　喷嘴形式
(a) 旋转直流（离心）式；(b) 反射 Ⅲ 型（冲击式）
1—中心孔；2—螺旋槽；3—芯子；4—壳体；5—锥体

② 槽式配水系统

槽式配水系统由主配水槽、配水槽、溅水喷嘴组成（图 14-10）。热水经主配水槽、配水槽、溅水喷嘴溅射分散成水滴均匀分布在填料上。该系统维护管理方便，主要用于大型塔、水质较差或供水余压较低的系统。但槽断面大，通风阻力大，槽内易沉积污物，施工复杂。

槽式配水系统主配水槽（配水干槽）起始断面设计流速采用 0.8~1.2m/s，次配水槽（配水支槽）起始断面设计流速采用 0.5~0.8m/s，净宽应不小于 0.12m；配水槽夏季的正常设计水深应大于溅水喷嘴内径的 6 倍，且不小于 0.15m，以免喷嘴入口处产生空气漩涡。

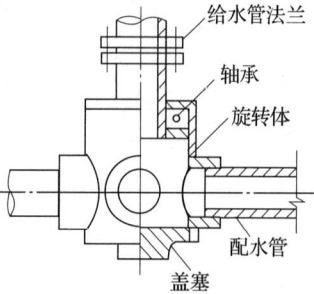

图 14-9　旋转布水器

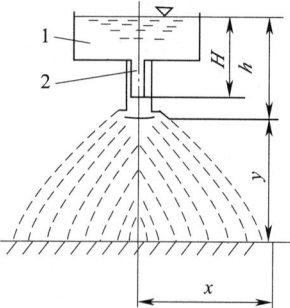

图 14-10　槽式配水系统
1—配水槽；2—喷嘴

③ 池（盘）式配水系统

池（盘）式配水系统主要由进水管、消能箱和配水池组成，如图 14-11 所示。热水经带有流量控制阀的进水管进入到配水池，再通过配水池底配水孔或管嘴分布在填料上。该系统配水均匀，供水压力低，维护方便，但易受太阳辐射，滋生藻类，适用于横流式冷却塔。配水池设计水深宜大于喷头内直径的6倍，且不小于0.15m，保护高度0.10m，在最大水量时不产生溢流。

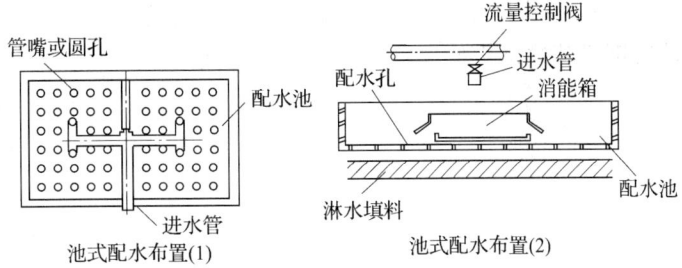

图 14-11　池式配水系统

机械通风冷却塔的配水系统应满足在同一设计淋水密度区域内配水均匀、通风阻力小、能量消耗低和便于维修的要求，并应根据塔型、循环水质等条件按下列规定选择配水系统：

　　a. 逆流式冷却塔宜选用管式或槽式相结合的配水形式，当循环水含悬浮物和泥沙较多时，宜采用槽式配水系统；

　　b. 横流式冷却塔宜采用池式配水或管式配水系统；

　　c. 小型机械通风冷却塔宜采用管式配水或旋转布水器配水。

　　2）淋水填料

淋水填料的作用是将配水系统溅落的水滴再溅散成微细小水滴或水膜，增大水和空气的接触面积，延长接触时间，保证空气和水的良好传热传质交换作用。水的冷却过程主要是在淋水填料中进行的，是冷却塔的关键部位。

淋水填料可分为点滴式、薄膜式和点滴薄膜式三种类型。

　　① 点滴式淋水填料

点滴式淋水填料主要依靠水在填料上溅落过程中形成的小水滴进行散热。常见的点滴式淋水填料剖面形式有：角形、三角形、矩形、弧形、L形、M形、T形、十字形。材质有水泥、钢丝网水泥、石棉水泥、塑料等。其布置形式多种多样，图 14-12 为水在板条间

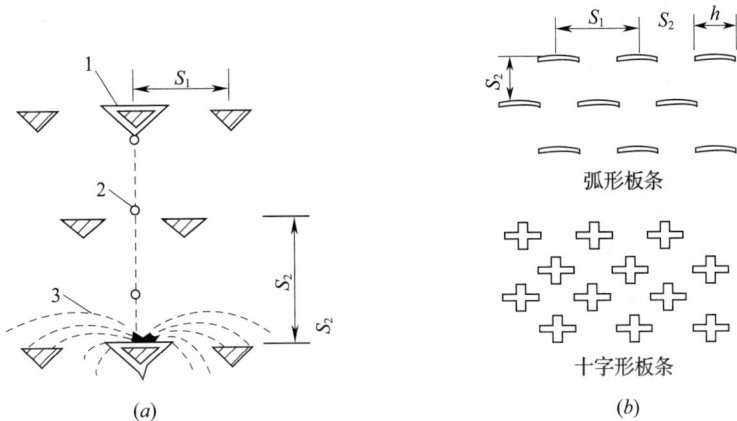

图 14-12　点滴式淋水填料

（a）水在板条间的溅落过程；（b）点滴式淋水填料（板条）的形式

1—水膜；2—大水滴；3—小水滴

的溅落过程和点滴式淋水填料（板条）的几种形式。

水在板条间的溅落过程，就是水流环绕板条流动形成水膜表面散热、在板条下形成的水滴表面散热、水滴降落到板条上溅散成小水滴表面散热的过程。

点滴式淋水填料散热效果与淋水填料中板条的形式、板条间距 S_1、垂直距离 S_2、水力负荷、空气流速等因素有关。

② 薄膜式淋水填料

薄膜式淋水填料是水在填料表面形成薄膜状缓慢水流，增大水、气接触面积，延长水、气接触时间的冷却塔填料。在薄膜式填料中，以水膜散热为主，占总散热量的70%，增加水膜表面积是提高这种填料冷却效果的关键。薄膜式淋水填料可分为平膜板式、凹凸性膜板式等多种，是目前使用较多的淋水填料，广泛应用于机械通风和风筒式自然通风冷却塔。斜交错（斜波）淋水填料、梯形斜波薄膜式淋水填料示意见图 14-13。

(1)斜交错(斜波)淋水填料
(a)波纹片几何尺寸;(b)斜波交错填料

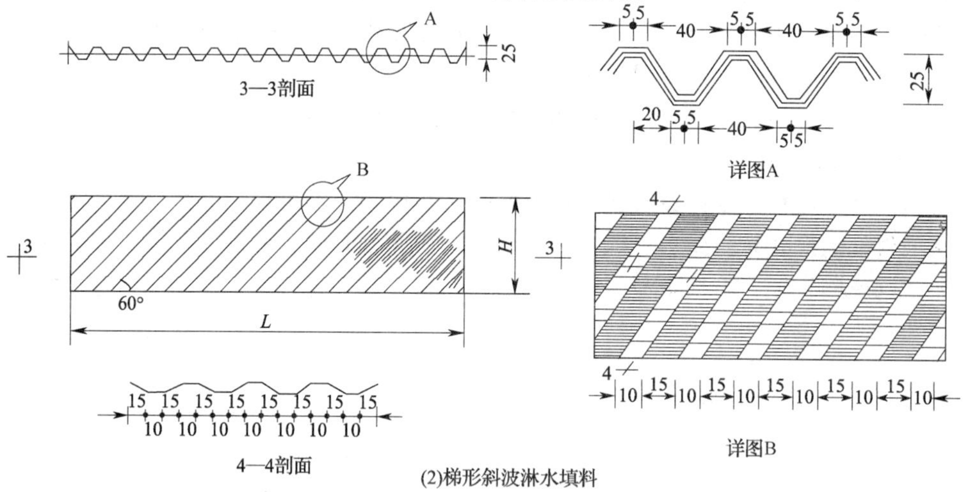

图 14-13 斜波交错、梯形斜波薄膜式淋水填料

③ 点滴薄膜式淋水填料

点滴薄膜式淋水填料是陶瓷格网、塑料格网板、水泥格网板或折波填料、蜂窝填料等多层交错排列叠放，热水通过水膜和溅射进行散热的填料，如图 14-14 所示。其主要性能在点滴式填料和薄膜式填料之间。

各种填料的选用和冷却水的悬浮物含量有关，当冷却水中悬浮物含量小于 20mg/L 时，宜采用薄膜式淋水填料。当冷却水中悬浮物含量大于 50mg/L 时，宜采用点滴式或点滴薄膜式淋水填料。

不同的淋水填料采用的淋水密度、塔内风速有所不同。当缺乏试验资料时，可按下列

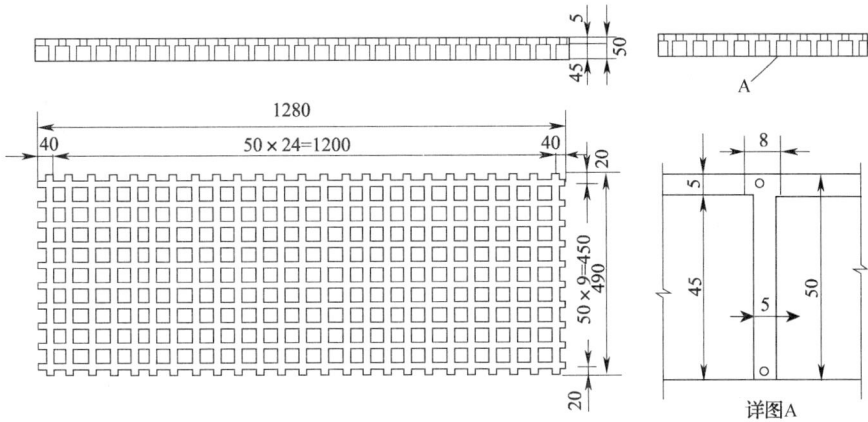

图 14-14 水泥格网淋水填料

范围确定：

大、中型冷却塔：淋水密度：$12 \sim 14 m^3 / (m^2 \cdot h)$；塔内风速：$2.2 \sim 2.5 m/s$；

小型冷却塔：淋水密度：$13 \sim 15 m^3 / (m^2 \cdot h)$；塔内风速：$2.0 \sim 2.5 m/s$。

横流式冷却塔选用点滴式或混装式淋水填料时，淋水密度宜为 $20 \sim 26 m^3 / (m^2 \cdot h)$；选用薄膜式淋水填料时，淋水密度宜为 $26 \sim 45 m^3 / (m^2 \cdot h)$；进口风速宜为 $1.8 \sim 3.3 m/s$。

3）通风及空气分配装置

① 风机

在机械通风冷却塔中，空气的流动是靠风机的作用来形成的。目前，机械通风冷却塔大多采用抽风式，风机和传动装置安装在冷却塔顶部，可使塔内气流分布更为均匀。抽风式风机启动后，风机下部形成负压，冷空气从冷却塔下部进风口进入塔内。如果冷却水有较强的腐蚀性，应采用鼓风式。冷却塔的风机一般采用风量大、静压小的轴流风机。

② 通风筒

通风筒包括进风收缩段、进风口和上部扩散筒。通风筒的主要作用是：减少气流出口的动能损失；减小或防止从冷却塔排出的湿热空气又回流到冷却塔进风口，重新进入塔内。设计时常取风筒出口面积等于冷却塔淋水面积的 $0.3 \sim 0.6$ 倍。

③ 空气分配装置

空气分配装置的作用是将进入冷却塔的空气均匀分布在填料内。在逆流塔中，空气分配装置包括进风口和导风装置；在横流塔中仅指进风口，进风口同时具有导流作用。

逆流塔的进风口指填料以下到集水池水面以上的空间，也称为雨区。如进风口面积较大，则进口空气的流速小，不仅塔内空气分布均匀，而且气流阻力也小，但增加了塔体高度，提高了造价。反之，如进风口面积较小，虽然造价降低，但空气分布不均匀，进风口涡流区变大，影响冷却效果。当进风口与夏季主导风向或与塔群小区空气流动方向存在一定夹角时，宜在塔排端部设置进风口侧面导流板。机械通风逆流冷却塔的进风口面积和淋水面积之比不宜小于 0.5，当进风口面积与淋水面积之比小于 0.4 时，宜设导风装置以减少进口涡流，导风装置见图 14-15。

风筒式冷却塔进风口面积与淋水面积之比宜为 $0.35 \sim 0.4$，横流式冷却塔的进风口高

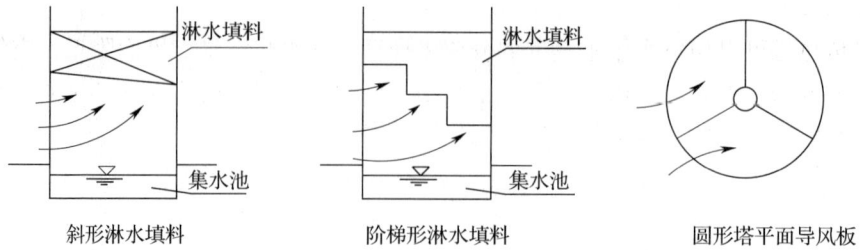

斜形淋水填料   阶梯形淋水填料   圆形塔平面导风板

图 14-15　导风装置

度等于整个淋水装置的高度。

在横流式冷却塔的进风口处，或多风沙多漂浮物地区的逆流冷却塔进风口一般都要加设百叶窗。其主要作用是防止塔内的淋水溅出塔外而影响塔周围环境，防止风沙、漂浮物吹入冷却塔影响循环水质；同时发挥进塔空气的导流作用。

4）其他装置

① 除水器

从冷却塔排出的湿热空气中，带有一些水分，其中一部分是混合在空气中的水蒸气，无法采用机械方法分离；另一部分是随气流带出的小水滴，可用除水器分离，以此减少水量损失和改善周围环境。小型冷却塔多用塑料斜板作为除水器，大、中型冷却塔多用弧形除水片组成单元块除水器。

② 集水池

集水池起储存和调节水量作用，有时还可作为循环水泵的吸水池。集水池有效水深宜取 1.2～2.3m。当循环水采用药剂处理时，开式系统循环水的设计停留时间不应超过水处理药剂在循环系统内允许停留时间。

14.3　水冷却理论

（1）水的冷却原理

在冷却塔中，水的冷却是以空气为冷却介质的。当热水表面与空气接触时，通过蒸发传热和接触传热使水温降低，达到热水冷却的效果。

接触传热：对于湿式冷却，当热水水面和空气直接接触时，如水的温度与空气的温度不一致，将会产生传热过程，水温高于空气温度时，水将热量传给空气，并使水得到冷却，这种现象称为接触传热。

水面温度 t_f 与远离水面的空气温度 θ 之间的温度差（$t_f - \theta$）是水和空气之间接触传热的推动力。接触传热量 H_α 可以从水流向空气，也可以由空气流向水，其流向取决于两者温度的高低。

蒸发传热：当热水表面直接与未被水蒸气饱和的空气接触，某些水分子的动能大于其内聚力时，这些水分子即从水面逸出而进入空气中，此即为蒸发过程。热水表面的水分子从热水中吸收热量汽化为水蒸气，使水得到冷却，这一现象称为蒸发传热。与此同时，逸出的水分子又可能会重新返回水面。若单位时间内，逸出的水分子数多于返回的水分子数，水即不断蒸发，水温不断降低。若返回水面的水分子数多于逸出的水分子数，则产生水蒸气凝结现象。

蒸发传热量可以用空气中水蒸气的分压来计算。在水与空气交界面附近，空气边界层中的空气温度与水温相同，由于水分子在水与空气边界层之间的热运动使这薄层空气的含湿量呈饱和状态，因此其水蒸气气压为对应于水温 t_f 的饱和蒸汽气压 P''_q。周围环境空气的水蒸气分压为 P_q，二者之间的差值 $\Delta P_q = P''_q - P_q$ 是蒸发传热的推动力。只要 $P''_q > P_q$ 水的表面就会蒸发，而且蒸发传热量总是由水传向空气，与水面温度 t_f 是高于还是低于水面上空气温度 θ 无直接关系。

综上所述，水的冷却过程是通过接触传热和蒸发传热实现的，其总传热量 H 为接触传热量 H_α 与蒸发传热量 H_β 之和，而水温变化则是两者共同作用的结果。图 14-16 为在不同温度下水的散热情况。

1）当 $t_f > \theta$ 时，蒸发和接触传热都朝一个方向进行，热水冷却。单位时间内从单位面积上散发的总热量为 $H = H_\alpha + H_\beta$，见图 14-16（a）。

2）当 $t_f = \theta$ 时，接触传热的热量 $H_\alpha = 0$，此时只有蒸发传热，$H = H_\beta$，见图14-16（b）。

3）当 $t_f < \theta$ 时，接触传热量 H_α 从空气流向水，见图 14-16（c），这时只要表面蒸发所损失的热量 H_β 大于向水接触传回的热量 H_α，水温会继续降低，此时 $H = H_\beta - H_\alpha$。

4）当 $t_f = \tau$（空气的湿球温度）时，水温停止下降，这时蒸发传热和接触传热的热量相等，但方向相反，水的热量处于动平衡状态，见图 14-16（d），即 $H_\alpha = H_\beta$，则总热量传递 $H = 0$，水的温度达到蒸发散热冷却的极限值。

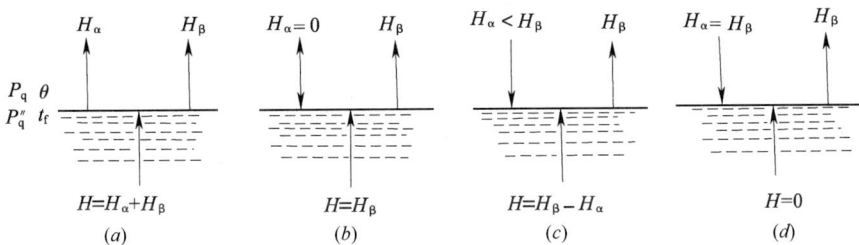

图 14-16　不同温度下的蒸发传热和接触传热
（a）$t_f > \theta$；（b）$t_f = \theta$；（c）$t_f < \theta$；（d）$t_f = \tau < \theta$

湿球温度 τ 是重要的气象参数，由湿球温度计测定。它是在温度计的水银球上包缠一薄层湿纱布，并通过一条纱布带的毛细作用，把水从一个小容器中传递上来补充纱布上的水分，以保持纱布的湿润。湿球温度应在通风条件下测定，为了保持 $3 \sim 5\text{m/s}$ 的风速，一些湿球温度计还配有专门的小风扇。此时在湿球温度计上所显示的温度为湿球温度 τ，当地的气温则称为干球温度 θ。

冷却塔的实际运行状态一般多为图 14-16（a）所示的情况，即在冷却过程中同时存在蒸发传热和接触传热两种传热过程使水冷却。在不同季节两者的作用有所不同，冬季气温很低，$(t_f - \theta)$ 值很大，接触传热量可占 50% 以上，甚至达 70% 以上；夏季气温较高，$(t_f - \theta)$ 值很小，接触传热量甚小，蒸发传热占主要地位，其传热量可占总传热量的 80% ~90%。

为了加快水的蒸发速度，可采取下列措施：

其一，增加热水与空气之间的接触面积。接触面积越大，水分子逸出数量越多，蒸发越快。冷却塔内安装填料就是增加水—气接触面积的措施。

其二，提高水面空气流动的速度，使逸出的水蒸气分子迅速扩散，降低接近水面的水蒸气分压 P_q 值，提高蒸发的推动力。提高冷却塔气水比就是为此目的。

(2) 湿空气的焓

由于冷却塔热力计算时涉及焓差概念，故对气体焓的概念应有一定认识。气体的焓是表示气体含热量大小的数值，用 h 表示。

空气的焓等于 1kg 干空气和含湿量为 x kg 水蒸气的含热量之和。

$$h = h_g + x h_q \text{（kJ/kg）} \tag{14-1a}$$

式中　h_g——干空气的焓，kJ/kg；

　　　h_q——水蒸气的焓，kJ/kg；

　　　x——湿空气的含湿量，kg/kg（干空气）。

这里含湿量 x，不是 1kg 湿空气中的水蒸气量，也不是（$1+x$）kg 湿空气中的水蒸气量，而是 1kg 干空气吸收的水蒸气量。

根据国际水蒸气会议规定，在水汽的热量计算中，以水温为 0℃ 的水的热量为零。因此，1kg 干空气的焓 h_g 为：

$$h_g = C_g\theta = 1.005\theta \text{（kJ/kg）}$$

式中　C_g——干空气比热，温度 <100℃ 时约为 1.005kJ/(kg·℃)；

　　　θ——空气温度，℃。

x kg 水蒸气的焓有两部分组成。

1）1kg0℃ 的水变成 0℃ 的水蒸气所吸收的热量称为汽化热，用 γ_0 表示，

$$\gamma_0 = 2500\text{kJ/kg}$$

2）1kg 水蒸气从 0℃ 升高到 θ℃ 所吸收的热量，其值为

$$h_q = C_q\theta = 1.842\theta \text{（kJ/kg）}$$

式中　C_q——水蒸气的比热，约为 1.842kJ/(kg·℃)。

于是得到 1kg 干空气和含湿量为 x kg 水蒸气的焓等于：

$$h = 1.005\theta + (2500 + 1.842\theta)x$$
$$= (1.005 + 1.842x)\theta + 2500x$$
$$\approx C_{sh}\theta + \gamma_0 x \text{（kJ/kg）} \tag{14-1b}$$

式中　C_{sh}——湿空气的比热，一般取 $C_{sh} = 1.05$kJ/(kg·℃)。

式（14-16）中，前项和温度有关，称为显热；后项和温度无关，称为潜热。

由此可以看出，由于 x kg 水蒸气的质量很小，取湿空气的比热 C_{sh} 大于干空气比热 C_g。总质量为（$1+x$）kg 的湿空气（包括 1kg 干空气和 x kg 水蒸气）的焓近似等于 1kg 湿空气升高 θ 所吸收的热量和 x kg 水蒸气汽化热。当水面饱和气层的温度为 t_f 时，其饱和焓为：

$$h'' = C_{sh}t_f + \gamma_0 x'' \text{（kJ/kg）} \tag{14-1c}$$

式中　x''——与水温 t_f 相应的饱和空气含湿量，kg/kg。

另外，湿空气的总压力就是当地的大气压。按分压定律计算，等于干空气的分压力和

水蒸气分压力之和。湿空气的相对湿度表示湿空气接近饱和的程度，等于 $1\mathrm{m}^3$ 湿空气中所含水蒸气的质量和 $1\mathrm{m}^3$ 饱和湿空气中所含水蒸气的质量比。湿空气的密度等于 $1\mathrm{m}^3$ 湿空气中所含的干空气和水蒸气在各自分压下的密度和。

（3）冷却传热量

1）接触传热量：假设在单位时间内，水和空气接触的微元面积为 $\mathrm{d}F$（m^2），则接触散热量（$\mathrm{d}H_\alpha$）为：

$$\mathrm{d}H_\alpha = \alpha\ (t_\mathrm{f} - \theta)\ \mathrm{d}F\ (\mathrm{kJ/h}) \tag{14-2}$$

式中　t_f——水体表面的温度，℃；

　　　　θ——空气温度，℃；

　　　　α——接触散热系数，$\mathrm{kJ/(m^2 \cdot h \cdot ℃)}$。

2）蒸发传热量：在微元面积上，单位时间内蒸发的水量 $\mathrm{d}Q_\mathrm{u}$ 与水面饱和气层和空气的含湿量差成正比，其蒸发水量为：

$$\mathrm{d}Q_\mathrm{u} = \beta_\mathrm{x}(x'' - x)\ \mathrm{d}F\ (\mathrm{kg/h}) \tag{14-3a}$$

式中　x''——与水温 t_f 相应的饱和空气含湿量，$\mathrm{kg/kg}$；

　　　　x——温度为 θ℃时的空气含湿量，$\mathrm{kg/kg}$；

　　　　β_x——以含湿量差为基准的蒸发传质系数，$\mathrm{kg/(m^2 \cdot h)}$。

在蒸发冷却时，单位时间内的蒸发散热量等于蒸发水量与水的汽化热的乘积，故：

$$\mathrm{d}H_\beta = \gamma_0 \mathrm{d}Q_\mathrm{u} = \gamma_0 \beta_\mathrm{x}(x'' - x)\ \mathrm{d}F\ (\mathrm{kJ/h}) \tag{14-3b}$$

式中　γ_0——水的汽化热，$\mathrm{kJ/kg}$。

3）总传热量：冷却塔中的淋水填料全部接触表面积 F 的总散热量与淋水填料的表面积有关。在实际计算时，通常采用填料体积以及与填料单位体积相应的系数，得出在单位时间内，蒸发散热量 $\mathrm{d}H_\beta$ 和接触散热量 $\mathrm{d}H_\alpha$ 之和，即为单位时间内冷却总传热量微分计算式：

$$\begin{aligned}\mathrm{d}H &= \mathrm{d}H_\alpha + \mathrm{d}H_\beta = \alpha\ (t_\mathrm{f} - \theta)\ \mathrm{d}F + \gamma_0 \beta_\mathrm{x}(x'' - x)\ \mathrm{d}F\ (\mathrm{kJ/h})\\ &= \alpha_\mathrm{V}(t_\mathrm{f} - \theta)\ \mathrm{d}V + \gamma_0 \beta_\mathrm{xV}(x'' - x)\ \mathrm{d}V\end{aligned} \tag{14-4}$$

式中　α_V——容积散热系数，$\mathrm{kJ/(m^3 \cdot h \cdot ℃)}$，$\alpha_\mathrm{V} = \dfrac{\alpha F}{V}$；

　　　　V——淋水填料的体积，m^3；

　　　　β_xV——与含湿量差有关的淋水填料的容积散质系数，$\mathrm{kg/(m^3 \cdot h)}$，$\beta_\mathrm{xV} = \dfrac{\beta_\mathrm{x} F}{V}$。

14.4　冷却塔热力计算基本方程

（1）麦克尔（Merkel）焓差方程

在水、气交换过程中，接触传热系数 α 和含湿量传质系数 β_x 之间近似地存在下列关系：

$$\frac{\alpha}{\beta_\mathrm{x}} = \frac{\alpha_\mathrm{V}}{\beta_\mathrm{xV}} = C_\mathrm{sh} = 1.05 \tag{14-5}$$

式中　C_sh——湿空气的比热，$\mathrm{kJ/(kg \cdot ℃)}$。

根据湿空气的性质，空气温度为 θ℃时，湿空气的焓 $h = C_\mathrm{sh}\theta + \gamma_0 x$，水面饱和气层

的温度为 t_f 时，其饱和焓 $h'' = C_{sh}t_f + \gamma_0 x''$，代入式（14-4）得：

$$dH = dH_\alpha + dH_\beta$$

$$= \beta_{xV}\left[\frac{\alpha_V}{\beta_{xV}}(t_f - \theta) + \gamma_0(x'' - x)\right]dV$$

$$= \beta_{xV}\left[(C_{sh}t_f + \gamma_0 x'') - (C_{sh}\theta + \gamma_0 x)\right]dV$$

$$= \beta_{xV}(h'' - h)\ dV$$

即
$$dH = \beta_{xV}(h'' - h)\ dV \tag{14-6}$$

该式即为麦克尔焓差方程，是目前冷却塔热力计算中广泛采用的方法。该方程明确指出冷却塔内任一部位的饱和空气焓（h''）与该点空气焓（h）的差值就是冷却的推动力。

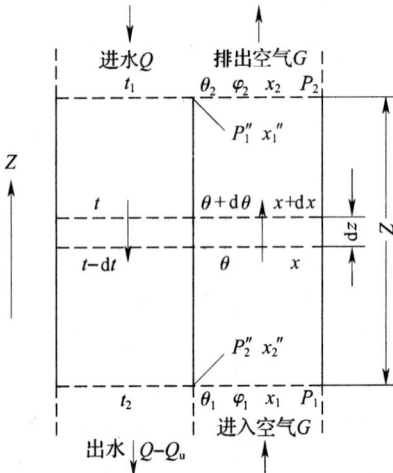

图 14-17　逆流式冷却塔中的水冷却过程

在焓差方程式中，β_{xV} 的物理意义是单位容积淋水填料（V）在单位平均焓差（Δi_m）推动力作用下单位时间所能散发的热量。

（2）逆流冷却塔热力计算

1）逆流冷却塔热力学平衡基本方程

如图 14-17 所示，从冷却塔顶部进入流量为 Q（kg/h）、水温为 t_1 的热水，经过淋水填料区的水气热量交换后，水温冷却到 t_2。从冷却塔底部和水流相反方向通入空气，流量为 G（kg/h）。进入塔内的空气热力学参数由进口处的 θ_1，φ_1，x_1，h_1 变化到出口处的 θ_2，φ_2，x_2，h_2。

空气通过微元层时，含热量提高，则空气吸收的热量 dH_k 近似等于水温下降所散发的热量 dH_s。根据麦克尔焓差方程，对于微元层体积 dV，水散发的热量 dH 可表示为：

$$\beta_{xV}(h'' - h)\ dV = \frac{1}{K}\ C_W Q dt \tag{14-7}$$

移项得：
$$\frac{\beta_{xV}dV}{Q} = \frac{1}{K}\ \frac{C_W dt}{h'' - h} \tag{14-8}$$

假定 β_{xV} 在整个淋水填料中为常数，将式（14-8）积分得：

$$\frac{\beta_{xV}V}{Q} = \frac{C_W}{K}\int_{t_2}^{t_1}\frac{dt}{h'' - h} \tag{14-9}$$

式中　C_W——水的比热，kJ/（kg·℃）；

t_2——出塔水温，℃；

K——考虑蒸发水量传热的流量系数，按经验公式计算：$K = 1 - \dfrac{t_2}{586 - 0.56(t_2 - 20)}$，

或者查阅 K 值与冷却水温 t_2 的关系图（图 14-18）。

式（14-9）右端表示对冷却任务的要求，称为冷却数（或交换数），与外部气象条件有关，而与冷却塔的构造和形式无关。冷却数是一个无量纲数，用 N 表示：

$$N = \frac{C_{\mathrm{w}}}{K} \int_{t_2}^{t_1} \frac{\mathrm{d}t}{h'' - h} \qquad (14\text{-}10)$$

式（14-9）左端表示在一定淋水填料和冷却塔构造型式下，冷却塔具有的冷却能力。它与淋水填料的特性、构造、几何尺寸、散热性能以及气、水流量有关，称冷却塔的特性数，用 N' 表示：

$$N' = \frac{\beta_{\mathrm{xV}} V}{Q} \qquad (14\text{-}11)$$

特性数越大则塔的冷却性能越好。冷却塔的计算就是要使设计的冷却塔的冷却能力满足当地气象条件下的冷却任务。

2）逆流塔焓差法热力学基本方程图（$h - t$ 图）

① 水面饱和气层的饱和焓曲线

根据当地湿球温度 τ，大气压力 P 以及进、出水温度 t_1、t_2 和气水比 λ_0，以 t 为横坐标，h 为纵坐标，在空气相对湿度 $\varphi = 1$ 的条件下，按照不同的水温，求出相应的饱和焓 h''（$h'' = C_{\mathrm{sh}} t_{\mathrm{f}} + \gamma_0 x''$），从而画出空气饱和焓 $h'' - t$ 关系曲线，如图 14-19 中的 $A' - B'$ 曲线。

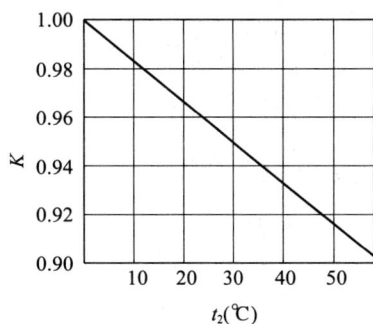

图 14-18　K 值与冷却水温 t_2 的关系

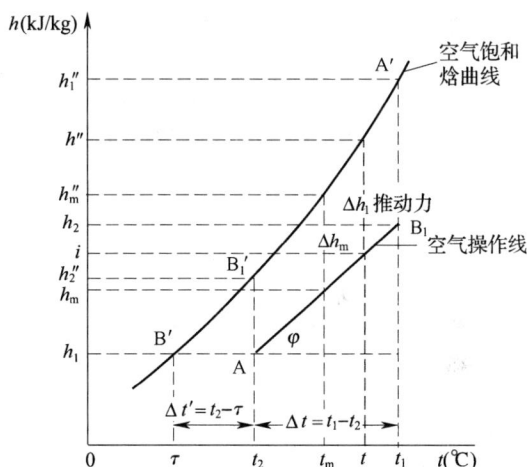

图 14-19　气、热交换基本图式（$h - t$ 图）

由已知的进出水水温 t_1、t_2 值，分别作垂线与空气饱和焓曲线 $A' - B'$ 相交于 A'、B'_1 两点，在纵坐标上相应的饱和焓为 h''_1、h''_2。

② 空气操作线

空气操作线反映淋水填料中空气焓 h 和水温 t 的关系。根据湿球温度 τ 值、冷空气的焓 h 和气水比 λ、蒸发水量传热的流量系数 K 作出。

图 14-19 中，直线 $A - B_1$ 表示塔中不同高度的空气焓与水温值的变化关系，称为空气操作线。

③ 焓差的物理意义

上图中两条曲线上各点的纵坐标差值就是焓差，是热交换的推动力。由此可以得出如下结论：

a. 饱和焓曲线与操作线相距越远，焓差越大，则式（14-9）冷却数 N 越小，填料体

积 V（即冷却塔的体积）可以减小。

b. 如果空气操作线的起点 A 向左移动，即缩小了冷幅高 $\Delta t'$（$= t_2 - \tau$）值，则焓差缩小，冷却推动力减小，冷却数 N 增大。说明出水温度 t_2 越接近理论冷却极限 τ 时冷却越困难，填料体积 V 越大。从经济上考虑，（$t_2 - \tau$）值一般不应小于 4℃。

c. 空气操作线 $A - B_1$ 的斜率 $\tan\varphi = \dfrac{1}{K\lambda}$。气水比 λ 增大，操作线的斜率变小，则焓差增大，表明增加气水比会增大冷却推动力，使冷却容易进行。但增大气水比会增加风机的电耗，使冷却塔运行费用增加。根据水的散热量和空气吸热量平衡关系，可以写出如下空气操作线斜率计算式：$\tan\varphi = \dfrac{h_2 - h_1}{(t_1 - t_2) \cdot C_{\mathrm{W}}}$。

3）冷却数 $N = \dfrac{C_{\mathrm{W}}}{K} \displaystyle\int_{t_2}^{t_1} \dfrac{\mathrm{d}t}{h'' - h}$ 的求解

冷却数 N 的求解就是如何计算上式的积分问题。为了积分，必须将 h'' 和 h 表示成水温 t 的函数。空气焓与水温是线性关系，而饱和焓与水温是复杂的非线性关系，直接积分困难。为了简化计算，当进出冷却塔水温差 $\Delta t < 15℃$ 时，可用如下近似计算公式：

$$N = \frac{C_{\mathrm{W}}\Delta t}{6K}\left(\frac{1}{h''_2 - h_1} + \frac{4}{h''_{\mathrm{m}} - h_{\mathrm{m}}} + \frac{1}{h''_1 - h_2}\right) \tag{14-12}$$

式中　　Δt——进、出冷却塔水温差，℃；

$h''_2 - h_1$——出水温度下的饱和空气焓与进入塔内的空气焓的差值，kJ/kg；

$h''_1 - h_2$——进水温度下的饱和空气焓与排出塔的空气焓的差值，kJ/kg；

h_{m}——进、出塔空气焓 h_1、h_2 的平均值，$h_{\mathrm{m}} = \dfrac{h_1 + h_2}{2}$，kJ/kg；

h''_{m}——进、出水温度下饱和空气焓 h''_1、h''_2 的平均值，$h''_{\mathrm{m}} = \dfrac{h''_1 + h''_2}{2}$，kJ/kg。

其余符号同前。

（3）冷却塔热力特性

1）容积散质系数 β_{xV} 的表达式

冷却塔热力特性表示淋水填料的散热能力。根据麦克尔焓差方程，水的冷却除了与焓差有关外，还与填料的容积散质系数 β_{xV} 有关。因此，β_{xV} 反映了填料的散热能力。β_{xV} 与冷却水量、风量、水温和大气条件有关。当冷却塔的尺寸和填料体积一定时，β_{xV} 可表示为下列函数形式：

$$\beta_{\mathrm{xV}} = A \cdot g^m \cdot q^n \tag{14-13}$$

式中　　　　g——空气流量密度，kg/（m^2·s）；

q——淋水密度，kg/（m^2·h）；

A，m，n——试验常数。

2）特性数 N'

设 Z 为冷却塔淋水填料的高度，F 为横截面积，得：

$$N' = \frac{\beta_{\mathrm{xV}}\, V}{Q} = \beta_{\mathrm{xV}}\frac{V/F}{Q/F} = \beta_{\mathrm{xV}}\frac{Z}{q} \tag{14-14}$$

将式（14-13）代入式（14-14），得：

$$N' = Ag^m q^n \frac{Z}{q} = AZg^m q^{n-1} \tag{14-15}$$

当 $m+n=1$ 时，式（14-15）可写成：

$$N' = AZ\left(\frac{g}{q}\right)^m = A'\lambda^m \tag{14-16}$$

式中　Z——淋水填料高度，m；

　　　λ——气水比，等于进入冷却塔空气流量 G（kg/h）和进入冷却塔热水流量 Q（kg/h）的比值；

　　　A'——试验常数。

14.5　冷却塔的计算与设计

冷却塔计算需要基础资料很多，湿空气热力参数计算复杂，一般编制成程序，通过计算机运算完成。本节主要讨论冷却塔设计计算的原理，要求读者了解基本设计参数之间的关系以及计算方法。

（1）设计任务和技术指标

1）工艺设计任务

冷却塔的工艺设计主要是热力计算，包括以下两类问题：

① 在一定的冷却任务下，即已知冷却水量 Q，冷却前后水温 t_1、t_2 和当地气象参数（τ，θ，φ，P）条件下，通过热力计算、空气动力计算和水力计算，确定冷却塔的尺寸、淋水填料体积，气水比 λ，风机，配水系统和塔自身的循环水泵（仅干式塔有）等。

② 已知标准塔或定型塔的各项条件（如尺寸，淋水填料形式等），在当地气象参数（τ，θ，φ，P）下，按照给定的气水比 λ 和水量 Q，验算冷却塔的出水水温 t_2。

2）设计内容

① 冷却塔类型的选择、包括塔型、淋水填料、其他装置和设备的选择。

② 工艺计算，进行热力、空气动力和水力计算。

3）技术指标

① 热负荷（H）——冷却塔每平方米有效面积上单位时间内所散发的热量，kJ/（m^2·h）。

② 水负荷（q）——冷却塔每平方米有效面积上单位时间内所能冷却的水量，m^3/（m^2·h），即淋水密度，$q = \dfrac{\text{冷却水量}\ Q}{\text{淋水面积}\ F_m}$［m^3/（m^2·h）］。

热负荷和水负荷的关系是：

单位时间内冷却水所散发的热量为：$C_W Q \Delta t \cdot 10^3$（kJ/h）

则单位面积所散发的热量为：
$$H = \frac{C_W Q \Delta t \cdot 10^3}{F_m} = \frac{Q}{F_m} \cdot C_W \Delta t \cdot 10^3 = q C_W \Delta t \cdot 10^3$$
$$= 4187 q \Delta t ［\text{kJ}/（\text{m}^2 \cdot \text{h}）］ \tag{14-17}$$

式中　C_W——水的比热，$C_W = 4.187$ kJ/（kg·℃）。

③ 冷幅宽（Δt）——冷却前后水温 t_1、t_2 之差，$\Delta t = t_1 - t_2$。表示冷却水的温差，不

表示冷却效果和气象条件的关系。Δt 很大时，说明散热量很大，但不能说明冷却后的水温就很低。

④ 冷幅高（$\Delta t'$）——冷却后水温 t_2 和当地湿球温度之差，$\Delta t' = t_2 - \tau$。τ 值是水冷却所能达到的最低温度，也称为极限水温或逼近度。冷却塔的冷幅高越小，说明它的冷却效果越好。

⑤ 冷却塔效率（η）——冷却塔的完善程度，表示实际冷却冷幅宽和极限冷幅宽的关系。

$$\eta = \frac{t_1 - t_2}{t_1 - \tau} = \frac{\Delta t}{(t_1 - t_2) + (t_2 - \tau)} = \frac{\Delta t}{\Delta t + \Delta t'} \tag{14-18}$$

⑥ 冷却后水温保证率

选用的湿球温度 τ 值是冷却后水温保证率的关键参数。如果采用较高的 τ 值，冷幅高 $\Delta t'$ 很小，则冷却塔尺寸就会很大。而高 τ 值在一年中只占很短时间，在其余时间冷却塔都不会充分发挥作用。反之，如果采用较低的 τ 值，冷幅高 $\Delta t'$ 很大，难以保证冷却效果。为此，需采用近期 5~10 年连续观测资料中平均每年最热 10d（或 5d）的平均 τ 值（即一昼夜中 4 次标准时间：2:00、8:00、14:00、20:00 的算术平均值）。如果取 τ 值是 10 年连续观测数据，则保证率为 90%。不能保证冷却效果的时间是夏季 6 月、7 月、8 月 92d 中的 10% 的天数。

（2）所需基础资料

1）用水要求：冷却水量 Q（m^3/h），进水温度 t_1（℃）和出水温度 t_2（℃），制冷设备、空压机等需要冷却水的设备进口压力（MPa），工艺设备对水质要求等。

2）气象参数：按照湿球温度频率统计法，绘制频率曲线并求出频率为 5%~10% 的日平均气象条件；查出设计频率下的湿球温度值 τ（℃），并在原始资料中找出与此湿球温度相对应的干球温度 θ（℃），相对湿度 φ、大气压力为 P 的日平均值；所在位置的风速、风压，夏季主导风向和冬季最低气温。

3）淋水填料性能试验资料：淋水填料的热力特性 $N = f(\lambda)$ 或 $\beta_{xv} = f(g,q)$，阻力特性 $\frac{\Delta P}{\rho g} = f(v)$。

（3）设计步骤和方法

首先根据当地气象资料和工艺要求，计算具有一定保证率下的 τ，θ，φ，P。然后根据设计任务选择冷却塔型式和淋水填料。最后进行冷却塔工艺计算和平面布置，其步骤如下：

1）热力计算

① 在已知 Q，λ，t_1，P，τ，φ 和冷却塔面积或填料体积的条件下，计算不同气象条件下冷却后的出水温度 t_2。

② 或者在确定的冷却任务下，通过热力计算求出冷却塔所需的总面积，即已知 Q，t_1，t_2，P，τ 和 φ，求冷却塔面积或填料体积。

2）空气动力计算

① 机械通风冷却塔

a. 风速 空气动力计算的目的是根据风量计算全塔通风阻力，选择合适风机或验算所选风机是否符合要求。机械通风冷却塔可根据风机风量或者从工作点求得的气水比 λ_D，计算出风量，按下式计算风速：

$$v_i = \frac{G}{3600 F_i \rho_m} \qquad (14\text{-}19)$$

式中　v_i——空气通过冷却塔的流速，m/s；

　　　G——进入冷却塔的风量，kg/h；

　　　F_i——空气通过冷却塔时的横截面积，m^2；

　　　ρ_m——冷却塔内湿空气的平均密度，kg/m^3。

b. 空气阻力　冷却塔空气阻力包括淋水填料阻力和塔体阻力两部分。其中，淋水填料阻力和进塔空气密度 ρ_m、淋水填料中的风速 v_i（风量、气水比）、淋水填料阻力系数有关。

塔体阻力计算式为：

$$H = \sum H_i = \sum \xi_i \frac{\rho_m v_i^2}{2} \qquad (14\text{-}20)$$

式中　H_i——各部位气流阻力损失，Pa；

　　　ξ_i——各部位的局部阻力系数；

　　　ρ_m——冷却塔内湿空气的平均密度，kg/m^3。

c. 通风机选择

根据空气体积流量和总阻力值，选择风机型号，并从风机特性曲线上选定风机叶片的安装角度。风机配备的电机功率按下式计算

$$N = \frac{G_P H}{\eta_1 \eta_2} B \times 10^{-3} \quad (\text{kW}) \qquad (14\text{-}21)$$

式中　G_P——将空气重量流量换算成的风量，m^3/s；

　　　H——实际工作压力，Pa；

　　　η_1——风机传动效率，电机直接传动 $\eta_1 = 1$，联轴传动 $\eta_1 = 0.98$，三角皮带传动 $\eta_1 = 0.95$；

　　　η_2——风机效率，由风机特性曲线上查出；

　　　B——电机安全系数，$B = 1.15 \sim 1.20$。

② 风筒式自然通风冷却塔

风筒式冷却塔进塔空气量是由塔内外空气的密度差而产生的抽力决定的。进塔的空气密度比较大，而在塔内吸收了热量后密度变小，空气变轻，产生向上运动的力，使空气不断进入塔内。任何情况下，进入塔内的空气流动中所产生的阻力，在工作点与因密度差产生的抽力必须相等，才能使进塔流量保持不变，从而决定工作点的实际空气流速和塔筒的高度。

风筒式冷却塔计算简图如图 14-20 所示。

风筒式冷却塔抽力与阻力的计算式为：

抽力：　$Z = H_C (\rho_1 - \rho_2) g$　（Pa）　（14-22）

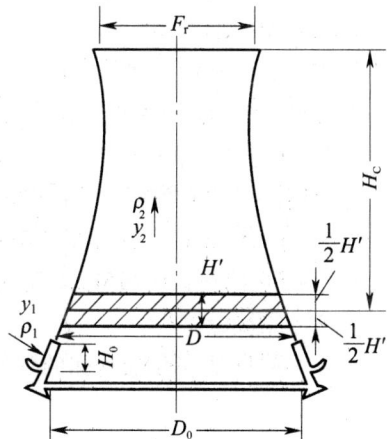

图 14-20　风筒式冷却塔计算简图

阻力：
$$H = \xi \frac{v_m^2}{2} \rho_m \quad (\text{Pa}) \qquad (14\text{-}23)$$

式中　ρ_1、ρ_2——分别表示冷却塔外和塔内填料上部的空气密度，kg/m^3；

　　ρ_m——淋水塔中的平均空气密度，kg/m^3，$\rho_m = \dfrac{\rho_1 + \rho_2}{2}$；

　　v_m——淋水填料中的平均风速，m/s；

　　H_C——冷却塔通风筒有效高度，m，等于从淋水填料中部到塔顶的高度。

如果塔型已定，可根据 $H = Z$ 确定塔内风速；
$$H_C(\rho_1 - \rho_2)g = \xi \frac{v_m^2}{2}\rho_m$$

$$v_m = \sqrt{\frac{2H_C(\rho_1 - \rho_2)g}{\xi \rho_m}} \quad (\text{m/s}) \qquad (14\text{-}24)$$

由此可以求出进入冷却塔风量的公式为：$G = 3.48D^2 \sqrt{\dfrac{H_C(\rho_1 - \rho_2)}{\xi \rho_m}} \quad (\text{m}^3/\text{s})$

式中　D——填料 1/2 高度处直径，m；

如已知风速（v_m 一般为 $0.6 \sim 1.2\text{m/s}$），即可求冷却塔高度 H_C。

风筒式冷却塔的总阻力系数 ξ 常按下式计算：
$$\xi = \frac{2.5}{\left(\dfrac{4H_0}{D_0}\right)^2} + 0.32D_0 + \left(\frac{F_m}{F_T}\right)^2 + \xi_p \qquad (14\text{-}25)$$

式中　H_0——进风口高度，m；

　　D_0——进风口直径，m；

　　F_m——淋水填料面积，m^2；

　　F_T——风筒出口面积，m^2；

　　ξ_p——淋水填料的阻力系数，由试验确定。

3）水力计算

① 管式配水系统

固定管为压力配水，配水管中流速 $1 \sim 1.5\text{m/s}$，系统总阻力损失不超过 4.9kPa，喷嘴前压力为 69kPa 左右。

喷嘴之间距离通常为 $0.85 \sim 1.10\text{m}$。

旋转管式配水系统的计算可参阅有关手册。

② 槽式配水系统

计算方法与明渠相同。主槽流速 $0.8 \sim 1.2\text{m/s}$，工作槽流速 $0.5 \sim 0.8\text{m/s}$；槽内正常水位大于 150mm，工作槽净宽不小于 120mm，高度不大于 350mm。

管嘴直径不小于 15mm，管嘴间距：小塔 $0.5 \sim 0.7\text{m}$，大塔 $0.8 \sim 1.0\text{m}$。

③ 池式配水系统

主要是确定配水孔径和孔的数目，配水孔开孔数 n 为：
$$n = \frac{Q}{3600\mu \overline{\omega}_0 \sqrt{2gh}} \qquad (14\text{-}26)$$

式中　n——配水孔开孔数；

Q——总配水量，m^3/h；

$\overline{\omega}_0$——孔口面积，m^2；

μ——流量系数，$\mu = 0.67$；

h——配水池中水深。

孔口或喷嘴流量为 $q = \mu\overline{\omega}_0\sqrt{2gh}$（$m^3/s$）

14.6 循环冷却水系统组成

循环冷却水系统通常按照循环水是否与空气直接接触而分为密闭式系统和敞开式系统。

密闭式系统使用较少，一般适合洁净的电子、医药、食品生产制冷设备的冷却系统，或者空气污染严重的冶金、矿石加工车间。密闭式冷却系统的主要设备是干式（密闭式）冷却塔，依靠喷洒在冷却管上的水滴蒸发散热以及流动的空气接触传热降低密闭管内热水的温度。

敞开式系统是应用最为广泛的循环冷却系统，本节主要讨论的即为这种冷却系统。

（1）系统组成

循环冷却水系统组成的基本原则是：

1）敞开式循环冷却水系统一般由用水设备（制冷机、空压机、注塑机）、冷却塔、集水设施（集水池等）、循环水泵、循环水处理装置（加药、过滤、消毒装置）、循环水管、补充水管、放空及温度显示和控制装置组成，如图14-21所示。

2）间歇运行的循环冷却水系统附设有冷却塔、集水设施和循环管道的冲洗装置。

3）循环冷却水系统组成以节能为原则，合理设计组合提升设备。

（2）系统布置的基本形式

1）按照冷却塔和用水设备的对应关系和循环水管连接方式，循环冷却水系统一般分为单元制、干管制和混合制三种基本布置形式，如图14-22～图14-24所示。

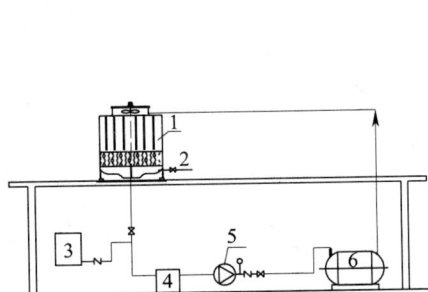

图14-21 循环冷却水系统组成

1—冷却塔；2—补充水管；3—加药装置；
4—过滤器；5—循环水泵；6—用水设备

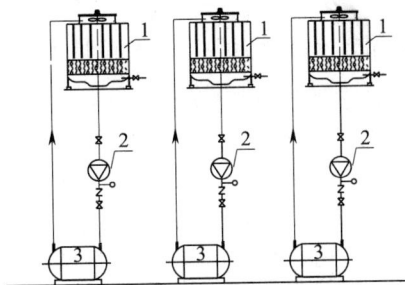

图14-22 单元制

1—冷却塔；2—循环水泵；3—用水设备

其中：单元制互不干扰，干管制的冷却设备互为备用，混合制的冷却设备互为备用，且每台用水设备进水流量不受干扰。

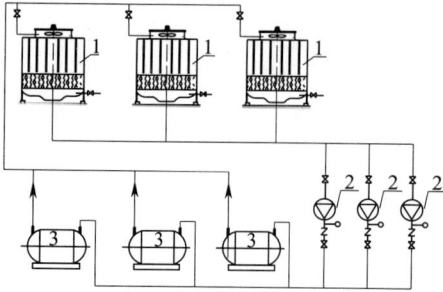

图 14-23　干管制
1—冷却塔；2—循环水泵；3—用水设备

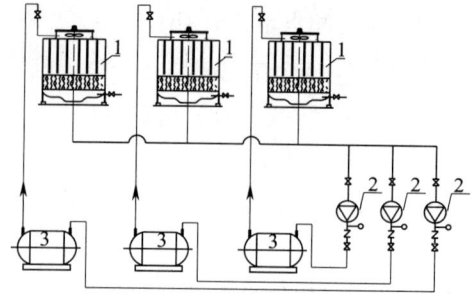

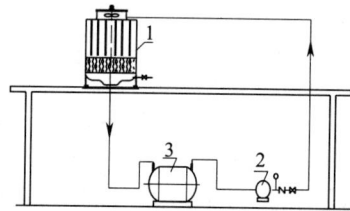

图 14-24　混合制
1—冷却塔；2—循环水泵；3—用水设备

2）按照循环水泵在系统中相对用水设备的位置，循环冷却水系统又可分为前置水泵式（图 14-25）和后置水泵式（图 14-26）。

前置水泵式使用较多，其优点是冷却塔位置不受限制，设在屋面或者地面均可；缺点是运行水压较大，用水设备进水水压会出现波动。后置水泵式优点是用水设备进水水压稳定，缺点是冷却塔位置受到限制，只能设在屋面或较高位置处，以满足用水设备进水要求和克服进水管道水头损失。

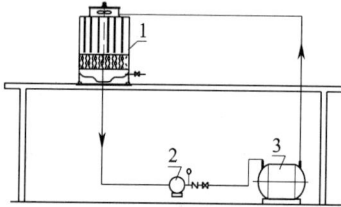

图 14-25　前置水泵式
1—冷却塔；2—循环水泵；3—用水设备

图 14-26　后置水泵式
1—冷却塔；2—循环水泵；3—用水设备

14.7　循环冷却水系统设计

（1）系统的设计范围

循环冷却水系统的工艺设计范围主要包括：

1）冷却塔类型选择：包括塔型、淋水填料、其他装置选择；

2）冷却塔工艺计算：包括热力、空气动力和水力计算；

3）冷却塔的位置选择及平面、高程布置；

4）循环冷却水系统的形式选择；

5）循环水管道和循环水泵站设计；

6）循环冷却水系统的水质处理设计；

7）循环冷却水系统的补充水量计算；

8）循环冷却水系统其他相关方面的技术措施设计。

（2）系统的设计原则

循环冷却水系统设计时应符合下列原则：

1）设计应符合安全生产、经济合理、保护环境、节约能源、节约用水和节约用地的要求，并便于施工、运行和维修。

2）设计应在不断总结生产实践经验的科学实验基础上积极开发、使用新技术、新设备。

3）工业循环水冷却设施的类型选择根据生产工艺对循环水的水量、水温、水质和供水系统的运行方式等使用要求，并结合下列因素，通过技术经济比较确定：

① 当地的水文、气象、地形和地质等自然条件；

② 材料、设备、电能和补给水的供应情况；

③ 场地布置和施工条件；

④ 工业循环水冷却设施与周围环境的相互影响。

4）工业循环水冷却设施应靠近用水场所、用水设备，并避免修建过长的给排水管、沟和复杂的水工构筑物。

5）设计应执行现行国家标准《工业循环冷却水处理设计规范》GB/T 50050，并符合国家现行有关的强制性标准和规定。

（3）冷却塔（机械通风式）的选择和布置

中、小型规模的循环冷却水系统一般采用机械通风冷却塔。目前中小型冷却塔大多数已作为产品供应，因此对定型成品塔的正确选用就非常重要。另外，冷却塔位置的选择和布置涉及冷却塔效能的充分发挥和冷却塔与周围环境的相互影响，因此冷却塔塔型、位置的选择和冷却塔的布置应符合下列要求：

1）塔型选择

机械通风冷却塔可分为逆流式冷却塔和横流式冷却塔，逆流式冷却塔又有圆形塔和方形塔之分。冷却塔塔型的选择应根据设计任务、使用要求、气象环境条件、运行经济性、场地大小、管线布置等情况综合考虑确定。表 14-2 为逆流式冷却塔和横流式冷却塔的比较。

逆流式冷却塔和横流式冷却塔的比较　　　　　　　　　　　　　　表 14-2

项目	逆流式冷却塔	横流式冷却塔
效率	水与空气逆流接触，热交换效率高（可保持最冷的水与最干燥温度最低的空气接触，最热的水与最潮湿、温度最高的空气接触）。当逼近度（$t_2 - \tau$）≤4℃时，可采用逆流式冷却塔	如水量和容积散质系数 β_{xv} 相同，填料容积要比逆流塔大 15%～20%。当逼近度（$t_2 - \tau$）>4℃时，可对横流式冷却塔和逆流式冷却塔比较后确定。适用于噪声控制要求高、水质较差、水量变化大的状况
配水设备	对气流有阻力，配水系统维护检修不便	对气流无阻力影响，维护检修方便
风阻	因为水气逆向流动，加上配水对气流的阻挡，故风阻较大，为减少进风口的阻力降，往往提高进风口高度以减小进风速度	比逆流塔低，进风口高即为淋水填料高，故进风风压低
塔高度	因进风口高度和除水器水平布置等因素，塔总高度较高	填料高度接近塔高、除水器不占高度，塔总高度低。相应进塔水压较低
占地面积	淋水填料平面面积基本同塔面积，故比横流塔小	平面面积较大
排出空气的回流	比横流塔小	由于塔身低，进风窗距排风口近，风机排气回流影响较大

2）选用要求

① 生产厂家提供的冷却塔热力特性曲线及相关数据、资料等应符合设计使用要求，若为模拟塔数据则应予修正，修正系数为 0.8～1.0。

② 选用的冷却塔应冷效高、能源省、重量轻、体积小、寿命长、飘水少、安装维护简单，并符合国家有关产品标准、符合当地环境保护要求。

③ 塔体结构应有足够的强度和稳定性，冷却塔设在高层建筑屋顶上或风荷载较大处时应验证冷却塔的结构强度。

④ 配水部分应配水均匀，附壁水流少，除水器除水效果正常，飘水少。

⑤ 冷却塔所用材料应耐腐蚀、耐老化并为阻燃型，符合防火要求。

⑥ 风机与电机匹配，动平衡性能好，无异常振动和噪声，叶片有足够强度并且耐水侵蚀性好，产品应符合有关国家标准或行业标准。

⑦ 冷却塔的数量宜与用水设备的数量及运行控制相匹配。

⑧ 设计循环水量不宜超过成品冷却塔的额定水量，循环水量不足冷却塔额定水量的 80% 时，应校核冷却塔的配水系统。

⑨ 在高温湿地区（如 $\tau > 28℃$，$t_2 - \tau < 4℃$）应核算所选成品冷却塔的气水比 λ 值是否足够。

⑩ 冷却塔的设置位置和平面布置不能满足要求时应对塔的热力性能进行校核，并采取相应的技术措施。

3）位置选择

① 气流应通畅，湿热空气回流影响小，且应布置在建筑物的最小频率风向的上风侧。单侧进风塔进风面宜面向夏季主导风向，双侧进风塔的进风面宜平行于夏季主导风向。

② 冷却塔不应布置在热源、废气和烟气排放口附近，不宜布置在高大建筑物中间的狭长地带上。

③ 冷却塔与相邻建筑物之间的距离，除满足冷却塔的通风要求外，还应考虑噪声、飘水等对建筑物的影响。

④ 有裙房的高层建筑，当机房在裙房地下室时，宜将冷却塔设在靠近机房的裙房屋面上。

⑤ 冷却塔如布置在主题建筑屋面上，应避开建筑物主立面和主要入口处，以减少其外观和水雾对周围的影响。

4）布置要求

① 冷却塔宜单排布置，多排布置的逆流式冷却塔的塔排距离应符合下列要求：

a. 长轴位于同一直线上的相邻塔排净距不小于 4.0m；

b. 长轴不在同一直线上、平行布置的相邻塔排净距不小于塔的进风口高度的 4 倍；

c. 大、中型冷却塔塔排的长、宽比宜为 3∶1～5∶1；

d. 小型冷却塔塔排的长、宽比宜为 4∶1～5∶1。

② 周围进风的机械通风冷却塔与其他建筑物的净距应大于进风口高度的 2 倍。

③ 冷却塔周边与塔顶应留有检修通道和管道安装位置，通道净距不宜小于 1.0m。

④ 冷却塔应设置在专用基础上，不得直接设置在屋面上。

⑤ 相连的成组冷却塔布置，塔与塔之间分隔板的位置应保证互不产生气流短路，以

防降低冷却效果。

（4）循环水管道和循环水泵站

1）循环水泵选型

① 循环水泵台数宜与用水设备、机组相匹配，如采用多泵并联干管制，宜设备用泵，如采用单元制则可不设备用泵。

② 水泵选型应本着安全可靠、高效节能的宗旨来选择，确定流量、计算扬程是正确选择水泵的关键。

③ 流量确定

水泵的出水量应按用水设备要求的冷却水量确定。水泵高效区流量宜与用水设备冷却水量的允许调节范围相一致。

④ 扬程计算

水泵扬程应按设备和管网循环水压要求确定，水泵扬程计算应考虑1.1的安全系数。当冷却塔布置在高层建筑屋面上或设计循环水量大于用水设备额定水量时，则应复核用水设备自身的阻力损失。

⑤ 水泵并联

水泵并联时每台泵出水管上应设止回阀，并应用流量控制阀，自动稳定流量，以保证系统正常运行。水泵并联时应考虑流量衰减，还应考虑单台水泵运行时电机超电流现象。

2）循环水配管要求

① 采用多塔并联系统时，配管方式有冷却塔合流进水（干管制见图14-23）和冷却塔分流进水（混合制见图14-24）两种方式。

第一种方式使用较多，它的优点是配管简单，占用空间小。其缺点是各台冷却塔流量分配不易均匀，应在每台冷却塔进水管上设电动阀门控制；第二种方式仅在冷却塔与用水设备位置相对较近，具有一定布置空间时采用，可克服第一种方式的缺点。

② 循环水管道的流速宜采用下列数值：

循环干管管径小于或等于250mm时，流速为1.5~2.0m/s；管径大于250mm且小于1000mm时，流速为2.0~2.5m/s；管径大于1000mm时，流速为2.5~3.0m/s；

当循环水泵从冷却塔集水池中吸水时，吸水管的流速宜采用0.6~1.2m/s；当管径小于或等于100mm时，可选用0.6~0.8m/s；当管径大于100mm选用0.8~1.2m/s；

当循环水泵直接从循环干管上吸水时，吸水管直径小于或等于250mm，流速为1.0~1.2m/s；吸水管直径大于250mm，流速为1.2~1.5m/s；

上述流速数据，一般管径小时宜取下限流速，管径大时取上限流速。

③ 循环水管道宜采取的措施

每台冷却塔进、出水管上宜设温度计、放空管等。沿屋面明设的循环水管宜采取隔热和防冻（保温）措施，冷却塔的进水管上宜设置管道过滤器，根据工程情况亦可设置在出水管上。选用管材时，应考虑循环水是否带有腐蚀性、阳光照射强弱以及安装要求等因素。

（5）集水设施

1）集水设施类型

① 冷却塔集水设施分为两种：集水型塔盘和专用集水池（或冷却水箱）。

② 无论选用何种形式，均应保证足够的容积和满足水泵吸水管口的淹没深度，以防水泵启动时空气进入以及停泵时出现溢水现象。

③ 对于单塔系统可选用非标准型冷却塔，底盘为直接吸水型（即集水型塔盘），不需另设专用集水池。

④ 多塔并联（干管制）系统，水泵逐台启动条件下，可采用塔盘直接吸水型。

⑤ 若允许冷却塔安装高度适度增加，则多台冷却塔系统宜采用专用集水池。专用集水池可直接设在冷却塔下面，也可设在冷却塔旁。

⑥ 冬季运行的制冷系统及使用多台冷却塔的大型循环冷却水系统，宜设置专用集水池。

2）集水型塔盘

① 集水型塔盘有效容积应满足下列要求：

配水装置和淋水装置附着水量，宜按循环水量的 1.5% ~2.0% 确定。横流式冷却塔为 2.0% ，逆流式冷却塔为 1.5% 。

② 选用成品冷却塔时，应按上述规定，对其集水盘容积进行核算，如不满足要求时，应加高集水盘深度。

③ 不设集水池的多台冷却塔并联使用时，各塔的集水盘应另设连通管，连通管的管径可比塔的出水管的管径放大一级；也可不另设连通管，而放大一级总回用水管的管径，总回用水管与各塔出水管的连接应为管顶连接。

④ 不设集水池时每台（组）冷却塔应分别设置补水管、泻水管和溢流管。

3）专用集水池

① 集水池有效容积应满足集水型塔盘所需的有效容积和集水底盘至集水池间管道的容水量。

② 冷却塔设置在多层或高层建筑屋面时，集水池与冷却塔底盘的垂直距离不宜超过 10m，以免有效水压的损失会增加循环泵的扬程。

③ 当多台冷却塔共用集水池时可设置一套补充水管、泻水管和溢流管等。

④ 当冷却塔出水管径较大、管道较长时，可减少集水池容积，但应采取在停机时不使管道内存水泄漏的措施（如管道末端加设电动阀门，停泵时自动关闭）。

4）补水管

补水管设计应符合下列要求：

① 集水池或集水型塔盘内应设自动补水管和手动补水管（或称紧急补水管），自动补水宜采用浮球阀或补充水箱。

② 自动补水管管径按平均补水量计算，补水管上应设水表计量。

③ 补水管上应设阀门，有条件时其阀门宜设于机房内溢流信号管出口附近，以利于观察是否溢水。

④ 补水管在集水池或集水型塔盘上的进水位置应在最高水位以上，但自动补水管浮球阀应控制最低水位（即保证吸水口的淹没深度）。

⑤ 当用生活饮用水（如城市自来水）作冷却水补水水源时，补水管或浮球阀出口必须高出集水池（盘）溢流口边缘 2.5 倍管径或安装倒流防止器，以防回流污染。

（6）系统补充水的水质处理及水量计算

1）补充水水质要求及处理

补充水水源一般采用城市自来水，也可按工艺要求采用软水、复用水（或中水）。补充水的水质要求应根据用水设备对循环冷却水水质要求和浓缩倍数确定。如水源的水质不符合要求时，应对补充水进行处理。

2）补充水量计算

冷却塔的水量损失应根据蒸发、风吹、渗漏和排污等各项损失水量确定。一般补水率为循环水量的 1%～2%，吸收式制冷系统为 1.5%～2.5%。

（7）循环冷却水系统应考虑的其他相关问题

为了使循环冷却水系统不仅满足工艺要求并且节能环保、管理方便、安全可靠、符合相关的国家规范和标准，还应考虑以下相关方面的问题，并在设计中采取相应的技术措施：

1）冷却塔的噪声控制；

2）冷却塔及循环水管的防冻措施；

3）冷却塔的消防措施；

4）冷却塔的温度调节；

5）冷却塔的电气控制和防雷接地。

15 循环冷却水处理

本章所介绍的是敞开式循环冷却水系统中的水质处理。因敞开式循环冷却水系统中的循环水与大气接触，部分水量蒸发而使水中盐类浓缩，大气中某些杂质会进入水中。因此，敞开式循环冷却水系统的水质变化较大，处理相对较为复杂。

15.1 循环冷却水的水质特点和处理要求

（1）水质特点

敞开式循环冷却水具有下列特点：

1）循环冷却水的浓缩作用

循环冷却水在循环过程中因蒸发、风吹、渗漏及排污四种现象而损失部分水量，其中水量蒸发后而使含盐量增加，发生了浓缩作用。水中碳酸钙等溶解盐类会在换热器及管道表面形成沉积物，称为结垢。结垢使传热效率下降，输水管过水断面减小，甚至堵塞管道出现事故。

2）循环冷却水散除 CO_2 和复氧作用

冷却水从冷却塔上部喷洒，下部通入空气，实际上是一种曝气过程，既能散除水中的 CO_2 又能溶解部分氧气。结果是碱度升高，$CaCO_3$ 沉淀，溶解于水中的氧在与金属管道接触中发生电化学腐蚀。

3）水质污染产生污垢、黏垢

冷却水和空气充分接触，吸收了空气中的灰尘、泥沙、微生物等，使系统的污泥增加，在换热器和管道表面沉积形成污垢。不仅使传热效率下降，同时也促进了腐蚀。此外，冷却塔内的光照充足、温度适宜、充足的溶解氧和养料都有利于细菌和藻类的生长。细菌和藻类的大量繁殖产生一些代谢产物，并形成具有黏性的污垢，往往又称为黏垢。

在冷却水循环过程中，结垢、腐蚀、污垢和黏垢不是单独存在，它们之间是互相影响和转化的。腐蚀形成的腐蚀产物会引起污垢，而污垢会进一步促进腐蚀。

4）水温变化

循环冷却水在换热设备中是升温过程，水中的 CO_2 逸出，碳酸盐溶解性变小，产生钙、镁离子析出结垢倾向。而在冷却构筑物中是降温过程，有可能产生腐蚀倾向。

循环冷却水处理的任务是防止或减轻系统中产生污垢或黏垢，简称阻垢，防止或减轻系统中腐蚀称为缓蚀，抑制微生物的生长称为微生物控制。简化为阻垢、缓蚀、微生物控制。

（2）水质要求

循环冷却水水质标准是根据换热设备的结构形式、材质、工况条件、污垢热阻值、腐蚀率并结合水处理药剂配方等因素综合确定的。间冷开式循环冷却系统冷却水的主要水质指标见表 15-1。

间冷开式系统循环冷却水水质指标

表 15-1

项目	单位	要求和使用条件	许用值
浊度	NTU	根据生产工艺要求确定	≤20.0
		换热设备为板式、翅片管式、螺旋板式	≤10.0
pH（25℃）	—	—	6.8~9.5
钙硬度甲基橙碱度（以 $CaCO_3$ 计）	mg/L	碳酸盐稳定指数 RSI≥3.3	≤1100
		传热面水侧壁温大于 70℃	钙硬度小于 200
总 Fe	mg/L	—	≤2.0
Cu^{2+}	mg/L	—	≤0.1
Cl^-	mg/L	水走管程：碳钢、不锈钢换热设备	≤1000
		水走壳程：不锈钢换热设备 传热面水侧壁温小于或等于 70℃ 冷却水出水温度小于 45℃	≤700
$SO_4^{2-}+Cl^-$	mg/L	—	≤2500
硅酸（以 SiO_2 计）	mg/L	—	≤175
$Mg^{2+}×SiO_2$（Mg^{2+} 以 $CaCO_3$ 计）	—	pH（25℃）≤8.5	≤50000
游离氯	mg/L	循环回水总管处	0.1~1.0
NH_3-N	mg/L		≤1.0
		铜合金设备	≤1.0
石油类	mg/L	非炼油企业	≤5.0
		炼油企业	≤10.0
COD	mg/L	—	≤150

注：摘自《工业循环冷却水处理设计规范》GB/T 50050—2017。

（3）循环冷却水水质稳定基本指标

表达循环冷却水水质稳定处理效果的两个基本指标是腐蚀率和污垢热阻，分别反映水的腐蚀、结垢和微生物繁殖所造成的间接影响。

1）腐蚀率

① 均匀腐蚀

腐蚀率表示金属的腐蚀速度，单位为 mm/a。其物理意义是：如果金属表面各处的腐蚀是均匀的，则金属表面每年的腐蚀深度以 mm 表示，即为腐蚀速率。

腐蚀率可用失重法测定，即将金属材料试件挂在热交换器冷却水中的某个部位，经过一定时间，由试验前后的试片质量差计算出年平均腐蚀深度，即腐蚀率 C_L：

$$C_L = 8.76\frac{P_0 - P}{\rho F t} \tag{15-1}$$

式中 C_L——腐蚀率，mm/a；

　　P_0——腐蚀前的金属质量，g；

　　P——腐蚀后的金属质量，g；

ρ——金属密度，g/cm^3；

F——金属与水接触面积，m^2；

t——腐蚀作用时间，h。

② 局部腐蚀（点蚀）

对于局部腐蚀，如点蚀（或坑蚀），通常用"点蚀系数"反映点蚀的危害程度。点蚀系数是金属最大腐蚀深度与平均腐蚀深度之比。点蚀系数越大，对金属危害越大。

③ 缓蚀率

经水质处理后使腐蚀率降低的效果称为缓蚀率，用 η 表示：

$$\eta = \frac{C_0 - C_L}{C_0} \times 100\% \tag{15-2}$$

式中　C_0——循环冷却水处理前的腐蚀率；

C_L——循环冷却水处理后的腐蚀率。

2）污垢热阻

热阻为传热系数的倒数。热交换器传热面上由于结垢及污垢沉积使得传热系数下降，从而使热阻增加，此热阻称为"污垢热阻"。这是一个习惯用语，实际上包含污垢、水垢和黏垢的综合热阻，并非是污垢一项。

热交换器的热阻在不同时刻由于垢层不同而有不同的污垢热阻值。一般在某一时刻测得的称为即时污垢热阻 R_t，即为经 t 小时后的传热系数的倒数与开始时（热交换器表面未积垢时）的传热系数倒数之差：

$$R_t = \frac{1}{K_t} - \frac{1}{K_0} = \frac{1}{\psi_t K_0} - \frac{1}{K_0} = \frac{1}{K_0} \left(\frac{1}{\psi_t} - 1 \right) \tag{15-3}$$

式中　R_t——即时污垢热阻，$m^2 \cdot h \cdot ℃/kJ$；

K_0——开始时，传热表面清洁（未结垢）所测得的总传热系数，$kJ/(m^2 \cdot h \cdot ℃)$；

K_t——循环水在传热面积垢经 t 时间后所测得的总传热系数，$kJ/(m^2 \cdot h \cdot ℃)$；

ψ_t——积垢后传热效率降低的百分数。

15.2 循环冷却水的结垢和腐蚀判别方法

水的腐蚀性和结垢性往往是由水—碳酸盐系统的平衡决定的。当水中碳酸钙含量超过其饱和值时，则会出现碳酸钙沉淀，引起结垢；当水中碳酸钙含量小于其饱和值时，则水对碳酸钙具有溶解能力，可使已沉积的碳酸钙溶于水。前者称结垢性水，后者称腐蚀性水。两者均称为不稳定水。腐蚀性水不仅能腐蚀混凝土管道，也能使金属管内原先沉积在管壁上的碳酸钙溶解，使金属表面裸露在水中，产生腐蚀。结垢和腐蚀在一般给水系统中都会存在，而在循环冷却水系统中，尤为突出。判断水的结垢和腐蚀性有多种方法，这里主要介绍以下 4 种方法。

（1）极限碳酸盐硬度法

极限碳酸盐硬度法指循环冷却水在一定的水质、水温条件下，保持不结垢的水中碳酸盐硬度最高限值，即当水中游离二氧化碳很少时，循环冷却水可能维持 HCO_3^- 的最高限量。由于影响碳酸钙析出的因素很多,如有机物会干扰碳酸钙的析出,不同的水质、水温条件下,影响的程度均不相同,故难以用理论推导计算。

极限碳酸盐硬度可根据相似条件下的实际运行数据确定或根据小型试验确定。试验条件应和实际运行相似,如温度、pH、悬浮固体含量、有机物含量、钙离子浓度以及水力条件等。试验时,每隔 $2 \sim 4h$ 取一次水样分析,测定水温、pH、碳酸盐硬度等,当水的碳酸盐硬度不变时,其值即为极限碳酸盐硬度。极限碳酸盐硬度只能用于判断结垢与否,而不可用于腐蚀性的判断。

（2）朗格利尔指数法（Langelier Saturation Index，LSI）

朗格利尔指数法又称为饱和指数法。在一定的溶液体系内,可采用相同条件（水温,含盐量,硬度和碱度）下达到碳酸钙饱和溶解度时的 pH 作为衡量的标准,以 pH_s 表示。实际的 pH 以 pH_0 表示,则朗格利尔指数表示为:

$$I_L = pH_0 - pH_s \qquad (15-4)$$

式中　I_L——朗格利尔指数（饱和指数）;

　　pH_0——水的实际 pH;

　　pH_s——水中 $CaCO_3$ 饱和平衡时的 pH。

当 $I_L = pH_0 - pH_s = 0$ 时,则水中 $CaCO_3$ 处于饱和平衡状态,不腐蚀、不结垢,水质稳定;

当 $I_L = pH_0 - pH_s > 0$ 时,则水中 $CaCO_3$ 处于过饱和状态,有析出结垢的倾向;

当 $I_L = pH_0 - pH_s < 0$ 时,则水中 $CaCO_3$ 低于饱和值状态,水有腐蚀倾向。

一般认为,$I_L = \pm (0.25 \sim 0.30)$ 范围内,可判断为稳定。

朗格利尔指数法只能判断冷却水是否腐蚀、结垢,但无法指出腐蚀或结垢的程度。

（3）雷兹纳尔稳定指数法（Ryznar Stability Index，RSI）

雷兹纳尔稳定指数又称为稳定指数,是针对朗格利尔指数法的缺陷,概括了大量生产数据,提出了一个半经验性的指数,其定义是:

$$I_R = 2pH_s - pH_0 \qquad (15-5)$$

式中　I_R——雷兹纳尔稳定指数;

　　其余符号同上。

当 $I_R < 3.7$ 严重结垢;

　　$I_R = 4.0 \sim 5.0$ 时,水有严重的结垢倾向;

　　$I_R = 5.0 \sim 6.0$ 时,水有轻微的结垢倾向;

　　$I_R = 6.0 \sim 7.0$ 时,水有轻微结垢或腐蚀倾向;

　　$I_R = 7.0 \sim 7.5$ 时,腐蚀显著;

　　$I_R = 7.5 \sim 9.0$ 时,严重腐蚀。

当 $I_L < -1$，$I_R > 9$ 时,宜加碱中和处理。

当间冷开式系统与直冷系统的钙硬度与亚甲基橙碱度之和大于 1000mg/L,稳定指数 RSI < 3.3 时应加硫酸或软化处理。

（4）临界 pH 法

用试验方法测得刚刚出现结垢时水的 pH,称为临界 pH,用 pH_C 表示。

当水的实际 pH > pH_C 时,循环水有结垢倾向;

当水的实际 pH < pH$_c$ 时，循环水有腐蚀倾向，不结垢；

pH$_c$ 相当于饱和指数中的 pH$_s$，但与 pH$_s$ 不同的是，pH$_c$ 为实测值，比计算值 pH$_s$ 更能反映真实情况。

15.3　循环冷却水水质处理

循环冷却系统虽然包括许多组成部分，但循环冷却水处理的目的则主要是保护换热器免遭损害。为了达到循环冷却水所要求的水质指标，必须对腐蚀、沉积物和微生物三者的危害进行控制。由于腐蚀、沉积物和微生物三者相互影响，可采用综合处理方法。为便于分析问题，先分别进行讨论。实际上，采用药剂处理时，某些药剂往往同时兼具缓蚀和阻垢的双重作用。

（1）腐蚀控制

防止循环冷却水腐蚀的方法主要是投加某些药剂（缓蚀剂），使之在金属表面形成一层薄膜将金属表面覆盖起来，从而与腐蚀介质隔绝，达到缓蚀的目的。缓蚀剂所形成的膜有氧化物膜、沉淀物膜和吸附膜三种类型。在阳极形成保护膜的缓蚀剂称为阳极缓蚀剂；在阴极形成保护膜的称为阴极缓蚀剂。

1）氧化膜型缓蚀剂

这类缓蚀剂直接或间接产生金属氧化物或氢氧化物，在金属表面形成保护膜，阻碍溶解氧扩散，使腐蚀反应速度降低。当保护膜达到一定厚度时，膜的增长自动停止，不再加厚。氧化膜型缓蚀剂的缓蚀效果良好，而且有过剩的缓蚀剂也不会产生结垢。但此类缓蚀剂均为重金属含氧酸盐，如铬酸盐等，排放到水体，会污染环境，基本上禁止使用。

2）离子沉淀膜型缓蚀剂

这类缓蚀剂与溶解于水中的离子生成难溶盐或络合物，在金属表面上析出沉淀，形成保护膜。所形成的膜多孔、较厚、松散，与基体金属的密合性较差。因此，防止氧扩散不完全。当药剂过量时，薄膜会不断增长，引起垢层加厚而影响传热。这种缓蚀剂有聚磷酸盐和锌盐。聚磷酸盐的缓蚀作用与它的螯合作用有关。即聚磷酸盐和水中的 Ca^{2+}、Mg^{2+}、Zn^{2+} 等离子形成的络合盐在金属表面构成保护膜。

正磷酸盐是阳极缓蚀剂，它主要形成以 Fe_2O_3 和 $FePO_4$ 为主的保护膜，抑制阳极反应。

聚磷酸盐能与水中的 Ca^{2+}、Mg^{2+} 形成聚磷酸钙、聚磷酸镁，在阴极表面形成沉淀型保护膜。因此，采用聚磷酸盐作为缓蚀剂时，水中应该有一定浓度的 Ca^{2+}、Mg^{2+} 离子。

聚磷酸盐的缺点是容易水解成正磷酸盐，降低它的缓蚀效果，而且磷还是微生物和藻类的营养成分，会促进微生物的繁殖。

锌盐是一种阴极型缓蚀剂，锌离子在阴极部位产生 Zn（OH）$_2$ 沉淀，起保护膜的作用。锌盐往往和其他缓蚀剂联合使用，有明显的增效作用。锌盐在水中的溶解度很低，容易沉淀。此外，锌盐对环境的污染也很严重，这就限制了锌盐的使用。

3）金属离子沉淀膜型缓蚀剂

这种缓蚀剂是使金属活化溶解，并在金属离子浓度高的部位与缓蚀剂形成沉淀，产生致密的薄膜，缓蚀效果良好。保护膜形成后，即使在缓蚀剂过剩时，薄膜也停止增厚。这种缓蚀剂如巯基苯并噻唑（简称 MBT）是铜的很好阳极缓蚀剂。剂量仅为 1～2mg/L。因为它在铜的表面进行螯合反应，形成一层沉淀薄膜，抑制腐蚀。

4）吸附膜型缓蚀剂

有机缓蚀剂的分子具有亲水性基和疏水性基。亲水基有效地吸附在清洁的金属表面上，而将疏水基团朝向水侧，阻碍水和溶解氧向金属扩散，抑制腐蚀。这类缓蚀剂主要有胺类化合物及其他表面活性剂类有机化合物。

此类缓蚀剂分析方法比较复杂，难以控制浓度；价格较贵，在大量用水的冷却系统中使用还有困难，但有发展前途。

（2）结垢控制

结垢控制主要防止水中的微溶盐类 $CaCO_3$、$CaSO_4$、$Ca_3(PO_4)_2$ 和 $CaSiO_3$ 等从水中析出，粘附在设备或管壁上，形成水垢。

结垢控制的方法主要有两类：一类方法是控制循环水中结垢的可能性或趋势的热力学方法，如减少钙镁离子浓度、降低水的 pH 和碱度；另一类方法是控制水垢生长速度和形成过程的化学动力学方法，如投加酸或化学药剂，改变水中盐类的晶体生长过程和生长形态，提高容许的极限碳酸盐硬度。

1）热力学方法

① 排污法——减少浓缩倍数

经常排放循环水系统中累积的污水量，减少循环水中的盐类等杂质浓度，控制浓缩倍数来防止结垢。对于新鲜补充水源充足的地区，控制排污量3%～5%，有助于减少结垢。

② 酸化——降低补充水的碳酸盐硬度

采用酸化法将碳酸盐硬度转化为溶解度较高的非碳酸盐硬度。化学反应如下：

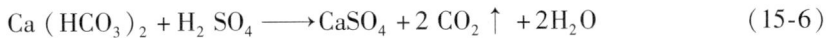

$$Ca(HCO_3)_2 + H_2SO_4 \longrightarrow CaSO_4 + 2CO_2 \uparrow + 2H_2O \tag{15-6}$$

$$Mg(HCO_3)_2 + 2HCl \longrightarrow MgCl_2 + 2CO_2 \uparrow + 2H_2O \tag{15-7}$$

2）化学动力学方法

投加阻垢剂来改变循环冷却水中的碳酸钙的晶体生长过程和形态，使其分散在水中不易成垢，使水中的碳酸钙等处于过饱和的亚稳状态，提高水的极限碳酸盐硬度。

阻垢剂具有静电排斥作用，使颗粒间相互排斥，呈分散状态悬浮在水中，增加了碳酸钙在水中的溶解作用，使硬垢变软、垢层松软。

常用的阻垢剂有：

① 聚磷酸盐——在循环冷却水中使用的是六偏磷酸钠和三聚磷酸钠，它们既有阻垢作用，又有缓蚀作用。

② 有机磷酸盐（膦酸盐）——膦酸盐和二膦酸盐能在水中离解出氢离子，成为带负电的阴离子。这些阴离子能与水中的多价金属离子形成稳定的络合物，从而提高了碳酸钙的析出饱和度。同时还会吸附在晶体表面，阻碍结晶体的生长，使之产生畸变，难以形成密实的垢层。

③ 聚羧酸类阻垢剂——聚丙烯酸和聚马来酸含羧酸官能团或羧酸衍生物的聚合物。其官能团 -COOH 在水中离解成 -COO$^-$，成为 Ca^{2+}、Mg^{2+} 和 Fe^{3+} 很好的螯合剂。聚羧酸的阻垢性能与其分子量、羧基的数目和间隔有关。如果分子量相同，碳链上的羧基数越多，阻垢效果越好。这类化合物不仅对碳酸钙水垢具有良好的阻垢作用，而且对泥土、粉尘、腐蚀产物等污物也起分散作用，使其不凝结，呈分散状态悬浮在水中，容易随被水流排出。

（3）微生物控制

微生物和藻类的生长会产生黏垢，黏垢导致腐蚀和污垢。因此，如何控制微生物的滋长是很重要的。微生物控制的化学药剂，也称为杀生剂，可以分为氧化型、非氧化型和表面活性剂。

1）氧化型杀生剂

目前循环冷却水中使用的氧化型杀生剂，主要有氯和次氯酸盐。氯具有杀生能力强，价格低廉，来源方便等优点。一般氯的浓度可控制在 0.5～1.0mg/L，pH＝5 左右。

二氧化氯的杀生能力较氯强，杀生作用较氯快，药剂持续时间长。二氧化氯的特点是适用的 pH 范围广，它在 pH＝6～10 的范围内能有效杀灭绝大多数的微生物，其次是它不会与冷却水中的氨或有机胺起反应。

臭氧杀生效果与冷却水的温度、pH、有机物含量等因素有关。臭氧作为杀生剂不会使冷却水排放时污染环境或伤害水生生物。臭氧不仅能杀生，还有缓蚀阻垢效果。残余的臭氧浓度应保持在 0.5mg/L。

2）非氧化型杀生剂

硫酸铜常被作为杀生剂，仅投加 1～2mg/L 就可有效灭藻。但硫酸铜对水生生物的毒性较大，而且铜离子会析出，沉积在碳钢表面，形成腐蚀电极的阴极，引起腐蚀。

3）表面活性剂杀生剂

最常用的两种表面活性剂杀生剂为洁尔灭（十二烷基二甲基苄基氯化铵）和新洁尔灭（十二烷基二甲基苄基溴化铵）。具有杀生能力强，使用方便，毒性小和成本低等优点。使用浓度为 50～100mg/L，适宜的 pH 为 7～9。

（4）循环冷却水旁滤处理

为降低循环冷却水中悬浮物含量，循环冷却水系统常设置旁滤设施。大、中型循环冷却系统采用无阀滤池、石英砂过滤器等进行旁滤处理。小型循环冷却水系统可采用滤芯过滤器处理。一般旁滤处理的水量占循环水量的 1%～5%。

循环冷却水处理可以概括为去除悬浮物、控制泥垢、结垢、控制腐蚀、控制微生物四个方面。其处理内容、污染物来源及处理基本方法经简化归纳在下表（表 15-2）内：

循环冷却水的处理基本方法　　　　　　　　　　表 15-2

处理污染物内容	污染物来源	处理方法
1. 水中悬浮物 （1）粗大的悬浮颗粒 （2）灰尘、泥土 （3）藻类、微生物 （4）矾花 （5）其他无机及有机杂质	悬浮物主要来源： 1. 从空气及补充水中进入； 2. 补充水处理后的生成物残渣； 3. 生产过程中对循环水的污染； 4. 在循环系统中，由于化学反应及其他作用生成的悬浮物，如腐蚀产物及黏垢、污垢脱落的碎屑	1. 对粗大的悬浮颗粒格网过滤； 2. 对灰尘、泥土混凝、沉淀； 3. 对细小悬浮颗粒滤池（罐）过滤； 4. 对藻类、微生物杀菌灭藻
2. 管道及设备上的沉积物 （1）泥垢 （2）盐垢 1）$CaCO_3$ 2）$CaSO_4$ 3）$Ca_3(PO_4)_2$ 4）$MgSiO_3$ （3）污垢	1. 泥垢是悬浮杂质、灰尘、泥土为主要成分的沉积物； 2. 盐垢是以 $CaCO_3$、$CaSO_4$、$Ca_3(PO_4)_2$、$MgSiO_3$ 等为主要成分的沉积物。是循环水中盐类浓缩和投加的磷酸盐以及工艺物料渗漏引起盐类沉淀而形成的； 3. 污垢是微生物繁殖代谢所产生的沉积物	1. 泥垢控制 （1）加分散剂 （2）加混凝剂、沉淀、过滤 2. 盐垢控制 （1）加酸 （2）加二氧化碳 （3）软化、除盐 （4）加阻垢分散剂 （5）采用电子（内磁）式水处理器 3. 污垢控制用杀菌剂

处理污染物内容	污染物来源	处理方法
3. 金属腐蚀及木材腐蚀 （1）金属腐蚀 （2）木材腐蚀	1. 金属腐蚀是由于空气中的 H_2S、SO_2 等腐蚀性气体溶入水中以及酸的污染引起； 2. 木材腐蚀是由于真菌及氯的氧化作用结果	1. 金属腐蚀控制 （1）加缓蚀剂 （2）加杀菌剂 2. 木材腐蚀控制 木材防腐处理、水中投加杀菌剂

（5）循环冷却水系统设备清洗和预膜

1）设备清洗

循环冷却水系统中尽管采用了水质稳定处理措施，在长期的运行中冷却设备的金属表面还是会产生一定的沉积物，这些沉积物降低了热传递效率，妨碍了缓蚀剂的缓蚀作用，使垢下金属表面易于产生腐蚀。因此，循环冷却水系必须定期进行除垢清洗。

新的冷却设备在制造、加工、运输及储存期间可能会发生腐蚀，并带有油脂、碎屑、泥砂等杂物，也需先进行清洗。

冷却水系统的清洗包括化学清洗和物理清洗两大类，常相互配合使用。

① 化学清洗

化学清洗的主要方法有：

a. 酸洗

常用盐酸作为清洗剂，清洗浓度 5% ~ 15%，对碳酸钙一类的硬垢和氧化铁一类的腐蚀产物效果显著。为了提高对硅酸盐水垢的清洗效果，可以加入一定量的氟化物。为了减轻酸洗时的金属腐蚀，必须在盐酸溶液中加入酸洗缓蚀剂，如苯胺、乌洛托品（六次甲基四胺）等。酸洗的具体做法是对所要清洗的设备接上清洗槽和循环泵，形成清洗闭合回路，用酸洗液对其进行循环清洗数小时，使壁面沉积物在化学作用和水力冲刷作用下，溶解脱落。

b. 碱洗

碱洗以强碱性和碱性药剂为清洗剂，用于：清洗新设备中的油脂；与酸洗交替使用；去除硅酸盐垢等酸洗难以去除的沉积物；在酸洗后用于中和系统中残留的酸，降低其腐蚀性。因碱对铝和锌有腐蚀，对于含有铝和镀锌钢件的系统慎用碱洗。

c. 络合剂清洗

常用络合剂有聚磷酸盐、柠檬酸、乙二胺四乙酸（EDTA）等。络合剂清洗的腐蚀小、但费用较高，对某些垢清洗不彻底，多用于循环冷却水定期停产检修清洗之间的不停车清洗。

循环冷却系统中所使用的化学清洗剂有很多种，要结合所清除的污垢成分来选用。大体说来，以黏垢为主的污垢应选用杀生剂为主的清垢剂；以泥垢为主的污垢应选用以混凝剂或分散剂为主的清垢剂；以结垢为主的垢物应选用以螯合剂和分散剂为主的清垢剂等。

② 物理清洗

物理清洗一般在化学清洗后进行，对于轻微结垢的设备也可直接采用物理清洗。常用的物理清洗方法有：捅刷、吹气、冲洗、反冲洗、高压水力冲刷、刮管器清洗、胶球清洗等。

2）预膜

在新的循环冷却水系统投入运行前的清洗和运行中，每次除垢清洗后，尤其是在酸洗后，新鲜金属表面处于活化状态，或者是原有的金属保护膜在清洗中受到严重损害，此时的金属极易腐蚀。为了提高金属换热设备的抗腐蚀能力，在循环冷却水系统清洗后再投入运行前，需对其进行预膜处理，即在金属设备表面预先形成一层完整的耐腐蚀保护膜，简称预膜。预膜处理一般在下列情况下进行：

① 在循环冷却系统第一次投产运行之前；

② 在每次大修、小修之后；

③ 在系统发生特低 pH 之后；

④ 在新换热器投入运行之前；

⑤ 在任何机械清洗或酸洗之后；

⑥ 运行过程中某种意外原因引起保护膜损坏等情况，必须进行循环系统的预处理时。

预膜的好坏往往决定缓蚀效果的好坏。预膜一般要在尽可能短的时间如几小时之内完成。预膜剂可以采用循环冷却水正常运行下缓蚀剂配方，但远大于正常运行时的浓度。也可以用专门的预膜剂配方。

15.4 循环冷却水水量损失与补充

冷却水在循环过程中，会产生 3 种水量损失，即蒸发损失水量，风吹损失水量，排污损失水量。漏泄损失水量可以避免，不计此列。敞开式循环冷却系统补充水量等于各种损失水量之和，用下式表示：

$$Q_m = Q_e + Q_b + Q_w \tag{15-8}$$

式中　Q_m——系统补充水量，m^3/h；

　　　Q_e——蒸发水量，m^3/h；

　　　Q_b——排污水量，m^3/h；

　　　Q_w——风吹损失水量，m^3/h。

循环冷却水在蒸发时，水分损失了，但溶解盐类仍留在水中，使循环冷却水的溶解盐不断浓缩，盐类浓度不断增高。为了控制盐类浓度，必须补充新鲜水，排出浓缩水。补充的新鲜水量应等于上式中的总水量损失值，以保持循环水量的平衡。

补充的新鲜水和循环水中的含盐量是不同的。设补充水的含盐量为 C_B（mg/L），循环水的含盐量为 C_x（mg/L），C_x 和 C_B 的比值称为浓缩倍数 N：

$$N = \frac{C_x}{C_B} \tag{15-9}$$

冷却水循环过程中，排污、风吹排出的循环系统的总盐量用 $C_x(Q_b + Q_w) = C_x(Q_m - Q_e)$ 表示，补充水带入循环系统的总盐量用 $C_B Q_m$ 表示。在循环冷却水系统运行初期，循环水中含盐量 C_x 与补充水中含盐量基本相等，即 $C_x = C_B$，则 $C_B Q_m > C_x(Q_m - Q_e)$。随着循环系统的持续运行，如果系统中既无沉淀，又无腐蚀，也不加入引起盐量变化的化学药剂，则由于蒸发作用，循环水中含盐量不断增加，即 C_x 不断增大。当 C_x 增大至排出系统排出的总盐量与补充水带入系统的总盐量相等时，则达到浓缩平衡，用下式表示：

$$C_B Q_m = C_x (Q_m - Q_e) \quad\quad\quad (15\text{-}10)$$

$$Q_m = \frac{Q_e \cdot N}{N - 1} \quad\quad\quad (15\text{-}11)$$

当进、出系统的盐量达到平衡时，循环水中含盐量将保持稳定。

根据式（15-11）还可求得浓缩倍数 N：

$$N = \frac{Q_m}{Q_m - Q_e} = \frac{1}{1 - Q_e / Q_m} \quad\quad\quad (15\text{-}12)$$

由式（5-12）可知，除直流水冷却系统外，其他循环水冷却系统的浓缩倍数 N 值总是大于1，即循环冷却水中含盐量总是大于补充水的含盐量。

蒸发水量与气候条件和冷却幅度有关，可以用下式计算：

$$Q_e = k \cdot \Delta t \cdot Q_r \quad\quad\quad (15\text{-}13)$$

式中　Q_e——蒸发水量，m^3/h；

　　　Q_r——循环冷却水量，m^3/h；

　　　Δt——冷却塔进出水水温差，℃；

　　　k——气温系数，$1/℃$，按照表 15-3 选用，环境气温为中间值的可用内插法计算。

气温系数 k　　　　　　　　　表 15-3

进塔气温（℃）	-10	0	10	20	30	40
k（$1/℃$）	0.0008	0.0010	0.0012	0.0014	0.0015	0.0016

蒸发损失水量还可以根据进出冷却塔空气含湿量计算。

风吹损失水量除与风速有关外，还与冷却塔的类型、淋水填料、冷却水量有关，机械通风冷却塔风吹损失水量占循环水量的0.1%，开放式冷却塔取 1% ~ 1.5%。

排污水量可根据所要求的浓缩倍数 N 值加以控制。由 $C_B Q_m = C_x (Q_m - Q_e)$ 得：

$$(Q_e + Q_b + Q_w) = N (Q_b + Q_w)，(Q_b + Q_w)(N - 1) = Q_e$$

在给定的水质条件下，可求出开式系统排污水量计算式：

$$Q_b = \frac{Q_e}{(N - 1)} - Q_w \quad\quad\quad (15\text{-}14)$$

式中符号意义同上。

浓缩倍数的大小反映了水资源复用率的大小，是衡量循环冷却水系统运行状况的一项重要技术经济指标。如果排污量大，N 值小，则补充水量和水处理药剂耗量较大，并且会由于药剂浓度不足而难以控制腐蚀。适当减少系统中的排污水量和补充水量，增大 N，可以节约用水和水处理药剂，减少对环境的污染。但是，如果过分提高 N，会导致循环冷却水中的含盐量显著增大，有结垢或腐蚀的危险。因此，应综合考虑当地水源水质、水处理药剂情况和运行管理条件，选择技术经济合理的浓缩倍数。《工业循环冷却水处理设计规范》GB/T 50050—2017 中规定：敞开式系统的设计浓缩倍数不宜小于 5.0，且不应小于 3.0，直冷系统的设计浓缩倍数不应小于 3.0。

15.5 循环冷却水补充再生水的处理

工业冷却水循环利用是节约水资源、保护环境的举措。在系统运行过程中需要经常补充一部分损失的水量，通常取用地表水、地下水作为补充水源。为充分开发城市污水等潜在水资源，把城市污水处理厂排水再生处理作为循环冷却水的补充水，则可除害兴利，取得多重效益。

地区不同，再生水水源不同。一般说来，工业废水处理厂、城市污水处理厂的排水、矿坑排水、间冷开式循环冷却水排污水等，经处理后达到循环冷却水水质，都可作为循环冷却水的补充水。

（1）再生水水质

再生水直接作为间冷开式循环冷却水系统补充水时，水质指标可根据试验或类似地区类似工程的运行数据确定，或根据表15-4规定的再生水水质指标确定。

再生水水质指标   表15-4

序号	项目	单位	水质控制指标
1	pH（25℃）	—	7.0~8.5
2	悬浮物	mg/L	≤10
3	浑浊度	NTU	≤5
4	BOD_5	mg/L	≤5
5	COD_{Cr}	mg/L	≤30
6	铁	mg/L	≤0.5
7	锰	mg/L	≤0.2
8	Cl^-	mg/L	≤250
9	钙硬度（以 $CaCO_3$ 计）	mg/L	≤250
10	甲基橙碱度（以 $CaCO_3$ 计）	mg/L	≤200
11	NH_3-N	mg/L	≤5
12	总磷（以 P 计）	mg/L	≤1
13	溶解性总固体	mg/L	≤1000
14	游离氯	mg/L	末端0.1~0.2
15	石油类	mg/L	≤5
16	细菌总数	个/mL	<1000

（2）再生水处理

再生水水源不同，处理方法不完全相同。本教材给水处理章节已对微污染水源水的处理进行讨论，同样适用于再生水源水的处理。

当再生水源水中悬浮物含量较高时，应采用混凝、沉淀（澄清）、过滤工艺。经该工艺去除悬浮杂质后，再进行消毒，即可达到回用水水质要求。

当再生水源水是城市污水厂排出水、BOD、NH_3-N 较高时，可采用生物预处理或膜生物（MBR）工艺处理。

当再生水源水是工业污水厂排出水，且含有较多难以生物降解的有机物时，宜采用化学预氧化法处理。

超滤膜处理工艺可去除水中有机物，反渗透等可去除水中的离子、细菌和病毒，设备运行安全可靠。

目前，水处理工艺日趋成熟，经处理后的水质满足循环冷却水补充水水质已无问题。如果再生水水源能够保证，则采用再生水补充循环冷却水时不必再设备用水源。

采用再生水补充循环冷却水时，系统设计浓缩倍数不应低于 2.5。

为了确保饮用水的安全，再生水输配管网应设计成独立系统，并应设置水质、水量监测设施，严禁与生活用水管道连接。

主要参考文献

［1］严煦世，范瑾初. 给水工程［M］. 4 版. 北京：中国建筑工业出版社，1999.

［2］上海市政工程设计研究院. 给水排水设计手册（第 3 册）［M］. 北京：中国建筑工业出版社，2004.

［3］张玉先，金兆丰. 水质工程［M］. 2 版. 北京：中国建筑工业出版社，2021.

［4］姜乃昌. 水泵及水泵站［M］. 5 版. 北京：中国建筑工业出版社，2007.

［5］中华人民共和国住房和城乡建设部. 城市给水工程项目规范：GB 55026—2022［S］. 北京：中国建筑工业出版社，2022.

［6］中华人民共和国住房和城乡建设部. 室外给水设计标准：GB 50013—2018［S］. 北京：中国计划出版社，2018.

注册公用设备工程师（给水排水）执业资格考试专业考试大纲

1 给水工程

1.1 给水系统

了解给水系统分类、组成和布置

掌握设计供水量计算

掌握给水系统的流量关系，水压关系

1.2 输配水

掌握输水管渠、配水管网布置及流量计算

掌握输水管渠、配水管网水力计算

了解管网技术经济比较

熟悉给水管管材、管网附件和附属构筑物选择

熟悉给水泵站设计

1.3 取水

了解水资源状况及水源选择

熟悉地下水取水构筑物构造和设计要求

掌握江河特征及取水构筑物选择和设计

1.4 给水处理

了解水源水质指标和给水处理方法

掌握混凝及混合、絮凝设备设计

掌握沉淀、澄清处理构筑物设计

掌握过滤处理构筑物设计

熟悉氯消毒工艺及其他消毒方法

熟悉地下水除铁除锰工艺设计

了解饮用水深度处理技术

掌握水的软化与除盐工艺设计

熟悉净水厂设计

1.5 循环水的冷却和处理

了解冷却构筑物的类型及工艺构造

熟悉冷却塔热力计算方法

掌握循环冷却水水质特点、处理方法及补充水量计算

掌握循环冷却水系统设计

2 排水工程

2.1 排水系统
了解污水的分类及排水工程任务
掌握排水体制、系统组成及布置形式
熟悉排水系统规划设计

2.2 排水管渠
掌握污水管渠设计流量计算与系统设计
掌握雨水管渠设计流量计算与系统设计
掌握合流制管渠设计流量计算与系统设计及旧系统改造
熟悉排水管渠材质、敷设方式和附属构筑物选择
了解排水管渠系统的管理和养护
熟悉排水泵站设计

2.3 城镇污水处理
了解污水的污染指标和处理方法
掌握污水的物理处理法处理设备选择和设计
掌握污水的活性污泥法处理系统工艺设计
掌握污水的生物膜法处理工艺设计
熟悉污水的厌氧生物处理工艺设计
掌握污水的生物除磷脱氮工艺设计
熟悉污水的深度处理和利用技术
熟悉城镇污水处理厂设计

2.4 污泥处理
了解污泥的分类、性质和处理方法
掌握污泥的浓缩及脱水方法
熟悉污泥的稳定与消化池设计
熟悉污泥的最终处置方法

2.5 工业废水处理
了解工业废水的水质特点和处理方法
熟悉工业废水的物理、化学和物理化学法处理设计计算

3 建筑给水排水工程

3.1 建筑给水
了解给水系统分类、组成及给水方式
掌握给水设计流量计算与给水系统设计
掌握给水系统升压、贮水设备选择计算
掌握节水和防水质污染措施
熟悉给水管道布置、敷设及管材、附件选用
熟悉游泳池水给水系统设计

熟悉游泳池水循环水净化处理工艺设计

3.2 建筑消防

了解灭火设施设置场所火灾危险等级及灭火系统选择

掌握消防用水量计算

掌握消火栓系统设计

掌握自动喷水灭火系统设计

熟悉水喷雾灭火系统设计

了解建筑灭火器及其他非水消防系统设计

3.3 建筑排水

了解排水系统分类、组成及排水体制选择

掌握污水排水管道设计流量计算与系统设计

掌握屋面雨水排水工程设计流量计算与系统设计

了解排水管道系统中水气流动规律

熟悉污水、废水局部处理设施选择计算

熟悉排水管道布置、敷设及管材、附件选用

3.4 建筑热水

掌握热水供应系统的分类、组成及供水方式

掌握热水用量、耗热量和热媒耗量计算

掌握热水加热、贮热设备及安全设施的选择计算

掌握热水供应系统管网水力计算

熟悉饮水制备方法及饮水系统设置要求

了解热水、饮水管道布置、敷设及管材、附件选用

3.5 建筑中水和雨水利用

掌握中水的水质要求、水量平衡及处理工艺设计

熟悉雨水收集、储存及水质处理技术